D1749256

Klaus Sattler (Herausgeber)
Umweltschutz – Entsorgungstechnik

Prof. Dipl.-Ing. Klaus Sattler (Herausgeber)

Umweltschutz Entsorgungstechnik

Behandlung fester Abfallstoffe
Abwasser- und Abgasreinigung
Lärmschutz

Autoren:
Dipl.-Ing. Jürgen Emberger
Prof. Dipl.-Ing. Heinz Kern
Prof. Dr.-Ing. Matthias Lempp
Prof. Dipl.-Ing. Klaus Sattler
Prof. Dipl.-Ing. Ruprecht Stahl

VOGEL-BUCHVERLAG
WÜRZBURG

CIP-Kurztitelaufnahme der Deutschen Bibliothek

Umweltschutz Entsorgungstechnik: Behandlung fester Abfallstoffe, Abwasser- u. Abgasreinigung, Lärmschutz/Klaus Sattler (Hrsg.). Autoren: Jürgen Emberger. – 1. Aufl. – Würzburg: Vogel, 1982.
ISBN 3-8023-0641-4
NE: Sattler, Klaus [Hrsg.]; Emberger, Jürgen [Mitverf.]

Das Umschlagbild stellte die Firma
Dr.-Ing. Aug. Schreiber GmbH & Co. KG,
3012 Langenhagen 1, zur Verfügung.

ISBN 3-8023-0641-4
1. Auflage. 1982
Alle Rechte, auch der Übersetzung, vorbehalten.
Kein Teil des Werkes darf in irgendeiner Form
(Druck, Fotokopie, Mikrofilm oder einem anderen
Verfahren) ohne schriftliche Genehmigung des
Verlages reproduziert oder unter Verwendung
elektronischer Systeme verarbeitet, vervielfältigt oder verbreitet werden.
Printed in Germany
Copyright 1982 by Vogel-Buchverlag Würzburg
Herstellung: Vogel-Druck Würzburg

Vorwort

Durch die ständig zunehmende Belastung unserer Umwelt durch Lärm, feste Abfälle und Schadstoffe in Abwässern und Abgasen und die damit einhergehende Beeinträchtigung unserer Lebensbedingungen gewinnen die Probleme des technischen Umweltschutzes in der öffentlichen Diskussion immer größere Bedeutung. Die Behandlung und Beseitigung fester Abfallstoffe, die Aufbereitung und Reinigung belasteter Abwässer vor ihrer Einleitung in stehende und fließende Gewässer, die Entfernung von Schadstoffen aus Abgasen vor ihrem Ausstoß in die umgebende Atmosphäre und der Schutz vor Lärm finden bei Sachverständigen der verschiedensten Fachrichtungen und zunehmend auch beim umweltbewußten Bürger große Beachtung.

Gemessen an der Bedeutung des Schutzes unserer Umwelt für unsere Lebensqualität gibt es kaum Literatur, die einen breiten Leserkreis grundlegend in die Verfahren des technischen Umweltschutzes, in die Entsorgungsverfahren und die Prinzipien des Lärmschutzes einführt. Das vorliegende Buch «Umweltschutz – Entsorgungstechnik» soll daher mithelfen, eine wesentliche Informationslücke zu schließen.

Das Buch wendet sich an Studierende des Chemieingenieurwesens und der Verfahrenstechnik, des Maschinenbaus, der Chemie und Physik, des Bauingenieurwesens und der Architektur mit Vertiefungsneigungen im Bereich des Umweltschutzes. Es soll aber auch den Ingenieur, Chemiker, Physiker und Architekten aus der industriellen und behördlichen Praxis ansprechen, der sich in Entsorgungs- und Lärmschutzprobleme einarbeiten will – insbesondere auch, wenn er die Funktion des Betriebsbeauftragten für Abfall, Gewässerschutz oder Immissionsschutz im Sinn der Umweltschutzgesetzgebung innehat oder übernehmen soll.

Die dargestellten fachlichen Zusammenhänge können mit jenen mathematischen, physikalischen und physikalisch-chemischen Vorkenntnissen verstanden werden, die dem angesprochenen Leserkreis in den ersten Studiensemestern vermittelt werden.

Das Buch will einen breiten Leserkreis mit den Verfahren zur Beseitigung fester Abfälle, zur Abwasserreinigung, zur Abgasreinigung und zum Lärmschutz vertraut machen, wobei jeweils auch einschlägige Vorschriften, statistische Daten und Dokumentationshinweise die Betrachtung vervollständigen. Zur Unterstützung und zur Hinführung auf spezielle Verfahren und spezielle Auslegungs- und Apparatedetails wird zahlreiche einschlägige Spezialliteratur zitiert. Der Leser wird befähigt, Beseitigungs- und Aufbereitungsverfahren für Schadstoffe zu beurteilen, auszuwählen und in einigen Fällen auch verfahrenstechnisch zu planen.

Da die Verflechtung mit dem englischen Sprachraum in den Bereichen des Umweltschutzes und der Entsorgungstechnik besonders eng ist, sollen deutsch-englische Stichwörter dem Leser die englischen Spezialausdrücke nahebringen.

Die Gestaltung des Buches, insbesondere die Informationsverdichtung in Bildern und Tabellen, hat sich bereits seit Jahren in zahlreichen Fachbüchern des Vogel-Verlags bewährt.

Verfahren der «Umweltmeßtechnik» zur meßtechnischen Erfassung von Schadstoffen und Lärm konnten leider nicht dargestellt werden, ohne den Rahmen dieses Buches zu sprengen. Ihre Beschreibung soll Gegenstand eines weiteren Buches sein.

Mein Dank gilt dem Vogel-Verlag und hier insbesondere dem Lektorat und der Herstellung für die jederzeit gezeigte Bereitschaft zur Hilfestellung und die gute Ausstattung des Buches.

Brühl   Klaus Sattler
                                                                                              (Herausgeber)

Inhaltsverzeichnis

1	**Einführende Grundlagen**		11
1.1	Umwelt. Umweltschutz		11
1.2	Gesetzgebung zum Umweltschutz		18
1.3	Dokumentation umweltrelevanter Informationen		19
2	**Behandlung fester Abfälle**		27
2.1	Abfälle, Abfallrecht		27
2.2	Arten, Mengen, Zusammensetzung und Eigenschaften fester Abfallstoffe		29
	(Müllmenge 30, Müllvolumen, Mülldichte 32, Müllzusammensetzung 35, Heizwert 37, Selbsterhitzungstest 40)		
2.3	Verfahren zur Behandlung fester Abfälle – Verfahrensübersicht, Verfahrensvergleich		40
2.4	Einsammeln und Befördern fester Abfallstoffe		42
	2.4.1	Sammelsysteme	42
	2.4.2	Transportsysteme	49
	2.4.2.1	Fahrzeuge mit Verdichtung durch Drehtrommel	49
	2.4.2.2	Preßmüllwagen	51
	2.4.3	Mülltransport mit Umladung	51
2.5	Nicht verfahrensgebundene technische Einrichtungen in Abfallverwertungsanlagen		54
	2.5.1	Allgemeines	54
	2.5.2	Bunker- und Dosiereinrichtungen	54
	2.5.2.1	Plattenbandbunker und Tiefbunker	54
	2.5.2.2	Krananlagen	59
	2.5.3	Zerkleinerungsaggregate	61
	2.5.4	Siebmaschinen	66
	2.5.5	Magnetabscheider	68
	2.5.6	Windsichter	68
	2.5.6.1	Steigrohrsichter	68
	2.5.6.2	Zickzacksichter	71
	2.5.6.3	Schwebesichter	73
	2.5.6.4	Horizontalstrom-Windsichter	74
	2.5.6.5	Steinausleser (Luftsetzmaschine)	74
	2.5.7	Naßtrenngeräte	75
	2.5.7.1	Aufstromsortierer	75
	2.5.7.2	Schwertrübesortierung	76
	2.5.8	Optische Sortierung	77
	2.5.9	Fördergeräte	78
	2.5.9.1	Gurtförderer	78
	2.5.9.2	Trogkettenförderer	78
	2.5.9.3	Schwingförderer	79
	2.5.9.4	Schneckenförderer	80
2.6	Recycling		80
	2.6.1	Allgemeines	80
	2.6.2	Gewinnbare Stoffe und ihr Einsatz	81
	2.6.2.1	Papier und Pappe	81
	2.6.2.2	Kunststoffolien	81
	2.6.2.3	Eisenschrott	82
	2.6.2.4	Glas	82
	2.6.2.5	NE-Metalle	83

	2.6.3	Methoden der Sortierung	83
	2.6.3.1	Siebung	83
	2.6.3.2	Handauslese	83
	2.6.3.3	Zerkleinerung	83
	2.6.3.4	Windsichtung	84
	2.6.3.5	Papier-Kunststoff-Trennung	84
	2.6.3.6	Auftrennung der Schwerfraktion	85
	2.6.4	Beispiele ausgeführter Anlagen	85
	2.6.4.1	R-80-Verfahren der Firma Krauss-Maffei	85
	2.6.4.2	Sortierverfahren der TH Aachen	87
	2.6.4.3	Sortierverfahren der Firma Fläkt	87
	2.6.4.4	Bundesmodellanlage Abfallverwertung	90
2.7	Geordnete Deponie, Rottedeponie, Sonderdeponie	90
	2.7.1	Geordnete Deponie	90
	2.7.2	Rottedeponie	100
	2.7.3	Sonderabfalldeponie, Spezialdeponie	102
2.8	Kompostierung	108
	2.8.1	Biochemische Grundlagen	108
	2.8.2	Prinzipieller Aufbau eines Kompostwerks	109
	2.8.2.1	Aufbereitung der rohen Siedlungsabfälle für die Verrottung (Kompostrohstoff)	111
	2.8.2.2	Verrottung der aufbereiteten Rohstoffe zu Frischkompost (Vorrotte)	111
	2.8.2.3	Aufbereitung des Frischkomposts zu Fertigkompost (Nachrotte)	111
	2.8.3	Die hauptsächlichen Verfahren der Kompostierung	111
	2.8.3.1	Kompostierung in Mieten	111
	2.8.3.2	Kompostierung in belüfteten Großmieten	112
	2.8.3.3	Kompostierung von gepreßten Abfällen	113
	2.8.3.4	Kompostierung in Zellen	114
	2.8.3.5	Kompostierung in dynamischen Behältersystemen	114
	2.8.3.6	Wirkung der Kompostierung in Behältersystemen	114
	2.8.4	Desodorierung durch Geruchsfilter	116
	2.8.5	Kompostierung von Abwasserschlämmen	117
	2.8.6	Anwendung von Kompost	117
	2.8.7	Kompostwerk Heidelberg	117
2.9	Thermische Behandlung von Abfällen	119
	2.9.1	Verbrennung	119
	2.9.1.1	Aufbau und Betrieb von Abfallverbrennungsanlagen	121
	2.9.1.2	Vorgänge bei der Verbrennung	147
	2.9.2	Pyrolyse	149
	2.9.2.1	Grundlagen	149
	2.9.2.2	Verfahrensablauf, Verfahrensbeispiele	153
	2.9.3	Vergasung	161
	2.9.3.1	Grundlagen	161
	2.9.3.2	Verfahrensablauf, Verfahrensbeispiele	163
2.10	Behandlung von Sonderabfällen	165

3 Aufbereitung von Abwässern ... 177
3.1	Allgemeiner Teil		177
	3.1.1	Der Wasserkreislauf in der Natur	177
	3.1.2	Notwendigkeit von Kläranlagen	178
	3.1.3	Einleitungsbedingungen	181
	3.1.4	Abwasserzusammensetzung	185
3.2	Mechanische Abwasserklärung		186
	3.2.1	Rechen- und Siebanlagen	187
	3.2.1.1	Rechen	187
	3.2.1.2	Siebanlagen	191
	3.2.2	Sandfänge	193
	3.2.3	Fett- und Ölabscheidung	195
	3.2.4.	Absetzbecken	199
	3.2.4.1	Theorie der Sedimentation	199

	3.2.4.2	Ermittlung der Absetzfläche	206
	3.2.4.3	Beckenabmessungen	209
	3.2.4.4	Besondere Beckenausführungen	212
3.3	Biologische Abwasserreinigung		212
	3.3.1	Ziel und Grundlagen des Verfahrens	212
	3.3.2	Durchführungsmöglichkeiten	215
	3.3.2.1	Halbtechnische Verfahren	215
	3.3.2.2	Technische Verfahren	216
		(Belebungsverfahren 216, Tropfkörperverfahren 230, Tauchkörperverfahren 235)	
3.4	Chemisch-physikalische Reinigung		238
	3.4.1	Weitergehende Reinigung?	238
	3.4.2	Beschreibung einzelner Verfahren	239
	3.4.2.1	Neutralisation	239
	3.4.2.2	Fällung	240
	3.4.2.3	Flockung	242
	3.4.2.4	Oxidation, Reduktion, Entgiftung	245
	3.4.2.5	Ionenaustausch	246
	3.4.2.6	Adsorption	246
	3.4.2.7	Desinfektion	247
	3.4.2.8	Naßoxidation	250
	3.4.2.9	Verbrennung	251
	3.4.2.10	Membranverfahren	251
		(Umkehrosmose 252, Ultrafiltration 254)	
	3.4.2.11	Suspensaentfernung	254
		(Sedimentation und Flotation 254, Filtration und Siebung 256, Zentrifugieren 257)	
	3.4.3	Verfahrenskombinationen	257
3.5	Schlammbehandlung		257
	3.5.1	Schlämme und ihre Beschaffenheit	257
	3.5.2	Schlammeindickung	260
	3.5.3	Anaerobe Schlammfaulung	261
	3.5.4	Schlammkonditionierung und -entwässerung	267
	3.5.4.1	Natürliche Schlammentwässerung	267
	3.5.4.2	Maschinelle Schlammentwässerung	268
		(Dekanter 268, Vakuumfilter 268, Filterpresse 268, Siebbandpresse 271)	
	3.5.4.3	Thermische Schlammentwässerung, Trocknung	273
4	**Reinigung von Abgasen**		**275**
4.1	Verschmutzung der Luft		275
	4.1.1	Grundbegriffe, Gesetzmäßigkeiten, Grenzwerte	275
	4.1.2	Schadstoffemissionen	278
	4.1.3	Maßnahmen zur Verhütung von Emissionen	279
	4.1.4	Verfahren der Abgasreinigung	281
4.2	Mechanische Abgasreinigung		282
	4.2.1	Physikalische Grundlagen	282
	4.2.1.1	Bewegung von Feststoffteilchen in ruhender Luft	282
	4.2.1.2	Ähnlichkeitsgesetze	283
	4.2.1.3	Der Widerstand	284
	4.2.1.4	Feststoffbewegung im Gasstrom	287
	4.2.2	Mechanische Staubabscheidesysteme	288
	4.2.2.1	Der Abscheidegrad	289
	4.2.2.2	Schwerkraftabscheider	290
	4.2.2.3	Zentrifugalabscheider	292
	4.2.2.4	Naßentstaubung	297
	4.2.2.5	Gewebefilter	302
	4.2.2.6	Elektroentstaubung	305
	4.2.2.7	Die verschiedenen Entstaubungssysteme im Vergleich	314
4.3	Absorption		316
	4.3.1	Absorption, Desorption, Erläuterung der Begriffe, Schema, Beispiele	316

	4.3.2	Physikalisch-chemische Grundlagen 318
	4.3.3	Anforderungen an das Waschmittel, Waschmittelbedarf, Regenerierung von Waschmitteln... 322
	4.3.4	Auslegung von Absorptionskolonnen 326
	4.3.4.1	Belastbarkeit, Kolonnendurchmesser................................. 326
	4.3.4.2	Höhe von Absorptionskolonnen....................................... 327
	4.3.5	Entschwefelung von Rauchgasen 330
	4.3.6	Bauformen von Absorptionsapparaten 332
	4.3.7	Absorptionsanlage als Beispiel 336
4.4	Adsorption	339
	4.4.1	Adsorption, Desorption, Erläuterung der Begriffe, Schema, Beispiele 339
	4.4.2	Physikalisch-chemische Grundlagen 340
	4.4.3	Anforderungen an das Adsorbens, Adsorbensbedarf, Regenerierung von Adsorbentien 343
	4.4.4	Auslegung von Adsorptionsapparaten 347
	4.4.5	Adsorption mit Aktivkohle... 349
	4.4.5.1	Entfernung von organischen Lösungsmitteln 349
	4.4.5.2	Entfernung von Geruchs- und Giftstoffen 352
	4.4.5.3	Entschwefelung von Abgasen 355
	4.4.6	Bauformen von Adsorptionsapparaten 359
4.5	Oxidationsverfahren	361
	4.5.1	Begriff, Verfahrensschema, Verfahrensbeispiele 361
	4.5.2	Thermische Nachverbrennung von Schadstoffen 364
	4.5.2.1	Physikalisch-chemische Grundlagen der Verbrennung 364
	4.5.2.2	Mengenbilanz bei der Verbrennung, Luftbedarf, Rauchgasmenge 366
	4.5.2.3	Wärmebilanz bei der Verbrennung, Verbrennungstemperatur 368
	4.5.2.4	Gesichtspunkte zur Auswahl und Dimensionierung von Nachverbrennungsanlagen 370
	4.5.3	Katalytische Nachverbrennung von Schadstoffen 375
	4.5.3.1	Physikalisch-chemische Grundlagen der Katalyse 375
	4.5.3.2	Eigenschaften von Katalysatoren, Anforderungen 377
	4.5.3.3	Gesichtspunkte zur Dimensionierung katalytischer Nachverbrennungsanlagen 382
	4.5.4	Wirtschaftlichkeit von Oxidationsverfahren, Apparate- und Anlagenbeispiele 384
4.6	Spezielle Verfahren der Abgasreinigung	390
	4.6.1	Übersicht, Problemstellung... 390
	4.6.2	Chemisch-oxidative Gaswaschverfahren 390
	4.6.3	Biologische Sorptionsverfahren 392

5 Lärm, Lärmbekämpfung, Lärmschutz 395
5.1 Schall, Lärm 395
5.2 Lärmbelästigung und ihre Folgen 403
5.3 Technische Maßnahmen zur Lärmbekämpfung und zum Lärmschutz................ 408
    5.3.1 Primärschallschutz an der Schallquelle.................................. 410
    5.3.2 Sekundärschallschutz 412
    (Schwingungs- und Erschütterungsschutz, Körperschalldämmung 412, Körperschalldämpfung 412, Schallschutzkapselung 412, Luftschalldämmung 414, Luftschalldämpfung 417, Persönlicher Schallschutz 419, Schallschutz im Verkehr 419)

Symbole und Einheiten 423

Literaturverzeichnis 427

Stichwortverzeichnis 433

1 Einführende Grundlagen

1.1 Umwelt, Umweltschutz

Unsere Erde ist, sieht man von der Energiezufuhr durch Strahlung der Sonne ab, ein geschlossenes, umfassendes Ökosystem. In ihm wirken verschiedene, seinen Zustand beeinflussende Parameter sehr komplex zusammen, geprägt von menschlichem Tun, von Tier- und Pflanzenwelt, von Landmasse (Boden), von Ozeanen und sonstigen Gewässern und vom Klima. Eine Art dieses Zusammenwirkens sei durch den qualitativen Stoffkreislauf des *Bildes 1.1* verdeutlicht. Dieser Stoffkreislauf zeigt insbesondere die Einflußnahme des Menschen auf seinen Lebensraum, auf seine *Umwelt*.

Über Jahrtausende verlief der Weg der Menschen, ihrer Gemeinschaften und ihrer nutzbaren Erfindungen und Entdeckungen stetig und flach in einer kaum gestörten natürlichen Umwelt. Um 1650 machte die Erdbevölkerung etwa eine halbe Milliarde aus mit einer jährlichen Wachstumsrate von 0,3% und einer Verdopplungszeit von etwa 250 Jahren. 1970 bevölkerten bereits ca. 3,6 Milliarden Menschen die Erde. Jährliche Wachstumsraten von derzeit ca. 1,1% in den Industrieländern und ca. 2,4% in den Entwicklungsländern werden mit einer Verdopplungszeit von etwa 33 Jahren zu einer Erdbevölkerung von ca. 7 Milliarden um das Jahr 2000 führen [1.1]. Dieses «superexponentielle» Bevölkerungswachstum, das Streben der Menschen nach höherem Lebensstandard und erhöhtem Privatkonsum erzwingt eine immer weiter ausgedehnte Industrialisierung, eine immer intensivere land- und viehwirtschaftliche Nutzung des Bodens und immer ausgedehntere Ballungszentren der Urbanisierung mit störenden Eingriffen des Menschen in seine Umwelt.

Zweck des *Umweltschutzes* ist es, die Auswirkungen dieser Eingriffe defensiv abzumildern, zu beseitigen oder offensiv gar nicht erst entstehen zu lassen. Das Umweltprogramm der Bundesregierung [1.2] definiert Umweltschutz als «die Gesamtheit aller Maßnahmen, die notwendig sind,
- um dem Menschen eine Umwelt zu sichern, wie er sie für seine Gesundheit und für ein menschenwürdiges Dasein braucht,
- um Boden, Luft und Wasser, Pflanzen- und Tierwelt vor nachteiligen Wirkungen menschlicher Eingriffe zu schützen,
- um Schäden oder Nachteile aus menschlichen Eingriffen zu beseitigen.»

Während unter *ökologischem Umweltschutz* Vorkehrungen zur Landschaftspflege zum Naturschutz und zur Grünordnung verstanden werden, umfaßt der *techni-*

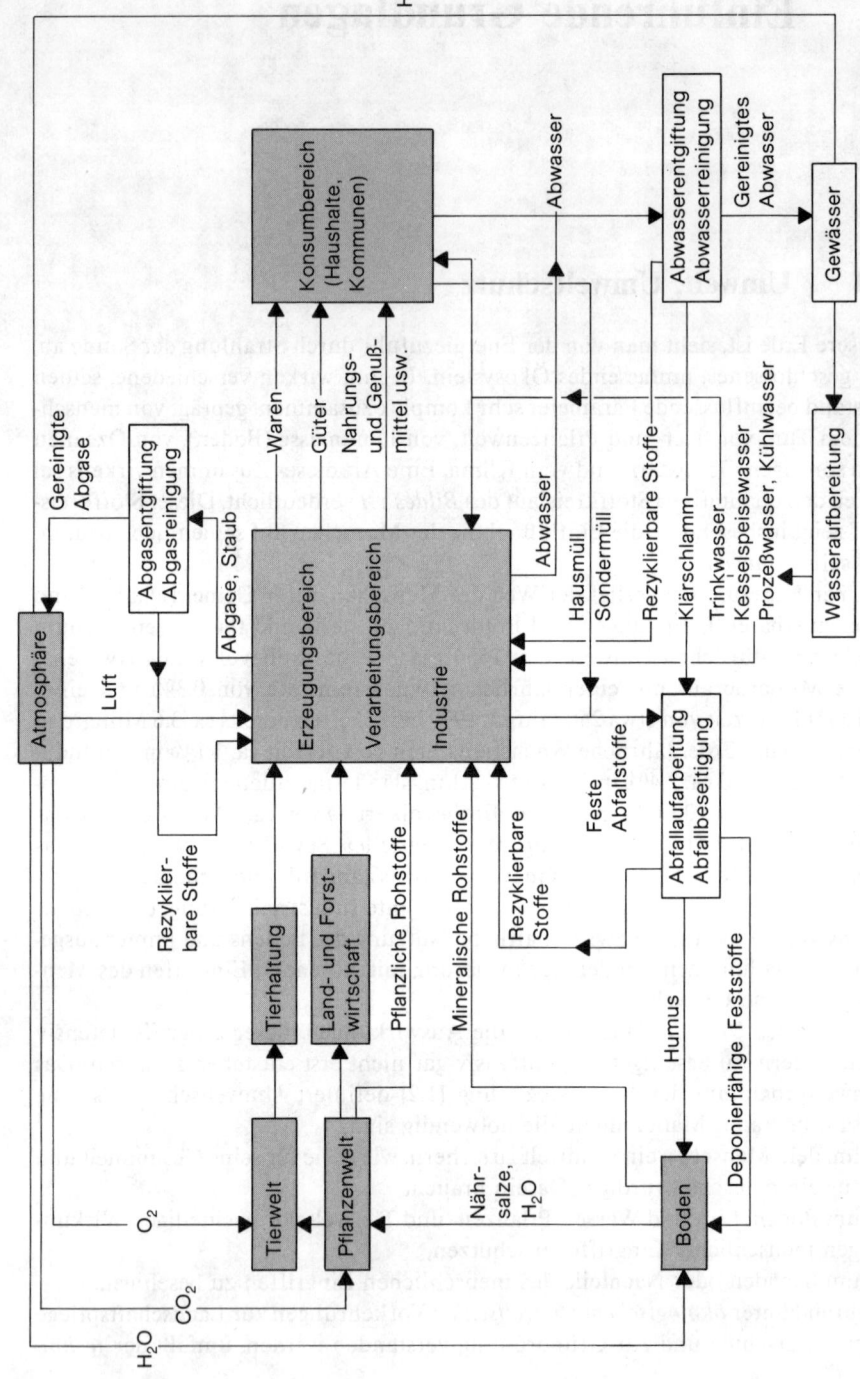

Bild 1.1 Vereinfachter Stoffkreislauf im Ökosystem Erde *(schematisch)*

Tabelle 1.1 Industrieller technischer Umweltschutz [1.3, 1.4]

Primäre, offensive Maßnahmen, «umweltschonende Technik»
(«Umweltschonende Verfahren sind solche Verfahren, bei denen Emissionen im weitesten Sinne durch Veränderung des ursprünglichen Prozesses verringert oder — falls es sich um stoffliche Emissionen handelt — an irgendeiner Stelle der Produktion zurückgeführt werden» [1.5].)

Rohstoffvorbehandlung (z.B. Entschwefelung von Heizöl und Erdgas
→ 900 000 t Elementarschwefel in Deutschland 1979)

Emissionsverminderung durch Prozeßveränderung
(z.B. Schwefelsäureerzeugung
früher: «Normalkatalyseverfahren» mit 98,5% SO_2-Ausbeute und einer SO_2-Emission von 13 kg SO_2/t H_2SO_4
jetzt: Bayer-Doppelkontaktverfahren mit 99,7% SO_2-Ausbeute und einer SO_2-Emission von 2 bis 3 kg SO_2/t H_2SO_4)

Recyclingverfahren
(z.B. Rückgewinnung von Caprolactam aus Abfällen der Nylon-6-Produktion. Aufarbeitung von Abfallschwefelsäure usw.)

Sekundäre, defensive Maßnahmen, Entsorgungstechnik

Abgasreinigung

Abwasserreinigung

Abfallbeseitigung

Schallschutz

---

sche Umweltschutz Maßnahmen zur Abfallbeseitigung, zur Luft- und Gewässerreinhaltung und zum Lärmschutz *(Bild 1.2)*. Ausgewählte und in der modernen Entsorgungspraxis eingeführte Verfahren des technischen Umweltschutzes, der technischen «Entsorgung» werden in den Folgekapiteln behandelt.

Bei stofflichen Umsetzungen speziell in der Industrie werden Rohstoffe in chemischen und physikalischen Verfahrensschritten in Produkte veredelt. Dabei entstehen zwangsläufig auch unerwünschte Nebenprodukte, wie *Bild 1.3* am Beispiel des Materialflusses im Stammwerk der Hoechst AG zeigt: Ca. 82% der eingeführten Rohstoffe werden zu Produkten wie Arzneimittel, Farbstoffe, Kunststoffe, Düngemittel usw. verarbeitet, 14% fallen als feste, flüssige oder gasförmige Abfälle an sowie 4% als Kohlendioxid. Die Verringerung der Nebenproduktmengen ist wesentliches Ziel des industriellen technischen Umweltschutzes *(Tabelle 1.1)*.

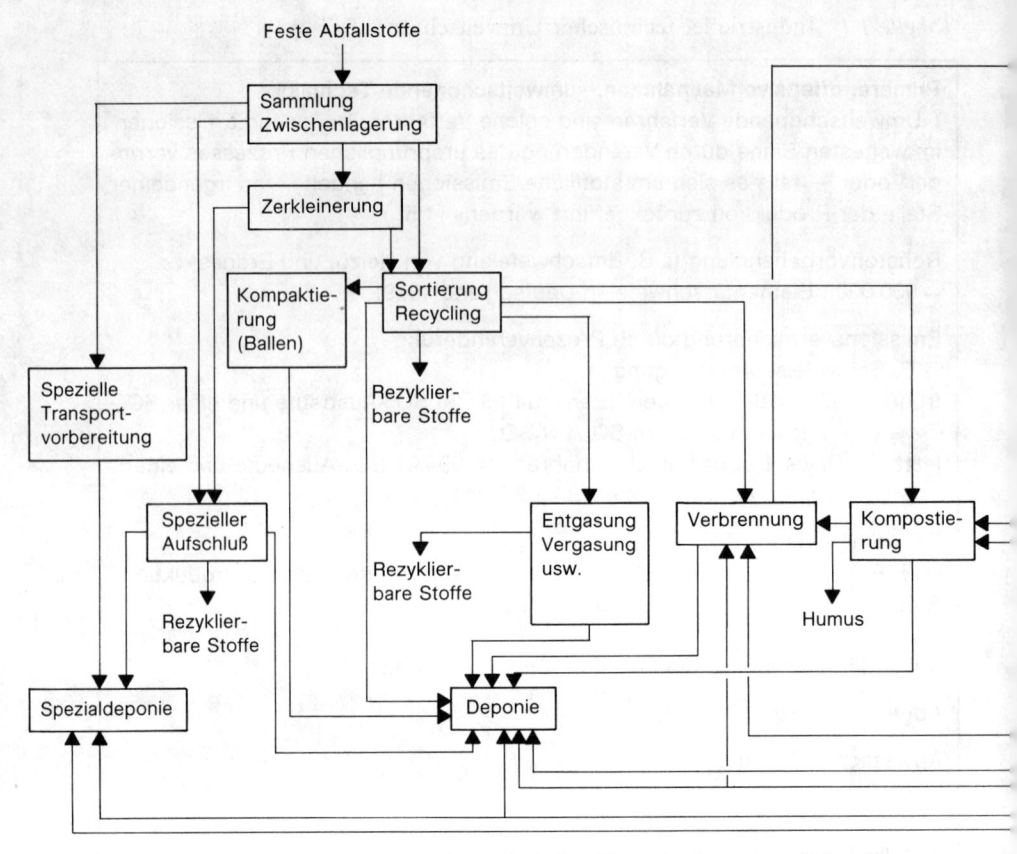

Bild 1.2 Maßnahmen im Rahmen des technischen Umweltschutzes zur Behandlung von festen Abfallstoffen, Abwasser und Abgasen sowie zum Schutz vor Lärm (schematische Übersicht)

Die primären und sekundären Maßnahmen im Rahmen des Umweltschutzes erfordern einen hohen Investitionsaufwand, häufig gekoppelt mit ständig wachsenden laufenden Betriebskosten, und sie benötigen Energie. (So bedarf es z.B. zur biologischen Reinigung aller Abwässer aus Industriebetrieben und Kommunen in der Bundesrepublik Deutschland etwa 1000 MW an elektrischer Leistung, was der Stromleistung eines großen Kernkraftwerks entspricht.) Die Kosten des Umweltschutzes lassen sich allgemein in folgende Kostengruppen unterteilen:
Schadenskosten (Kosten zur Behebung von Gesundheits-, Vegetations- und Bauschäden. Zuweisung im wesentlichen durch das Gemeinlastprinzip).
Ausweichkosten (Kosten, die hauptsächlich dadurch entstehen, daß eine größere Entfernung zwischen Verursacher von Umweltbelastungen und Anwohnern erreicht werden muß, z.B. Umzugskosten für Anwohner bei Flughafenerweiterung).

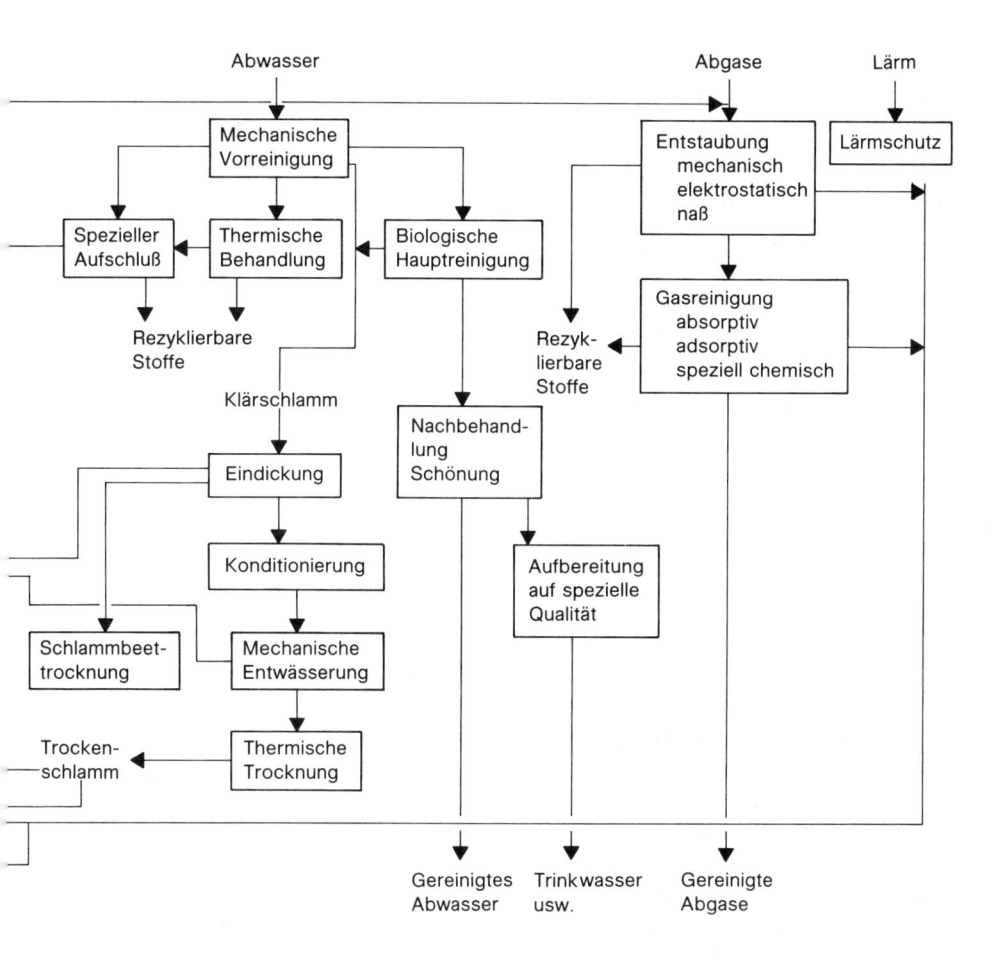

```
Abwasser                          Abgase              Lärm
    │                                │                  │
    ▼                                ▼                  ▼
┌─────────────┐              ┌──────────────┐   ┌───────────┐
│ Mechanische │              │  Entstaubung │   │ Lärmschutz│
│ Vorreinigung│              │  mechanisch  │   └───────────┘
└─────────────┘              │elektrostatisch│
                             │     naß      │
                             └──────────────┘
                                    │
                                    ▼
┌──────────┐ ┌──────────┐ ┌──────────────┐   ┌──────────────┐
│Spezieller│ │Thermische│ │  Biologische │   │ Gasreinigung │
│ Aufschluß│ │Behandlung│ │ Hauptreinigung│  │  absorptiv   │
└──────────┘ └──────────┘ └──────────────┘   │  adsorptiv   │
                                             │speziell chem.│
                                             └──────────────┘
  Rezyklierbare              Rezyk-
     Stoffe                  lierbare
            Klärschlamm      Stoffe
                  │
                  ▼          ┌──────────────┐
            ┌──────────┐     │ Nachbehand-  │
            │Eindickung│     │   lung       │
            └──────────┘     │  Schönung    │
                  │          └──────────────┘
                  ▼                 │
            ┌──────────────┐        ▼
            │Konditionierung│  ┌──────────────┐
            └──────────────┘   │ Aufbereitung │
                  │            │ auf spezielle│
┌──────────┐      ▼            │   Qualität   │
│Schlammbeet│ ┌──────────────┐ └──────────────┘
│trocknung  │ │ Mechanische  │
└──────────┘  │ Entwässerung │
              └──────────────┘
                     │
 Trocken-     ┌──────────────┐
 schlamm ◄────│  Thermische  │
              │   Trocknung  │
              └──────────────┘

        Gereinigtes   Trinkwasser   Gereinigte
         Abwasser       usw.         Abgase
```

Planungs- und Überwachungskosten (Kosten für Umweltforschung, für das Festlegen von Grenzwerten wie MAK, MIK, IG usw., für das Erstellen von Umweltschutzprogrammen, für die Kontrolle der Einhaltung von umweltschutzrelevanten Vorschriften und Auflagen).

Kosten zur Vermeidung bzw. Reduktion von Schadstoffemissionen und zur Abfallbeseitigung (eigentliche Investitions- und Betriebskosten für Entsorgungsmaßnahmen wie Abgasreinigung, Abfallbeseitigung und Abwasserreinigung. Zuweisung i.a. durch das Verursacherprinzip).

Tabelle 1.2 gibt einige Beispielwerte zur Kostensituation des Umweltschutzes.

Der finanzielle Aufwand für Einrichtungen zum Umweltschutz hängt wesentlich von den einzuhaltenden Grenzwerten ab und wächst natürlich mit strengeren Auflagen.

Tabelle 1.2 Beispiele zur Kostensituation im Bereich des Umweltschutzes in der Bundesrepublik Deutschland [1.6]

☐ Staatliche und industrielle Investitionen und Betriebskosten von Einrichtungen für den Umweltschutz in Mrd. DM (Preisbasis 1974)

	Investitionen		Betriebskosten	
	1970 bis 1974	1975 bis 1979	1970 bis 1974	1975 bis 1979
Industrie	12,6	17,3	25,5	48,6
Kommunen (für Kläranlagen, Kanalisation und Abfallbeseitigung)	13,4	18,3	15,2	27

☐ Kommunale Abfallbeseitigungsanlagen
 Zeitraum 1975 bis 1979:
 ca. 2 Mrd. DM (davon für Deponien 0,9, für Verbrennungsanlagen 1 und für Kompostierungsanlagen 0,1 Mrd. DM)
☐ Kommunale Kläranlagen und Kanalisation
 Zeitraum 1974 bis 1985:
 ca. 13 Mrd. DM für Kläranlagen, ca. 30 Mrd. DM für Kanalisation
☐ Aufwendungen der Bundesländer
 Zeitraum 1971 bis 1974:
 ca. 8,4 Mrd. DM für Umweltforschung und Zuschüsse an die Kommunen
☐ Aufwendungen des Bundes
 Zeitraum 1971 bis 1974:
 ca. 1,4 Mrd. DM für Umweltforschung, Zuschüsse, Umweltschutzmaßnahmen im Bundesfernstraßenbau usw.
☐ Investitionskosten für Umweltschutzeinrichtungen im Bereich der Industrie der Bundesrepublik Deutschland (siehe Grafik)
 (Darstellung nach Unterlagen des Bundesverbandes der Deutschen Industrie [1.35])

[1] geschätzt;
[2] Aufwendungen für produktions- und produktbezogene Umweltschutzinvestitionen (Preisbasis 1970);
[3] Erträge aus Gütern und Leistungen für Umweltschutzinvestitionen (aus Bruttowertschöpfungen zu Faktorkosten auf der Basis von 1970); alle Wertangaben einschließlich indirekte Steuern: Quelle: Ifo-Institut für Wirtschaftsforschung und Institut der deutschen Wirtschaft

Umweltschutzinvestitionen (Jahresdurchschnitt in Millionen DM) ○ Anteil an den Gesamtinvestitionen des jeweiligen Sektors (in Prozent)

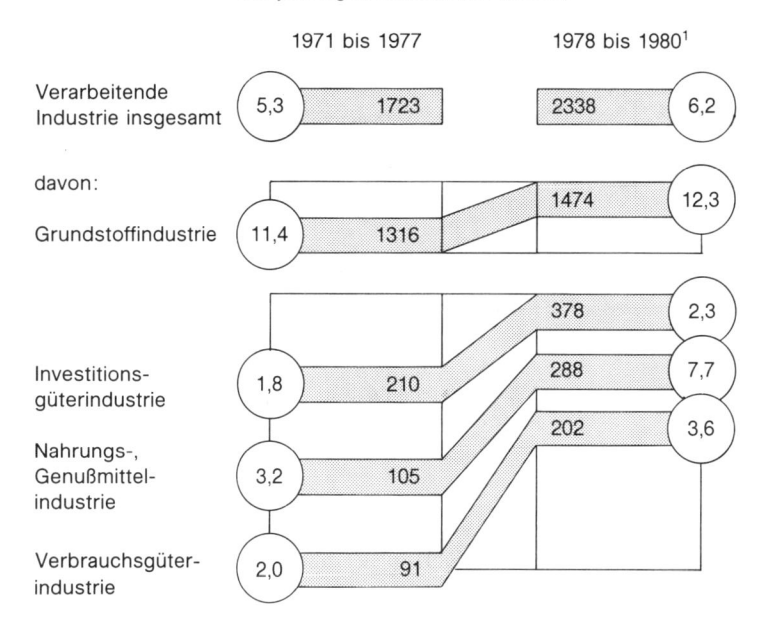

	1971 bis 1977	1978 bis 1980[1]
Verarbeitende Industrie insgesamt	5,3 — 1723	2338 — 6,2
davon: Grundstoffindustrie	11,4 — 1316	1474 — 12,3
Investitionsgüterindustrie	1,8 — 210	378 — 2,3 / 288 — 7,7
Nahrungs-, Genußmittelindustrie	3,2 — 105	202 — 3,6
Verbrauchsgüterindustrie	2,0 — 91	

Diese Branchen werden von der Umweltschutzpolitik am stärksten „belastet" oder „begünstigt"

☐ Aufwand[2] ☐ Ertrag[3] (in Millionen DM)

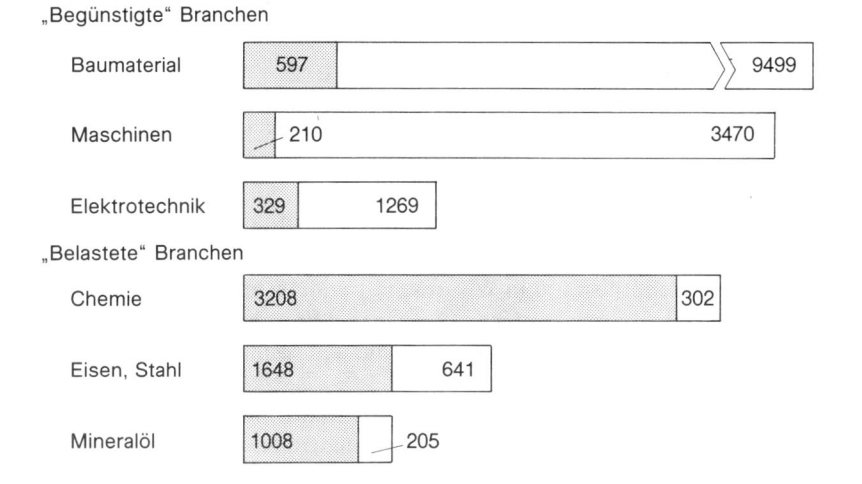

„Begünstigte" Branchen

Baumaterial	597	9499
Maschinen	210	3470
Elektrotechnik	329	1269

„Belastete" Branchen

Chemie	3208	302
Eisen, Stahl	1648	641
Mineralöl	1008	205

2 Umweltschutz – Entsorgungstechnik

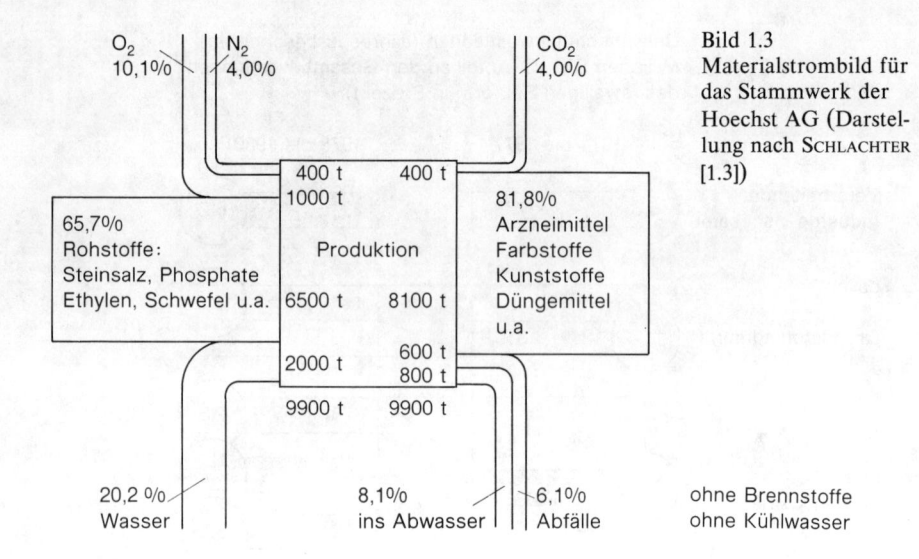

```
  O₂        N₂                CO₂           Bild 1.3
10,1%      4,0%              4,0%           Materialstrombild für
                                             das Stammwerk der
                                             Hoechst AG (Darstel-
           400 t    400 t                    lung nach SCHLACHTER
          1000 t                             [1.3])
65,7%                        81,8%
Rohstoffe:                   Arzneimittel
Steinsalz, Phosphate  Produktion  Farbstoffe
Ethylen, Schwefel u.a.  6500 t   8100 t  Kunststoffe
                                         Düngemittel
                                         u.a.
                      2000 t   600 t
                               800 t
                      9900 t   9900 t

20,2%              8,1%           6,1%       ohne Brennstoffe
Wasser             ins Abwasser   Abfälle    ohne Kühlwasser
```

Maßnahmen im Bereich des Umweltschutzes verursachen jedoch nicht nur Kosten, sondern tragen auch dazu bei, Rohstoffe einzusparen und Arbeitsplätze zu erhalten bzw. neu zu schaffen. So sind nach Untersuchungen des Battelle-Instituts in Frankfurt für 1975 rund 150 000 neue Arbeitsplätze erhalten bzw. geschaffen worden, davon 74 000 in der Bauwirtschaft und 28 000 im Maschinen- bzw. Apparatebau, allein aufgrund von Investitionen im Bereich des Umweltschutzes. Durch den Bau notwendiger Kläranlagen sind langfristig 23 000 Arbeitsplätze in der Bauwirtschaft, ca. 7% aller Arbeitsplätze dieser Branche, gesichert.

1.2   Gesetzgebung zum Umweltschutz

Beseitigung bestehender Umweltschäden, vorbeugender Schutz vor weiteren schädigenden Eingriffen in die Umwelt, umweltschonende Verwirklichung des technischen Fortschritts, umfassende Umweltplanung unter Einbezug interdisziplinär erarbeiteter Erkenntnisse, Förderung des Umweltbewußtseins aller Bürger – dies alles sind Ziele, deren Erreichen einen Rechtsrahmen voraussetzt, der laufend an den jeweiligen Erkenntnisstand in Wissenschaft und Technik anzupassen ist. Im folgenden sollen tabellarisch kurz jene Gesetze und Vorschriften aus dem Rechtsrahmen «Umweltrecht» aufgelistet werden, die den technischen Umweltschutz betreffen *(Tabelle 1.3)*.

Die Gesetzgebung zum Umweltschutz basiert letztlich auf dem Grundgesetz: Nach Artikel 74 GG Umweltschutz kann der Bund Regelungen zum Schutz der Umwelt treffen; er ist zusammen mit den Ländern dazu verpflichtet, eine gesunde Umwelt wieder herzustellen und zu erhalten («Sozialstaatsprinzip», Artikel 20,

Absatz 2, GG). Artikel 83 GG erlegt den Ländern die Ausführung der Umweltschutzgesetze auf.

Das *«Umweltrecht»* umfaßt jene öffentlich-rechtlichen und privatrechtlichen Vorschriften, die der Umweltvorsorge, dem Umweltschutz und der Schadensbeseitigung dienen. Es beruht im wesentlichen auf folgenden Prinzipien:
Vorsorgeprinzip (Verpflichtung des Betreibers von Anlagen usw., gemäß dem jeweiligen Stand der Technik über die unmittelbare Abwehr von Gefahren hinaus alles zu tun, damit schädliche Einflüsse auf die Umwelt vermieden werden).
Gleichheitsprinzip (Gleichbehandlung von Anlagenbetreiber und Anwohner, Verpflichtung zur Einhaltung von Emissions- und Immissionsgrenzwerten).
Verursacherprinzip («polluter-must-pay-principle»). Grundprinzip für die Zuweisung von Verantwortung und Kosten an den Verursacher. Der Verursacher ist dabei derjenige, der durch sein Handeln in Produktion, Dienstleistung oder Konsum eine Umweltbelastung herbeiführt oder die Grundlage für eine spätere Umweltbelastung legt).
Gemeinlastprinzip (Übernahme aller Kosten, die anfallen, um Umweltschäden zu beseitigen oder gar nicht erst entstehen zu lassen durch den Staat; in der Bundesrepublik Deutschland in Kombination mit dem Verursacherprinzip Basis für die umweltrechtlichen Regelungen).

Ein wirksamer Schutz der Umwelt kann nur länderübergreifend erfolgen. Es ist daher notwendig, über die bisherigen Einzelvereinbarungen hinaus einen umfassenden internationalen Rechtsrahmen zum Umweltschutz zu schaffen.

1.3 Dokumentation umweltrelevanter Informationen

Der mit Problemen des Umweltschutzes befaßte betriebliche, bei Behörden tätige oder freischaffende Experte wird, wie *Tabelle 1.4* zeigt, mit einer Vielzahl umweltrelevanter Informationen bedacht. Er ist kaum in der Lage, dieses Informationsangebot mit herkömmlichen Mitteln zu überschauen und für seine Tätigkeit Wesentliches zu extrahieren. Insbesondere das mit Gesetz vom 22. 7. 1974 als selbständige Bundesoberbehörde geschaffene Umweltbundesamt [1.37] hilft ihm hier mit
- seiner Publikationsreihe «Berichte» (Veröffentlichung wissenschaftlicher Erkenntnisse in Form abgeschlossener Forschungs- und Entwicklungsberichte);
- seiner Publikationsreihe «Materialien» (zusammenfassende Darstellungen, Übersichten über den Stand der Entwicklung in unterschiedlichen technologischen Bereichen des Umweltschutzes, statistische Auswertungen, Meßergebnisse, Rechtsvorschriften usw.);
- seinem Informations- und Dokumentationssystem Umwelt (UMPLIS, *Bild 1.4*);
- seinem Literatur- und Informationsdienst Umwelt (LIDUM)

weiter, veröffentlicht im E.-Schmidt-Verlag, Berlin. Dabei erlauben UMPLIS und LIDUM auch Recherchen nach vorgegebenen Informationswünschen des Benutzers.

Tabelle 1.3 Gesetze und Vorschriften zum technischen Umweltschutz in der Bundesrepublik Deutschland (Auswahl)

Gesetze, Verordnungen, Verwaltungsvorschriften, VDI-Richtlinien	Literatur
Immissionsschutzrecht	[1.36]
Bundes-Immissionsschutzgesetz (BImSchG) vom 15. 3. 1974	[1.7, 1.8]

Allgemeine Vorschriften (§ 1 bis 3)
     Errichtung und Betrieb von Anlagen (§ 4 bis 31)
     Beschaffenheit von Anlagen, Stoffen, Erzeugnissen, Brennstoffen und Treibstoffen (§ 32 bis 37)
     Beschaffenheit und Betrieb von Fahrzeugen, Bau und Änderung von Straßen u. Schienenwegen (§ 38 bis 43)
     Überwachung der Luftverunreinigungen im Bundesgebiet und Luftreinhaltepläne (§ 44 bis 47)
     Gemeinsame Vorschriften (§ 48 bis 65)
     Schlußvorschriften (§ 66 bis 74)	

Bundeseinheitliches Gesetz mit dem Ziel, den Schutz der Bevölkerung vor Luftverschmutzung und Lärm zu gewährleisten. Auflage zur Begrenzung der Emission von Schadstoffen und Schall aus technischen Prozessen in Industrie- und Gewerbebetrieben, privaten Heizungsanlagen und in Kraftfahrzeugen entsprechend dem jeweiligen Stand der Technik. Ermächtigung der Bundesregierung und der Länderregierungen, Vorschriften zu erlassen	
Durchführungsverordnungen nach dem Bundes-Immissionsschutzgesetz, u.a.	
Verordnung über Feuerungsanlagen (1. BImSchV)	[1.9]
Verordnung über Chemischreinigungsanlagen (2. BImSchV)	[1.10]
Verordnung über genehmigungsbedürftige Anlagen (4. BImSchV)	[1.11]
Verordnung über Immissionsschutzbeauftragte (5. BImSchV)	[1.12]
und über deren Fachkunde und Zuverlässigkeit (6. BImSchV)	[1.13]
Verordnung zur Auswurfbegrenzung von Holzstaub (7. BImSchV)	[1.14]
Verordnung zum Schutz gegen Rasenmäherlärm (8. BImSchV)	[1.15]

Gesetze, Verordnungen, Verwaltungsvorschriften, VDI-Richtlinien	Literatur

Allgemeine Verwaltungsvorschriften zum Bundes-Immissionsschutzgesetz (VwV), u.a. Technische Anleitung zur Reinhaltung der Luft (TA Luft; 1. BImSchVwV) vom 28. 8. 1974
  Sachlicher Geltungsbereich
  Allgemeine Vorschriften zur Reinhaltung der Luft
  Anforderungen an bestimmte Anlagearten
  Übergangsvorschrift
Festlegung von Richtwerten für Emissionen für staub- und gasförmige Schadstoffe und für Immissionen. Verwaltungsvorschriften für Verfahren zur Ermittlung von Emissionen und Immissionen
	[1.16]

Technische Anleitung zum Schutz gegen Lärm (TA Lärm)
  Sachlicher Geltungsbereich
  Vorschriften zum Schutz gegen Lärm (Begriffe, allgemeine Grundsätze, jeweiliger Stand der Technik, Immissionsrichtwerte, Ermittlung von Geräuschimmissionen, Anhang mit Unterlagen zur Auswertung und Beispielen)
	[1.17]

Benzin-Bleigesetz	[1.18]
Fluglärmgesetz	[1.19]
Länder-Immissionsschutzgesetze als Basis zur Durchführung des BImSchG (z.B. zur Definition des Begriffes «zuständige Behörde» im BImSchG)	
VDI-Richtlinien (Beispiele)	[1.20]

Lärm, Lärmschutz
  VDI-R. 2058: Beurteilung von Lärm in der Nachbarschaft und Arbeitslärm am Arbeitsplatz hinsichtl. Gehörschäden
  VDI-R. 2550: Lärmabwehr im Baubetrieb bei Baumasch.
	[1.39]

Maximale Immissionswerte, Wirkungskriterien, wirkungsbezogene Meß- und Erhebungsverfahren
  VDI-R. 2306: MIK-Werte für 50 organische Verbindungen
  VDI-R. 2310: MIK-Werte für verschiedene Stoffe. MIK-Werte zum Schutze der Vegetation	

Ausbreitung luftfremder Stoffe in der Atmosphäre
  VDI-R. 2289: Schornsteinhöhen
  VDI-R. 3781: Schornsteinmindesthöhen für kleinere Feuerungsanlagen	

Gesetze, Verordnungen, Verwaltungsvorschriften, VDI-Richtlinien	Literatur
Begrenzung des Auswurfs luftfremder Stoffe VDI-R. 2100: Kokereien und Gaswerke. Sieb-, Brech- und Mahlanlagen VDI-R. 2109: Schwefelwasserstoff und andere schwefelhaltige Verbindungen (außer Schwefeldioxid) VDI-R. 2110: Schwefeldioxid. Koksofen-Abgase VDI-R. 2297: Dampfkessel mit Ölfeuerung VDI-R. 2116E: Zentralheizungskessel und Warmlufterzeuger mit Ölfeuerung **Analysen- und Meßverfahren** VDI-R. 2066: Staubmessungen in strömenden Gasen... VDI-R. 2450: Messen von Emissionen, Transmission und Immission luftverunreinigender Stoffe... VDI-R. 2451: Messung der Schwefeldioxid-Konzentration. Adsorptionsverfahren **Verfahren zur Abgasreinigung** **Entstaubung** VDI-R. 2260: Technische Gewährleistung für Entstauber VDI-R. 3676: Massenkraftabscheider VDI-R. 3677: Filternde Abscheider VDI-R. 3678: Elektrische Abscheider VDI-R. 3679: Naßabscheider **Schadstoffabsorption** VDI-R. 2442E: Abgasreinigung durch thermische Verbrennung VDI-R. 2443E: Abgasreinigung durch oxidierende Gaswäsche VDI-R. 3800: Kostenermittlung für Anlagen und Maßnahmen zur Emissionsminderung **VDI-Normen** im Rahmen des Lärmschutzes und der Luftreinhaltung	[1.20, 1.21]

Gesetze, Verordnungen, Verwaltungsvorschriften, VDI-Richtlinien	Literatur
Recht der Abfallwirtschaft	[1.36]
Gesetz über die Beseitigung von Abfällen und zugehörige Vorschriften (Abfallbeseitigungsgesetz AbfG vom 7. 6. 1972 in der Fassung vom 5. 1. 1977) Regelung der Voraussetzungen für eine ordnungsgemäße Beseitigung von Abfällen, insbes. von Hausmüll und hausmüllähnlichem Gewerbemüll. Verpflichtung der Kommunen zur Abfallbeseitigung ohne Beeinträchtigung des Allgemeinwohls, u.a.	[1.22]
Begriffsbestimmung und sachlicher Geltungsbereich (§ 1 AbfG)	
Sonderabfälle (§ 2, Abs. 2 und § 3, Abs. 3 AbfG)	
Ordnung der Beseitigung, Abfallbeseitigungsanlagen (§ 4 AbfG) und ihre Zulassung (Planfeststellung, Genehmigung, § 7 AbfG)	
Abfallbeseitigungspläne der Länder (§ 6 AbfG)	
Betriebsbeauftragte für Abfall (§ 11 AbfG)	
Rechtsverordnungen wie	
Verordnung zur Bestimmung von Abfällen nach § 2, Abs. 2 AbfG (Abfallarten, Abfallkatalog)	[1.23]
Verordnung über den Nachweis von Abfällen aufgrund von § 11, Abs. 3 AbfG (Nachweisbuch, Bestandsblätter, Abfallbegleitschein)	[1.24]
Verordnung über Betriebsbeauftragte für Abfall aufgrund von § 11 AbfG	[1.25]
Verordnung über das Einsammeln und Befördern von Abfällen	[1.26]
Verordnung über die Einfuhr von Abfällen (Vorschriften für den grenzüberschreitenden Verkehr)	[1.27]
Spezielle Regelungen für die Beseitigung von Stoffen, die nicht dem Abfallbeseitigungsgesetz unterliegen	
Altölgesetz	[1.28]
Tierkörperbeseitigungsgesetz	[1.29]
Länder-Abfallbeseitigungsgesetze und ggf. **Landesverordnungen**	[1.30]

Gesetze, Verordnungen, Verwaltungsvorschriften, VDI-Richtlinien	Literatur
Recht der Wasserwirtschaft	[1.36]
Wasserhaushaltsgesetz (WHG) vom 16. 10. 1976 Einleitende Bestimmungen (§ 1) Gemeinsame Bestimmungen für die Gewässer (§ 1a bis 22) Bestimmungen für oberirdische Gewässer (§ 23 bis 32) Bestimmungen für Küstengewässer (§ 32a bis 32b) Bestimmungen für das Grundwasser (§ 33 bis 35) Wasserwirtschaftliche Planung, Wasserbuch (§ 36 bis 37) Straf- und Bußgeldbestimmungen (§ 38 bis 42) Schlußbestimmungen (§ 43 bis 45) Grundsätze über Erlaubnis oder Bewilligung zur Benutzung von Gewässern (Wasserentnahme, Wasserreinhaltung, Abwasserbeseitigung und Abwassereinleitung insbes. gemäß § 7a WHG, Bestellung von Betriebsbeauftragten für Gewässerschutz gemäß § 21 WHG)	[1.31, 1.32]
Abwasserabgabengesetz (AbwAG) vom 13. 9. 1976 Für das Einleiten von Abwasser in Gewässer ist eine von den Ländern zu erhebende Abgabe zu entrichten, die sich nach der Schädlichkeit des Abwassers richtet. Die Schädlichkeit wird in Schadeinheiten, abhängig von Abwassermenge, Anteil von absetzbaren und oxidierbaren Stoffen im Abwasser und seiner Giftigkeit angegeben (siehe Kapitel 3).	[1.32, 1.33]
Waschmittelgesetz Auflagen für Wasch- und Reinigungsmittel, die hergestellt und in den Verkehr gebracht werden	[1.34]
Länder-Wassergesetze	[1.32, 1.36]

Bild 1.4 Informations- und Dokumentationssystem Umwelt (UMPLIS) und wichtige Datenbanken des Umweltbundesamtes (schematisch) (Darstellung nach Unterlagen des Umweltbundesamtes [1.38])

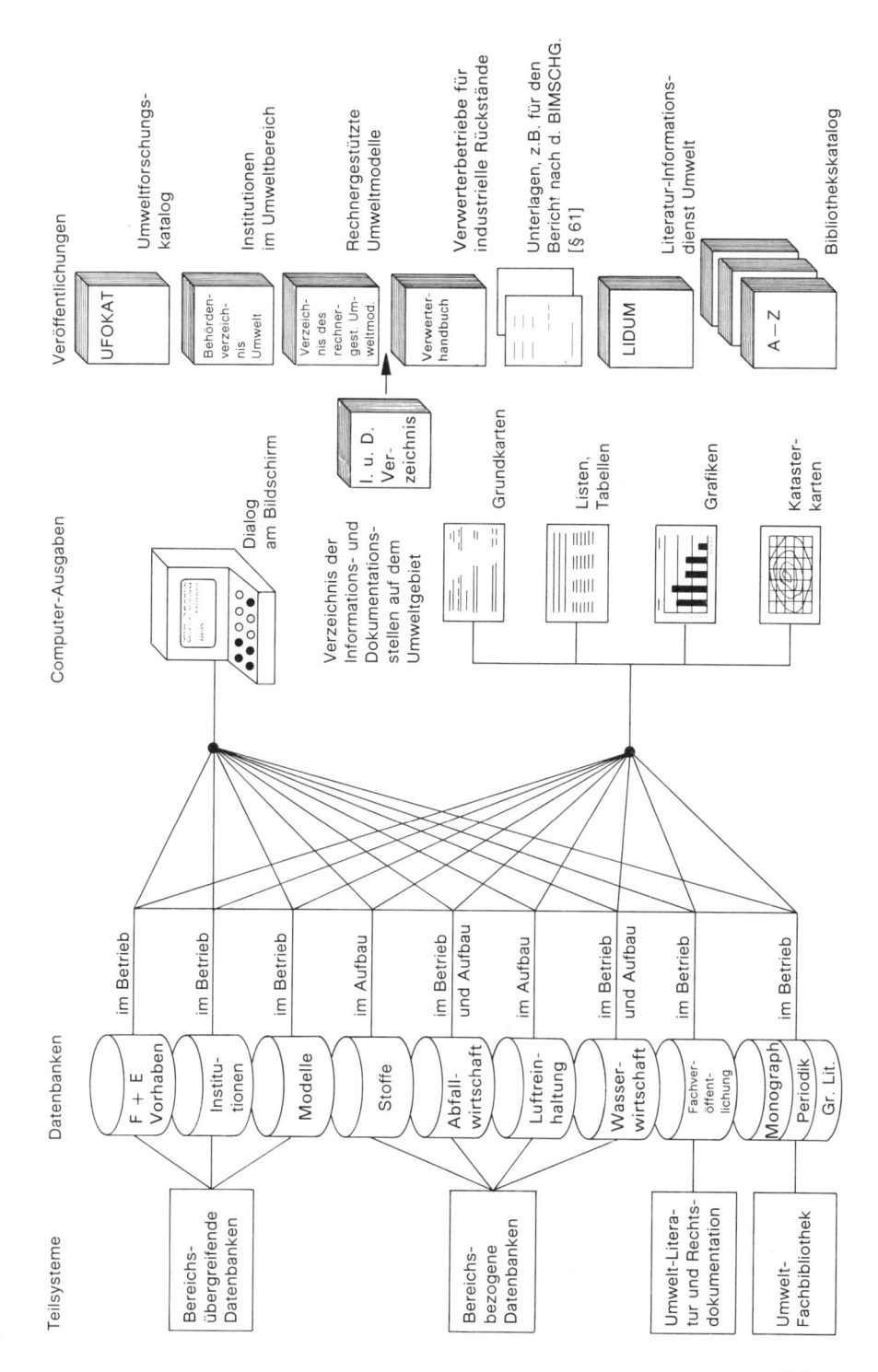

Teilsysteme	Datenbanken		Computer-Ausgaben	Veröffentlichungen	
	F + E Vorhaben	im Betrieb	Dialog am Bildschirm	UFOKAT	Umweltforschungskatalog
Bereichsübergreifende Datenbanken	Institutionen	im Betrieb		Behördenverzeichnis Umwelt	Institutionen im Umweltbereich
	Modelle	im Betrieb	I. u. D. Verzeichnis	Verzeichnis des rechnergest. Umweltmod.	Rechnergestützte Umweltmodelle
	Stoffe	im Aufbau		Verwerterhandbuch	Verwerterbetriebe für industrielle Rückstände
Bereichsbezogene Datenbanken	Abfallwirtschaft	im Betrieb und Aufbau	Verzeichnis der Informations- und Dokumentationsstellen auf dem Umweltgebiet		Unterlagen, z.B. für den Bericht nach d. BIMSCHG. [§ 61]
	Luftreinhaltung	im Aufbau	Grundkarten		
	Wasserwirtschaft	im Betrieb und Aufbau	Listen, Tabellen	LIDUM	Literatur-Informationsdienst Umwelt
Umwelt-Literatur und Rechtsdokumentation	Fachveröffentlichung	im Betrieb	Grafiken		
Umwelt-Fachbibliothek	Monograph Periodik Gr. Lit.	im Betrieb	Katasterkarten	A – Z	Bibliothekskatalog

Tabelle 1.4 Umweltrelevante Informationen

Umweltprogramme (Bundesregierung, Landesregierungen)
Umweltberichte (Bundesregierung, Bundesministerien, Landesregierungen)
Umweltrecht Raumordnungs- und Landesplanungsrecht Naturschutz, Landschaftspflege Verordnungen, Verwaltungsvorschriften
VDI-Richtlinien, VDI-Normen, ZfA-Merkblätter
Veröffentlichungen des Umweltbundesamtes Berichte, Materialien, UMPLIS, LIDUM
Veröffentlichungen der Landesämter für Umweltschutz
Veröffentlichungen von Forschungsinstituten, Schriftenreihen
Primärliteratur in Fachzeitschriften, Fachbüchern, Firmen- und Patentschriften
Handbücher

2 Behandlung fester Abfälle

2.1 Abfälle, Abfallrecht

Das Gesetz über die Beseitigung von *Abfällen (Abfallbeseitigungsgesetz AbfG)* vom 7. Juni 1972 definiert in § 1 Abs. 1 Abfälle als «bewegliche Sachen, deren sich der Besitzer entledigen will und deren geordnete Beseitigung zur Wahrung des Wohls der Allgemeinheit geboten ist». Nach ihrer Herkunft sind dabei kommunale und gewerbliche Abfälle sowie Sonderabfälle zu unterscheiden. Zu ihnen zählen, zum Teil über das AbfG hinausgehend eigenen gesetzlichen Vorschriften unterliegend:

- Hausmüll (Speisereste, Küchenabfälle, Papierabfälle, Verpackungsmaterialien, Heizungsrückstände, Scherben, Glas), im allgemeinen wöchentlich eingesammelt;
- Sperrmüll (grober Hausmüll, im wesentlichen Verpackungsmaterialien), im allgemeinen in Abständen von 1 bis 2 Monaten abgefahren;
- Sperrgut (großvolumige Abfälle, ausgediente Einrichtungsgegenstände), im allgemeinen in Abständen von ca. einem Jahr abgefahren;
- hausmüllähnliche Abfälle aus Gewerbe und Industrie («Geschäftsmüll»);
- Straßenkehricht, Marktabfälle;
- Abfälle aus privaten und kommunalen Gartenanlagen;
- Industriemüll, industrielle Sonderabfälle (feste Produktionsrückstände, Fehlchargen, Flugasche, Formsand usw.);
- Bauschutt, Bodenaushub;
- Sonderabfälle, die gesondert beseitigt werden müssen (Autoreifen, Autowracks, Härtesalze usw.);
- Krankenhausabfälle;
- Abfälle, die in den Geltungsbereich des Tierkörperbeseitigungsgesetzes, des Fleischbeschaugesetzes und des Viehseuchengesetzes fallen;
- Abfälle, für die das Pflanzenschutzgesetz gilt;
- radioaktive Abfälle im Sinne des Atomgesetzes;
- Abfälle, die beim Aufsuchen, Gewinnen, Aufbereiten und Weiterverarbeiten von Bodenschätzen in den der Bergbauaufsicht unterstehenden Betrieben anfallen;
- flüssige Abfälle (häusliche und gewerbliche Abwässer und Schlämme, spezielle flüssige Rückstände aus Produktionsprozessen, Altöle gemäß Altölgesetz, radioaktive Rückstände).

In den Folgeabschnitten werden ausgewählte Verwertungs- und Beseitigungsverfahren für feste Abfälle und Schlämme behandelt.

Das *Abfallbeseitigungsgesetz (AbfG)* [2.1] regelt in der ursprünglichen Fassung die bloße Beseitigung von Hausmüll, hausmüllähnlichem Gewerbemüll und nicht weiter spezifiziertem Sondermüll. Über die Beseitigungspflicht (§ 3) wird festgelegt, *wer* für die Beseitigung zuständig ist. Über den Grundsatz, die Abfallbeseitigung dürfe das Allgemeinwohl nicht beeinträchtigen, wird das *Wie* dieser Beseitigung geregelt. § 4 definiert die Beseitigungsanlagen zur Behandlung, Lagerung und Ablagerung. § 7 bis 9, 20 bis 29 regeln die behördliche Zulassung und Überwachung von Abfallbeseitigungsanlagen auch unter Übergreifen von § 4 BImSchG und damit *wo* und unter welchen Voraussetzungen Abfälle beseitigt werden dürfen. Das Abfallrecht wurde mit dem *1. Gesetz zur Änderung des AbfG* von 1976 fortentwickelt, insbesondere zur Verbesserung der Kontrolle gefährlicher Sonderabfälle (§ 2 Abs. 2 besonders überwachungsbedürftige Abfälle; automatische Nachweispflicht; § 4, 6 Auskunfts- und Planungspflichten für diese Sonderabfälle; § 11a Institution des *Betriebsbeauftragten für Abfall* für die betriebsinterne Kontrolle der Abfallbeseitigung und die Entwicklung und Einführung von Verfahren zur Verminderung des Abfallanfalls und der Abfallverwertung). Durch die beiden abgelaufenen Phasen des Abfallrechts wurde eine umfassende Neuorganisation der Abfallbeseitigung in qualitativer wie auch in organisatorischer Sicht erreicht. Es wurde insbesondere erreicht, daß ca. 50 000 vor 1972 vorhandene Müllkippen mit unkontrollierter Abfallablagerung geschlossen und durch ca. 4000 geordnete Abfallbeseitigungseinrichtungen ersetzt wurden.

Eine Weiterentwicklung des Abfallrechts ist durch den *Entwurf eines 2. Gesetzes zum AbfG* vom 15. Januar 1980 bereits vorgesehen. Er soll kurzfristig insbesondere folgende Ziele erreichen:
- stärkere Berücksichtigung von wirtschaftlichen Verwertungsmöglichkeiten bei der Abfallbeseitigung;
- Beschränkung der Abfalltransportgenehmigungen auf das unerläßliche Maß und Subdelegation von Verordnungsermächtigungen und damit Entbürokratisierung des Vorschriftenkomplexes; Neuregelung für das Ausbringen von Stoffen auf landwirtschaftlich genutzte Böden.

Mit einer längerfristigen Fortschreibung des Abfallrechts sollte m.E. sowohl für den privaten als auch für den kommunalen und gewerblich-industriellen Bereich eine allmähliche Hinführung auf ein rohstoff- und energiebewußtes Verhalten bei der Erzeugung, Erfassung, Verwertung und Beseitigung von Abfällen geprägt werden, entsprechend etwa folgenden Leitlinien:
- Abkehr vom «Ex-und-hopp»-Prinzip, Mehrfachverwendung von Flaschen und Verpackungen;
- Entwicklung umweltfreundlicher Technologien mit geringem Schadstoffanteil («weniger Abfall»!);
- Verbesserung des defensiven Umweltschutzes durch optimale Abfallaufarbeitung zur Rückgewinnung rezirkulierbarer Rohstoffe und zur Energieerzeugung («Abfall als Rohstoffe und als Energiequelle»!);

☐ verbesserte Vorbereitung von Recycling- und Aufarbeitungsverfahren durch getrennte Erfassung der Abfälle nach Abfallgruppen im Entstehungsbereich (z.B. Separatsammlung von Glas, Altpapier, Altmetallen, Kunststoffabfällen).

Die Ausführung der Abfallbeseitigung im Rahmen des AbfG obliegt den Bundesländern und wird dort durch *Länderabfallbeseitigungsgesetze* und *Landesverordnungen* geregelt. Es resultieren im wesentlichen folgende Festlegungen:
☐ Festlegung der nach Landesrecht als Träger der Abfallbeseitigung zuständigen Körperschaften des öffentlichen Rechts (§ 3 Abs. 2 AbfG);
☐ Festlegung des Verfahrens zur Aufstellung von Abfallbeseitigungsplänen (§ 6 Abs. 2 AbfG);
☐ Festlegungen zur Durchführung der Planfeststellungs- und Genehmigungsverfahren für die Einrichtung und den Betrieb von Abfallbeseitigungsanlagen (§ 7 AbfG) und zu deren Beseitigung bzw. Stillegung;
☐ Bestimmung der im jeweiligen Bundesland zuständigen Behörden für den Vollzug der im AbfG enthaltenen Vorschriften.

2.2 Arten, Mengen, Zusammensetzung und Eigenschaften fester Abfallstoffe

Zur Planung, Durchführung und Überwachung von Abfallverwertung und -beseitigung müssen laufend Arten und Mengen von Abfällen erfaßt werden. Dies geschieht mittels Abfallkataster und eines ihm zugeordneten Abfallkatalogs *(Bild 2.1)*. Die Daten des Abfallkatasters werden durch Umfragen und Auswertungen von Abfall-Begleitscheinen laufend ergänzt und fortgeschrieben.

Industrielle Sonderabfälle sind nach Art und Menge aus Bilanzrechnungen um die Produktionsanlagen, in denen sie anfallen, gut erfaßbar. Sie werden im allgemeinen mit speziellen Entgiftungs- und Aufarbeitungsverfahren getrennt von den übrigen Abfällen behandelt oder in Spezialdeponien geordnet und auf spezielle Weise vorbereitet abgelagert. Bei der Spezifikation nichtindustrieller Abfälle wie Hausmüll, hausmüllähnlicher Gewerbemüll, Sonderabfälle aus dem Konsumbereich ist man dagegen auf Stichprobenerfassungen, Abfallkataster und Schätzungen bzw. Hochrechnungen angewiesen. Art, Menge und Zusammensetzung dieser Abfälle schwanken nämlich jahreszeitlich und regional. Sie sind abhängig von den Lebensgewohnheiten der Bürger, ihrer wirtschaftlichen Situation, ihrem Konsumverhalten, von dem sich stetig wandelnden Angebot an Konsumgütern und ggf. regulierenden Vorschriften beispielsweise zur Gestaltung von Verpackungen.

Die Gesamtabfallmasse einschließlich inerter Abfälle machte 1978 bei uns in der Bundesrepublik Deutschland ca. 130 Mio. t aus, was einer Pro-Kopf-Masse von ca. 2 t/E · a entsprach. Man rechnet mit einer mittelfristigen massenbezogenen Steigerung von 2 bis 3% pro Jahr. Hierin sind Sonderabfälle aus der Rauchgasreinigung bei Müllverbrennungsanlagen und Abfälle, die wegen internationaler

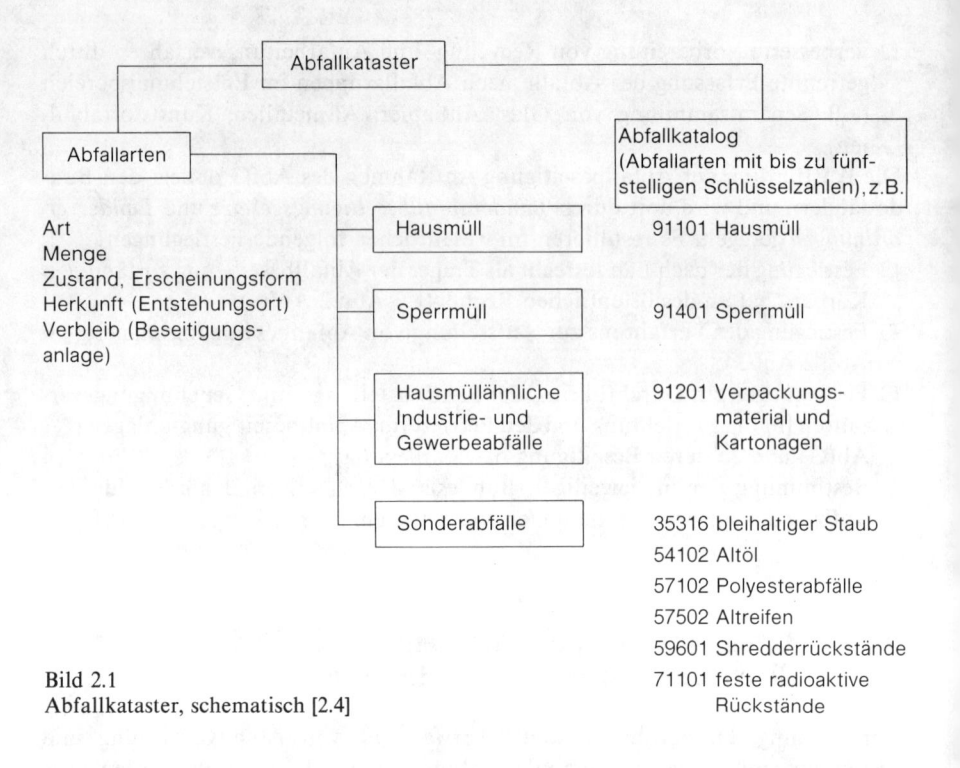

```
                        Abfallkataster
        ┌───────────────────┴───────────────────┐
   Abfallarten                            Abfallkatalog
                                          (Abfallarten mit bis zu fünf-
                                          stelligen Schlüsselzahlen), z.B.
```

Art   Hausmüll   91101 Hausmüll
Menge
Zustand, Erscheinungsform
Herkunft (Entstehungsort)   Sperrmüll   91401 Sperrmüll
Verbleib (Beseitigungs-
anlage)

                             Hausmüllähnliche   91201 Verpackungs-
                             Industrie- und   material und
                             Gewerbeabfälle   Kartonagen

                             Sonderabfälle   35316 bleihaltiger Staub
                                                   54102 Altöl
                                                   57102 Polyesterabfälle
                                                   57502 Altreifen
                                                   59601 Shredderrückstände
Bild 2.1   71101 feste radioaktive
Abfallkataster, schematisch [2.4]   Rückstände

Vereinbarungen zur Reinhaltung der Meere zukünftig nicht mehr auf See beseitigt werden dürfen, nicht berücksichtigt.

Tabelle 2.1 gibt einen detaillierten Überblick über Aufkommen und Arten von Abfällen, bezogen auf die Verhältnisse in unserem Land. (Im Erfassungsjahr 1975 gab es nach Daten des Statistischen Bundesamts im öffentlichen Bereich 4599 Abfallbeseitigungsanlagen, davon 4415 Deponien, 48 Müllverbrennungsanlagen und 24 Kompostwerke – dies zur Gegenüberstellung zu den Werten der Tabelle.)

Für Auswahl und Projektierung von Abfallverwertungs- und -beseitigungsverfahren sind folgende Daten und Eigenschaften des «Mülls» als Sammelbegriff für Abfallstoffe unterschiedlicher Herkunft zu ermitteln:

Müllmenge

Die *Müllmenge* wird für einen bestimmten Erfassungsbereich gravimetrisch über das Müllgewicht erfaßt. Hierzu sind die zum Mülltransport eingesetzten Sammelfahrzeuge laufend oder während im allgemeinen zweier Bezugswochen pro Monat im leeren und beladenen Zustand zu erfassen und zu wiegen; die Wägedifferenz entspricht dem Gewicht der Mülladung. Die Jahresmüllmenge $\dot{m}$, angegeben in t/a oder kg/a, ergibt sich dann aus

Tabelle 2.1 Abfallmengen und -arten in der Bundesrepublik Deutschland 1975 [2.6]

Abfallart	Abfallmasse, insgesamt (Mio. t)	Spezifische Abfallmasse (kg/E · a)	Zusammenfassung nach Abfallgruppen und Behandlungsart
Hausmüll und Sperrmüll	19,0	290	Verwertbare Abfälle, aufarbeitbar durch Sortierverfahren, Kompostierung, thermische Verfahren (74,5 Mio. t oder 1129 kg/E · a)
Hausmüllähnliche Gewerbeabfälle	7,4	110	
Klärschlämme aus Hauskläranlagen	10,0	150	
Klärschlämme aus mechanisch-biologischen Anlagen	33,6	510	
Problematischer Düngerüberschuß aus der Massentierhaltung	3,0	46	
Gewerbliche Schlachtabfälle	1,5	23	
	74,5	1129	
Bauschutt und Bodenaushub	72,0	1091	Inertmaterial, durch geordnetes Ablagern auf Deponien zu beseitigen (132,8 Mio. t oder 2012 kg/E · a)
Inertmaterial aus Bergbau, Stahlgewinnung usw.	13,4	203	
Abraum, Gruben und Waschberge	47,4	718	
	132,8	2012	
Sonderabfälle	3,0	46	Sonderabfälle, in Spezial- und Sonderabfallanlagen zu behandeln (18,74 Mio. t oder 285 kg/E · a)
Produktionsspezifische Abfälle	14,1	214	
Autowracks	1,3	20	
Altreifen	0,34	5	
	18,74	285	
Insgesamt	226,04	3426	

$$\dot m = 2 \cdot \sum_{1}^{26} \dot m_w = 52 \cdot \Sigma\, n_i \cdot z_i \cdot m_i \tag{2.1}$$

worin bedeuten:

$\dot m_w$ (kg/Woche) gesamte Müllmasse pro Erfassungswoche,
m_i (kg) Müllmasse eines Transportfahrzeugs i,
n_i Zahl der Transportfahrzeuge,
z_i (1/Woche) Zahl der Wägungen pro Transportfahrzeug i und Woche.

Für die jährliche *einwohnerspezifische Müllmenge* $\dot m_E$ gilt

$$\dot m_E = \frac{\dot m}{n_E} \quad (\text{kg/E} \cdot \text{a}) \tag{2.2}$$

mit n_E als der Zahl der Einwohner im Erfassungsbereich.

Müllvolumen, Mülldichte

Müllmasse $\dot m$, *Müllvolumen* $\dot V$ und *Müllraumdichte* ϱ_M sind durch folgende Beziehungen verknüpft

$$\dot m = \dot V \cdot \varrho_M \tag{2.3}$$

Das Müllvolumen $\dot V$ läßt sich analog Gl. (2.1) aus der Zahl $n_{S,i}$ der wöchentlich geleerten Sammelgefäße und deren Einzelvolumina $V_{S,i}$ bestimmen

$$\dot V = 52 \cdot \Sigma\, n_{S,i} \cdot V_{S,i} \tag{2.4}$$

Das Müllvolumen ist wegen der unterschiedlichen Kompressibilität des Mülls nicht eindeutig festlegbar; es eignet sich daher nicht für statistische Untersuchungen als Grundlage von Abfallwirtschaftsplanungen.

Für die *Müllraumdichte* ϱ_M ergibt sich als Ergebnis statistischer Auswertungen für den untersuchten Bereich des einwohnerspezifischen wöchentlichen Müllvolumens von 10 bis 30 l/E · Woche

$$\varrho_M = 0{,}316 - 0{,}105 \cdot \frac{\dot V}{n_E}\ [\text{t/m}^3] \tag{2.5}$$

(Wird der Müll nach seiner Entleerung in den Transportbehälter des Mülltransportfahrzeuges dort verdichtet, so gilt für das *Verdichtungsverhältnis* ε

$$\varepsilon = \frac{a}{\varrho_M} \cdot 100 \approx 2\ \text{bis}\ 4 \tag{2.6}$$

mit a als dem *Nutzfaktor* des Transportfahrzeugs

$$a = \frac{m_i}{V_i \cdot 100} \tag{2.7}$$

V_i ist der Nutzraum des Transportfahrzeugs.)

Ein *Beispiel* möge die Begriffe Müllmenge, Müllvolumen und Müllraumdichte verdeutlichen:

In einem Erfassungsbereich mit 150 000 Einwohnern werden nach dem Umleerverfahren 11 000 50-l-Mülleimer und 23 000 110-l-Mülltonnen wöchentlich geleert. Wie groß sind Müllvolumen, Müllraumdichte und Müllmenge? Wieviel Transportfahrzeuge mit einem Nutzraum von 13 m³ sind erforderlich, wenn zwei Ladungen pro Arbeitstag und damit 10 Wägungen je Woche und Fahrzeug möglich sind? Das Verdichtungsverhältnis sei 3.

Gegebene Daten: $n_E = 150\,000$; $n_{S,1} = 11\,000$; $n_{S,2} = 23\,000$; $V_{S,1} = 0{,}05$ m³; $V_{S,2} = 0{,}11$ m³; $\varepsilon = 3$; $z_i = 10$; $V_i = 13$ m³.

Zahlenrechnung:

Für das jährlich anfallende *Müllvolumen* $\dot{V}$ erhält man mit Gl. (2.4)

$$\dot{V} = 52\,(11\,000 \cdot 0{,}05 + 23\,000 \cdot 0{,}11) = 160\,160 \text{ m}^3/\text{a}$$

Die *Müllraumdichte* ϱ_M in Mülleimer bzw. Mülltonne, abgeschätzt mit Gl. (2.5), ergibt sich zu

$$\varrho_M = 0{,}316 - 0{,}105 \cdot \frac{160\,160}{150\,000} = 0{,}2 \text{ t/m}^3$$

Für die jährliche *Müllmenge* $\dot{m}$ erhält man dann (Gl. (2.3))

$$\dot{m} = 0{,}2 \cdot 160\,160 = 32\,032 \text{ t/a}$$

(Rechnete man mit einer konstanten jährlichen Steigerungsrate des Müllaufkommens von $p = 2{,}5\%$ auf ein um $j = 5$ Jahre späteres Erfassungsjahr hoch, so ergäbe sich eine jährliche Müllmenge von

$$\dot{m}_j = \dot{m} \cdot \left(1 + \frac{j \cdot p}{100}\right) = 32\,032 \cdot \left(1 + \frac{5 \cdot 2{,}5}{100}\right) = 36\,036 \text{ t/a.})$$

Die jährliche Müllmenge $\dot{m}$ entspricht einer *einwohnerspezifischen Müllmenge* $\dot{m}_E$ gemäß Gl. (2.2)

$$\dot{m}_E = \frac{32\,032\,000}{150\,000} = 213{,}6 \text{ kg/E} \cdot \text{a}$$

Die pro Transportfahrzeug zuladbare Müllmenge m_i ergibt sich aus

$$m_i = V_i \cdot \varepsilon \cdot \varrho_M = 13 \cdot 3 \cdot 0{,}2 = 7{,}8 \text{ t}$$

Für die erforderliche Zahl n_i der Transportfahrzeuge folgt dann aus Gl. (2.1)

$$n_i = \frac{\dot{m}}{52 \cdot z_i \cdot m_i} = \frac{32\,032}{52 \cdot 10 \cdot 7{,}8} = 7{,}9 \text{ also } 8$$

```
                    Rohmüll-Durchschnittsprobe
                        (1000 bis 2000 kg)
                              │
                              ▼
                        ┌───────────────┐
                        │ Siebanalyse   │
                        └───────────────┘
          ┌──────────┬──────────┴──────────┬──────────┐
          ▼          ▼                     ▼          ▼
      Feinmüll   Mittelmüll            Grobmüll    Siebreste
      0 bis 8 mm  8 bis 40 mm          40 bis 120 mm  > 120 mm
          │          │                     │          │
          ▼          ▼                     ▼          ▼
    ┌──────────────────────────────────────────────────────┐
    │     Separatwägung der Einzelfraktionen               │
    │         und Bestimmung ihrer Massenanteile           │
    └──────────────────────────────────────────────────────┘
```


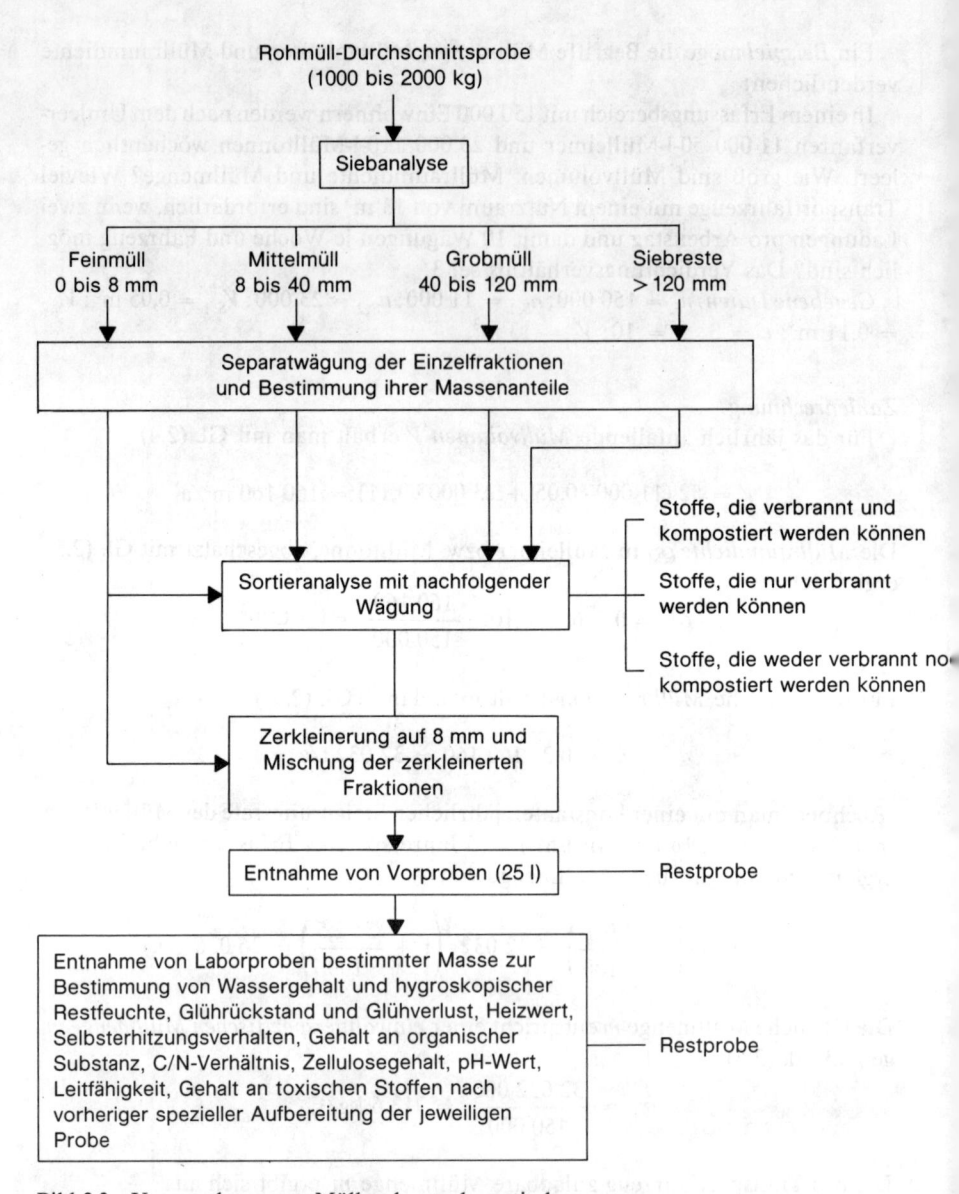

Sortieranalyse mit nachfolgender Wägung
— Stoffe, die verbrannt und kompostiert werden können
— Stoffe, die nur verbrannt werden können
— Stoffe, die weder verbrannt noch kompostiert werden können

Zerkleinerung auf 8 mm und Mischung der zerkleinerten Fraktionen

Entnahme von Vorproben (25 l) — Restprobe

Entnahme von Laborproben bestimmter Masse zur Bestimmung von Wassergehalt und hygroskopischer Restfeuchte, Glührückstand und Glühverlust, Heizwert, Selbsterhitzungsverhalten, Gehalt an organischer Substanz, C/N-Verhältnis, Zellulosegehalt, pH-Wert, Leitfähigkeit, Gehalt an toxischen Stoffen nach vorheriger spezieller Aufbereitung der jeweiligen Probe — Restprobe

Bild 2.2 Untersuchung von Müllproben, schematisch

Acht Fahrzeuge werden zum Abtransport des Mülls bei zwei Füllungen pro Tag benötigt. Dies entspricht fast der Richtzahl von einem Mülltransportfahrzeug pro 15 000 Einwohner des Erfassungsbereichs. Ersatzfahrzeuge sind dabei nicht berücksichtigt.

Müllzusammensetzung

Die Müllzusammensetzung schwankt in weiten Grenzen, wobei Gemeindegröße/Region, Jahreszeit und soziale Struktur des Erfassungsgebietes wichtige Einflußgrößen sind. Sie muß daher durch Analyse möglichst repräsentativer Durchschnittsproben ermittelt werden. Diese Durchschnittsproben sind aus möglichst vielen Teilproben aus unterschiedlichen Erfassungs- und Sammelbereichen mehrmals im Jahr zusammenzustellen und gemäß *Bild 2.2* zu analysieren. (Detaillierte Vorschriften zur Probeentnahme und ihrer Behandlung sind in den Merkblättern M3 bis M6 in [2.4] enthalten.)

Tabelle 2.2 gibt eine vereinfachte Übersicht über die Zusammensetzung von Müll und Hausmüll.

Aus *Tabelle 2.3* sind die mittleren Wertstoffgehalte des Hausmülls ersichtlich.

Bild 2.3 zeigt die Entwicklung des spezifischen Müllaufkommens und die Müllzusammensetzung am Beispiel der Stadt Stuttgart. Man erkennt insbesondere eine ständig weitere Abnahme der Müllraumdichte, im wesentlichen bedingt durch den weiteren Rückgang des Feinmüllanteils und die Zunahme des Anteils der Verpackungsmaterialien Papier, Feinpappe und Kunststoffe.

Der *Wassergehalt* des Hausmülls wird im wesentlichen durch den Anteil an kompostierbaren organischen Substanzen bestimmt. Zu seiner Festlegung werden Müllproben bis auf Gewichtskonstanz getrocknet; die Differenz der Massen von feuchter und annähernd trockener Probe entspricht dann dem Wassergehalt. Der Wassergehalt ist jahreszeitlich unterschiedlich; er liegt in der Bundesrepublik Deutschland bei 35 bis 45 Ma.-% für Sommerhausmüll und bei 15 bis 30 Ma.-% für Winterhausmüll. Kommunale Klärschlämme enthalten mehr als 90 Ma.-% Wasser.

Hausmüll besteht insgesamt aus organischen und mineralischen Festsubstanzen und Wasser («Grundwerte» des Hausmülls). Wird eine getrocknete Müllprobe in Porzellantiegeln im Glühofen bei 775 °C geglüht (analog DIN 51719 für feste Brennstoffe), verbleiben als *Glührückstand* die inerten mineralischen Anteile. Der *Glühverlust* der Müllprobe entspricht den beim Glühen flüchtigen organischen brennbaren und teilweise auch kompostierbaren Anteilen.

Für die Verrottung des Mülls zu Kompost spielt das Verhältnis von verfügbarem organischem Kohlenstoff des Mülls zu seinem verfügbaren organischen Stickstoff *(C/N-Verhältnis)* eine wesentliche Rolle. Der Gehalt an organisch gebundenem Kohlenstoff im Müll wird durch Naßverbrennung von Müllproben und die quantitative Erfassung des dabei entstandenen Kohlendioxids festgestellt [2.4]. Die Stickstoffbestimmung wird im allgemeinen nach der Kjeldahl-Methode vorge-

Tabelle 2.2 Zusammensetzung von Müll nach Stoffgruppen [2.4], [2.7], [2.8] (grobe Durchschnittswerte der Zusammensetzung)

Müllart	Massenanteil insgesamt (%)	Massenanteil im Hausmüll (%)
Hausmüll	70 bis 80	
Stoffgruppe 1: Stoffe, die verbrannt oder kompostiert werden können		30 bis 60
Gesamtmittelmüllfraktion der Siebanalyse im Korngrößenbereich 8 bis 40 mm, organische Küchenabfälle, vegetabilische Abfälle, Papier, dünne Pappen, Stroh, Textilien, Knochen (jeweils nach Zerkleinerung)		
Stoffgruppe 2: Stoffe, die nur verbrannt werden können		4 bis 7
Holz, starke Pappen, Leder, Gummi, Kunststoffe		
Stoffgruppe 3: Stoffe, die weder verbrannt noch kompostiert werden können («Inertmaterialien»)		14 bis 25
Eisen und Nichteisenmetalle, Glas, Porzellan, Tonscherben, Steine, Ziegelbrocken		
Stoffgruppe 4: Feinmüll mit Kornabmessungen unter 8 mm, zum Teil kompostier- und verbrennbar		20 bis 35
Asche, Sand, organische Anteile		
Sperrgut, Brennbares und Unbrennbares aus Gewerbe und Kleinindustrie	1 bis 14	
Brennbare und nicht brennbare Industrieabfälle	10 bis 20	
Straßenkehricht, Gartenabfälle	10 bis 20	

Tabelle 2.3 Mittlere Wertstoffgehalte von Hausmüll in Massenprozenten [2.9], [2.10]

	Bundesrepublik Deutschland	USA
Papier, Pappen	28	45
Glas	9	9
Metalle	5	9
(Eisen	4,5	7,5
Nichteisenmetalle)	0,5	1,5
Kunststoffe	4	1
Organische Bestandteile	35	23

nommen. Das C/N-Verhältnis kompostierbaren Mülls sollte bei etwa 35 liegen; bei der Verrottung soll es auf Werte um 20 abgesenkt werden. Das C/N-Verhältnis häuslicher Abwasserschlämme schwankt zwischen etwa 5 und 20.

Der Gehalt des Mülls an sauerstoffzehrenden Stoffen, die in wäßriger Phase reduzierend wirken, und Salzen wird durch *pH-Wert-* und *Leitfähigkeits-Messungen* sowie durch *BSB_5-, COD-* und *$KMnO_4$-Verbrauchsbestimmungen* an wäßrigen Sicker- oder Schüttelextrakten von Müllproben bestimmt [2.4, 2.9].

Der Gehalt des Mülls an Giftstoffen anorganischer Art wie Schwermetalle oder organischer Art wie Phenole, Cyanide usw. wird im allgemeinen stoffspezifisch ermittelt.

Heizwert

Zur Beurteilung der Verbrennbarkeit von Müll dient dessen Heizwert, der als *oberer Heizwert* H_o kalorimetrisch als Verbrennungsenthalpie von Müllproben gemäß DIN 51708 bestimmt wird. H_o kann auch mit der folgenden empirisch gewonnenen Korrelation

$$H_o = 523 \cdot w_{Gl}^{0,77} \quad [kJ/kg] \qquad (2.8)$$

abgeschätzt werden, wenn der Glühverlust w_{Gl} (Ma.-%) der Müllprobe bekannt ist [2.12]. Der für Bilanzierungsrechnungen bei Müllverbrennungsanlagen zugrunde zu legende *untere Heizwert* H_u ergibt sich aus H_o durch Abzug der für die Verdampfung des im Müll enthaltenen Wassers und der zur Erwärmung seiner Inertanteile auf Verbrennungstemperatur benötigten Wärme

$$H_u = H_o \cdot \frac{100 - (w_I + w_W)}{100 - w_{WH}} - 24,5 \cdot w_W \quad [kJ/kg] \qquad (2.9)$$

Spez. Müllvolumen $\left[\dfrac{m^3}{\text{Einw./Jahr}}\right]$

Feinmüll (z.B. Sand, Asche)

Papier, Feinpappe

Organische Küchenabfälle
Glas
Metalle
Steine, Ton, Porzellan
Holz, Leder, grobe Pappe, Gum

Kunststoffe

Spez. Müllmasse $\left[\dfrac{kg}{\text{Einw./Jahr}}\right]$

Feinmüll (z.B. Sand, Asche)

Papier, Feinpappe

Organische Küchenabfälle

Glas
Metalle
Stein, Ton, Porzellan
Holz, Leder, grobe Pappe, Gum

Kunststoffe

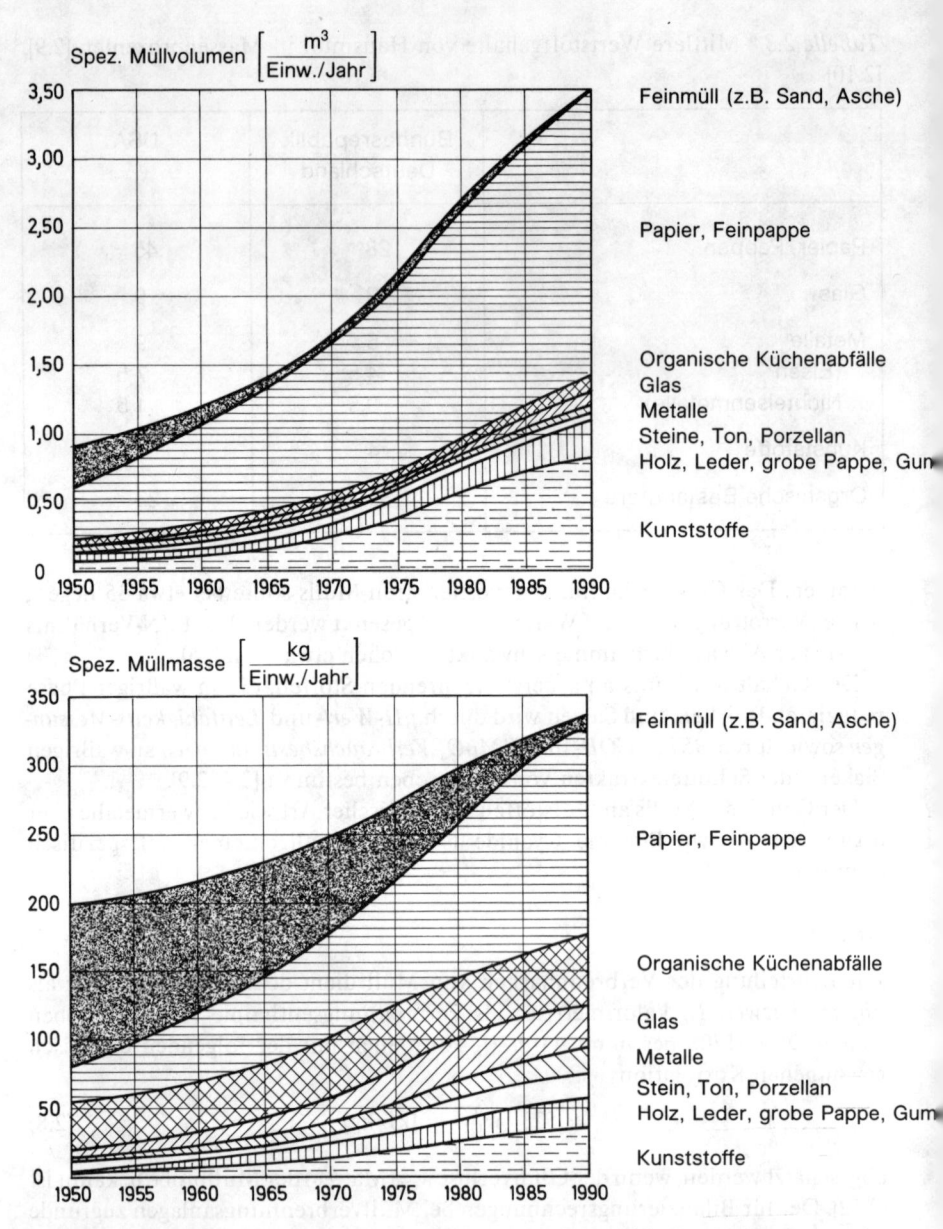

Bild 2.3 Entwicklung der spezifischen Müllmasse und des spezifischen Müllvolumens der Stadt Stuttgart
Darstellung nach Baum [2.28]

Tabelle 2.4 Ausgewählte durchschnittliche Zusammensetzung von Hausmüll nach Stoffgruppen und deren Beitrag zum Gesamtheizwert [2.11]

Stoffgruppe	Massenanteil %	Wassergehalt %	Aschegehalt %	Heizwert H_u (kJ/kg)	Heizwertbeitrag (kJ/kg Müll)	%
Papier, Pappe*	25	10	15	15 100	3775	44
Kunststoffe**	6	1	5	39 800	2388	28
Holz, Gummi, Textilien usw.	5	20	20	16 800	840	10
Feuchte organische Bestandteile (Küchenabfälle)	25	80	20	3 350	840	10
Feinmüll (<8 mm)	15	15	60	3 350	503	6
Anorganische Bestandteile (Metalle, mineralische Inerten)	20	<1	100	–	–	–
Unsortierbarer Rest	4	5	40	4 200	168	2
	100					100
Hausmüll		26	41		8514	

* Stoffgruppe Papier, Pappe

Stoff	Massenanteil %	Einzelheizwert kJ/kg
Zeitungspapier	45	16 800
Zeitschriften	30	11 800
Pappe	20	14 700
Sonstige (z.B. beschichtete Pappen)	5	21 000

** Stoffgruppe Kunststoffe

Stoff	Massenanteil %	Einzelheizwert kJ/kg
PVC	13,4	18 840
PS	17,7	35 600
PE, PP	65,1	45 700
Sonstige	3,8	31 400

w_W, w_{WH} und w_I sind die Anteile des grob bzw. hygroskopisch gebundenen Wassers im Müll und sein Anteil an inerten Stoffen, angegeben in Ma.-%.

Wenn die Müllzusammensetzung bekannt ist, ergibt sich H_u hinreichend genau aus der «Verbandsformel» zur Abschätzung des Heizwerts

$$H_u = 339 \cdot w_C + 105 \cdot w_S + 1214 \left(w_H - \frac{w_O}{8} \right) - 24,5 \cdot w_W \quad [\text{kJ/kg}] (2.10)$$

mit w_C, w_S, w_H und w_O als den Massenanteilen von Kohlenstoff, Schwefel, Wasserstoff und Sauerstoff im Müll. *Tabelle 2.4* zeigt als Beispiel eine ausgewählte durchschnittliche Zusammensetzung von Hausmüll aus einzelnen Stoffgruppen und deren Beitrag zum Gesamtheizwert. Es ist erkennbar, daß Papier, Pappe und Kunststoffe den größten Heizwertbeitrag liefern. Eine Zunahme von Wassergehalt, Glasanteil, Anteilen von Metallen und mineralischen Inerten verschlechtert den Heizwert.

Entsprechend dem steigenden Anteil an Verpackungsmaterialien im Müll wird erwartet, daß der untere Heizwert von derzeit im Mittel etwa 8000 auf etwa 12 500 kJ/kg unbehandeltem Hausmüll ansteigen wird. Eine Sortierung und Aufbereitung von Müll im Sinne von BRAM-(*B*rennstoff *a*us *M*üll-) bzw. RDF-, WDF-(*R*efuse oder *W*aste *D*erived *F*uel-)Konzepten führt zu einer weiteren Steigerung des Heizwerts.

Selbsterhitzungstest

Zur Überprüfung der Kompostierfähigkeit von Müll wird eine mit Kompost oder Blumenerde angeimpfte Müllprobe in einem Dewar-Gefäß belüftet [2.5]. Tritt nach einer gewissen Anlaufphase, bedingt durch exotherme aerobe Zersetzung organischer Müllbestandteile durch Mikroorganismen, ein Temperaturanstieg auf Werte über 40 °C auf, so ist der untersuchte Müll kompostierfähig.

2.3 Verfahren zur Behandlung fester Abfälle – Verfahrensübersicht, Verfahrensvergleich

Die Abfallbeseitigung umfaßt das Einsammeln, den Transport, die Beförderung, die Behandlung (Aufbereitung, Recycling, Verwertung), die Zwischen- und Endlagerung von Abfällen. *Bild 2.4* gibt eine schematische Übersicht über die einzelnen Verfahrensschritte der Abfallbeseitigung.

Für die *Verwertung* der Stoff- und Energieinhalte des Mülls und der Abfälle werden im wesentlichen folgende Verfahren eingesetzt:
☐ Verfahren mit dem Schwerpunkt der Stoffverwertung
   – getrennte Sammlung von Altstoffen des Mülls (Glas, Papier, Metalle usw.),
   – mechanische Müllsortier- und Trennverfahren (Recyclingverfahren),
   – Kompostierung,

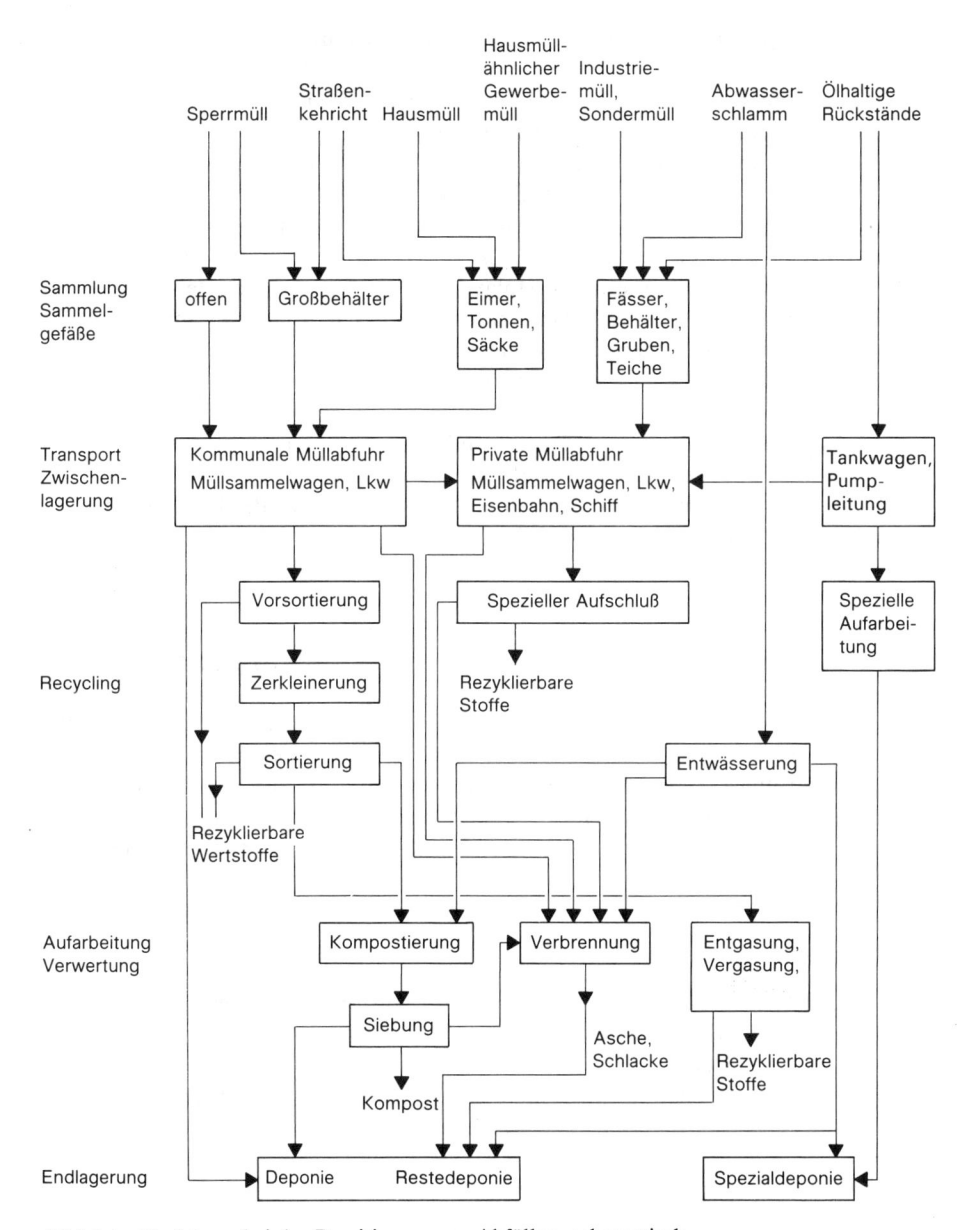

Bild 2.4 Verfahren bei der Beseitigung von Abfällen, schematisch

- Pyrolyse mit Wiederverwendung der Pyrolyseprodukte für Synthesezwekke;
☐ Verfahren mit dem Schwerpunkt der Energieverwertung
- Müllverbrennung mit Wärmeverwertung,
- Pyrolyse mit Einsatz der Pyrolyseprodukte als Energieträger.

Mit allen diesen Verfahren wird im Gegensatz zur direkten Endlagerung des Mülls eine Reduktion seines Volumens erreicht («Reduktionsverfahren»). Sie werden in den Folgeabschnitten behandelt.

Die Abfallbeseitigung sollte so erfolgen, daß die verwertbaren Bestandteile der Abfälle möglichst vollständig, betriebssicher, wirtschaftlich und umweltfreundlich rezirkuliert oder energetisch günstig genutzt werden und entsprechend nur noch unbrauchbare Rückstände zur Endlagerung übrigbleiben.

Für Vergleich und Auswahl von im Rahmen von «Abfallbeseitigungskonzepten» zusammenwirkenden Verfahren sind viele Kriterien zu beachten. *Bild 2.5* zeigt eine Auswahl solcher Auswahl- und Vergleichskriterien.

Tabelle 2.5 gibt Anhaltswerte für die spezifischen Kosten der Behandlung bzw. Beseitigung fester Abfälle.

2.4 Einsammeln und Befördern fester Abfallstoffe [2.4]

Das Einsammeln und Befördern der Abfälle vom Entstehungsort zur Aufbereitungsanlage bzw. zur Endablagerungsstelle verursacht die anteilmäßig meisten Kosten an den Gesamtkosten der geordneten Abfallbeseitigung. Dieser Anteil beträgt bis zu 70%. Die Wirtschaftlichkeit der Abfallbeseitigung kann vor allem durch den Einsatz kostengünstiger Sammel- und Transportsysteme erreicht werden.

2.4.1 Sammelsysteme [2.4]

Die Abfallsammlung umfaßt alle Vorgänge vom Einfüllen der Abfälle in die Sammelgefäße bis zur Beladung der Sammelfahrzeuge. In der Regel erfolgt die Sammlung im gleichen Bezirk einmal wöchentlich, in Ausnahmefällen (z.B. dichte Innenstadtbebauung mit hohem Geschäftsanteil) öfter. Grundsätzlich können drei Verfahren unterschieden werden:

Umleersystem,
Gefäßwechselsystem,
Einwegpackung.

Für Hausmüll wird in der Bundesrepublik Deutschland meistens das Umleersystem angewendet. Dabei werden die Behälter in die Sammelfahrzeuge entleert und zur erneuten Füllung bereitgestellt. Dies erfolgt je nach der Größe der Sammelgefäße durch zwei bis vier Lader, die zusammen mit dem Fahrer die Besatzung des Sammelfahrzeugs bilden. In ländlichen Gebieten sind teils noch *Mülltonnen*

Verfahren
— Kosten
  Betriebskosten
  Investitionskosten

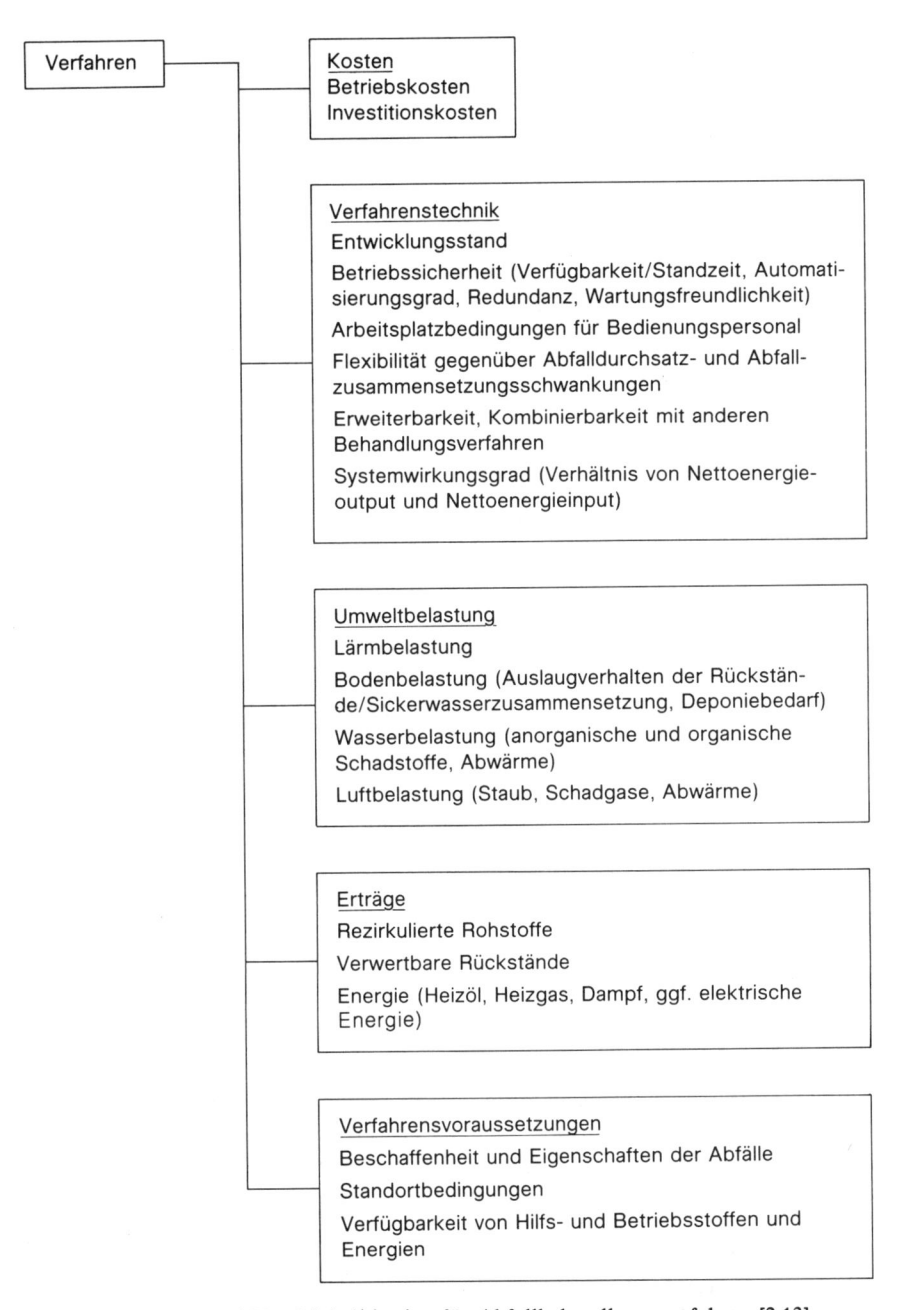

— Verfahrenstechnik
  Entwicklungsstand
  Betriebssicherheit (Verfügbarkeit/Standzeit, Automatisierungsgrad, Redundanz, Wartungsfreundlichkeit)
  Arbeitsplatzbedingungen für Bedienungspersonal
  Flexibilität gegenüber Abfalldurchsatz- und Abfallzusammensetzungsschwankungen
  Erweiterbarkeit, Kombinierbarkeit mit anderen Behandlungsverfahren
  Systemwirkungsgrad (Verhältnis von Nettoenergieoutput und Nettoenergieinput)

— Umweltbelastung
  Lärmbelastung
  Bodenbelastung (Auslaugverhalten der Rückstände/Sickerwasserzusammensetzung, Deponiebedarf)
  Wasserbelastung (anorganische und organische Schadstoffe, Abwärme)
  Luftbelastung (Staub, Schadgase, Abwärme)

— Erträge
  Rezirkulierte Rohstoffe
  Verwertbare Rückstände
  Energie (Heizöl, Heizgas, Dampf, ggf. elektrische Energie)

— Verfahrensvoraussetzungen
  Beschaffenheit und Eigenschaften der Abfälle
  Standortbedingungen
  Verfügbarkeit von Hilfs- und Betriebsstoffen und Energien

Bild 2.5 Auswahl- und Vergleichskriterien für Abfallbehandlungsverfahren [2.13]

Tabelle 2.5 Anhaltswerte für die Kostensituation bei wichtigen Abfallbeseitigungsverfahren

Beseitigungsverfahren	Investitionskosten DM/jato	Betriebskosten DM/t
Geordnete Deponie	keine allgemeine Angabe möglich, da von zu vielen Einflußgrößen abhängig	ca. 15 bis 30
Recycling	ca. 500	ca. 50 bis 70 je nach Erlössituation
Kompostierung	ca. 350 bis 500	ca. 60 bis 80 ohne Erlöse
Verbrennung mit Stromgewinnung oder Wärmelieferung	ca. 600 bis 700	ca. 40 bis 100 je nach Erlössituation
Pyrolyse	ähnlich wie bei der Verbrennung; noch nicht belegbar durch großtechnische Anlagen	
	ca. 500 bis 580*	ca. 26 bis 31*
	ca. 76 bis 89 DM/t brutto** ca. 57 bis 70 DM/t netto unter Berücksichtigung von Erlösen	

* Angaben für das Destrugas-Verfahren, hochgerechnet für Anlagen mit einem Tagesdurchsatz von 180, 270 und 360 t.
** wie * Gesamtbeseitigungskosten in DM/t Müll [2.29].

mit 35, 50 und 110 l Fassungsvermögen in Gebrauch. Mit diesen Gefäßen kann nur eine geringe Ladeleistung erzielt werden. Mülltonnen mit 35 und 50 l Inhalt werden zwar vom Besitzer am Straßenrand bereitgestellt, zur Ladung von 1 m³ Abfall werden jedoch 20 bis 30 Füllvorgänge benötigt. Mülltonnen mit 110 l Fassungsvermögen vermeiden zwar diesen Nachteil und erfordern für die gleiche Menge nur neun Füllvorgänge, sind jedoch so schwer, daß sie von den Ladern von ihrem Aufstellungsort beim Haus zum Straßenrand transportiert werden müssen. Dies ist ein oft erheblicher zusätzlicher Zeitaufwand, da diese Tonnen nicht getragen werden können, sondern in Schräglage «getreidelt» werden müssen. Dies führte in größeren Städten schon früher zu einer Umstellung der Sammelgefäße auf *Müllgroßbehälter* (MGB) mit 120 l bzw. 240 l Fassungsvermögen. Sie sind aus PE gefertigt und haben zwei Fahrrollen *(Bild 2.6)*. Die Bereitstellung am Straßenrand kann wieder durch die Besitzer der Sammelbehälter erfolgen. Auf diese

Bild 2.6
Müllgroßbehälter mit 240 l Fassungsvermögen (MGB 240) [2.40]

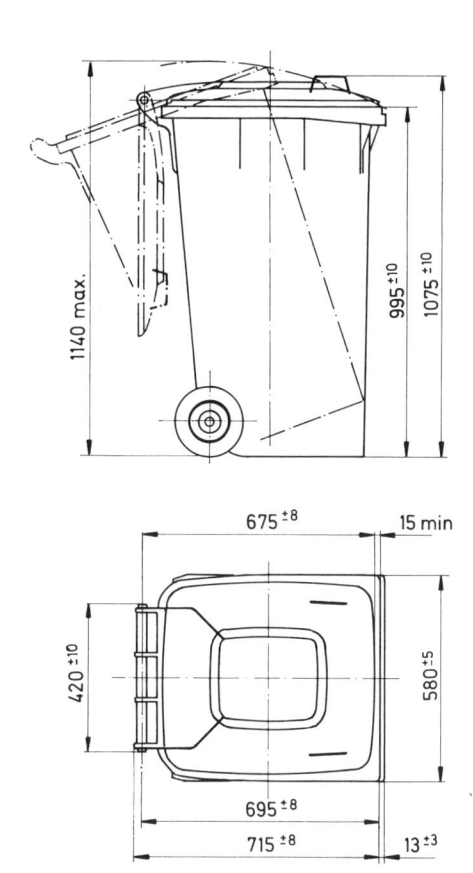

Weise können ca. 25% Kosten eingespart werden. In dichter bebauten Gebieten (z.B. Wohnblocks) werden Sammelbehälter aus verzinktem Stahlblech oder Kunststoff mit 1,1 m³ Fassungsvermögen mit vier Fahrrollen aufgestellt *(Bild 2.7)*. Diese müssen zwar durch die Lader zum Straßenrand transportiert werden; trotzdem sind so Kosteneinsparungen bis zu 40% gegenüber der Sammlung in Mülltonnen mit 110 l Fassungsvermögen möglich.

Beim Gefäßwechselsystem werden noch größere Behälter aufgestellt. Dabei handelt es sich um Absetz- bzw. Abrollbehälter mit 2 bis 35 m³ Fassungsvermögen, die von Spezialfahrzeugen regelmäßig oder nach Bedarf gefüllt abgeholt werden. Bei der Anfahrt bringen diese Fahrzeuge leere Behälter gleichen Typs mit und wechseln sie gegen die vollen Behälter aus. Dieses System wird häufig für Industrie- und Gewerbeabfälle sowie für die Abfälle größerer Gebäudeeinheiten (z.B. Hochhäuser) angewandt.

Bei der *Einwegpackung* werden die Abfälle in Säcke aus Papier oder Kunststoff eingefüllt, die zusammen mit den Abfällen weiterbehandelt oder abgelagert werden. In Einwegpackungen kann zusätzlicher Abfall in Spitzenanfallzeiten (z.B. Weihnachten) gesammelt werden. Dieses System eignet sich auch für eng bebaute

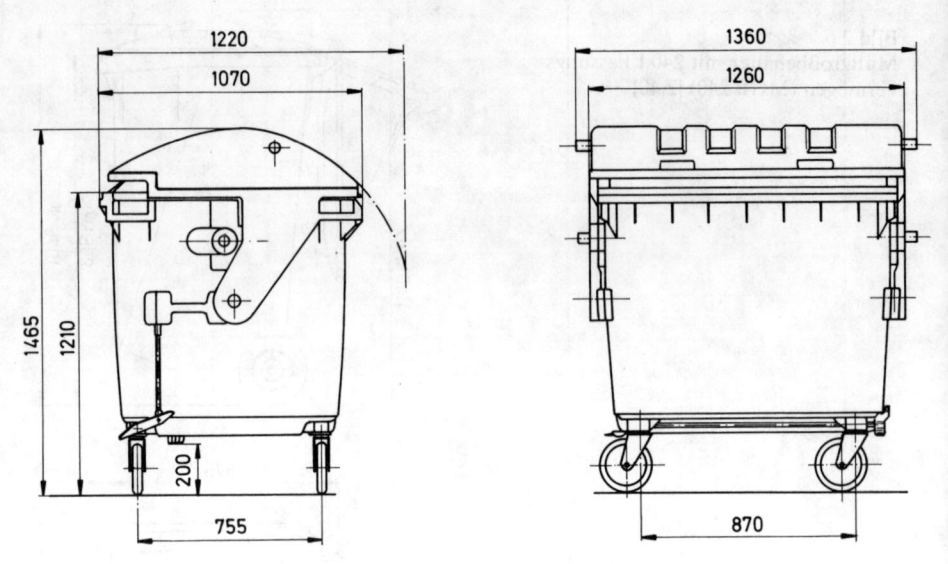

Bild 2.7 Müllsammelbehälter mit 1100 l Fassungsvermögen (2.40]

Altstadtgebiete ohne Aufstellungsmöglichkeit für Wechselbehälter sowie für die Sammlung der Abfälle auf Autobahnparkplätzen. Abfälle in Krankenhäusern werden ebenfalls meist nach diesem System gesammelt. In der Bundesrepublik Deutschland ist dieses Sammelsystem für Hausmüll die Ausnahme, in Schweden und zum Teil in Italien die Regel. Die Abfallsäcke fassen meist 70 l. Scharfkantige Gegenstände und heiße Asche dürfen wegen der Gefahr der Beschädigung nicht in Abfallsäcke eingefüllt werden.

2.4.1.1 Müllsauganlagen [2.4], [2.36]

Moderne Wohnhochhäuser sind mit *Müllabwurfschächten* ausgestattet. Diese haben Einwurföffnungen mit Eingabetüren in jedem Stockwerk und münden im Untergeschoß in einen mit Straßenfahrzeugen anfahrbaren Raum. Dort sind große Sammelbehälter aufgestellt, die aus den Abwurfschächten unmittelbar gefüllt und bei Bedarf im Gefäßwechselsystem ausgetauscht werden.

Eine Weiterentwicklung dieses Systems ist der pneumatische Mülltransport in *Müllsauganlagen*. Die Abwurfschächte sind in diesem Fall an ein Rohrleitungssystem angeschlossen. Dieses Rohrleitungssystem geht von einer Saugzentrale in ein Gebiet bis zu einem Radius von 2500 m aus. Dabei handelt es sich entweder um intensiv genutzte Neubaugebiete (Hochhausbebauung) oder um Altstadtgebiete mit engen Straßen. Bei Neubaugebieten ab einer bestimmten Einwohnerdichte ist dieses System wirtschaftlicher als die konventionelle Sammlung und der Transport in Straßenfahrzeugen. Bei eng bebauten Altstadtgebieten können so Verkehrsbe-

Bild 2.8
Hausinstallationen einer Müllsauganlage: Abwurfschacht mit Einwurföffnung und Schachtventil sowie Transportrohr [2.36]

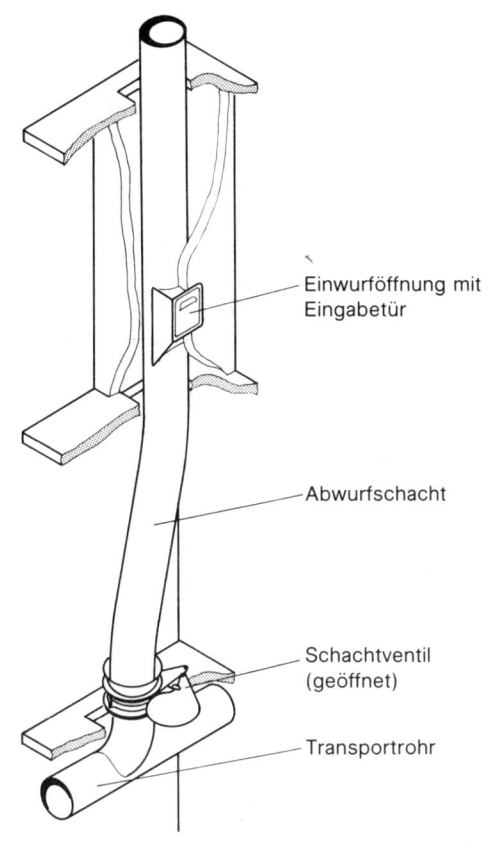

Einwurföffnung mit Eingabetür

Abwurfschacht

Schachtventil (geöffnet)

Transportrohr

hinderungen beim Sammeln mit Straßenfahrzeugen vermieden werden, außerdem wird dort so das Problem des Aufstellplatzes der nun entfallenden Sammelgefäße gelöst (siehe auch Abschnitt 2.4.1, «Einwegpackung»).

Der Durchmesser der Transportrohre beträgt meist 600 mm. Sie werden in Stahl oder Asbestzement ausgeführt. Die Transportluftgeschwindigkeit beträgt 20 bis 30 m/s. Rohrbögen müssen daher mit einem besonderen Verschleißschutz versehen werden. Die Rohre können bis zu 20° ansteigend verlegt werden. Der Unterdruck in dem Rohrleitungssystem beträgt ca. 250 mbar.

Unmittelbar vor dem Eintritt eines Abwurfschachtes in ein Transportrohr ist ein *Schachtventil* eingebaut, das luftdicht abschließt. Es dient als Boden des Abwurfschachts, in dem die eingefüllten Abfälle vorübergehend gespeichert werden *(Bild 2.8)*. Am Ende jeder Stichleitung des Rohrsystems ist ein *Transportluftventil* mit Schalldämpfer auf der Saugseite installiert. Zur Sammlung, die im allgemeinen 4- bis 6mal täglich erfolgt, wird von den Gebläsen in der Zentrale zunächst Unterdruck im Transportrohr erzeugt. Durch eine Programmsteuerung wird dann zuerst das der Zentrale am nächsten gelegene Schachtventil geöffnet. Durch die Schwerkraft fällt der im Schacht gespeicherte Abfall in das Transportrohr. Kurz darauf öffnet sich das Transportluftventil der entsprechenden Stich-

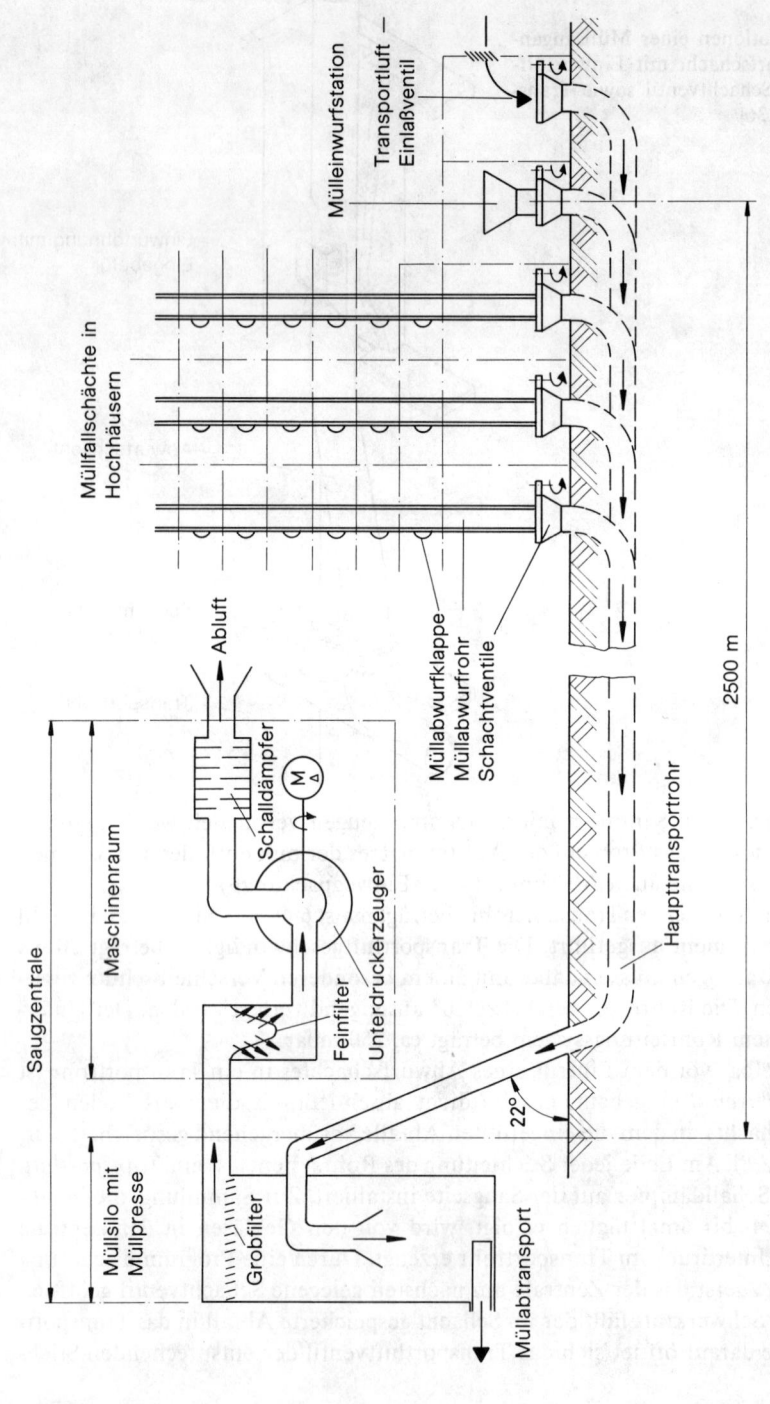

Bild 2.9 Schema einer Müllsauganlage [2.4]

leitung; durch den entstehenden Luftstrom wird der Abfall zur Zentrale transportiert. Danach schließen Schachtventil und Transportluftventil wieder. Anschließend werden diese Vorgänge in den weiter von der Zentrale entfernt liegenden Abwurfschächten wiederholt.

In der *Saugzentrale* mündet das Transportrohr in einen Zyklon, in dem die Abfälle von der Transportluft getrennt werden. Die Abfälle fallen in eine *Müllpresse,* die sie unter Verdichtung in Abfuhrbehälter füllt. Diese Behälter werden nach Bedarf zu einer Aufbereitungsanlage oder Ablagerungsstelle transportiert und entleert. Die Transportluft wird in einem Staubfilter gereinigt und durch einen Schalldämpfer ins Freie entlassen *(Bild 2.9).* Staub- oder Geruchsbelästigungen treten bei den bisher betriebenen Anlagen nicht auf. Probleme ergeben sich hauptsächlich in der Einlaufphase neuer Anlagen dadurch, daß Verstopfungen durch nach der Abfallsatzung verbotenes Einfüllen bestimmter Abfallstoffe (z.B. Betonbrocken, Bügeleisen) auftreten. Solche Abfälle sind für den Transport in Müllsauganlagen nicht geeignet und müssen als Sperrmüll gesondert abgeholt werden.

Müllsauganlagen erfordern höhere Investitionskosten als konventionelle Sammelsysteme. Durch geringere Betriebskosten (vor allem Personalkosten) ergeben sich bei bestimmten Anwendungsfällen neben der Benutzerfreundlichkeit wirtschaftliche Vorteile.

2.4.2 Transportsysteme [2.4]

Bei den Müllsammel- und Transportfahrzeugen handelt es sich um Sonderaufbauten auf Lkw-Fahrgestellen. Die Sonderaufbauten bestehen aus geschlossenen Laderäumen mit unterschiedlichen Vorrichtungen zur Verdichtung, um das gesetzlich zulässige Fahrzeugnutzlastgewicht ausnützen zu können. Allen Fahrzeugen gemeinsam ist die Füllöffnung, die sogenannte *Schüttung,* die beim Entleerungsvorgang die Müllsammelgefäße dicht mit dem Laderaum verbindet und so Staubbelästigungen vermindert. Für die verschiedenen Sammelbehälterarten können an einem Fahrzeug mehrere entsprechende Schüttungen angebracht sein. Es gibt auch Universalschüttungen zur Aufnahme verschiedenartiger Behälter. Gemeinsam für alle Schüttungssysteme ist, daß die Sammelgefäße mit Körperkraft bis zum Bereich der Schüttung am Sammelfahrzeug transportiert werden müssen. Hub-, Kipp- und Senkvorgang werden von der Fahrzeugmechanik bzw. -hydraulik übernommen.

2.4.2.1 *Fahrzeuge mit Verdichtung durch Drehtrommel* [2.4], [2.34]

Fahrzeuge mit Verdichtung durch Drehtrommel sind in großer Zahl im Einsatz. Aus der Schüttung in der feststehenden hinteren Abschlußwand des Fahrzeugs fällt der Müll auf eine mit ca. 4 min^{-1} rotierende Trommel mit horizontaler Achse. Diese Trommel ist mit einer innen aufgeschweißten Bandschnecke versehen. Drehrichtung und Schneckengang sind so orientiert, daß der Müll zur vorderen

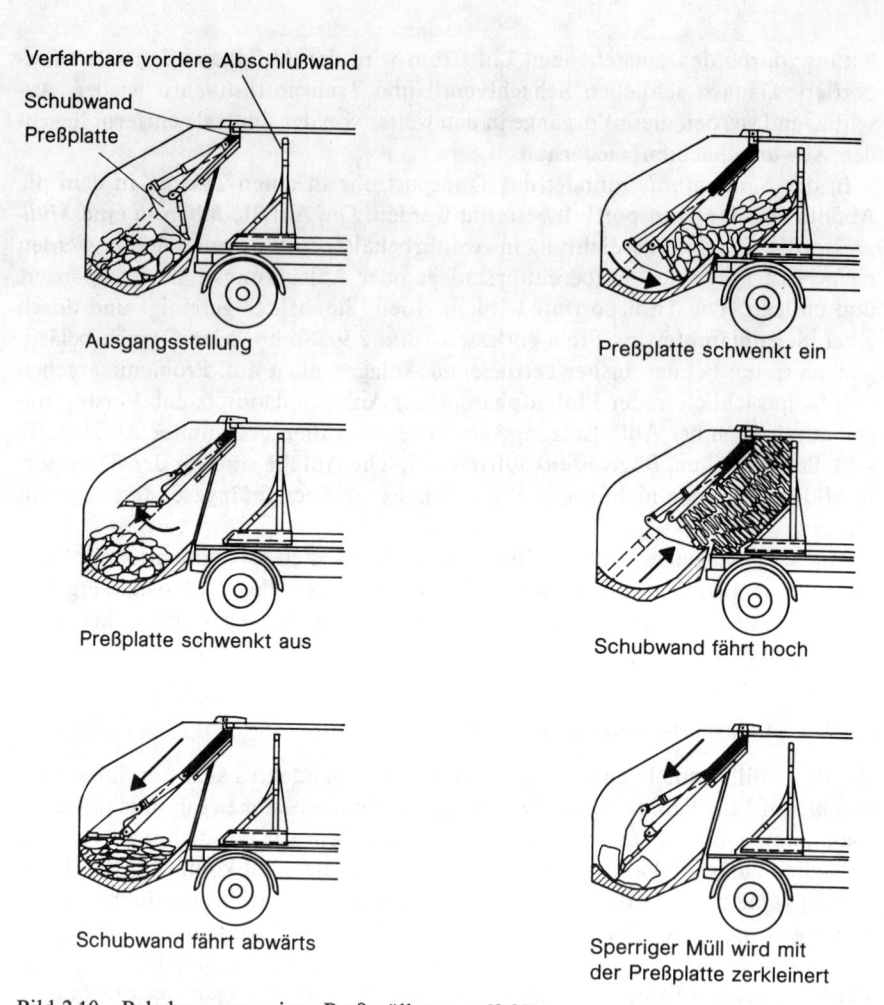

Bild 2.10 Beladevorgang eines Preßmüllwagens [2.37]

Abschlußwand der Trommel gefördert wird. Durch die ständige Förderung zur vorderen Trommelwand wird eine Verdichtung mit dem Faktor 2 bis 4 erzielt. Gängige Fahrzeuggrößen sind 13 m³ bzw. 7 t bei Zweiachsfahrzeugen und 18 m³ bzw. 11 t bei Dreiachsfahrzeugen. Durch die ständige Umwälzung tritt ein Zerkleinerungs- und Mischeffekt ein, dessen Auswirkung auf die anschließende Müllaufbereitung beachtet werden muß. Bei der Verbrennung und vor allem bei der Kompostierung ist dieser Effekt erwünscht, bei der Sortierung zur Wiedergewinnung von im Müll enthaltenen Wertstoffen jedoch von Nachteil. Insbesondere tritt eine Befeuchtung und Verschmutzung des Papiers durch die organischen Küchenabfälle ein.

Zum Entleeren wird die hintere Abschlußwand des Fahrzeugs aufgeklappt. Die Trommel wird in gegensinniger Drehrichtung betrieben; dadurch wird der Müll nach hinten aus der Trommel gefördert. Die Entleerungsdauer beträgt 3 bis 5 min.

2.4.2.2 Preßmüllwagen [2,4], [2.37]

Preßmüllwagen werden zum Transport von Hausmüll und auch für Sperrmüll eingesetzt. Hausmüll wird durch eine Schüttung in eine gekapselte Vorkammer gefüllt, Sperrmüll in eine offene Vorkammer eingegeben. Eine hydraulisch betätigte Preßplatte in Verbindung mit einer Schubwand räumt diese Vorkammer und füllt unter Verdichtung den Transportbehälter *(Bild 2.10)*. Die vordere Abschlußwand des Transportbehälters ist hydraulisch über die gesamte Behälterlänge verfahrbar. Die größte Verdichtungswirkung ist im Arbeitsbereich der Preßplatte und der Schubwand zu erzielen. Zu Beginn des Füllvorgangs wird die vordere Abschlußwand in unmittelbare Nähe der Vorkammer geschoben. Mit zunehmender Beladung weicht die Abschlußwand nach und nach bis zum vorderen Ende des Transportbehälters aus, wobei durch eine Regelung immer der gleiche Fülldruck eingehalten wird. Damit wird eine gleichmäßige Verdichtung über die ganze Behälterlänge erreicht. Der maximal erreichbare Verdichtungsfaktor beträgt ca. 3,0. Eine Vermischung und Zerkleinerung der eingefüllten Abfälle findet nicht statt. Wie *Bild 2.10* zeigt, ist in der Vorkammer jedoch eine Zerkleinerung von Sperrmüll möglich.

Zur Entleerung wird die hintere Wand des Transportbehälters hochgeklappt und die vordere Abschlußwand nach hinten geschoben. Dadurch wird die Ladung ausgestoßen. Der Entleerungsvorgang dauert ca. 1 min. Fassungsvermögen und Nutzlast entsprechen etwa den Werten bei den Drehtrommelfahrzeugen.

2.4.3 Mülltransport mit Umladung [2.4], [2.34]

Die Organisation der Abfallbeseitigung liegt bei den Landkreisen, die oft eine relativ große Fläche umfassen. Für die Abfallbeseitigung bietet sich dabei alternativ die dezentrale Lösung durch die Errichtung mehrerer Beseitigungsanlagen mit begrenztem Einzugsgebiet oder die zentrale Lösung mit einer einzigen großen Beseitigungsanlage an. Insbesondere unter dem Gesichtspunkt der Energieerzeugung in Müllverbrennungsanlagen ist die zentrale Lösung vorteilhaft. Die wirtschaftliche Transportweise der Sammelfahrzeuge ist durch die Größe der Sammelmannschaft begrenzt, die im allgemeinen aus einem Fahrer und je nach Sammelbehältergröße zwei bis vier Ladern besteht. Nach dem Befüllen des Sammelfahrzeugs bis zur Wiederverfügbarkeit des entleerten Fahrzeugs (Fahrt zur Deponie oder Verwertungsanlage und Rückfahrt ins Sammelgebiet) sind die Lader unproduktiv. Je kürzer die Transportweite, desto wirtschaftlicher sind die Sammelkosten. Für die zentrale Lösung bietet sich der Gedanke an mehrere dezentrale Anlaufstellen der Sammelfahrzeuge an, in denen auf für den Ferntransport geeignete Fahrzeuge umgeladen wird. Dieser Ferntransport wird in Großraumfahrzeugen bis zu 50 m^3 Fassungsvermögen je nach der Schüttdichte des Abfalls mit oder ohne Verdichtung durchgeführt. Dieser Ferntransport wird dadurch wirtschaftlich, daß als Personal nur ein Fahrer benötigt wird. Dazu kommen noch Personal- und sonstige Betriebskosten der *Umladeanlage*.

Bei der Grenze der Wirtschaftlichkeit spielen z.B. auch der Zustand des Straßensystems (enge Ortsdurchfahrten), die Verkehrsdichte (z.B. in Großstädten) und die Topographie eine Rolle. Dadurch ergeben sich für städtische und ländliche Gebiete auch unterschiedliche Grenztransportentfernungen. Durch die große Spannweite dieser Parameter muß der Einzelfall immer getrennt betrachtet werden. Aus den bisherigen Erfahrungswerten können als Richtwerte gelten:
☐ Grenzentfernung in städtischen Gebieten   5 bis 10 km,
☐ Grenzentfernung in ländlichen Gebieten   20 bis 25 km.
Umgeladen wird grundsätzlich immer von Straßensammelfahrzeugen auf das Straßenferntransportfahrzeug, auf Bahnwaggons oder auf Schiffe. Die Umladung kann direkt oder indirekt erfolgen.

«Direkt» bedeutet das unmittelbare Entleeren des Abfalls aus dem Sammelfahrzeug in das Ferntransportfahrzeug. Dabei findet im Ferntransportfahrzeug keine Verdichtung statt, die zulässige Nutzlast ist in der Regel nur unvollständig ausgenutzt. Als Vorteil sind die niedrigen Kosten für die Umladeanlage zu sehen. Es muß lediglich ein Geländesprung hergestellt oder ausgenutzt werden. Zur Vermeidung von Materialverwehungen sollte der Umladevorgang in einem Gebäude erfolgen *(Bild 2.11)*. «Indirekt» bedeutet die Zwischenschaltung eines Bunkers.

Der Bunker kann als *Tiefbunker* ausgeführt sein, der über einen Greiferkran entleert wird. Alternativ kann die Bunkersohle aus einem Plattenförderband bestehen, das den Bunker fortlaufend entleert *(Bild 2.12)*. Kran oder Plattenband können direkt in das Ferntransportfahrzeug entleeren, was einen Ferntransport ohne Verdichtung bedeutet. Sie können aber auch in eine *Müllpresse* entleeren, die die Abfälle verdichtet in das Ferntransportfahrzeug füllt *(Bild 2.13)*. Dabei kann das Transportfahrzeug fest an die Presse angeschlossen werden, alternativ können Wechselbehälter befüllt werden *(Bild 2.14)*. Diese Wechselbehälter sind sowohl für Straßen-, Bahn- als auch Schiffstransport geeignet.

Am flexibelsten ist der Ferntransport in *Wechselbehältern*. Diese Behälter werden in der Umladeanlage befüllt und von einem Fahrzeug, das nur innerhalb der Umladeanlage verkehrt, in eine Parkposition verbracht. Dort werden sie von dem Ferntransportfahrzeug übernommen, das vorher den mitgebrachten leeren Transportbehälter in einer weiteren Parkposition abgestellt hat. Absetzen und Aufnahme kann entweder über eine fest installierte hydraulische Hebevorrichtung erfolgen oder dadurch, daß über eine gegebenenfalls vorhandene Luftfederung des Transportfahrzeugs die Einstellung von Höhenunterschieden bis zu 15 cm möglich ist. Wenn das Ziel des Ferntransports eine Deponie ist, sollte dort eine ähnliche Übergabestation auf nur innerhalb der Deponie verkehrende geländegängige Fahrzeuge vorhanden sein.

Bild 2.11
Umladestation mit direkter Umladung ohne Verdichtung in das Ferntransportfahrzeug [2.4]

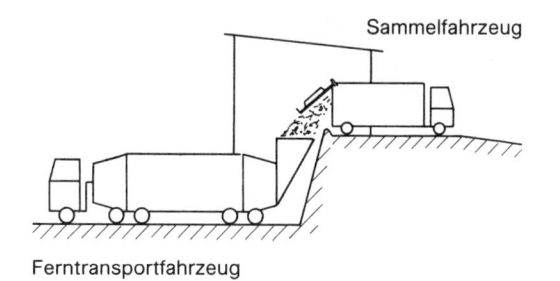

Bild 2.12
Umladestation mit indirekter Umladung über Bunker und Förderbandsystem ohne Verdichtung [2.4]

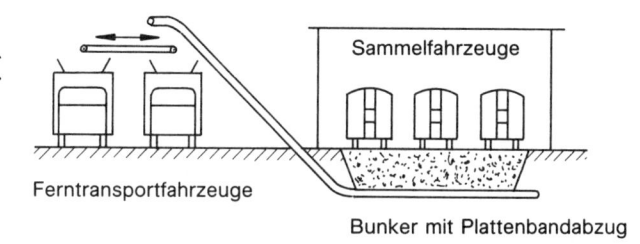

Bild 2.13
Umladestation mit indirekter Umladung über eine Müllpresse mit Verdichtung in das Ferntransportfahrzeug [2.4]

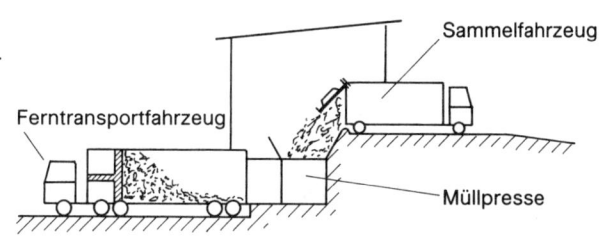

Bild 2.14
Umladestation mit indirekter Umladung über eine Müllpresse mit Verdichtung in Wechselbehälter. Die Behälter werden über ein Hubsystem auf die Transportfahrzeuge verladen [2.4]

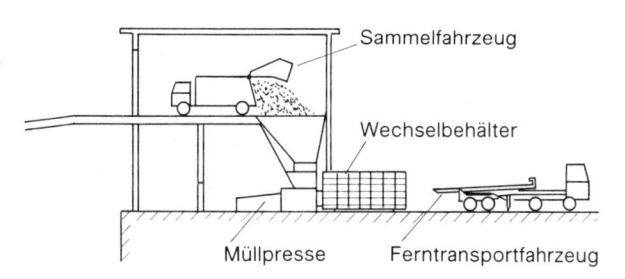

2.5 Nicht verfahrensgebundene technische Einrichtungen in Abfallverwertungsanlagen

2.5.1 Allgemeines [2.4]

Von der Industrie wird eine Vielzahl von Aufbereitungsgeräten angeboten, die sich in anderen Verwendungsbereichen bewährt haben. In den letzten Jahren zeichnet sich zudem ein Trend zur Entwicklung spezieller Müllaufbereitungsmaschinen ab. Dabei werden in zunehmendem Maße die besonderen Anforderungen an die in Abfallbehandlungsanlagen eingesetzten technischen Einrichtungen berücksichtigt:
- Einfache und robuste Ausführung;
- möglichst wenig bewegliche Teile bei guter Wartungs- und Reinigungsmöglichkeit;
- Abdeckung aller Antriebseinrichtungen;
- große Durchgangsquerschnitte, keine vermeidbaren Einbauten;
- wenig Umlenkung der Materialströme;
- Beständigkeit gegen mechanischen Abrieb und Korrosion.

2.5.2 Bunker- und Dosiereinrichtungen [2.4]

Bunkeranlagen sollen drei Funktionen erfüllen:
- Aufnahme der angelieferten und entladenen Müllmengen,
- vorübergehende Speicherung der Abfälle zur Entkoppelung der Vorgänge Anliefern und Aufgabe,
- Dosierung der Müllmengen zur Aufgabe an die nachfolgenden Aufbereitungseinrichtungen.

2.5.2.1 *Plattenbandbunker und Tiefbunker* [2.4], [2.37]

Kleine *Plattenbandbunker* können nur die Funktionen Aufnahme und Dosierung erfüllen. In der einfachsten Form bestehen sie aus einem Trichter mit einem darunterliegenden Plattenband, das den aufgegebenen Müll direkt in die nächste Verfahrensstufe fördert *(Bild 2.15)*. Das Füllvolumen des Trichters faßt etwa einen Müllwageninhalt. Nachfolgende Fahrzeuge müssen warten, bis der Trichter wieder leer ist. Die Gefahr von Materialbrückenbildungen ist relativ groß, sie kann durch Wahl eines größeren Steigungswinkels des Plattenbandes (45° und mehr) vermindert werden.

Durch Vergrößerung des Trichters über dem Plattenband kann auch eine gewisse Speicherwirkung erzielt werden. Der als Bunkerabzugsband bezeichnete Förderer wird dabei in der Regel horizontal angeordnet, die Aufgabe erfolgt von der Längsseite *(Bild 2.16)*. Das nutzbare Speichervolumen wird begrenzt durch die Breite des Plattenbandes (max. 2000 mm) und die Materialhöhe auf dem Band, die bei schweren Bändern bis zu 3,50 m erreichen kann. Die Übergabe des Mülls

Bild 2.15
Kleiner Plattenbandbunker ohne
Speicherkapazität [2.4]

Bild 2.16
Plattenbandbunker mit Speichermöglichkeit. Weitertransport zur
Aufbereitung über ein weiteres
Band [2.4]

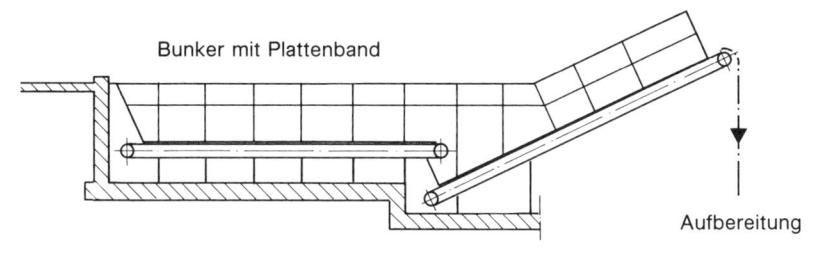

erfolgt in der Regel auf ein zweites, in Verlängerung zum Bunker oder im rechten Winkel dazu verlaufendes ansteigendes Platten- oder Gurtförderband zur Aufgabe auf die Aufbereitungsanlage. Bei Anlagen mit geringerem Speichervolumen und niedriger Materialhöhe können auch abgeknickte Bänder verwendet werden, die direkt zur Aufbereitungsanlage führen *(Bild 2.17)*.

Mehr Sicherheit bei beliebig großem Speichervolumen bieten Kombinationslösungen, bei denen die Funktionen Speichern und Dosieren getrennt sind. Anlagen dieser Art bestehen aus einem Betonbunker ohne Einbauten, der meist als Tiefbunker ausgebildet ist, und einem oder mehreren *Dosierbunkern* mit mechanischen Abzugsvorrichtungen wie Plattenbänder, Scharnierbänder oder Vibrationsförderrinnen. Zusätzlich wird eine Krananlage mit Müllgreifer benötigt *(Bild 2.18)*.

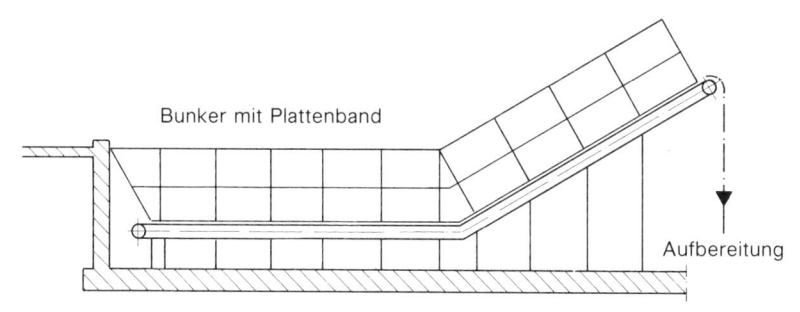

Bild 2.17 Plattenbandbunker mit Speichermöglichkeit, Abzug direkt zur Aufbereitung mit geknicktem Band [2.4]

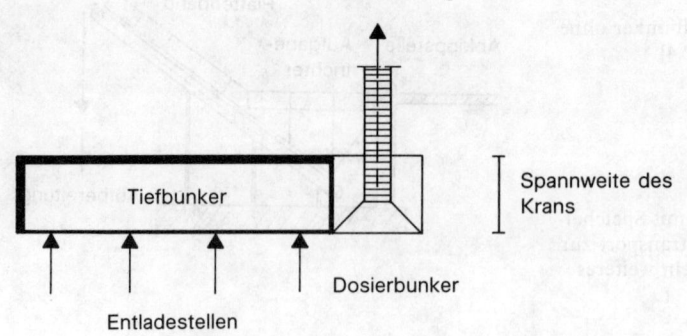

Bild 2.18 Kombination Tiefbunker mit Krananlage (ohne Katze) und Plattenbanddosierbunker für kleinere Anlagen [2.4]

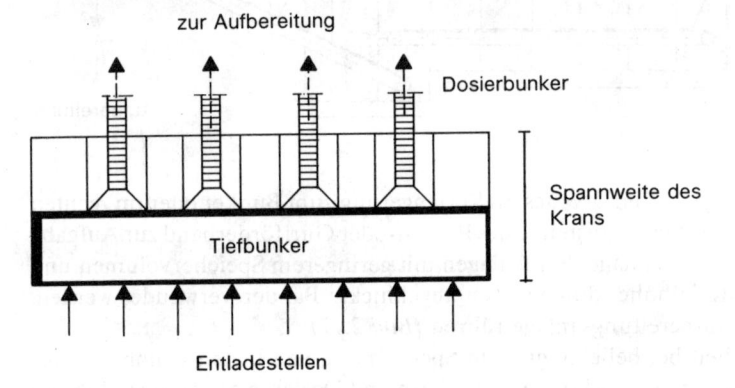

Bild 2.19 Kombination Tiefbunker mit Krananlage (mit Katze) und Plattenbanddosierbunker für größere Anlagen [2.4]

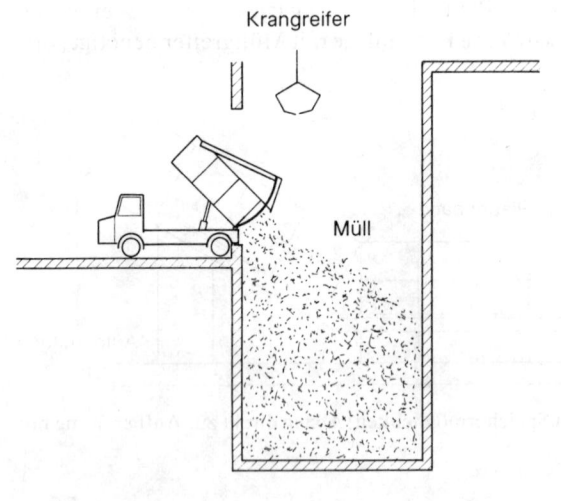

Bild 2.20
Tiefbunker mit Kippkante am Bunkerrand (Gefahr der Kollision Krangreifer/entladendes Fahrzeug) [2.34]

Bild 2.21
Tiefbunker mit vor den Bunkerrand verlegter Kippkante und schräger Rutsche (schlechte Ausnutzung des Bunkervolumens durch Materialböschung) [2.34]

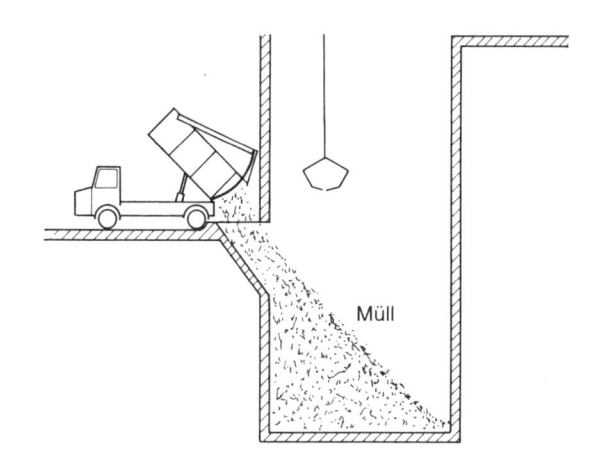

Bei größeren Abfallbehandlungsanlagen, deren Aufbereitungsteil aus mehreren unabhängig voneinander zu beschickenden Gerätelinien besteht, werden mehrere Dosierbunker bzw. Aufgabebunker benötigt. Diese sind in der Regel auf einer höher gelegenen Bühne an der den Entladestellen gegenüberliegenden Längsseite des Tiefbunkers angeordnet. Zur Beschickung der Aufgabebunker werden Brückenlaufkrane entsprechender Spannweite mit Krankatzen eingesetzt *(Bild 2.19)*.

Bei *Tiefbunkern* können für die Bemessung des Bunkervolumens für 1 t Rohmüll 4 m^3 Raumbedarf angesetzt werden. Bei Kompostwerken und Recyclinganlagen reicht in der Regel die Speicherung einer Tagesmenge aus, Müllverbrennungsanlagen benötigen wegen des Wochenendbetriebs bis zu 3 Tagesmengen Speicherkapazität.

Es gibt drei verschiedene Formen von Tiefbunkern:
□ Kippkante am Rand des Tiefbunkers. Unterstützung der Fahrer durch Einweiser, Lichtsignale oder Schranken erforderlich.
Nachteilig ist, daß Lichtsignale und Schranken überfahren werden könnten. Dann ist die Gefahr einer Kollision des entladenden Fahrzeugs mit dem Krangreifer gegeben *(Bild 2.20)*.
□ Verlegung der Kippkante vor die Bunkerkante und Anordnung von schrägen Rutschen. Nachteilig sind die erhöhten Baukosten durch größere Tiefenlage (Grundwasser) und die schlechte Ausnutzung des Bunkervolumens durch die Materialböschung *(Bild 2.21)*.
□ Verlegung der Kippstellen vor das Bunkergebäude. Entleerung in *Müllbetten* mit Hydraulikschieber. Nachteilig ist der hohe maschinentechnische und bautechnische Aufwand sowie die Begrenzung der Entlademenge, z.B. bei Großcontainern *(Bild 2.22)*.
Tiefbunker und Plattenbandbunker können kombiniert werden. Sie können so angeordnet werden, daß beide zur Entladung zur Verfügung stehen *(Bild 2.23)*. Bei

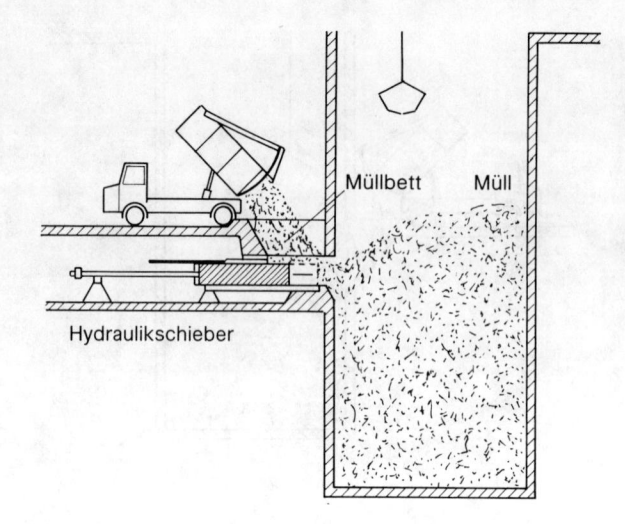

Bild 2.22
Tiefbunker mit Müllbett.
Entleerung in den Bunker
mit Hydraulikschieber
(gute Ausnutzung des Bunkervolumens durch Stapeln
bis über die Oberkante des
Schiebers) [2.38]

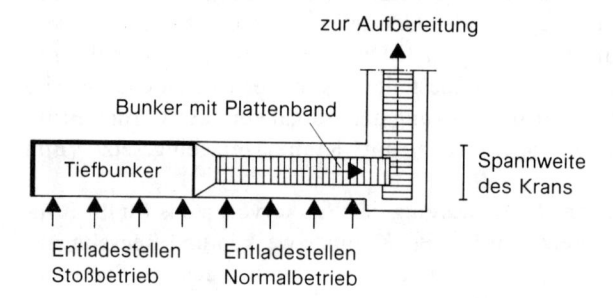

Bild 2.23
Kombination Plattenbandbunker/Tiefbunker mit
Krananlage (ohne Katze)
für mittelgroße Anlagen
[2.4]

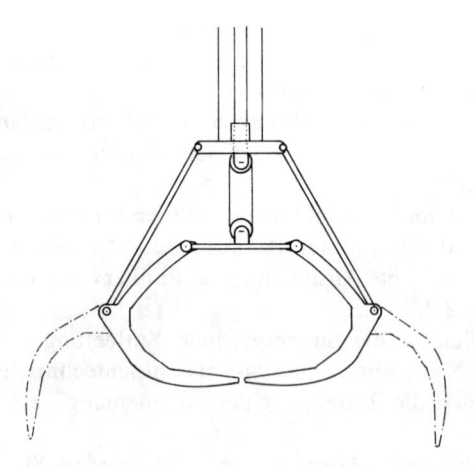

Bild 2.24
Zum Müllumschlag eingesetzter Mehrschalengreifer
in geöffnetem und geschlossenem Zustand [2.34]

normalen Anfuhren und störungsfreiem Betrieb der Aufbereitung wird nur der Plattenbandbunker beschickt, die Krananlage steht still. Kommen mehr Fahrzeuge an als der Plattenbandbunker momentan verkraften kann, werden diese zum Tiefbunker dirigiert. Der Kran ist weiterhin außer Betrieb. Ist die Fahrzeuganfuhr längere Zeit unterbrochen, leert sich der Plattenbandbunker. Die Krananlage tritt in Tätigkeit und beschickt das Plattenband mit Müll aus dem Tiefbunker. Sobald wieder Müllfahrzeuge kommen, wird der Kran stillgesetzt, das Plattenband wird dann direkt beladen. Bei vertretbarem technischem Aufwand bietet diese Lösung folgende Vorteile:
□ hohe Entladekapazität,
□ flexible Betriebsweise bei unterschiedlicher Anfuhr,
□ Zwischenstapeln bestimmter Abfälle möglich (im Tiefbunker),
□ keine Kollision zwischen Greifer und Müllfahrzeugen,
□ kein fest eingeteilter Kranführer erforderlich.

Die Beschickung der Aufbereitungsanlage kann auch direkt mit dem Kran erfolgen, wenn die Aufbereitungsmaschinen eine diskontinuierliche Aufgabe zulassen. Dies ist im allgemeinen bei großem Eigenvolumen und langsamer Durchsatzbewegung möglich. Solche Aufbereitungsgeräte sind z.B. Trommelsiebe und Rottetrommeln.

2.5.2.2 Krananlagen [2.4], [2.34]

Krananlagen bieten neben dem flexiblen Beschickungsbetrieb die Möglichkeit, den Rohmüll auf engem Raum und mit wirtschaftlichen Mitteln auf ein hohes Niveau zu fördern und damit ein günstiges Verarbeitungsgefälle zu erzielen.

Die im Müllbereich eingesetzten Brückenkrane unterscheiden sich nicht von Krananlagen üblicher Bauart. Dabei haben sich Mehrschalengreifer (Polypgreifer) bewährt *(Bild 2.24)*. Mit ihnen können auch sperrige Teile gut erfaßt werden.

Probleme ergeben sich durch die ungleichmäßige Befüllung des Bunkerquerschnitts mit in der Regel schräger Böschung. Dies führt bei Automatikbetrieb der Krananlage zu unvollständiger Greiferfüllung und damit zu verminderter Umschlagsleistung. Mit einer Reihe von zusätzlichen automatischen Regelungen kann diesem Effekt entgegengewirkt werden. Beim derzeitigen Stand der Technik kann auf Handbetrieb beim Müll nur unter Inkaufnahme etwas verminderter Umschlagsleistung verzichtet werden.

Bei der Bemessung von Krananlagen kann man von folgender Umschlagleistung $\dot{m}_u$ des Krans in t/h ausgehen:

$$\dot{m}_u = \frac{\varrho_M \cdot V_G}{t} \cdot 60 \qquad (2.11)$$

Es bedeuten:
ϱ_M Raumdichte des Mülls im Greifer (bei Hausmüll $\varrho_M \cong 0{,}4$ t/m³)
V_G Volumen des Greifers (m³)
t Gesamtspielzeit (min)

$$t = 2\,(t_s + t_h + t_k + t_{kr}) \qquad (2.12)$$

t_s Schließzeit (0,15 bis 0,25 min)
t_h Hubzeit

$$t_h = \frac{z_h}{w_h} \qquad (2.13)$$

z_h mittlere Hubhöhe (m). z_h ist die Differenz zwischen der halben Höhe der Müllfüllung im Tiefbunker und dem Niveau des oberen Randes des Aufgabetrichters plus 1 m. In Bild 2.25 beträgt die mittlere Hubhöhe 15 m.
w_h Hubgeschwindigkeit (40 bis 60 m/min)
t_k Zeit für das Katzfahren

$$t_k = \frac{z_B}{w_k} \qquad (2.14)$$

z_B mittlerer Katzfahrweg (m). z_B ist die Differenz zwischen der Längsachse des Tiefbunkers und dem Mittelpunkt des Aufgabetrichters. In Bild 2.25 beträgt der mittlere Katzfahrweg 6 m.
w_k Katzfahrgeschwindigkeit (40 m/min)
t_{kr} Zeit für das Kranfahren

$$t_{kr} = \frac{z_L}{w_{kr}} \qquad (2.15)$$

z_L mittlerer Kranfahrweg (m). z_L ist die halbe Differenz zwischen der Mittelachse des Aufgabetrichters und dem am weitesten davon entfernt liegenden Punkt des Tiefbunkers. In Bild 2.25 beträgt der mittlere Kranfahrweg 10 m.
w_{kr} Kranfahrgeschwindigkeit (60 bis 80 m/min).

Falls Kollisionen zwischen dem Greifer und dem entladenden Müllfahrzeug auf der gesamten Bunkerlänge mit Sicherheit ausgeschlossen sind, können Heben (bzw. Senken) und Kranfahren überlagert werden. In diesem Fall kann aus der obigen Formel der kleinere Zeitanteil von beiden gestrichen werden. Ist diese Sicherheit nicht gegeben, muß der Greifer zunächst gehoben werden. Dann können Katz- und Kranfahren überlagert werden, so daß dann in der Regel der Ausdruck t_k entfällt (im Ausnahmefall der Ausdruck t_{kr}).

Die theoretisch erforderliche Umschlagsleistung sollte bei der Kranbemessung um einen Sicherheitsfaktor von ca. 1,25 erhöht werden.

Nach den Bestimmungen der Technischen Anleitung zur Reinhaltung der Luft *(TA Luft)* muß der Bunkerraum abgesaugt und die Luft in Geruchsfiltern desodoriert werden, nachdem sie vorher in Staubfiltern behandelt wurde. Voraussetzung für eine wirkungsvolle Absaugung des Bunkers zur Entlüftung und Entstaubung ist ein möglichst vollständiger Abschluß an den Abkippstellen durch Tore. In der Praxis werden diese Tore nur selten geschlossen, und das Abzugsystem verliert

Bild 2.25
Beispiel zur Bemessung der
Umschlagleistung einer
Krananlage [2.34]

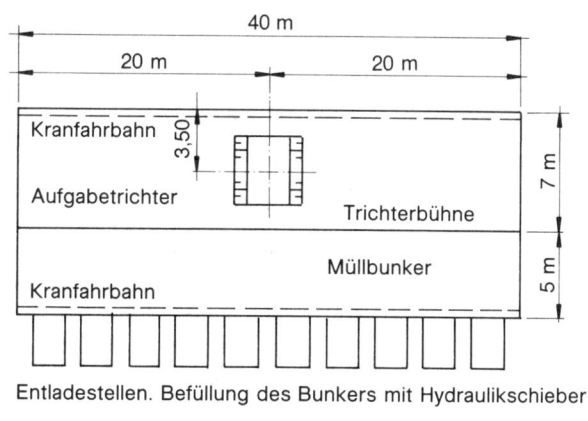

Grundriß

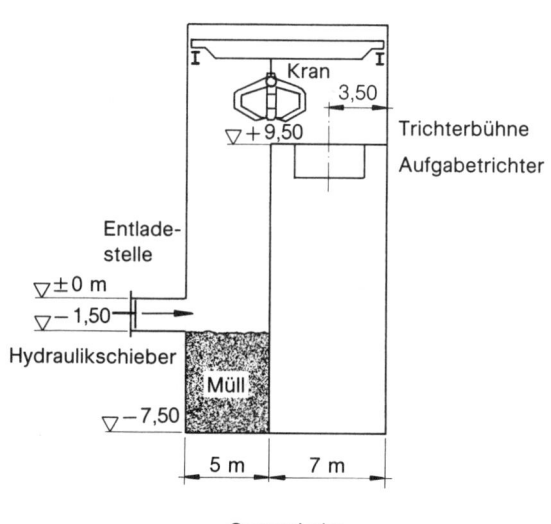

Querschnitt

an Wirkung. Als zweckmäßige Lösung des Problems bietet sich der Bau einer Entladehalle mit nur je einer Toröffnung für Einfahrt und Ausfahrt an. Dadurch wird auch gleichzeitig der gesamte Entlade- und Rangiervorgang optisch und akustisch abgeschirmt.

2.5.3 Zerkleinerungsaggregate [2.4], [2.31], [2.32]

Die Vorzerkleinerung der Abfälle *(Tabelle 2.6)* ist unumgänglich bei der Kompostierung, von Vorteil bei der Verbrennung und von Nachteil bei der Sortierung. Bei der Sortierung wird die gleiche Geräteart jedoch in einer späteren Verfahrensstufe eingesetzt.

Tabelle 2.6 Zerkleinerungsaggregate, Übersicht

Gerätetyp	Kurzbeschreibung	Bild
Siebraspel	Ähnlich einem Haushaltspassiersieb, stehender Zylinder, $\varnothing$ 5 m, zwei Böden. Der obere Boden besteht segmentweise abwechselnd aus Reißstiftplatten und Sieblochplatten. Der Müll wird durch an einer Mittelwelle befestigte Arme über diesen Boden geschleift, zerkleinert und klassiert. Zerkleinerbare Bestandteile fallen auf den unteren Boden und werden über Fegarme kontinuierlich ausgetragen, nicht zerkleinerbare Teile vom oberen Boden durch einen Schieber diskontinuierlich ausgetragen. Guter Wirkungsgrad, geringe Durchsatzleistung (ca. 5 t/h).	2.26
Hammermühle	Ausführung ein- oder zweirotorig. Der Rotor wird aus mit Distanz auf einer Welle aufgezogene Scheiben gebildet. An diesen Scheiben sind die Hämmer in den Zwischenräumen pendelnd befestigt. Bei der Rotation beschreiben die Hämmer einen außerhalb der Scheibe liegenden Schlagkreis. Bei einrotoriger Ausführung schlagen die Hämmer durch einen Reißkamm, bei zweirotoriger Ausführung und gegenläufigem Drehsinn kann dieser Reißkamm entfallen. Bei einigen Typen ist für schwer zerkleinerbare Teile eine Auswurfvorrichtung vorhanden. Durchsatzleistung 8 bis 25 t/h. Hoher Verschleiß, hoher Energiebedarf.	2.27
Prallmühle	Einrotorig. Rotor als Trommel ausgebildet, auf der über den Umfang verteilt sechs bis acht Schlagleisten angebracht sind. Mit verstellbarem Abstand von dem Rotor sind am Mühlengehäuse pendelnd aufgehängte Prallplatten befestigt. Die Schlagleisten schleudern den Müll gegen diese Prallplatten. Die Zerkleinerung erfolgt an den natürlich vorhandenen Spalt- und Trennflächen. Eingesetzt zur Zerkleinerung von Sperrmüll und in größeren Behältern gesammeltem Hausmüll. Verschleiß im Vergleich zu der Hammermühle geringer, ebenso der Energiebedarf.	2.28

Gerätetyp	Kurzbeschreibung	Bild
Prallreißer	Kurze zylindrische, schnellrotierende und stufenlos neigungsverstellbare Trommel. Im feststehenden Trommeldeckel sind mit geringem Abstand vom Umfang ein bis zwei ins Innere der Trommel ragende gleich — oder gegensinnig sehr schnell rotierende Zerkleinerungswerkzeuge befestigt. Sie zerkleinern den durch die Fliehkraft an die Innenwand der Trommel gepreßten Abfall. Hoher Verschleiß, relativ geringe Investitionskosten.	2.29
Messermühle	Auf zwei bzw. vier langsam rotierenden Wellen sind kreisrunde oder unregelmäßig geformte Schneidscheiben versetzt so angeordnet, daß sie sich kämmen. Durch paarweise gegensinnige Drehrichtung werden die Abfälle zwischen den Schneidscheiben eingezogen und durch Scherung zerkleinert. Schwere kompakte Müllteile müssen vor den Mühlen magnetisch oder ballistisch ausgeschieden werden. Für nicht zerkleinerbare Teile sind Ausstoßvorrichtungen vorhanden. Gut geeignet zur Zerkleinerung von Altreifen und Holzkisten, bei der Zerkleinerung von Hausmüll hoher Verschleiß durch Schmirgeleffekt.	2.30
Kaskadenmühle (Kugelmühle)	Langsam rotierende kurze Drehtrommel $\varnothing$ 3 bis 10 m mit Durchmesser-Längen-Verhältnis ca. 3 : 1. In den leicht konisch ausgebildeten Stirnwänden erfolgen Eintrag und Austrag durch den vorderen bzw. hinteren Lagerzapfen. Die Trommel ist gepanzert und zu 10 bis 20% ihres Volumens mit Stahlkugeln gefüllt. Der eingefüllte Müll vermischt sich mit den Kugeln. Die Zerkleinerung erfolgt durch Reibung, Walzung und Schlag. Austrag des zerkleinerten Gutes durch eine mit Abstand vor der hinteren Stirnwand angebrachte Siebwand. Geeignet zur Zerkleinerung von Hausmüll sowie zur gleichzeitigen Mischung mit entwässertem Klärschlamm. Wegen der relativ kleinen Einfüllöffnung (max. $\varnothing$ 2,20 m) nicht geeignet für Sperrmüll. Großer Verschleiß der Kugeln, hoher Energiebedarf.	2.31

Bild 2.26
Siebraspel [2.4]

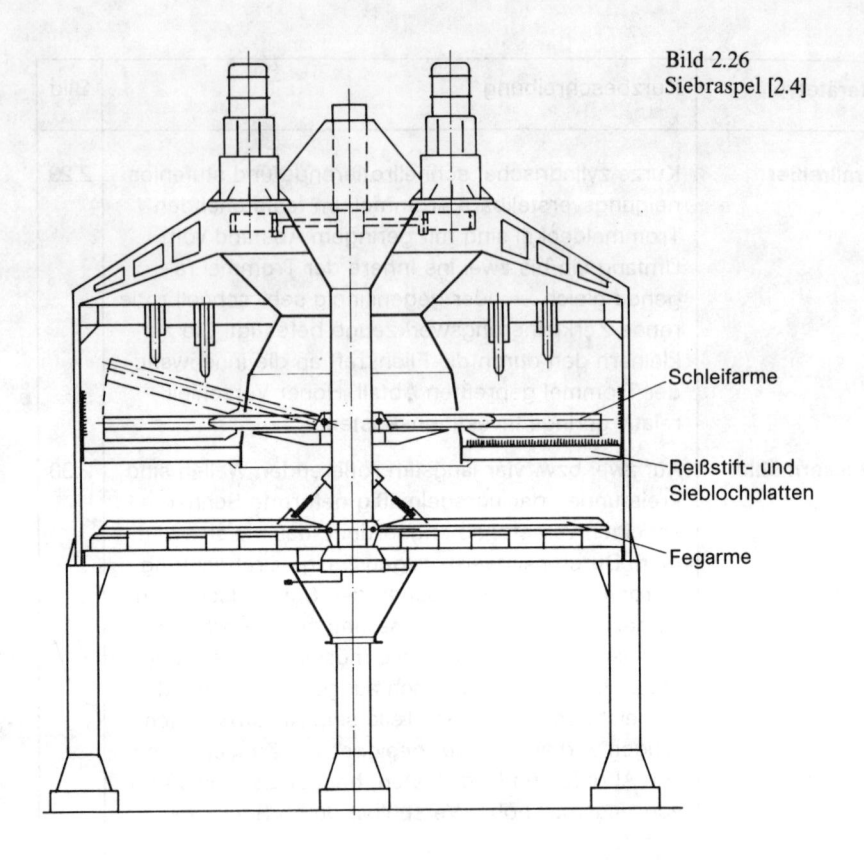

- Schleifarme
- Reißstift- und Sieblochplatten
- Fegarme

2.5.3.1 Schnell- und langsamlaufende Zerkleinerungsgeräte [2.34]

Hammermühlen, Prallmühlen und Prallreißer sind schnellaufende Zerkleinerungsgeräte, bei denen die Umfangsgeschwindigkeit nicht selten bei ca. 300 km/h liegt. Dabei tritt hoher Verschleiß auf. Ein weiterer Effekt ist ein durch den Zusammenprall von Metall und anderen harten Stoffen entstehender permanenter Funkenregen im Mühlengehäuse. Dieser Funkenregen stellt eine Zündquelle dar. Mit dem Müll können immer Explosiv- oder Brennstoffe angeliefert werden, auch wenn dies nach der Abfallsatzung streng verboten ist. Häufige Beispiele sind Kanister mit Restinhalten z.B. von Lackverdünnern oder fast leere Campinggasflaschen. Auch Stäube, die in bestimmten Konzentrationen zündfähig sind (z.B. Holzschleifstäube), können im Müll enthalten sein.

Solche Materialien haben bisher schon in fast jeder schnellaufenden Zerkleinerungsmühle zumindest einmal zur Explosion geführt. In Deutschland ist nur ein Fall mit Personenschaden bekannt, die Sachschäden sind in der Regel erheblich. Durch die Druckwelle werden leichte Bauteile wie Fassaden und Dächer weggeschleudert. Die Druckwelle kann auch Müllteile aus der Einlauf- oder Auslauföffnung der Mühle herausschleudern. Da die Maschinen sehr robust gebaut sind,

Bild 2.27
Hammermühle
(zweirotorig) [2.32]

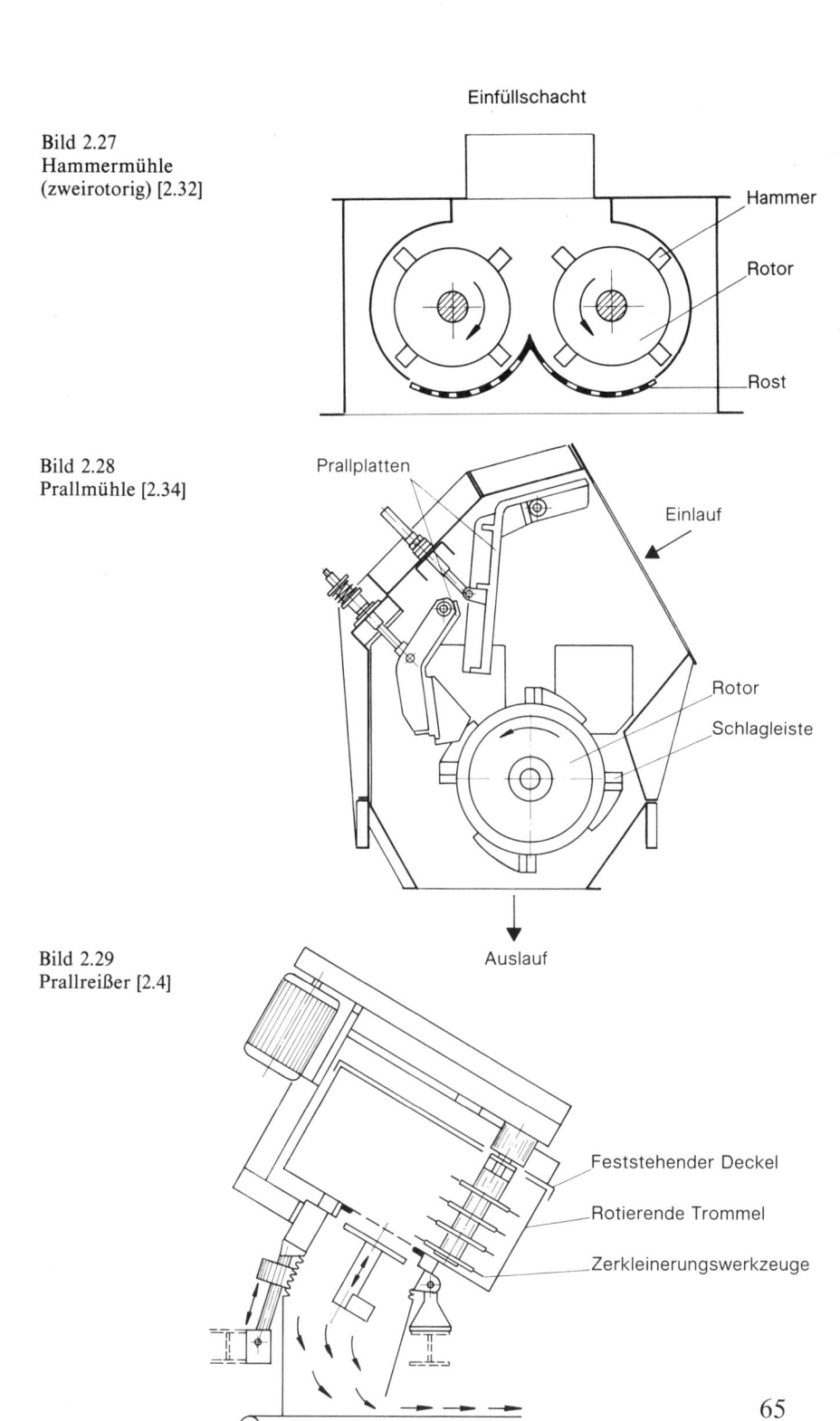

Einfüllschacht

Hammer

Rotor

Rost

Bild 2.28
Prallmühle [2.34]

Prallplatten

Einlauf

Rotor

Schlagleiste

Auslauf

Bild 2.29
Prallreißer [2.4]

Feststehender Deckel

Rotierende Trommel

Zerkleinerungswerkzeuge

65

kam ein Wegschleudern von Maschinenbestandteilen bisher nicht vor. Die gefährlichste Explosionswirkung ist die Stichflamme, die durch Einlauf und Auslauf der Mühle kommen kann. Sie gefährdet Menschen und führt häufig zu Bränden, vor allem in den Müllbunkern. Es wurden schon *Explosionsunterdrückungsanlagen* (Flammenerstickungsanlagen), ausprobiert. Dabei wurden im Einlauf- und Auslaufkanal von Mühlen Batterien von Löschpulverbehältern montiert, die unter hohem Stickstoffdruck stehen. Ein Sensor im Mahlraum löst bei plötzlichem starkem Druckanstieg die Absprengung der Ventile der Löschpulverbehälter aus; in den beiden Kanälen entsteht dann eine flammenerstickende Atmosphäre. Durch Versuche wurde jedoch ermittelt, daß bei einigen Brenn- und Explosivstoffarten die Zündgeschwindigkeit so hoch ist, daß die Stichflamme schon die Unterdrückungsanlage passiert hatte, bevor diese auslösen konnte. Die Unterdrückungsanlage kann also keinen vollständigen Schutz bieten.

Dies alles führte in den letzten Jahren zur Forderung der Aufsichtsbehörden, daß schnellaufende Zerkleinerungsgeräte in Räumen aus Schwerbauteilen mit Entlastungsöffnungen für den Explosionsfall aufgestellt werden müssen. Während des Mahlbetriebs darf sich in diesen Räumen kein Bedienungspersonal aufhalten. In der Achsrichtung von Ein- und Auslaufkanal der Mühlen dürfen keine Arbeitsplätze liegen. Diese Auflagen führen zu einer Verteuerung bei der Zerkleinerung mit schnellaufenden Mühlen. Ein Trend zu langsamlaufenden Zerkleinerungsgeräten wie z.B. Messermühlen und Kugelmühlen ist vorhanden, wenn auch hier Explosionen z.B. durch Munition nicht ausgeschlossen werden können. Durch Versuche wurde nachgewiesen, daß unter extremen Bedingungen auch in langsamlaufenden Kugelmühlen Staubexplosionen möglich sind.

2.5.4 Siebmaschinen [2.4], [2.34]

In Abfallbehandlungsanlagen werden an verschiedenen Stellen Siebe eingesetzt:
- Vorabsiebung des Feinmülls oder des Grobmülls,
- Nachsiebung des zerkleinerten Mülls zur Abscheidung nicht zerkleinerungsfähiger Abfallstoffe,
- Nachsiebung des in Reaktoren vorgerotteten Mülls zur Abscheidung schwer oder nicht verrottbarer Abfallstoffe (Kompostierung),
- Absiebung des Fertigkompostes zur Erzielung höherer Kompostqualitäten (Kompostierung: Feinkompost).

Je nach Verwendungsart werden verschiedene Siebtypen eingesetzt *(Tabelle 2.7)*. Grundsätzlich wird unterschieden nach *Flach- und Trommelsieben*. Siebe sollten möglichst lang ausgebildet sein, um die Siebstrecke und damit die Siebzeit zu verlängern. Den gleichen Zweck verfolgen Wehre und Stauleisten, die auf der Siebfläche angebracht werden. Ein besonderes Problem sind Verstopfungen durch feuchtes bzw. langfaseriges Material oder durch Textilien. Am schwierigsten gestaltet sich erfahrungsgemäß die Nachsiebung von vorgerottetem Kompost.

Bild 2.30
Messermühle [2.32]

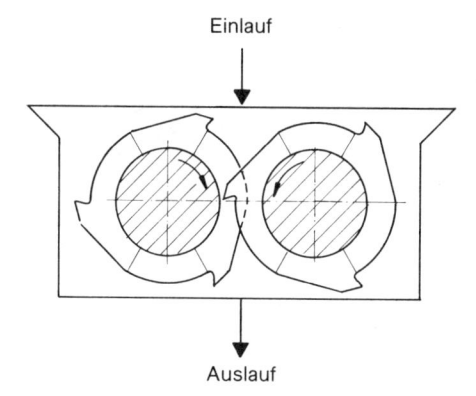

Einlauf

Auslauf

Bild 2.31
Kaskadenmühle (Kugelmühle) [2.4]

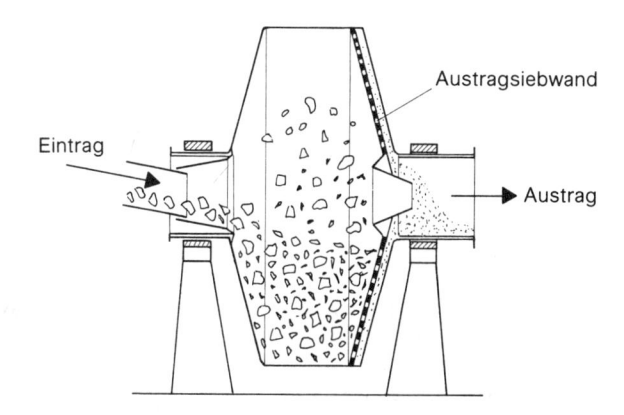

Austragsiebwand

Eintrag

Austrag

Bild 2.32
Prinzip des Spannwellensiebs [2.35]

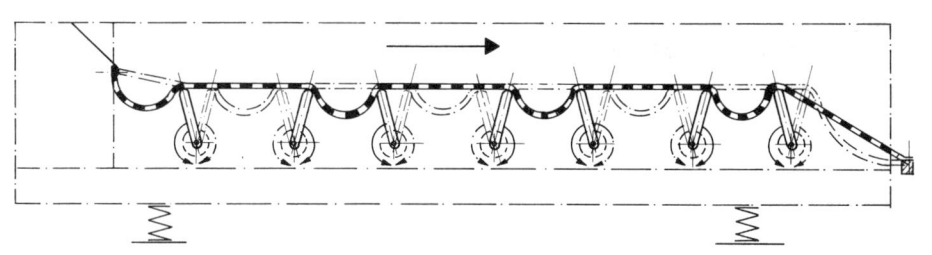

Bild 2.33
Trommelsieb
[2.4]

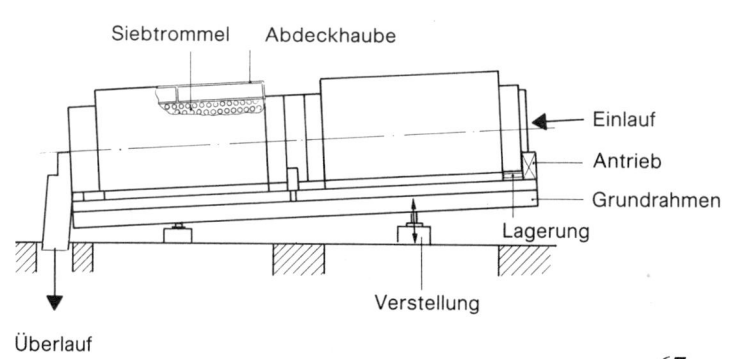

Siebtrommel   Abdeckhaube

Einlauf
Antrieb
Grundrahmen
Lagerung
Verstellung

Überlauf

Bild 2.34
Spannwellen-
Trommelsieb
[2.4]

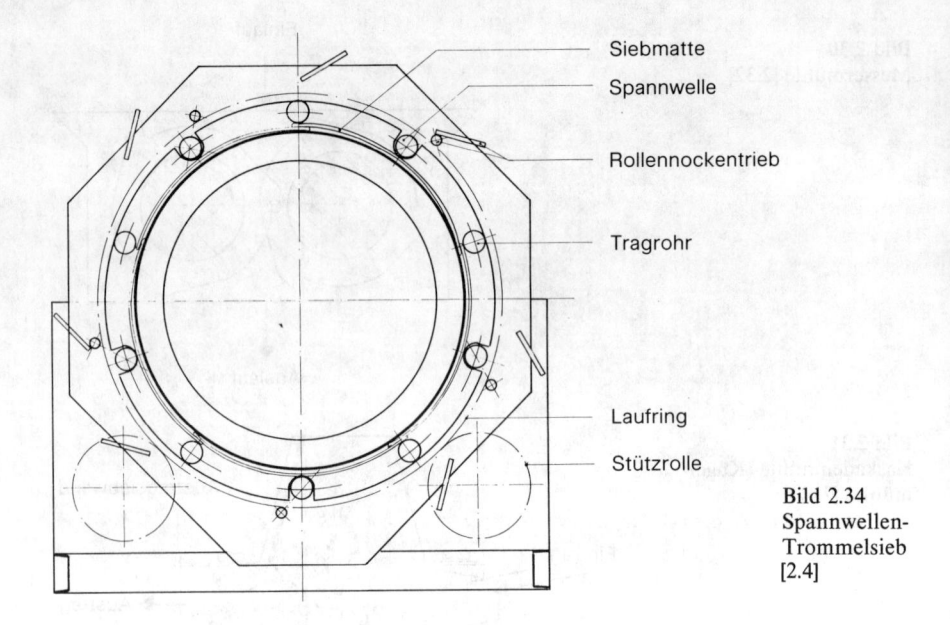

2.5.5 Magnetabscheider [2.32]

Eisenteile im Müll stellen einen Rohstoff dar, dessen Wert nach Marktgesetzen schwankt. Die Eisenauslese ist auch zum Schutz von Aufbereitungsaggregaten notwendig. In Produkten wie z.B. Kompost werden Eisenanteile als störend für die Verkaufsfähigkeit und damit als unerwünscht angesehen. In fast allen Aufbereitungsanlagen werden daher Magnetstationen betrieben. Man unterscheidet drei Arten von Magnetapparaten *(Tabelle 2.8):* Magnetbandrolle, Magnettrommel und Überbandmagnet.

2.5.6 Windsichter [2.30]

Windsichter werden in der Kompostierung zur Entfernung von Glas und anderen Hartstoffen aus Komposten eingesetzt. Diese Teile wirken als Störstoffe verkaufshemmend. Beim Recycling werden Windsichter zur Gewinnung von Papier und Kunststoffen aus dem Müll eingesetzt. In Windsichtern können Stoffe unterschiedlicher Dichte, Korngröße und Kornform in Gleichfälligkeitsklassen getrennt werden.

2.5.6.1 *Steigrohrsichter* [2.30], [2.35]

Der *Steigrohrsichter* ist die einfachste Sichterbauart *(Bild 2.38)*. Die Aufgabe des zu trennenden Materials erfolgt im oberen Drittel des zylindrischen Sichtraums. Die Geschwindigkeit des aufwärts gerichteten Luftstromes muß so eingestellt werden, daß die Stoffe, die in das Leichtgut gelangen sollen, nach oben ausgetragen werden.

Bild 2.35
Magnetbandrolle [2.32]

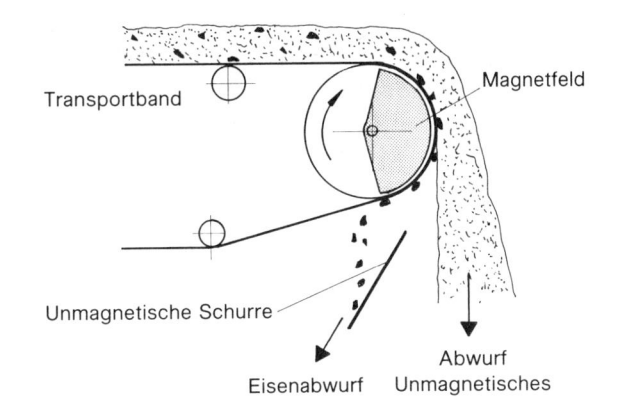

Tabelle 2.7 Gebräuchliche Siebtypen

Siebtyp	Charakterisierende Hinweise	Bild
Schwingsieb	Flachsieb als Kreis-, Ellipsen- oder Freischwinger. Nachteil: Großflächige Teile können die Sieböffnungen abdecken und das Passieren von darüberliegenden kleinen Teilen verhindern.	
Spannwellensiebe	Zwei gegenläufige Systeme spannen und entspannen abwechselnd den elastischen Boden eines Flachsiebs. Durch die hohen Beschleunigungskräfte werden die Sieböffnungen freigehalten. Gut bewährt, jedoch teils relativ kurze Standzeit der Siebböden.	2.32
Trommelsieb	Zylindrische oder polygone Trommel aus steifer Tragkonstruktion, die mit austauschbaren gelochten Blechen verkleidet ist. Durch Neigungsverstellung kann die Durchlaufzeit verändert werden. Vorteilhaft ist die dauernde Umwälzung des Materials. Wegen Staubentwicklung müssen Trommelsiebe gekapselt werden.	2.33
Spannwellen-Trommelsiebe	Die Zylinderfläche der Siebtrommel wird durch ein an Mantellinien befestigtes Siebmattensystem gebildet. Die Befestigung erfolgt abwechselnd an Tragrohren und an Spannwellen, die über einen Rollennockenantrieb bewegt werden und die Rüttelbewegung in die Matten einleiten.	2.34

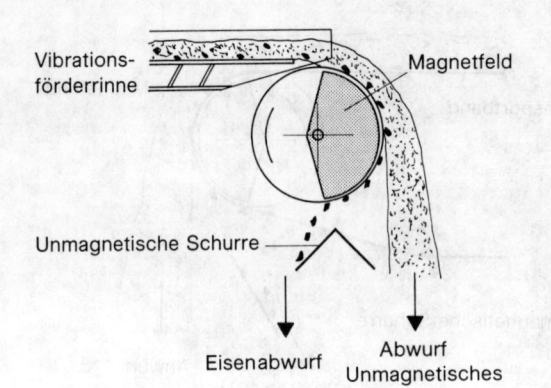

Bild 2.36
Magnettrommel [2.32]

Tabelle 2.8 Magnetabscheider

Typ	Kurzbeschreibung	Bild
Magnetband-rolle	Als Antriebsrolle von Förderbändern am Abwurfende angeordnet. Ein Magnetfeld ist über die ganze Oberfläche im Bereich des aufliegenden Bandes wirksam. Eisenteile werden so vom Gurt bis zum Verlassen der Trommel festgehalten und erst dann abgeworfen, während die anderen Teile durch den Einfluß der Schwerkraft schon vorher abgeschieden werden.	2.35
Magnettrommel	Ähnlich der Magnetbandrolle, jedoch getrennt vom Förderband installiert. Durch gleichmäßige Verteilung bei der Aufgabe gute Trennung.	2.36
Überband-magnet	Kurzes Förderband, in dessen Mittelteil ein kräftiger Magnet stationär angeordnet ist. Es wird über Gurtförderer in geringem Abstand quer zur Laufrichtung oder am Abwurfende in Laufrichtung angeordnet. Eisenteile werden aus dem Förderstrom ausgehoben, weggefördert und nach Verlassen des Magnetfeldes abgeworfen. Einsatz nur bei vorgesiebtem Material sinnvoll, da die Wirksamkeit mit steigender Spaltweite zwischen Überbandmagnet und Fördergurt rasch abnimmt.	2.37

Bild 2.37
Überbandmagnet [2.32]

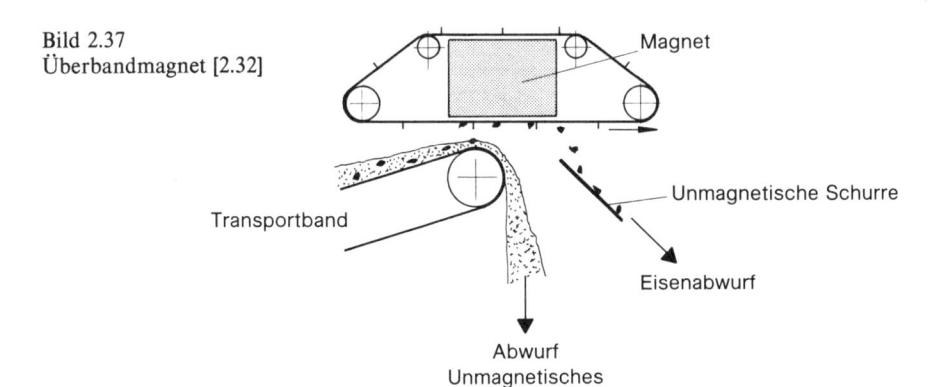

Magnet
Transportband
Unmagnetische Schurre
Eisenabwurf
Abwurf Unmagnetisches

Bild 2.38
Steigrohrsichter [2.35]

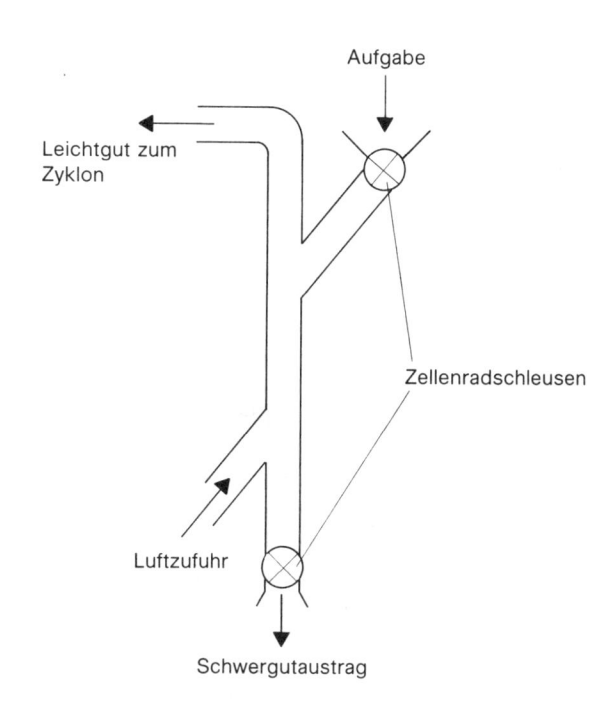

Aufgabe
Leichtgut zum Zyklon
Zellenradschleusen
Luftzufuhr
Schwergutaustrag

Die Abtrennung des Leichtgutes von der Trägerluft erfolgt in einem anschließenden Zyklon. Der Austrag des Leichtgutes erfolgt durch eine Zellenradschleuse an der Spitze des Zyklons, die Schwerfraktion wird durch eine Zellenradschleuse am unteren Ende des Steigrohrsichters ausgetragen.

2.5.6.2 Zickzacksichter [2.30]

Zur Erhöhung der Trennschärfe hat sich eine zickzackförmige Ausbildung des Steigrohrs bewährt. Der *Zickzacksichter* arbeitet mit geschlossener Luftführung,

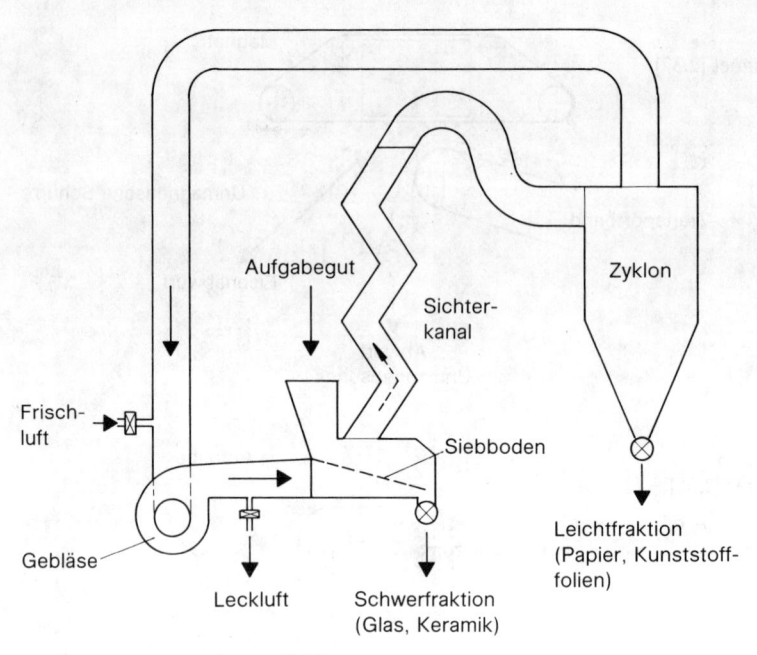

Bild 2.39 Steigrohrsichter [2.35]

d.h., die Arbeitsluft wird weitgehend im Kreislauf geführt. Er besteht aus einem rechteckigen Kanal, der durch zickzackförmige Wände in mehrere Rohre unterteilt ist. (In *Bild 2.39* ist vereinfachend nur eines dieser Rohre dargestellt.) Nach unten ist dieser Kanal durch einen geneigten Siebboden abgeschlossen, durch den die Luft eingeblasen wird. Um Materialablagerungen entgegenzuwirken, bestehen die Wände der Rohre aus Gummibahnen, die an den Knickpunkten über Stahlprofile gespannt sind. Diese Gummiwände vibrieren leicht, so daß Anbackungen vermieden werden. Der geneigte Siebboden besteht ebenfalls aus Gummi.

Das Aufgabematerial fällt auf diesen Siebboden. Leichte Teile werden vom Luftstrom mitgerissen. Durch die Umlenkung an den Knicken in den Sichterrohren findet eine weitere Streuung statt, die eine gute Trennung von leichteren und schwereren Stoffen begünstigt. Schwere Teile fallen auf das Sieb zurück. Durch die Neigung des Siebes rutschen sie in einen Schacht, aus dem sie durch eine Zellenradschleuse ausgetragen werden. Die leichteren Teile verlassen die Sichterrohre am oberen Ende. In einem Zyklon werden sie von der Luft getrennt, die zum größten Teil durch Kreislaufführung wieder zum Gebläse gelangt. Etwa 5 bis 10% der Luftmenge werden als Leckluft abgeschieden, die in einem Staubfilter gereinigt werden muß. Die gleiche Menge Luft wird vom Gebläse frisch angesaugt. Durch eine Zellenradschleuse an der Spitze des Zyklons werden die leichten Stoffe ausgetragen. Als Verstellmöglichkeit ist auf der Druckseite des Gebläses eine Drosselklappe eingebaut.

Bild 2.40
Schwebesichter [2.30]

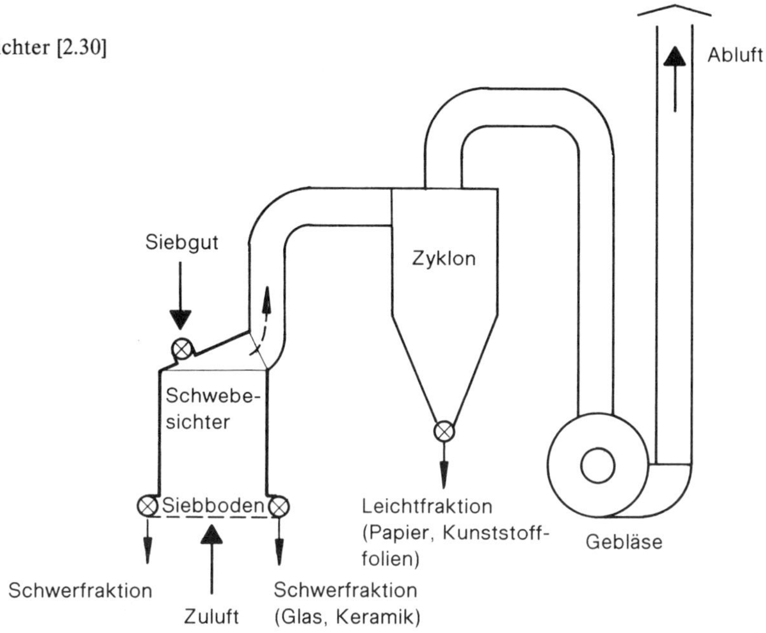

2.5.6.3 *Schwebesichter* [2.30]

Eine andere Verfeinerung des Steigrohrsichters ist der *Schwebesichter (Bild 2.40)*. Er ist ein sich im oberen Teil konisch verjüngender stehender Zylinder, der unten mit einem Siebboden mit Lochdurchmesser 3 mm abgeschlossen ist. Unmittelbar über dem Siebboden ist ein rotierender Abstreifer für die Schwerstoffe eingebaut. Durch eine im Konus angeschlossene Rohrleitung ist er mit zwei Zyklonen verbunden. An dem Reinluftausgang dieser Zyklone ist ein Gebläse saugseitig angeschlossen, das die abgesaugte Luft ins Freie abbläst. Alternativ ist geschlossene Luftführung möglich. Als Verstellmöglichkeit ist auf der Druckseite des Gebläses eine Drosselklappe eingebaut. Der Eintrag des Aufgabegutes erfolgt durch eine Zellenradschleuse in den Konus. Das Material fällt auf den Siebboden, der von unten her mit Luft durchströmt wird. Schwere Teile, wie z.B. Glas und Steine, bleiben auf dem Siebboden liegen und werden durch den Abstreifer zu zwei Zellenradschleusen gefördert und dort auf einen Gurtförderer ausgetragen. Vor dem Ausgang durch diese Schleusen kann durch verstellbare Klappen zusätzlich Luft angesaugt und damit in dem Schwergutstrom eine Nachsichtung erreicht werden. Die leichten Bestandteile werden vom Luftstrom mitgerissen und in dem Abscheider von der Luft getrennt. Der Austrag der Leichtfraktion erfolgt über zwei Zellenradschleusen an den Spitzen der Zyklone.

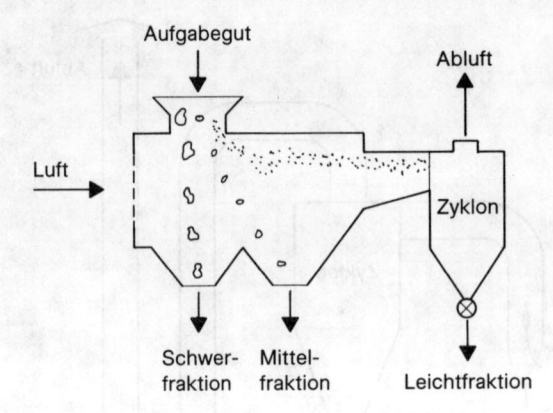

Bild 2.41
Horizontalstrom-Windsichter
[2.30]

2.5.6.4 Horizontalstrom-Windsichter [2.35]

Bei dem *Horizontalstromsichter (Bild 2.41)* wird die Luftströmung quer zur Fließrichtung des Aufgabeguts geführt. Schwere Teile durchqueren den Luftstrom senkrecht und werden durch einen Trichter ausgetragen. Mittelschwere Teile werden vom Luftstrom leicht ausgelenkt und fallen ebenfalls in einen am Boden angebrachten Trichter. Leicht flugfähige Teile werden ausgelenkt und mit dem Luftstrom seitlich aus dem Sichter zu einem Zyklon ausgetragen, wo die Trennung von Leichtgut und Transportluft erfolgt. Mit Horizontalwindsichtern lassen sich relativ hohe Durchsatzleistungen erreichen, die Trenngenauigkeit ist allerdings geringer als bei der Sichtung im aufsteigenden Luftstrom.

2.5.6.5 Steinausleser (Luftsetzmaschine) [2.30]

Der *Steinausleser* ist streng betrachtet nicht bei den Windsichtern, sondern bei den Luftsetzmaschinen einzuordnen. Er benötigt keinen Zyklon zur Trennung von Arbeitsluft und Leichtgut. Er kann mit geschlossener oder offener Luftführung arbeiten. Luftsetzmaschinen können sehr gut zur Hartstoffauslese aus Komposten, nicht jedoch zur Gewinnung einer Papierfraktion aus Müll eingesetzt werden. Sie können erfolgreich nur mit weitgehend homogenen Materialien beaufschlagt werden. Luftsetzmaschinen arbeiten mit wesentlich geringeren Luftmengen als Windsichter.

Die Maschinen arbeiten nach dem Prinzip des *Fließbetts (Bild 2.42)*. Das zu verarbeitende Gut fällt auf ein geneigtes Sieb, dessen ca. 1,5 mm große Öffnungen von unten gerade mit so viel Luft durchströmt werden, daß sich die leichten Bestandteile des Aufgabegutes abheben und durch den Einfluß des Hangabtriebes zur tiefergelegenen Kante des Siebes fließen. Die schweren Bestandteile werden durch die Bewegung des Siebbodens in entgegengesetzter Richtung zur höhergelegenen Kante des Siebs gefördert. Die durch das Sieb fallenden kleinen Hartstoffe können getrennt ausgetragen werden.

Zur Einstellung auf die unterschiedlichen Materialstrukturen ist die Maschine

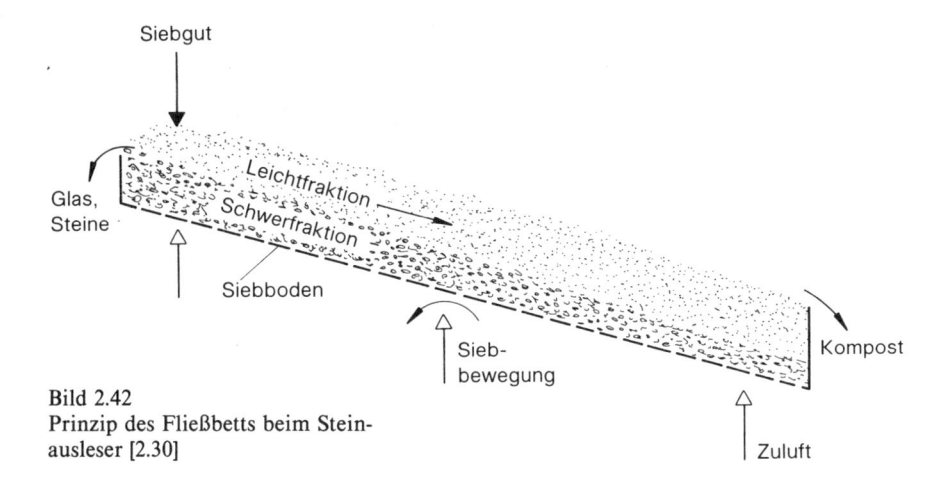

Bild 2.42
Prinzip des Fließbetts beim Steinausleser [2.30]

mit zwei Verstellmöglichkeiten versehen: Luftmengenregulierung und Nachsichtung der Schwerfraktion. Die Luftmenge wird durch eine Drosselklappe unmittelbar nach dem Gebläse reguliert, zur Verteilung der Luft sind unter dem Siebboden verstellbare Jalousiebleche eingebaut. Eine vollständig gleichmäßige Belegung des Siebbodens ist die Voraussetzung für das Funktionieren des Verfahrens.

2.5.7 Naßtrenngeräte [2.34]

Das in Windsichtern anfallende Schwergut ist eine Mischung von Glas, Steinen, Eisen, NE-Metallen und feuchten organischen Stoffen. Das Eisen kann daraus magnetisch abgeschieden werden. Für die weitere Trennung werden Naßverfahren erprobt, die sich in der Aufbereitung mineralischer Rohstoffe gut bewährt haben.

2.5.7.1 *Aufstromsortierer* [2.34], [2.35]

Der *Aufstromsortierer* arbeitet wie der Windsichter nach dem Gleichfälligkeitsprinzip, wobei jedoch als Trennmedium Wasser statt Luft verwendet wird. Bei der Müllaufbereitung wird für eine Sortierung die Tatsache ausgenutzt, daß die Dichte von feuchten organischen Stoffen nur wenig von der des Wassers abweicht, so daß ein geringer Aufstrom ausreicht (ca. 10 cm/s), um diese Stoffe aufschwimmen zu lassen und im Überlauf auszutragen. Metalle, Glas und andere schwere Inertstoffe sinken ab und werden über eine Austragsvorrichtung wie z.B. ein Becherwerk entfernt. *Bild 2.43* verdeutlicht den Aufbau eines derartigen Aufstromsortierers. Das Wasser wird durch eine Ringleitung in eine Beruhigungszone eingeleitet und strömt durch den im unteren Teil verengten Querschnitt im Arbeitsraum laminar nach oben. Die Aufgabe erfolgt vorzugsweise über eine Schwingrinne, die sich direkt über der Flüssigkeitsoberfläche befindet. Hierdurch wird erreicht, daß schwimmfähige Bestandteile nicht tief in das Wasserbad eintauchen, sondern ohne

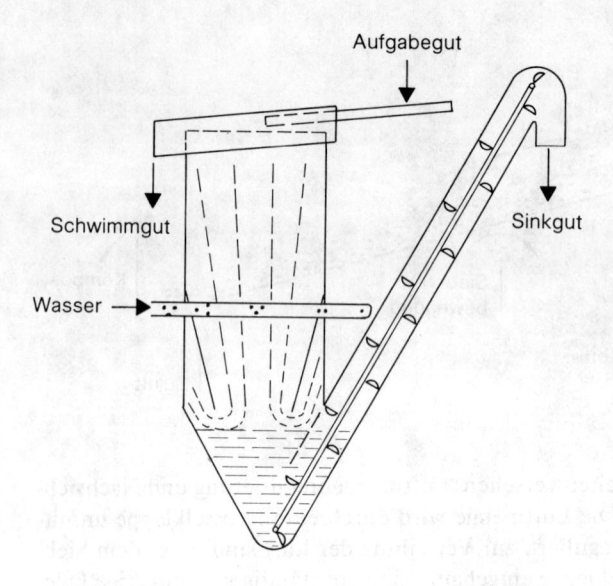

Bild 2.43
Aufstromsortierer [2.35]

starke Durchfeuchtung auf der Wasseroberfläche ausgeschwommen werden. Beim Sinkgut wirkt sich die Ablösung oberflächlich anhaftender Schmutzteilchen durch den Wasserstrom vorteilhaft für die nachgeschalteten Sortierstufen aus.

2.5.7.2 Schwertrübesortierung [2.34], [2.35]

Die *Schwertrübescheidung* stellt ein reines Dichtetrennverfahren dar, das in der Aufbereitung mineralischer Rohstoffe als eines der wichtigsten Sortierverfahren gilt. Als Trennmedien werden dabei Suspensionen aus Wasser und fein aufgemah-

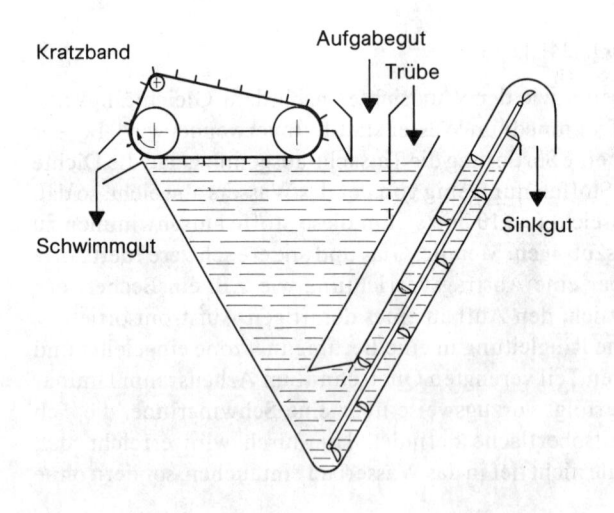

Bild 2.44
Schwertrübescheider [2.35]

lenen Schwerstoffen verwendet, deren Dichte durch Veränderung des Verhältnisses von Wasser zu Schwerstoff eingestellt werden kann. Die Trenndichte dieser Schwertrüben wird im Hinblick auf das zu sortierende Gut so festgelegt, daß die spezifisch leichteren Anteile aufschwimmen und die spezifisch schwereren absinken. Dabei muß die Schwertrübe ständig in Bewegung gehalten werden, um eine Sedimentation des Schwerstoffes zu verhindern. Zur Sortierung der im Müll enthaltenen Inertstoffe ist die Schwertrübeaufbereitung aufgrund ihrer hohen Trennschärfe besonders geeignet. So können ohne Schwierigkeiten Stoffe, die in ihrer Dichte zum Teil eng beieinanderliegenden, wie Nichteisenmetalle, Glas und keramische Stoffe, voneinander getrennt werden. *Bild 2.44* zeigt eine von vielen möglichen Ausführungsformen eines Schwertrübescheiders, bei der das Schwimmgut mit Hilfe eines Kratzbandes über das Austragswehr gespült wird, während das Sinkgut mit einem Becherwerk ausgetragen wird.

2.5.8 Optische Sortierung [2.34], [2.35]

Optische Sortiergeräte nutzen zur Trennung von Festkörpern Farb- oder Reflexionseigenschaften von Materialien. Sie besitzen ein System aus Fotozellen zur Erkennung der Unterschiede, eine Auswerteelektronik sowie geeignete Vorrichtungen zur Auslenkung der zu trennenden Anteile. Derartige Sortierverfahren werden für die Trennung mineralischer Rohstoffe und landwirtschaftlicher Produkte schon seit Jahren eingesetzt. Auch zur Farbsortierung von Altglas können derartige Verfahren in Betracht kommen, wenn sie auch derzeit noch nicht wirtschaftlich sind. Die Arbeitsweise eines optischen Sortiergeräts wird aus *Bild 2.45* ersichtlich.

Das vorklassierte Mischglas wird über eine Dosiereinrichtung dem Vereinzelungsband zugeführt und von diesem in eine optische Kammer abgeworfen. Hier

Bild 2.45
Optisches Sortiergerät
[2.35]

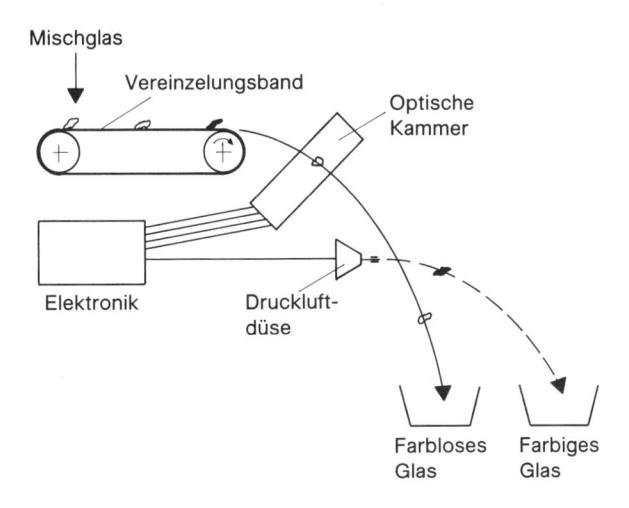

wird durch eine Anordnung von Glühlampen und Fotozellen die Reflexionsintensität gemessen und mit einem vorgegebenen Standardwert verglichen. Jede Änderung der Ausgangsspannung mindestens einer Fotozelle bewirkt über eine Elektronik die Auslösung eines Druckluftstrahls, der die vom Sollwert abweichenden Teilchen aus der Wurfparabel auslenkt, so daß zwei Produkte ausgetragen werden.

Bei einer einstufigen Farbsortierung von Glas beträgt der Anteil der Fehlausträge im farblosen Erzeugnis nicht mehr als 2 bis 3 Gew.-%. Neben der Trennung in ein farbiges und ein farbloses Glaskonzentrat kann durch entsprechende Einstellung des Sortiergerätes in einer zweiten Stufe auch eine Sortierung in Grün- und Braunglas vorgenommen werden.

2.5.9 Fördergeräte [2.4]

Abfälle oder daraus gewonnene Produkte, wie z.B. Kompost, Papier, Metall, Glas und Kunststoffe, stellen materialspezifische Ansprüche an Fördergeräte. Abhängig von der Linienführung von innerbetrieblichen Förderwegen können zum Teil nur ganz bestimmte Fördergeräte zur Anwendung kommen.

2.5.9.1 *Gurtförderer* [2.4], [2.34]

Durch ihren einfachen Aufbau sind sie besonders für den rauhen Betrieb in einer Abfallaufbereitungsanlage geeignet. Eigengewicht und Verschleiß sind gering. Durch geeignete Anordnung der oberen Tragrollen kann eine Muldung des Gurts erzielt werden, so daß das Material nicht an den Seiten herabfallen kann. Sogenannte Wellkantenbänder haben statt der Muldung seitlich aufvulkanisierte gewellte Borde, durch die ein noch besserer seitlicher Abschluß gewährleistet ist. Die Gurte müssen in öl- und fettbeständiger Qualität gewählt werden. Bei der Förderung von Rohmüll sollte die Bandbreite 1200 mm nicht unterschreiten.

Je nach Fördergut sind maximale Neigungen bis 25° möglich. Bei höheren Steigungen geraten Abfälle ins Rutschen. Aufvulkanisierte Rippen und Stollen schaffen hier zwar Abhilfe, die Reinigung der Bänder ist dadurch jedoch erheblich erschwert. Für die Überwindung größerer Höhenunterschiede auf kurzer Entfernung sind *Gurtförderer* nicht geeignet. Die Länge von Gurtförderern ist praktisch unbegrenzt.

2.5.9.2 *Trogkettenförderer* [2,4], [2.34]

Im *Trogkettenförderer* wird das Fördergut schleifend und schiebend gefördert. An einer endlosen Kette sind Mitnehmer unterschiedlicher Form angebracht, die das Fördergut über den Boden eines Troges schleifen. Der Fördertrog kann in beliebiger Weise horizontal, schräg oder senkrecht in einer Ebene geführt werden, wodurch eine große Freizügigkeit in der Linienführung gegeben ist *(Bild 2.46)*. Das Material kann an jeder Stelle des Förderers aufgegeben und abgeworfen

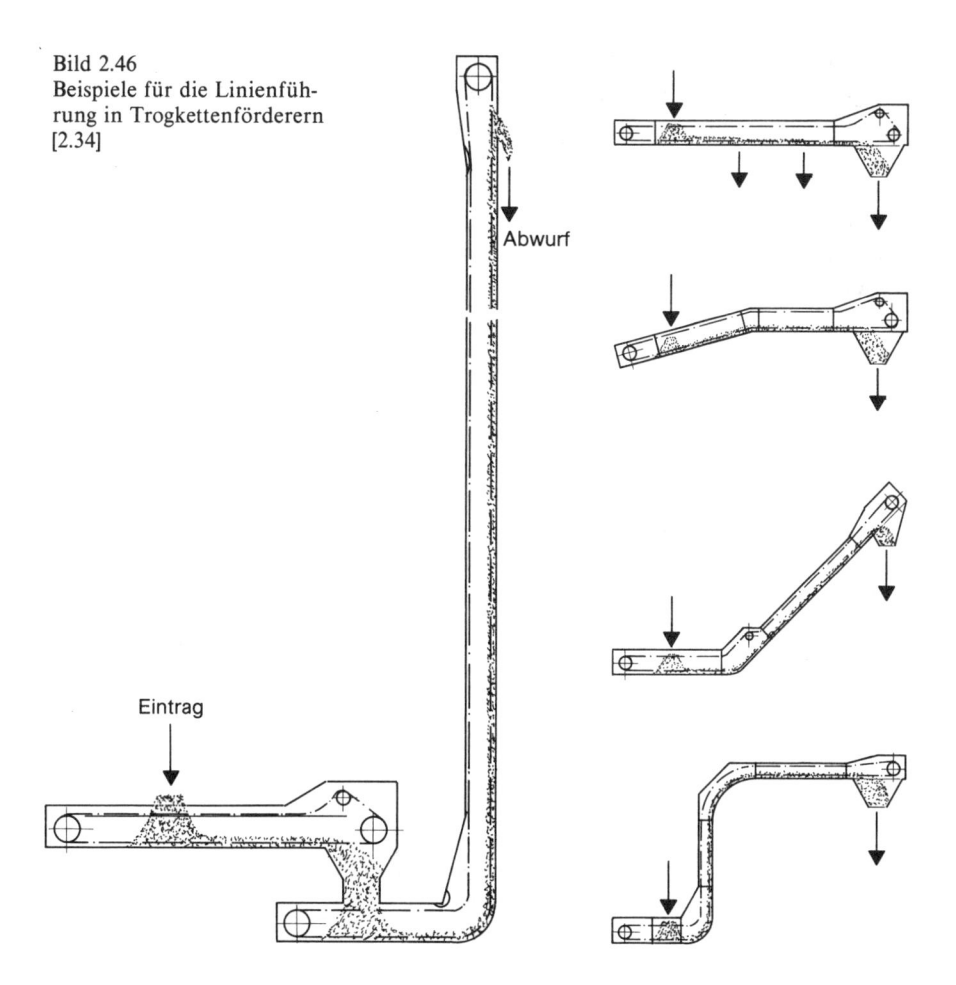

Bild 2.46
Beispiele für die Linienführung in Trogkettenförderern
[2.34]

werden, es können gleichzeitig mehrere Aufgabestellen betrieben werden, durch den Einbau von Bodenschiebern kann auch die Abwurfstelle variiert werden.

Trogkettenförderer sind für die Förderung von zerkleinerten Abfällen und Klärschlamm geeignet. Eisenteile sollten vor der Aufgabe auf Trogkettenförderer magnetisch abgeschieden werden. Der Verschleiß ist hoch, vor allem durch den Glasanteil im Müll. Eine Auskleidung des Troges mit Schmelzbasalt wirkt dem Verschleiß entgegen und ist relativ preisgünstig.

2.5.9.3 Schwingförderer [2.4], [2.34]

Man unterscheidet

☐ Schüttelrutschen, die sich nur in Längsrichtung hin und her bewegen;
☐ Schwingförderrinnen, bei denen durch Anheben der Rinne eine senkrechte Förderkomponente und dadurch eine Wurfbewegung erzielt wird;

☐ Wuchtförderer, die mit kleinen Amplituden bei hohen Frequenzen bewegt werden, so daß das Fördergut schwebend transportiert wird.

Vor allem die Schwingförderrinnen und Wuchtförderrinnen kommen für den Einsatz in Abfallbehandlungsanlagen in Frage. Sie werden in erster Linie als Abzugsorgane unter Aufbereitungsmaschinen, aber auch als Zuteiler, z.B. vor der Magnetabscheidung, eingesetzt. Förderrinnen sind widerstandsfähiger gegen mechanische Beanspruchung als Gurtförderer, sie haben außerdem einen auflockernden und verteilenden Effekt.

2.5.9.4 *Schneckenförderer* [2.4]

Sie können in waagerechter oder beliebig geneigter Lage betrieben werden. Sie sind einfach aufgebaut und leicht zu warten. Das Fördergut kann an beliebigen Stellen aufgegeben und abgezogen werden. Nachteilig sind der Verschleiß und der hohe Kraftaufwand durch die Reibung zwischen Fördergut und Fördermittel. *Schneckenförderer* eignen sich nicht für den Transport von Rohmüll oder Siebresten. Sie werden meist nur für geringe Förderleistungen und kurze Förderstrecken verwendet. Wegen ihrer abgedichteten Ausführung sind sie gut geeignet zum Transport stark staubender Güter wie Feinmüll und Asche.

2.6 Recycling

2.6.1 Allgemeines [2.34]

Recycling bedeutet die Wiedereinbringung von Abfallstoffen in den Produktionsprozeß als Ersatz für Primärrohstoffe. Die Definition von Abfall in diesem Sinn könnte lauten: «Abfall ist Rohstoff am falschen Platz.» Die Verwendung von Abfällen als Sekundärrohstoffe ist volkswirtschaftlich sinnvoll, da Primärrohstoffe stetig teurer und knapper werden. Die Wiederverwendung von Produktionsabfällen bei der Erzeugung neuer Güter ist in der Papierindustrie und in der Glasindustrie schon immer üblich. Ebenso wird bei der Eisenerzeugung schon immer Schrott eingesetzt.

Durch die Verwendung von Altmaterialien wird nicht nur die Rohstoffreserve geschont. Gleichzeitig werden erhebliche Energiemengen eingespart. So ist z.B. bei der Glaserzeugung bei der Erschmelzung aus Scherben nur $^2/_3$ des Energieeinsatzes erforderlich, der bei der Erschmelzung aus den Primärrohstoffen benötigt wird. Bei Eisen oder Aluminium liegen die entsprechenden Vergleichswerte im gleichen Bereich.

Der Müll stellt ein Gemisch aus Abfällen dar, in dem auch die interessanten Sekundärrohstoffe als Wertstoffe enthalten sind. Sie müssen durch Sortierung gewonnen werden. Das ist einer der heute praktizierten Wege. Es gibt jedoch auch schon Ansätze zur getrennten Sammlung, bei denen die nicht unproblematische

Sortierung entfallen kann. Ein Beispiel ist die getrennte Einsammlung von Altpapier und Altglas. Sie wird normalerweise durch privatwirtschaftliche Initiative durchgeführt. Bei Wegfall von Gewinnmöglichkeiten, z.b. beim periodischen Verfall der Altstoffpreise, wird sie eingestellt. In Schweden ist seit 1980 die getrennte Sammlung von Zeitungen und Zeitschriften gesetzlich vorgeschrieben.

Mit der Müllsortierung ist betriebswirtschaftlich gesehen in den meisten Fällen kein Gewinn erzielbar. Volkswirtschaftlich gesehen können wir auf die Dauer auf das Recycling nicht verzichten.

2.6.2 Gewinnbare Stoffe und ihr Einsatz [2.34], [2.39]

2.6.2.1 Papier und Pappe

Der mit am meisten im deutschen Müll vertretene Stoff ist Papier und Pappe. Im Einsatz von Altpapier ist die deutsche Papierindustrie führend in der Welt. 50% des Papierrohstoffs werden aus Altpapier gewonnen. Im holzreichen Schweden sind es zur Zeit noch keine 10%. Dort wurde jedoch durch Gesetz der Holzeinschlag begrenzt, so daß die Papierindustrie künftig ebenfalls zu verstärktem Altpapiereinsatz gezwungen ist. Der Einsatz von Altpapier setzt in der Papierfabrik bestimmte technische Einrichtungen voraus.

Die Unterbringung von aus Müll aussortiertem Papier in der Papierindustrie ist zeitweise schwierig. Dieses Papier ist meist zumindest leicht verschmutzt. Es ist zur Zeit genügend qualitätsmäßig besseres Altpapier aus Produktionsabfällen in der papiererzeugenden oder papierverarbeitenden Industrie verfügbar.

Ersatzweise Einsatzmöglichkeiten für Papier und Pappe sind als Mittelschicht in der Spanplattenindustrie oder als Brennstoff aus Müll (BRAM) gegeben. BRAM wird aus der Leichtfraktion von Windsichtern hergestellt, die vornehmlich aus Papier mit etwas Kunststoffbeimischung besteht. Nach der Zerkleinerung werden daraus Pellets gepreßt, die transport- und lagerfähig sind. Sie können in der eigenen Feuerungsanlage verbrannt oder verkauft werden.

2.6.2.2 Kunststoff-Folien

Mit dem steigenden Rohölpreis wird Kunststoff zu einem immer interessanter werdenden Altstoff. Er kann zu Produkten von zweitrangiger Bedeutung wie Paletten oder Rasengitterformsteinen verarbeitet werden. In Rom wird der Müll in Kunststoffsäcken gesammelt. Sie sind zu 50% aus Altkunststoff hergestellt, der aus dem Müll gewonnen wurde.

2.6.2.3 Eisenschrott

Eisenschrott kann durch Magnete relativ einfach aussortiert werden. Der Einsatz von Schrott in der Stahlerzeugung ist produktionsüblich. Ein Problem stellt der Dosenschrott dar. Meist handelt es sich um Weißblech, das durch Verzinnung korrosionsgeschützt wurde. Dieser Zinn stört beim Verhüttungsprozeß. Er muß chemisch oder thermisch entfernt werden. Ebenso störend ist die Verschmutzung des Schrotts durch andere Müllbestandteile.

2.6.2.4 Glas

Zur Zeit werden in der Bundesrepublik Deutschland in der Behälterglasindustrie 400 000 t oder 17% Altscherben eingesetzt. Führend in der Wiederverwendung von *Glas* ist die Schweiz. Hier werden bei der Glasproduktion 35% Altscherben eingesetzt. Die Glasindustrie muß auf die Reinheit der Altscherben großen Wert legen. Schon geringe Verschmutzungen durch Steinscherben oder durch Metallverschlüsse führen zu Qualitätsminderungen oder zu lang anhaltenden Produktionsstörungen.

Weiter ist die Glasindustrie an der Farbsortenreinheit interessiert. Im allgemeinen werden Weiß-, Grün- und Braunglas produziert. Zur Erzeugung von Weißglas dürfen praktisch nur Weißglasscherben eingesetzt werden. Hingegen stören Weißglasscherben bei der Produktion von Grün- und Braunglas weniger.

Tabelle 2.9 zeigt die Anforderungen der deutschen Hohlglasindustrie an Fremdscherben (zulässige Beimengungen andersfarbiger Scherben in der Glasproduktion, wenn der Scherbenanteil bei der Produktion von Grünglas 50% und bei der Produktion von Braun- und Weißglas 30% nicht übersteigt). Aus *Tabelle 2.10* gehen die Werte für die zulässigen Verunreinigungen in den Scherben hervor.

Der Altstoffpreis für Weißglasscherben beträgt das Doppelte des Mischglasscherbenpreises. Wirtschaftlich ist die Farbsortierung nur durch die Handsortierung ganzer Flaschen darstellbar. Die optisch-mechanische Farbsortierung von Scherben ist zur Zeit noch unwirtschaftlich (siehe Abschnitt 2.6.8).

Tabelle 2.9 Zulässige Beimengungen andersfarbiger Scherben bei der Hohlglasproduktion, wenn der Scherbenanteil bei der Produktion von Grünglas 50% und bei Produktion von Braun- und Weißglas 30% nicht überschreitet

Fremdscherbenzusatz	Herstellung von		
	Braunglas	Grünglas	Weißglas
Braune Scherben	—	≤ 15%	≤ 0,01 %
Grüne Scherben	≤ 5%	—	≤ 0,005%
Weiße Scherben	≤ 10%	≤ 10%	—

Tabelle 2.10
Zulässige Werte für Verunreinigungen in Scherben

Organische Stoffe	≤ 0,05%
Magnetische Metalle	≤ 0,0005%
Nichtmagnetische Metalle	≤ 0,0015%
Nichtmagnetische Hartstoffe (Keramik)	≤ 0,01%

2.6.2.5 NE-Metalle

Sie spielen beim europäischen Müll noch keine Rolle. Bedeutsam sind sie bei dem US-Müll durch die aus Aluminium hergestellten Getränkedosen. Bei uns wird hier meist Stahlblech verwendet. Außerdem ist der Anteil der in Dosen abgefüllten Getränke relativ gering.

2.6.3 Methoden der Sortierung [2.34], [2.39]

2.6.3.1 Siebung

Durch Klassierung auf Sieben kann z.B. der Feinmüllanteil abgeschieden werden, der für die Wertstoffgewinnung uninteressant ist. Ferner kann Müll bis zur Korngröße 50 mm abgetrennt und der Kompostierung zugeführt werden. Die größeren Müllbestandteile sind interessant für die manuelle oder mechanische Sortierung.

2.6.3.2 Handauslese

Die *Handauslese* ist die am längsten praktizierte Methode der Sortierung. Sie ist gegenüber vielen noch nicht vollständig entwickelten mechanischen Verfahren zur Zeit noch wirtschaftlich. Ähnlich wie auf die Deponie wird man auf sie wahrscheinlich nie verzichten können. Versuche, Stoffe optisch-mechanisch zu erkennen und entsprechend auszusortieren, sind bisher gescheitert.

2.6.3.3 Zerkleinerung

Die Zerkleinerung der durch Siebung und Handauslese nicht entfernten Stoffe sollte erst jetzt erfolgen. Die Zerkleinerung in einem früheren Stadium bedeutet einen unnötigen Energieaufwand mit der unerwünschten Folge der schlechteren Sortierbarkeit. Als Vorstufe zur Windsichtung ist die Zerkleinerung notwendig, da die hier verarbeitbare Korngröße begrenzt ist. Es können schnell- oder langsamlaufende Geräte eingesetzt werden. Die Art der Vorzerkleinerung ist von Bedeutung für den Erfolg der Windsichtung.

2.6.3.4 Windsichtung

Durch Windsichtung werden spezifisch leichte und schwere Stoffe getrennt. Die Leichtfraktion besteht im wesentlichen aus Papier mit Beimengung von Kunststoff-Folien. In der Schwerfraktion befinden sich feuchte Materialien organischer Natur sowie Glas, Steine und Metalle.

Je nach dem Verwendungszweck können die Leicht- und die Schwerfraktion weiter aufgetrennt werden. Die bisher behandelten Methoden der Sortierung sind auf dem Abfallgebiet Stand der Technik. Sie sind für eine grundsätzliche Sortierung unerläßlich und können mit verhältnismäßig wirtschaftlichen Mitteln durchgeführt werden. Methoden für die weitere Auftrennung stammen meist aus der Mineralaufbereitungstechnologie. Sie sind oft nur im Labormaßstab für Abfallstoffe erprobt worden. Für die Abfallsortierung arbeiten sie auch meist im Gegensatz zu ihrem ursprünglichen Einsatzgebiet noch nicht wirtschaftlich.

2.6.3.5 Papier-Kunststoff-Trennung

Für den Einsatz in der Papier- bzw. Kunststoffherstellung muß eine weitgehende Sortenreinheit gefordert werden. Folgende Methoden wurden mit Erfolg erprobt:

Naßtrennung

Das Papier-Kunststoff-Gemisch wird befeuchtet. Papier nimmt Wasser in sich auf, Kunststoff-Folien lagern es nur an.

Das feuchte Gemisch kann erneut einer Windsichtung unterzogen werden. Dabei fällt der Kunststoff als Leichtfraktion, das Papier hingegen als Schwerfraktion an.

Das feuchte Gemisch kann auch in einem Zerkleinerungsgerät behandelt werden. Dazu eignet sich z.B. ein Trommelsieb mit innerhalb des Trommelmantels gegenläufiger Messerwelle. Das feuchte Papier wird dabei zerrieben und passiert die Sieblöcher als Siebdurchgang. Die Kunststoff-Folien widerstehen der Zerkleinerung und werden als Sieböberlauf ausgetragen.

Die Methoden der Naßtrennung funktionieren mit befriedigender Effektivität. Sie können jedoch nur dort angewendet werden, wo das feuchte Papier unmittelbar danach in der Papiererzeugung weiterverarbeitet wird. Sonst müßte es getrocknet werden, um das Einsetzen mikrobieller Vorgänge ähnlich der Kompostierung zu unterbinden. Das bedeutet jedoch im Regelfall einen unverhältnismäßig hohen Energieeinsatz.

Trockene Trennung

Bei Vorhandensein einer billigen Energiequelle (z.B. Deponiegas) kann das Papier-Kunststoff-Gemisch einem Hitzeschock unterzogen werden. Papier ändert seine Form dadurch nicht, die Kunststoff-Folien schrumpfen zu Knäueln. Bei einer anschließenden Windsichtung fallen die Papiere als Leichtfraktion, der Kunststoff als Schwerfraktion an.

An mehreren Stellen wird das Prinzip der unterschiedlichen Reißfestigkeit ausgenutzt. Dabei liegt das Papier-Kunststoff-Gemisch z.B. auf einem Rost, der durch einen Rechen gekämmt wird. Das Papier wird dabei zerrissen und fällt durch den Rost. Die Kunststoff-Folien werden auf den Zinken des Rechens aufgespießt und außerhalb des Rostes abgestreift.

Die Trennung durch Hitzebehandlung funktioniert etwas effektiver als die Trennung durch Zerreißen. Beiden Methoden ist der Vorteil gemeinsam, daß das Papier für längere Zeit ohne Veränderung seiner Eigenschaften in trockenen Räumen lagerfähig ist.

2.6.3.6 *Auftrennung der Schwerfraktion*

Zur Abtrennung schwimmfähiger organischer Stoffe kann die Aufstromklassierung in Wasser (s. Abschnitt 2.5.7.1) eingesetzt werden. Zur Trennung von Glas und NE-Metall ist eine Schwertrübescheidung (s. Abschnitt 2.5.7.2) anwendbar. Glas kann in allerdings unwirtschaftlicher Weise in optisch-mechanischen Sortiergeräten (s. Abschnitt 2.5.8) nach Farben sortiert werden.

2.6.4 Beispiele ausgeführter Anlagen [2.34], [2.39]

Im folgenden werden einige typische Betriebs- oder Versuchsanlagen beschrieben.

2.6.4.1 *R-80-Verfahren der Firma Krauss-Maffei*

Das *R-80-Verfahren* wurde mehrere Jahre auf einer Versuchsanlage in München erprobt. Seit Frühjahr 1979 ist eine Sortieranlage nach diesem Prinzip in Landskrona in Schweden in Betrieb. Sie ist im Prinzip folgendermaßen aufgebaut (Verfahrensstammbaum siehe *Bild 2.47*):

Der Rohmüll kommt aus einem Dosierbunker über ein schnellaufendes Band zu einer Schneidwalzenmühle, die als Grobzerkleinerung dient. Vor dieser Mühle werden Eisenmetalle durch einen Überbandmagneten ausgehoben. Andere kompakte schwere Teile werden am Abwurfende des schnellaufenden Gurtförderers ballistisch abgeschieden (sie könnten zu Betriebsstörungen in der Schneidwalzenmühle führen). Nach der Grobzerkleinerung ist ein weiterer Überbandmagnet zur Eisenabscheidung angeordnet. Dann werden auf einem Spannwellensieb die feinen Müllteile bis 60 mm Durchmesser zur Kompostierung abgetrennt. Der Siebüberlauf gelangt in einen Horizontalstrom-Windsichter, der pneumatisch und ballistisch arbeitet. Hier entsteht eine Schwerfraktion, eine Mittelfraktion (gefaltetes Zeitungspapier, Kartonagen) und eine Leichtfraktion (Papier). Die Mittelfraktion wird auf einem zweiten Spannwellensieb nachgereinigt. Der Überlauf besteht aus Kartonagen, der Durchgang aus leichten Papieren und Verunrei-

Bild 2.47
Blockschema des R-80-Verfahrens der Firma Krauss-Maffei
[2.34], [2.39]

```
Rohmüll
   │
   ▼
Magnetscheidung I ──► Eisen
   │
   ▼
Grob-
zerkleinerung
   │
   ▼
Magnetscheidung II ──► Eisen
   │
   ▼
60-mm-Absiebung ──► Feinmaterial zur Kompostierung
   │
   ▼
Windsichtung I ──► Schwerfraktion (Steine, Glas, Holz,
   │                nasses Papier) zur Deponie
   │
   ├── Leichtfraktion ─────────────┐
   │                               │
   ▼ Mittelfraktion                │
150-mm-Absiebung ── Sieb-          │
   │                überlauf ──► Kartonagen
   │
   ▼ Siebdurchgang (Feine Papiere)
Zickzack-Sichtung ──► Schwerfraktion zur Deponie
   │
   ▼ Leichtfraktion
Feintrennung ──► Kunststoffe
   │
   ▼
Papier
```

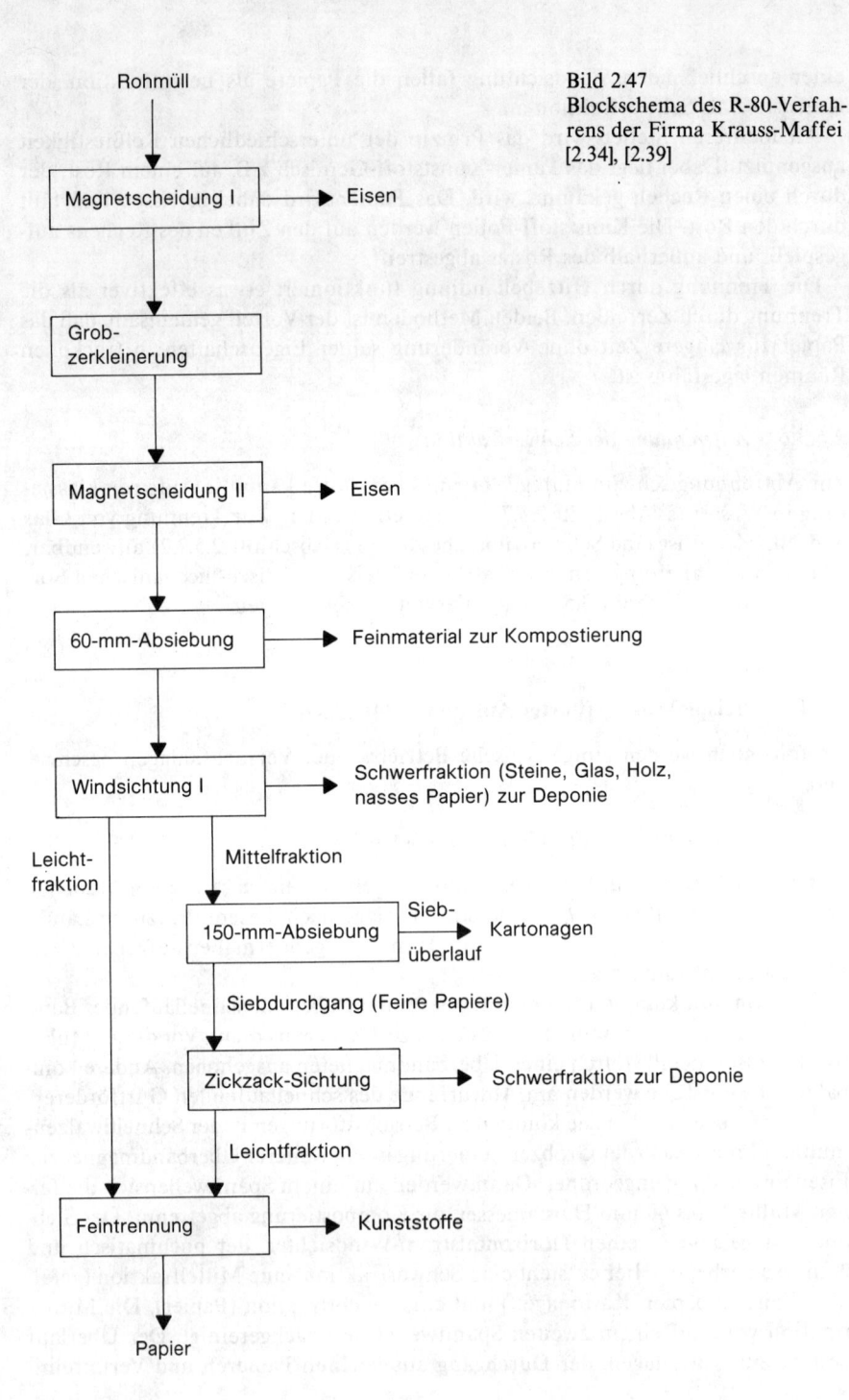

gungen. In einem Zickzacksichter wird dieser Siebdurchgang von den Verunreinigungen getrennt, die als Schwerfraktion anfallen. Die Leichtfraktion (Papier und Kunststoff-Folien gemischt) wird zusammen mit der Leichtfraktion aus dem ersten Sichter einer Trenneinrichtung (Prinzip: unterschiedliche Reißfestigkeit) zugeführt.

2.6.4.2 Sortierverfahren der TH Aachen

Dieses Verfahren wurde vom Institut für Brikettierung an der TH Aachen entwickelt *(Bild 2.48)*. Es besteht aus einem «trockenen» Teil mit einer Durchsatzleistung von 1 t/h und einem «nassen» Teil mit einer Durchsatzleistung von 0,1 t/h.

Der Müll wird zunächst einer Aufreißvorrichtung zugeführt, in der die in Beuteln und Säcken enthaltenen Abfallstoffe freigelegt werden. In einer nachfolgenden Klassierstufe werden zunächst die Feinbestandteile unter 20 mm abgesiebt und zur Deponierung gebracht. Dann werden nach einer Magnetscheidung die Bestandteile unter 40 mm zur Kompostierung abgesiebt. Der Siebüberlauf wird dann in einem Schneidwalzenzerkleinerer auf unter 100 mm zerkleinert. In einem nachgeschalteten Zickzack-Windsichter erfolgt eine Trennung in drei Produkte: Leichtgut (Papier und Kunststoffe), Mittelfraktion (organische Stoffe und feuchtes Papier) und Schwerfraktion. Die Schwerfraktion wird zunächst in einen Aufstromsortierer geleitet, in dem die organischen Stoffe als Schwimmfraktion abgetrennt werden. In einem Schwertrübescheider werden NE-Metalle und Glas getrennt. Das Mischglas wird nachzerkleinert und in optisch-mechanischen Sortiergeräten nach Farbe getrennt.

2.6.4.3 Sortierverfahren der Firma Fläkt

Zunächst erfolgt eine Grobzerkleinerung *(Bild 2.49)* in einer doppelrotorigen Hammermühle. In einem Trommelsieb wird das feinere Material zur Deponierung und Kompostierung abgesiebt. In einem Zickzack-Windsichter wird Schwergut und Leichtgut getrennt. Das Schwergut wird nicht weiter behandelt, das Leichtgut weiter zerkleinert und auf einem Feinsieb von anhaftenden Sanden gereinigt. Dann wird die Leichtfraktion in sogenannten Flash-Trocknern einem Hitzeschock unterworfen, der die Kunststoff-Folien schrumpfen läßt. In einem weiteren Zickzacksichter fällt Papier als Leichtfraktion, Kunststoff-Folie als Schwerfraktion an.

Das Fläkt-Verfahren wurde in Stockholm mehrere Jahre als Versuchsanlage mit einer Durchsatzleistung von 10 t/h betrieben. In Holland ist eine Anlage mit einer Durchsatzleistung von 25 t/h seit Anfang 1980 in Betrieb.

Bild 2.48
Blockschema des Sortierverfahrens der TH Aachen [2.34], [2.39]

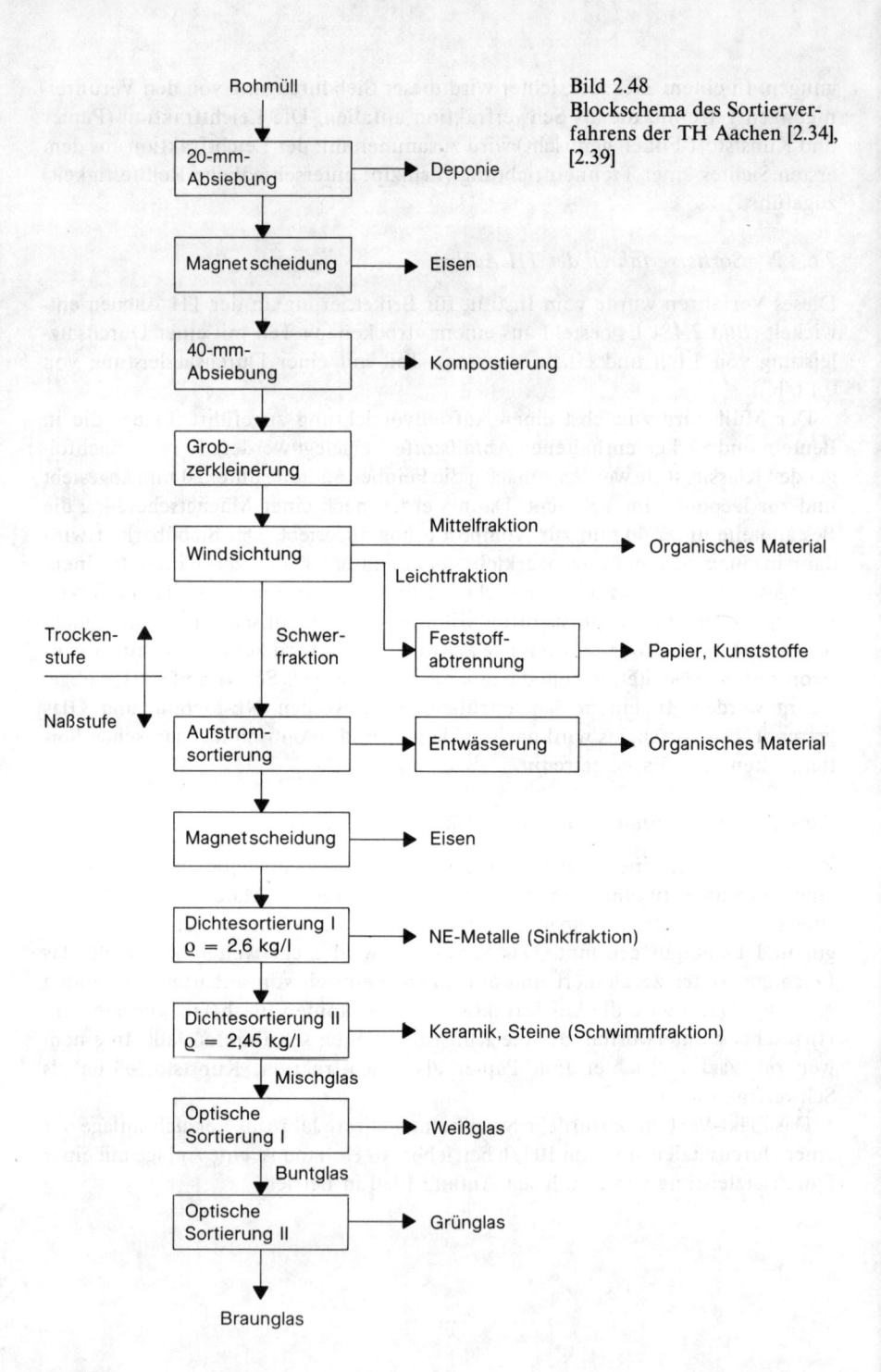

```
Rohmüll
  │
  ▼
┌──────────────┐
│ 20-mm-       │──► Deponie
│ Absiebung    │
└──────────────┘
  │
  ▼
┌──────────────┐
│ Magnet-      │──► Eisen
│ scheidung    │
└──────────────┘
  │
  ▼
┌──────────────┐
│ 40-mm-       │──► Kompostierung
│ Absiebung    │
└──────────────┘
  │
  ▼
┌──────────────┐
│ Grob-        │
│ zerkleinerung│
└──────────────┘
  │
  ▼
┌──────────────┐   Mittelfraktion
│              │──────────────────► Organisches Material
│ Windsichtung │   Leichtfraktion
│              │────────┐
└──────────────┘        │
  │ Schwer-             ▼
  │ fraktion      ┌──────────────┐
Trocken-          │ Feststoff-   │──► Papier, Kunststoffe
stufe  ▲          │ abtrennung   │
───────┼───       └──────────────┘
Naßstufe ▼
  │
  ▼
┌──────────────┐        ┌──────────────┐
│ Aufstrom-    │───────►│ Entwässerung │──► Organisches Material
│ sortierung   │        └──────────────┘
└──────────────┘
  │
  ▼
┌──────────────┐
│ Magnet-      │──► Eisen
│ scheidung    │
└──────────────┘
  │
  ▼
┌──────────────┐
│ Dichtesortierung I │──► NE-Metalle (Sinkfraktion)
│ ϱ = 2,6 kg/l       │
└──────────────┘
  │
  ▼
┌──────────────┐
│ Dichtesortierung II│──► Keramik, Steine (Schwimmfraktion)
│ ϱ = 2,45 kg/l      │
└──────────────┘
  │ Mischglas
  ▼
┌──────────────┐
│ Optische     │──► Weißglas
│ Sortierung I │
└──────────────┘
  │ Buntglas
  ▼
┌──────────────┐
│ Optische     │──► Grünglas
│ Sortierung II│
└──────────────┘
  │
  ▼
Braunglas
```

Bild 2.49
Sortierverfahren der Firma
Fläkt [2.34], [2.39]

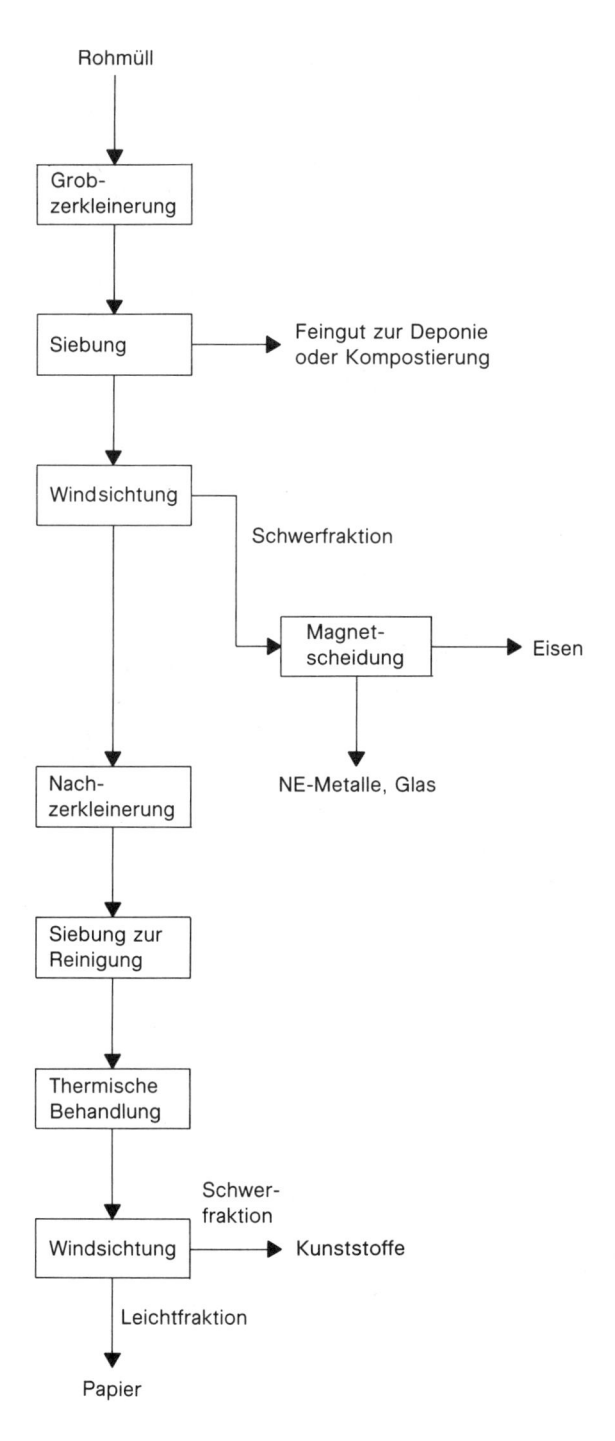

```
                    Rohmüll
                      │
                      ▼
              ┌───────────────┐
              │ Grob-         │
              │ zerkleinerung │
              └───────────────┘
                      │
                      ▼
              ┌───────────────┐         Feingut zur Deponie
              │ Siebung       │ ──────▶ oder Kompostierung
              └───────────────┘
                      │
                      ▼
              ┌───────────────┐
              │ Windsichtung  │──────┐
              └───────────────┘      │ Schwerfraktion
                      │              │
                      │              ▼
                      │      ┌───────────────┐
                      │      │ Magnet-       │──────▶ Eisen
                      │      │ scheidung     │
                      │      └───────────────┘
                      │              │
                      │              ▼
                      │       NE-Metalle, Glas
                      ▼
              ┌───────────────┐
              │ Nach-         │
              │ zerkleinerung │
              └───────────────┘
                      │
                      ▼
              ┌───────────────┐
              │ Siebung zur   │
              │ Reinigung     │
              └───────────────┘
                      │
                      ▼
              ┌───────────────┐
              │ Thermische    │
              │ Behandlung    │
              └───────────────┘
                      │          Schwer-
                      ▼          fraktion
              ┌───────────────┐
              │ Windsichtung  │──────▶ Kunststoffe
              └───────────────┘
                      │ Leichtfraktion
                      ▼
                   Papier
```

2.6.4.4 Bundesmodellanlage Abfallverwertung

Gegenüber den USA und anderen europäischen Ländern, wie z.B. Italien, Holland und Schweden, hat die Bundesrepublik Deutschland einen erheblichen Nachholbedarf in der Entwicklung von Technologien zur Sortierung von Wertstoffen aus Müll. Unter erheblicher finanzieller Beteiligung der Bundesregierung und des Landes Baden-Württemberg soll in Dußlingen im Kreis Tübingen eine Müllverwertungsanlage zur Verarbeitung von 60 t Abfällen/h errichtet werden.

Die Anlage soll die Kreise Reutlingen und Tübingen entsorgen. Sie wird zwei Sortierlinien (für Hausmüll und Gewerbemüll) und eine anschließende Kompostierung für die organische Restfraktion erhalten. In einer fünfjährigen Erprobungsphase sollen bei den Sortierlinien alternative Systeme erprobt und entwickelt werden.

Die Linien für die Sortierung von Hausmüll und von Gewerbemüll werden mit den gleichen Verfahrensstufen, jedoch unterschiedlichen Geräten ausgestattet *(Bild 2.50)*.

Müllgebinde wie Säcke oder Kartons werden durch schonende Zerkleinerung geöffnet und der Inhalt freigelegt. Dann wird in einem Trommelsieb mit den Lochweiten 40 und 80 mm zunächst der Feinmüll für die Kompostierung abgetrennt, dann der Mittelmüll für die Weiterbehandlung zur Windsichtung. Der Siebüberlauf wird zunächst einer Handauslesestrecke zugeführt. Anschließend daran wird Eisenmetall magnetisch abgetrennt. Dann wird der nichtausgelesene Rest auf unter 80 mm zerkleinert und der Windsichtung zugeführt. Die Leichtfraktion wird in Papier und Kunststoff-Folien aufgetrennt, die Schwerfraktion durch Naßverfahren ebenfalls weiter aufgetrennt.

2.7 Geordnete Deponie, Rottedeponie, Sonderdeponie

2.7.1 Geordnete Deponie

Wir alle kennen noch aus eigener Anschauung die kleingemeindeeigene oder wilde Müllkippe in Steinbrüchen, Sand- oder Kiesgruben ohne Deponieordnung, angelegt nach dem Prinzip der Vor-Kopf-Verkippung, in der Abfälle aus größeren Abladehöhen stark aufgelockert über ausgedehnte schräge Kippfronten abrollten, abrutschten und eine hohlraumreiche Ablagerungsmasse mit geringer Schüttdichte und großer Oberfläche für eine Auslaugung durch Niederschlagswasser bildeten. (Gegenwärtig wird der Müll von etwa 80% der Bevölkerung der Bundesrepublik Deutschland abgelagert, davon von etwa 20% in ca. 150 optimal geordneten Deponien; 1971 wurde die Zahl der Ablagerungsplätze auf 50 000 geschätzt, 1975 waren etwa 4500 Deponien mit Deponieordnung eingerichtet.) Abgesehen von der Landschaftsverschandelung und der Minderung des Nutzungswertes der Umgebung der Müllkippe führte diese ungeordnete Beseitigung des Mülls zu

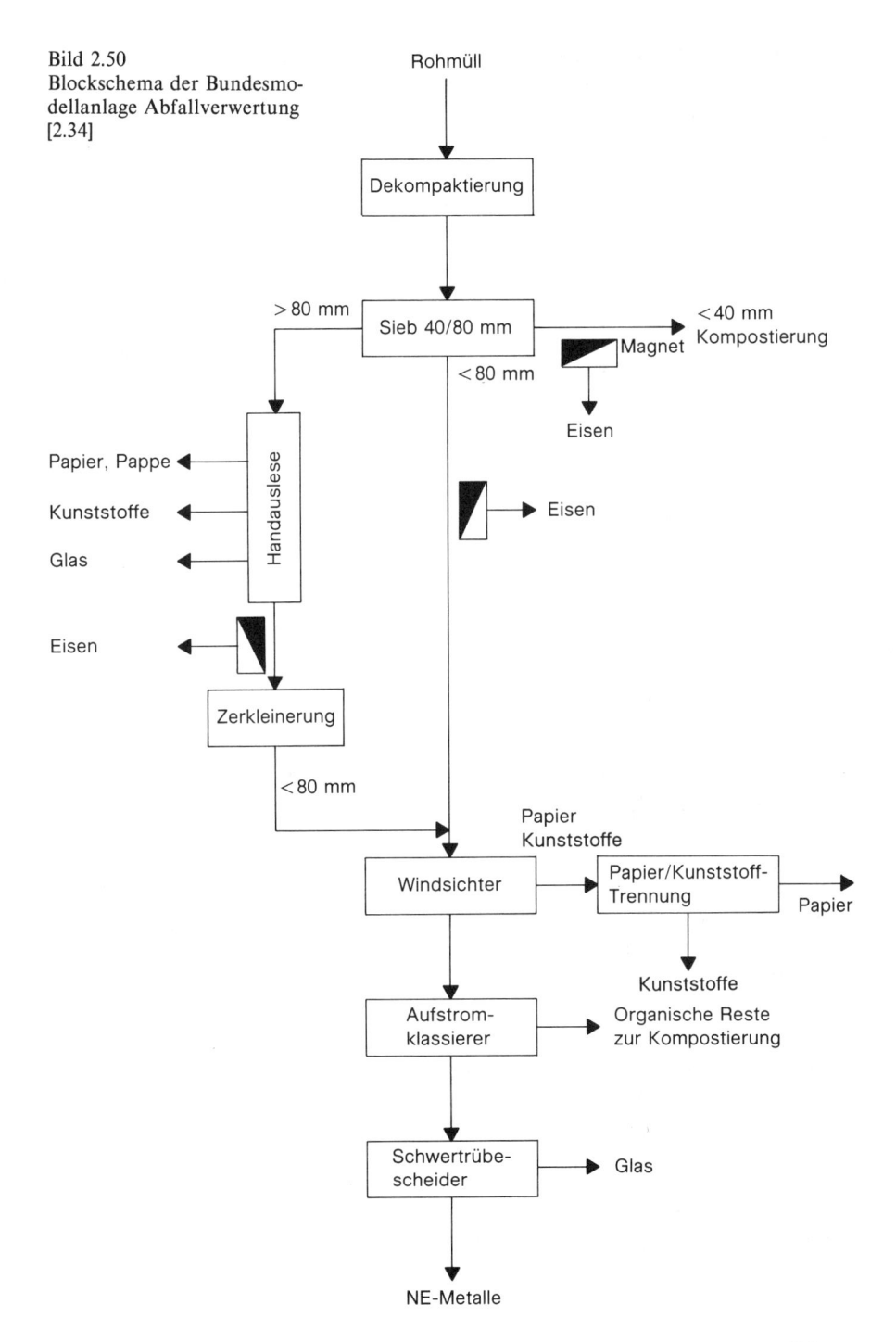

Bild 2.50
Blockschema der Bundesmodellanlage Abfallverwertung [2.34]

- einer hohen Belastung von Grund- und Oberflächenwasser durch Schadstoffextraktion durch verrieselndes Niederschlagswasser (Zunahme von Härte und Aggressivität bei der Aufnahme von Feststoffen und Gasen; Vergiftung, Anreicherung mit Krankheitserregern bei der Aufnahme öliger und schlammiger Abfallstoffe),
- einer regelrechten Ungezieferzüchtung und einer damit verbundenen Seuchengefahr,
- einer weitreichenden Luftverunreinigung durch unkontrollierte Brände.

Im Gegensatz zu dieser ungeordneten Ablagerung in Müllkippen, einhergehend mit der beschriebenen erheblichen Umweltbelastung, werden in *geordneten Deponien* allein oder überwiegend feste Siedlungsabfälle, wie Hausmüll, Sperrmüll und hausmüllähnliche Gewerbeabfälle, kontrolliert auf Dauer abgelagert («Hausmülldeponien»). Hinzu kommen gegebenenfalls noch Rückstände aus Abfallreduktionsanlagen, sofern sie nicht Sonderdeponien zugeführt werden müssen. Durch geeignete Maßnahmen wird eine Gefährdung des Wassers ausgeschlossen, hygienischen und ästhetischen Belangen Rechnung getragen und eine spätere Nutzung der Deponieoberfläche vorbereitet.

Das geordnete Deponieren von Abfällen ist eines der umweltfreundlichsten Verfahren der Abfallbeseitigung und mit einem Kostenaufwand von ca. 15 bis 30 DM/t Müll auch das billigste. Jedes Behandlungsverfahren für Müll wie Recycling, Kompostierung und thermische Behandlung durch Verbrennung, Vergasung oder Pyrolyse zum Zwecke einer Reduktion des Müllvolumens und zur teilweisen Ausschöpfung seiner Wertstoffe und seines Energieinhalts bedarf zusätzlich einer geordneten Deponie für nicht mehr weiter verwertbare Rückstände. Während ein direktes Deponieren ohne Reduktionsverfahren selbstverständlich möglich ist, ist also ein Reduktionsverfahren ohne Restedeponie undenkbar, wenn alle Abfallstoffe im Rahmen eines Abfallbeseitigungskonzepts beseitigt werden sollen.

Würden alle den chemischen und biochemischen Reduktionsverfahren zugänglichen Abfallstoffe ohne Rücksicht auf die Kosten dem Müll entzogen, so verblieben noch ca. 40% oder 250 kg/E · a (ohne Einbezug von Sondermüll und Klärschlamm), die sich allein durch geordnetes Deponieren beseitigen lassen. Es sind dies im wesentlichen folgende Stoffgruppen:
- vorwiegend mineralisch zusammengesetzte, nicht reduzierbare Stoffe, wie Abbruch, Schutte, Erden, Schlacken, Aschen;
- Rückstände aus Reduktions- und Aufarbeitungsanlagen, wie Siebreste, Flugaschen, Verbrennungsschlacken, Vergasungskoks, Filterkuchen.

Gesetzliche Grundlagen, Standortwahl, Planfeststellung

Bei Errichtung, Betrieb und Stillegung von Deponien sind von allen Beteiligten *Rechts-* und *Verwaltungsvorschriften* und *-anordnungen* zu beachten. Es sind dies insbesondere:
- Gesetz über die Beseitigung von Abfällen (Abfallbeseitigungsgesetz AbfG),

- Abfallgesetze der Länder,
- Gesetz zur Ordnung des Wasserhaushalts (Wasserhaushaltsgesetz und seine Änderung durch das Einführungsgesetz zur Abgabenordnung (EGAO),
- Wassergesetze der Länder,
- Gesetz über Naturschutz und Landschaftspflege (Bundesnaturschutzgesetz BNatSchG),
- Naturschutz- und Landschaftspflegegesetze der Länder,
- Gesetz zum Schutz vor schädlichen Umwelteinwirkungen durch Luftverunreinigungen, Geräusche, Erschütterungen und ähnliche Vorgänge (Bundes-Immissionsschutzgesetz BImSchG),
- Gesetz zur Verhütung und Bekämpfung übertragbarer Krankheiten von Menschen (Bundes-Seuchengesetz).

Die *Standorte* von Abfallbeseitigungsanlagen sind nach § 6 Abs. 1 AbfG in den Abfallbeseitigungsplänen der Länder festzulegen. Für die Auswahl des Standorts einer Deponie sind insbesondere folgende Gesichtspunkte zu beachten:

- die Einwohnerzahl des Erfassungsbereiches für die Deponie sollte 20 000 überschreiten;
- der Transportaufwand sollte minimal sein (Standortfestlegung nach Optimierungsrechnung); günstige Anbindung an das Verkehrsnetz;
- die hydrogeologische Situation sollte möglichst günstig sein (undurchlässige Unterschicht zur Sickerwasserrückhaltung);
- zur Landschaftsgestaltung nach Stillegung der Deponie sollten günstige Bedingungen vorliegen (Steinbruch, Sumpfgebiet, Auffüllgelände);
- der Standort sollte in die Gesamtkonzeption für die Abfallbeseitigung der Region passen;
- die technischen Voraussetzungen müssen erfüllt sein (Energien verfügbar, Abdeckmaterial verfügbar, Einbaufläche und -tiefe ausreichend für die während der Betriebsphase anfallende Müllmenge des Erfassungsbereichs).

Der Standort der Deponie wird nach Planfeststellung durch die Planfeststellungsbehörde endgültig festgelegt. Für das Verfahren der Planfeststellung gelten die §§ 21 bis 29 AbfG. Dem Antrag auf Planfeststellung sind die in *Tabelle 2.11* zusammengestellten Unterlagen beizufügen, sofern die zuständige Planfeststellungsbehörde nicht andere vorschreibt.

Aufbau und Betrieb

Eine übliche Deponie zur geordneten Ablagerung von Müll und vorentwässertem Klärschlamm besteht aus den in *Tabelle 2.12* gelisteten und erläuterten Bereichen, Gebäuden und Anlagen.

Der Deponiebetrieb ist durch Betriebsanweisungen für das Deponiepersonal und durch Benutzungsordnung für die Anlieferer der Abfälle geregelt. Der über den Zufahrtsbereich angelieferte Müll wird zunächst über Waagen mit z.T. selbstregistrierenden und -schreibenden Meßwerken erfaßt, wobei Abfallart, Anlieferer, Datum und Uhrzeit EDV-gerecht mit aufgenommen werden. (Eine Waage

Tabelle 2.11 Bestandteile des Antrags auf Planfeststellung für eine Deponie, vereinfacht [2.4]

Erläuterungsbericht zur Beurteilung des Vorhabens

Veranlassung, Aufgabenstellung und Vertragsregelungen. Flächenauswahl. Nachbarschaft und Einflußbereich. Art, Zusammensetzung, Menge und Herkunft der Abfälle des Entsorgungsgebiets sowie Art der Sammlung und des Antransports. Orographische, meteorologische und wasserwirtschaftliche Standortverhältnisse wie Lage zum Vorfluter, Überschwemmungsgebiet usw. Angaben über Trinkwassergewinnungsanlagen im Einzugsbereich der Deponie. Eignung des Deponieuntergrunds aus geologischer und hydrologischer Sicht. Erschließung und Einrichtung der Deponie einschließlich Ver- und Entsorgung mit Beschreibung der baulichen Anlagen. Ablagerungsvolumen und Betriebszeit der Deponie. Verfügbarkeit von Abdeckmaterial. Geräte und Personalausstattung. Betriebsweise und Maßnahmen zur Arbeitshygiene und zum Immissionsschutz. Investitions- und Betriebskosten der Anlage. Rekultivierungskosten. Gegenwärtige Nutzung des Deponiegeländes und Nutzung nach Schließung der Deponie. Rekultivierungsmaßnahmen

Auslegungs- und Bemessungsunterlagen für die Anlagenteile der Deponie

Einrichtungen für die Wasserversorgung und die Abwasserbeseitigung. Sammlung, Behandlung und Ableitung von Sickerwasser und Grund- und Oberflächenwasser. Statische Nachweise für bauliche Anlagen. Bodenmechanische Nachweise wie Standsicherheit und Setzung des Deponiekörpers und des Untergrunds

Planunterlagen

Übersichtskarten, Lagepläne, Quer- und Längsschnitte und Bauzeichnungen in verschiedenen Maßstäben zur Kennzeichnung des Entsorgungsgebiets, des Standorts, der Verkehrsanbindung, der Deponieumgebung und der Deponie mit Anlagenteilen. Entwässerungsplan für Oberflächen-, Schicht-, Sicker- und Abwässer. Betriebsplan zur Lage von Schüttflächen, Schutzwällen und Deponiestraßen in den einzelnen Betriebsteilabschnitten. Landschaftspflegerischer Begleitplan zur Rekultivierung

Fachgutachten

Geologisches und hydrologisches Gutachten mit Angaben über Untergrund- und Grundwasserverhältnisse, Durchlässigkeit des Untergrunds, erforderliche Abdichtung. Evtl. zusätzlich meteorologisches Gutachten, Emissions- und Immissionsgutachten, bodenmechanisches Gutachten und Gutachten zur Basisabdichtung

Tabelle 2.12 Bereiche und bauliche Einrichtungen einer Deponie

---

Zufahrtsbereich mit Anbindung an das öffentliche Verkehrsnetz und die interne Verkehrsführung zum Entladebereich (Mindestbreite der Fahrbahnen: 6,5 m. Beschilderung nach StVO. Steigungen max. 8 bis 10%)

Betriebsgebäude mit Einrichtungen für das Betriebspersonal, angeschlossen an die öffentlichen Energie- und Wassernetze, Wäge- und Registrierraum, Büroräume, Laboratorium mit Probenaufbereitungsstand und ggf. Analysen- und Prüfgeräten für Müll, Sickerwasser und Deponiegas

Werkstattraum und Garagen mit Wartungsgrube für die Arbeitsmaschinen

Wägebereich mit Baustellenbrückenwaage

Entladebereich, ggf. mit Zerkleinerungsanlage und Einbauzone

Reifenreinigungsanlage für die Anlieferfahrzeuge im Bereich der Abfuhrspuren (Reifenabrollstrecke, Walkrollen, Reifenwaschanlage)

Entwässerungssystem mit Hang- und Randgräben für das Oberflächenwasser. Ggf. Schicht- und Quellwasserableitung

Erfassungs- und Sammelsystem für Sickerwasser mit Sammelbecken und ggf. Aufbereitungsanlage

Ggf. Erfassungs- und Sammelsystem für Zersetzungsgas mit perforierten Gassonden im Müllkörper, Wasserabscheider, Filter, Gasgebläse, Gasbehälter, entsprechende Peripheranlagen für eine energetische Nutzung und Abfackelvorrichtung mit entsprechenden Sicherheitseinrichtungen

Umzäunung mit Papierfangzaun um den Einbaubereich, Schutzpflanzung im Rekultivierungsbereich und äußerer Gesamtumfriedung

---

kann dabei stündlich bis zu 25 Wiegungen bei einer Massenerfassung von bis zu 50 t verkraften.) Nach Abkippen im Entladebereich, eventuellen Vorbehandlungen durch Zerkleinern mit Prallmühlen (20 bis 25 t/h Durchsatz, 160 kW Antriebsleistung), Entschrotten oder Vorrotten (→ Rottedeponie) wird der Müll mit möglichst hoher Dichte in die Einbauzone der Deponie eingebaut.

Falls kein natürlich anstehender, ausreichend wasserdichter Untergrund an der Deponiebasis vorliegt, muß eine Sohlen- und ggf. Flankenabdichtung vorgenommen werden, die ein Einsickern von Wasser in den Untergrund ganz verhindert oder auf zulässige Durchgangsraten einschränkt. In Tabelle 2.13 sind einige Verfahren zur Basisabdichtung von Deponien zusammengestellt und erläutert.

Der Einbau des Mülls in die Deponie wird im allgemeinen mit Raupen und Stampffußverdichtern vorgenommen. Beim *Flächeneinbau (Bild 2.51)* wird der

Tabelle 2.13 Maßnahmen zur Abdichtung der Deponiebasis. Aufbau der Deponiesohle

☐ Natürliche Abdichtung
mit verdichteten Bodenmaterialien mit ausreichend hohem Ton- bzw. Feinschluffanteil (Mindestschichtdicke 0,6 m)
☐ Künstliche Abdichtung
— mit verschweißten vorgefertigten Dichtungsbahnen aus Kunststoffen wie Polyäthylen, Polyester (Folie auf Feinsandunterlage mit Feinsandabdeckung von 0,2 bis 0,3 m Schichthöhe) oder Bitumina mit Trägerschicht wie Äthylencopolymerisat-Bitumen
— mit örtlich gefertigten Decken aus Gemischen von Bodenmaterialien mit Kunstharzen, silikatischen oder anderen Bindemitteln (Vermörtelungen oder mit Quellmitteln (Betonit)
— ausnahmsweise mit örtlich gefertigten Bitumendecken

Aufbau der Deponiesohle, schematisch

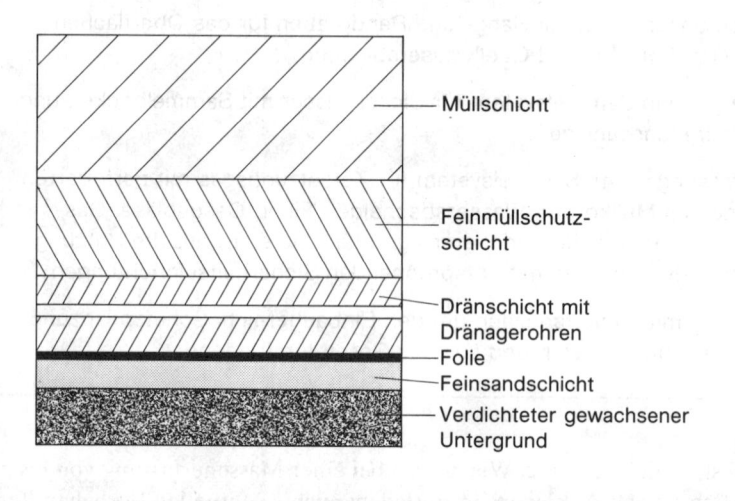

Schichten von oben nach unten:
- Müllschicht
- Feinmüllschutzschicht
- Dränschicht mit Dränagerohren
- Folie
- Feinsandschicht
- Verdichteter gewachsener Untergrund

Bild 2.51
Einbau fester Abfälle in die geordnete Deponie (Darstellung nach KUMPF, MAAS, STRAUB [2.4])

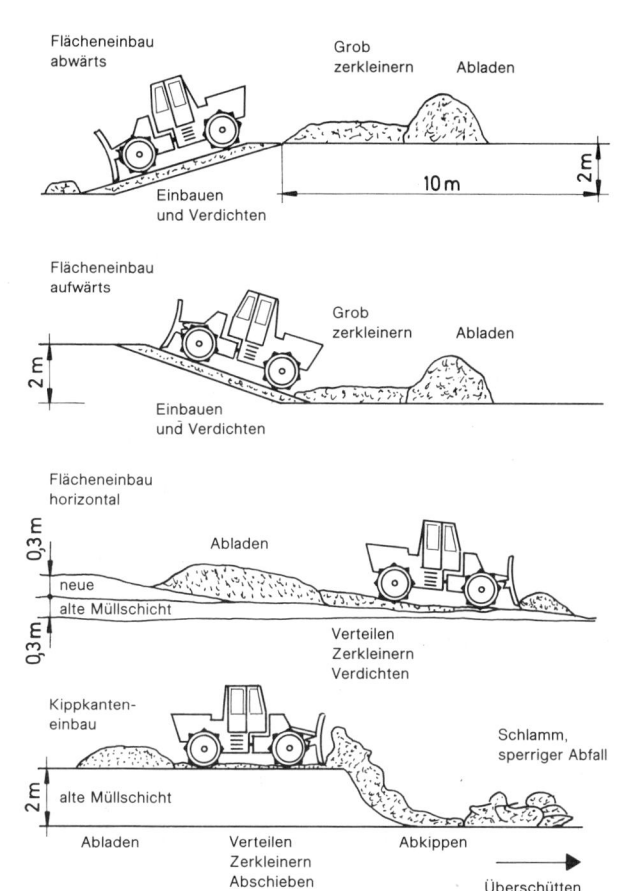

Müll auf horizontalen oder geneigten Einbauflächen durch mehrmaliges Überfahren mit dem Kompaktor zerkleinert, zusammengepreßt und in Schichten von 0,3 bis 0,5 m Höhe verdichtet. Beim *Kippkanteneinbau* werden die Abfälle ca. 10 m vor der flach zu haltenden Kippkante abgeladen, zerkleinert, über die Kippkante abgeschoben und verdichtet.

Die erste Müllschicht über Deponiesohle und Dränschicht mit Sickerwasserdränsträngen besteht aus gering verdichtetem Feinmüll. Darüber folgen die in der beschriebenen Weise aufgebrachten Müllschichten von ca. 2 bis 2,5 m Höhe, jeweils abgedeckt mit Abraum, Bauschutt und ähnlichem Inertmaterial, evtl. eingefaßt durch Dränageeinrichtungen und Gassammelsysteme *(Bild 2.52)*. Die Oberfläche der Deponie wird schließlich mit einer Erdschicht von ca. 0,5 m Dicke bedeckt, bepflanzt und dem umgebenden Landschaftsbild entsprechend den in der Planfeststellung vorgeschriebenen Rekultivierungsmaßnahmen angepaßt (DIN 18300, 18320, 18915 bis 18919 und Merkblätter bzw. Richtlinien der Länder). Die

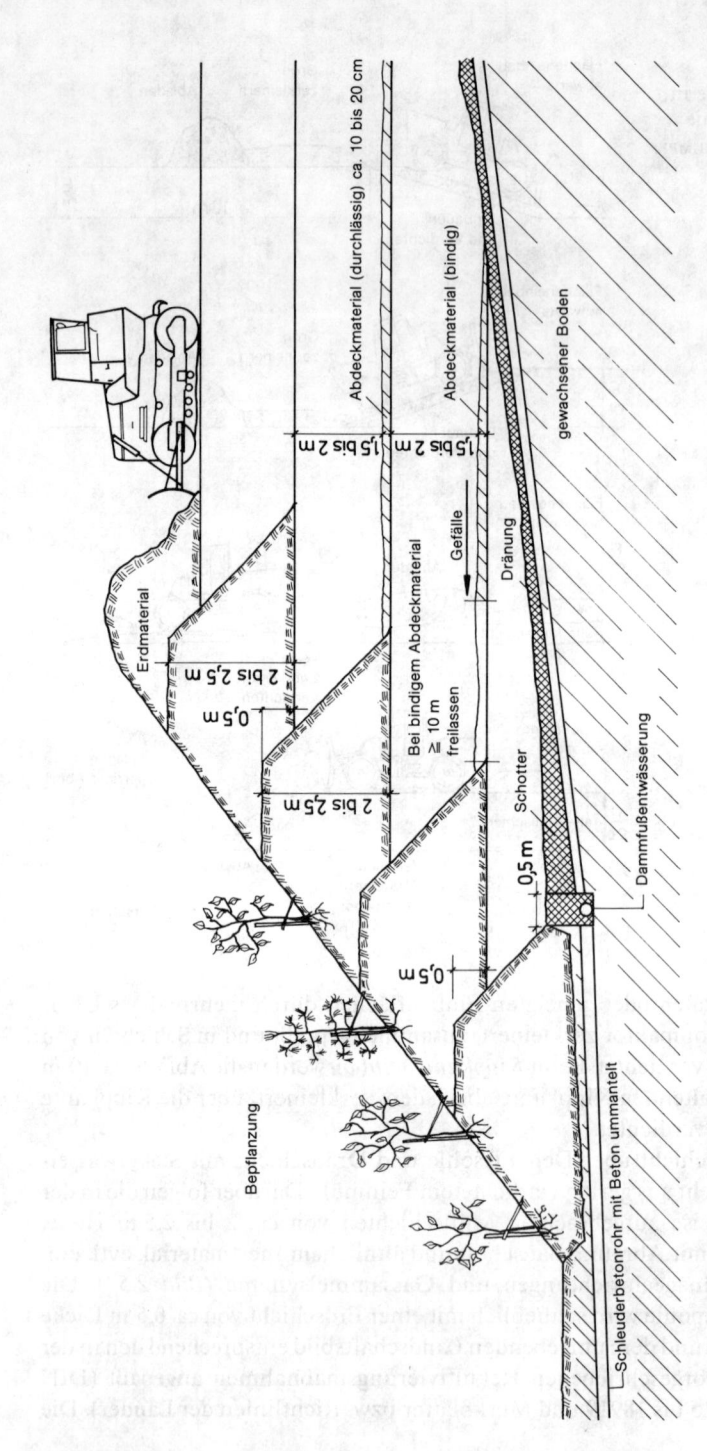

Bild 2.52 Aufbau einer geordneten Deponie (Darstellung nach SCHLAITZER [2.9])

Oberfläche mit einer Mindestneigung von 3% ist dabei so zu gestalten, daß Niederschlagswasser weitgehend vom Deponiekörper weggeführt wird. Erosionen und Rutschungen sind ggf. durch Sicherungsbauweise nach DIN 18918 zu vermeiden.

Nach Stillegung der Deponie sind insbesondere die Anlagen zur Sickerwassersammlung, -ableitung und -behandlung, zur Behandlung des Oberflächenwassers und zur Entgasung weiter zu betreiben. Die Kontrolle des Grundwassers aus um die Deponie angelegten Grundwasserbeobachtungsbrunnen läuft weiter.

Alterung, Verwitterung, Auslaugung

Der abgelagerte Müll wird im Deponiekörper im Lauf der Zeit unter dem Einfluß von Atmosphäre und Mikroorganismen partiell umgewandelt; er verwittert, wird durch Sickerwasser ausgelaugt und altert, er «sedimentiert künstlich». Die nach Setzung erreichbare Raumdichte liegt bei etwa 1 t/m^3 Feuchtmüll, bei Zusatz von Klärschlamm bei etwa 1,2 t/m^3, bei vorgerottetem Material sogar bei etwa 1,5 t/m^3 [2.14]. Unter *Verwitterung* versteht man die physikalischen, chemischen und biochemischen Vorgänge, die sich unter der Wirkung von Umgebungsluft und Oberflächenfeuchte abspielen, also Rissebildung, Setzungen, aerober Abbau (Verrottung) organischen Materials. Die Verwitterung bleibt bei verdichtetem Müllkörper auf die Randzonen beschränkt, bei Rottedeponien spielt die Verwitterung während der Rottephase eine wesentliche Rolle. Sickerwässer verrotteten Mülls weisen eine große Härte, aber nur geringe Anteile an Eisen, Mangan und Ammonium auf; auch die Sauerstoffbedarfszahlen CSB und BSB$_5$ sind gering. Die *Alterung* umfaßt jene Vorgänge, die sich im Innern des feuchten verdichteten Deponiekörpers unter Luftabschluß abspielen, also anaerobe exotherme Faulung, anaerobe Reduktion von Sulfaten usw., Denitrifikationsvorgänge. Die bei der Alterung entstehenden Faulgase bestehen im wesentlichen aus Methan (60 bis 70%) und Schwefelwasserstoff. Sickerwässer aus hochverdichteten Deponien weisen einen hohen Eisen- (etwa 500 mg/l) und Mangananteil (etwa 50 mg/l) auf. Bei der *Auslaugung* des Müllkörpers durch Sickerwasser werden wasserlösliche Bestandteile des Mülls und seiner Verwitterungs- und Alterungsprodukte erfaßt. *Tabelle 2.14* enthält einige Angaben zur Menge und Zusammensetzung von Sickerwasser. (Man weiß bisher noch relativ wenig über Umsetzungsvorgänge, Fällungsprozesse, Setzungen usw., die sich in Deponien abspielen. Es werden daher Langzeituntersuchungen an künstlichen Deponien (Großlysimeter) unterschiedlicher Betriebsform angestellt, die u.a. Aufschluß über Niederschlagsverteilung im Müll, Lagerungsdichte, Sickerwasserbeschaffenheit, biochemische und hygienische Parameter geben sollen [2.14].)

Tabelle 2.14 Menge und wesentliche Bestandteile von Sickerwässern aus in Betrieb befindlichen Hausmülldeponien [2.4]

Menge

Niederschlagsbedingte Sickerwassermenge im Jahresmittel:

    0,01 bis 0,1 l/s·ha

(Die tägliche Sickerwassermenge kann das bis zu 2,5fache des Jahresmittelwerts ausmachen.)

Wesentliche Eigenschaften und Bestandteile von Sickerwasser

pH-Wert	4 bis 9	
CSB	2000 bis 62 000	(mg O_2/l)
BSB_5	60 bis 45 000	(mg O_2/l)
Ammonium	120 bis 3 200	(mg NH_4^+/l)
Chlorid	750 bis 5 200	(mg Cl^-/l)
Sulfat	1 bis 1 600	(mg $SO_4^=$/l)

Alkali- und Erdalkalimetalle kommen in hohen Konzentrationen vor. Die Schwermetallanteile liegen in der gleichen Größenordnung wie bei kommunalen Abwässern.

2.7.2 Rottedeponie

In einer *Rottedeponie* erfährt der zunächst zerkleinerte, im allgemeinen mit Klärschlamm gemischte, in Schichten lose aufgeschüttete Müll eine ungelenkte Kompostierung («Homogenisierung»: Vorstufe einer Kompostierung). Durch relativ rasch ablaufende exotherme aerobe Verrottung bei Temperaturen von ca. 50 bis 70 °C wird ein Teil des organischen Materials abgebaut, «mineralisiert». Während dieser Verrottung ist die Müllschicht mit Netzen, Drahtgeflechten, Schaumstoffen oder Kunststoffvliesen abzudecken. Nach Ablauf der Rottezeit von ca. 4 Monaten folgt der endgültige Einbau des homogenisierten, jetzt besser verdichtbaren Mülls in den Deponiekörper. Setzungen des eingebauten Mülls treten in kleinerem Ausmaß auf als in der Normaldeponie ohne Vorrotte; eine nachträgliche Faulgasentwicklung ist kaum noch festzustellen.

Bild 2.53 zeigt schematisch den Ablauf beim Einbau von Müll und Klärschlamm in eine Rottedeponie nach dem Verfahren der Hazemag mbH. Der Müll wird zerkleinert und zusammen mit Klärschlamm locker auf Mieten gesetzt, nach einer Rottezeit von vier bis sechs Monaten planiert und verdichtet. Eine Rohkompostabgabe kann nach einer zusätzlichen Siebung erfolgen.

Die Zerkleinerung des Mülls vor dem Einbau in die Deponie wird inzwischen in einigen Deponien vorgenommen, jedoch sind ausgesprochene Rottedeponien sel-

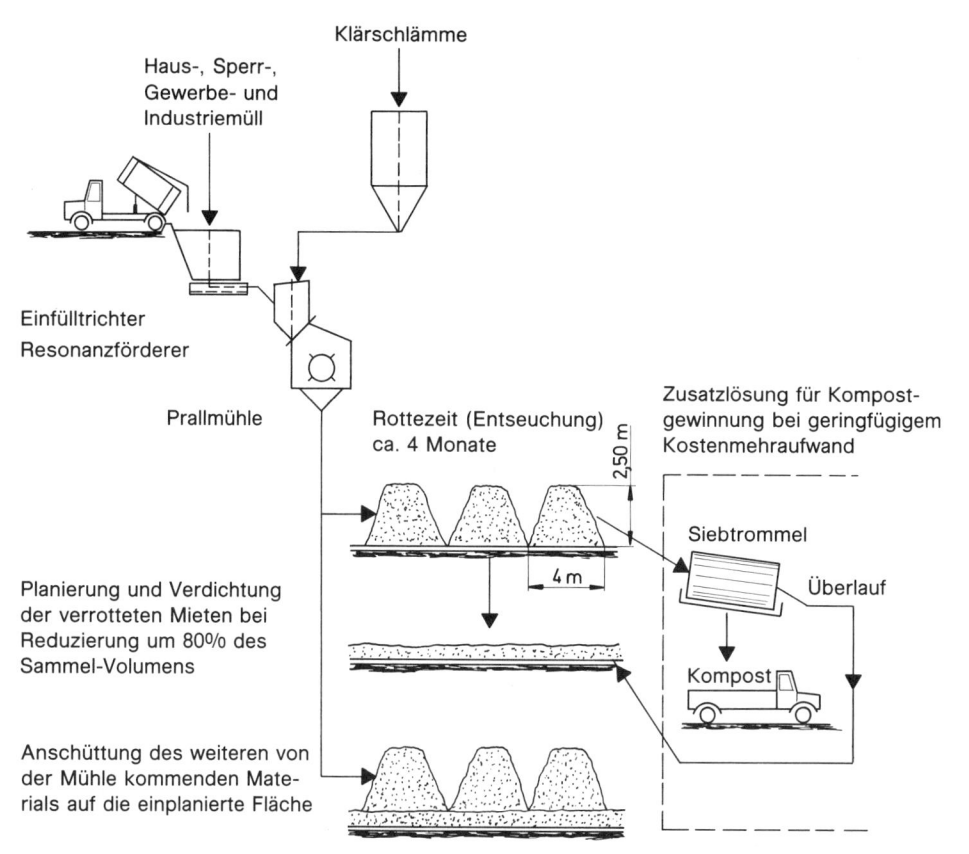

Bild 2.53 Einbau von Müll und Klärschlamm in eine Rottedeponie nach dem Verfahren der Hazemag mbH (Darstellung nach KUMPF, MAAS, STRAUB [2.4])
Kapazität einer Aufbereitungseinheit: 200 t Müll/Tag – 200 000 Einwohner
Erforderliches Werksgelände und Anfahrtraum: ca. 50 m × 50 m (2500 m²)
Erforderliches Deponiegelände:
für 100 000 Einwohner ca. 200 m × 100 m (20 000 m²)
für 200 000 Einwohner ca. 200 m × 200 m (40 000 m²)

ten anzutreffen. Wenn eine Verrottung des Mülls angestrebt wird, wird diese immer häufiger gezielt und unter definierten Bedingungen in Kompostierungsanlagen durchgeführt.

2.7.3 Sonderabfalldeponie, Spezialdeponie

Nicht hausmüllähnliche gewerbliche und industrielle Abfälle (siehe auch Abschnitte 2.1 und 2.11), die nicht verwertet oder auf andere Art beseitigt werden können, sind geordnet in Sonderabfalldeponien oder unter Tage in Spezialdeponien auf Dauer abzulagern.

Sonderabfalldeponien werden entweder von öffentlich-rechtlichen Körperschaften (Sonderabfalldeponie Gerolsheim, Malsch usw.) oder direkt von Firmen (BASF AG, Flotzgrün; Bayer AG, Leverkusen usw.) eingerichtet und betrieben. Nach Planfeststellung und Einrichtung wird der Betrieb der Deponie durch ein von der Genehmigungsbehörde angeordnetes behördliches Verfahren geregelt. Dieses Verfahren schreibt vor, die angelieferten Abfälle systematisch zu erfassen, zu beurteilen und Maßnahmen zur schadlosen Ablagerung zu treffen *(Bild 2.54)*.

Der Aufbau einer Sonderabfalldeponie ähnelt jenem einer geordneten Hausmülldeponie. Bei der Abdichtung des Untergrundes und der Randzonen, bei der Sickerwassererfassung und -aufarbeitung und bei der Rekultivierung sind allerdings noch höhere Auflagen zu beachten [2.4].

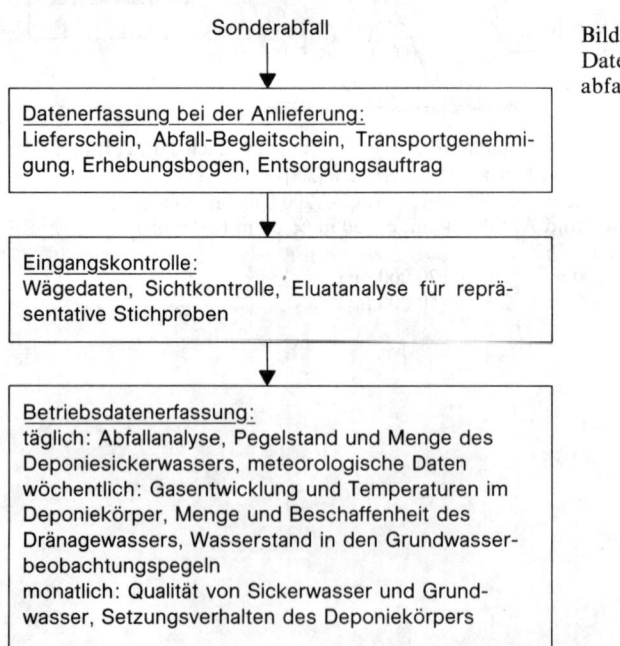

Sonderabfall
↓
Datenerfassung bei der Anlieferung:
Lieferschein, Abfall-Begleitschein, Transportgenehmigung, Erhebungsbogen, Entsorgungsauftrag
↓
Eingangskontrolle:
Wägedaten, Sichtkontrolle, Eluatanalyse für repräsentative Stichproben
↓
Betriebsdatenerfassung:
täglich: Abfallanalyse, Pegelstand und Menge des Deponiesickerwassers, meteorologische Daten
wöchentlich: Gasentwicklung und Temperaturen im Deponiekörper, Menge und Beschaffenheit des Dränagewassers, Wasserstand in den Grundwasserbeobachtungspegeln
monatlich: Qualität von Sickerwasser und Grundwasser, Setzungsverhalten des Deponiekörpers

Bild 2.54
Datenaufnahme in Sonderabfalldeponien

Loser, fester bis stichfester, in Sonderfällen auch stichfester bis pastöser Abfall wird, verschnitten mit standfestem Inertmaterial, über Schüttkanten geschoben und verdichtet in den Deponiekörper eingebaut. Faßware wird unter Verfüllen der Faßzwischenräume gestapelt und mit Inertmaterial abgedeckt. Das abgelagerte Material wird höhen- und lagenmäßig registriert; die Deponie ist hierzu in Planquadrate mit ca. 10-m-Raster aufgeteilt.

Besonders sicherheitsbedenkliche, «giftige» Industrierückstände wie zyanat- und nitrathaltige Härtesalzrückstände, Galvanikschlämme, Fehlchargen aus der Pflanzenschutzmittelproduktion, Altkatalysatoren werden in Stahlblechfässer oder Kunststoffbehälter mit einem Fassungsvermögen von ca. 200 l verpackt, zu *Spezialdeponien* transportiert und dort unter besonderen Auflagen und Sicherheitsvorkehrungen unter Tage in leergeförderten Bergwerksteilen in abgemauerten Lagerkammern abgelagert. Spezialdeponien in Steinsalzformationen stillgelegter Salzbergwerke sind besonders günstig, da Salzstöcke im allgemeinen nicht mit wasserführenden Schichten in Verbindung stehen (z.B. Untertagedeponie im hessischen Kalibergwerk Herfa-Neurode bei Hersfeld). Sollte dennoch Wasser eindringen, kommt eine Aussolung zum Stillstand, wenn die Grenzlöslichkeit des Wassers erreicht ist. Salz hat im Gegensatz zum umgebenden Gestein eine hohe Wärmeleitfähigkeit. Dies ist für die Ablagerung selbsterhitzender Abfälle wie insbesondere hochradioaktiver Rückstände besonders wichtig, weil die entstehende Wärme ohne unzulässige Überhitzung abgeführt werden kann. Salz wirkt außerdem aufgrund seiner Plastizität abdichtend, falls Gesteinsrisse oder -spalten entstehen sollten.

Langzeituntersuchungen am 1964 stillgelegten Salzbergwerk Asse II bei Wolfenbüttel ergaben, daß auch radioaktive Abfälle aus Kernkraftwerken, Wiederaufbereitungsanlagen und Forschungszentren in besonderen *Untertage-Spezialdeponien* endgelagert werden können, ohne daß eine Erhöhung der natürlichen Aktivitäten in Wasser und Luft auftritt. (Von 1964 bis 1978 wurden rund 124 000 200-l-Fässer mit schwachradioaktiven und rund 1300 Fässer mit festen oder verfestigten mittelradioaktiven Abfällen eingelagert und dabei Endlagerungstechniken erprobt. *Bild 2.55* zeigt einen vereinfachten geologischen Schnitt durch das Salzbergwerk, *Bild 2.56* verdeutlicht das Einlagerungsprinzip. Die Endlagerung hochradioaktiver Abfallösungen in selbsterhitzenden Glasblöcken mit Innentemperaturen von ca. 500 °C und Wandtemperaturen von ca. 300 °C wurde innerhalb des Bergwerks in speziellen 50 bis 100 m tiefen Lagerbohrungen, simuliert durch elektrische Erhitzer mit entsprechender Wärmeentwicklung, untersucht.)

Bild 2.57 zeigt vereinfacht die Teilsysteme eines integrierten kernverfahrenstechnischen Entsorgungskonzepts:
☐ Transport der Brennelemente von den Kernkraftwerken in die Zwischenlager und ihre Lagerung bis zur Wiederaufbereitung;
☐ Wiederaufbereitung mit Zerkleinerung der abgebrannten Brennelemente, chemischer Auflösung des Kernbrennstoffs, Trennung der Wertstoffe Uran und Plutonium von den radioaktiven Abfällen;
☐ Zwischenlagerung der gasförmig, flüssig und fest anfallenden radioaktiven

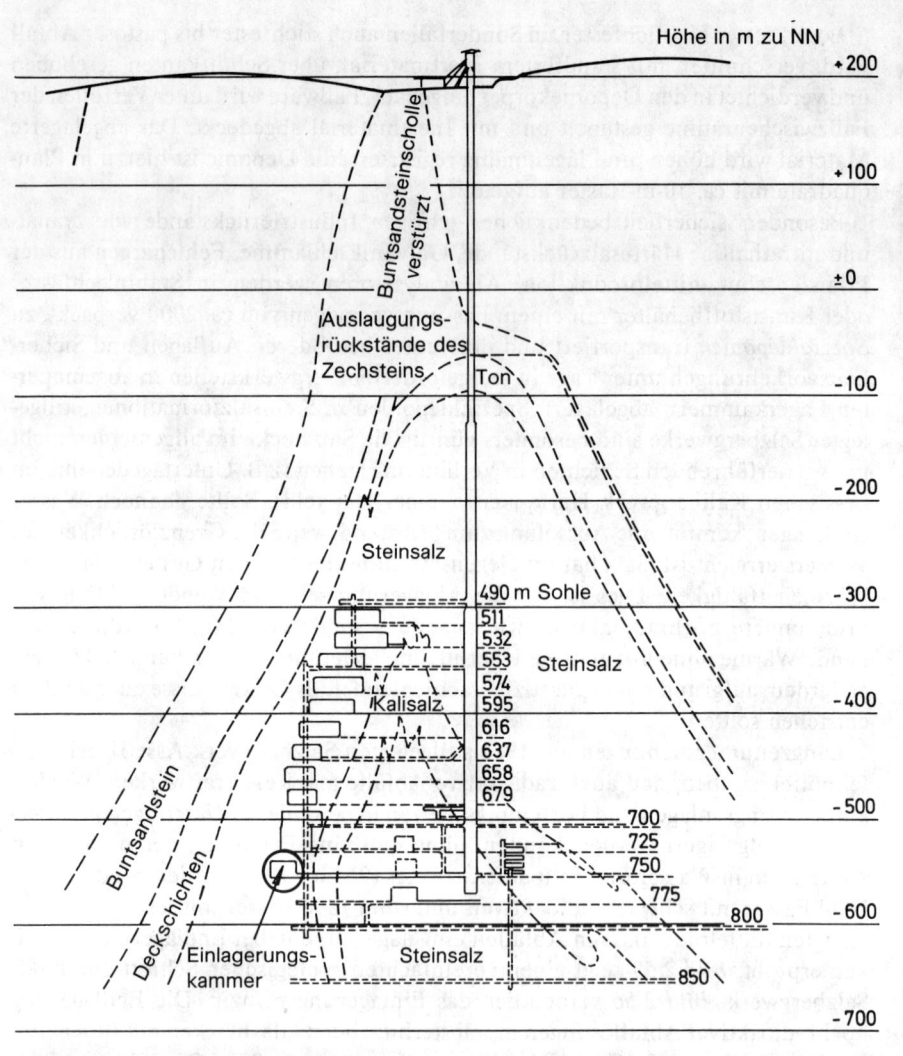

Bild 2.55 Vereinfachter geologischer Schnitt durch das Salzbergwerk Asse mit Spezialdeponie für radioaktive Abfälle (Darstellung nach KOELZER [2.25])

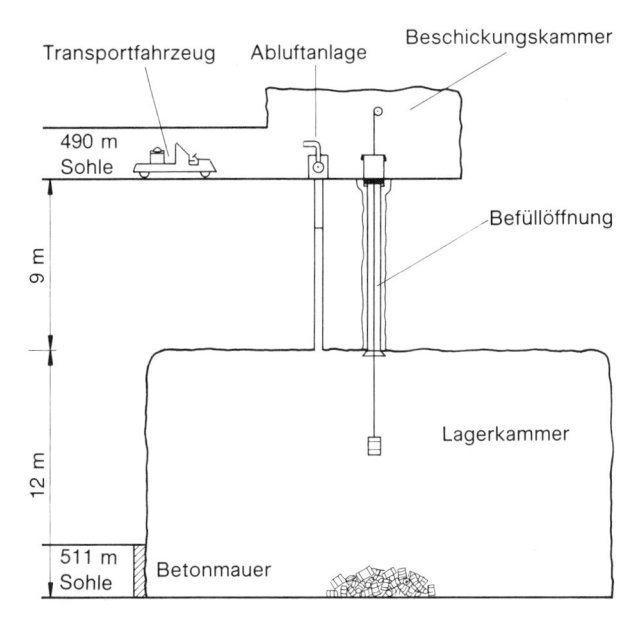

Bild 2.56 Prinzip der Einlagerung radioaktiver Abfälle in die Einlagerungskammer im Salzbergwerk Asse (Darstellung nach KOELZER [2.25])

Abfälle, ihre Volumenreduzierung und ihre Überführung in eine für die Endlagerung geeignete Form;
☐ Endlagerung der speziell behandelten radioaktiven Abfälle in der Untertage-Spezialdeponie.

Spezialdeponien besonderer Art sind die *Schluckbrunnen (Bild 2.58)*. In ihnen werden nicht auf andere Weise verwertbare oder zu beseitigende flüssige Abfälle insbesondere aus der chemischen Industrie unter Tage in hohlraumreichen, gegen grundwasserführende Schichten gut abgedichteten Sandstein-, Kalkstein- oder Dolomitformationen auf Dauer gelagert. Im hessischen Teil des Werra-Kalireviers sind derzeit beispielsweise 10 Schluckbrunnen mit Aufnahmekapazitäten zwischen 100 und 800 m^3/h in Betrieb. Die Tiefen dieser Brunnen liegen zwischen 325 und 525 m. Die Versenkung der flüssigen Abfälle geschieht teils unter Schwerkraft allein, teils unter Injektionsdrücken bis ca. 10 bar.

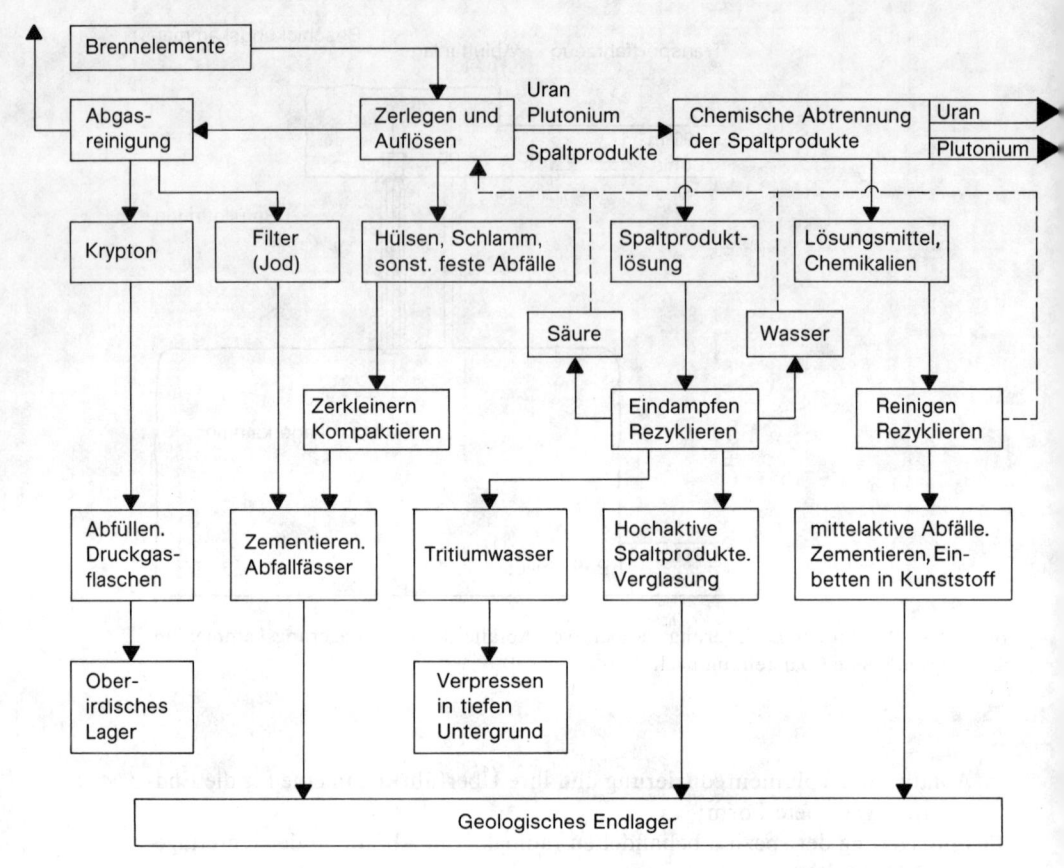

Bild 2.57 Wiederaufbereitung von Brennelementen und Beseitigung der radioaktiven Abfälle, schematisch (Darstellung nach Unterlagen des Hahn-Meitner-Instituts für Kernforschung, Berlin)

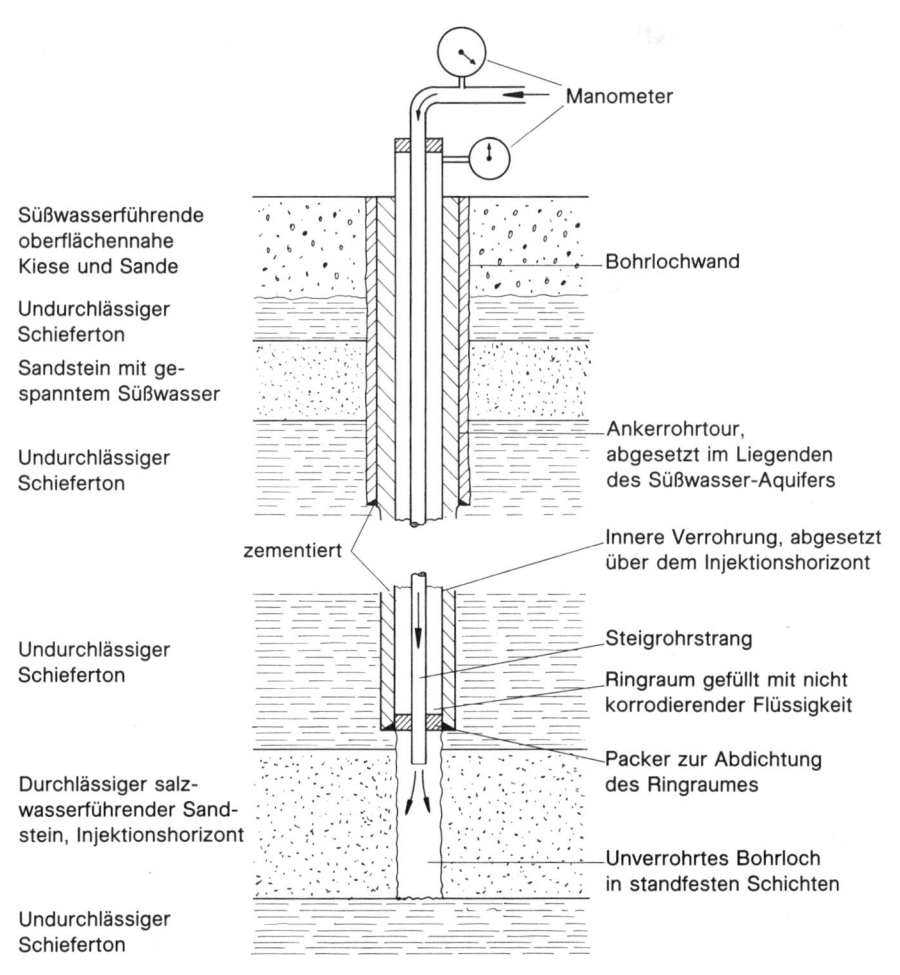

Bild 2.58 Schluckbrunnen für flüssige Sonderabfälle, schematischer Schnitt (Darstellung nach KUMPF, MAAS, STRAUB [2.4])

2.8 Kompostierung

2.8.1 Biochemische Grundlagen [2.4]

Im Pflanzenreich werden ständig organische Stoffe gebildet und von Mensch und Tier als Nahrung genutzt. Mikroorganismen bauen diese organischen Stoffe wieder zu einfachen Verbindungen ab, die den Pflanzen dann als Nahrung zur Verfügung stehen. Dieser Abbau wird als Mineralisation bezeichnet. Als Endprodukte entstehen Kohlendioxid, Wasser und Mineralsalze. Für ihre Arbeit benötigen die Mikroorganismen Energie, die sie ebenfalls aus organischen Stoffen beziehen. Dabei tritt der umgekehrte Vorgang ein. Einfache organische Stoffe werden bei dem Bau- und Betriebsstoffwechsel in komplizierte neue organische Verbindungen umgewandelt.

Für *Mikroorganismen* leicht abbaubare organische Stoffe sind Kohlehydrate (Zucker, Stärke, Zellulose), Eiweiße und Eiweißderivate. Schwer abbaubar sind Lignine, Fette, Harze, Wachse und Gummi.

1 g Müll-Klärschlamm-Gemisch enthält mehrere Milliarden Keime. Im Abbau der organischen Rückstände kann man deutlich hervortretende Stufen unterscheiden. Es handelt sich um biologische Reaktionsketten. Bestimmte Mikrobenarten leiten den Abbau ein, bauen jedoch die Substanz nur bis zu einer bestimmten Stufe ab. Die weiteren Zersetzungsvorgänge werden dann von anderen sich gegenseitig ablösenden Mikroorganismengruppen bei geeigneten Milieubedingungen mit Unterstützung der Kleintiere durchgeführt. So schafft die eine Gruppe die Voraussetzung für die Tätigkeit anderer Gruppen.

Je nach der Durchlüftung laufen die Vorgänge unter Anwesenheit von Luftsauerstoff aerob *(Verrottung)* oder unter Luftabschluß anaerob *(Fäulung)* ab.

Die mikrobiologischen Vorgänge laufen unter großer Selbsterhitzung ab (Exothermie). Dieselben Vorgänge spielen sich z.B. in Heustöcken bei der Selbstentzündung ab. Die gleichen Arten von Mikroorganismen sind daran beteiligt.

Unter dem Begriff Mikroorganismen werden verschiedene Gruppen von Kleinlebewesen zusammengefaßt. Der Stoffwechsel in Mikroorganismen vollzieht sich auf chemosynthetischem Weg. Im Gegensatz zu der fotosynthetischen Arbeitsweise der Pflanzen ist die Gegenwart von Licht also nicht notwendig.

Mikroorganismen können die Nährstoffe nur aus wäßriger Lösung aufnehmen, d.h., daß beim Kompostierungsprozeß immer Wasser in ausreichender Menge vorhanden sein muß.

Weiteres wichtiges Nahrungsmittel ist Sauerstoff, der entweder der Luft (Aerobie) oder den Müllstoffen (Anaerobie) entnommen wird. Im anaeroben Zustand entstehen Schwefelwasserstoff, Ammoniak und Merkaptan, also extrem übelriechende Stoffe. Bei dem aeroben Atmungsstoffwechsel werden Kohlenstoffverbindungen mit Hilfe von Luftsauerstoff oxidiert. Dabei kann man zwei biologische Typen unterscheiden: Die vollkommene Oxidation bis zur Endstufe Kohlendioxid und Wasser und die unvollkommene Oxidation, deren Endprodukte einer anderen Mikrobenart als Nahrung und Energiequelle dienen können.

Die Mikroorganismen können in drei Hauptgruppen bezüglich der Temperaturen, in denen sie ihr Arbeitsoptimum entfalten können, eingeteilt werden:

	Temperaturoptimum (°C)
Psychrotolerante	15 bis 20
Mesophile	25 bis 35
Thermophile	50 bis 55

Für einen optimalen Ablauf der Kompostierung sollte der pH-Wert neutral bis leicht basisch sein.

Bei einem Wassergehalt von weniger als 30% kommt die Rotte zum Stillstand. Bei steigendem Anfangswassergehalt nimmt die Intensität der mikrobiellen Aktivität zunächst zu, erreicht dann ein Optimum und sinkt bei weiterer Erhöhung der Feuchtigkeit des Rohgemisches wieder ab. Wasser und Luft stehen in umgekehrtem Verhältnis zueinander. Ein Überschuß an Wasser verdrängt die Luft aus den Poren des Materials und führt zu Sauerstoffmangel, also anaeroben Verhältnissen. Je nach Struktur des Mülls sollte der Wassergehalt 40 bis 55% betragen. Feuchteres Ausgangsmaterial benötigt eine längere Rottezeit.

Die Rotte ist ein exotherm verlaufender biologischer Oxidationsprozeß. Der Verlauf der Temperatur gibt einen guten Maßstab für die Intensität seines Ablaufs. Ein weiteres Kennzeichen ist die CO_2-Produktion. Mit ihrer Messung kann die Menge des verbrauchten Sauerstoffs festgestellt werden. Für den Abbau von 1 g organischer Masse ist die Zufuhr von 0,9 g O_2 erforderlich. Je Tag und kg ursprünglich enthaltene organische Substanz müssen 40 bis 60 l O_2 zugeführt werden.

Die Temperaturentwicklung aufgrund mikrobieller Tätigkeit kann 70 bis 75 °C erreichen. Ein weiterer Temperaturanstieg ist oft zu beobachten. Dem liegen dann aber chemische Prozesse zugrunde. Die Selbsterhitzung ist aus biologischen und hygienischen Gründen notwendig. Die Tätigkeit der Rotteorganismen wird sehr stark intensiviert. Zur Abtötung von pathogenen Keimen, Parasiten, Ungeziefer und Unkrautsamen ist eine längere Temperatureinwirkung zwischen 55 und 65 °C notwendig.

Die Mikroorganismen benötigen zu ihrer Ernährung hauptsächlich Kohlenstoff (C) und Stickstoff (N). Das optimale C/N-Verhältnis liegt bei 35:1. Es ist im Hausmüll im allgemeinen vorhanden. In gewerblichen Abfällen ist oft eine einseitige Zusammensetzung gegeben. Ist mehr C vorhanden, kommt die Rotte nur verzögert in Gang. Ist weniger C vorhanden, wird Ammoniak freigesetzt. Ist der Müll zu kohlenstoffreich, kann Klärschlamm zugemischt werden, dessen C/N-Verhältnis im allgemeinen 10:1 beträgt. Beim Rotteprozeß wird der Kohlenstoff abgebaut. Das C/N-Verhältnis sollte nicht unter 20:1 sinken, da der Kompost dann von den Bodenorganismen nicht mehr leicht abgebaut werden kann.

2.8.2 Prinzipieller Aufbau eines Kompostwerks [2.4]

In einem Kompostwerk finden drei Hauptarbeitsphasen statt:
☐ Aufbereitung der rohen Siedlungsabfälle für ihre Verrottung (Kompostrohstoff);

☐ Verrottung der aufbereiteten Rohstoffe zu Frischkompost (Vorrotte);
☐ Aufbereitung des Frischkompostes zu Fertigkompost (Nachrotte).
Die biochemischen Reaktionen während der aeroben Rotte laufen um so schneller und weitgehender ab, je sorgfältiger die Rohstoffe für die Verrottung aufbereitet und je günstiger die Wachstumsbedingungen für die Mikroorganismen eingestellt werden.

Tabelle 2.15 verdeutlicht schematisch als Massenbilanz Rohmüll- und Klärschlammeinsatz sowie Kompostausstoß für das Beispiel eines Kompostwerks mit dynamischer Vorrotte und statischer Nachrotte.

Tabelle 2.15 Massenbilanz eines Kompostwerks mit dynamischer Vorrotte (Trommelsystem) und statischer Nachrotte (Miete). Schematisches Beispiel

Rohmüll	280 t
− 5% Schrott (entfernt durch magnetische Abscheidung)	− 14 t
verbleiben als feste Abfälle	266 t
+ **Klärschlamm** (mit 15% Feststoffgehalt)	+ 80 t
Kompostrohstoff (Gemisch in der Trommel)	346 t
− 20% Siebrest auf 50-mm-Sieb	− 70 t
Frischkompost, aufgesetzt zur Miete	276 t
− 40% Rotteverlust (Wasserdampf, CO_2 usw.)	− 110 t
Fertigkompost (grob)	166 t
− 18% Siebrest auf 10-mm-Sieb	− 30 t
verbleiben als **Landbaukompost**	136 t
− 12% Hartstoffe (Windsichtung)	− 16 t
verbleiben als hartstoffarmer **Gartenbaukompost**	120 t
Produkte: Gartenbaukompost	120 t
Eisenschrott	14 t
Auf geordneter Deponie abzulagernde Reste	116 t
Siebrest 50 mm	70 t
Siebrest 10 mm	30 t
Hartstoffe (evtl. als Zuschlagstoffe im Straßenbau verwendbar)	16 t

2.8.2.1 Aufbereitung der rohen Siedlungsabfälle für die Verrottung (Kompostrohstoff) [2.4]

Die angelieferten Abfälle sollten mengenmäßig erfaßt werden, damit eventuell notwendige Mischvorgänge gesteuert werden können. Die vorübergehende Speicherung erfolgt in Bunkern, getrennt nach festen und flüssigen Abfällen. Die granulometrische Zusammensetzung der festen Siedlungsabfälle muß durch Zerkleinern und Sieben vergleichmäßigt werden. Der Feinmüll < 10 mm ist im allgemeinen nicht für die Kompostierung geeignet. Gut geeignet ist die Fraktion 10 bis 80 mm, die auf Korngrößen unter 20 bis 30 mm zerkleinert werden muß. Das Überkorn > 80 mm sollte abgeschieden werden. Feinmüll < 10 mm und Grobmüll > 80 mm bestehen weit überwiegend aus mineralischen Stoffen. Schwer verrottbare Altstoffe wie z.B. Textilien werden z.T. von Lesebändern durch Handauslese entfernt, da sie in Aufbereitungsaggregaten durch Zopfbildung zu Störungen führen könnten. Eisen wird magnetisch abgeschieden.

Durch Mischung mit Klärschlamm und eventuelle Befeuchtung mit Wasser wird die physikalische, chemische und biologische Zusammensetzung vergleichmäßigt.

2.8.2.2 Verrottung der aufbereiteten Rohstoffe zu Frischkompost (Vorrotte) [2.4]

Hier muß erreicht werden, den Mikroorganismen durch optimale Einstellung von Wassergehalt und Luftversorgung gute Lebensbedingungen zu bieten. Dies kann in aufgeschichteten Mieten erfolgen, die ab und zu umgesetzt werden oder in Gärzellen mit ruhender Lagerung bzw. mit Materialumwälzung. Man hat lange Zeit geglaubt, durch Gärzellen den Rotteprozeß wesentlich abkürzen zu können. Das hat sich nicht bestätigt. Heute ist eine Rückentwicklung zur Mietenrotte zu verzeichnen.

2.8.2.3 Aufbereitung des Frischkompostes zu Fertigkompost (Nachrotte) [2.4]

Die mikrobiellen Vorgänge sind am Ende der Vorrotte nicht abgeschlossen. Frischkompost kann ohne Pflanzenschädigung im Nutzpflanzenbau nicht angewendet werden (Schädigungen durch Sauerstoffentzug und Hitze). Durch eine *Nachrotte* auf Mieten und anschließende Siebung und/oder Sichtung wird ein verkaufsfähiges ohne Schädigung anwendbares Produkt hergestellt.

2.8.3 Die hauptsächlichen Verfahren der Kompostierung

2.8.3.1 Kompostierung in Mieten [2.4]

Diese Methode beruht auf der Beobachtung, daß für die Massenentwicklung der Mikroorganismen eine bestimmte Abfallmenge, ein bestimmtes Volumen benötigt wird. Nur im Abfallhaufen kann sich die für die Massenentwicklung der

Bakterien erforderliche Wärme bilden und auch halten, nur in der Miete werden die Abfälle vor zu schneller Austrocknung geschützt. Andererseits wird der Luftzutritt zu den Abfallstoffen durch die Bildung größerer Haufen erschwert. Die Sauerstoffversorgung ist daher stets das Hauptproblem bei der Mietenkompostierung.

Zweckmäßig sollten die Abfälle vor der Aufschichtung in Mieten zerkleinert werden. Durch die Vorzerkleinerung wird die gesamte Oberfläche der rohen Abfälle vergrößert, den bei der Kompostierung beteiligten Bakterien werden größere Angriffsflächen geboten. Die biologischen Vorgänge können so schneller ablaufen. Auch der Betrieb der mechanischen Verfahrensstufen, vor allem die Mischung des Hausmülls mit Klärschlamm oder auch mit kompostierbaren Industrieabfällen, wird durch die Zerkleinerung erleichtert. Die Kompostausbeute steigt. Hauptsächlich für die Vorzerkleinerung eingesetzte Geräte sind Siebraspeln und Hammermühlen. Bei Hammermühlen wird ein Sieb nachgeschaltet. Die Siebreste bzw. Raspelreste müssen abgelagert oder verbrannt werden.

Gegebenenfalls erfolgt in Mischern eine Zugabe von Klärschlamm zum Siebgut. Die Zerkleinerung kann auch in einer Kaskadenmühle erfolgen, in der gleichzeitig Klärschlamm zugemischt wird.

Infolge Luftmangels neigen die Abfälle in der Miete sehr schnell zu anaerober Fäulnis. Als Gegenmaßnahme müssen die Abfälle in geringer Höhe aufgeschüttet und innerhalb der ersten zwei Monate mehrmals umgewendet werden. Für das Aufsetzen der Mieten werden fahrbare Krananlagen oder Schaufellader eingesetzt. Das Umsetzen kann mit Schaufellader oder durch mit Fräsen ausgerüsteten Umsetzgeräten erfolgen. Diese Geräte überfahren die liegende Miete. Entsprechend angeordnete Arbeitswerkzeuge nehmen das Material auf und durchwirbeln es sehr intensiv. Danach wird das Rottegut im gleichen Arbeitsgang neu aufgeschüttet und mittels Abstreifer als Miete neu geformt.

Der Flächenbedarf der *Mietenkompostierung* ist relativ hoch. Bei Mietenhöhen von ca. 1,5 m bei Mieten mit Dreieck- oder Trapezquerschnitt werden je 1000 Einwohner ca. 200 m^2 Grundfläche benötigt. Dabei ist eine Rottezeit von 6 Monaten zugrunde gelegt.

Niederschlagswasser dringt in frische und sehr warme Mieten nicht weiter als ca. 10 cm ein. Neu aufgesetzte ältere Mieten können bei lang anhaltenden Niederschlägen durchnäßt werden. Besonders in niederschlagsreichen Gebieten sollte der Rotteplatz zweckmäßig überdacht werden.

Ein gewisses Problem ist die Geruchsentwicklung beim Umsetzen der Mieten. Kompostwerke mit Mietenrotte sollten in größerer Entfernung von bewohnten Gebieten errichtet werden.

2.8.3.2 Kompostierung in belüfteten Großmieten [2.4], [2.33]

Durch größere Mietenhöhen kann Platz eingespart werden. Allerdings stößt hier der Umsetzbetrieb auf technische und wirtschaftliche Grenzen. Deshalb wurden Systeme entwickelt, bei denen der für die biologischen Umsetzvorgänge erforder-

Bild 2.59
Schema der Tunnelmiete (Paletten, Schablonen und Seitenwandelemente bestehen aus mit Maschendraht bespannten Stahlrahmen) [2.33]

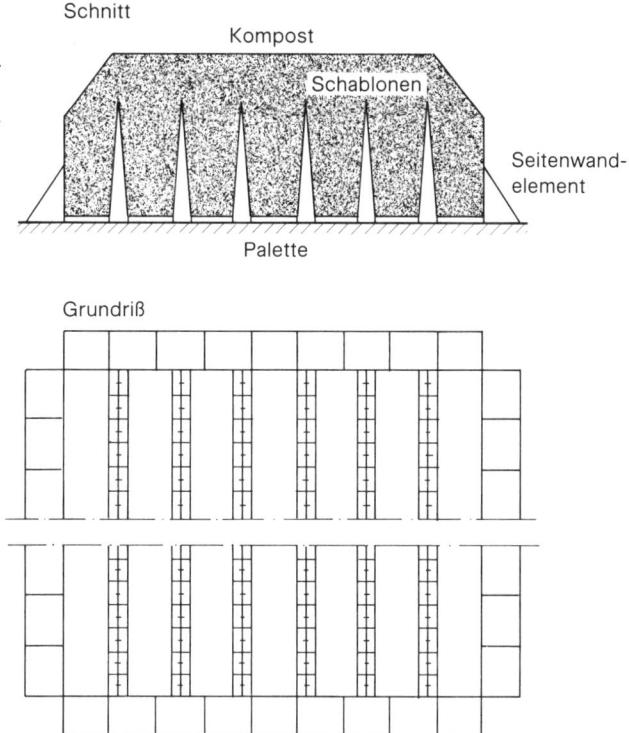

Schnitt

Kompost

Schablonen

Seitenwandelement

Palette

Grundriß

liche Sauerstoff durch Belüftung der Mieten zugeführt wird. Im Boden des Rotteplatzes sind dazu Luftkanäle eingebaut, durch die über Gebläse Luft abgesaugt werden kann. Die abgesaugte geruchsbehaftete Luft kann in Filteranlagen desodoriert oder in Resteverbrennungseinrichtungen verbrannt werden.

Ein weiteres Großmietensystem ist die *Tunnelmiete*, bei der auf künstliche Be- und Entlüftung verzichtet wird. Sie wird 4 m hoch aufgeschüttet. Durch die Aufstellung von Schablonen entstehen tunnelartige Hohlräume, durch die die Belüftung im natürlichen Zug erfolgt *(Bild 2.59).*

2.8.3.3 *Kompostierung von gepreßten Abfällen* [2.4], [2.34]

Eine Sonderform der Kompostierung ist das sogenannte *Brikollare-Verfahren*. Bei diesem Verfahren wird der zerkleinerte und mit Schlamm vermischte Müll nicht in lockerer Form in Mieten aufgesetzt, sondern zunächst zu Formlingen gepreßt. Diese Preßkörper mit einem Wassergehalt von ca. 50% werden in Stapeln auf Paletten gelagert. Durch den Preßvorgang wird das Wasser in den Formlingen von innen nach außen gefördert und damit eine Trocknung bewirkt. Gleichzeitig setzen aerobe Rottevorgänge sowie eine starke Verpilzung und eine Erwärmung bis auf Temperaturen von über 60 °C ein, die etwa 10 Tage anhalten, dann jedoch infolge der fortschreitenden Austrocknung der Preßlinge rasch wieder absinken. Nach ca. 3 Wochen sind die biologischen Prozesse durch den Wasserentzug zum Stillstand gekommen. Das Material ist praktisch konserviert und kann bei einem Wassergehalt von ca. 20% beliebig lang ohne Geruchsbelästigung gelagert werden.

Die Preßlinge werden bei Bedarf in einer Mühle zerkleinert und das Mahlgut entweder als Frischkompost verwendet oder auf Mieten zu Fertigkompost nachgerottet.

2.8.3.4 Kompostierung in Zellen [2.4]

Dieser Entwicklung lag die Überlegung zugrunde, den Verlauf der Rotte soweit wie möglich zu überwachen und zu beeinflussen, wobei die Zuführung von Luft und Wasser im Vordergrund stand. Stellvertretend soll das Atemverfahren nach Dr. Spohn beschrieben werden.

Der vorzerkleinerte Müll wird mit Schlamm vermischt und in Betonzellen mit Rostboden eingefüllt. Die Hohlräume unter den Rosten sind an ein zentrales Saugsystem über motorisch betriebene Schieber angeschlossen. In jeder Zelle wird kontinuierlich der Sauerstoffgehalt der Rotteluft und die Materialtemperatur gemessen. Sinkt der Meßwert unter einen eingestellten Wert ab, so wird der entsprechende Schieber über eine Programmsteuerung geöffnet und so lange Luft durch das Rottegut von oben nach unten gesaugt, bis der Sauerstoffgehalt sein oberes Niveau wieder erreicht hat. Gleichzeitig kann Wasser zur Einregulierung des optimalen Feuchtigkeitsgehaltes aufgegeben und über den Schüttkörper verteilt werden. Die Luft- und Feuchtigkeitszufuhr bewirken eine nahezu gleiche Rottetemperatur von 70 °C im gesamten Rottegut. Die abgesaugte Luft wird in Filtern desodoriert. Mit zunehmendem Abbau der organischen Stoffe werden die Abstände zwischen den Belüftungsphasen immer länger. Nach 2 bis 3 Wochen Vorrotte wird das Material über einen Kran ausgetragen und zur Nachrotte auf Mieten aufgesetzt.

2.8.3.5 Kompostierung in dynamischen Behältersystemen [2.4]

Im Gegensatz zu den bisher beschriebenen Verfahren werden die Abfälle bei den kontinuierlichen dynamischen Behältersystemen dauernd mehr oder weniger intensiv bewegt. Die Behälter arbeiten entweder mit Zwangsaustrag oder nach dem Verdrängungsprinzip *(Tabelle 2.16)*.

2.8.3.6 Wirkung der Kompostierung in Behältersystemen [2.4], [2.34]

Die Kompostierung in dynamischen Behältersystemen wird im allgemeinen als Kurz- oder Schnellrotte bezeichnet. Alle bisher bekannten Systeme eignen sich nur zur Durchführung der Vorrotte. Sie dienen dem Zweck, die rohen Abfälle in möglichst kurzer Zeit weitgehend zu entseuchen und soweit vorzubehandeln, daß

Tabelle 2.16 Behältersysteme zur Kompostierung

System	Kurzbeschreibung
Etagenlose Türme	Stehende Zylinder, die teils durch senkrechte Wände unterteilt sein können. Der Kompostrohstoff wird oben eingefüllt. Unten ist der Zylinder durch einen Düsenboden abgeschlossen, durch den Luft eingeblasen wird. Mit einer umlaufenden Schnecke wird das Material unten ausgetragen. Keine Mischung, meist Bildung von Luftkanälen in der Materialsäule, dadurch ungleichmäßige Verrottung.
Turmbehälter mit Etagenböden	Stehende Zylinder, die durch horizontale Böden mehrfach in Etagen unterteilt sind. An einer senkrechten Zentralachse sind Arme mit Pflügen befestigt, die den Kompostrohstoff auf den einzelnen Zwischenböden auflockern, mischen und fördern. In jedem Boden befindet sich eine relativ kleine Durchfallöffnung, durch die das Material den Turm von oben nach unten durchwandert. Luftzuführung in jeder Etage seitlich mit zentralem Abzug. Gute Mischung, gute Verrottung, hoher Verschleiß.
Rottetrommeln	Liegende, langsam rotierende Zylinder, in denen die Abfälle unter Luftzufuhr durch das Verdrängungsprinzip durchwandern. Gute Mischung, Zerkleinerungswirkung, Verschleiß geringer als bei Etagentürmen. Kombiniert mit Trommelsieben.

das Material anschließend als *Frischkompost* für spezielle Anwendungen verwertet werden kann.

Zur Erzeugung von stabilisiertem universell anwendbarem Kompost *(Fertigkompost)* muß das frische Material weiter kompostiert (ausgerottet) werden. Kompostwerke mit dynamischen Schnellrottesystemen benötigen daher stets eine zweite Rottestufe, meist in Form einer Mietenkompostierung. Diese kann bei entsprechender Intensität und Dauer der Vorrotte unter Umständen ohne Umsetzen betrieben werden. Ein maschinelles System zur Herstellung eines Fertigkompostes in nennenswert abgekürzter Zeit gibt es nicht. Die mikrobiellen Vorgänge brauchen ihre Zeit, lediglich der Start kann beschleunigt werden. Einen großen Vorteil haben alle Behältersysteme gemeinsam: Es handelt sich um geschlossene Systeme, aus denen die Abluft abgesaugt und einer Desodorierung zugeführt werden kann. Dies ist vor allem in der Phase der Vorrotte wichtig, da hier die intensivste Geruchsentwicklung auftritt.

2.8.4 Desodorierung durch Geruchsfilter [2.4], [2.34]

Die Kompostierung von Abfallstoffen ist ein thermophiler aerober Vorgang, bei dem leicht abbaubare organische Substanzen unter intensiver Wärmeabgabe oxidiert werden. Zum Teil bilden sich Zonen mit anaeroben Verhältnissen, in denen eine fermentative Vergärung stattfindet. Vor allem hier treten sehr unangenehm riechende gasförmige Zwischen- und Endprodukte auf.

Bei der Eiweißzersetzung entstehen neben anorganischen Gasen wie Schwefelwasserstoff und Ammoniak auch organische Dämpfe wie Amine und Merkaptane. Beim anaeroben Abbau von Kohlehydraten entstehen vor allem Fettsäuren, Aldehyde, Ester und Alkohole, von denen einige sehr üble Geruchsempfindungen hervorrufen.

Das zumindest zeitweilige Auftreten von Gerüchen kann bei der Müllrotte nicht ausgeschlossen werden. Bei geschlossenen Vorrottesystemen wird daher die Abluft gefaßt und einer Desodorierung zugeführt. Dies kann in einer Gassorption mit Chlor und Aktivkohle erfolgen. Es treten bei der Kompostierung jedoch zum Teil Geruchsstoffe auf, die auf diese Weise nicht vollständig zu beseitigen sind. Ein sicheres, jedoch aufwendiges Behandlungsverfahren ist die Nachverbrennung der Abluft. Eine sehr einfache Behandlungsart ist die Biofiltration in *Kompostfiltern,* die sich an vielen Stellen gut bewährt hat. Diese Methode funktioniert grundsätzlich bei organischen Geruchsstoffen. So kann z.B. auch die früher nicht völlig beherrschbare Abluft aus Tierkörperbeseitigungsanstalten mit dieser Methode sicher behandelt werden.

Die Wirkungsweise dieser Art der Gasreinigung beruht auf physikalisch-chemischen und biologischen Wechselwirkungen zwischen einem Luftstrom, der durch eine Kompostschicht fließt, und den stationären Kompostpartikeln, wobei das daran angelagerte Wasser eine wichtige Funktion hat. Aus der Luft (bewegliche Phase) diffundieren während des Durchströmens des Porenraums der Kompostschicht die Gasmoleküle an die Oberfläche der Kompostartikel (feste Phase) und werden dort vorwiegend vom Wasser absorbiert. Sorptive Bindungskräfte sind für die Elimination der Geruchsstoffe maßgebend. In einem simultan verlaufenden zweiten Schritt werden die sorbierten Substanzen von den im Kompost befindlichen Mikroorganismen resorbiert und abgebaut. Auf diese Weise ist es möglich, daß ein Kompostfilter durch kontinuierliche biologische Regeneration arbeitsfähig bleibt und seine sorptive Kapazität nicht verliert. Die angelagerten Geruchsstoffe werden als Substrate von den Mikoorganismen aufgenommen und sorgen so für eine kontinuierliche Aktivität des Regenerationsmechanismus.

Um eine befriedigende Reinigungsleistung zu erzielen, muß die Filtermasse ausreichend feucht sein (40 bis 50% Wassergehalt). Ablufttemperaturen über 100 °C können die Organismen schädigen und auch zu einer starken Austrocknung des Filters führen.

Für die Bemessung des Kompostfilters kann eine Mindestbelastung von 50 m^3/(m^2 · h) in jedem Fall angenommen werden. Je nach der Art der Geruchsstoffe und Konzentration kann sie höher gewählt werden (bis 150 m^3/(m^2 · h).

2.8.5 Kompostierung von Abwasserschlämmen [2.4], [2.34]

Abwasserschlämme können zusammen mit Müll kompostiert werden. Die Behandlung einwohnergleicher Mengen ist nur nach Vorentwässerung des Schlamms auf ca. 30 bis 40% Feststoffgehalt möglich. Flüssiger Schlamm kann wegen des maximalen Wassergehalts der Mischung nur in begrenzten Mengen beigegeben werden. In vielen Kompostwerken ist die gemeinsame Kompostierung die Regel. Es gibt jedoch auch Anlagen zur ausschließlichen Kompostierung von Klärschlamm.

Bei der ausschließlichen Kompostierung von Klärschlamm ist die Beimengung eines Trägermaterials erforderlich. Dieses Trägermaterial soll zur notwendigen Auflockerung des Schlamms mit dem Effekt des ausreichenden Luftzutritts dienen. Dazu werden in der Regel Sägespäne, Sägemehl, Baumrinde, Papier oder Stroh verwendet. Die biologische Wirkung dieser Trägermaterialien ist von untergeordneter Bedeutung. An der Kompostierung von Klärschlamm sind die gleichen Mikroorganismen wie an der Kompostierung von Müll beteiligt.

2.8.6 Anwendung von Kompost [2.4], [2.34]

Kompost ist in erster Linie ein *Bodenverbesserungsmittel,* die eigentliche Düngewirkung ist nur gering. Schwere bindige Böden werden zur besseren Durchlüftung aufgelockert, sandige Böden erhalten eine bessere Wasserhaltekraft und eine deutlich erhöhte Widerstandskraft gegen Erosion. Hauptsächliches Anwendungsgebiet ist zur Zeit der Weinbau. Mit anderen Produkten wie z.B. Torf und zerkleinerter Baumrinde gemischter Kompost können gut im Gartenbau verkauft werden. Eine Zielgruppe des Kompostabsatzes ist derzeit die Landwirtschaft. Ein Problem stellt dabei das wirtschaftliche Aufbringen auf den Feldern dar.

2.8.7 Kompostwerk Heidelberg

Im Kompostwerk Heidelberg *(Bild 2.60)* werden die Abfälle aus den Sammelfahrzeugen in den Müllbunker entladen. Über Krane gelangen sie zur Zerkleinerung in Siebraspeln. Der nicht zerkleinerbare Raspelrest wird in den Bunker zurückgefördert und wiederum vom Kran in den Resteverbrennungsofen aufgegeben.

Der in Großbehältern gesammelte Hausmüll sowie der Sperrmüll werden in einer Prallmühle zerkleinert und entweder über die Siebraspeln zur Kompostierung oder zurück in den Bunker zur Verbrennung gefördert.

Das Raspelgut wird in einen Pufferbehälter mit zwei Abzugsplattenbändern aufgegeben. Er dient zum Ausgleich zwischen der in einer Arbeitsschicht betriebenen Zerkleinerung und der in zwei Arbeitsschichten betriebenen Kompostierung. Von dem Pufferbehälter gelangt er über Trogkettenförderer in vier Rottetürme mit je zehn Etagen. Die mittlere Verweilzeit in den Rottetürmen beträgt etwa 24 Stunden. Danach wird der so erzeugte Frischkompost auf zwei Spannwellensieben von gröberen Stoffen befreit. Er kann so auf den Kompostlagerplatz

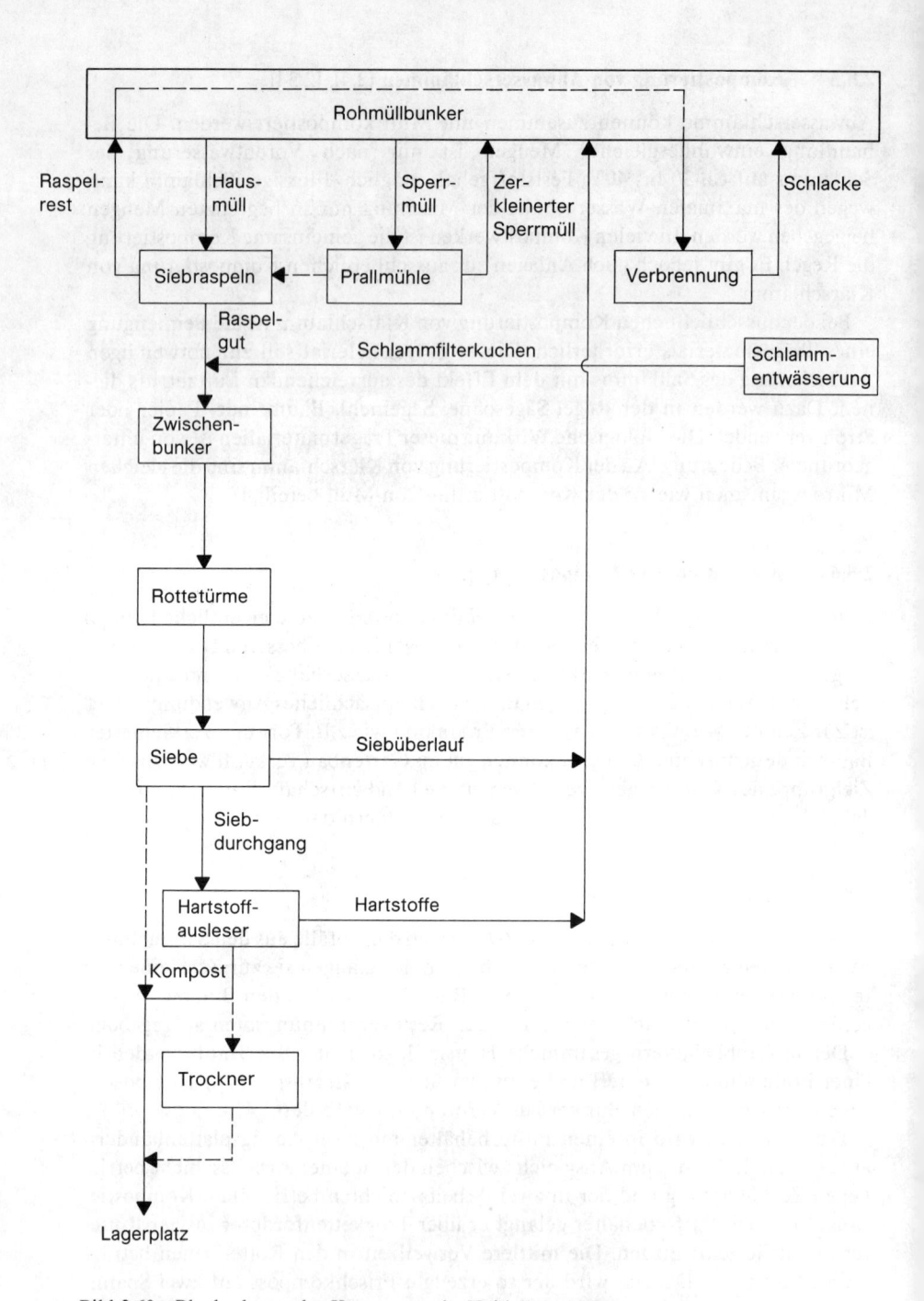

Bild 2.60 Blockschema des Kompostwerks Heidelberg [2.34]

über ein koordinatenmäßig absetzbares Bandsystem zur Nachrotte gefördert werden. Alternativ kann er vorher in einer Luftsetzmaschine von den Hartstoffen (Glas) gereinigt werden und/oder in einem Trommeltrockner getrocknet werden. Die dazu notwendige Wärme kommt vom Resteverbrennungsofen.

Der Resteverbrennungsofen ist mit einem Vorschubrost ausgerüstet. Er hat eine Verbrennungskapazität von 5 t/h. Die Rauchgase werden beim Verlassen des Ofens auf unter 350 °C abgekühlt und in einem Elektrofilter gereinigt. Die Schlacke und Asche des Verbrennungsofens wird in den Bunker ausgetragen und muß zusammen mit den Siebresten der Kompostsiebe und der Schwerfraktion der Luftsetzmaschine zur Deponierung verladen werden.

Von der benachbarten Kläranlage wird auf ca. 8% Feststoffgehalt eingedickter Schlamm zum Kompostwerk gepumpt. Dort wird er in Kammerfilterpressen auf ca. 40% Feststoffgehalt entwässert. Die Filterkuchen werden in einer Mühle zerkrümelt und dem Raspelgut beigegeben. Die Vermischung mit Müll erfolgt in den Rottetürmen. Das bei der Entwässerung anfallende Filtrat wird zur Behandlung in die Kläranlage geleitet.

2.9 Thermische Behandlung von Abfällen

Im Gegensatz zum biochemischen aeroben und anaeroben Langzeitabbau verwertbarer, auch brennbarer organischer Bestandteile von Abfällen lassen sich diese durch thermische Behandlung sehr schnell in ihre Endoxidationsstufen oder in weiterverwertbare gasförmige oder flüssige Produkte überführen. Die thermische Behandlung voraufbereiteter Abfälle umfaßt folgende Methoden:
- *Verbrennung,* bestehend aus den Einzelvorgängen Entgasung, Vergasung, Ausbrand des fixen Kohlenstoffs und Verbrennung der entstandenen Gase zu Kohlendioxid, Wasser, Schwefel- und Stickoxiden und Asche;
- *Entgasung* oder *Pyrolyse* als thermische Zersetzung unter weitgehendem Ausschluß von Vergasungsmitteln. Sie führt zu zwischen 250 und ca. 900 °C ausgetriebenen flüchtigen Stoffen, bestehend aus gebundenem Wasser, Schwelgasen, Kohlenwasserstoffen und Teeren sowie aus Inerten und fixem Kohlenstoff zusammengesetzten festen Rückständen;
- *Vergasung* als thermische Umsetzung bei hohen Temperaturen unter Einsatz von Vergasungsmitteln wie Dampf, Kohlendioxid, Sauerstoff und Luft.

Die *thermische Trocknung* mit konvektiv und durch Strahlung an die voraufbereiteten Abfälle übertragener Wärme geht dabei als jeweils erste Stufe der Vergasung, Entgasung und Verbrennung voraus.

2.9.1 Verbrennung

Die Verbrennung von heizwertarmen und ballastreichen Abfällen wird je nach Art und betriebsstündlichem Anfall in Verbrennungsanlagen unterschiedlicher Größe vorgenommen. Man hat

119

Tabelle 2.17 Leistungsbereiche von Verbrennungsanlagen für Abfälle nach RASCH [2.9]

Verbrennungsanlage	Heizwert der Abfälle kJ/kg	Raumdichte der Abfälle (t/m³)	Leistung m³/h	Leistung kg/h	Leistung GJ/h	Wärmenutzung
Kleinstverbrennungsöfen für Akten usw.	<12 500	>0,1	0,05 bis 0,5	5 bis 50	0,08 bis 0,6	ohne
Kleinverbrennungsöfen	<12 500	>0,1	0,3 bis 5	30 bis 500	0,4 bis 6	meist ohne
Mittelverbrennungsanlagen	<10 000	>0,2	1 bis 15	200 bis 3000	2 bis 30	ohne oder mit
Großverbrennungsanlagen	< 8 000	>0,2	>7,5	>3000	>25	meist mit

☐ Kleinanlagen für Sonderabfälle, z.B. für Krankenhausabfälle;
☐ Großanlagen für die Beseitigung von Hausmüll, hausmüllähnlichem Gewerbemüll, in Sonderfällen auch unter Zuschlag von Sonderabfällen und vorentwässertem Klärschlamm, bevorzugt mit Wärmenutzung (Mülldurchsatz bis ca. 50 t/h und darüber);
☐ spezielle Verbrennungsanlagen für feste, pastöse und flüssige Sonderabfälle;
☐ Verbrennungsanlagen für Reste und Rückstände aus anderen vorgeschalteten Abfallverwertungsanlagen wie Kompostierung, Recycling usw.

zu unterscheiden. *Tabelle 2.17* gibt einleitend eine Übersicht über Leistungsbereiche und charakteristische Daten verschiedener Müllverbrennungsanlagen. In *Tabelle 2.18* sind die bis 1978 in der Bundesrepublik Deutschland in Betrieb gegangenen bzw. geplanten Abfallverbrennungsanlagen mit charakterisierenden Hinweisen gelistet. Derzeit sind 44 Verbrennungsanlagen in Betrieb. Sie beseitigen jährlich ca. 6,3 Mio. t Abfälle aus Erfassungsbereichen, in denen ca. 30% unserer Gesamtbevölkerung leben [2.15].

(Geht man davon aus, daß momentan etwa 24 Mio. t/a an Hausmüll, Sperrmüll und hausmüllähnlichen Abfällen mit einem Heizwert von ca. 7520 kJ/kg anfallen, ergibt dies ein Energiepotential von 180 TJ/a ($180 \cdot 10^{12}$ J/a), was ca. 6,2 Mio. t SKE/a entspricht. Dies sind etwa 1,6% unseres Primärenergieverbrauchs von derzeit ca. 390 Mio. t SKE/a. Auch wenn der Energiebeitrag des Mülls also insgesamt recht gering ausfällt, so trägt seine Verbrennung regional in Teilbereichen der Energieversorgung erheblich zur Einsparung von Primärenergieträgern bei, so z.B. in München, wo der Anteil der Müllverbrennung an der städtischen Strom- und Fernwärmeerzeugung etwa 20% ausmacht.)

Die Ausführungsplanung von Abfallverbrennungsanlagen umfaßt, beginnend mit der Planungsidee und endend mit dem Baubeginn, eine Reihe von Einzeltätigkeiten. Sie sind als Planungsablaufdiagramm für eine Planungsabwicklung mit Netzplan in *Bild 2.61* dargestellt.

2.9.1.1 Aufbau und Betrieb von Abfallverbrennungsanlagen

Bild 2.62 zeigt in Form eines Übersichtsblockdiagramms die wesentlichen Teile einer Abfallverbrennungsanlage mit Nutzung der Rauchgaswärme. In den *Bildern 2.63 und 2.64* werden diese Anlagenteile weiter detailliert und im folgenden kurz beschrieben.

Der *Müllanlieferungsbereich* mit Waage, Abkippstellen, Wendefläche, Müllbunker und Beschickungsvorrichtung für die Verbrennungsstrecken erfordert etwa 80% der Gesamtanlagenfläche. Das Volumen des Müllbunkers ist für eine Bevorratung von mindestens 72 h auszulegen.

(*Beispiel:* Bei einem gegenüber unterbrochenem Betrieb vorteilhaften Dauerbetrieb in drei Schichten rund um die Uhr stehen bei einer Verfügbarkeit von 85% jährlich etwa $t = 7450$ Betriebsstunden zur Verfügung. Sollen im Endausbau einer Verbrennungsanlage maximal $\dot{m} = 275\,000$ t/a Abfälle für einen Einzugsbereich mit 500 000 Einwohnern verbrannt werden, so ist die stündliche Verbrennungsleistung $\dot{m}_h$

$$\dot{m}_h = \frac{\dot{m}}{t} \qquad (2.16)$$

also $\dot{m}_h = \dfrac{275\,000}{7450} = 36{,}91$ t/h

Für die Auslegung der Anlage könnten dann vier Ofen-Kessel-Einheiten mit einer Verbrennungsleistung von 10 t/h vorgesehen werden. Zur Ermittlung der Verbrennungsleistung kann das Nomogramm des *Bildes 2.65* zugrunde gelegt werden.

Das erforderliche müllgefüllte Mindestvolumen V_B des Müllbunkers ist dann

$$V_B = 72 \cdot \frac{\dot{m}_h}{\varrho_M} \qquad (2.17)$$

Mit einer Mülldichte von $\varrho_M = 0{,}4$ t/m³ (üblicher Bereich 0,3 bis 0,45 t/m³) folgt hieraus für V_B

$$V_B = 72 \cdot \frac{4 \cdot 10}{0{,}4} = 7200 \text{ m}^3.\Big)$$

Tabelle 2.18 Übersicht über in der Bundesrepublik Deutschland in Betrieb befindliche Abfallverbrennungsanlagen (Stand 1978)

	Standort	Inbetrieb-nahme[1]	Feuerungssystem	Hersteller Feuerung/Kessel	Verbrennungseinheiten[2]	Theoret. Kapazität je Einheit t/h	Betriebsweise h/Woche
1	Bamberg	1978	Gegenschub-Umwälzrost u. Schlammeinblasung	VKW/VKW	2 (1)	6 ohne KS	7 × 2
2	Berlin	1967 E 1971/1972	Walzenrost	Borsig/Borsig	4 4	12,5 16	7 × 2
3	Böblingen	1977	Planrost	Brulé/—	2	1	5 × 1
4	Bonn-Bad Godesberg	1966	Stufenrost/ Drehtrommel	Koppers-Wistra/ Buckau	2	5,5	6 × 2
5	Bremen	1969	Walzenrost	Dürr-Werke/ Bremer Vulkan	3 (1)	15 (20)	7 × 2
6	Bremerhaven	1977	Vorschubrost	von Roll/ Seebeckwerft — MAN	2 (1)	10	7 × 2
7	Darmstadt	1967 E 1978	Vorschubrost	von Roll/MAN	2 1	10 11	7 × 2
8	Düsseldorf	1965 E 1972	Walzenrost	Dürr-Werke/VKW (VKW)	4 1 (1)	10 12,5 (12,5)	7 × 2
9	Essen-Karnap	1960	Wanderrost	Babcock/ Dürr-Werke	5	20	7 × 2
10	Geiselbullach (Krs. Fürstenfeldbruck)	1975	Gegenschub-Umwälzrost u. Schlammeinblasung	Keller-Peukert/ Baumgarte	1*	6	5 × 2
11	Göppingen	1975	Walzenrost	VKW/VKW	2 (1)	12	7 × 2
12	Frankfurt/Main	1966	Vorschubrost	von Roll/Baumgarte	4	13—15	7 × 2
13	Hagen	1967	Walzenrost	VKW/VKW	3	6	7 × 2
14	Hamburg I (Billbrook)	1958 1. E 1963 2. E 1967	Vorschubrost Rückschubrost	von Roll/ Oschatz—Walther Martin/Walther	2 3 1	6,5 7,3 7,5—12	7 × 2
15	Hamburg II (Stellinger Moor)	1973	Rückschubrost	Martin/Walther	2 (2)	19,5	7 × 2
16	Hamburg III (Stapelfeld)	Ende 1978	Vorschubrost	Steinmüller/—	2	19	7 × 2
17	Hameln	1977	Walzenrost	VKW/VKW	1	10	5 × 2
18	Heidelberg	1974	Vorschubrost	Lambion/—	1	5	5 × 2
19	Ingolstadt	1978	Vorschubrost u. Schlammeinblasung	Widmer + Ernst/ Alberti Fonsa	2 (1)	7 ohne KS	7 × 2
20	Iserlohn	1970 E 1974	Vorschubrost Wanderrost Walzenrost	K+K Ofenbau Zürich/Babcock Babcock/Babcock VKW/VKW	1 1 1	8 8 16	7 × 2
21	Kassel	1968 E 1969	Walzenrost	Dürr Werke/ Dürr Werke	1 1	10	7 × 2
22	Kempten/Allgäu	1975 E 1976	Vorschubrost	von Roll/Wamser	1 1	4 5	5 × 2
23	Kiel-Süd	1975	Walzenrost	VKW/VKW	2	5	7 × 2
24	Krefeld	1975	Walzenrost u. Schlammeinblasung	VKW—BSH/VKW	2 (1)	12	7 × 2
25	Landshut	1971 E 1974	Vorschubrost	von Roll/Wamser	1 1 (1)	3 3	7 × 2
26	Leverkusen	1970	Vorschubrost	von Roll/MAN	2	10	7 × 2

ahres-rchsatz 000 t	Angeschl. Einw. (1000 E)	Abfallarten[3]	Sperrmüll-zerkleine-rung	Dampfparameter bar/°C	Wärmenutzung[4]	Abgas-reinigung	Eisen-schrott-auslese	Schlacken-verwertung
86	182	HM, GM, SM, KS	ja	26/225 Sattdampf	KST	E-Filter Gaswäscher	nein	nein
400	1100	HM, GM, SM	ja	73/470	Abgabe an KW	E-Filter	ja	nein
5 ne KS	20	HM, GM, KS	nein	—	KST	Gaswäsche	nein	nein
29	80	HM, GM, IA, KW	nein	10/250	Industrie	E-Filter + Zyklon	nein	einfacher Wegebau und Rekultivierung
200	570	HM, SM, GM	ja	21/215	HW	E-Filter	ja	ja
150	250	HM, GM	—	40/400	HKW	E-Filter Gaswäscher	nein	Abgabe an Fremdfirma
120	320	HM, AÖ	nein	40/400 40/350	Abgabe an HKW	E-Filter	nein	nein
330	770	HM, SM, GM, IA, KH	ja	112-90/500	Abgabe an KW, HKW	E-Filter	ja	ja
355	1400	HM, SM, GM, KS (AÖ)	ja	100/500	KW	E-Filter	ja	nein
36	100	HM, GM, IA, KS, KR	ja	24/220 Sattdampf	KST	E-Filter	nein	nein
0—140	233	HM, SM, GM, KS, IA, AÖ	ja	39/410	HKW	E-Filter	ja	teilweise für Wegebau
323	980	HM, GM	nein	60/500	HKW	E-Filter	Abgabe an Fremdfirma	Abgabe an Fremdfirma
100	335	HM, SM, GM, AÖ	ja	14/196	Betriebsgebäude, HW, Freibad	E-Filter	ja	teilweise Abgabe an Fremdfirma
190 70	500 100	HM HM, SM, GM, IA, AÖ	nein ja	18/340	EW, HKW	E-Filter	ja	Abgabe an Fremdfirma
260	600	HM, SM	nein	41/410	EW, Abgabe an KW	E-Filter	Abgabe an Fremdfirma	Abgabe an Fremdfirma
260	600	HM, GM	—	30/240	KW	E-Filter Gaswäscher	—	Abgabe an Fremdfirma
70	200	HM, SM, GM	—	40/450	KW	E-Filter	ja	ja
23	70 (150 mit Komp.anlg.)	IA, GM, SM	ja	—	Komposttrocknung	E-Filter	nein	nein
90	300	H, SM, GM, IA, KS	ja	—	KST	E-Filter Gaswäscher	ja	z.Z. ohne
140	300	HM, SM, IA, GM, AÖ	ja	17/250	HKW, EW	E-Filter	ja	nein
115	350	HM, SM, GM, IA, KH	ja	42/450	KW	E-Filter	ja	Abgabe an Fremdfirma
65	180	HM, SM, IA, GM	ja	25/225 Sattdampf	z.Z. Dampf-kondensation	E-Filter	nein	nein
85	260	HM	nein	14/197 Sattdampf	HW	E-Filter Gaswäscher	Abgabe an Fremdfirma	Abgabe an Fremdfirma
102 ne KS	330	HM, KS, AÖ	ja	22,5/375	KST, EW, HW	E-Filter Gaswäscher	Abgabe an Fremdfirma	Abgabe an Fremdfirma
31	160	HM, GM, SM, IA	ja	20/380	KW, EW	E-Filter	nein	nein
130	360	HM, SM, GM, KH, IA, AÖ	ja	20/304	EW, HW	E-Filter	Abgabe an Fremdfirma	Abgabe an Fremdfirma

Standort	Inbetrieb-nahme[1]	Feuerungssystem	Hersteller Feuerung/Kessel	Verbren-nungsein-heiten[2]	Theoret. Kapazität je Einheit t/h	Betriebs-weise h/Woch
27 Ludwigshafen	1967	Vorschubrost	von Roll/Baumgarte	2	10	7 × 24
28 Mannheim	1965 E 1973	Wanderrost	KSG/EVI	2 1	12 20	7 × 24
29 Marktoberdorf	1974	Stufenschwenkrost u. Etagenofen f. KS	Dr. Pauli/—	1	2	5 × 24 1 × 8
30 München-Nord	1964 E 1966	Rückschubrost	Martin/Babcock	2 (1) 1	25 40	6 × 15 7 × 24
31 München-Süd	1970 E 1971	Rückschubrost	Martin/VKW-Babcock	1 1	40 40	6 × 24 7 × 24
32 Münster (Krs. Soltau)	1971	Stufenrost	Keller-Peukert/—	1	2	5 × 16
33 Neufahrn/Freising	1970 E 1978	Gegenschub-Umwälzrost Rückschubrost	Keller-Peukert Steinmüller/Wamser	1 1	3 3	7 × 24 7 × 24
34 Neunkirchen	1970 E 1977	Rückschubrost	Martin/Wamser	1 1	5 10	7 × 24
35 Neustadt/Holstein	1964	Kippstufenrost	Maschinenfabrik Esslingen/ME	1	4,5	5 × 24
36 Nürnberg	1968	Vorschubrost (Rückschubrost)	von Roll/MAN (Martin)	3 (1)	15 (20)	7 × 24
37 Oberhausen	1972	Walzenrost	VKW/Babcock	3 (1)	22	7 × 24
38 Offenbach	1970	Walzenrost	VKW/VKW	3	10	7 × 24
39 Pinneberg	1974	Vorschubrost	Claudius Peters/—	2	5	5 × 24
40 Rosenheim	1964 E 1970	Walzenrost	VKW/VKW	1 1	4,5 6	6 × 24
41 Solingen	1969	Vorschubrost	von Roll/MAN	2 (1)	10	7 × 24
42 Stuttgart	1965 E 1971	Rückschubrost Walzenrost	Martin—VKW/KSG VKW/KSG	2 1	20 20	7 × 24
43 Wuppertal	1976	Walzenrost	VKW/VKW	4 (1)	15	7 × 24
44 Zirndorf	1971 E 1977	Vorschubrost	von Roll/MAN	2	4	7 × 24

[1] E = Erweiterung
[2] Angaben in ( ) = geplanter Ausbau
[3] HM Hausmüll, SM Sperrmüll, IA Industrieabfälle, GM Gewerbemüll, AÖ Altöl, KS Klärschlamm, KR Kompostierungs-rückstände, KH Krankenhausabfälle
[4] KW Kraftwerk, HKW Heizkraftwerk, HW Heizwerk, EW Eigenstromerzeugung, KST Klärschlammtrocknung
Darstellung nach Barniske und Voßköhler [2.15]

Die Abfälle werden meist mittels Greiferkran aus dem Bunker in den Beschik-kungstrichter der Verbrennungsstrecke transportiert; für Sperrmüll ist eine separate Vorzerkleinerung vorzusehen.

(Wird der Verbrennung eine Sortieraufbereitung der Abfälle im Sinne des Eco-Fuel-II-Verfahrens [2.16] oder von Brennstoff-aus-Müll-(BRAM-)Konzepten vorgeschaltet, so können heizwertreichere Fraktionen bei höherer Temperatur vollständiger verbrannt werden. Eine Verstromung ist dann mit besserem Wirkungsgrad zu erreichen. 1 t unsortierte Abfälle mit einem Heizwert von 7500 kJ/kg

Jahresdurchsatz 1000 t	Angeschl. Einw. (1000 E)	Abfallarten[3]	Sperrmüllzerkleinerung	Dampfparameter atü/°C	Wärmenutzung[4]	Abgasreinigung	Eisenschrottauslese	Schlackenverwertung
85	250	HM, SM, GM	ja	42/420	HKW	E-Filter	Abgabe an Fremdfirma	Abgabe an Fremdfirma
150	330	HM, GM, SM, IA, AÖ	ja	120/500	HKW	E-Filter	Abgabe an Fremdfirma	Abgabe an Fremdfirma
8 ohne KS	42	HM, IA, KS, SM, GM	nein	–	KST	Gaswäscher	nein	nein
237	1485	HM, GM (u. Kohlenstaub)	geplant	205/540	HKW	E-Filter	ja	nein
229		HM, GM	nein	205/350	Speisewasservorwärmung für KW	E-Filter	ja	nein
5–6	30	HM, SM, GM	nein	–	ohne	Multizyklon	nein	nein
33	140	HM, SM, GM	nein	16/203 16/250	HW	E-Filter	nein	nein
120	280	HM, GM, AÖ, SM, IA	ja	20/180 Wasser 28/350	HW HKW	E-Filter	ja	nein
19	50	HM, GM	nein	Rekuperator	ohne	Zyklon	nein	nein
190	500	HM, GM, IA, SM, KH, (AÖ)	ja	80/450	Abgabe an HKW	E-Filter (Gaswäscher)	nein	nein
350	1200	HM, SM, GM	ja	64/480	Abgabe an KW	E-Filter	nein	Abgabe an Fremdfirma
180	530	HM, GM, SM, (IA)	ja	16/250	HW	E-Filter	nein	nein
49	130 (260 mit Komp.anlg.)	SM, GM, IA, KR	ja	–	–	E-Filter	ja	untergeordneter Wegebau
35	165	HM, SM, IA, GM	nein	16/200 Sattdampf 70/500	Abgabe an HKW	E-Filter	ja	nein
96	252	HM, SM, IA, GM, AÖ	ja	42/450	HKW	E-Filter	Abgabe an Fremdfirma	Abgabe an Fremdfirma
250	660	HM, SM, GM, KS, IA	ja	77/525	HKW	E-Filter	ja	Abgabe an Fremdfirma
250	550	HM, IA	ja	29/350	KW, EW	E-Filter Gaswäscher	Abgabe an Fremdfirma	Abgabe an Fremdfirma
50	160	HM, GM	nein	5/130 Heißwasser	HW	E-Filter Gaswäscher	ja	nein

liefern beispielsweise bei der Verstromung 320 kWh, was einem Wirkungsgrad von 15% entspricht. Beim Eco-Fuel-II-Verfahren werden dagegen aus 1 t Abfällen durch Zerkleinern, Sortieren und Verspröden 0,3 t Eco-Fuel-II-Brennstoff mit einem Heizwert von 18 000 kJ/kg gewonnen, der z.B. in Kohlenstaubfeuerungen verfeuert werden kann. Werden diese 0,3 t Eco-Fuel-II in einem modernen Großkraftwerk mit einem Wirkungsgrad von 38% verstromt, fallen etwa 570 kWh an. Setzt man davon den Energiebedarf von 60 kWh/t Müll für die Gewinnung von Eco-Fuel-II ab, so verbleiben 510 kWh. Der Wirkungsgrad der Verstromung von

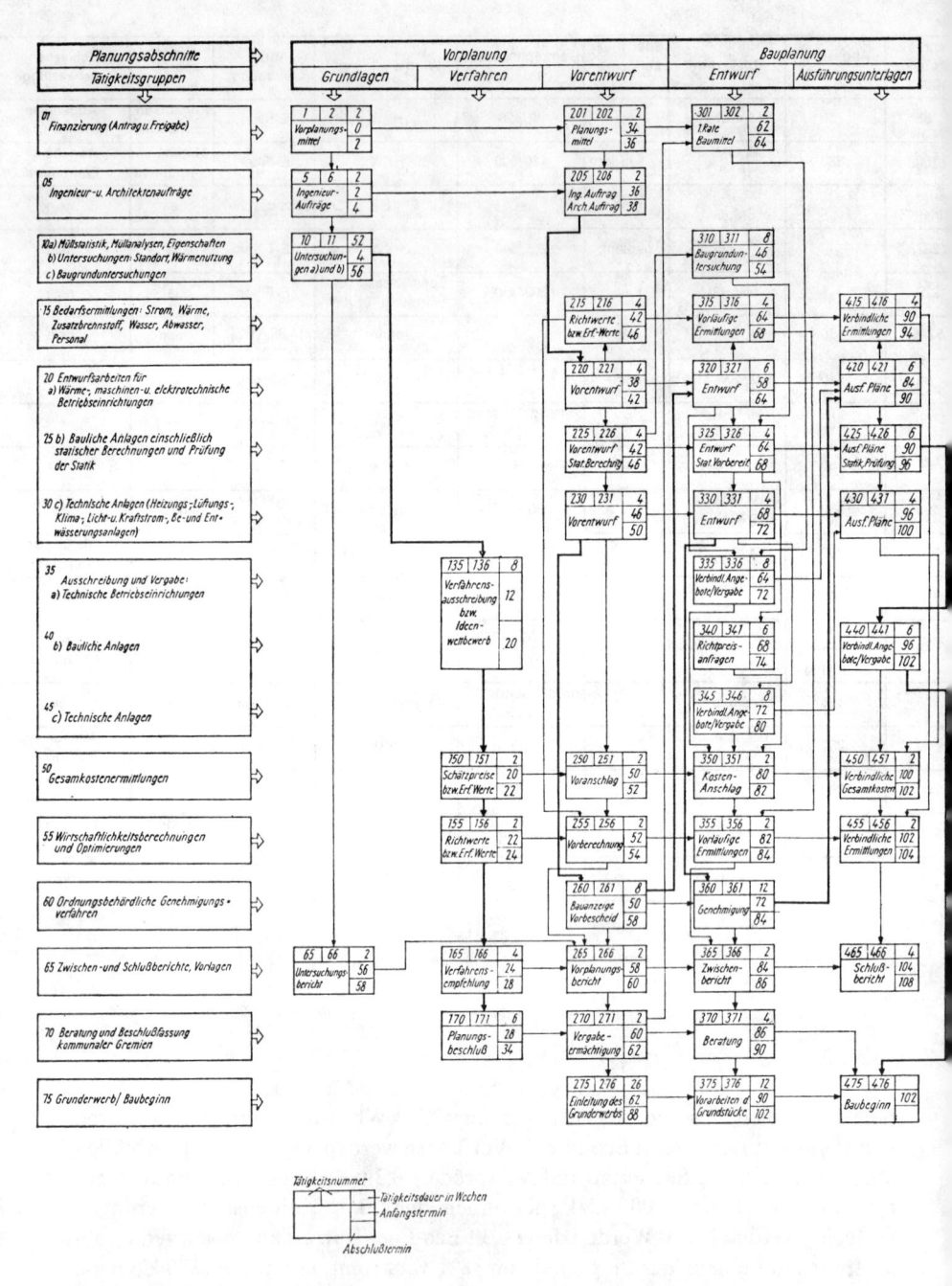

Bild 2.61   Ausführungsplanung für eine Abfallverbrennungsanlage mit Netzplan (Darstellung nach KUMPF, MAAS, STRAUB [2.4])

1 t Abfällen auf dem Umweg über Eco-Fuel II beträgt also 24% gegenüber 15% bei direkter Verbrennung.)

Um eine Geruchsbelästigung der Umgebung zu vermeiden, ist der Müllbunker mit Toren nach außen abgeschlossen. Die zur Verbrennung benötigte Luft wird aus dem Müllbunker abgesaugt, wodurch in ihm ein geringer Unterdruck und damit eine Luftströmung von außen nach innen erreicht wird (Unterdruckbelüftung).

Die Abfälle gelangen aus dem Beschickungstrichter über mechanisch oder hydraulisch angetriebene, stufenlos geregelte Plattenbänder, Stößel oder Vorroste dosiert in den *Feuerraum*. Dieser Feuerraum ist je nach gewähltem Verbrennungssystem und Gegen- oder Gleichstromführung von Abfällen und Rauchgasen unterschiedlich ausgeführt. Er ist so zu gestalten daß

☐ die Abfälle möglichst vollständig zu gut abziehbarer, verwertbarer oder deponierfähiger Asche bzw. Schlacke verbrennen;

☐ die Abgase ausgebrannt mit möglichst wenig Staub beladen und gut durchmischt den Feuerraum verlassen.

Tabelle 2.19 gibt eine Übersicht über häufig angewandte *Verbrennungssysteme* mit charakterisierenden Hinweisen.

Die festen Rückstände der Verbrennung, *Rostdurchfall, Rostabwurf, Flugstaub* aus den Kesselzügen und der Rauchgasentstaubung werden in erster Linie von der Zusammensetzung der Abfälle, aber auch vom Grad der Verbrennung und damit auch vom gewählten Verbrennungssystem bestimmt. Der Anteil der festen Rückstände liegt bei etwa 25 bis 40% der eingebrachten Abfallmasse. Die durch Verbrennung erreichte Volumenreduktion macht etwa 85 bis 90% aus.

Die *Austragseinrichtungen* für die Abfuhr der festen Verbrennungsrückstände Asche und Schlacke (Entaschungs- und Entschlackungssystem) sind so zu gestalten, daß Verstopfungen und Falschlufteinbrüche in das Luft-Rauchgas-System vermieden werden. Angepaßt an das gewählte Verbrennungssystem werden zur Entaschung und Entschlackung unterschiedliche Austragssysteme angewandt [2.4]. Der Rostdurchfall fällt aus dem Rostbereich unmittelbar in die Austragsvorrichtung, wird dort über Rutschen, Schnecken- oder Trogförderketten transportiert und mit dem Rostabwurf zusammen über Kratzerketten, Stößel oder Plattenbändern mit Wasser abgelöscht. (Die fühlbare Wärme von 1 t der zu löschenden Schlacke liegt bei etwa 630 000 bis 1 000 000 kJ. Wird mit Wasser mit einer nutzbaren Temperaturerhöhung von etwa 10 °C ohne Berücksichtigung einer Verdunstung gelöscht, so sind je t Schlacke etwa 15 bis 24 m^3 Wasser aufzuwenden. Das schwach basische Löschwasser darf dem Vorfluter mit maximal 30 °C zufließen. Bei atmosphärischer Verdunstungskühlung werden etwa 0,24 bis 0,4 m^3 mit 20 °C vorlaufendes Wasser benötigt.)

Die abgelöschte Rohschlacke wird meist im *Schlackenbunker* zwischengelagert, um aus ihm mit dem Schlackenkran zur Schlackenaufbereitung durch Zerkleinern, Sortieren usw. bzw. zum Abtransport in Güterwagen oder Lkw gefördert zu werden.

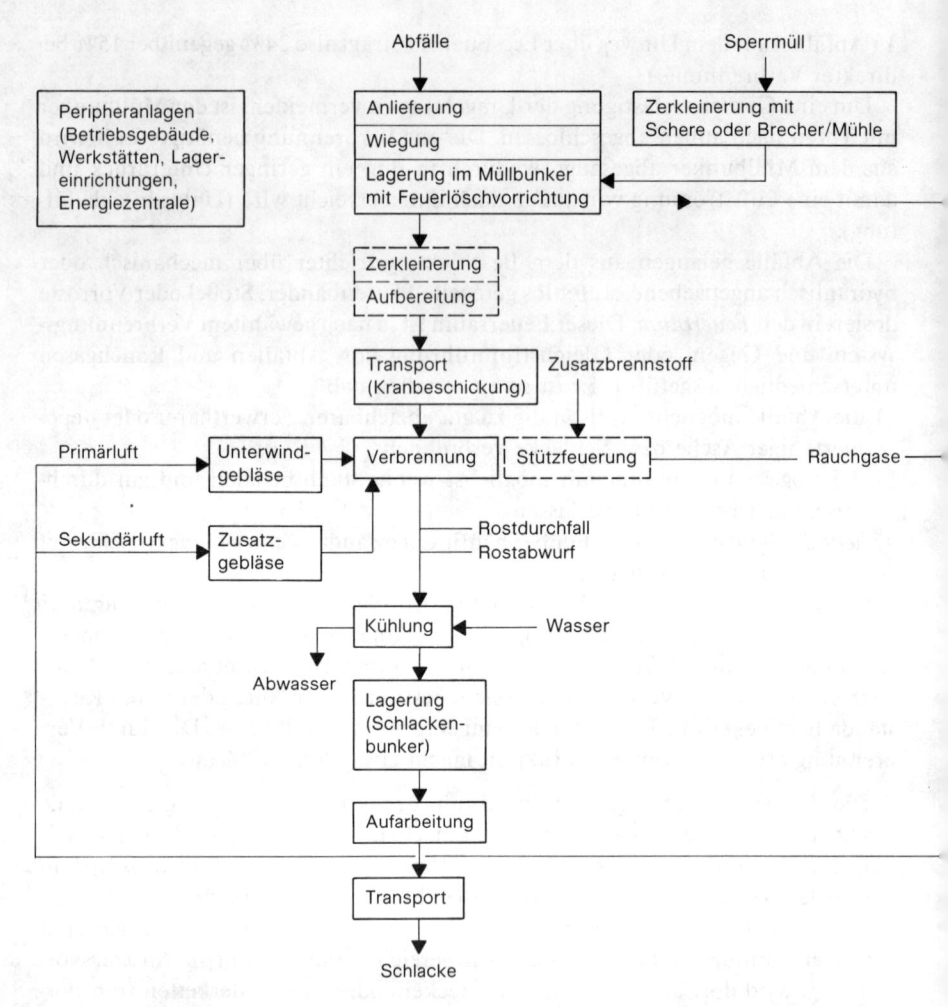

Bild 2.62 Übersichtsblockdiagramm einer Abfallverbrennungsanlage mit Wärmenutzung zur Stromerzeugung und Rauchgasreinigung

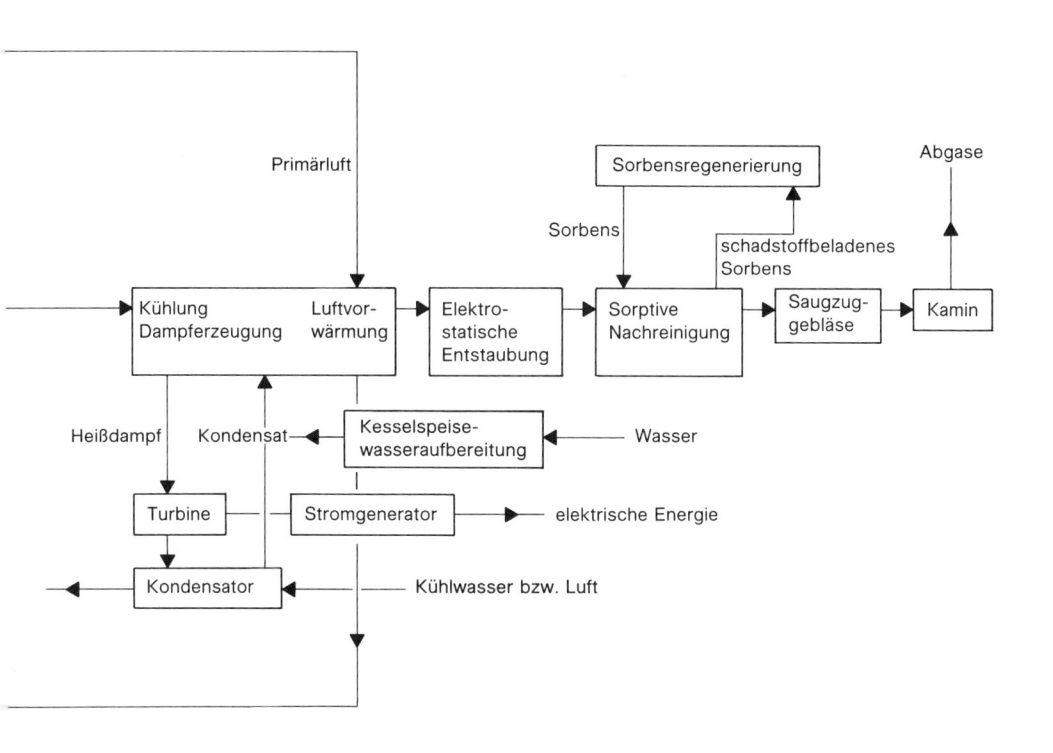

```
                                                              Abgase
                            Primärluft      Sorbensregenerierung  ↑
                                                    ↑
                                   Sorbens│  schadstoffbeladenes
                                          │  Sorbens
   Kühlung        Luftvor-   Elektro-     Sorptive      Saugzug-
   Dampferzeugung wärmung    statische    Nachreinigung gebläse   Kamin
                             Entstaubung

   Heißdampf  Kondensat   Kesselspeise-        Wasser
                          wasseraufbereitung

   Turbine    Stromgenerator  →  elektrische Energie

   Kondensator  ←  Kühlwasser bzw. Luft
```

9 Umweltschutz – Entsorgungstechnik   129

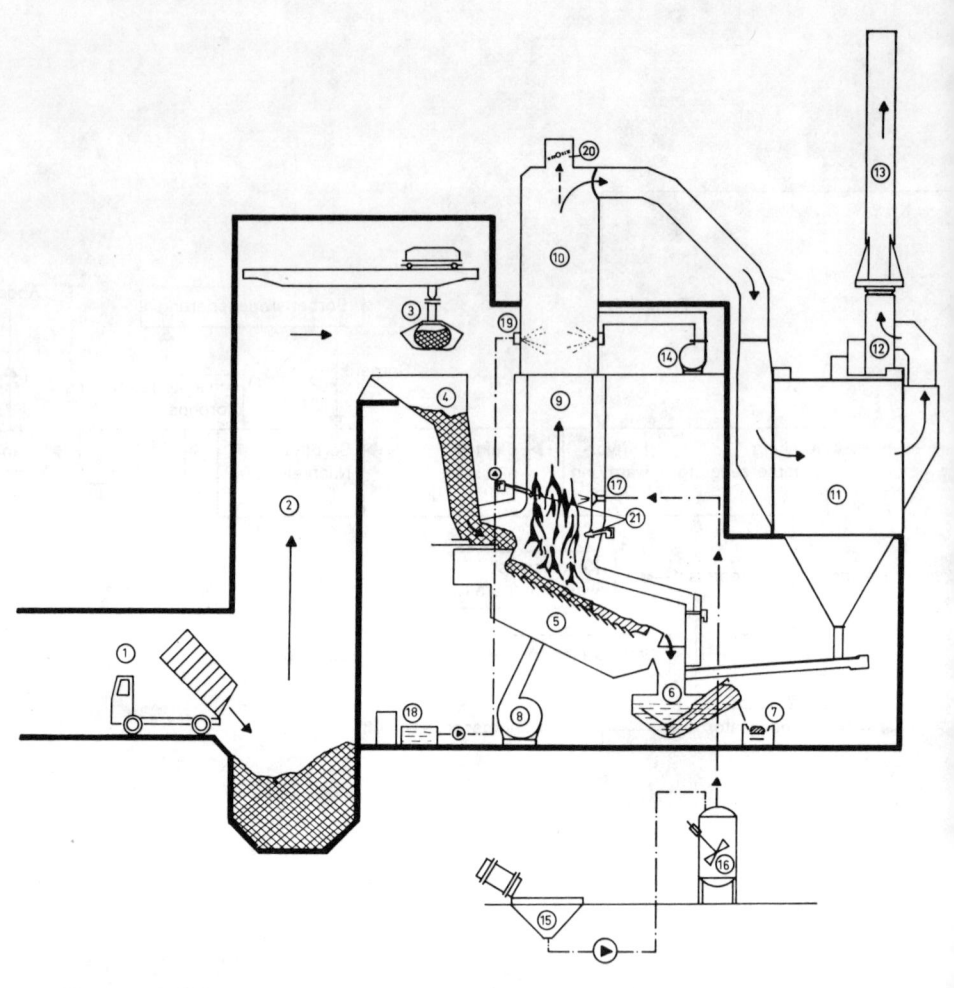

Bild 2.63 Abfallverbrennungsanlage ohne Wärmenutzung (Darstellung nach Unterlagen der Fa. J. Martin, Feuerungsbau GmbH, München)

 1 Müllentladehalle
 2 Müllbunker
 3 Müllgreifer
 4 Beschicktrichter
 5 Martin-Rückschubrost
 6 Martin-Entschlacker
 7 Schlackenförderband
 8 Unterwindgebläse
 9 Brennkammer
10 Verdampfungskühler
11 Elektrofilter
12 Saugzuggebläse
13 Blechkamin
14 Luftkühlgebläse
15 Altöleinfülltrichter
16 Rührwerksbehälter
17 Altölbrenner
18 Kühlwasserpumpstation
19 Kühlwassereindüsung
20 Notaustritt
21 Sekundärluftdüsen

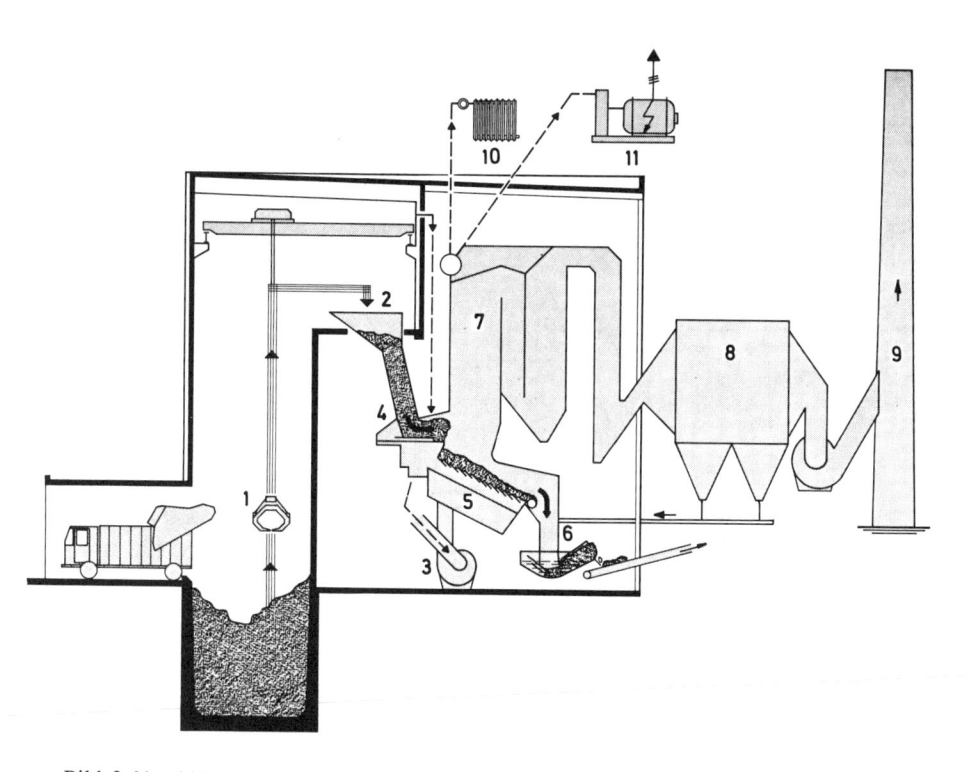

Bild 2.64 Abfallverbrennungsanlage mit Wärmenutzung (Darstellung nach Unterlagen der Fa. J. Martin Feuerungsbau GmbH, München)
1 Müllbunker mit Greiferkran
2 Beschickungstrichter
3 Verbrennungsluftgebläse
4 Beschickeinrichtung
5 Martin-Rückschubrost
6 Entschlacker
7 Abhitzekessel
8 Elektrostatische Entstaubung
9 Rauchgaskamin
10 Abwärmenutzung
11 Generator

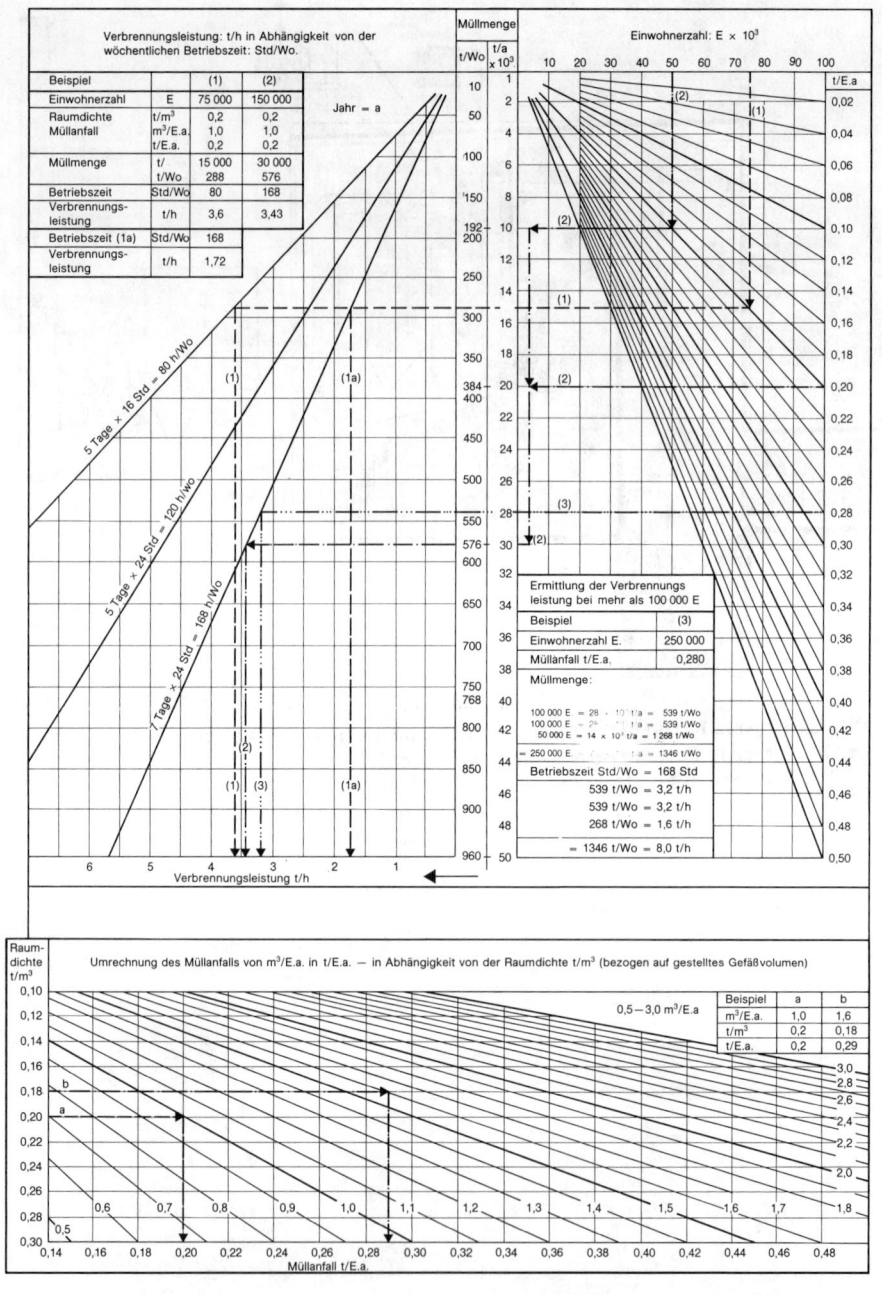

Bild 2.65 Nomogramm zur Bestimmung der stündlichen Verbrennungsleistung (Darstellung nach Kumpf, Maas, Straub [2.4])

Tabelle 2.19 Zur Verbrennung von Abfällen eingesetzte Verbrennungssysteme
[2.4], [2.8], [2.9], [2.17], [2.18]

Rostsysteme
geeignet zur Verbrennung fester, nicht teigig werdender Abfälle. Verbrennungsleistung bis etwa 50 t/h und mehr
- Nicht selbstschürende Roste (Rostbelastung bis etwa 1,9 GJ/m^{2}h)
feststehend: Planrost, Schrägrost, Treppenrost, Trogrost
bewegt: Wanderrost, drehende Rostbalken
Schürung durch mehrere bewegte Roste: Wanderroste (Stufenrost), Walzenrost
- Schürroste (Rostbelastung bis etwa 2,7 bis 3,6 GJ/m$^2 \cdot$ h)
Vorschubrost, Rückschubrost, Umwälzkipprost, Schüttelrost, Drehrost, Ringstoker, Korbrost

Rostlose Systeme
- *Drehrohrfeuerung*, geeignet für Flüssigkeiten, Schlämme, Pasten oder feste Abfälle mit niedrigem Aschenerweichungspunkt (z.B. Altöle, Raffinerieschlämme). Verbrennungsleistung bis etwa 10 t/h. Mittlere Verweilzeit bis etwa 1 h. Trommeldurchmesser bis ca. 4 m; Trommellänge bis ca. 15 m. Gleich- oder Gegenstromführung von Abfällen und Rauchgasen

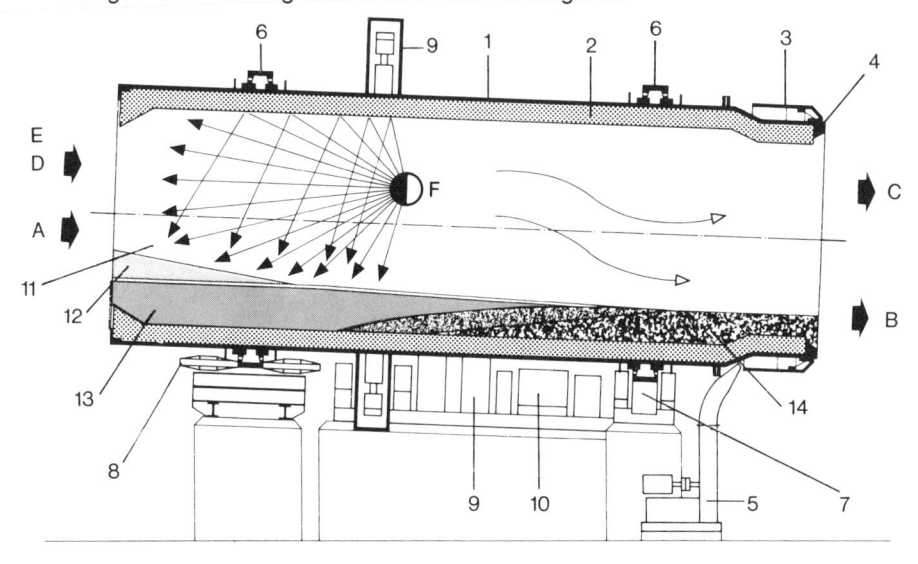

Schema eines Drehrohrofens[1]	1 Drehrohrmantel	8 Ofenlängsführung
A Abfälle/Aufgabe	2 Feuerfeste Auskleidung	9 Zahnkreuz
B Asche/Schlacke/Austrag	3 Auslaufschuß	10 Regelbarer Antrieb
C Rauchgase	4 Abschlußsegmente	11 Wasserdampfzone
D Zusatzbrennstoff	5 Kühlluftventilator	12 Abfälle
E Verbrennungsluft	6 Laufringe	13 Brennbares
F Wärmestrahlung	7 Laufrolle	14 Asche/Schlacke

☐ *Drehetagenfeuerung*, geeignet für feste Abfälle zusammen mit Klärschlämmen oder für vorentwässerte Klär- und Industrieschlämme oder Pasten allein. (Der Etagenofen kann auch als Vorwärm- und Trocknungszone bei der Verbrennung von Schlämmen einem Wirbelschichtofen vorgeschaltet werden). Verbrennungsleistung bis etwa 10 t/h.

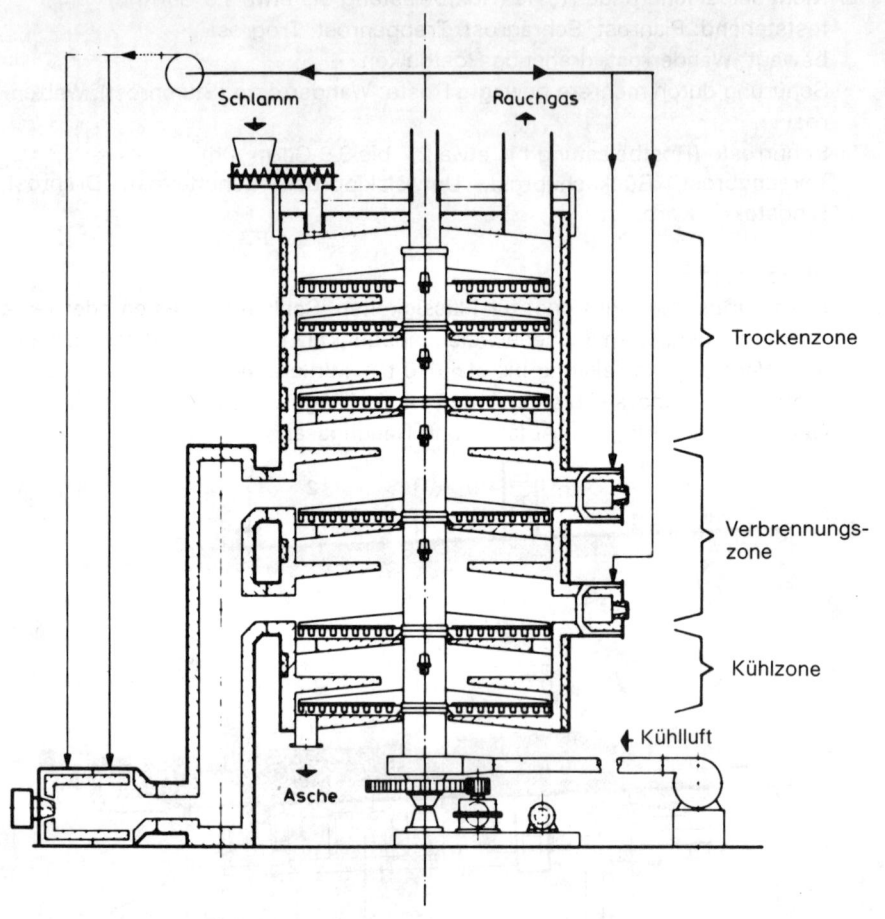

Schema eines Etagenofens mit Zusatzheizung[2]

☐ *Wirbelschichtfeuerung,* geeignet für feste rieselfähige Abfälle ohne verteigende Verbrennungsrückstände, für vorgetrocknete Klär- und Industrieschlämme mit Hilfswirbelbett aus Quarzsand. Vorteile: hohe Turbulenz im Feuerraum, große Brennmaterialoberfläche, große Wärmekapazität, guter Wärmeausgleich.

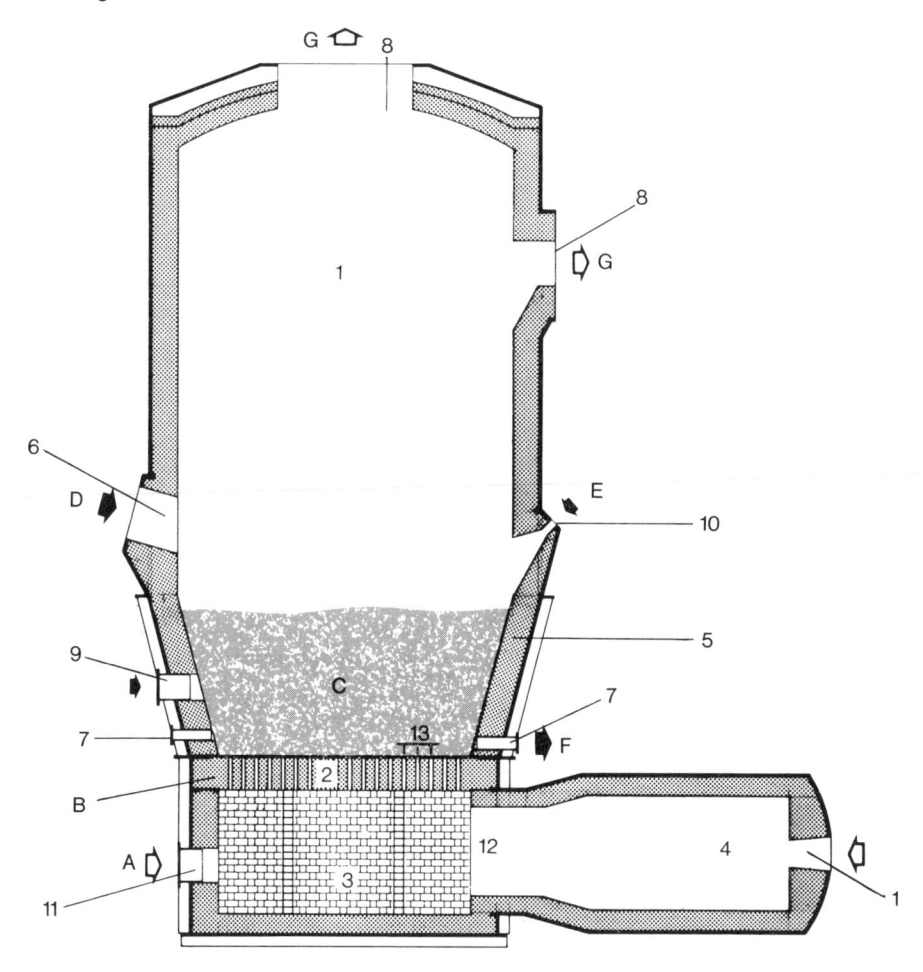

Schema eines Wirbelschichtofens[1]

A Verbrennungsluft	1 Ofenschacht	8 Abgasstutzen
B Düsen	2 Rost/Anströmboden	9 Eintragsvorrichtung für
C Wirbelschicht	3 Windkasten	Zusatzbrennstoff
D Abfälle/Verbrennungs-	4 Feuerungseinrichtung	10 Stützbrenner
gut	5 Feuerfeste Auskleidung	11 Verbrennungsluft-
E Zusatzbrennstoff	6 Verbrennungsgut-/	eintritt
F Asche	Sandbett-Einfüllstutzen	12 Heißgaseintritt
G Rauchgase	7 Ascheaustrag	13 Luftdüsen

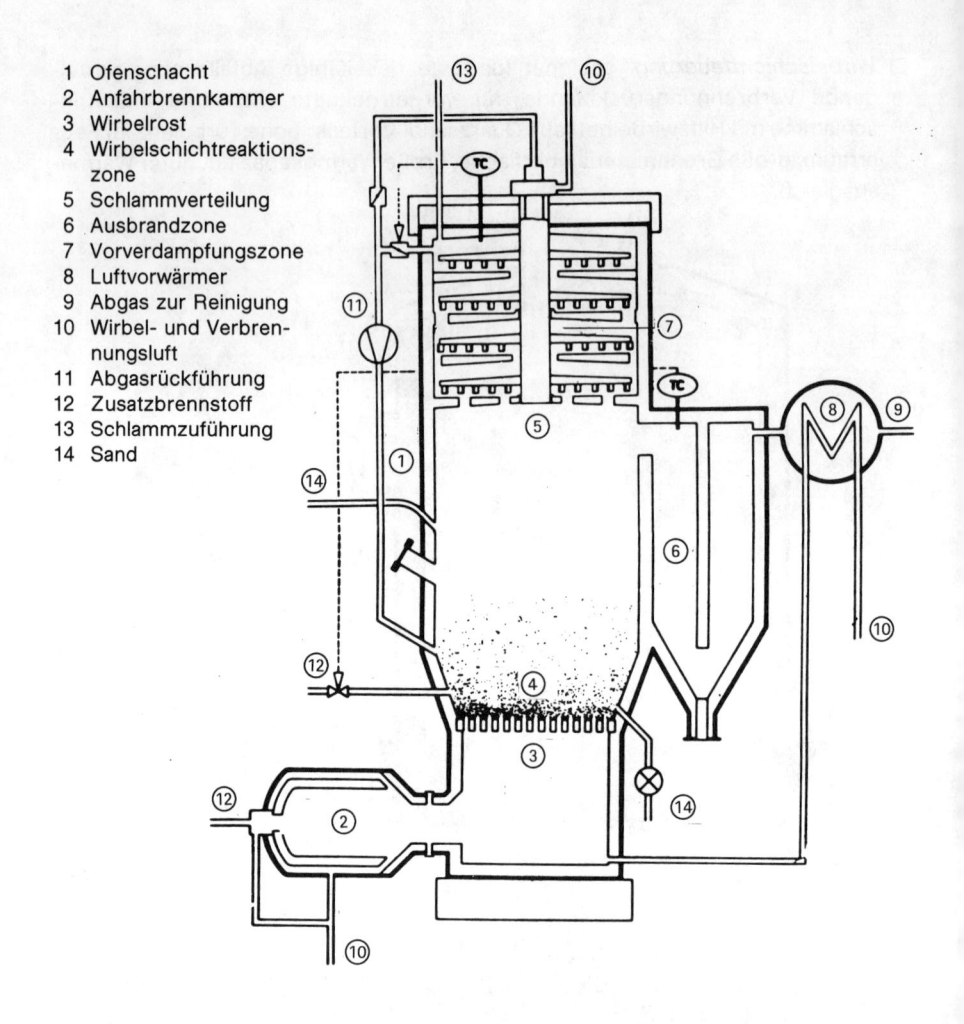

1 Ofenschacht
2 Anfahrbrennkammer
3 Wirbelrost
4 Wirbelschichtreaktionszone
5 Schlammverteilung
6 Ausbrandzone
7 Vorverdampfungszone
8 Luftvorwärmer
9 Abgas zur Reinigung
10 Wirbel- und Verbrennungsluft
11 Abgasrückführung
12 Zusatzbrennstoff
13 Schlammzuführung
14 Sand

Schema einer Kombination von Etagenofen und Wirbelschichtofen zur Klärschlammverbrennung[2]

☐ *Kaskadenfließbettfeuerung* zur Verbrennung von Industrie- und Klärschlämmen mit evtl. Sondermüllzuschlägen. Vortrocknung in vertikalem Sprühturm, Verbrennung in schwach geneigter Feuerkammer mit Flachgewölbe und Kaskadenfließbett.

☐ *Spezielle Brennkammern* für zerstäubbare, flüssige und pastöse Abfälle

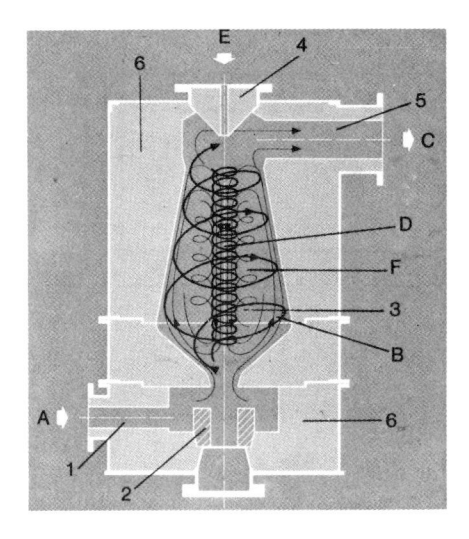

Turbulator[1]: Hochleistungsbrennkammer für zerstäubbare Abfälle
A Heißgase
B Spiralförmige Hauptströmung
C Abgase
D Rückströmung
E Abfälle
F Turbulenzzone
1 Heißgas-Eintrittstutzen
2 Drallkammer mit Drallkörper
3 Reaktionsraum
4 Gasaustrittstutzen
5 Feuerfeste Ausmauerung
6 Stahlmantel

Flammenverdampfungsbrenner[3] System BASF: Mehrstoffbrenner zur Verbrennung flüssiger Rückstände

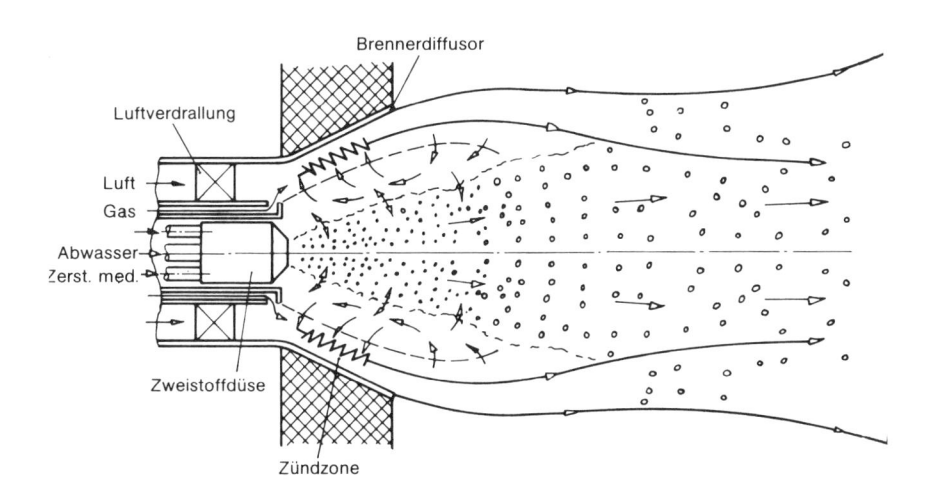

Brennkammer[2] (Lurgi) zur Verbrennung flüssiger Rückstände und Abgase mit Zusatzbrennstoff

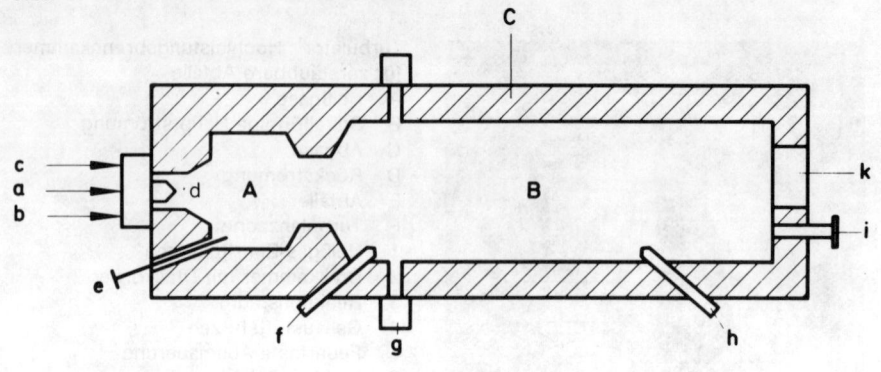

A Flammenraum
B Reaktionsraum
C thermische Isolation

a Brennstoff
b Verbrennungsluft für Brennstoff
c Verdüsungsmedium (Dampf oder Preßluft)
d Brenner
e Lanze zum Eindüsen gasförmiger oder flüssiger Rückstände (wahlweise)
f Lanze zum Eindüsen wäßriger Rückstände
g Verbrennungsluft für Rückstände
h Quenchdüse (wahlweise)
i Schauglas
k Rauchgasaustritt

[1] Darstellung nach Unterlagen der Fa. Imperial-Krauss-Maffei Industrieanlagen GmbH, München
[2] Darstellung nach Unterlagen der Fa. Lurgi Umwelt und Chemotechnik GmbH, Frankfurt/Main
[3] Darstellung nach Unterlagen der Fa. Steinmüller GmbH, Gummersbach

Die Flugaschen aus den Kesselzügen und den Elektrofiltern der Rauchgasentstaubung werden über ein System von Pendelklappen oder Zellrädern mit Förderschnecken oder Trogkettenförderer ausgetragen.

Die zur Verbrennung benötigte Luft wird mit *Unterwindgebläsen* als Primärluft im Verhältnis von etwa 5 bis 8 t Luft je t Abfälle mit Luftüberschußzahlen von etwa 1,5 bis 2,5 in den Feuerraum geblasen. Zur Erhöhung der Turbulenz im Feuerraum kann zusätzlich mit separaten Gebläsen noch Sekundärluft zugeführt werden. Die Führung der Verbrennungsluft relativ zu den Abfällen und ihre Verteilung im Feuerraum beeinflussen dabei entscheidend den Grad des Ausbrands.

Bei der Verbrennung fallen ca. 4000 bis 5000 m^3 Rauchgase pro t eingesetzte Abfälle mit Temperaturen um 1000 °C an, die vor Eintritt in den elektrostatischen Entstauber als erste Stufe der *Rauchgasreinigung* auf weniger als 350 °C abzukühlen sind. Die bei dieser Abkühlung von 1000 auf 350 °C und bei weiterer Temperaturabsenkung auf etwa 250 °C freigesetzte Wärme kann zur Erzeugung von Heißwasser, hochgespanntem Dampf für Fernheizzwecke oder zur Verstromung und/oder zur Vorwärmung der Verbrennungsluft in Verbrennungsanlagen mit Wärmenutzung rekuperiert werden. Die Abkühlung kann durch
□ Zumischen von Kaltluft zu den Rauchgasen,
□ direktes Eindüsen von Wasser in den Rauchgasstrom,
□ indirekten Wärmeaustausch der Rauchgase mit Wasser zur Heißwasser- oder Dampferzeugung (Ekonomiser),
□ indirekten Wärmeaustausch der Rauchgase mit Luft zur Verbrennungsluftvorwärmung (Rekuperator)
vorgenommen werden. (Geht man von einer mittleren spezifischen Wärme der Rauchgase von etwa 1,34 kJ/(m^3 · K) aus, entsteht je t Abfälle bei der Rauchgaskühlung von 1000 auf 350 °C eine nutzbare Wärme von etwa 3,5 bis 4,4 Mio. kJ. Mit dieser Nutzwärme können beispielsweise etwa 1,5 bis 2 t Dampf erzeugt werden.)

Bei Müllverbrennungsanlagen, in denen die Verbrennungs- und Rauchgaswärme zur Erzeugung elektrischer Energie genutzt wird, fällt im *Dampferzeugungsteil* der Anlage hochgespannter Heißdampf an. Dieser Heißdampf entspannt in einer mit dem Stromgenerator gekoppelten Turbine, kondensiert in wasser- oder luftgekühlten Kondensatoren und läuft im geschlossenen Kreislauf als Kondensat dem Dampferzeuger wieder zu. Das Kesselspeisewasser dieses Dampf-Kondensat-Kreislaufs wird in einer separaten Aufbereitungsstation gewonnen.

Der Wirkungsgrad für die Verstromung liegt in Verbrennungsanlagen für unsortierten Hausmüll bei etwa 15%.

Die gekühlten Rauchgase werden in einer nachgeschalteten *Rauchgasreinigungsanlage* auf gemäß der TA Luft zulässige Grenzwerte ihrer Schadstoffkomponenten gereinigt: in einer elektrostatischen Entstaubungsstufe wird der größte Teil des Flugstaubs der Rauchgase festgehalten, nachgeschaltete Ab- oder Adsorber sorgen für Feinentstaubung und Reduktion der Anteile der Schadgase Schwefeldioxid, Stickoxide, Chlorwasserstoff usw. Bei der absorptiven «nassen» Gasrei-

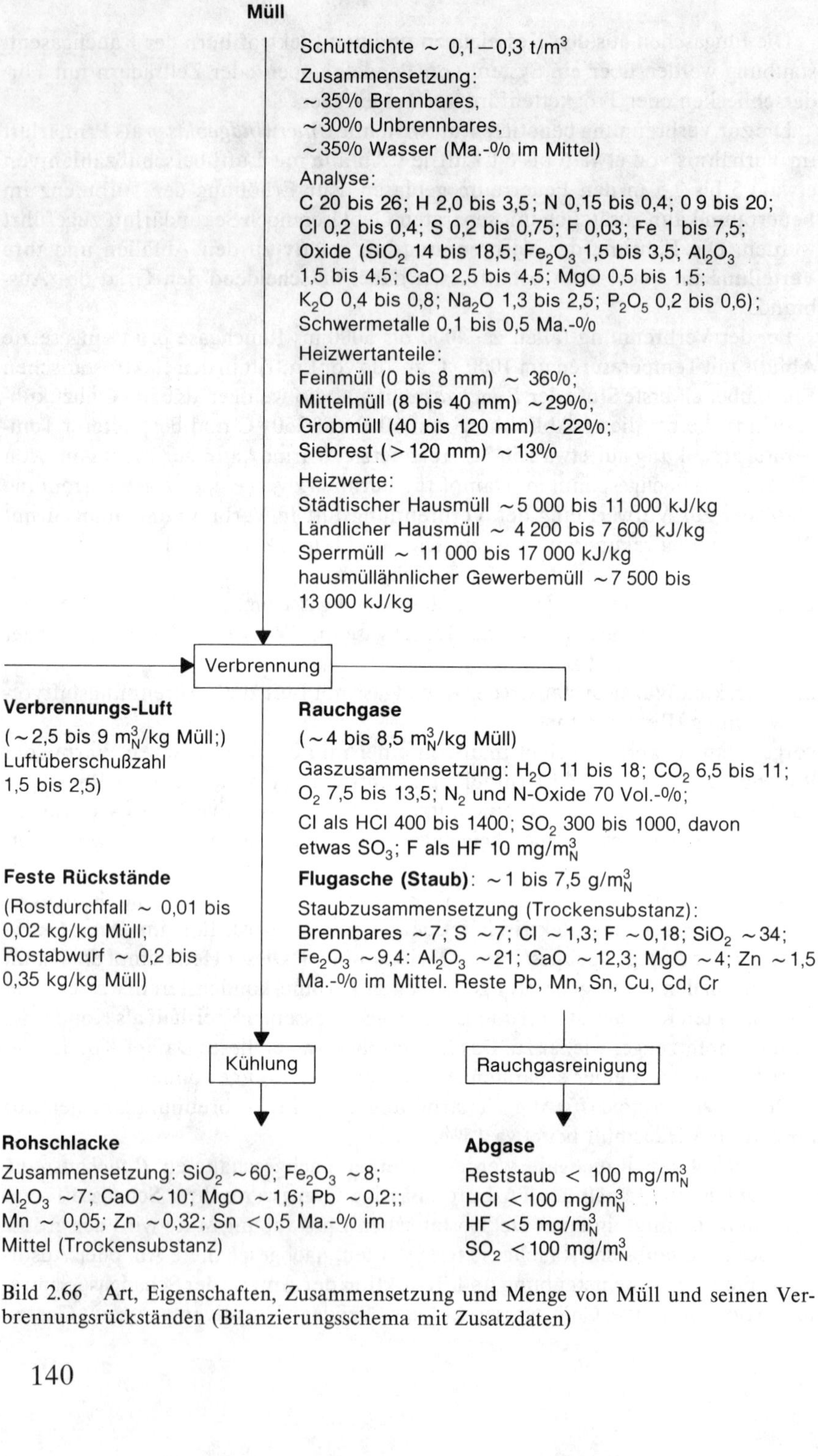

Müll

Schüttdichte ~ 0,1–0,3 t/m³
Zusammensetzung:
~35% Brennbares,
~30% Unbrennbares,
~35% Wasser (Ma.-% im Mittel)
Analyse:
C 20 bis 26; H 2,0 bis 3,5; N 0,15 bis 0,4; 0 9 bis 20;
Cl 0,2 bis 0,4; S 0,2 bis 0,75; F 0,03; Fe 1 bis 7,5;
Oxide (SiO_2 14 bis 18,5; Fe_2O_3 1,5 bis 3,5; Al_2O_3
1,5 bis 4,5; CaO 2,5 bis 4,5; MgO 0,5 bis 1,5;
K_2O 0,4 bis 0,8; Na_2O 1,3 bis 2,5; P_2O_5 0,2 bis 0,6);
Schwermetalle 0,1 bis 0,5 Ma.-%
Heizwertanteile:
Feinmüll (0 bis 8 mm) ~36%;
Mittelmüll (8 bis 40 mm) ~29%;
Grobmüll (40 bis 120 mm) ~22%;
Siebrest (>120 mm) ~13%
Heizwerte:
Städtischer Hausmüll ~5 000 bis 11 000 kJ/kg
Ländlicher Hausmüll 4 200 bis 7 600 kJ/kg
Sperrmüll ~ 11 000 bis 17 000 kJ/kg
hausmüllähnlicher Gewerbemüll ~7 500 bis
13 000 kJ/kg

→ **Verbrennung**

Verbrennungs-Luft
(~2,5 bis 9 m_N^3/kg Müll;)
Luftüberschußzahl
1,5 bis 2,5)

Rauchgase
(~4 bis 8,5 m_N^3/kg Müll)
Gaszusammensetzung: H_2O 11 bis 18; CO_2 6,5 bis 11;
O_2 7,5 bis 13,5; N_2 und N-Oxide 70 Vol.-%;
Cl als HCl 400 bis 1400; SO_2 300 bis 1000, davon
etwas SO_3; F als HF 10 mg/m_N^3

Feste Rückstände
(Rostdurchfall ~ 0,01 bis
0,02 kg/kg Müll;
Rostabwurf ~ 0,2 bis
0,35 kg/kg Müll)

Flugasche (Staub): ~1 bis 7,5 g/m_N^3
Staubzusammensetzung (Trockensubstanz):
Brennbares ~7; S ~7; Cl ~1,3; F ~0,18; SiO_2 ~34;
Fe_2O_3 ~9,4; Al_2O_3 ~21; CaO ~12,3; MgO ~4; Zn ~1,5
Ma.-% im Mittel. Reste Pb, Mn, Sn, Cu, Cd, Cr

↓ **Kühlung** ↓ **Rauchgasreinigung**

Rohschlacke
Zusammensetzung: SiO_2 ~60; Fe_2O_3 ~8;
Al_2O_3 ~7; CaO ~10; MgO ~1,6; Pb ~0,2;;
Mn ~ 0,05; Zn ~0,32; Sn <0,5 Ma.-% im
Mittel (Trockensubstanz)

Abgase
Reststaub < 100 mg/m_N^3
HCl <100 mg/m_N^3
HF <5 mg/m_N^3
SO_2 <100 mg/m_N^3

Bild 2.66 Art, Eigenschaften, Zusammensetzung und Menge von Müll und seinen Verbrennungsrückständen (Bilanzierungsschema mit Zusatzdaten)

nigung werden dabei die Feinststäube mit flüssigen Lösungsmitteln wie beispielsweise Wasser in Kolonnenabsorbern oder speziellen Wäschern ausgewaschen und die Schadgase partiell herausgelöst. Bei der adsorptiven «trockenen» Gasreinigung nehmen meist in Behälteradsorbern vorgelegte feste Adsorbentien wie Aktivkoks, gebrannter Kalk (CaO) physi- oder chemisorptiv die Schadgase teilweise auf. Sowohl bei der absorptiven wie auch der adsorptiven Rauchgasreinigung ist eine Aufbereitung der mit Schadstoffen beladenen Sorbentien vorzusehen (siehe auch Kapitel 4).

Die entstaubten und sorptiv gereinigten Rauchgase verlassen, gefördert von *Saugzuggebläsen,* über definierte Rauchgaskanäle und einen *Kamin* die Verbrennungsanlage.

Zur Verdeutlichung von Art und Menge der bei einer Verbrennung von Hausmüll erhaltenen Verbrennungsrückstände und der zu ihrer Behandlung benötigten Hilfsstoffe gibt *Bild 2.66* einige Anhaltswerte.

Bild 2.67 veranschaulicht die Massen- und Wärmeströme für eine Abfallverbrennungsanlage mit einem Durchsatz von 10,18 t Müll/h [2.19, Bd. 2].

Tabelle 2.20 gibt eine Übersicht über verschiedene Verbrennungssysteme zur Behandlung von Schlämmen.

Bild 2.68 zeigt schematisch die Aufbereitung von Klärschlamm und seine Verbrennung zusammen mit Müll am Beispiel einer Müll-/Klärschlammverbrennungsanlage.

Bild 2.69 verdeutlicht als schematisches Fließbild die Verbrennung fester, flüssiger und gasförmiger Industrierückstände mit Wärmenutzung und Rauchgasreinigung.

Bild 2.70 zeigt schematisch die Verbrennung von Raffinerieschlämmen in der Wirbelschicht mit Wärmenutzung und das zugehörige Wärmestrombild.

(Über Wirtschaftlichkeitsrechnungen bei Abfallverbrennungsanlagen wird in [2.4] berichtet. Die Kosten (Betriebskosten und Investitionen, Stand 1976) für die Verbrennung von Hausmüll liegen bei etwa

☐ 45 bis 50 DM/t Müll bei kleineren Anlagen bis 50 000 jato Mülldurchsatz,
☐ 35 bis 40 DM/t Müll bei mittleren Anlagen zwischen 50 000 und 150 000 jato,
☐ 20 bis 30 DM/t Müll bei größeren Anlagen mit mehr als 150 000 jato Mülldurchsatz,

wenn man die Kosten für eine Rauchgaswäsche mit einbezieht und Gutschriften für eine Wärmenutzung absetzt.)

Moderne Abfallverbrennungsanlagen sollten so geplant und betrieben werden, daß bei hohem Verfügbarkeitsgrad, gleichmäßiger Auslastung, hoher Betriebssicherheit wirtschaftlich optimal und umweltfreundlich ohne Geräusch- und Geruchsbelästigung, ohne unzulässige Emission von Schadgasen und Feinstaub und ohne unzulässige Beeinträchtigung des Wassers durch Verbrennungsrückstände und Rauchgaswäsche Abfälle möglichst großer Erfassungsräume beseitigt werden, und dies idealerweise im Verbund mit Kraftwerken und Deponien.

Massenströme (kg/h)

Schlacke 3326
- Wasser: 641
- Asche: 2605
- Brennbar: 80

Kühlwasser: 412

Rauchgas:
- H_2O 7 316
- O_2 11 523
- CO_2 7 473
- N_2 61 320
} 87 632

Kühlwasser: 1053

Verbrennungsluft:
- O_2 18 606
- N_2 61 238
- H_2O 293
} 80 137

Müll 10 180
- Asche: 2605
  - C 2078
- Brennbar: 4165
  - H_2 412
  - O_2 1591
  - N_2 84
- Wasser: 3410

Energie- bzw. Wärmeströme (%)

Stromprod. netto 17

Abwärme + mechanische Verluste Turbine-Generator 48,2

Eigenstrombedarf 2

Stromprod. brutto 19

Kondensat Turbine 14,1

Dampfbedarf UW-Vorwärmung 4,2

Dampf 85,5

Abwärme Rauchgas 27,7

Abwärme Schlacke 3,1

Abwärme Ofen 2

Verbrennungsluft (OW) 0,9

Eigenstrombedarf 2

Verbrennungsluft (UW) 3,4

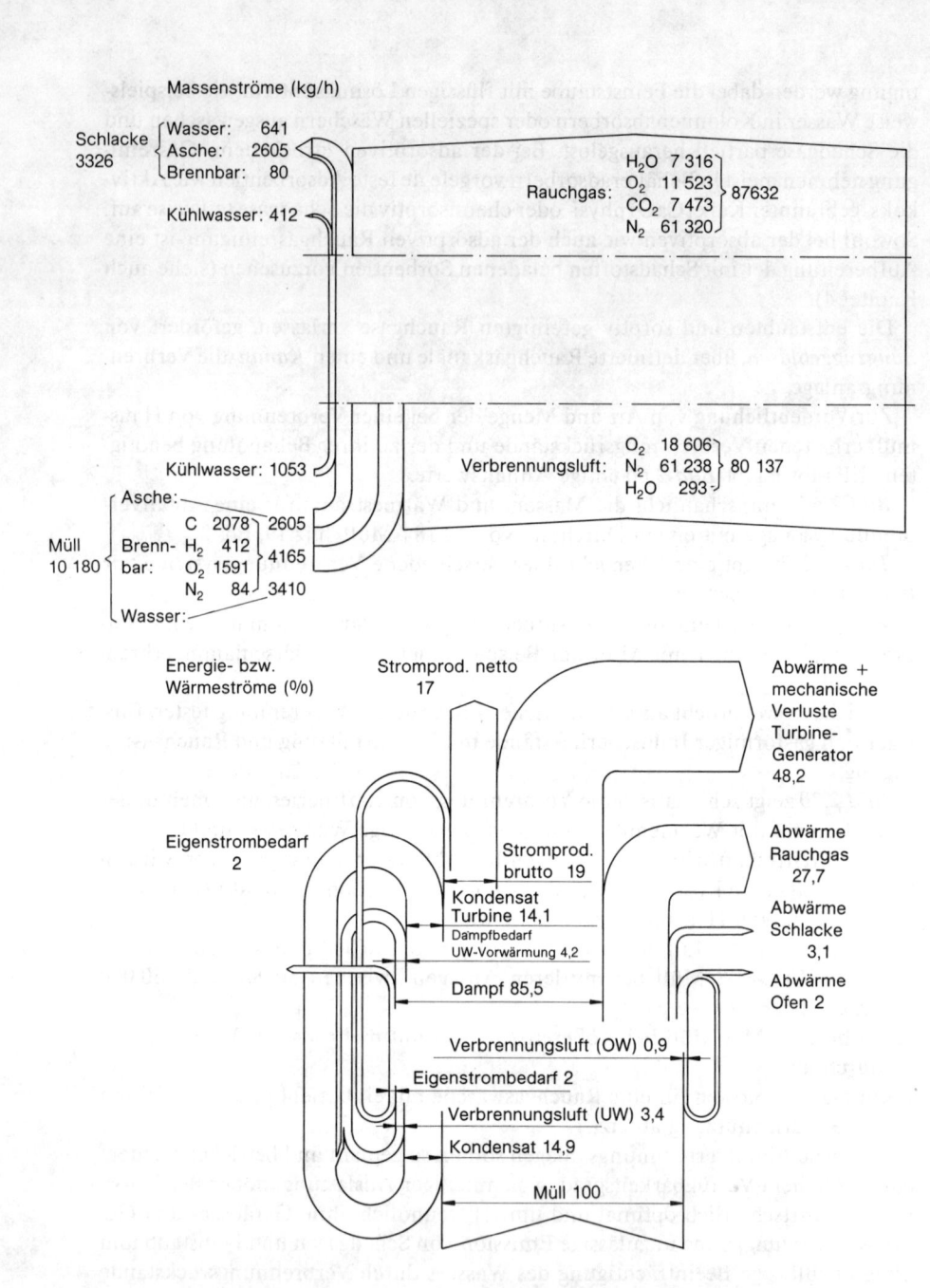

Kondensat 14,9

Müll 100

Bild 2.67 Massen- und Wärme- bzw. Energiestrombild einer Müllverbrennungsanlage für einen Mülldurchsatz von ca. 10 t/h und Stromgewinnung (Darstellung nach THOMÉ-KOZMIENSKY und WIDMER [2.19])

Tabelle 2.20 Verbrennungssysteme für Schlämme, Darstellung nach Unterlagen der Fa. Lurgi Umwelt- und Chemotechnik GmbH, Frankfurt/Main

Schlammart	Ofentyp	Etagenofen ohne Abgasnachverbren.	Etagenofen mit Abgasnachverbren.	Etagenwirbler	Wirbelschichtofen
	Luftüberschußzahl	1,4 bis 1,6	1,4 bis 1,6	1,25	1,4 bis 2*
	Investitions-Kostenrelation	130%	160%**	120%**	100%**
	Betriebs-Kostenrelation	100%	125%**	100%**	125%**
	Ascheaustrag Ofen/Abgas	80/20%	70/30%	0/100%	0/100%
	Ofenleistg. je Einheit bezogen auf H_2O min./max. (t/h)	1,0 bis 12	1,0 bis 12	2,0 bis 16	1,0 bis 12
	Schlammkonditionierung				
Primär- und biologische Schlämme aus Chemieabwasser und Kommunalabwasser	Asche + Kalk + Fe	+	+	+	−
	Kalk + Fe			+	−
	Polymer			+	+ Δ
Rechengut und Sandfanggut		−	+	+	+ Δ
ölhaltige Schlämme aus Raffinerieabwasser	−	−	−	−	+
	Polymer	−	−	−	+
Schlämme aus Papier- und Zellstoffabwasser	Polymer	+	+	+	−
öl- und salzhaltige Schlämme, Laugen und Abfallsäuren		−	−	−	+
Altöle, Abfall-Lösemittel, Ölemulsionen		−	−	+	+

* die Luftüberschußzahl resultiert hier aus der Wirbelgeschwindigkeit/H_2O-Verdampfung
** einschl. Wärmetauscher zur Verbrennungsluftvorwärmung
Δ nur bei geringer spezifischer Leistung einsetzbar

144

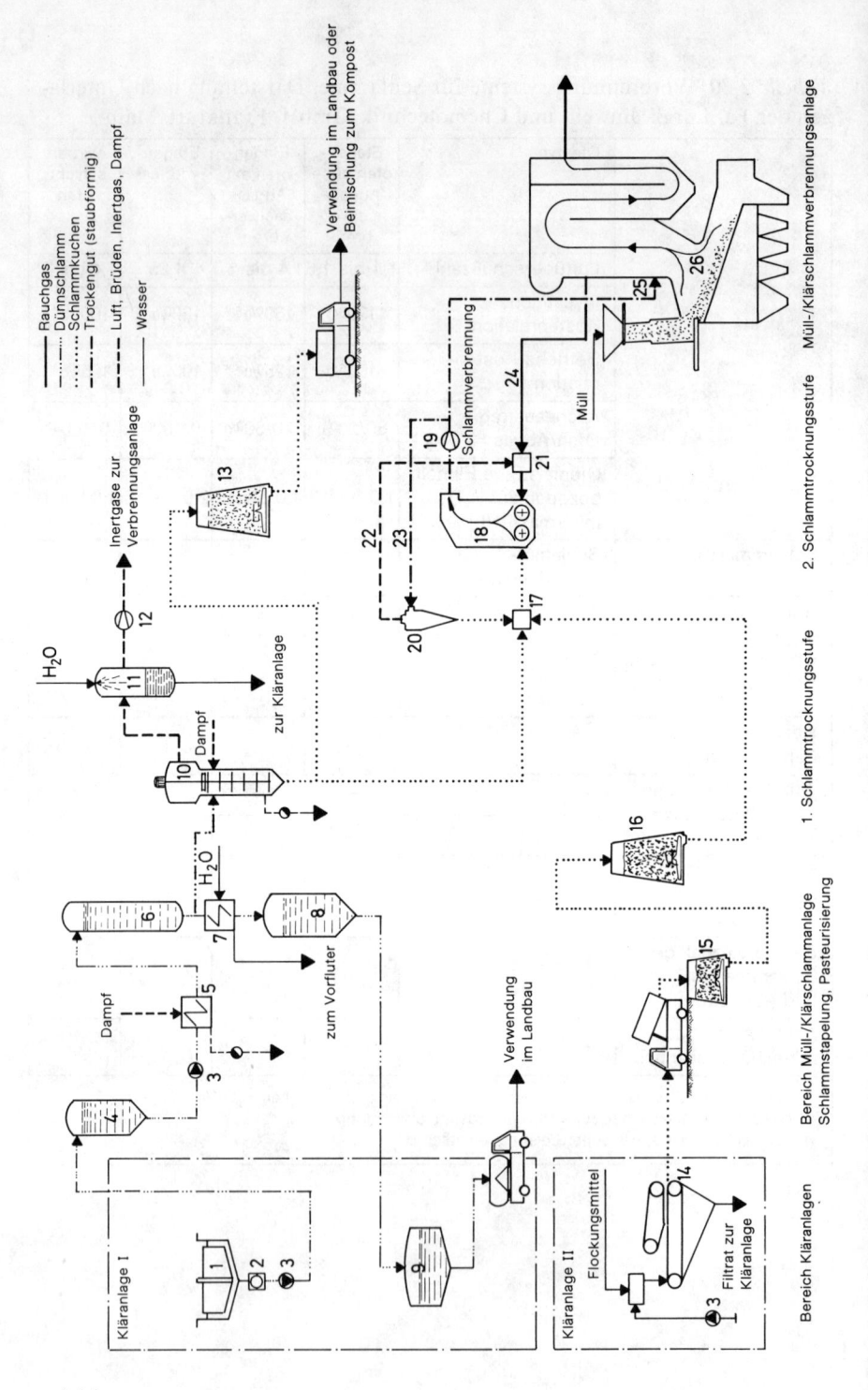

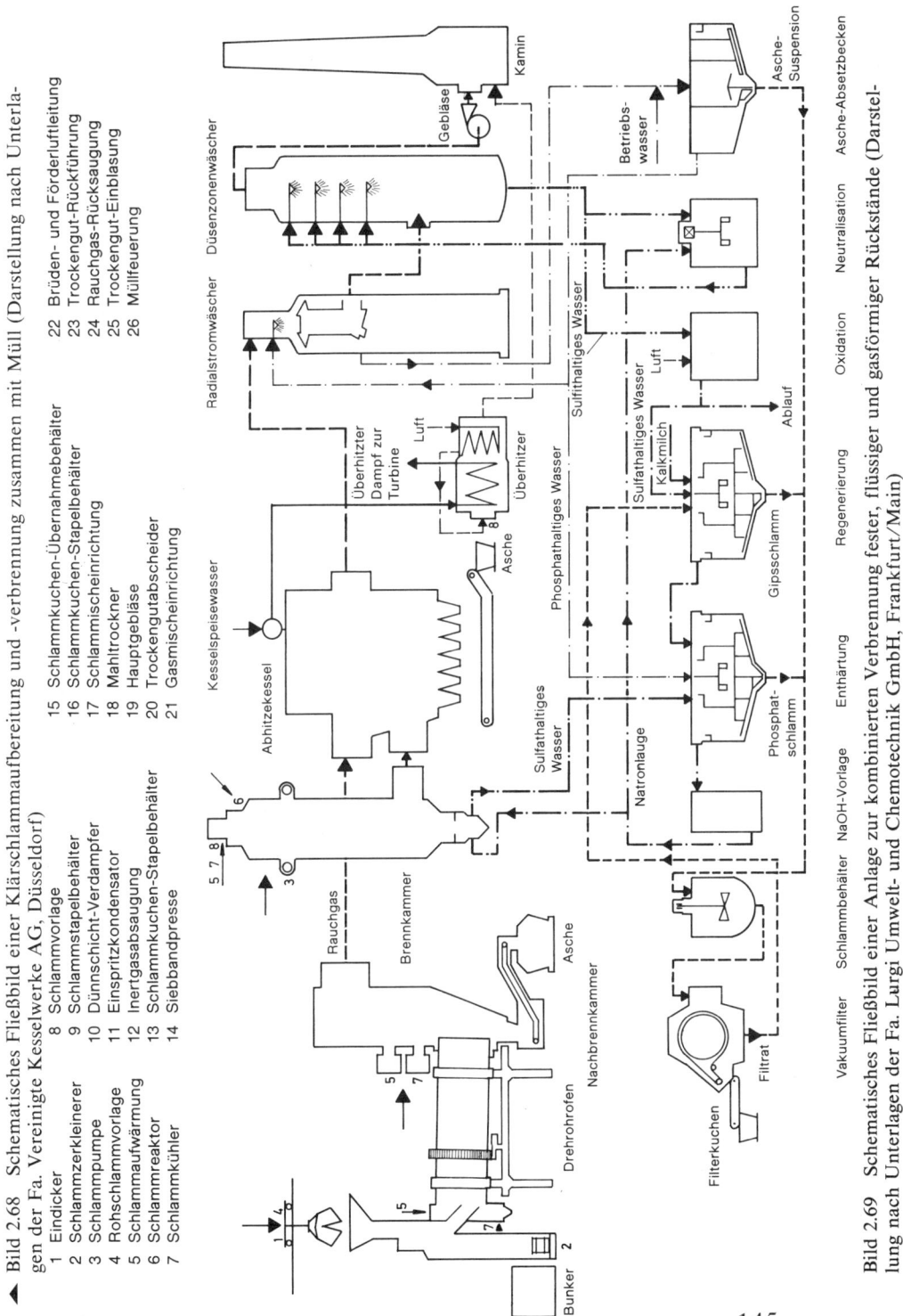

◀ **Bild 2.68** Schematisches Fließbild einer Klärschlammaufbereitung und -verbrennung zusammen mit Müll (Darstellung nach Unterlagen der Fa. Vereinigte Kesselwerke AG, Düsseldorf)

1 Eindicker
2 Schlammzerkleinerer
3 Schlammpumpe
4 Rohschlammvorlage
5 Schlammaufwärmung
6 Schlammreaktor
7 Schlammkühler
8 Schlammvorlage
9 Schlammstapelbehälter
10 Dünnschicht-Verdampfer
11 Einspritzkondensator
12 Inertgasabsaugung
13 Schlammkuchen-Stapelbehälter
14 Siebbandpresse
15 Schlammkuchen-Übernahmebehälter
16 Schlammkuchen-Stapelbehälter
17 Schlammischeinrichtung
18 Mahltrockner
19 Hauptgebläse
20 Trockengutabscheider
21 Gasmischeinrichtung
22 Brüden- und Förderluftleitung
23 Trockengut-Rückführung
24 Rauchgas-Rücksaugung
25 Trockengut-Einblasung
26 Müllfeuerung

Bild 2.69 Schematisches Fließbild einer Anlage zur kombinierten Verbrennung fester, flüssiger und gasförmiger Rückstände (Darstellung nach Unterlagen der Fa. Lurgi Umwelt- und Chemotechnik GmbH, Frankfurt/Main)
Durchsätze: 1 Feste Abfälle, 2 Faßaufgabe, 3 Flüssige Rückstände, 4 Schlämme, 5 Abluft aus Produktionsräumen und Tanklagern, 6 Stickstoff aus Tankanlagen
Energien: 7 Heizöl, 8 Kokereigas

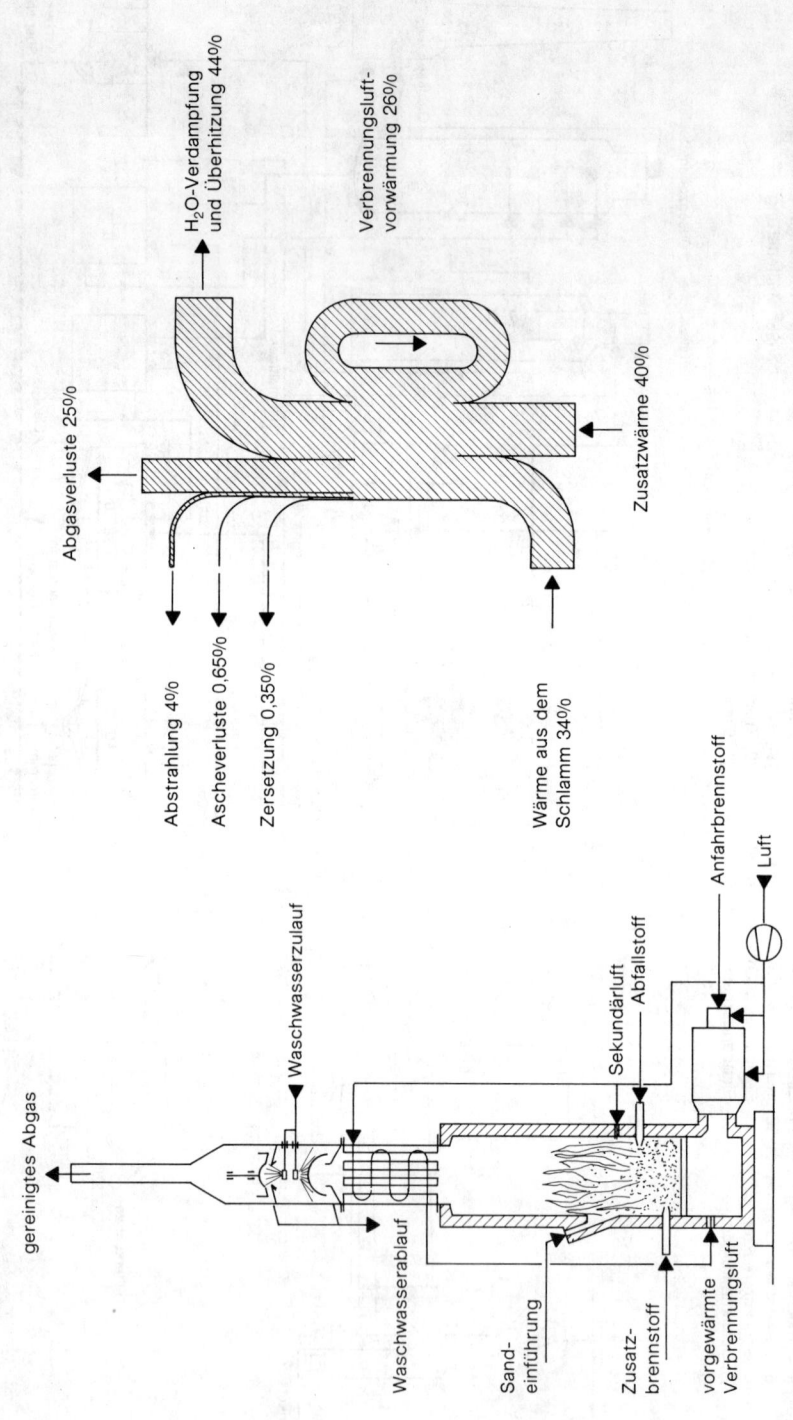

Bild 2.70 Schematisches Fließbild einer Wirbelschicht-Verbrennungsanlage für Raffinerieschlämme mit zugehörigem Wärmestrombild (Darstellung nach Unterlagen der Fa. Lurgi Umwelt- und Chemotechnik GmbH, Frankfurt/Main)

Insgesamt gesehen ist die Verbrennung von Abfällen eine zuverlässige Beseitigungstechnik mit gutem Wirkungsgrad (Abfallvolumenreduktion, energetische Nutzung usw.). Das Abwasser, das entsteht, ist gut reinigbar. Die Rauchgasreinigung wird allerdings durch das hohe abfallmassenspezifische Rauchgasvolumen aufwendig. Der Sterilitätsgrad der Verbrennungsrückstände ist hoch, jedoch wegen des Auftretens von Rostdurchfall und Rostabwurf nicht absolut.

2.9.1.2 Vorgänge bei der Verbrennung

Die Verbrennung von Abfällen läuft in folgenden ineinander übergreifenden Schritten ab:
- *Thermische Trocknung* der Abfälle bei etwas über 100 °C unter der Wirkung von Strahlungswärme aus dem Feuerraum oder durch vorgewärmte Verbrennungsluft konvektiv übertragener Wärme. Die Feuchte wird verdampft und als «Trocknungsbrüden» mit den Rauchgasen abgeführt. Bei der Rauchgasführung ist darauf zu achten, daß die Brüden eine Zone hoher Temperatur durchströmen (z.B. Nachverbrennungsraum), damit Geruchsfreiheit und Sterilität gewährleistet sind.
- *Durchwärmung, Wandlung, Entgasung* im Temperaturbereich von etwa 250 bis 600 °C. Aus der Abfallschicht treten flüchtige Schwelgase unter Wärmezufuhr durch Strahlung aus dem Feuerraum oder durch Heißluft bzw. im Gegenstrom geführte Rauchgase aus.
- *Zündung und Verbrennung* flüchtiger Anteile bei etwa 500 °C.
- *Durchwärmen* des Brennstoffbettes mit Schwelgasaustrieb und Aufkohlung sowie teilweiser Gasverbrennung im Temperaturbereich von etwa 500 bis 800 °C. Brennstoffbett in Bewegung.
- *Abbrand*, d.h. Vergasen und Verbrennen der Aufkohlungsprodukte und des Kokses bei etwa 1000 °C im stark bewegten Brennstoffbett.
- *Ausbrand* des Restkohlenstoffs in der Asche bei hohem Luftüberschuß und bei Temperaturen bis maximal 1100 °C.

Die Trocknungs- und Entgasungszone beanspruchen fast die Hälfte der verfügbaren Rostlänge. Die bei der Entgasung freigesetzten flüchtigen Komponenten müssen durch Verwirbeln gut mit der Verbrennungsluft gemischt werden, um Strähnenbildung zu vermeiden und kurze Ausbrennwege zu erhalten.

Für die *Vergasung* und *Verbrennung* von Kohlenstoff und seiner brennbaren Verbindungen sowie die Oxidation von anderen Abfallbestandteilen sind folgende stöchiometrische Gleichungen zugrunde zu legen als Basis für Verbrennungsluftbedarfsrechnung, Bestimmung von Rauchgasmenge und -zusammensetzung und kalorische Rechnungen:

$$C + \tfrac{1}{2} O_2 \rightarrow CO$$
$$CO + \tfrac{1}{2} O_2 \rightarrow CO_2$$
$$C + O_2 \rightarrow CO_2$$
$$C + H_2O_g \rightarrow CO + H_2$$

$$H_2 + \tfrac{1}{2} O_2 \rightarrow H_2O_g$$
$$C_mH_n + (m + {}^n/_4) O_2 \rightarrow m\, CO_2 + {}^n/_2\, H_2O_g$$
$$S + O_2 \rightarrow SO_2$$

Eine stöchiometrisch vollständige Verbrennung führt also zu den Restabbauprodukten Kohlendioxid, Wasser, Schwefeldioxid usw. Diese vollständige Verbrennung wird durch optimale Anpassung des Verbrennungssystems an die Art der Abfälle, günstige Gestaltung des Feuerraums und der Ausbrennwege und durch Verbrennungsluftüberschuß angestrebt. Eine unvollständige Verbrennung führt zu umweltbelastenden Schadstoffen wie Kohlenmonoxid, unverbrannten Kohlenwasserstoffen und Ruß.

Die zur stöchiometrisch vollständigen Verbrennung der Abfälle benötigte Mindestmenge an Verbrennungsluft, der «*Mindestluftbedarf*» ist mit der folgenden Gleichung berechenbar, wenn die Massenanteile w_C des Kohlenstoffs, w_H des Wasserstoffs, w_S des Schwefels und w_O des Sauerstoffs der Abfälle bekannt sind:

$$m_{L,min} = 8{,}88 \cdot w_C + 26{,}44 \cdot w_H + 3{,}32 \cdot w_S - 3{,}33 \cdot w_O \quad [m_N^3 \text{ Luft/kg Müll}] \tag{2.18}$$

In der Regel ist die Analyse der Abfälle in der benötigten Form nicht vorhanden. Der Mindestluftbedarf $m_{L,min}$ läßt sich dann mit folgender Beziehung abschätzen:

$$m_{L,min} = 0{,}24 \cdot \frac{H_u + 2303}{1000} \quad [m_N^3/\text{kg}] \tag{2.19}$$

Der untere Heizwert H_u der Abfälle ist in kJ/kg einzusetzen.

Der *tatsächliche Luftbedarf* m_L ist dann

$$m_L = \lambda \cdot m_{L,min} \tag{2.20}$$

mit λ als der Luftüberschußzahl, die mit etwa 1,5 bis 2,5 zu wählen ist, angepaßt an das Verbrennungssystem, die Verbrennungseigenschaften der Abfälle, die Luftdosierung und -vorwärmung usw. Bei Rostfeuerungen arbeitet man mit Luftüberschußzahlen von etwa 1,8 bis 2,0, bei Drehrohröfen mit etwa 2,0 bis 2,5 und bei Wirbelschichtfeuerungen mit etwa 1,1 bis 1,2.

Die Menge der bei der Verbrennung entstehenden Rauchgase läßt sich exakt mit Hilfe der stöchiometrischen Verbrennungsgleichungen bestimmen, wenn die Abfallanalyse gegeben ist und die Luftüberschußzahl festliegt. Man kann die *Rauchgasmenge* m_R auch mit der folgenden Beziehung abschätzen

$$m_R = 1{,}17 + 0{,}22 \cdot \frac{H_u + 2303}{1000} + (\lambda - 1) \cdot m_{L,min} \quad [m_N^3 \text{ Rauchgas/kg Müll}] \tag{2.21}$$

Die Rauchgasvolumina liegen gemäß VDI-Richtlinie 2114
- bei Heizwerten um 5000 kJ/kg bei 4,2 bis 5,3,
- bei Heizwerten um 7500 kJ/kg bei 4,7 bis 6,3,
- bei Heizwerten um 10 000 kJ/kg bei 6,8 bis 8,5 m_N^3/kg Müll.

Erhöhte Kunststoffanteile im Müll erfordern lange Brennwege. Die Kunststoffe schmelzen unter Wärmezufuhr und neigen zum Verkleben der Roste. Man bevorzugt daher zu ihrer Verbrennung rostlose Feuerungssysteme wie beispielsweise den Drehrohrofen mit hohen Feuerraumtemperaturen. Außer Polyvinylchlorid sind die gängigsten Kunststoffe reine Kohlenwasserstoffe, die problemlos verbrennen. Ein Schwelen oder unvollständiges Verbrennen ist allerdings zu vermeiden, um die Bildung umweltgefährdender Schadgase zu verhindern. Polyvinylchlorid setzt, ähnlich wie im Müll enthaltene Salze (Kochsalz, Streusalz), bei der Verbrennung Chlorwasserstoff frei, der zu Korrosionen im Feuerraum führen kann [2.9].

2.9.2 Pyrolyse

Unter *Pyrolyse*, auch Entgasung, Verkohlung, trockene oder destruktive Destillation, Schwelung und Verkokung genannt, versteht man die thermische Zersetzung organischer Verbindungen ohne Zufuhr von Sauerstoff unter Bildung von Gasen, kondensierbaren Produkten und festen kohlenstoffhaltigen Rückständen.

2.9.2.1 Grundlagen

Die organischen Verbindungen in Abfällen werden beim Erhitzen instabil und zersetzen sich in einfache flüchtige Zersetzungsprodukte und Koks. *Tabelle 2.21* verdeutlicht diese pyrolytische Zersetzung in Abhängigkeit von der Temperatur. Bei zunehmender Reaktionsdauer und Temperaturen über etwa 500 °C sind nur noch die Elemente C und H sowie einfache Verbindungen wie H_2O, CO, CO_2, CH_4, Diene und Aromaten stabil.

Die Pyrolyse von Polymermaterialien in den Abfällen verläuft in zwei ineinandergreifenden Schritten ab:
- primäre Zersetzung, im wesentlichen geprägt durch die Struktur der Polymeren und die gewählten Reaktionsbedingungen (Abspaltung von Seitenketten → H_2O, CO_2, NH_3, HCl, H_2S, CH_4 und andere Aliphaten, thermische Depolymerisierung in Monomere, stochastische Fragmentierung in Kettenbruchstücke unterschiedlicher Länge);
- sekundäre Folgereaktionen wie Polymerisation der primären Zersetzungsprodukte zu Teeren.

Bei niedrigen Temperaturen bilden die primären Zersetzungsprodukte teerige Rückstände; ein Teil des Teers wird weiter umgewandelt in Koks und Gase. Bei hohen Temperaturen verläuft die Spaltung intensiver in Richtung auf einen höheren Anteil stabil bleibender primärer Zersetzungsprodukte. Zellulosehaltige Stoffe wie Papier, Pappe, Küchen-, Garten- und Holzabfälle machen den größten Teil des

Tabelle 2.21 Pyrolytische Zersetzung organischer Materialien [2.22]

Temperatur, Temperaturbereich (°C)	Chemische Reaktion
100 bis 120	Thermische Trocknung. Wasserabspaltung (physikalisch)
250	Desoxidation, Desulfurierung; Abspaltung von Konstitutionswasser und Kohlendioxid
	Depolymerisation. Beginn der Abspaltung von Schwefelwasserstoff
340	Bindungsaufbruch aliphatischer Bindungen. Beginn der Abtrennung von Methan und anderen Aliphaten
380	Carburierungsphase (Anreicherung des Schwelguts an Kohlenstoff)
400	Bindungsaufbruch der Kohlenstoff-Sauerstoff- und Kohlenstoff-Stickstoff-Bindungen
400 bis 600	Umwandlung des Bitumenstoffes in Schwelöl bzw. Schwelteer
600	Crackung von Bitumenstoffen zu wärmebeständigeren Stoffen (gasförmige kurzkettige Kohlenwasserstoffe)
>600	Entstehung von Aromaten (Benzolderivaten) nach dem folgenden hypothetischen Reaktionsschema: Olefin-(Äthylen-)Dimerisierung zu Butylen; Dehydrierung zu Butadien; Dien-Reaktion mit Äthylen zu Cyclohexan; thermische Aromatisierung zu Benzol und höher siedenden Aromaten

organischen Materials im Hausmüll aus. Die Pyrolyse dieser Stoffe wird daher wesentlich vom Zersetzungsverhalten von Zellulose ($C_6H_{10}O_5$) bestimmt, wobei man folgende Zersetzungsgleichung als repräsentativ ansieht [2.21], [2.23]:

$$3\,(C_6H_{10}O_5) \rightarrow 8 \cdot H_2O + C_6H_8O + 2 \cdot CO + 2 \cdot CO_2 + CH_4 + H_2 + 7 \cdot C$$

Tabelle 2.22 zeigt als Beispiel die Vorgänge bei der Holzschwelung und ihre Ergebnisse.

Die bei Temperaturen unter etwa 550 °C durchgeführte *Tieftemperaturpyrolyse* liefert die höchste Ausbeute an flüssigen Zersetzungsprodukten wie Öle und Teere.

Tabelle 2.22 Vorgänge und Ergebnisse bei der Schwelung von Holz [2.20]

Temperatur, Temperaturbereich (°C)	Ablaufende Vorgänge	Ergebnisse der Holzschwelung (Ma.-%)	
170	Entfernung von freiem und gebundenem Wasser, Abspaltung geringer Mengen Essigsäure, Kohlendioxid und Kohlenmonoxid	Gas Holzgeist	14,2 bis 16,8 1,6 bis 2,1
170 bis 270	Abspaltung von weiterem Reaktionswasser, Methanol, Essigsäure, Kohlendioxid und Kohlenmonoxid	Essigsäure	3,6 bis 7,7
280	Schnelle Zersetzung unter Bildung von Gasen und Teer	Teer	12,3 bis 16,2
380	Nachheizung der Rückstände mit Bildung geringer Mengen von Teer, Methan und Wasserstoff	Holzkohle	31,0 bis 36,5

Die im Temperaturbereich von 550 bis 800 °C ablaufende *Mitteltemperaturpyrolyse* zeitigt hauptsächlich heizwertreichere Gase sowie wenig Öle und Teere. Bei der *Hochtemperaturpyrolyse* (800 bis etwa 1100 °C) fallen hauptsächlich heizwertärmere Gase an. Eine Temperatursteigerung auf bis zu 1400 °C für die Zersetzung heizwertreicher Abfälle ermöglicht den Abzug der festen Rückstände im schmelzflüssigen Zustand und damit eine einfache Schlackenentnahme. Die Schlacke ist völlig steril, wenig voluminös und wiederverwendbar.

Tabelle 2.23 gibt eine Übersicht über die bei der Pyrolyse von Hausmüll erhaltenen Pyrolyseprodukte in Abhängigkeit von der Betriebstemperatur [2.23].

Die Pyrolyse ist ein endothermer Prozeß. Die zu ihrer Durchführung zuzuführende Wärme wird

☐ indirekt über beheizte Metall- oder Feuerfestwände,
☐ direkt durch separat beheizte, zirkulierende Wärmeträger wie Stahlballen, Heißsand, glühende Kohlenstoffteilchen, heiße Rauchgase, geschmolzene Salze oder Metalle,
☐ intern durch partielle Verbrennung von Kohlenstoff, Produktgasen oder Stützbrennstoffen,
☐ durch direkte Dissipierung elektrischer Energie im Lichtbogen usw.
aufgebracht.

Tabelle 2.23 Typische Produkte der Pyrolyse von Hausmüll in Abhängigkeit von der Pyrolysetemperatur [2.23]

Pyrolysetemperatur (°C)	Pyrolysegas (kg/kg Müll)	Säuren, Kondensate, Teer (einschließlich Wasser) (kg/kg Müll)	Müllkoks (kg/kg Müll)
482	0,123	0,611	0,247
648	0,186	0,186	0,592
815	0,237	0,597	0,172
926	0,244	0,587	0,177

Pyrolysegas (Zusammensetzung in Vol.-%)

Gaskomponenten	Temperatur (°C)			
	482	648	815	926
H_2	5,56	16,58	28,55	32,48
CH_4	12,43	15,91	13,73	10,45
CO	33,50	30,49	34,12	35,25
CO_2	44,77	31,78	20,59	18,31
C_2H_4	0,45	2,18	2,24	2,43
C_2H_6	3,03	3,06	0,77	1,07

Müllkoks (Zusammensetzung in Vol.-%)

Stoffgruppen	Temperatur (°C)			
	482	648	815	926	7,66*
Flüchtige	21,81	15,05	8,13	8,30	7,66*
Gebundener Kohlenstoff	70,48	70,67	79,05	77,23	82,02
Asche	7,71	14,28	12,82	14,47	10,32

* Vergleichswerte für Koks aus Pennsylvania-Anthrazitkohle

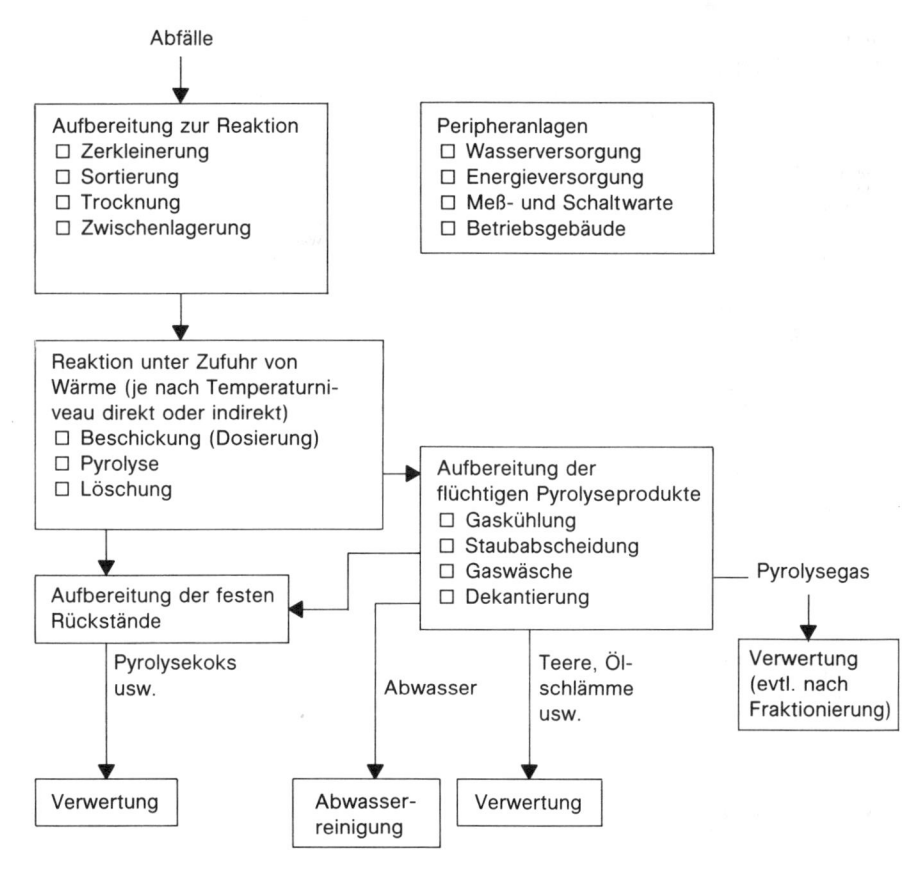

```
Abfälle
   │
   ▼
┌─────────────────────────┐     ┌─────────────────────────┐
│ Aufbereitung zur Reaktion│     │ Peripheranlagen         │
│ □ Zerkleinerung         │     │ □ Wasserversorgung      │
│ □ Sortierung            │     │ □ Energieversorgung     │
│ □ Trocknung             │     │ □ Meß- und Schaltwarte  │
│ □ Zwischenlagerung      │     │ □ Betriebsgebäude       │
└─────────────────────────┘     └─────────────────────────┘
   │
   ▼
┌─────────────────────────┐
│ Reaktion unter Zufuhr von│
│ Wärme (je nach Temperatur-│
│ niveau direkt oder indirekt)│
│ □ Beschickung (Dosierung)│──┐   ┌─────────────────────────┐
│ □ Pyrolyse              │  └──▶│ Aufbereitung der        │
│ □ Löschung              │      │ flüchtigen Pyrolyseprodukte│
└─────────────────────────┘      │ □ Gaskühlung            │
   │                             │ □ Staubabscheidung      │
   ▼                             │ □ Gaswäsche             │──── Pyrolysegas
┌─────────────────────────┐◀─────│ □ Dekantierung          │
│ Aufbereitung der festen │      └─────────────────────────┘
│ Rückstände              │
└─────────────────────────┘
```

| Pyrolysekoks usw. | Abwasser | Teere, Ölschlämme usw. | Verwertung (evtl. nach Fraktionierung) |

| Verwertung | Abwasserreinigung | Verwertung | |

Bild 2.71 Vereinfachtes Übersichtsblockdiagramm der im allgemeinen in Pyrolyseanlagen zusammenwirkenden Verfahrensstufen bzw. Anlagenteile

2.9.2.2 Verfahrensablauf, Verfahrensbeispiele

Pyrolyseverfahren gewannen in den letzten 10 Jahren für die Beseitigung von einseitig zusammengesetzten Abfällen wie Kunststoff- und Reifenabfällen an Bedeutung. Sie können nach Verfahrensprinzip, Reaktionsbedingungen, Stoffstromführung, Reaktortyp, Art der Wärmeübertragung usw. eingeteilt werden und setzen sich im allgemeinen aus den in *Bild 2.71* schematisch dargestellten Verfahrenseinheiten zusammen.

Tabelle 2.24 gibt ohne Anspruch auf Vollständigkeit einen Überblick über Pyrolyseverfahren, die im westeuropäischen Raum angeboten werden; Einteilungsprinzip ist der Typ des eingesetzten Reaktors. Zur weiteren Erläuterung sei auf ausführliche Literatur verwiesen [2.13], [2.19], [2.20].

Bild 2.72 zeigt schematisch den Aufbau einer nach dem Destrugas-Verfahren

Tabelle 2.24 Auswahl von in Westeuropa angebotenen Pyrolyseverfahren
[2.9, 2.13, 2.20]

Verfahren, Reaktortyp	Einsatz (Beispiel)	Produkte (Beispiel)

Destrugas-Verfahren Hochtemperatur-Gleichstromentgasung von grobzerkleinertem Müll in einer Batterie von extern mit Gas beheizten Kokskammern aus feuerfestem Material. Retortenblöcke mit **Vertikalöfen** mit quasistationärer Schüttung	Müll org. Anteile 42,0 Ma.-% anorg. Ant. 27,6 Ma.-% Wasser 30,4 Ma.-% H_u = 7500 kJ/kg Schüttdichte 200 kg/m³	0,337 kg Gas/kg Müll Müllkoks Pyrolysegas
		0,365 kg Koks/ Trockenstoff 53 Ma.-% H_2 47%
		          kg Müll (Glühverlust 24%) CO 15%
		0,007 kg Dickstoffe/ Wasser 47% CO_2 21%
		          kg Müll Schüttdichte 720 kg/m³ CH_4 12%
		0,291 kg Wasser/ H_u = 5500 kJ/kg C_nH_m 5%
		          kg Müll H_u = 14 400 kJ/kg

Occidental Petroleum-(Garrett-)Verfahren Tieftemperatur-Gleichstromentgasung von zu Flocken aufbereitetem Müll. Turbulente Strömung von Müllflocken und rezirkulierten glühenden Kohlenstoffpartikeln → intensiver Wärmeaustausch. Temperaturniveau 500 °C. Leerer **Rohrreaktor** als Vertikalofen.	Hausmüll	Pyrolyseöl Müllkoks C 57,5 Ma.-% H_u ≈ 21 000 kJ/kg H 7,6 Ma.-% O 33,4 Ma.-% S 0,1 bis 0,3 Ma.-% N 0,9 Ma.-% H_u = 24 400 kJ/kg
Warren Spring Laboratorium I-Verfahren Entgasung von Schüttungen grobzerkleinerten Mülls. **Vertikalofen** mit induktiv beheizten, der Müllschüttung zugemischten Stahlballen. **Warren Spring Laboratorium II-(Foster-Wheeler Ltd.-)Verfahren** Mitteltemperatur-Querstromentgasung von grobzerkleinertem Müll. **Vertikalofen** mit Grobsieben als Seitenwänden. Beheizung der Schüttung mit rezirkuliertem Gas.	Müll	
Kiener-Goldshöfe-Verfahren Tieftemperatur-Entgasung von grobzerkleinertem Müll und anderen Abfällen in einer **Drehtrommel**, von außen beheizt durch Abgase von Gasmotoren. Spaltung des Teers durch stöchiometrische Verbrennung mit vorerwärmter Luft und Passage über einem Koksbett, das allmählich vergast wird. Nach Kühlung und Reinigung wird das Gas in Gasmotoren verbraucht. Temperaturniveau 450 bis 500 °C.	Hausmüll org. Anteile 41 Ma.-% anorg. Ant. 28 Ma.-% Wasser 31 Ma.-% H_u = 7000 kJ/kg minimal	Spaltgas 1,4 kg/kg Müll CO_2 8 Vol.-% CO 14 Vol.-% H_2 20 Vol.-% CH_4 3 Vol.-% O_2 3 Vol.-% C_nH_m 1 Vol.-% N_2 51 Vol.-% H_u ≈ 5500 kJ/kg

Verfahren, Reaktortyp	Einsatz (Beispiel)	Produkte (Beispiel)
Babcock-Krauss-Maffei-Verfahren Mitteltemperatur-Entgasung von grobzerkleinertem Müll in einer Drehtrommel aus Sonderstahl, von außen beheizt durch Gasbrenner. Die Schwelprodukte werden entstaubt, gespalten, mit vorerwärmter Luft teilverbrannt, gekühlt und gewaschen. Temperaturniveau 500 bis 700 °C.	Müll	Pyrolysegas (gereinigt) H_2 15 bis 25% CO 8 bis 15% CO_2 5 bis 12% N_2 45 bis 55% KW 3 bis 8%
Deutsche Anlagen Miete-(Pyrolenergie-)Verfahren Mitteltemperatur-Entgasung von Müll und Landwirtschaftsabfällen in Drehtrommeln aus Sonderstahl, von außen beheizt durch Verbrennung eines Teils der Schwelprodukte.	Müll Landwirtschaftsabfälle	
Herko-Pyrolyse-Recycling-System [2.24] Mitteltemperatur-Entgasung von zerkleinerten Altreifen in Drehtrommeln, indirekt über innenliegende, Auspuffgase führende Rauchrohre beheizt. Schwelgaskondensation zu Pyrolyseöl, Restschwelgasreinigung und -verwertung im Gasmotor. Pyrolysekoksmahlung und -sichtung. Abtrennung des Eisenschrotts.	Altreifen*	Feste Pyrolyserückstände (0,365 kg/kg Altreifen) Ruß 83,5 Ma.-% Stahl 16,5 Ma.-% C 85,5 Ma.-% H 1,1 Ma.-% S 2,6 Ma.-% N 0,4 Ma.-% Cl 0,7 Ma.-% Glühverlust 88,3% H_u = 30 200 kJ/kg Pyrolyseöl (0,468 kg/kg Altreifen) C 86,0 Ma.-% H 10,3 Ma.-% O 0,4 Ma.-% N 0,7 Ma.-% S 1,3 Ma.-% Cl 1,3 Ma.-% H_u = 40 161 kJ/kg Pyrolyserestgas (0,167 kg/kg Altreifen) (Mittelwerte) CO_2 4,6 Vol.-% CO 4,66 Vol.-% O_2 0,31 Vol.-% H_2 16,36 Vol.-% N_2 15,66 Vol.-% CH_4 21,86 Vol.-% C_2-KW 13,9 Vol.-% C_3-KW 9,53 Vol.-% C_4-KW 6,7 Vol.-% C_5-KW 5,32 Vol.-% Rest-KW 1,1 Vol.-% H_u = 34 580 kJ/m$_N^3$
Forschungs- und Entwicklungsarbeiten an den Universitäten Hamburg, Berlin, Eindhoven, Twente und Brüssel zur Entgasung in Wirbelschichtreaktoren (z.T. im Pilotstadium), z.B. **Universität Hamburg, Institut für Angewandte Chemie und Fa. Eckelmann** Mitteltemperatur-Entgasung von Kunststoffabfällen und Altreifen in Wirbelschichtreaktoren mit Hilfswirbelbett aus Quarzsand bei 800 °C. Indirekte Beheizung über Heißgas führende Strahlrohre.	Kunststoffabfälle, Altreifen	Pyrolyseöl, ZnO, Stahl, prozeßinterne Pyrolysegasverwertung

* weitere Pyrolyseverfahren für Altreifen siehe [2.25]

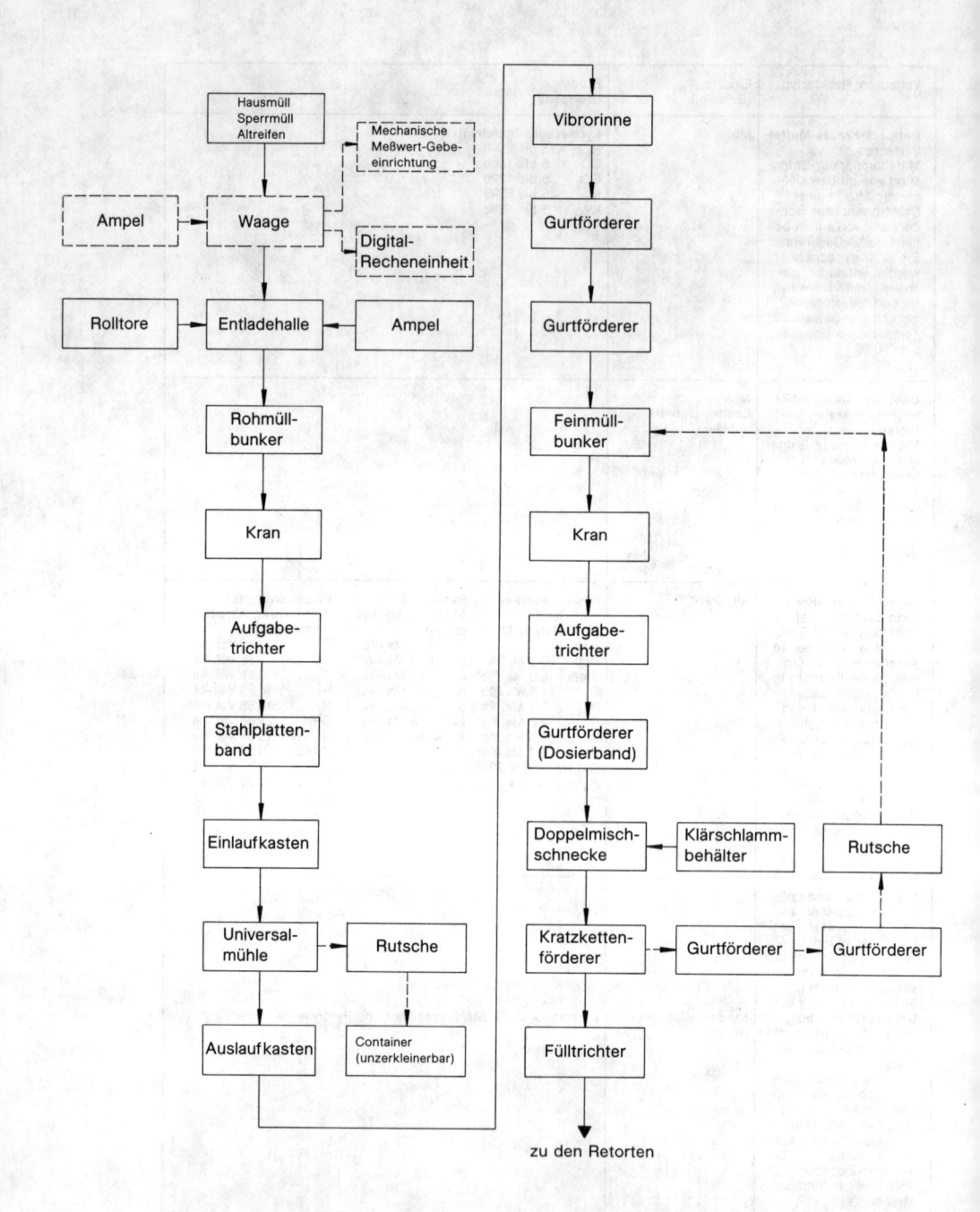

Bild 2.72 Grundfließbild einer nach dem Destrugas-Verfahren arbeitenden Abfallpyrolyseanlage (Darstellung nach Rymsa [2.29])
a) Müllanlieferung und Aufbereitung bis zur Retortenbeschickung,

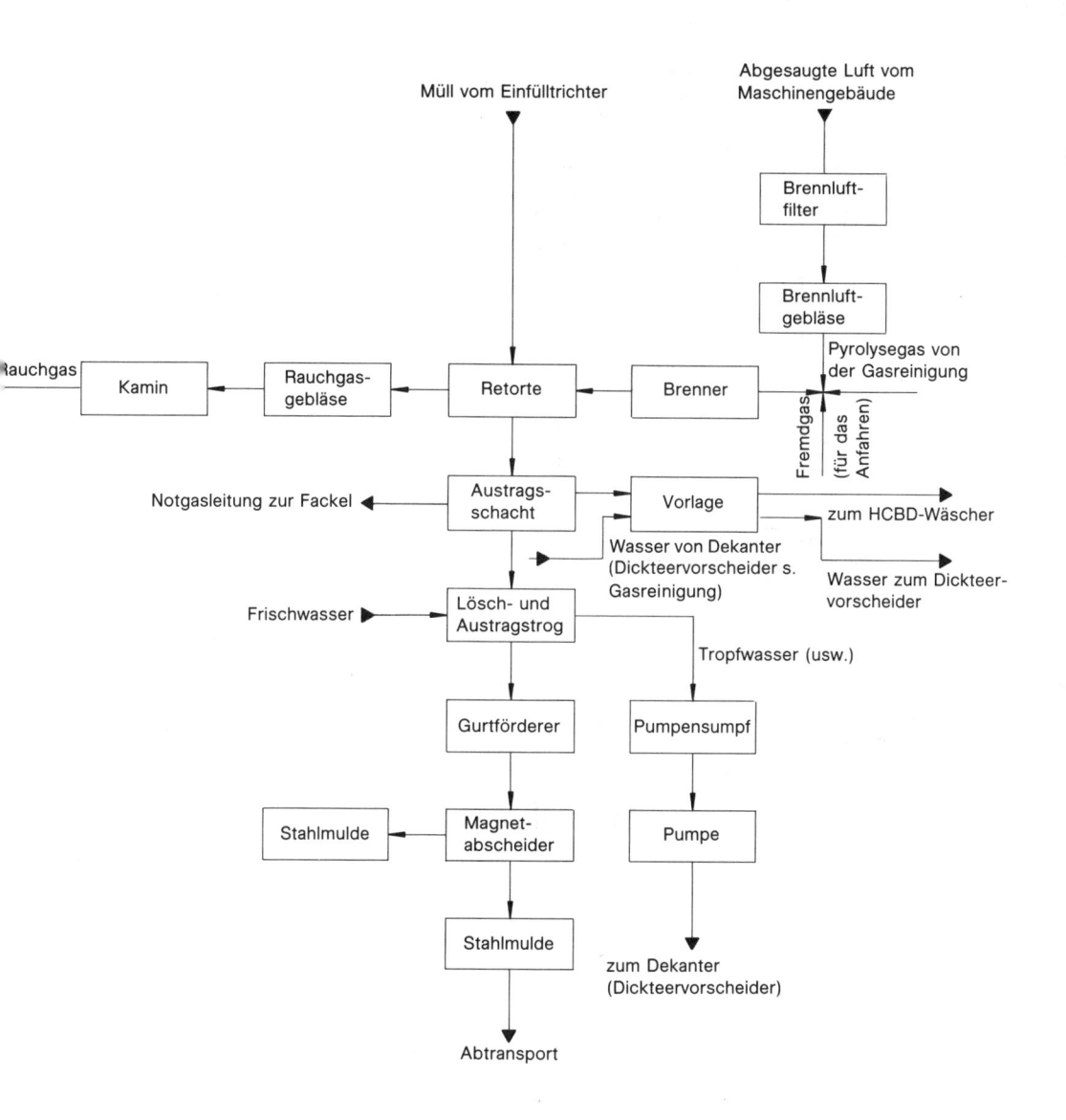

b) Retortenbeschickung, Retorten, Wert- und Reststoffaustrag,

c) Pyrolysegas-Reinigung

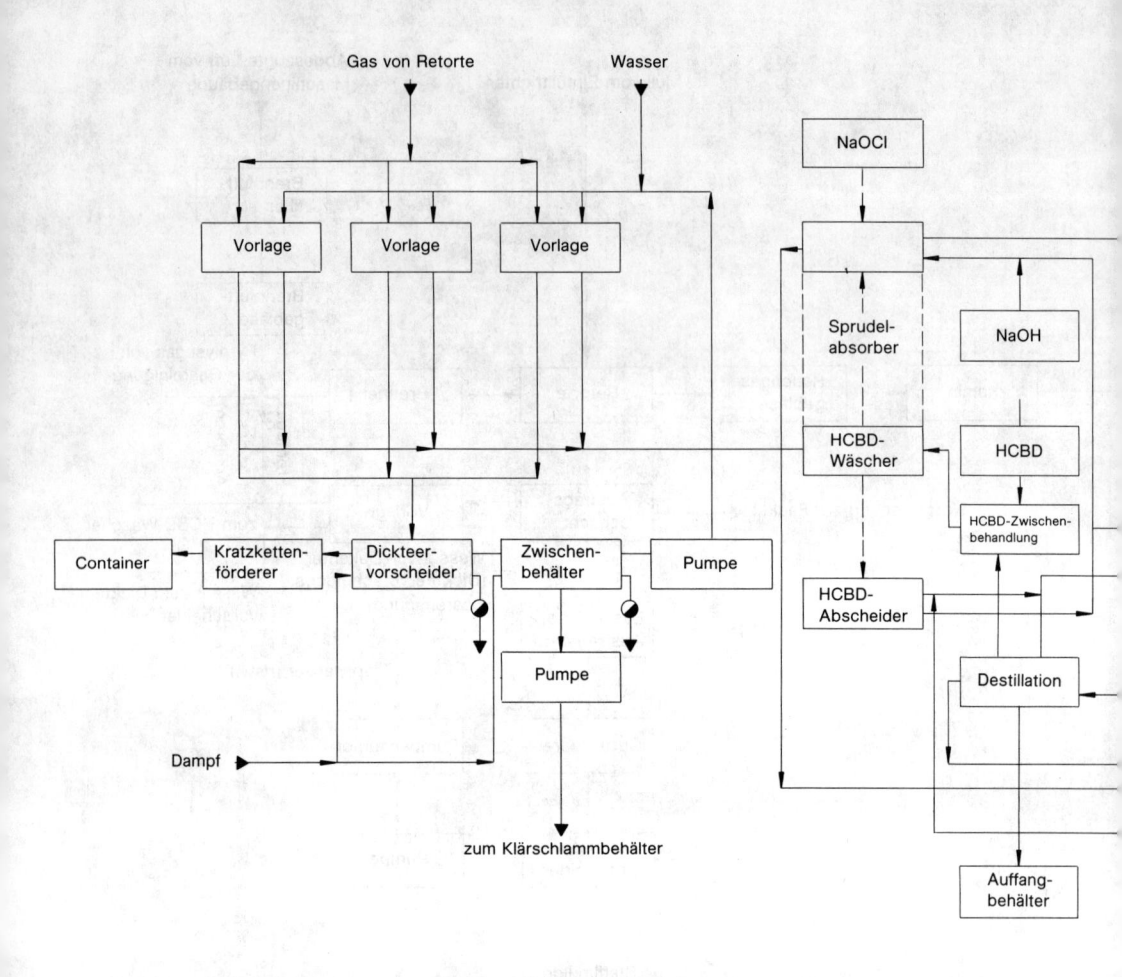

158

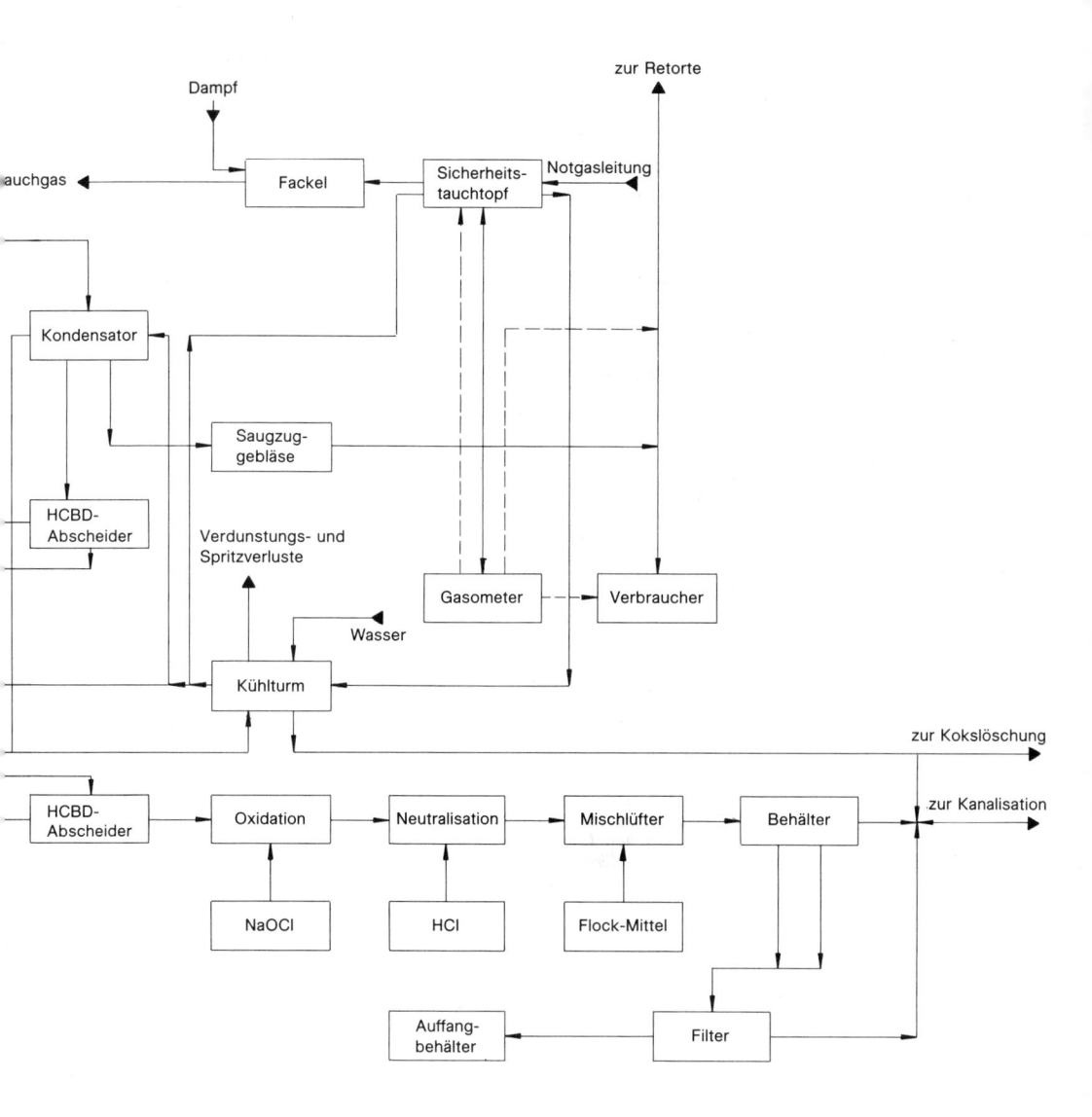

```
                    Dampf              zur Retorte
                      ↓                    ↑
Rauchgas ← Fackel ← Sicherheits-  Notgasleitung
                    tauchtopf  ←
            
   Kondensator
   
   HCBD-          Saugzug-
   Abscheider     gebläse
   
              Verdunstungs- und
              Spritzverluste
                                  Gasometer --- Verbraucher
                      Wasser
              Kühlturm
                                              zur Kokslöschung →
   
   HCBD-     Oxidation → Neutralisation → Mischlüfter → Behälter    zur Kanalisation →
   Abscheider
              ↑             ↑                ↑
             NaOCl          HCl          Flock-Mittel
   
                        Auffang-  ←  Filter
                        behälter
```

Tabelle 2.25 Wirtschaftlichkeitsrechnung für nach dem Destrugas-Verfahren arbeitende Abfallpyrolyseanlagen (Darstellung nach RYMSA [2.29])

			DM bzw. DM/a bzw. DM/t Müll		
	Pos.	Kosten- bzw. Erlösart	180 t/d	270 t/d	360 t/d
Kapital-bedarf	1	Anlagekapital	37 000 000,—	52 400 000,—	64 423 200,—
	2	Umlaufkapital 3% von (11)	1 110 000,—	1 572 000,—	1 932 696,—
	3	Summe (1) + (2)	38 110 000,—	53 972 000,—	66 355 896,—
Kapital-abhängige Kosten	4	Abschreibungen 5% von (1)	1 850 000,—	2 620 000,—	3 221 160,—
	5	Zinsen auf Anlagekapital 4%	1 480 000,—	2 096 000,—	2 576 928,—
	6	Zinsen auf Umlaufkapital 7%	77 700,—	110 040,—	135 289,—
	7	Kapitaldienst (4) + (5) + (6)	3 407 700,—	4 826 040,—	5 933 377,—
	8	Versicherungen 1% von (1)	370 000,—	524 000,—	644 232,—
	9	Summe (7) + (8)	3 777 700,—	5 350 040,—	6 577 609,—
	10	Summe (7) + (8) bezogen auf 1 t Müll	57,49	54,29	50,06
Betriebs-kosten	11	Instandhaltung 2% von (1)	11,26	10,63	9,81
	12	Elektr. Energie (62, 67/55, 65/44, 74 kWh/t) Eigenbedarfsdeckung			
	13	Frischwasser (1,— DM/m³)	0,80	0,80	0,80
	14	Abwasser (2,— DM/m³)	0,70	0,70	0,70
	15	Rückstandsbeseitigung	( )	( )	( )
	16	Personal (24/28/33 Mann à 30 000 DM/a)	10,96	8,52	7,53
	17	Verschiedenes (Chemikalien, Büromaterial usw.)	7,15	7,15	7,15
	18	Summe (11) bis (17)	30,87	27,80	25,99
BBK	19	Brutto-Beseitigungskosten (10) + (18)	88,36	82,09	76,05
Erlöse	20	Gasverkauf 20,— DM/Gkal	*[14,96]	*[14,96]	*[14,96]
	21	Stromverkauf (0,06 DM/kWh)	10,54	10,96	11,61
	22	Eisenschrott	1,98	1,98	1,98
	23	NE-Schrott	[0,85]	[0,85]	[0,85]
	24	Glasverkauf	[3,60]	[3,60]	[3,60]
	25	A-Kohleverkauf	4,16	4,16	4,16
	26	Brennstoffverkauf	1,80	1,80	1,80
	27	Summe aus (20) bis (26)	18,48	18,90	19,55
NBK	28	Netto-Beseitigungskosten (19) ./. (27)	69,88	63,19	56,50

* nur bei Fremdbezug elektrischer Energie

arbeitenden Pyrolyseanlage für Haus- und Sperrmüll sowie Altreifen. In *Tabelle 2.25* sind für dieses Verfahren Investitions- und Betriebskosten zusammengestellt.

2.9.3 Vergasung

Unter *Vergasung* versteht man die Umsetzung kohlenstoffhaltiger Anteile fester Abfallstoffe bei hohen Temperaturen zu gasförmigen Brennstoffen. Als Vergasungsmittel dienen dabei im allgemeinen Sauerstoff, Luft, Rauchgase, Wasserdampf, Kohlendioxid und – selten – Wasserstoff, verfahrensabhängig allein oder kombiniert eingesetzt.

2.9.3.1 *Grundlagen*

Die festen voraufbereiteten Abfallstoffe werden getrocknet, entgast, wobei auch Pyrolysereaktionen auftreten können, und dabei verkohlt *(Bild 2.73)*. Der Kohlenstoff in dem verbleibenden Entgasungs- und Schwelrückstand verbrennt teilweise mit Luft oder Sauerstoff als Vergasungsmittel exotherm gemäß

$$C + {}^1\!/_2\, O_2 \rightarrow CO$$
$$C + O_2 \rightarrow CO_2$$

zu Kohlenmonoxid und Kohlendioxid, wobei das Brennstoffbett zum Glühen kommt und mit dem gebildeten Kohlendioxid entsprechend der heterogenen Boudouard-Reaktion

$$C + CO_2 \rightleftarrows 2\, CO$$

unter Bildung von Kohlenmonoxid weiterreagiert. Je höher die Bettemperatur gewählt wird, desto mehr verschiebt sich das «Boudouard»-Gleichgewicht nach rechts *(Bild 2.74)*.

Auch die Vergasung mit Wasserstoff gemäß

$$C + 2\, H_2 \rightarrow CH_4$$

verläuft exotherm, wird jedoch aus Kostengründen bisher großtechnisch nicht durchgeführt.

Wird Wasserdampf der Vergasungsluft beigemischt, läuft die Vergasung des Kohlenstoffs endotherm bei niedrigen Temperaturen gemäß

$$C + 2\, H_2O \rightleftarrows CO_2 + 2\, H_2$$

und bei hohen Temperaturen gemäß

$$C + H_2O \rightleftarrows CO + H_2$$

ab. Die Vergasungsgeschwindigkeit hängt neben der Temperatur auch von Porosität, Porenabmessungen und innerer Diffusion des Brennstoffbettes ab. Die erfor-

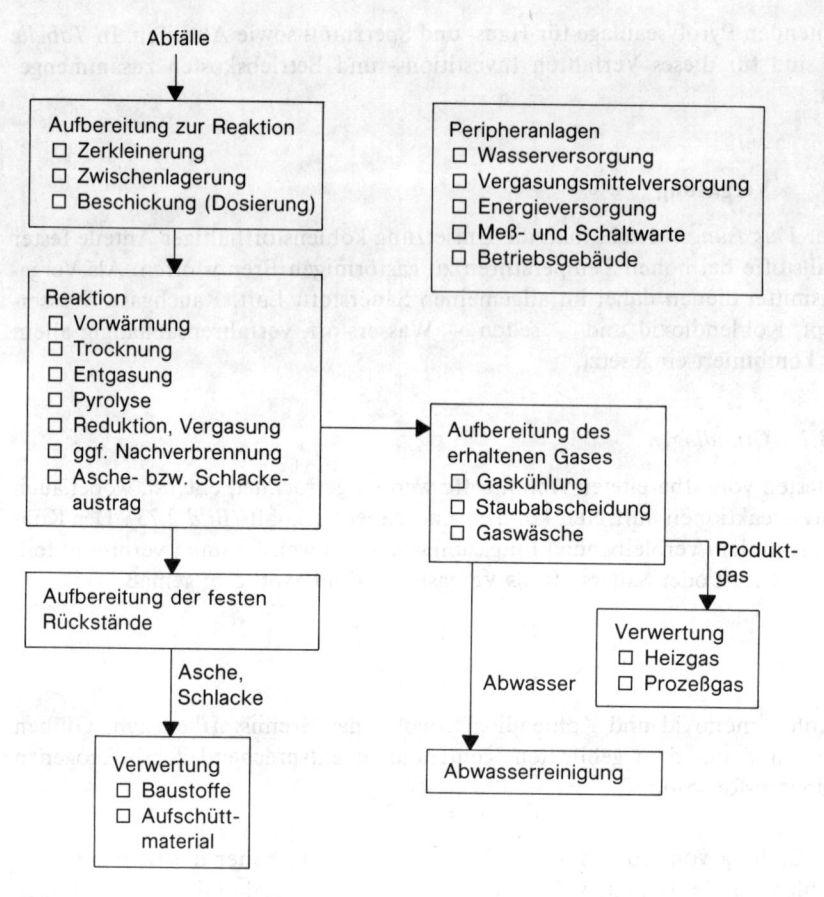

```
                        Abfälle
                          │
                          ▼
┌─────────────────────────────┐     ┌─────────────────────────────────┐
│ Aufbereitung zur Reaktion   │     │ Peripheranlagen                 │
│  □ Zerkleinerung            │     │  □ Wasserversorgung             │
│  □ Zwischenlagerung         │     │  □ Vergasungsmittelversorgung   │
│  □ Beschickung (Dosierung)  │     │  □ Energieversorgung            │
└─────────────────────────────┘     │  □ Meß- und Schaltwarte         │
                │                   │  □ Betriebsgebäude              │
                ▼                   └─────────────────────────────────┘
┌─────────────────────────────┐
│ Reaktion                    │
│  □ Vorwärmung               │
│  □ Trocknung                │
│  □ Entgasung                │
│  □ Pyrolyse                 │     ┌─────────────────────────────┐
│  □ Reduktion, Vergasung     │────▶│ Aufbereitung des            │
│  □ ggf. Nachverbrennung     │     │ erhaltenen Gases            │
│  □ Asche- bzw. Schlacke-    │     │  □ Gaskühlung               │
│    austrag                  │     │  □ Staubabscheidung         │
└─────────────────────────────┘     │  □ Gaswäsche                │
                │                   └─────────────────────────────┘
                ▼                                     │  Produkt-
┌─────────────────────────────┐                       │  gas
│ Aufbereitung der festen     │                       ▼
│ Rückstände                  │             ┌─────────────────────┐
└─────────────────────────────┘             │ Verwertung          │
                │  Asche,                   │  □ Heizgas          │
                │  Schlacke    Abwasser     │  □ Prozeßgas        │
                ▼                           └─────────────────────┘
┌─────────────────────────────┐
│ Verwertung                  │     ┌─────────────────────┐
│  □ Baustoffe                │     │ Abwasserreinigung   │
│  □ Aufschütt-               │     └─────────────────────┘
│    material                 │
└─────────────────────────────┘
```

Bild 2.73 Vereinfachtes Übersichtsblockdiagramm der im allgemeinen in Vergasungsanlagen für feste Abfallstoffe zusammenwirkenden Verfahrensstufen bzw. Anlagenteile

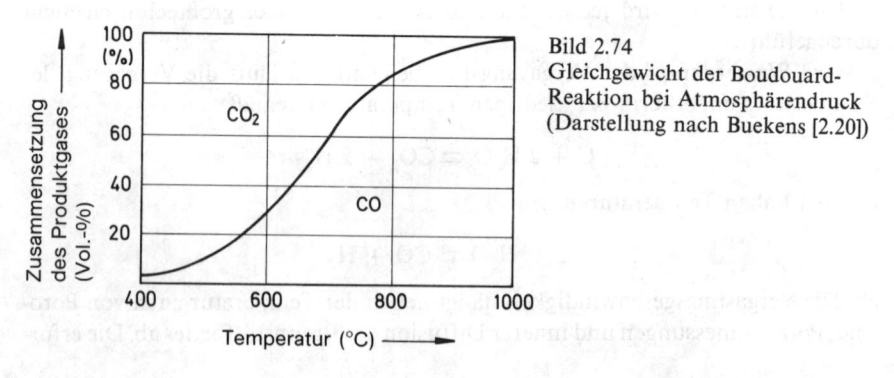

Bild 2.74
Gleichgewicht der Boudouard-Reaktion bei Atmosphärendruck
(Darstellung nach Buekens [2.20])

Bild 2.75
Gleichgewichtsgaszusammensetzung bei der Vergasung von Kohlenstoff mit Wasserdampf (Darstellung nach Buekens [2.20])

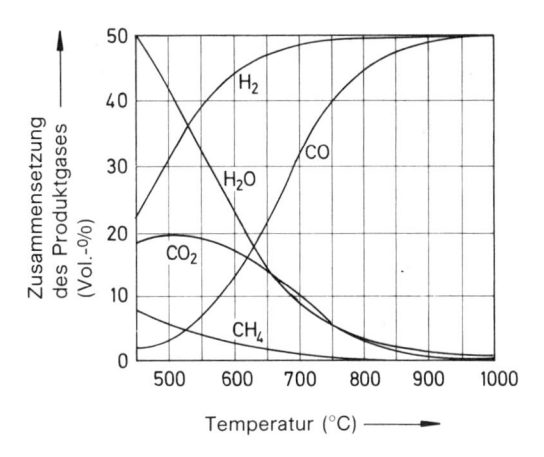

derliche Reaktionswärme wird durch Teilverbrennung von Kohlenstoff im Vergasungsreaktor selbst erzeugt.

Neben den heterogenen Vergasungsreaktionen spielen sich in der Vergasungszone des Reaktors auch Gas-Gas-Reaktionen ab, wie

$$CO + H_2O \rightleftarrows CO_2 + H_2$$
$$CH_4 + H_2O \rightleftarrows CO + 3 H_2$$
(Bild 2.75).

Im Temperaturbereich von 800 bis 1100 °C durchgeführte Hochtemperaturvergasungen liefern die höchste Ausbeute an allerdings heizwertarmem Gas. Bei Höchsttemperaturvergasungen (> 1400 °C) für heizwertreiche Abfälle fallen die festen Vergasungsrückstände als Schlackenschmelze an. Das erhaltene vollständig sterile und wenig voluminöse Schlackengranulat ist weiterverwendbar.

Die Phasenführung im Vergasungsreaktor beeinflußt entscheidend den thermischen Wirkungsgrad der Abfallbehandlung. Die Gegenstromführung von Feststoffen und Vergasungsmittel mit direktem Wärmeaustausch ermöglicht einen hohen thermischen Wirkungsgrad. Eine Gleichstromführung führt zu kleineren Wirkungsgraden und läßt nur niedrigere Beseitigungskapazitäten zu. Dafür sind im allgemeinen die Gefahren der Hartteerverstopfungen im Abfuhrsystem des Reaktors und die Abwasserbelastungen kleiner, da Schwelprodukte in der Zone höchster Temperatur des Reaktors weitestgehend gespalten werden. Eine Querstromführung wird nur in Sonderfällen angewandt.

2.9.3.2 Verfahrensablauf, Verfahrensbeispiele

Bild 2.73 gibt eine schematische Übersicht über den Verfahrensablauf bei der Vergasung fester Abfälle.

In *Tabelle 2.26* sind ohne Anspruch auf Vollständigkeit Vergasungsverfahren kurz beschrieben, die im westeuropäischen Raum angeboten werden; Einteilungsprinzip ist der Typ des eingesetzten Reaktors.

Tabelle 2.26 Auswahl von in Westeuropa angebotenen Vergasungsverfahren [2.9], [2.13], [2.20]

Verfahren, Reaktortyp	Einsatz	Produkte
Andco-Torrax-Verfahren [2.41] Höchsttemperatur-Gegenstrom-Vergasung (ca. 1600 °C) von Rohmüll mit regenerativ in Winderhitzern beheizter Luft in rostlosem Schachtofen mit Schlackenfluß. Direkte Nachverbrennung des erzeugten heizwertarmen Gases in tangential befeuerter Nachverbrennungskammer	Rohmüll	Produktgas (verbrannt in Nachverbrennungskammer) mit folgenden brennbaren Bestandteilen (Vol.-%): CO 8 bis 15 C_nH_m nicht ermittelt H_2 8 bis 15 CH_4 1 bis 4 Heizwert: 3000 bis 6000 kJ/m_n^3
Motala-Verfahren Höchsttemperatur-Gegenstrom-Vergasung von Rohmüll und Kohle mit Luft und verdampftem Abwasser in zweistufigem Generator mit Treppendrehrost. Vergasungs- und Schwelprodukte werden separat abgezogen	Rohmüll + Kohle	
Purox-Verfahren (Union Carbide) Höchsttemperatur-Gegenstrom-Vergasung (ca. 1600 °C) von durch Zerkleinern und Schrottauslese aufbereitetem Müll mit Sauerstoff in rostlosem Schachtofen mit Schlackenfluß. Nachgeschaltete Gaskühlung und Gasreinigung	aufbereiteter Hausmüll	Produktgas (typische Analyse in Vol.-%): H_2 23 Heizwert: CO 38 12 000 bis CO_2 27 14 000 kJ/m_n^3 CH_4 und 10 andere Kwste. N_2, Ar 2
Saarberg-Fernwärmeverfahren nach Funk [2.42] Höchsttemperatur-Gegenstrom-Vergasung von durch Grobzerkleinern, Magnetabtrennung und Absieben feinkörniger Anteile aufbereitetem Müll mit Sauerstoff und Wasserdampf in einem Reaktor mit Tellerrost. Nachgeschaltete Gaskühlung, -reinigung und -trennung	aufbereiteter Haus- und Industriemüll	Produktgas (Analyse in Vol.-%): H_2 15 bis 30 Gasausbeute: CO 25 bis 40 0,7 bis 1,4 m_n^3 CO_2 10 bis 25 Gas/kg Müll CH_4 5 bis 10 Sauerstoffbedarf: 0,1 kg O_2/kg Müll

Bild 2.76
Vertikalschachtofen («Pyrolator») und Nachbrennkammer beim «Schmelzpyrolyse»-Verfahren System Andco-Torrax, schematisch (Darstellung nach MELAN [2.41])

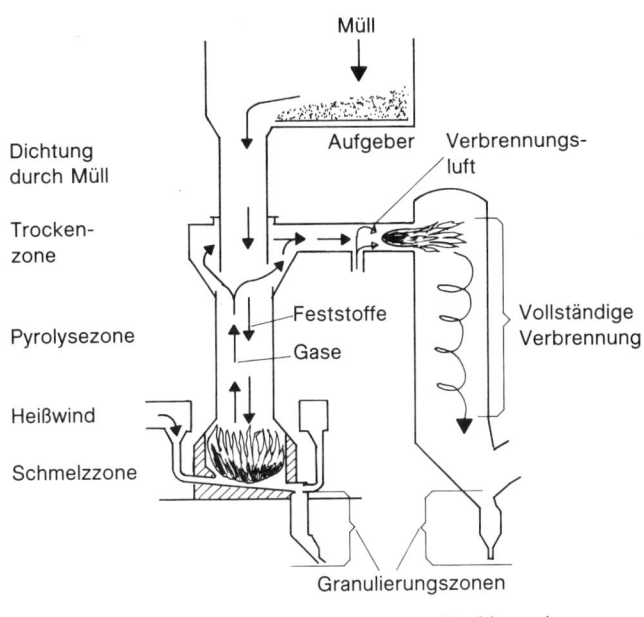

Bild 2.76 zeigt als Beispiel schematisch Vertikalschachtofen («Pyrolator») und Nachbrennkammer des Andco-Torrax-Verfahrens zur «Schmelzpyrolyse» von Müll mit nachfolgender Vergasung der verkohlten Rückstände mit Heißluft und Nachverbrennung der Pyrolyse- und Vergasungsgase in einer Nachbrennkammer.

Bild 2.77 verdeutlicht den Stofffluß bei der Vergasung von Haus- und Industriemüll nach dem Saarberg-Fernwärmeverfahren nach Funk.

2.10 Behandlung von Sonderabfällen

Sonderabfälle, für die gemäß § 3 Absatz 3 AbfG eine Beseitigung zusammen mit Hausmüll und hausmüllähnlichem Gewerbemüll abgelehnt wird, müssen gesondert behandelt bzw. abgelagert werden (siehe auch Abschnitt 2.1). Es handelt sich dabei um die in *Tabelle 2.27* aufgelisteten Gruppen von Sonderabfällen.

Diese Sonderabfälle müssen zunächst erfaßt und beurteilt werden (*Bild 2.78* und *Tabelle 2.28*). Je nach Ergebnis dieser Beurteilung folgt ihre stoff- oder stoffgruppenspezifische Beseitigung durch direkten Absatz an Abnehmer oder die Abfallbörse, durch Verwertung mit Hilfe von Recyclingmaßnahmen, durch Ablagern in Sonderdeponien oder durch Verbrennung (*Tabelle 2.29*). Ist keine dieser Beseitigungsmaßnahmen direkt möglich, müssen die Abfälle zunächst umgearbeitet werden.

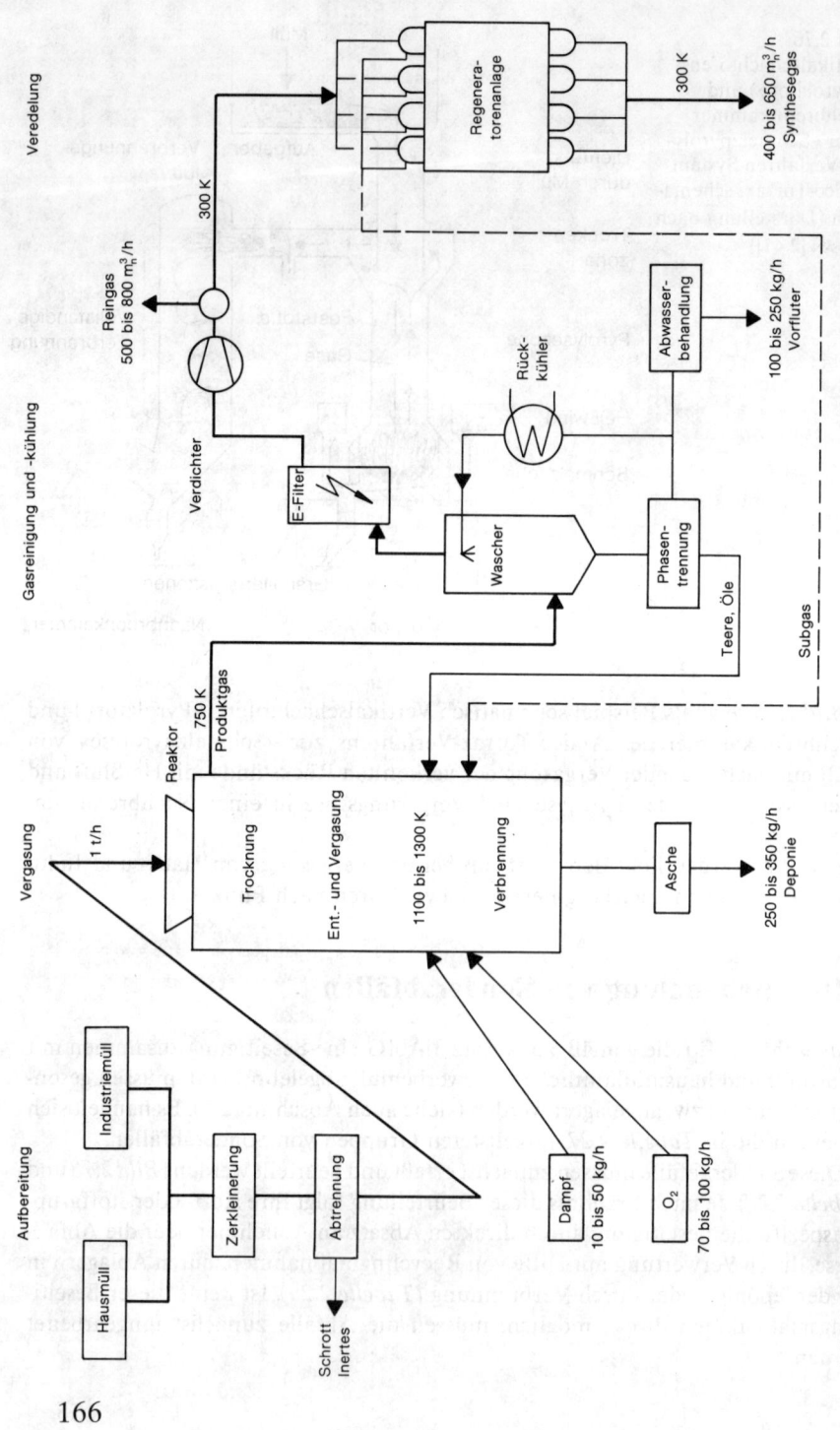

Bild 2.77 Stofffluß bei der Vergasung von Haus- und Industriemüll nach dem Verfahren der Saarberg-Fernwärme GmbH (Darstellung nach [2.42])

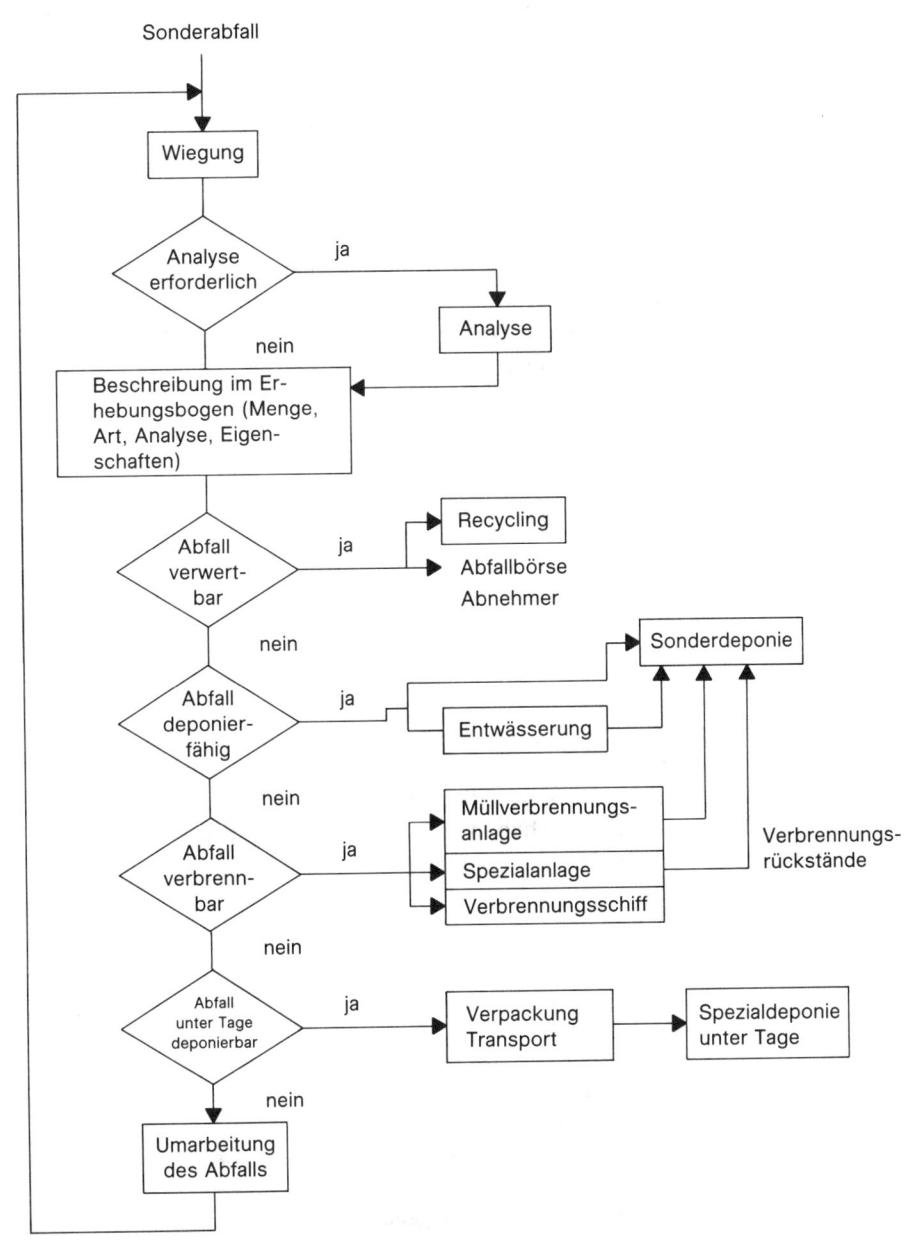

Bild 2.78 Erfassung und Beurteilung von Sonderabfällen. Festlegung der Art ihrer Beseitigung

Tabelle 2.27 Sonderabfälle [2.9]

☐ Sonderabfälle, die nicht dem AbfG unterliegen und aufgrund anderer Gesetze in besonderen Anlagen behandelt, beseitigt oder aufgearbeitet werden müssen (Gruppe 1)

— Altöle (gebrauchte Mineralöle und gebrauchte flüssige Mineralölprodukte, mineralölhaltige Rückstände aus Lager-, Betriebs- und Transportbehältern) gemäß Gesetz über Maßnahmen zur Sicherung der Altölbeseitigung (Altölgesetz)
— Radioaktive Abfälle (Atomgesetz. Erste Strahlenschutzverordnung)
— Tierkörper (Tierkörperbeseitigungsgesetz)

☐ Sonderabfälle, die dem AbfG unterliegen

Abfälle, die aufgrund ihrer Zusammensetzung und ihrer Menge am zweckmäßigsten in jeweils besonderen Anlagen behandelt, beseitigt oder aufgearbeitet werden (Gruppe 2)

— Abfälle aus Massentierhaltungen
— Schlachtabfälle
— Autowracks und Eisensperrmüll
— Altreifen
— Infektiöse Abfälle aus Krankenhäusern usw.

☐ Abfälle produktionsspezifischer Art aus Industriebetrieben mit Ausnahme von Abfällen der Gruppe 2, die aufgrund ihrer Art oder Menge nicht zusammen mit dem Hausmüll beseitigt werden können, z.B. Abfälle aus der chemischen, pharmazeutischen, metallverarbeitenden, glasverarbeitenden, mineralölverarbeitenden und petrochemischen Industrie (Gruppe 3)

— Sonderabfälle, die ohne Vorbehandlung auf besonders qualifizierten Deponien abgelagert werden können (z.B. ölverunreinigtes Erdreich, Neutralisationsgut, Teerrückstände und erhärtende Säureharze)
— Sonderabfälle organischer Natur, die mit oder ohne Vorbehandlung verbrannt werden können (z.B. organische Lösemittel, Abscheidegut aus Leichtstoffängern, Altöle, Bohr- und Schleifölemulsionen; organisch-chemische Rückstände und Fehlchargen aus der chemischen und petrochemischen Industrie)
— Sonderabfälle organischer und anorganischer Natur, die erst nach chemischer oder physikalischer Vorbehandlung abgelagert werden können (z.B. Säuren, Laugen, wasserlösliche Schwermetallsalze, Galvanikschlämme, Fällungsschlämme, Schlämme aus der Metallverarbeitung und -veredlung, ölverunreinigte Bleicherde

Tabelle 2.28 Erfassung und Laboruntersuchung von Sonderabfällen (Darstellung nach KLUBESCHEIDT [2.27])

Erfassung von Sonderabfällen

Allgemeine Angaben zur Abfallart
- ☐ Probenahme
  - Datum
  - Probenehmer
  - Probeentnahmestelle
- ☐ Bezeichnung der Abfallart (betriebsüblich, wenn möglich auch nach Abfallkatalog)
- ☐ Abfallerzeuger (Anschrift)
  Anfallstelle im Betrieb
- ☐ Art der Lagerung
  - Lagerplatz
  - Art der Lagerung
- ☐ Anfallende Menge
  - einmalig (m^3, t)
  - Häufigkeit (m^3, t/Tag/Monat/Jahr)
- ☐ Zusammensetzung des Abfalls (soweit Angaben vorhanden)
- ☐ Bisherige Beseitigung

Abfallbeschreibung
- ☐ Beschaffenheit
  (fest, stichfest, pastös, flüssig, rieselfähig, staubförmig, thixotrop, stückig, (in)homogen u.a.)
- ☐ Geruch (Art und Intensität)
- ☐ Aussehen
- ☐ Weitere Eigenschaften und Merkmale (soweit erforderlich)

Programme zur Laboruntersuchung von Sonderabfällen
Untersuchungen zum Reaktionsverhalten des Abfalls
- ☐ Entwässerbarkeit (Filtration, Spaltung, Absetzverhalten)
- ☐ Verhalten bei thermischer Belastung (Änderung des Aggregatzustands, Gas- und Geruchsentwicklung, Entzündung, Intensität, Löslichkeit)

Grundsatzuntersuchungen aus Originalmaterial
- ☐ pH-Wert
- ☐ H_2O-Gehalt
- ☐ Trockenrückstand
- ☐ Glühverlust

Grundsatzuntersuchungen im Eluat (soweit erforderlich)
- ☐ Farbe
- ☐ Geruch
- ☐ Trübung
- ☐ pH-Wert

Weitere Untersuchungen, wie z.B. auf Oxidierbarkeit, auf Gehalte von Schwermetallen, auf den biochemischen Sauerstoffbedarf u.a., können je nach dem Belastungspotential des untersuchten Abfallstoffs sich anschließen.
Einzel- und Spezialuntersuchungen
Auch hier bestimmt sich das Untersuchungsprogramm aus dem Konflikt zwischen dem Belastungspotential des Abfalls und den der Abfallbehandlungsanlage vorgegebenen Grenzwerten.

Tabelle 2.29 Beseitigung von Sonderabfällen
(Darstellung nach KLUBESCHEIDT [2.27])

Stoffgruppen Konsistenz	Art der Beseitigung
stichfeste Sonderabfälle	Verbrennung und Deponierung
☐ ausgehärtet und wasserlöslich	In der Regel können diese Abfälle zusammen mit dem Hausmüll deponiert werden. Soweit erforderlich sind spezielle Schlämme (Galvanik) vor der Entwässerung zu entgiften und zu neutralisieren
☐ wasserlöslich	Verbrennung und/oder Ablagerung auf Sonderabfalldeponien, wobei die letztere Art der Beseitigung in der Regel die kostengünstigere Alternative ist,
☐ Härtesalze	Untertagedeponie
☐ Pflanzenschutzabfälle	Untertagedeponie und Spezialbehandlung im Einzelfall
☐ brand- und explosionsgefährliche Abfälle	Spezialbehandlung im Einzelfall
Für alle Stoffgruppen sind Technologien zur Rohstoffrückgewinnung bisher nur wenig verfügbar	
flüssige Sonderabfälle	Verbrennung, Vorbehandlung, Wiederverwertung
☐ Lösungsmittel, Lacke, Farben (Pigmente, Kohlenwasserstoffe, Schwermetalle)	Regenerierung durch Destillation, soweit die Stoffe nicht zu sehr verschmutzt sind. Hochverschmutzte Stoffe dieser Kategorie sind einer Sonderabfallverbrennungsanlage zuzuführen, soweit chlorhaltig einer Anlage mit einer Rauchgas-Naßwäsche oder Verbrennung auf hoher See
☐ Mineralölhaltige Abfallstoffe (Benzine, Fette, Öle)	Schadlose Beseitigung in Sonderabfallverbrennungsanlagen; soweit hohe Wasseranteile vorhanden sind, ist eine volumenreduzierende Vorbehandlung (Öl-Wasser-Trennung) kostengünstiger. Wenig verschmutzte Altöle können zu Zweitraffinaten verarbeitet werden
☐ anorganische Abfallstoffe (Säuren, Laugen, Metallverbindungen)	Entgiftung, Neutralisation und Deponierung der entwässerten Schlämme
☐ sonstige pumpfähige Sonderabfälle (Phenole, Ammoniak u.a.)	In der Regel Verbrennung in Hochtemperaturverbrennungsanlagen; selten geeignet für eine Rohstoffrückgewinnung
☐ pastöse Sonderabfälle	Verbrennung und/oder Ablagerung auf Sonderabfalldeponien nach Eindickung mit geeigneten Aufsaugmitteln

Bild 2.79 zeigt schematisch vereinfacht die Verfahrensweise bei der Behandlung wichtiger Sonderabfälle.

Eine Beseitigung von Sonderabfällen auf hoher See darf nur noch ausnahmsweise und gemäß den Richtlinien des «Hohe-See-Einbringungsgesetzes» im Oslo-London-Abkommen erfolgen. (Zur Zeit werden drei Seeverbrennungsschiffe betrieben, die in nach oben offenen Muffelöfen Abfälle auf hoher See verbrennen dürfen. Es sind dies die deutschen Schiffe «Matthias II» mit einer Ladekapazität von 1200 m³ und einer stündlichen Verbrennungsleistung von 10 bis 12 t und «Vesta» mit 1400 m³ bzw. 10 t/h sowie das unter der Flagge Singapurs fahrende Schiff «Vulcanus» mit einer Ladekapazität von 3500 m³ und einer Verbrennungsleistung von 20 bis 25 t/h [2.26].)

Kurz erwähnt sei die Möglichkeit der Energieerzeugung aus organischen Sonderabfällen im Bereich der Landwirtschaft als Beispiel für lokal nutzbare und zur Energieeinsparung einzelner Betriebe mit Massentierhaltung wirtschaftlich sinnvolle Abfallverwertung: Insbesondere tierische Exkremente, aber auch Feld- und Fruchtverwertungsrückstände lassen sich unter Luftabschluß mikrobiell in wäßrigem Milieu über verschiedene Zwischenprodukte in *«Biogas»* – ein Gemisch aus Methan und Kohlendioxid – und ausgefaulten Schlamm abbauen (anaerobe) *Faulung, Methangärung, Fermentation (Tabelle 2.30).* In einer ersten Stufe, der «sauren Gärung» oder «Verflüssigung», wird die mikrobiell verwertbare «Biomasse» durch acinogene Bakterien, wie Milchsäure-, Coli-, Propionsäure- und Buttersäurebakterien und Hefe, in Alkohole, Säuren und «Gärgas» abgebaut *(Tabelle 2.31).* Methanogene, sulfatreduzierende und gegebenenfalls denitrifizierende Bakterien sorgen dann für eine weitere Umsetzung in Methan und Kohlendioxid sowie ausgefaulte Rückstände («alkalische Gärung» oder «Vergasung»). Der ausgefaulte Rückstandsschlamm ist fast geruchlos und nahezu keimfrei; sein Dungwert ist hoch, weil die Nährstoffe des Ausgangsmaterials, wie Stickstoff, Phosphor, Kalium usw., bei der Faulung erhalten blieben.

Wesentliche Parameter des Vergärungsprozesses zur Erzeugung von Biogas sind:
- Faulraumbelastung (ca. 1 bis 6 kg organische Trockensubstanz je m³ Faulraum und Tag).
- Feststoffgehalt im Abfallschlamm (<10 bis 12%).
- Temperatur (3 bis 30 °C für psychrophile, 25 bis 45 °C für mesophile und 40 bis 70 °C für thermophile Mikroorganismen; häufig 30 bis 40 °C).
- pH-Wert (7,0 bis 7,5, Pufferung mit Kalk).
- Kohlenstoff-Stickstoff-Verhältnis (ca. 10 bis 15).
- Stickstoffgehalt (ca. 100 mg/l Biomasse).
- Säuregehalt (<2000 mg/l).
- Gehalt an Stoffen, die die Tätigkeit der Mikroorganismen hemmen (Antibiotika, Detergentien usw.).

Die benötigte Faulzeit bis zum Ende der Gärung wächst mit sinkender Temperatur und liegt bei etwa 20 bis 30 Tagen für einen Temperaturbereich von etwa 30 bis 35 °C im Gärraum. Die Ausbeute an Biogas macht ca. 100 bis 500 l/kg organische

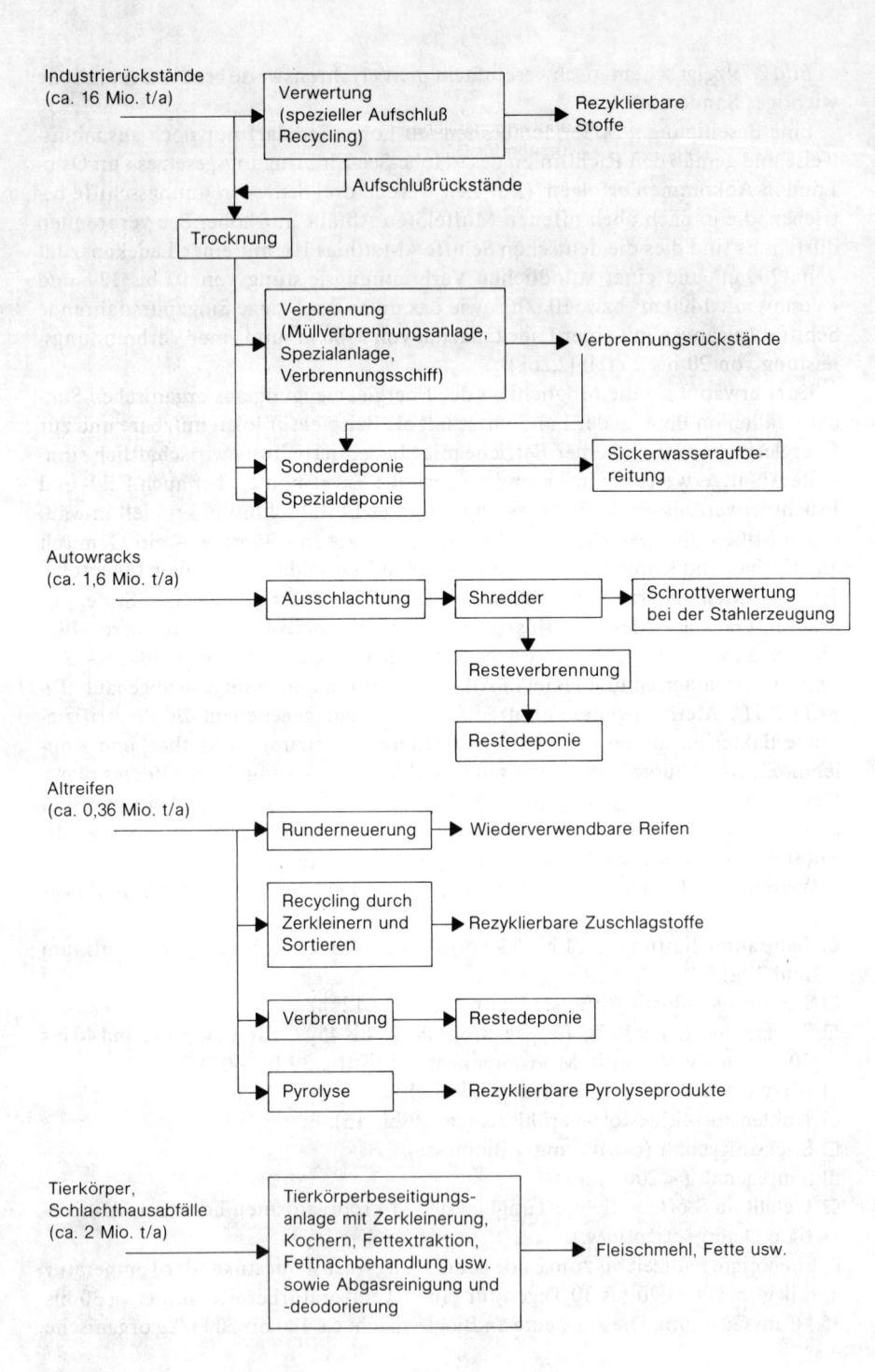

```
Industrierückstände
(ca. 16 Mio. t/a) ──▶ ┌─────────────────────┐
                     │ Verwertung          │
                     │ (spezieller Aufschluß│──▶ Rezyklierbare
                     │ Recycling)          │    Stoffe
                     └─────────────────────┘
                           │ Aufschlußrückstände
                           ▼
                     ┌──────────┐
                  ──▶│ Trocknung│
                     └──────────┘
                           │
                           ▼
                     ┌─────────────────────────┐
                     │ Verbrennung             │
                  ──▶│ (Müllverbrennungsanlage,│──▶ Verbrennungsrückstände
                     │ Spezialanlage,          │
                     │ Verbrennungsschiff)     │
                     └─────────────────────────┘
                           │
                           ▼
                     ┌──────────────┐
                  ──▶│ Sonderdeponie│──▶ Sickerwasseraufbe-
                  ──▶│ Spezialdeponie│    reitung
                     └──────────────┘
```

```
Autowracks
(ca. 1,6 Mio. t/a) ──▶ ┌─────────────┐   ┌─────────┐   ┌──────────────────┐
                       │ Ausschlachtung│─▶│ Shredder │─▶│ Schrottverwertung│
                       └─────────────┘   └─────────┘   │ bei der Stahlerzeugung│
                                              │        └──────────────────┘
                                              ▼
                                        ┌───────────────┐
                                        │ Resteverbrennung│
                                        └───────────────┘
                                              │
                                              ▼
                                        ┌────────────┐
                                        │ Restedeponie│
                                        └────────────┘
```

```
Altreifen
(ca. 0,36 Mio. t/a) ──▶ ┌──────────────┐
                     ──▶│ Runderneuerung│──▶ Wiederverwendbare Reifen
                        └──────────────┘

                        ┌──────────────────┐
                     ──▶│ Recycling durch  │──▶ Rezyklierbare Zuschlagstoffe
                        │ Zerkleinern und  │
                        │ Sortieren        │
                        └──────────────────┘

                        ┌───────────┐    ┌────────────┐
                     ──▶│ Verbrennung│──▶│ Restedeponie│
                        └───────────┘    └────────────┘

                        ┌─────────┐
                     ──▶│ Pyrolyse │──▶ Rezyklierbare Pyrolyseprodukte
                        └─────────┘
```

```
Tierkörper,
Schlachthausabfälle    ┌──────────────────────────┐
(ca. 2 Mio. t/a) ────▶│ Tierkörperbeseitigungs-  │
                      │ anlage mit Zerkleinerung, │
                      │ Kochern, Fettextraktion,  │──▶ Fleischmehl, Fette usw.
                      │ Fettnachbehandlung usw.   │
                      │ sowie Abgasreinigung und  │
                      │ -deodorierung             │
                      └──────────────────────────┘
```

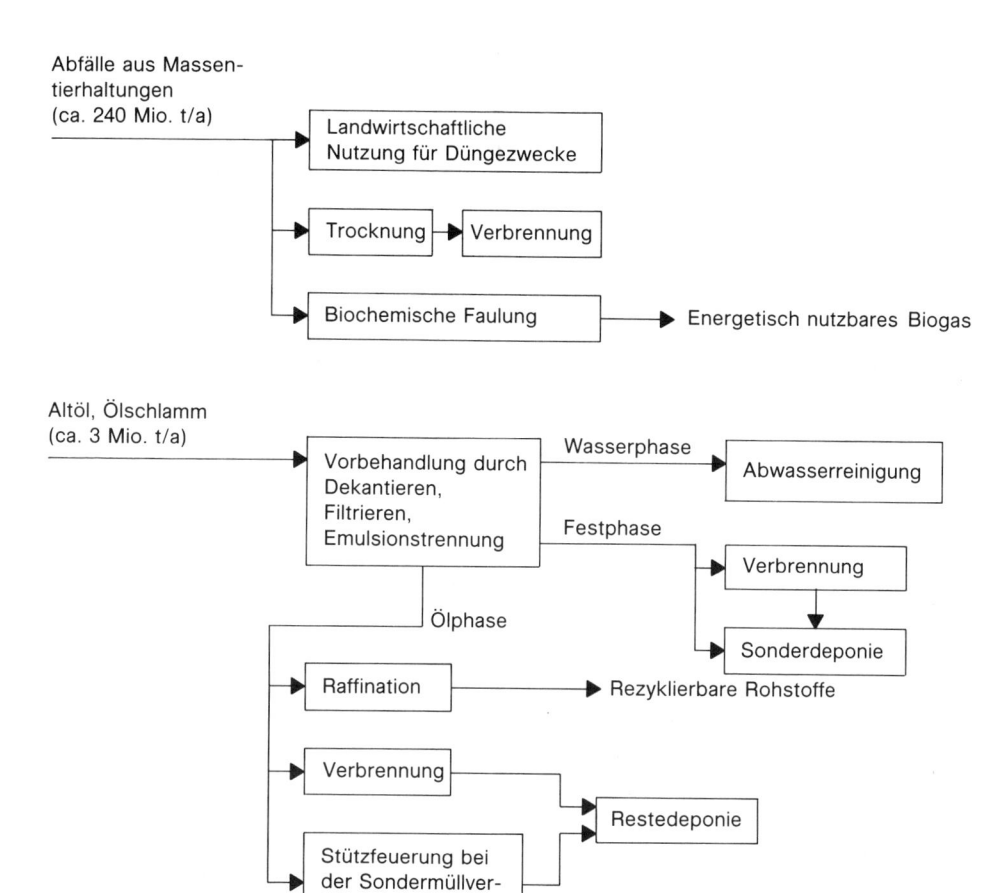

Bild 2.79 Behandlung wichtiger Sonderabfälle, schematisch vereinfacht

Tabelle 2.30 Eigenschaften von Biogas ([2.43] bis [2.45])

Eigenschaft	CH_4	CO_2	H_2	H_2S	Modellgemisch (60% CH_4, 40% CO_2)
Zusammensetzung (Vol.-%)	50 bis 70	30 bis 50	0 bis 1	0 bis 3	100
Heizwert H_u (kJ/m³)	35 800	–	10 800	22 800	21 500
Zündtemperatur (°C)	650 bis 750	–	585	–	650 bis 750
Zündgrenze in Luft (Vol.-%)	5 bis 15	–	4 bis 80	4 bis 45	6 bis 12
Dichteverhältnis zu Luft	0,55	2,5	0,07	1,2	0,83

Trockensubstanz bei der Verwertung tierischer Exkremente aus und wächst auf ca. 600 l/kg bei der Faulung häuslichen Klärschlamms bzw. etwa 700 l/kg bei der Vergärung pflanzlicher Rückstände.

Eine Anlage zur Erzeugung von Biogas besteht im wesentlichen aus folgenden Teilen:
□ Aufbereitungs- und Dosiersystem für die Abfälle (Zerkleinerung, Entmistungssystem usw.).
□ Gärreaktor mit Rührsystem und Beheizung (Speichersystem mit einem einzigen Behälter als Gärbehälter, Gasspeicher und Schlammspeicher für den Chargenbetrieb; Durchflußbehälter mit kontinuierlichem Zustrom von Biomasse und kontinuierlicher Entnahme von Biogas und Faulschlamm; Wechselbehältersystem mit halbkontinuierlichem Betrieb zweier Behälter).
□ Gasspeicher (Kaverne, Gasglocke usw.).
□ Gasverwertungssystem (Brenner, Gasmotor usw.)
mit entsprechender Peripherie.

Die Anlagenkosten von Biogasanlagen für Abfälle aus der Massentierhaltung liegen derzeit bei etwa 500 bis 1000 DM/Großvieheinheit für Betriebe mit ca. 200 Großvieheinheiten (GVE) und bei ca. 1500 bis 2500 DM/GVE für Betriebe mit 50 GVE.

Tabelle 2.31 Anaerober Abbau von Biomasse zu Biogas in Modellreaktionsgleichungen; Zusammensetzung des entstehenden Biogases ([2.43] bis [2.45])

Abbau von Kohlenhydraten und Fetten

$$C_xH_yO_z + \left(x - \frac{y}{4} - \frac{z}{4}\right)H_2O \rightarrow \left(\frac{x}{2} - \frac{y}{8} + \frac{z}{4}\right)CO_2 + \left(\frac{x}{2} + \frac{y}{8} - \frac{z}{4}\right)CH_4$$

Beispiel: Glukose, Tripalmitin

$C_6H_{12}O_6 \rightarrow 3\ CO_2 + 3\ CH_4$

$C_{51}H_{98}O_6 + 23{,}5\ H_2O \rightarrow 14{,}75\ CO_2 + 36{,}25\ CH_4$

Abbau von Eiweiß

$$C_vH_wO_xN_yS_z + \left(v - \frac{w}{4} - \frac{x}{2} + \frac{3y}{4} + \frac{z}{2}\right)H_2O$$

$$\rightarrow \left(\frac{v}{2} + \frac{w}{8} - \frac{x}{4} - \frac{3y}{8} - \frac{z}{4}\right)CH_4$$

$$+ \left(\frac{v}{2} - \frac{w}{8} + \frac{x}{4} + \frac{3y}{8} + \frac{z}{4}\right)CO_2 + y\ NH_3 + z\ H_2S$$

Beispiel: Eiweiß mit mittlerer Summenformel, gerundet

$C_{13}H_{25}O_7N_3S + 6\ H_2O \rightarrow 6{,}5\ CO_2 + 6{,}5\ CH_4 + 3\ NH_3 + H_2S$

Biogasanfall bei verschiedenen organischen Ausgangsmaterialien

Ausgangsmaterial	Gasanfall m³/kg Trockensubstanz		Methananteil Vol.-%
	Biogas	Methan	
Eiweiße	0,98	0,49	50
Fette	1,44	1,04	72
Kohlenhydrate	0,75	0,37	50

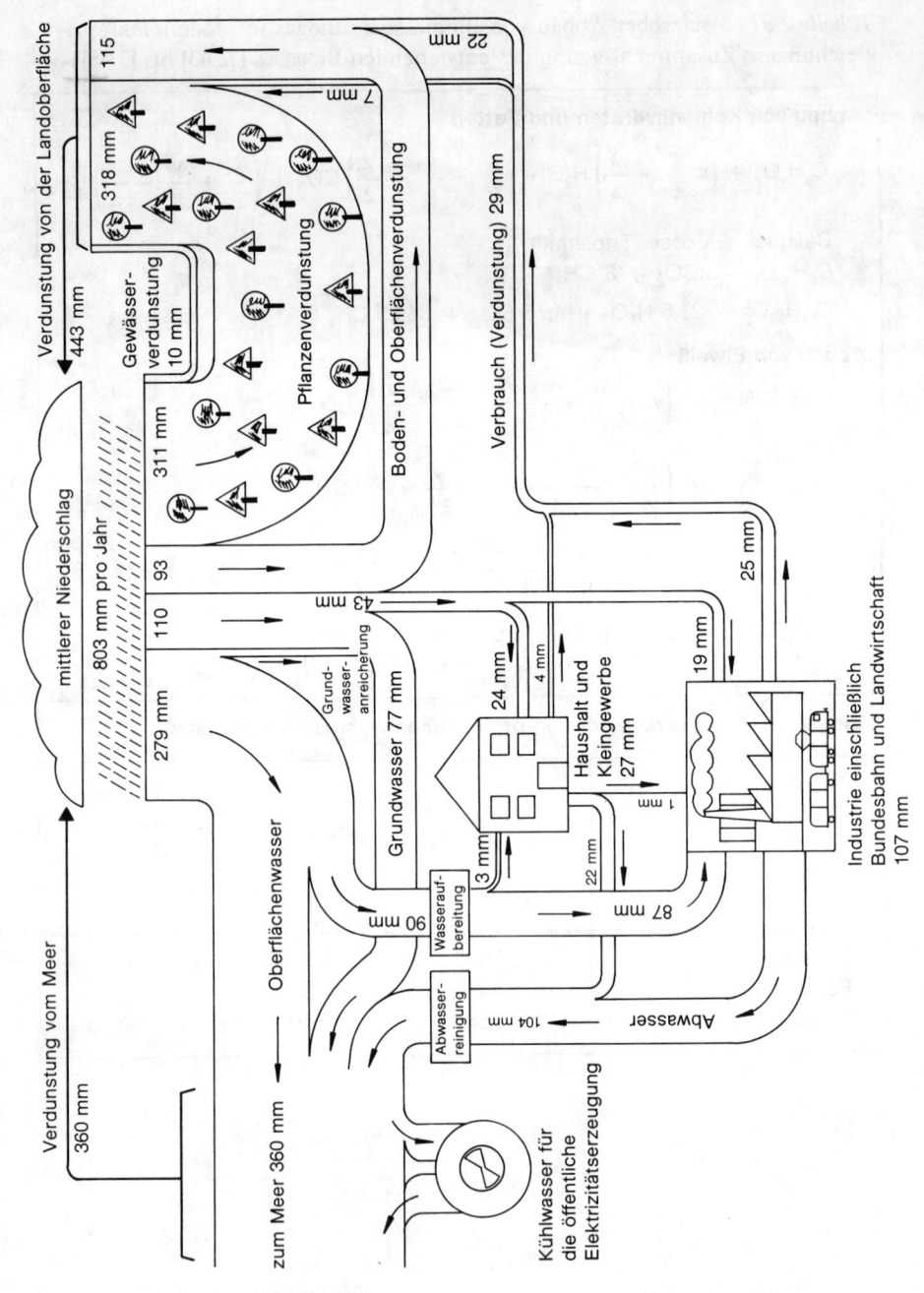

Bild 3.1 Kreislauf des Wassers in der Natur (Umweltministerium Baden-Württemberg)

3 Aufbereitung von Abwässern

3.1 Allgemeiner Teil

3.1.1 Der Wasserkreislauf in der Natur

Wasser ist eines der kostbarsten Güter der Menschheit!
Ohne Wasser ist kein Leben vorstellbar!
Diese beiden hinlänglich bekannten Tatsachen sollten uns allein schon veranlassen, alles technisch Mögliche zu tun, um diesen kostbaren Stoff zu schonen und zu erhalten beziehungsweise nach Gebrauch in seine Ausgangsform zurückzuversetzen, d.h. zu reinigen und aufzubereiten. Ehe auf die hierzu zur Verfügung stehenden technischen Möglichkeiten und Verfahren eingegangen wird, soll ein Überblick über den Wasserkreislauf in der Natur, bezogen auf die Bundesrepublik und hochgerechnet auf die Zeit etwa um das Jahr 2000, gegeben werden.

Zwar sind drei Viertel der Erdoberfläche mit Wasser bedeckt, und die gesamte Wassermenge beträgt $1,4 \cdot 10^{18}$ m³ [3.1]. Die weitaus größten Mengen entziehen sich aber dem unmittelbaren Zugriff: 92,2% sind Salzwasser der Meere, und 2,2% bedecken als Eis die Pole und Gebirge. Weitere 5% befinden sich in der Luft oder liegen anderweitig fest. Damit bleiben nur 0,6% als Süßwasser in den Seen und Flüssen und im Grundwasser des Festlandes übrig. Und diese Menge ist sehr unregelmäßig über die Kontinente verteilt.

Bei einer mittleren Niederschlagsmenge von rund 0,8 m³/m² a stehen in der Bundesrepublik Deutschland ca. $200 \cdot 10^9$ m³/a Wasser zur Verfügung, wenn man den Zufluß über die Grenzen außer acht läßt und mit dem Grundwasser keinen Raubbau betreibt. Ersteres kann man tun, weil man davon ausgehen kann, daß die Flüsse diese Mengen wieder exportieren. Das zweite hingegen muß Sorge bereiten. Durch weitgehend überbaute Flächen, die kein Niederschlagswasser versickern lassen, und durch örtlich überhöhte Entnahme ist der Grundwasserspiegel vielerorts in Gefahr und schon abgesunken. Absinkende Grundwasserspiegel führen u.a. zur Verödung ganzer Landstriche. Aus *Bild 3.1* kann man entnehmen, wie sich oben genannte 200 Mrd. m³ pro Jahr verteilen [3.1]. Nach einfacher Umrechnung der in mm WS angegebenen Mengen stellt man fest, daß aus Oberflächen- und Grundwasser zusammen $33,13 \cdot 10^9$ m³/a für Haushalt, Industrie und landwirtschaftliche Betriebe entnommen werden, wovon $25,90 \cdot 10^9$ m³/a über Reinigungsanlagen geleitet werden müssen.

3.1.2 Notwendigkeit von Kläranlagen

Jedes natürliche Gewässer verfügt über die Eigenschaft, sich selbst zu reinigen, indem die dort lebenden Organismen die organischen Schmutzstoffe in ihren Stoffwechsel einbeziehen und eigene Körpersubstanz aufbauen. Der Mechanismus dieses Vorganges wird im Abschnitt 3.3.1 beschrieben.

Von dieser natürlichen *Selbstreinigung* hat der Mensch bis in unsere Zeit hinein rücksichtslos Gebrauch gemacht und durch Überlastung dieses Reinigungsvermögens den Zustand herbeigeführt, in dem sich ein Großteil unserer Gewässer befindet. Erst in jüngster Zeit hat sich ein entsprechendes Bewußtsein der Menschen und die Bereitschaft zum Bau von Kläranlagen gebildet. Die Entwicklung seit 1957 ist in *Bild 3.2* dargestellt. Nach diesen vom Bundesminister des Inneren veröffentlichten Angaben wurden im Jahr 1979 nur noch 7% der häuslichen und kleingewerblichen Abwässer ungereinigt in die Vorfluter, also die oberirdischen Gewässer, geleitet. Auf dem industriellen Sektor läßt sich die gleiche Tendenz feststellen.

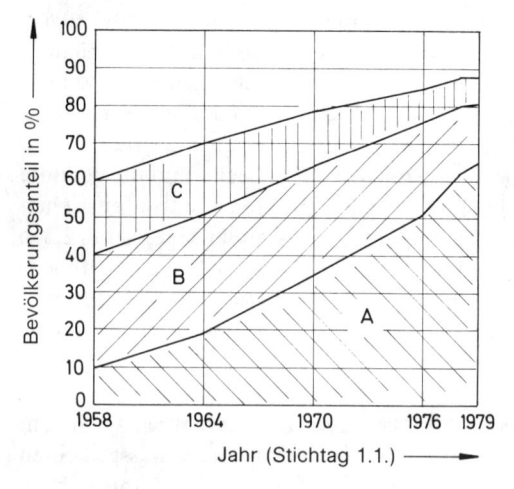

Bild 3.2
Anteil der gereinigten Abwässer am häuslichen und kleingewerblichen Aufkommen (Bundesinnenministerium)
A vollbiologisch behandelt
B teilbiologisch behandelt
C teils in Hauskläranlagen gereinigt, teils in öffentliche Kanalisation ohne Kläranlage eingeleitet

Die Ursachen der Überforderung des Selbstreinigungsvermögens liegen hauptsächlich auf drei Ebenen, die zunächst eine Primärbelastung herbeiführen:
a) Die *häuslichen Abwässer* und die der Nahrungsmittelindustrie sind mit leicht zersetzbaren organischen Stoffen sowie mit Stickstoff- und Phosphorverbindungen beladen. Letztere haben für die im Wasser lebenden Pflanzen den Charakter einer Nährlösung. Besonders im Sommer wachsen deshalb die Wasserpflanzen so stark, daß sie von den tierischen Nährstoffverbrauchern nicht mehr aufgezehrt werden können. Das Gewässer verkrautet.
Die Mitglieder der tierischen Freßkette wachsen zwar schneller, finden aber nicht mehr genügend *Sauerstoff* im Wasser vor, weil die oben erwähnten

Mikroorganismen bei der Bewältigung der organischen Schmutzfracht den Sauerstoff über das normale Maß hinaus aufgezehrt haben. Am stärksten leiden die letzten Glieder der Freßkette, die Fische. Sie sterben oft in Massen ab. Die Fischer, z.B. des Genfer Sees, beobachten außerdem, daß die Fische wegen des schnellen Wachsens die «Fanggröße» erreichen, bevor sie geschlechtsreif werden. Somit sind manche Arten vom Aussterben bedroht.

Die Verkrautung führt ihrerseits zur Sekundärbelastung, weil nicht aufgefressene Pflanzenmassen, etwa wenn die Wassertemperatur sinkt, absterben. Sie führen nun als erneute organische Belastung zu übermäßiger Entwicklung der Mikroorganismen, die dann den restlichen Sauerstoff unter Umständen vollständig aufzehren. Dieses sogenannte *eutrophierte Gewässer «kippt um»* und kann sich nicht mehr selbst regenerieren, auch wenn die schädlichen Zuflüsse gestoppt werden. Die Zersetzung erfolgt jetzt *anaerob,* das heißt mit Sauerstoffmangel. Es gibt kein oxidiertes Sediment mehr, sondern es tritt ein Faulen ein, wobei Schwefelwasserstoff, Ammoniak, Methan und andere, meist übelriechende Abbauprodukte entstehen. Die Sanierung eines solchen Gewässers ist nur mit teuren Verfahren möglich, z.B. durch sehr langes Einblasen von Luft oder durch Austausch des Wassers, etwa bei kleineren Gewässern.

b) Bei *industriellen Abwässern* liegt die Gefahr weniger in den sauerstoffzehrenden Bestandteilen als vielmehr in den toxischen Stoffen. Diese Gifte, wie beispielsweise Zyanide, Schwermetalle oder Mineralölverbindungen, wirken direkt auf die Wasserorganismen und töten sie ab oder hemmen ihre Entwicklung. Damit ist die Selbstreinigungsfähigkeit oft über weite Fließstrecken des Gewässers unterbrochen oder zumindest stark gestört.

c) *Landwirtschaftliche Abwässer* mit Jauche und Leckage aus den Futtersilos haben eine hohe Sauerstoffzehrung und sind überdies giftig. Sie sind also doppelt schädlich.

Aus dieser unvollständigen Aufzählung mag der Leser erkennen, daß es heute nicht mehr verantwortet werden kann, Abwässer jedwelcher Art unbehandelt in die *Vorfluter* zu geben.

In *Bild 3.3* ist das Fließschema einer Abwasseraufbereitung dargestellt, wie sie heute üblicherweise gebaut wird. Dabei sind in der Praxis naturgemäß zahlreiche Variationen festzustellen. Insbesondere wird eine Anlage der Zukunft bestimmt nicht mehr ohne die *«weitergehende Reinigung»* auskommen.

Die Mikroorganismen verbrauchen Sauerstoff, wenn sie die organischen Schmutzstoffe in ihren Stoffwechsel einbeziehen. Der Verbrauch von im Wasser gelöstem Sauerstoff ist proportional der aufgezehrten Schmutzmenge. Diese Tatsache benutzt man zur Kennzeichnung des Verschmutzungsgrades von Abwasser. Man gibt den *biochemischen Sauerstoffbedarf* BSB an. Er ist die Menge an gelöstem Sauerstoff, die zum völligen oxidativen biologischen Abbau organischer Stoffe im Wasser benötigt wird, in mg/l oder g/m^3. Der BSB_n ist die Menge an gelöstem Sauerstoff, die zum (unvollständigen) oxidativen biologischen Abbau organischer Stoffe im Wasser in *n*-Tagen bei 20 °C benötigt wird [3.2]. Üblicherweise rechnet man mit 5 oder 20 Tagen.

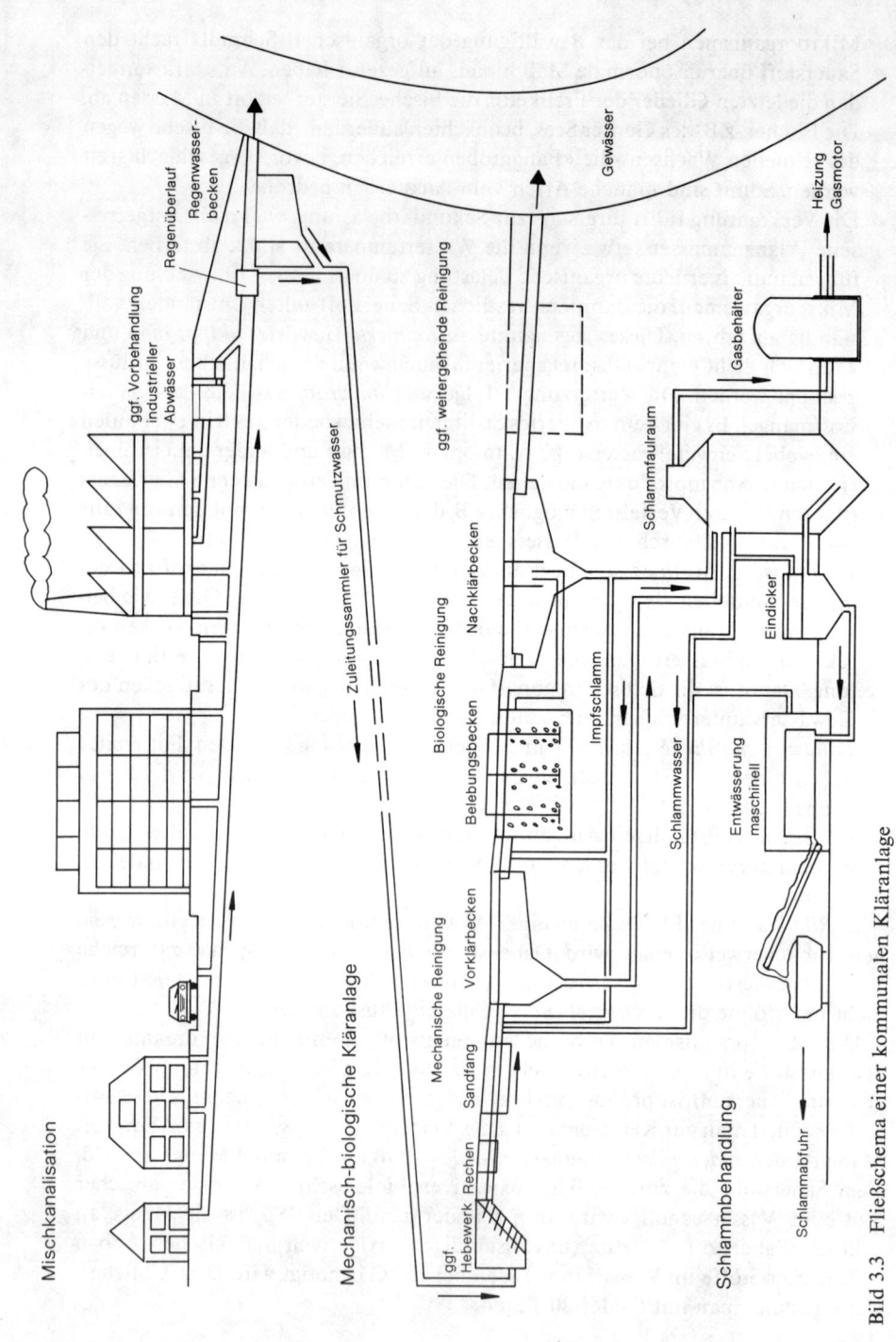

Bild 3.3 Fließschema einer kommunalen Kläranlage

Will man nicht nur die biologisch abbaubaren Stoffe erfassen, sondern alle auf chemischen Wege oxidierbaren Stoffe, dann greift man zum *chemischen Sauerstoffbedarf CSB*. Dies ist die Menge an gelöstem Sauerstoff, die zur völligen chemischen Oxidation organischer Stoffe im Wasser benötigt wird [3.2]. Als chemisches Oxidationsmittel wird in neuerer Zeit üblicherweise Kaliumdichromat ($K_2Cr_2O_7$) verwendet [3.3]. Bildet man den Quotienten aus *CSB* und *BSB_5*, erhält man einen Hinweis auf die Abbaubarkeit der organischen Abwasserinhaltsstoffe. Werte unter 2 deuten auf leicht abbaubares, meist häusliches Abwasser hin, während größere Werte auf schwerer abbaubares industrielles Abwasser schließen lassen.

3.1.3 Einleitungsbedingungen

Volkswirtschaftlich interessant ist weniger die Frage, was in eine Kläranlage eingeleitet wird, als vielmehr die Frage, was in die Vorfluter gelangt. Es versteht sich von selbst, daß der Betreiber einer Kläranlage Bescheid wissen muß über Menge, physikalische Daten und Zusammensetzung des der Anlage zufließenden Abwassers. Nur dann kann er die Reinigungsverfahren wirtschaftlich einsetzen und die für den Auslauf der Anlage geforderten Qualitäten erreichen.

Die Messung der Menge und der sonstigen Daten bereitet keine Schwierigkeiten. Es kann auf die allgemein bekannten Meßgeräte zurückgegriffen werden. Die zulässigen Zusammensetzungen und besonders die höchstzulässigen Konzentrationen sind unterschiedlich geregelt. Es sei hier auf die Empfehlungen der Abwassertechnischen Vereinigung e.V. [3.4] und auf Länder- bzw. kommunale Vorschriften hingewiesen.

Bundeseinheitlich hingegen geregelt ist die Einleitung in die Vorfluter, also in die öffentlichen Gewässer. Der Gesetzgeber hat versucht, das *Verursacherprinzip* zu verwirklichen, das – vereinfacht – besagt, daß derjenige zur Kasse gebeten wird, der die Umwelt durch Verunreinigungen belastet.

Zwei Gesetze sind vor allem zu beachten: Das *Wasserhaushaltgesetz (WHG)* von 1976 und das *Abwasserabgabengesetz (AbwAG)*, ebenfalls von 1976 [3.5]. Auf die gesamten Gesetzestexte kann hier nicht eingegangen werden. Der Leser möge auf die angegebene Literatur oder auf ein Sammelwerk der Umweltgesetzgebung zurückgreifen. Obgleich das Studium der Texte nicht nur für den Juristen interessant ist, seien nur einige wesentliche Fakten herausgegriffen:

Das WHG sagt in § 7 u.a., daß Einleitungen nur erlaubt werden dürfen, wenn Menge und Schädlichkeit des Abwassers so gering gehalten werden, wie dies bei Anwendung der jeweils in Betracht kommenden Verfahren nach den allgemein *anerkannten Regeln der Technik* möglich ist. Die Bundesregierung wird aufgefordert, allgemeine Verwaltungsvorschriften zu erlassen über Mindestanforderungen an das Einleiten von Abwasser, die den allgemein anerkannten Regeln der Technik entsprechen. An dieser Stelle sind die beiden Gesetze miteinander verknüpft. Das AbwAG ermöglicht nämlich in § 9, daß der Abgabensatz um die Hälfte ermäßigt wird für diejenigen Schadeinheiten, die nicht vermieden werden, obwohl

Tabelle 3.1 Bewertungsgrundlagen zum Abwasserabgaben-Gesetz (AbwAG)

Bewertete Schadstoffe und Schadstoffgruppen	Zahl der Schadeinheiten pro Meßeinheit	
	SE	Meßeinheit
abesetzbare Stoffe bei einem organischen Anteil von mindestens 10%[1]	1	m^3/a t/a im Sonderfall n. § 3
absetzbare Stoffe bei einem organischen Anteil von weniger als 10%[1]	0,1	m^3/a t/a im Sonderfall n. § 3
oixidierbare Stoffe, ausgedrückt in chemischem Sauerstoffbedarf (CSB)[2]	2,2	100 kg/a
Quecksilber und seine Verbindungen[3]	5	100 g Hg/a
Cadmium und seine Verbindungen[3]	1	100 g Cd/a
Giftigkeit gegenüber Fischen[4]	0,3 G_F	1000 m^3 Abwasser/a

[1] 2 h Absetzzeit; Vorwegabzug 0,1 ml/l Abwasser
[2] Kaliumdichromatverfahren; Vorwegabzug 15 mg/l Abwasser
[3] Atomabsorptionsspektrometrische Bestimmung
[4] Die Giftwirkung wird im Fischtest unter Verwendung der Goldorfe (Leuciscus idus melanotus) als Testfisch durch Ansetzen verschiedener Verdünnungen bestimmt. G_F ist der Verdünnungsfaktor, bei dem keine Vergiftungserscheinungen mehr auftreten. Bei $G_F = 2$ wird 0 eingesetzt.

die Mindestanforderungen nach § 11 WHG erfüllt werden. Selbstredend birgt der Ausdruck «nach den anerkannten Regeln der Technik» ständig Zündstoff für juristische Auseinandersetzungen. Über eines sind sich die Fachleute jedenfalls einig: Die anerkannten Regeln der Technik sind nicht dem Stande der Technik gleichzusetzen. Sie sind entschieden tiefer einzustufen. Mit den Verfahren nach den anerkannten Regeln der Technik läßt sich nur die Untergrenze der Qualität der einzuleitenden Wässer erreichen.

Als Neuerung führt das AbwAG sogenannte *Schadeinheiten (SE)* ein, die der Berechnung der Abgabe zugrunde gelegt werden. Damit ist ein Instrumentarium geschaffen worden, das zu exakten Zahlen führt. Die Einführung der Schadeinheiten und die Methode ihrer Ermittlung fand in Fachkreisen nicht ungeteilte Zustimmung, besonders der Rückgriff auf die Metalle Quecksilber und Cadmium sowie auf den Fischtest.

Die Schadeinheiten werden entsprechend *Tabelle 3.1* aus *Bezugswerten (BW)* errechnet, die für jeden der in *Tabelle 3.1* genannten Parameter festgelegt werden.

Bild 3.4
Bezugswerte zum Abwasserabgabengesetz
a) Regelwert größer als halber Höchstwert
b) Regelwert kleiner als halber Höchstwert
c) Neuer Bemessungswert

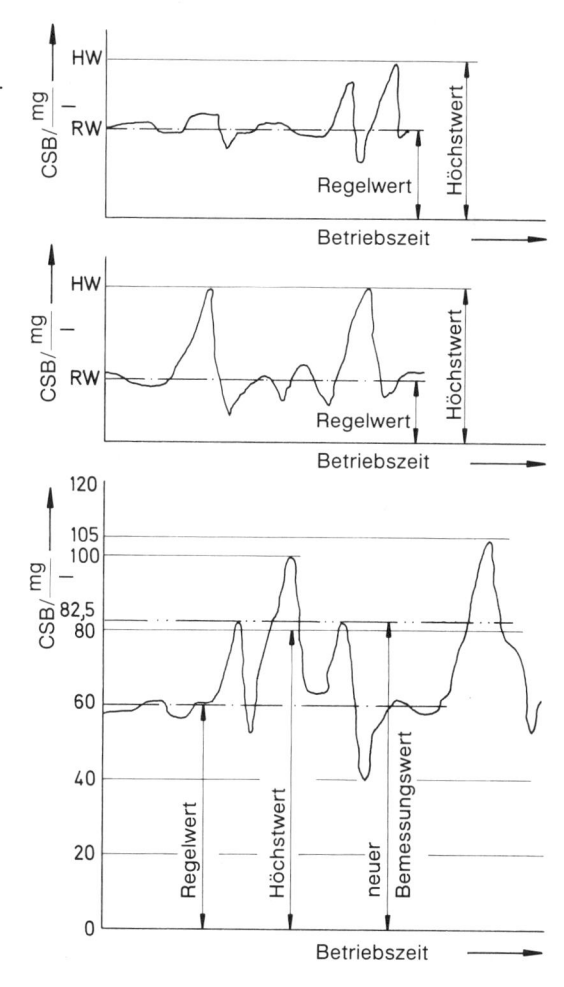

Die Festlegung der BW macht die Kenntnis zweier weiterer Werte erforderlich: *Regelwert (RW)* und *Höchstwert (HW)*. Nach § 4 AbwAG ist der Regelwert derjenige Wert, der im Mittel eingehalten werden muß, und der Höchstwert derjenige, der in keinem Fall überschritten werden darf. Ist der Regelwert größer oder gleich dem halben Höchstwert, dann wird er als Bezugswert verwendet. Ist er kleiner als der halbe Höchstwert, wird der halbe Höchstwert als Bezugswert eingesetzt. *Bild 3.4* zeigt den Verlauf des chemischen Sauerstoffbedarfs (CSB) über der Betriebszeit einer beliebigen Anlage. Für Kurve a) gilt

$$RW \geq 0,5\ HW \quad \text{also} \quad BW = RW \qquad (3.1)$$

und für Kurve b)

$$RW < 0,5\ HW \quad \text{also} \quad BW = 0,5\ HW \qquad (3.2)$$

Überschreitet der Betreiber den festgelegten Höchstwert mehr als einmal im Jahr, so ist ein neuer Bezugswert festzusetzen nach folgender Formel:

$$BW_{neu} = RW_{alt} + \frac{1}{n} \sum_{i=1}^{n} (M_i - HW_{alt}) \tag{3.3}$$

Darin bedeuten: n Anzahl der gemessenen Überschreitungen, M_i gemessener Wert.

In Bild 3.4c ist ein denkbarer Verlauf des CSB über der Betriebszeit aufgetragen. Einem Einleiter war $RW = 60$ und $HW = 80$ mg CSB je Liter eingeleitetem Abwasser gestattet worden. Es galt nach Gl. (3.1) $BW = RW = 60$ mg/l. Zweimal im Jahr wurden Überschreitungen gemessen. Einmal 100 mg/l und einmal 105 mg/l. Nach Gl. (3.3) ergibt sich der neue Bezugswert zu

$BW_{neu} = 60$ mg/l $+ \frac{1}{2} [(100$ mg/l $- 80$ mg/l$) + (105$ mg/l $- 80$ mg/l$)]$

$BW_{neu} = 82{,}5$ mg/l \hfill (3.4)

Das Gesetz sieht auch eine Senkung des Bezugswertes vor. § 5 AbwAG lautet: Weist der Abgabepflichtige ... durch Vorlage von Meßwerten nach, daß das gewogene Mittel der Meßergebnisse ... um mehr als 25 vom Hundert vom Regelwert ... abweicht, ist bei der Ermittlung der Zahl der Schadeinheiten das gewogene Mittel der Meßwerte, mindestens aber die Hälfte des höchsten gemessenen Wertes, zugrunde zu legen. Weitere Einzelheiten sind aus dem Gesetzestext zu entnehmen. Erwähnt sei hier nur noch, daß für eine Schadeinheit seit 1. 1. 1981 jährlich 12 DM zu entrichten sind und daß sich dieser – übrigens zweckgebundene Betrag – auf 40 DM ab 1. 1. 1986 steigert.

Mit dem obengenannten, neu berechneten Bezugswert ergeben sich nach *Tabelle 3.1* für den Parameter CSB und 10^6 m^3/a eingeleitete Menge folgende Schadeinheiten:

BW_{neu} 82,5 mg/l
Vorwegabzug 15 mg/l
verbleiben 67,5 mg/l $= 67{,}5$ g/m^3
Jahresmenge $\dot{m}_{CSB}$ $= 67{,}5$ g/m$^3 \cdot 10^6$ m^3/a
$= 67{,}5 \cdot 10^3$ kg/a

Laut Tabelle entsprechen 100 kg/a 2,2 Schadeinheiten.
Damit:

$$SE_{CSB} = 67{,}5 \cdot 10^3 \text{ kg/a} \cdot \frac{2{,}2}{100 \text{ kg}}$$

$$= 1485{,}0 \text{ 1/a} \tag{3.5}$$

Allein für den Anteil CSB hat der Einleiter also ab 1. 1. 1986 59 400 DM/a zu entrichten.

Arbeitet seine Anlage aber nach «den anerkannten Regeln der Technik», kann dieser Betrag halbiert werden. Gelingt eine Verbesserung der Verfahren, wird also der CSB-Ausstoß verringert, muß eine neue, für ihn günstigere Berechnung erfolgen. Für die anderen Parameter ist entsprechend zu verfahren.

3.1.4 Abwasserzusammensetzung

Die Meßgröße einer *Kläranlage* ist die Zahl der angeschlossenen Einwohner E oder im Fall gewerblichen oder industriellen Abwassers der sogenannte *Einwohnergleichwert EGW*. Dieser ist eine Meßzahl zur Kennzeichnung der Verschmutzung von industriellem oder gewerblichem Abwasser im Vergleich zu häuslichem Abwasser. Als Vergleichseinheit dient im allgemeinen der mittlere BSB_5 von 60 g/E · d [3.2]. Um Vergleiche anstellen zu können, greift man auf ein mittleres häusliches Abwasser zurück, dessen Zusammensetzung in *Tabelle 3.2* angegeben ist. Unter organisch versteht man hier die beim Ausglühen flüchtigen Stoffe und unter mineralisch den Rest. Die Umrechnung aus der Einheit mg/l in g/E · d erfolgte unter der Annahme einer mittleren Abwassererzeugung von 200 l/E · d. Dies ist für Mitteleuropa zutreffend. In den USA rechnet man mit der doppelten Menge. Wird der Wasserverbrauch größer, wird das Abwasser verdünnt, da die einwohnerbezogene Schmutzmenge nur wenig veränderlich ist. Die Verdünnung vermehrt meist nicht die absetzbaren Stoffe, wohl aber die gelösten, die mit dem Leitungswasser kommen können.

Zur Untersuchung von Abwasser kennt man eine Menge Methoden, die in der jeweils neuesten Ausgabe der Deutschen Einheitsverfahren [3.3] niedergelegt sind.

Tabelle 3.2 Mittlere Zusammensetzung häuslichen Abwassers

Inhaltsstoffe	mineralisch		organisch		gesamt		BSB_5	
	mg/l	g/E · d	mg/l	g/E · d	mg/l	g/E · d	mg/l	g/E · d
absetzbare Schwebestoffe	50	10	150	30	200	40	100	20
nicht absetzbare Schwebestoffe	25	5	50	10	75	15	50	10
gelöste Stoffe	375	75	250	50	625	125	150	30
gesamt	450	90	450	90	900	180	300	60
Bezug: 200 l/E · d								

3.2 Mechanische Abwassererklärung

Aufgabe der *mechanischen Abwassererklärung* – im Fließbild einer Kläranlage auch *mechanische Stufe* genannt – ist es, alle Inhaltsstoffe aus dem Abwasser zu entfernen, die entweder durch einen Siebvorgang oder durch Ausnutzung ihres Dichteunterschiedes gegenüber dem Wasser erfaßbar sind. Dies sind erstens alle groben, schwimmenden, im Wasser schwebenden oder untergehenden Feststoffe, auch Agglomerate feiner Teilchen, die von bewegten oder feststehenden sogenannten *Rechen* aus dem in die Kläranlage einlaufenden Wasser entnommen werden.

Die zweite Gruppe der zu entfernenden Stoffe umfaßt alle sandartigen, meist mineralischen Körner oder Steinchen, die den Rechen passiert haben, aber in den nachfolgenden Absetzbecken zu großen Verschleiß verursachen würden. Sie haben in der Regel größere Dichte und sinken in den *Sandfängen* infolge ihrer Schwerkraft zu Boden, wo sie mit geeigneten Vorrichtungen beseitigt werden.

Drittens werden fettige und ölige Bestandteile, die normalerweise schwimmen, in den *Fett- und Ölabscheidern* ausgetragen. Besonders dünnflüssige Öle würden wegen ihrer Ausbreitung als Oberflächenfilm die Behandlung in der biologischen Stufe stören.

Der vierte Schritt wird in den *Absetzbecken* – auch *Vorklärbecken* genannt – vollzogen. Es befinden sich neben den gelösten oder kolloidal verteilten Materien noch feine, sedimentierfähige und in geringem Maße aufschwimmende Feststoffe im Abwasser. Diese sinken ab oder sammeln sich an der Oberfläche des Wassers, wenn man ihnen genügend Zeit läßt.

Gegebenenfalls kann man vor dem Absetzbecken noch eine *Flockungs-* und/oder eine *Fällstation* einbauen, um die nachfolgende biologische Stufe zu entlasten. Die sich dabei abspielenden Vorgänge werden in Abschnitt 3.4 erläutert.

Nach DIN 4045 – Fachausdrücke und Begriffserklärungen im Abwasserwesen [3.7] – ist der Wirkungsgrad einer mechanischen Abwasserreinigung allgemein definiert mit

$$\eta_m = \frac{\text{Schmutzstoffe im Zulauf} - \text{Schmutzstoffe im Ablauf}}{\text{Schmutzstoffe im Zulauf}} \quad (3.6)$$

Auf diese Norm sei hier nochmals ausdrücklich hingewiesen, weil in der Terminologie des Abwasserwesens immer wieder Unklarheiten bestehen, besonders bei Leuten, die sich nur am Rande mit diesem Gebiet beschäftigen oder sich einarbeiten müssen.

3.2.1 Rechen- und Siebanlagen

3.2.1.1 Rechen

Das Fließbild einer gewöhnlichen kommunalen Kläranlage *(Bild 3.3)* zeigt, daß die Rechenanlage am Einlauf derselben angeordnet ist, gegebenenfalls unter Vorschaltung eines Abwasserhebewerkes. Auf kommunalen Kläranlagen rechnet man nach IMHOFF [3.8] mit 10 l *Rechengut* pro Einwohner und Jahr. Dies ergibt bei einer nicht sehr großen Anlage für 200 000 Einwohnergleichwerte (EGW) und einer angenommenen mittleren Dichte des trockenen Rechengutes von 1500 kg/m^3 die beträchtliche Menge von $3 \cdot 10^6$ kg trockenem Rechengut pro Jahr. Dieses Rechengut kommt nicht in gleichbleibender Menge auf den Rechen zu. Bei nach längerer Trockenperiode einsetzendem Regen steigt in der Kanalisation der Pegel, und dort abgelagertes Rechengut wird abgeschwemmt. Bei der Auslegung des Rechens ist dieser Tatsache Rechnung zu tragen. Das im Rechen abgeschiedene Gut wird zur Entwässerung mechanisch oder hydraulisch gepreßt und zusammen mit dem Müll beseitigt *(Bild 3.7)*.

Rechen bestehen im allgemeinen aus geraden oder gebogenen Stabgittern, die in die Zulaufgerinne eingebaut werden. Die Einzelstäbe können aus rechteckigen, runden oder strömungstechnisch günstig geformten Profil bestehen. Konstruktiv unterscheidet man *feststehende* und *mechanisierte* Rechen. Rechen sind nach DIN 19554 genormt mit Durchgangsweiten, d.i. der Abstand zwischen den Stäben, von 15 bis 100 mm. Die Entfernung des Rechengutes erfolgt von Hand mit geeigneten Werkzeugen. Diese Bauart hat nur untergeordnete Bedeutung.

Bei den mechanisierten Rechen findet man ebenfalls feststehende Stabgitter als eigentliche Rechen. Mechanisiert ist die Entfernung des Rechengutes, die ohne Unterbrechung des Abscheidevorganges zu erfolgen hat. Aus der Menge der angebotenen Konstruktionen seien zwei typische herausgegriffen [3.9]:

Der *Kletterrechen (Bild 3.5)* wird für Kanalbreiten bis 4,8 m und -tiefen bis 5 m geliefert; Durchsatz bis ca. 10 000 m^3/h in Einzelanordnung. Der schräggestellte gerade Rechen hat Stababstände zwischen 10 und 80 mm. Parallel zum Rechen ist die mechanisch betriebene Harke angeordnet. Sie besteht aus einem in einem Führungsgestell aufgehängten Greifer. Bei der Abwärtsbewegung ist der Greifer aus dem Rechen herausgeschwenkt. Unten greift er zwischen die Stäbe des Rechens, zieht das Rechengut hoch und wirft es oben in bereitstehende Kübel oder auf ein Förderband. Die Schaltung erfolgt am zweckmäßigsten über eine wasserstandsabhängige Differenzschaltung, und zwar dann, wenn durch Belegung des Rechens vor dem Rechen ein Anstau entsteht. Der Greifer wird dann selbsttätig in Bewegung gesetzt und automatisch abgeschaltet, wenn sich die Wasserstände vor und nach dem Rechen ausgeglichen haben.

Der *Bogenrechen (Bild 3.6)* besteht aus einem Satz gebogener Flachstäbe, der in einen Kanal eingesetzt wird. Die Kanalabmessungen reichen bis 2 m Breite und 1,6 m Tiefe; bei maximal 5000 m^3/h Durchsatz. Die Räumung erfolgt durch eine an einem rotierenden Arm meist federnd befestigte Räumschaufel. Hat diese den oberen Rechenrand erreicht, wird das Rechengut in einen Kübel oder ähnliches

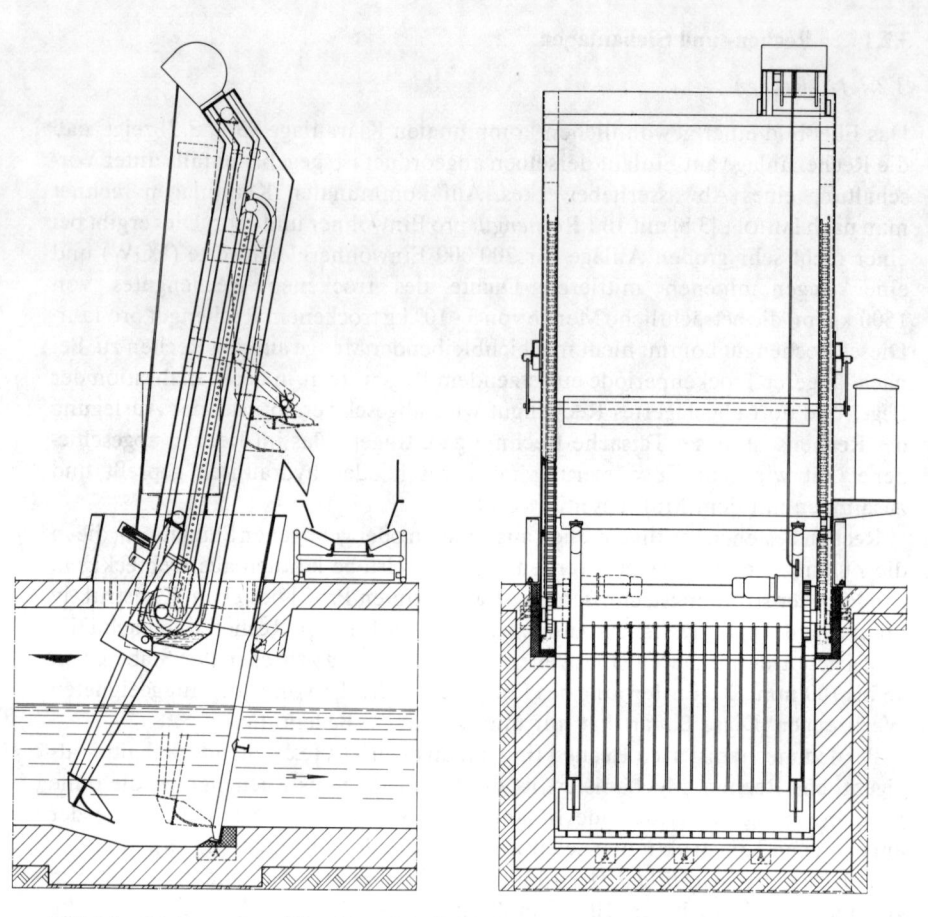

Bild 3.5   Kletterrechen (Maschinenfabrik H. Geiger, Karlsruhe)

geworfen. Das Gewicht des Armes ist durch ein Gegengewicht oder eine zweite Räumschaufel ausgeglichen. Auch hier wird durch eine Differenzschaltung gesteuert. Bei der Bemessung der Rechenanlage spielt die Strömungsgeschwindigkeit zwischen den Stäben die ausschlaggebende Rolle. Als optimale Geschwindigkeit gilt $v = (0{,}6$ bis $1{,}0)$ m/s. Bei größeren Geschwindigkeiten steigt der hydraulische Verlust an, und bei kleineren besteht die Gefahr, daß mitgeführte Suspensa abgelagert werden. Deshalb sollten 0,4 bis 1,5 m/s keinesfalls unter- bzw. überschritten werden.

Die auszuführende, projizierte Rechenfläche ergibt sich zu

$$A_{\text{Rechen}} = \frac{\dot{V}}{w\,(1-\eta)\,f_q} = T \cdot b_{\text{Rechen}} \qquad (3.7)$$

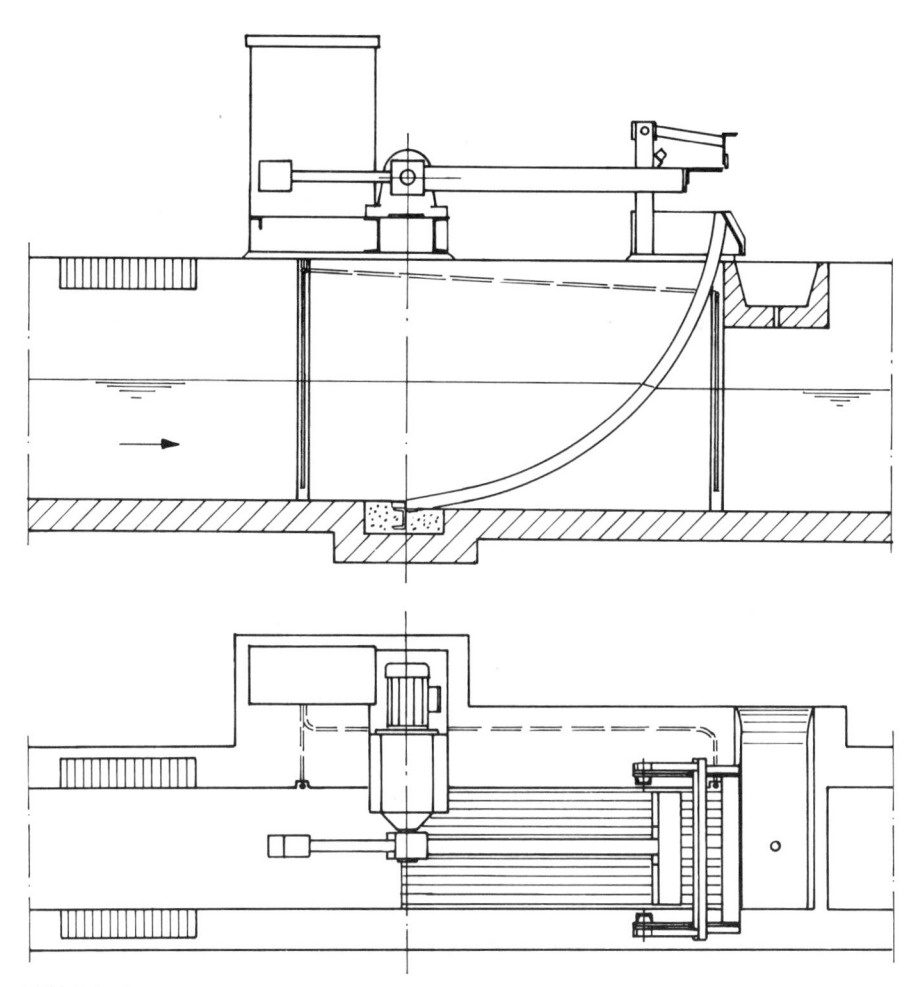

Bild 3.6 Bogenrechen (Maschinenfabrik H. GEIGER, Karlsruhe)

$\dot{V}$ in m³/s   Durchflußmenge
w in m/s   Horizontalgeschwindigkeit zwischen den Stäben
η mittlerer Belegungsgrad des Rechens
f_q Querschnittseinschränkung durch die Stäbe
T in m   Tiefe des strömenden Wassers
b_{Rechen} in m Breite des Rechens

Bei mittlerer Belegung ist $\eta \leq 0{,}3$ anzusetzen. Für den frisch gereinigten Rechen liegt η bei 0 und kann unmittelbar vor der Reinigung bis 0,6 ansteigen.

Bild 3.7 Rechengutkompaktor (DAMBACH)

Die Querschnittseinschränkung f_q errechnet man aus der Stabdicke s und dem lichten Abstand e zwischen den Stäben

$$f_q = \frac{e}{e + s} \qquad (3.8)$$

Geht man davon aus, daß bei gleicher Tiefe T im Kanal vor und nach der Rechenanlage die gleiche Geschwindigkeit herrscht, dann ist die benetzte Kanalfläche

$$A_{Kanal} = T \cdot b_{Kanal} \qquad (3.9)$$

und die Breite des Kanals

$$b_{Kanal} = \frac{\dot{V}}{T \cdot w}$$

bzw.

$$b_{Kanal} = (1 - \eta) \cdot b_{Rechen} \cdot f_q \qquad (3.10)$$

Der *Druckverlust* im Rechen ist, ausgedrückt durch den Höhenunterschied des Pegels vor und nach dem Rechen,

$$\Delta z = c_W \frac{w_1^2}{2\,g} \qquad (3.11)$$

w_1 in m/s ist die tatsächliche Horizontalgeschwindigkeit zwischen den Stäben. Sie ist gleich w wenn die tatsächliche Belegung des Rechens der mittleren Belegung η entspricht. Für den Widerstandsbeiwert c_W gibt KIRSCHMER [3.10] folgende Beziehung an:

$$c_W = \beta \cdot \left[\frac{s/e + \eta}{1 - \eta}\right]^{\frac{4}{3}} \cdot \frac{1}{(s/e + 1)^2} \sin \delta \qquad (3.12)$$

Darin ist β ein von der Stabform abhängiger Faktor, der *Bild 3.8* entnommen werden kann, und δ der Neigungswinkel des Rechens, gegen die Horizontale gemessen. Bei Kommunalabwasser liegen die Höhenunterschiede bei $\Delta h = (0{,}1$ bis $0{,}4$ m).

Bild 3.8 Stabformen an Rechen

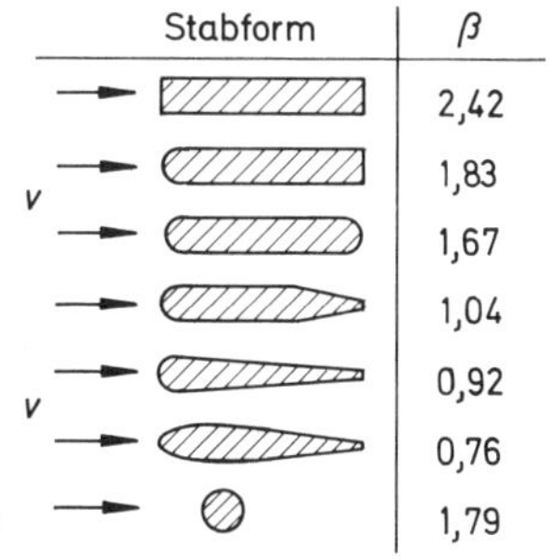

Stabform	β
	2,42
	1,83
	1,67
	1,04
	0,92
	0,76
	1,79

Problematisch ist die Kombination der Rechenanlage mit einem *Rechengutzerkleinerer*, der das zerkleinerte Gut z.T. dem Abwasser wieder beigibt. Dem Vorteil der geringeren abzutransportierenden Rechengutmenge stehen erhebliche verfahrenstechnische Bedenken gegenüber. Der immer größer werdende Anteil von Kunststoffen im Rechengut läßt sich nicht oder nur schwer abbauen und belastet die nachgeschalteten Anlagen. Außerdem ist die Gefahr der Verstopfung von Pumpen, Rohren usw. durch Anhäufungen von Pflanzen- und Stoffasern groß, besonders wenn sie sich mit fettigen Rückständen verkleben. Bei der anaeroben Schlammfaulung neigen diese dann sehr zur Bildung von sogenannten Schwimmdecken. Wenn überhaupt, soll man dem Zerkleinerer einen Grobrechen mit Stababständen zwischen 30 und 100 mm vorschalten und einen Feinrechen mit Stababständen zwischen 12 und 40 mm nachordnen. Wegen der Empfindlichkeit der Geräte gegen sandige, schleißende Körner ist eine vorherige Abscheidung wünschenswert.

3.2.1.2 Siebanlagen

Weniger auf dem Gebiet der kommunalen Abwasseraufbereitung als vielmehr in der industriellen Anwendung und bei der Reinigung verschmutzter Oberflächenwässer arbeiten *Siebanlagen* mit großem Erfolg – insbesondere auch dann, wenn es um die Rückgewinnung von Feststoffen aus dem Abwasser geht. Als Beispiel

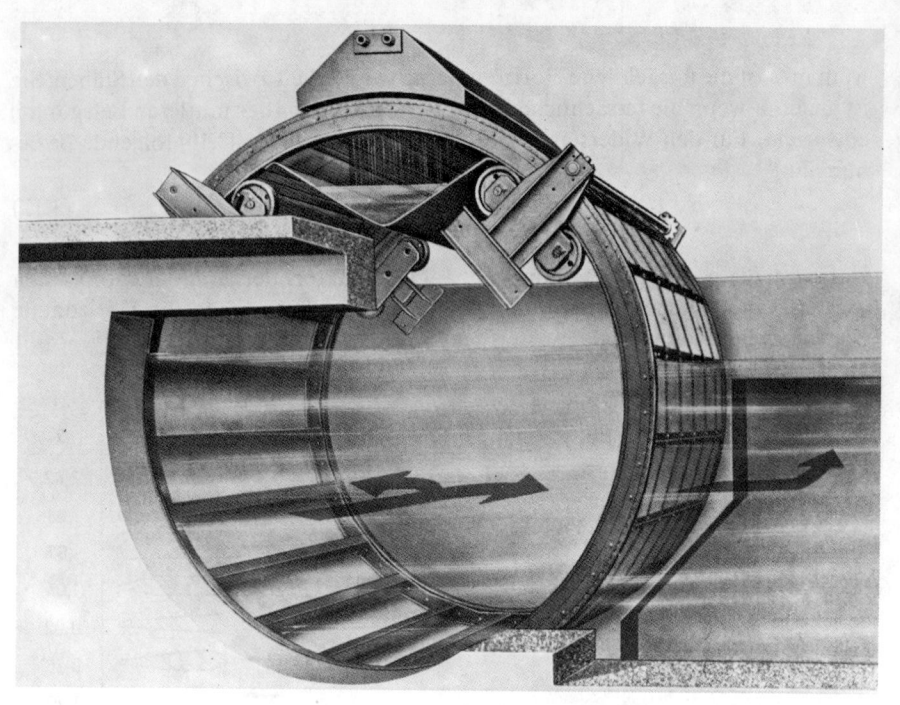

Bild 3.9 Siebtrommel (Maschinenfabrik H. Geiger, Karlsruhe)

Bild 3.10 Siebrechen (Parkwood)

seien genannt: Stoffe, die durch Absetzen oder Flotation nicht oder nur schwer abzutrennen sind, Kristalle, Fasern u.a. Im Fall der Einleitung von Abwasser in eine Kanalisation ist die Siebanlage der Einleitung voranzustellen.

Verwendet werden Schlitzsiebe, Lochblechsiebe und Metallgewebesiebe in Form von Trommelsieben, Bogensieben, Bandsieben und anderen. Die Funktion einiger ausgewählter Apparate läßt sich aus den *Bildern 3.9* bis *3.10* erkennen. Die Reinigung der Siebe erfolgt entweder mechanisch nach Art der Rechenreinigung oder mit Hilfe von Spritzwasser. Je nach beabsichtigtem Zweck wird das Siebgut wie Rechengut entwässert und beseitigt oder einem Recyclingverfahren zugeführt.

Eine weitere Anwendung der Siebanlagen liegt in den sogenannten *Regenüberläufen* kommunaler Netze mit Mischkanalisation. In Mischkanalisationen werden häusliche und betriebliche Abwässer zusammen mit Niederschlagswasser gesammelt. Plötzlich einsetzender Starkregen belastet eine solche Kanalisation natürlich übermäßig. Zugleich verdünnt er aber das Abwasser zum Teil so stark, daß ein Überleiten aus der Kanalisation in den Vorfluter hingenommen werden kann, wenn die Kapazität der Kläranlage erschöpft ist. Selbstredend dürfen in solchen Fällen nur flüssige Anteile des Abwassers, nicht aber Feststoffe in den Vorfluter gelangen. Siehe hierzu auch Abschnitt 3.4.2.11.

3.2.2 Sandfänge

Kommunales Abwasser bringt eine Menge Sand und andere mineralische, nicht faulfähige Stoffe mit in die Kläranlage. Je nach Bebauung des Einzugsgebietes liegt diese Menge nach PÖPEL [3.10] zwischen $5 \cdot 10^{-3}$ und $12 \cdot 10^{-3}$ m³ je Einwohner und Jahr. Auch auf industriellen Anlagen wird man mit solchen «Sänden» rechnen müssen, wenn auch in geringerem Maße. Diese körnigen und schleißenden Stoffe müssen bis herab zu einer Korngröße um 150 µm aus dem Abwasser entfernt werden, und zwar möglichst direkt hinter dem Rechen. Dies geschieht im sogenannten *Sandfang,* der noch eine zweite Aufgabe hat, die er je nach Konstruktion mehr oder weniger gut erfüllen kann. Er soll den abgeschiedenen Sand möglichst weitgehend von den organischen, faulfähigen, übelriechenden Stoffen befreien, damit er auf Deponien abgelagert werden kann. Auch andere Arten der Beseitigung, evtl. unter Zuhilfenahme von Desinfektionsmitteln, sind üblich.

Nach Bauart und Betriebsweise unterscheidet man Tief-, Flach-, Rund- und belüftete Sandfänge.

Das vorherrschende Arbeitsprinzip ist die Sedimentation, die in Abschnitt 3.2.4 ausführlich erläutert wird. Ausschlaggebende Größen für das Sedimentationsverhalten sind die *Korngröße* und der *Dichteunterschied* zwischen den sedimentierenden und den umgebenden Medien. Größere Teilchen geringerer Dichte, hier in der Regel die organischen Stoffe, sinken mit der gleichen Geschwindigkeit wie kleinere Teilchen mit größerer Dichte, also die Sände. Verfahrenstechnisch spricht man von *Gleichgefälligkeit.* Würde ein Sandfang mit beruhigter, möglichst laminarer Horizontalströmung des Mediums ohne weitere Maßnahmen betrieben, etwa wie Klärbecken, dann würde das ausgetragene Gut aus einer Mischung von Sand und groben organischen Stoffen bestehen.

Deshalb geschieht das Absetzen in langgezogenen Sandfängen oft bei turbulenter Strömung des Wassers, also bei Reynoldszahlen über 2320. Die mittlere Fließgeschwindigkeit im Sandfang soll bei 0,3 m/s liegen [3.10]. Zwar sinken die oben angesprochenen Stoffe – im beruhigten Medium – gleichgefällig, die groberen Teilchen unterliegen aber auch einer größeren Schleppkraft durch das strömende Medium. Sie werden gewissermaßen aus dem sedimentierenden Sand herausgespült.

In *Bild 3.11* ist ein *Rundsandfang* dargestellt. Das Abwasser wird einem zylindrischen, unten trichterförmigen oder ebenen Becken tangential zugeführt und tritt nach Durchlaufen eines Dreiviertelkreises wieder aus. Die Umlaufbewegung erzeugt eine Zentrifugalbeschleunigung. Diese bewirkt ein Anheben des Wasserspiegels am Rand des Beckens und ein Absinken im Zentrum. Hieraus wiederum resultiert eine Sekundärströmung, die den am Boden abgelagerten Sand zur Mitte des Trichters bewegt und zugleich von organischen Bestandteilen geringerer Dichte freispült. Den Sand entfernt man aus der Trichterspitze zweckmäßigerweise mit einem Drucklufteber.

Da die Zuflußmenge in einer kommunalen Kläranlage wetterabhängig, also sehr unterschiedlich ist, kann eine gewünschte Fließgeschwindigkeit in einem

Bild 3.11 Rundsandfang, im Hintergrund Bogenrechen (Maschinenfabrik H. GEIGER, Karlsruhe)

Sandfang nicht oder nur schwer konstant gehalten werden. Der *belüftete Sandfang (Bild 3.12)* reagiert auf Durchsatzschwankungen weniger empfindlich. Sein etwa elliptischer Strömungsquerschnitt ist so groß bemessen, daß die horizontale Strömungsgeschwindigkeit bei maximalem Durchsatz geringer ist als üblich. Durch einseitige Luftzufuhr entsteht eine rotierende Bewegung der Füllung, die die Horizontalbewegung überlagert. Daraus resultiert eine gewendelte Strömung, die die Ablagerung faulfähiger Stoffe verhindert. Die Sände werden an einer Fangstufe an der Sohle abgelagert und von dort ausgetragen.

Bild 3.12
Belüfteter Sandfang (Querschnitt)

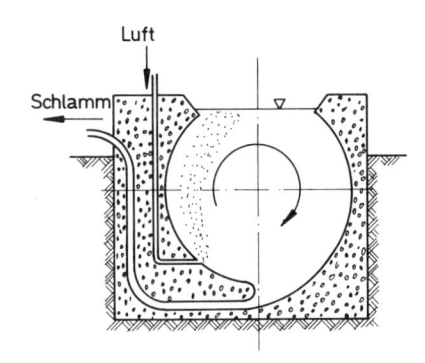

3.2.3 Fett- und Ölabscheidung

Fette und Öle sollen einer Kläranlage grundsätzlich nicht in größerer Menge zugemutet werden. Mineralöle sind erstens nicht oder nur sehr schwer biologisch abbaubar, zweitens oftmals toxisch und können drittens durch Verdampfung in den Kanälen explosive Gemische bilden.

Dennoch rechnet man heute auf kommunalen Anlagen mit 1 ml Öl oder Fett je Einwohner und Tag. Diese Menge rührt von Spülwässern und Toilettenabgängen her und kommt mit den häuslichen Abwässern in die Kläranlage. Sie wird nicht zu vermeiden sein.

Anders ist dies bei gewerblichen *Öl- und Fettabfällen* oder solchen aus privaten Kraftfahrzeuganlagen. Diese müssen vor Einleitung in die Kanalisation abgeschieden werden. Für den privaten und kleingewerblichen Bereich liegen entsprechende Auflagen der Baubehörden vor. Es wird hierzu auf die Normblätter DIN 1999 und DIN 4041 verwiesen. Die Industrie entfernt ölige Bestandteile zweckmäßigerweise sofort, nachdem diese in die Abwässer gelangt sind. Dabei ist es gleichgültig, ob das Abwasser in öffentliche oder werkseigene Kläranlagen geleitet wird.

Wenden wir uns zunächst den Maßnahmen zu, die von der Industrie vor dem Einleiten in die Kanalisation zu ergreifen sind. Maßgebend für die Wahl des Abtrennverfahrens ist die Tropfengröße des im Wasser enthaltenen Öls. Je größer die Tropfen sind, desto mehr neigen sie dazu, an der Oberfläche eines Bades mit

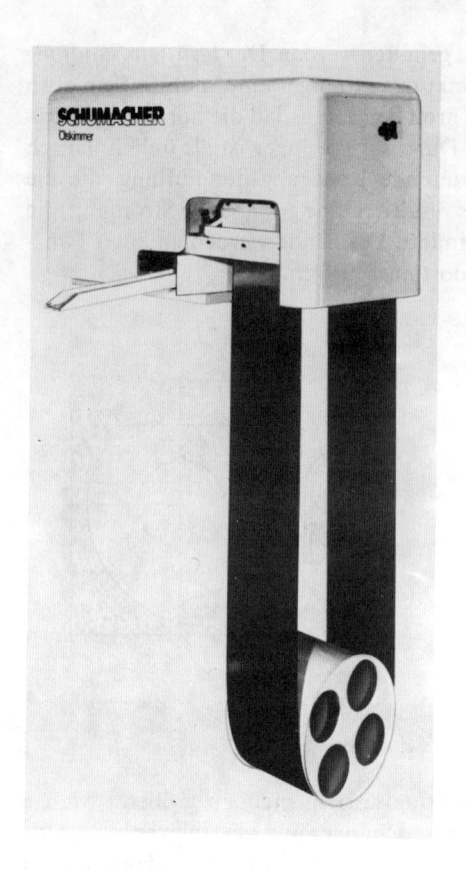

Bild 3.13
Ölskimmer (SCHUMACHER)

beruhigter Strömung einen geschlossenen Ölfilm zu bilden. In diesem Fall bieten sich *Skimmeranlagen (Bild 3.13)* an. Scheiben oder Bänder aus Stahl oder Kunststoff tauchen kontinuierlich in das Bad ein. Weil an den hydrophoben Oberflächen Öle besser haften als wässerige Flüssigkeiten, nehmen sie eine Ölschicht mit aus dem Bad heraus. Diese wird mit geeigneten Abstreifern von der Oberfläche entfernt und abgeleitet.

Ist der Anteil der Fette und Öle gering oder sind die Tropfen kleiner, können *Schwerkraft-* oder *Zentrifugalabscheider* eingesetzt werden. Das Zentrifugalprinzip nutzen die Zentrifugen *(Separatoren)* und die *Zyklonabscheider* aus. Sie arbeiten mit Zentrifugalbeschleunigungen, die ein Vielfaches der Erdbeschleunigung betragen. Dadurch werden die dichteren, wässerigen Teilchen nach außen abgedrängt, während sich die weniger dichten, öligen Bestandteile zum Zentrum des Rotationsfeldes hin bewegen und dort ausgetragen werden können.

Ein Beispiel aus dem Bereich der Schwerkraftabscheider ist der *Coalisierplattenabscheider (Bild 3.14)*. Das Öl-Wasser-Gemisch durchströmt in horizontaler Richtung Pakete gewellter Lamellen, wobei ihm eine Zickzackströmung aufgezwungen wird. Diese unterstützt den natürlichen Auftrieb, und die öligen Bestand-

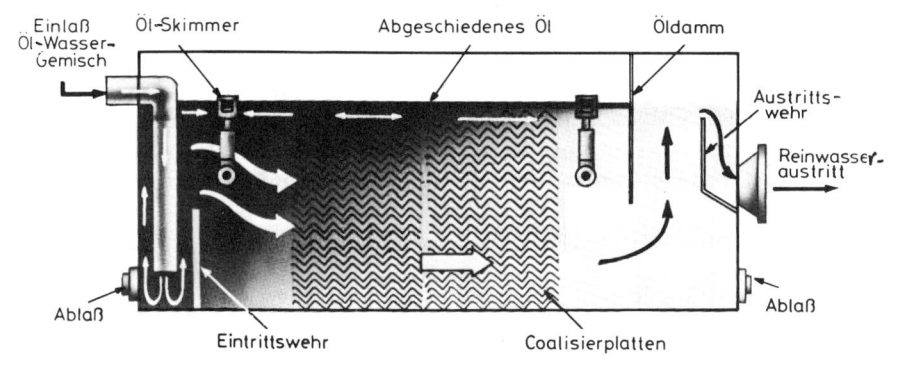

Bild 3.14 Coalisierplattenabschneider (FRAM)

teile sammeln sich jeweils in den Wellenbergen. Von dort können sie durch Bohrungen in die nächst höhere Schicht aufsteigen. Die Form der Platten bewirkt im laminaren Bereich außerdem eine pulsierende Strömung. Damit wird erreicht, daß kleinste Öltröpfchen, die wegen ihrer kleinen Masse am Aufsteigen gehindert werden, coalisieren, d.h. sich zu größeren Tropfen zusammenschließen. Bis zu einer Größe von ca. 0,1 mm coalisieren Öltröpfchen relativ leicht. Die Oberflächenspannung ist die beherrschende Größe, und zwei sich nähernde, kugelförmige Tröpfchen fließen ineinander. Die Oberfläche des neuen, größeren Tröpfchens ist kleiner als die beiden alten Oberflächen. Sind die Ölpartikel feiner dispergiert, treten andere physikalische Größen in den Vordergrund, z.B. gleichartige elektrische Ladungen oder Brownsche Molekularbewegung. Diese verhindern oder erschweren das Coalisieren. Die Mischung ist stabil. Wir haben eine *Emulsion* vorliegen. Ähnliches gilt auch für detergentienhaltige Abwässer, die sogar oft schwer trennbare Emulsionen darstellen. Es gilt zunächst, die Emulsion zu «brechen» und dann die beiden Komponenten Öl und Wasser zu trennen.

Das Brechen der Emulsion geschieht folgendermaßen:

Man löst in der Emulsion eine hinreichende Menge Metallsalz. Geeignet sind Eisensulfat, Magnesiumchlorid, Aluminiumsulfat und andere, deren Preise sich in vertretbaren Grenzen bewegen. Danach stellt man mit Säure oder Lauge den zum Ausfällen benötigten pH-Wert ein. Das Öl wird jetzt in den zum Metallsalz gehörigen Hydroxidflocken gebunden. Siehe hierzu Abschnitt 3.4.2.2. Zum Abtrennen des Hydroxids vom Wasser bieten sich an:

Filtration, Sedimentation, Zentrifugieren und Flotation. Die *Flotation* und besonders deren Spezialgebiet, die Elektroflotation, hat sich in den letzten Jahren außerordentlich gut eingeführt. Beim Flotieren bemüht man sich, an ein natürlich oder künstlich hydrophobiertes Teilchen ein oder mehrere Gasbläschen anzulagern. Dies hat zur Folge, daß das Teilchen nach dem Prinzip eines Luftballons an die Wasseroberfläche emporgetragen wird. Der dort entstehende Schaum hält die aufschwimmende Komponente fest und wird mit ihr zusammen ausgetragen. Öle und Fette sind auf natürliche Weise hydrophob.

Die einzelnen Flotationsverfahren unterscheiden sich durch die Art, wie die Gasbläschen erzeugt werden. Bei der Druckluftflotation wird Luft durch poröse Filterrohre, Fritten oder Düsen am Boden eines Behälters eingeblasen. Es entstehen recht große Luftbläschen von etwa 1 mm Durchmesser, die eigentlich für die Abscheidung zu groß sind, aber wegen der von ihnen verursachten Turbulenz im Becken doch benutzt werden, um unerwünschtes Absinken dichterer Stoffe zu vermeiden.

Bei der Vakuumflotation wird das Abwasser mit Luft weitgehend gesättigt und in einer nachgeschalteten Vakuumkammer zum Ausgasen gebracht. So entstehen feine bis feinste Bläschen.

Das Prinzip der Überdruckflotation ist grundsätzlich das gleiche. Die Sättigung erfolgt bei Überdruck und das Ausgasen bei Atmosphärendruck.

Die Elektroflotation geht andere Wege. Die Gasbläschen werden elektrolytisch erzeugt. Am Boden des Behälters werden perforierte Elektroden angebracht und an Gleichspannung angeschlossen. Aus dem Abwasser selbst entstehen so feinste Gasbläschen, die den Aufwärtstransport der Hydroxide besorgen. *Bild 3.15* zeigt das Schema einer Elektroflotation.

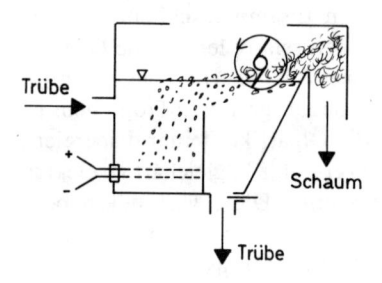

Bild 3.15
Schema der Elektroflotation

Die bis jetzt beschriebenen Maßnahmen erfolgen, wie erwähnt, vor dem Einleiten in eine Kläranlage. Auf der Anlage selbst ist aber nach obigem ebenfalls eine Fett- und Ölabtrennung erforderlich. Wegen des Dichteunterschiedes gibt jedes beliebige Becken den Schwimmstoffen Gelegenheit, sich an der Wasseroberfläche abzusetzen. Die theoretischen Grundlagen sind die der Schwerkraftabscheidung, auf die im folgenden Abschnitt ausführlich eingegangen wird. Natürlich überwiegt bei Schwimmstoffen die *Auftriebskraft*. Die Steiggeschwindigkeit ist der Sinkgeschwindigkeit entgegengerichtet!

Insofern könnte man die Abscheidung ebensogut in den im nächsten Abschnitt beschriebenen Absetzbecken vornehmen. Dennoch baut man oft in kommunalen Anlagen zwischen Sandfang und Vorklärbecken einen meist belüfteten Fett- und Ölabscheider ein, um das Vorklärbecken zu entlasten. Bei einem nicht belüfteten Abscheider besteht die Gefahr der Verschlammung, wenn man die Verweilzeiten so bemißt, daß die Schwimmstoffe auch tatsächlich aufsteigen können. Der belüftete Abscheider hingegen kombiniert die Schwerkraftabscheidung mit der Druckluftflotation. Die Turbulenz im Becken genügt, um unerwünschte Sedimentation zu verhüten, und die Luftblasen tragen die Fette und Öle an die Oberfläche. Die Flotationswirkung gestattet auch die Abscheidung von Stoffen, deren Dichteunterschied gegenüber Wasser klein ist.

Selbstverständlich kann man die Vorgänge im belüfteten Ölabscheider und im belüfteten Sandfang in einer Baueinheit kombinieren.

3.2.4 Absetzbecken

Im Fließbild *(Bild 3.3)* erkennt man sowohl am Ende der mechanischen Stufe als auch am Ende der biologischen Stufe ein Absetzbecken. Falls eine dritte Reinigungsstufe vorgesehen wird, ist auch dort ein Absetzbecken erforderlich.

3.2.4.1 Theorie der Sedimentation

Das Funktionsprinzip beruht, gleichgültig ob wir ein Vorklärbecken oder ein Nachklärbecken betrachten, auf der Schwerkraftabscheidung. Ebenfalls ist es zunächst gleichgültig, ob das Becken rund oder rechteckig ist.

Bild 3.16
Kräfte an der sinkenden Kugel

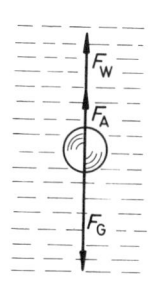

Wir wollen die theoretischen Grundlagen anhand eines unbehindert absinkenden, kugelförmigen Teilchens betrachten. An einem solchen Teilchen wirken Schwerkraft F_G, Auftriebskraft F_A und Widerstandskraft F_W des Mediums *(Bild 3.16)*. Das Teilchen erfährt anfangs eine Beschleunigung, die jedoch nach vernachlässigbar kurzer Zeit gleich Null wird, weil dann die Widerstandskraft soweit angestiegen ist, daß der in *Bild 3.16* dargestellte Gleichgewichtszustand einer stationären Bewegung eintritt. Nach Newton ist die *Widerstandskraft*, die das Teilchen überwinden muß:

$$F_W = c_W \, A \, \varrho_f \, \frac{w_F^2}{2} \qquad (3.13)$$

c_W dimensionsloser Widerstandsbeiwert
A in m²   Projektionsfläche des Teilchens in Fallrichtung
ϱ_f in kg/m³   Dichte des fluiden Mediums, hier des Wassers
w_F in m/s   Fallgeschwindigkeit des Teilchens

Für kugelige Teilchen mit $A = \frac{\pi}{4} \cdot x^2$ wird

$$F_W = c_W \frac{\pi x^2}{4} \varrho_f \frac{w_F^2}{2} \qquad (3.14)$$

x in m Teilchendurchmesser.

Durch das Archimedische Prinzip werden *Schwerkraft* und *Auftriebskraft* erfaßt mit

$$F_G - F_A = \frac{\pi x^3}{6} (\varrho_s - \varrho_f) g = \frac{\pi x^3}{6} \Delta\varrho\, g \qquad (3.15)$$

ϱ_s in kg/m³   Dichte des Teilchens
$g = 9{,}81$ m/s² Erdbeschleunigung

Aus *Bild 3.16* erkennt man, daß die *Gleichsetzung* der Gl. (3.14) und (3.15) interessiert

$$F_W = F_G - F_A$$

$$c_W \frac{\pi x^2}{4} \varrho_f \frac{w_F^2}{2} = \frac{\pi x^3}{6} \Delta\varrho\, g \qquad (3.16)$$

Der Widerstandsbeiwert ζ ist nicht konstant. Er ändert sich mit der Reynoldszahl, der bekannten, dimensionslosen Zahl, die den Strömungszustand kennzeichnet *(Bild 3.17)*. Es ergeben sich in der Näherung folgende Werte für umströmte Kugeln, deren Graphen im logarithmischen Netz Geraden darstellen:

$$c_W = \frac{24}{Re} \quad \text{für } Re \leq 0{,}2$$

$$c_W = \frac{18{,}5}{Re^{0{,}6}} \quad \text{für } 2 < Re \leq 500$$

$$c_W = 0{,}44 = \text{konst. für } 500 < Re \leq 150\,000$$

Man erkennt aus *Bild 3.17*, daß eine Verlängerung der Geraden $c_W = 24/Re$ über $Re = 0{,}2$ hinaus bis $Re = 1$ fast keine und bis etwa $Re = 5$ keine große Abweichung von der wirklichen Kurve bringt und daß damit in der späteren Berechnung kein großer Fehler entstehen wird.

Wegen des beschriebenen Verhaltens von $c_W = f(Re)$ muß man bei der weiteren Behandlung der Gl. (3.16) drei Bereiche unterscheiden. Da sich die drei Geraden bei $Re = 1{,}9169$ bzw. 508,39 schneiden, seien die Grenzen der Bereiche hinreichend genau mit $Re = 1{,}92$ bzw. 500 festgelegt.

$Re \leq 1{,}92$ – Stokesscher Bereich
Mit

$$c_W = \frac{24}{Re} \quad \text{und} \quad Re = \frac{w_F\, x\, \varrho_f}{\eta_f} \quad \text{wird Gl. (3.14)}$$

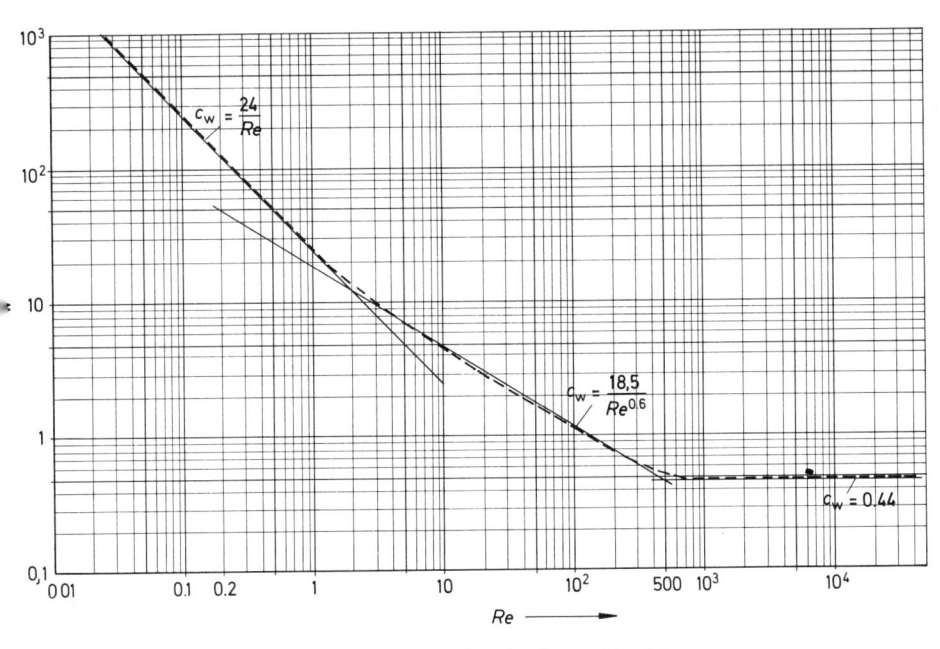

Bild 3.17 Widerstandsbeiwert ξ als Funktion der Reynoldszahl

$$F_W = 3\pi \eta_f x w_F \qquad (3.17)$$

η_f in $\dfrac{kg}{m \cdot s}$ = Pa·s dynamische Zähigkeit des fluiden Mediums.

Gl. (3.17) ist als *Stokessches Gesetz* bekannt, das für *laminaren Strömungszustand* gilt.

Der Gleichgewichtszustand nach Gl. (3.16) wird jetzt

$$3\pi \eta_f x w_F = \frac{\pi x^3}{6} \Delta\varrho\, g$$

Daraus

$$w_F = \frac{x^2 \Delta\varrho\, g}{18\, \eta_f} \qquad (3.18)$$

oder

$$x = \sqrt{\frac{18\, \eta_f\, w_F}{\Delta\varrho\, g}} \qquad (3.19)$$

Die obere Grenze für die Anwendbarkeit des Stokesschen Gesetzes ist bereits definiert. Die untere Grenze ist erreicht, wenn x gleich der freien Weglänge der Moleküle der umgebenden Flüssigkeit wird, weil dann das Teilchen durch die Molekularbewegung am Absetzen gehindert wird. Liegen so kleine Teilchen vor, ist eine Flockungsstufe oder ähnliches einzuplanen. Über solche Zusatzeinheiten wird im Abschnitt 3.4 berichtet.

$1,92 < Re \leqq 500$ — Übergangsbereich

In diesem Bereich erfolgt die Umströmung *turbulent,* jedoch unter starkem *Einfluß der Zähigkeit.* In Gl. (3.16) wird

$$c_W = \frac{18,5}{Re^{0,6}} \quad \text{eingesetzt, also} \quad c_W = \frac{18,5 \; \eta_f^{0,6}}{w_F^{0,6} \; x^{0,6} \; \varrho_f^{0,6}}$$

$$13,875 \cdot \varrho_f^{0,4} \cdot w_F^{1,4} \cdot \eta_f^{0,6} = x^{1,6} \cdot \Delta\varrho \cdot g$$

Daraus

$$w_F = \sqrt[1,4]{\frac{x^{1,6} \cdot g \cdot \Delta\varrho}{13,875 \cdot \varrho_f^{0,4} \cdot \eta_f^{0,6}}} \qquad (3.20)$$

und

$$x = \sqrt[1,6]{\frac{13,875 \cdot \varrho_f^{0,4} \; w_F^{1,4} \; \eta_f^{0,6}}{\Delta\varrho \; g}} \qquad (3.21)$$

Die etwas unbequemen Exponenten der Gl. (3.20) und (3.21) lassen sich umgehen, wenn man folgendes Rechenschema anwendet:

$$Re = \frac{w_F \; x \; \varrho_f}{\eta_f} \qquad (3.22)$$

wird umgestellt

$$w_F = \frac{Re \; \eta_f}{x \; \varrho_f} \qquad (3.22)$$

Dieser Ausdruck wird in Gl. (3.16) eingesetzt; diese liefert nach Umformung

$$\frac{x^3 \; g \; \varrho_f \; \Delta\varrho}{\eta_f^2} = \frac{3}{4} \; c_W \; Re^2$$

Die linke Seite dieser Gleichung stellt die dimensionslose *Archimedeszahl Ar* dar, die unabhängig von der Sinkgeschwindigkeit ist. Es gilt also die Beziehung

$$Ar = \frac{x^3 \; g \; \varrho_f \; \Delta\varrho}{\eta_f^2} = \frac{3}{4} \; c_W \; Re^2 \qquad (3.23)$$

Mit

$$c_W = \frac{18,5}{Re^{0,6}} \quad \text{wird}$$

$$Re = 0,153 \sqrt[1,4]{Ar} \tag{3.24}$$

Ar wird mit Gl. (3.23) ermittelt, Re aus Gleichung 3.24 berechnet und dann w_F mit Gl. (3.22) gefunden.

Dieses Verfahren führt nicht zum Ziel, wenn die Teilchengröße aus der Fallgeschwindigkeit ermittelt werden soll. In diesem Fall bildet man aus der Reynolds-Beziehung

$$x = \frac{Re \, \eta_f}{w_F \, \varrho_f} \tag{3.25}$$

In Gl. (3.16) eingesetzt und umgeformt, erhält man

$$\frac{w_F^3 \, \varrho_f}{\Delta \varrho \, g \, \eta_f} = \frac{4}{3} \frac{Re}{c_W}$$

Die linke Seite stellt jetzt die ebenfalls dimensionslose *Ljastschenkozahl La* dar, die unabhängig von der Teilchengröße ist. Nun gilt

$$La = \frac{w_F^3 \, \varrho_f}{\Delta \varrho \, g \, \eta_f} = \frac{4}{3} \frac{Re}{c_W} \tag{3.26}$$

c_W wird wie oben ersetzt, und es ergibt sich

$$Re = 5,175 \sqrt[1,6]{La} \tag{3.27}$$

La, Re und x können mit den Gl. (3.25) bis (3.27) bestimmt werden.

$500 < Re \leq 150\,000$ – Turbulenzbereich

Wegen $c_W = 0,44 =$ konstant ist dieser Bereich einfach zu erfassen. Gl. (3.16) wird jetzt

$$0,44 \frac{\pi x^2}{4} \cdot \varrho_f \frac{w_F^2}{2} = \frac{\pi x^3}{6} \Delta \varrho \, g$$

Daraus

$$w_F = \sqrt{\frac{3,03 \, g \, x \, \Delta \varrho}{\varrho_f}} \tag{3.28}$$

und

$$x = \frac{w_F^2 \cdot \varrho_f}{3,03 \cdot \Delta \varrho \cdot g} \tag{3.29}$$

Bestimmung des Strömungszustandes

Im allgemeinen wird man die Teilchengröße kennen und die Sinkgeschwindigkeit suchen. Auch der umgekehrte Fall ist denkbar. Die Kennzeichnung des *Strömungszustandes* und damit die Auswahl der richtigen Formel ist zu Beginn der Berechnung mit Hilfe der Reynoldszahl nicht möglich, weil *Re* Funktion der Teilchengröße und der Sinkgeschwindigkeit ist. Die Gl. (3.23) und (3.26) zeigen aber, daß Archimedes- und Ljastschenkozahl aus der Reynoldszahl berechnet werden können, wobei die genannten Gleichungen nur im Übergangsbereich angewendet werden dürfen. Demnach eignen sich Archimedes- und Ljastschenkozahl ebenfalls zur Kennzeichnung des Strömungszustandes. Die Grenzen sind in *Tabelle 3.3* einander gegenübergestellt.

Tabelle 3.3 Kennzeichnung des Strömungszustandes am sinkenden Teilchen

Strömungs- zustand	Reynoldszahl *Re*	Archimedeszahl *Ar*	Ljastschenkozahl *La*
laminar	$\leq 1{,}92$	≤ 35	$\leq 0{,}2$
turbulent mit starkem Zähigkeitseinfluß (Übergangsbereich)	$> 1{,}92$ bis 500	> 35 bis $84 \cdot 10^3$	$> 0{,}2$ bis $1{,}5 \cdot 10^3$
turbulent	> 500 bis $1{,}5 \cdot 10^5$	$> 84 \cdot 10^3$	$> 1{,}5 \cdot 10^3$

Nicht kugelige Teilchen

In der Praxis wird man selten reine Kugelform der zu behandelnden Teilchen finden. Da sich das Einzelteilchen bei den geringen vorkommenden Reynoldszahlen in der Strömung nicht ausrichtet, also der Strömung nicht seine kleinste Querschnittsfläche bietet, sondern in beliebiger Lage absinkt, wird es im allgemeinen einen größeren Widerstand haben als das entsprechende kugelige Teilchen. Es wird langsamer sinken, als wir mit den bisher bekannten Formeln berechnet haben. PAWLOW und Koll. [3.11] schlagen deshalb einen *Formfaktor* φ vor, der in *Tabelle 3.4* in Abhängigkeit von der Archimedeszahl wiedergegeben ist. Es fällt auf, daß die Tabelle erst bei $Ar \approx 15\,000$ beginnt, also erst bei $Re \approx 150$. Tatsächlich macht sich der Einfluß der nicht kugeligen Form in den unteren Reynoldsbereichen nicht oder nur wenig bemerkbar. Die wirkliche Sinkgeschwindigkeit eines nichtkugeligen Teilchens wird also annähernd

$$w_x = w_F \cdot \varphi \qquad (3.30)$$

Tabelle 3.4 Formfaktor φ zur Ermittlung der Sinkgeschwindigkeit nichtkugeliger Teilchen

Ar-Zahl	kugelig	abgerundet	eckig	länglich	flach
15 300	1	0,81	0,68	0,61	0,45
19 100	1	0,80	0,68	0,60	0,44
38 200	1	0,79	0,67	0,59	0,43
95 600	1	0,76	0,65	0,56	0,42
191 000	1	0,75	0,64	0,56	0,41
382 000	1	0,74	0,63	0,55	0,39

Gegenseitige Behinderung der Teilchen

Bei der Sedimentation eines Einzelteilchens kann die verdrängte Flüssigkeit nach allen Seiten ausweichen. Beim *Absetzen eines Kollektivs* behindern sich die Ausweichströme und beeinflussen den Absetzvorgang. Dabei muß nicht immer eine Verzögerung herauskommen, wie u.a. von JOHNE [3.12] gezeigt wurde. Es kann vielmehr mit wachsender Konzentration zunächst ein Ansteigen der mittleren Sinkgeschwindigkeit beobachtet werden. Mit weiter zunehmender Konzentration tritt dann die erwartete Verzögerung ein.

Bild 3.18
Sedimentation einer Trübe im Standgefäß
a) normale Sedimentation, b_1) Flockung,
b_2) Sedimentation, b_3) Verdichtung,
c) höhere Konzentration, frühzeitig beginnende Verdichtung

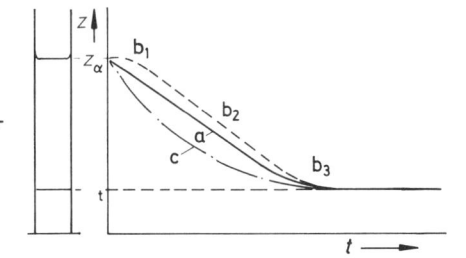

Bei nicht zu hoher Konzentration kann folgende Methode angewendet werden. Im Standgefäß *(Bild 3.18)* beobachtet man, daß sich die *Grenzschicht* zwischen Trübe und Klarflüssigkeit zunächst mit konstanter Geschwindigkeit abwärts bewegt, um sich nach einem zeitlich begrenzten Rückstau nicht mehr zu verändern. Natürlich bildet sich die Grenze in Abhängigkeit von der Konzentration und der Teilchengröße mehr oder weniger scharf aus. Anfängliche Abweichungen von der Geraden in *Bild 3.18* sind durch Flockungserscheinungen zu erklären, die zu Teilchenvergrößerungen führen und damit beschleunigen. Ist z_α die ursprüngliche Höhe und z_t die nach beliebig langer Zeit sich einstellende Höhe, dann ergibt sich für $z_t/z_\alpha \leq 0,15$ die Sinkgeschwindigkeit im Kollektiv

$$w_K = f_K \cdot w_F \qquad (3.31)$$

f_K ist ein Faktor, der das Verhalten im Kollektiv berücksichtigt. Er wird anhand der Stokesschen Gl. (3.18) ermittelt, indem man anstelle der Flüssigkeitsdichte und -zähigkeit die Werte für die Suspension einsetzt.

Gl. (3.18) gilt für das Einzelteilchen, das in reiner Flüssigkeit absetzt:

$$w_F = \frac{x^2 g \Delta\varrho}{18 \eta_f} = \frac{x^2 g (\varrho_s - \varrho_f)}{18 \eta_f}$$

In erster Näherung wird für das in der Suspension sinkende Teilchen gesetzt.

$$w_K^* = \frac{x^2 g (\varrho_s - \varrho)}{18 \eta}$$

Darin ist die Suspensionsdichte

$$\varrho = \varrho_f + (\varrho_s - \varrho_f) c_v \qquad (3.32)$$

und die Suspensionszähigkeit

$$\eta = \eta_f (1 + 4{,}5 c_v) \qquad (3.33)$$

mit der Feststoff-Volumenkonzentration

$$c_v = \frac{\text{Feststoffvolumen}}{\text{Gesamtvolumen}}$$

Analog Gl. (3.31) folgt

$$f_K = \frac{w_K^*}{w_F} = \frac{(\varrho_s - \varrho) \eta_s}{(\varrho_s - \varrho_f) \eta}$$

oder entsprechend Gl. (3.22) mit

$$(\varrho_s - \varrho) = \varrho_s - (\varrho_f + \varrho_s c_v - \varrho_f c_v) = (\varrho_s - \varrho_f)(1 - c_v)$$

$$f_K = \frac{1 - c_v}{\eta/\eta_f} = \frac{1 - c_v}{1 + 4{,}5 c_v} \qquad (3.34)$$

3.2.4.2 Ermittlung der Absetzfläche

Jedes Teilchen muß mindestens so lange im Absetzer bleiben, wie es zum Absetzen braucht. Es gilt

$$Verweilzeit = Absetzzeit = t$$

Die Flächenermittlung sei an einem kontinuierlich und gleichmäßig durchströmten, rechteckigen Absetzer erläutert *(Bild 3.19)*. Vollständige Klärung wird vorausgesetzt.

Bild 3.19
zur Ermittlung der Absetzfläche

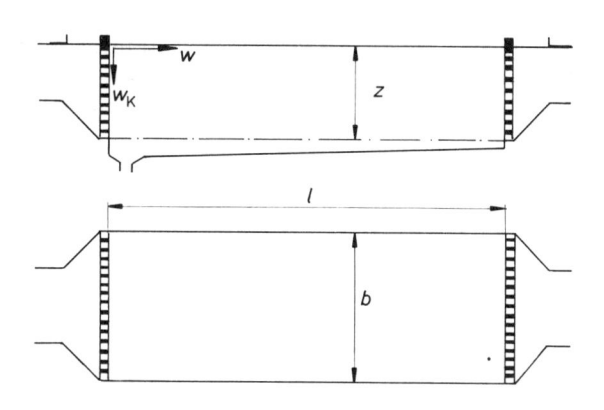

$$\dot{V}_{Kl} = b \cdot z \cdot w \quad \text{mit} \quad w = \frac{l}{t} \approx \text{konstant} \quad \text{und} \quad w_K = \frac{z}{t}$$

$$\dot{V}_{Kl} = b \cdot l \cdot w_K$$

$\dot{V}_{Kl}$ in m³/s je Zeiteinheit ablaufende geklärte Wassermenge
w in m/s horizontale Strömungsgeschwindigkeit
w_K in m/s Sinkgeschwindigkeit des Teilchens im Kollektiv
weil $b \cdot l = A$, wird die theoretische Absetzfläche

$$A = \frac{\dot{V}_{Kl}}{w_K}$$

Bei bekannter Absetzfläche kann man schreiben

$$w_K = \frac{\dot{V}_{Kl}}{A} = q_F \tag{3.35}$$

q_F wird *Klärflächenbelastung* genannt, und damit kommt der Sinkgeschwindigkeit im Kollektiv eine neue Bedeutung zu. Der Begriff Klärflächenbelastung wird anschaulicher, wenn man die Dimensionen nicht kürzt, sondern als m³/s · m² schreibt. In *Tabelle 3.5* sind die zulässigen Klärflächenbelastungen eingetragen, sowohl für die Becken in der mechanischen Stufe als auch für die, die in späteren Stufen verwendet werden. Nach [3.6] sollten diese Werte allerdings möglichst unterschritten werden.

Arbeitet ein Absetzer verlustfrei, teilt sich der Einlaufvolumenstrom $\dot{V}_\alpha$ in das Volumen des Schlammes $\dot{V}_\omega$ und das der Reinflüssigkeit $\dot{V}_{Kl}$.
$\dot{V}_{Kl}$ der vorletzten Gleichung läßt sich also ausdrücken als Differenz $\dot{V}_\alpha - \dot{V}_\omega$. Damit

$$A = \frac{\dot{V}_\alpha - \dot{V}_\omega}{w_K}$$

Tabelle 3.5 Zulässige Klärflächenbelastungen in m³/s · m² = m/s

	Vorklärung		Nachklärung	
	Rechteckbecken	Rundbecken	Rechteckbecken	Rundbecken
nur mechanische Reinigung	$0{,}36 \cdot 10^{-3}$	$0{,}29 \cdot 10^{-3}$	–	–
mechanisch-biologische Reinigung				
Belebung	$1{,}11 \cdot 10^{-3}$	$0{,}85 \cdot 10^{-3}$	$0{,}33 \cdot 10^{-3}$	$0{,}27 \cdot 10^{-3}$
Tropfkörper	$0{,}36 \cdot 10^{-3}$	$0{,}27 \cdot 10^{-3}$	$0{,}42 \cdot 10^{-3}$	$0{,}35 \cdot 10^{-3}$
mechanisch-biologische Reinigung mit zusätzlicher weitergehender Reinigung	$1{,}11 \cdot 10^{-3}$	$0{,}88 \cdot 10^{-3}$	$0{,}42 \cdot 10^{-3}$	$0{,}34 \cdot 10^{-3}$

Weil mit der Reinflüssigkeit keine Feststoffteilchen abfließen, gilt die Kontinuität

$$\dot{V}_\alpha \, c_{m\alpha} = \dot{V}_\omega \, c_{m\omega}$$

mit $c_m = m_s/V$ = Feststoffmassenkonzentration oder Partialdichte.

Dies eingesetzt, liefert

$$A = \frac{1}{w_K}(\dot{V}_\alpha - \dot{V}_\omega) = \frac{\dot{V}_\alpha}{w_K}\left(1 - \frac{c_{m\alpha}}{c_{m\omega}}\right) \qquad (3.36)$$

Für die praktische Auslegung einer Absetzanlage genügt die hergeleitete *theoretische Absetzfläche* nicht. Wegen vorkommenden Direkt- oder Kurzschlußströmungen, Thermokonvektion und durch Wind verursachte Umlaufströmungen im Becken muß ein hydraulischer Wirkungsgrad

$$\eta_h = \frac{\bar{t}}{t}$$

als Verhältnis der tatsächlichen mittleren Verweilzeit $\bar{t}$ zur rechnerischen Durchflußzeit t eingeführt werden. Er beträgt nach [3.10]

$\eta_h = 0{,}8$ bei flachen Rechteckbecken und
$\eta_h = 0{,}6$ bei Rundbecken

Damit wird die praktisch auszuführende Oberfläche eines Beckens, natürlich ohne die Flächenteile, die dem Einlauf und der Beruhigung dienen,

$$A_{pr} = \frac{1}{\eta_h} \cdot A \qquad (3.37)$$

3.2.4.3 Beckenabmessungen

Hydraulisch betrachtet, erscheinen lange, schmale Becken zweckmäßig. Sie haben günstige hydraulische Radien. Dem steht aber der Bauaufwand entgegen. Ein breites Becken ist preiswerter zu erstellen als mehrere gleich lange, schmale Becken. Auch ist das Schlammräumgerät bei mehreren schmalen Becken aufwendiger. DIN 19551, Teil 1, schreibt für Becken mit Schildräumern Breiten zwischen 4 und 16 m vor und Teil 2 für Becken mit Bandräumern zwischen 2 und 8 m. Baut man Gruppen mit mehreren Becken parallel nebeneinander, so sollten in den Trennwänden Durchbrüche vorgesehen werden, die das Entleeren einzelner Becken verhindern. Dadurch können die Zwischenwände leichter gebaut werden; sie brauchen nicht für den vollen hydrostatischen Druck ausgelegt werden.

Als geeignetes Verhältnis zwischen Wassertiefe und Beckenlänge nennt [3.6] etwa 1 : 25, wobei die Wassertiefe im Mittel zwischen 1,5 und 3,6 m schwanken sollte. *Bild 3.20* gibt die günstigsten Abmessungsverhältnisse an *Rechteckbecken* wieder, und *Bild 3.21* zeigt Längsschnitte durch Rechteckbecken mit Schild- und Kettenräumern. Die Räumer kratzen den Schlamm in den Schlammsumpf, von wo er ausgetragen wird. Die Neigung des Bodens beträgt nach oben genannter Norm 1 : ∞.

Rundbecken werden nach DIN 19552 mit Durchmessern von 12 bis 60 m gebaut. Das Optimum liegt zwischen 30 und 40 m. Alle Rundbecken haben den Zulauf in der Mitte, und die gesamte Peripherie dient als Überlauf. Der Boden ist etwa mit 1 : 15 schwach trichterförmig geneigt. Der Schlamm wird von den sogenannten *Krählwerken* zur Mitte geräumt und dort ausgetragen. Die primäre Strömungsrichtung des Wassers ist radial, und die Geschwindigkeit wird nach außen immer geringer. Dies kommt dem Absetzen feinster Schwebestoffe zugute.

[3.6] schlägt 1 : 25 als bestes Verhältnis zwischen Wassertiefe und Beckendurchmesser vor, wobei die mittlere Wassertiefe zwischen 1,2 und 4 m liegen sollte. In

Bild 3.20
Abmessungsverhältnisse an Rechteckbecken

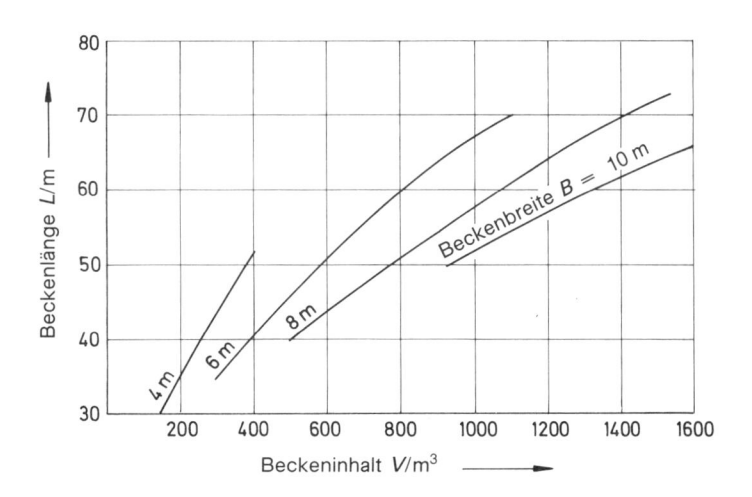

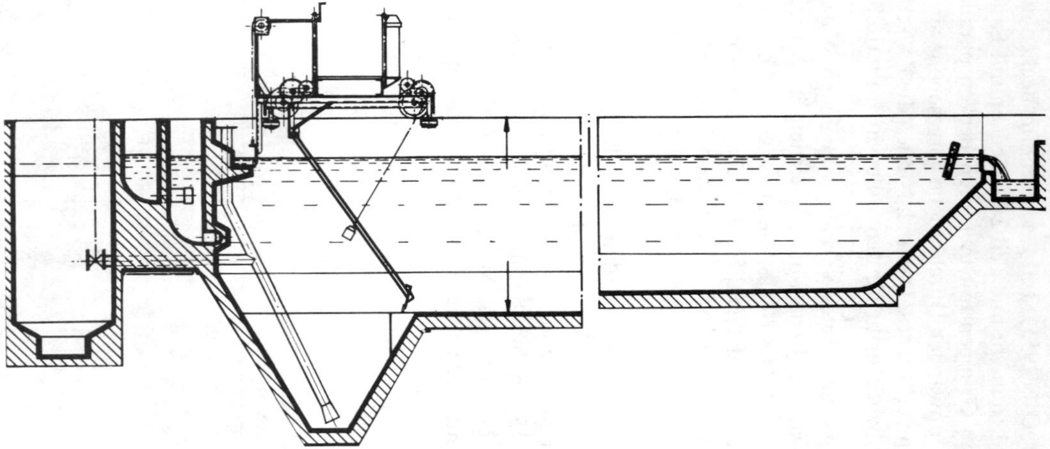

Bild 3.21 Rechteckbecken, Schema
a) mit Kettenräumer, b) mit Schildräumer (Maschinenfabrik H. GEIGER, Karlsruhe)

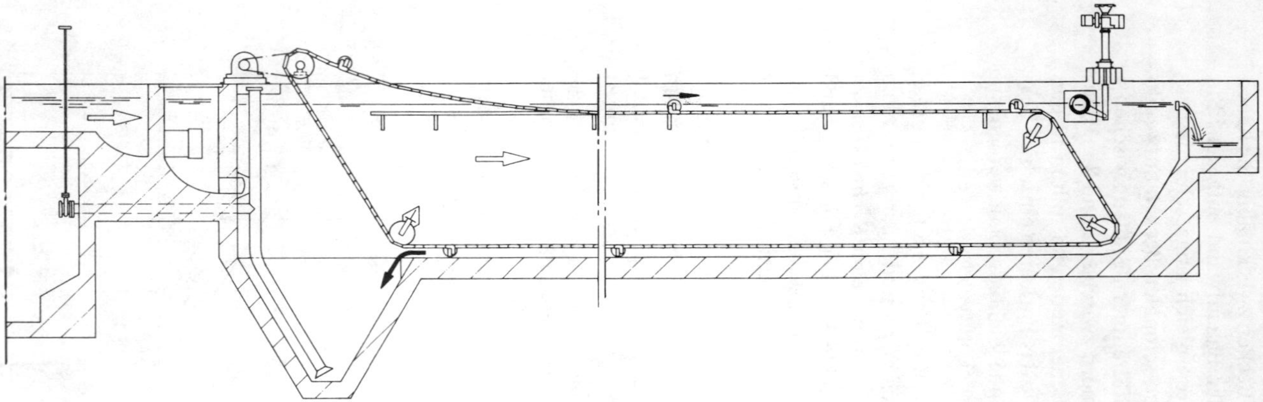

Bild 3.22
Abmessungsverhältnisse an
Rundbecken

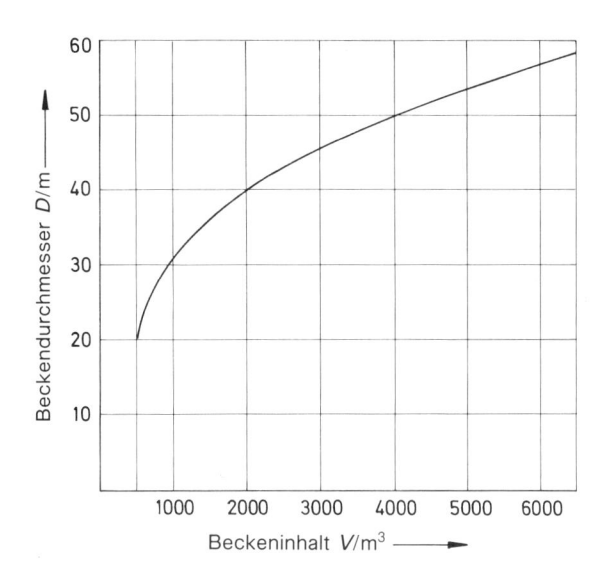

Bild 3.22 sind Beckendurchmesser und mittlere Wassertiefe über dem Beckeninhalt aufgetragen, und *Bild 3.23* zeigt einen Blick in ein leeres Rundbecken mit Krählwerk.

Bild 3.23   Blick in ein leeres Rundbecken mit Krählwerk (STENGELIN)

3.2.4.4 Besondere Beckenausführungen

Rechteck- und Rundbecken sind die heute üblicherweise gebauten, horizontal durchflossenen Einzweckbecken. Sie werden in den mechanischen Stufen eingesetzt, aber auch – wie oben schon erwähnt – in den später noch zu besprechenden biologischen Stufen und in der weitergehenden Reinigung. Für kleine Anlagen kommt noch das vorzugsweise vertikal durchflossene *Trichterbecken,* der sogenannte *Dortmundbrunnen,* in Betracht.

Neben den Einzweckbecken kennt man auch Mehrzweckbecken in ein- und zweistöckiger Bauweise. In der einstöckigen Bauweise werden mehrere Verfahrensschritte kombiniert, z.B. Belebung und Nachklärung, Ausfällen, Flockung und Nachklärung oder auch Vorklärung, Belebung und Nachklärung. Erwähnt sei hier das *Hamburgbecken,* bei dem Belebungs- und Nachklärraum nur durch ein Beruhigungsgitter getrennt sind, womit eine billigere Ausführung erreicht wird.

Konzentrisch um ein – vielleicht bestehendes – mechanisches Klärbecken läßt sich eine ringförmige Belebung mit einer ebenfalls ringförmigen Nachklärung bauen usw.

Bei den zweistöckigen Becken findet man unterhalb des eigentlichen Absetzbeckens den Schlammraum. Hier ist vor allem der *Emscherbrunnen* zu nennen, eine Konstruktion, die heute überholt ist, weil der Schlamm zum Ausfaulen nicht beheizt werden kann. Aber auch neueste Verfahren, wie z.B. der *Bio-Hochreaktor* der Farbwerke Hoechst [3.13], nutzen die zweistöckige Bauweise.

3.3 Biologische Abwasserreinigung

3.3.1 Ziel und Grundlagen des Verfahrens

Wenn das Abwasser die *mechanische Stufe* verläßt und in die *biologische Stufe* gelangt, ist es mehr oder weniger vollständig von allen ungelösten Stoffen befreit. Man könnte nun mit chemischen Methoden eine Umwandlung der noch in ihm befindlichen gelösten Stoffe herbeiführen. Dies tut man aber nicht, weil bei der *chemischen Oxidation* wasserlösliche Produkte entstehen können, die zu Sekundärverschmutzungen im Vorfluter führen. Außerdem wäre die Verwendung der notwendigen Chemikalien auch eine Kostenfrage. Man greift vielmehr auf die Verfahren zurück, die die Natur uns lehrt und die sich bei der Selbstreinigung der Gewässer vollziehen: Durch die *Lebenstätigkeit von Organismen* sollen die faulfähigen organischen Substanzen aufgezehrt werden.

Beim Stoffwechsel der Lebewesen unterscheidet man den Baustoffwechsel, die *Assimilation* und den Betriebsstoffwechsel, die *Dissimilation.* Durch die Assimilation werden Nährstoffe in Körpersubstanz umgewandelt, und die Dissimilation liefert auf oxidativem Wege die hierzu notwendige Energie. Bei dieser Oxidation

Bild 3.24
Schema einer biologischen Zelle

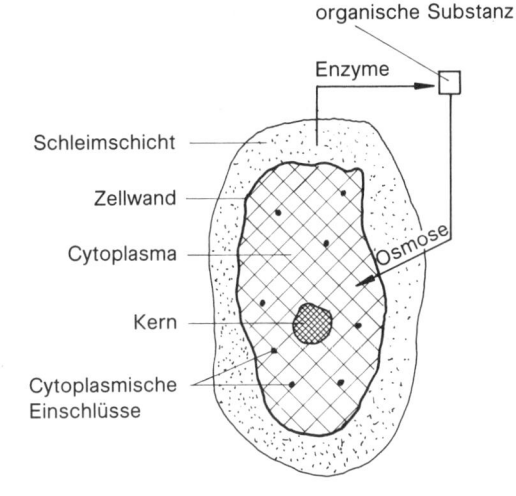

- Schleimschicht
- Zellwand
- Cytoplasma
- Kern
- Cytoplasmische Einschlüsse
- organische Substanz
- Enzyme
- Osmose

entstehen unerwünschte Stoffe, wie oben bei der chemischen Oxidation angedeutet, und teilweise sogar giftige Stoffwechselprodukte, die Toxine.

Wir haben das notwendige Minimum an Dissimilation anzustreben, das zum Erreichen eines Maximums an Assimilation erforderlich ist. Das Abwasser muß den Charakter einer *Nährlösung* haben, was ohne weiteres gegeben ist, und soll außerdem optimale physikalische Bedingungen erfüllen.

Die Organismen können *heterotropher* Natur sein (Bakterien, Pilze, Tiere). Sie sind in der Lage, von der organischen Substanz im Abwasser zu leben und deshalb für unser Verfahren erwünscht. Andere Organismen, Pflanzen in allen Formen, sind *autotroph*. Sie bauen aus anorganischen Stoffen organische Substanz auf. In den technisch angewandten Verfahren wird man sich bemühen, die Lebensbedingungen für diese Gruppe schlecht zu halten.

Obgleich es nicht Aufgabe dieses Buches sein kann, die biologischen Zusammenhänge und Verfahren ausführlich zu erörtern, soll anhand der *Bilder 3.24* und *3.25* ein Überblick gegeben werden über den aeroben Abbau, der bei sämtlichen heterotrophen Organismen prinzipiell gleich abläuft [3.6], [3.14].

Zur Umwandlung müssen die Substanzen in das Zellinnere aufgenommen werden. Die *cytoplasmische Membran* läßt als halbdurchlässige (semipermeable) Membran nur Moleküle durch, die eine bestimmte Größe nicht überschreiten. Je nach Art des Stoffes liegt die Grenze bei Kohlenstoffketten mit acht bis zwölf C-Atomen. Deshalb müssen höherwertige Substanzen außerhalb der Zelle (extrazellular) aufgespalten werden. Zu diesem Zweck scheidet die Zelle aus ihrer schleimigen Umhüllungsschicht Fermente *(Enzyme)* ab, die als Katalysatoren bei der Zersetzung wirken. Die Zersetzungsprodukte gelangen durch Osmose und durch Transportenzyme in die Zelle. Für die weiteren Vorgänge, die am Beispiel Eiweiß in *Bild 3.25a* dargestellt sind, wird Sauerstoff benötigt, dessen Bereitstellung gesichert sein muß. Bei dem hier beschriebenen *aeroben Verfahren* wird der

Bild 3.25
Schema des Eiweiß-Ammoniak-Abbaus

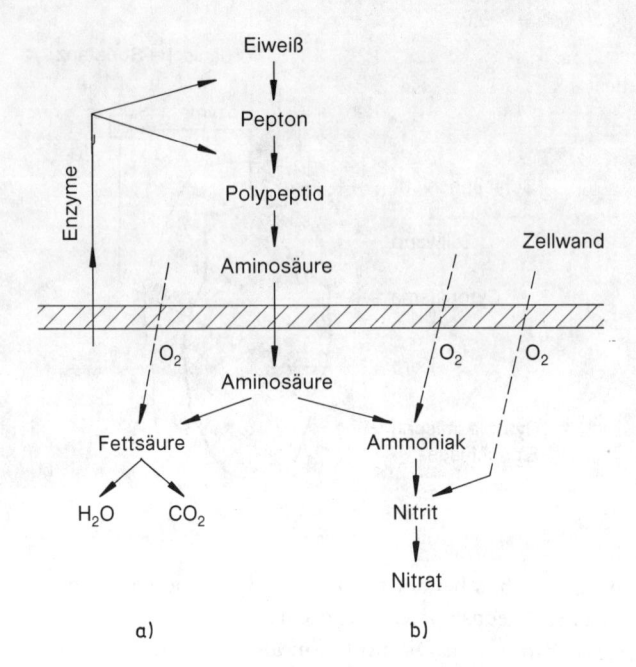

Sauerstoff im Wasser gelöst angeboten. Die biologischen Stufen arbeiten im allgemeinen aerob. Lediglich zum Erreichen bestimmter Effekte kann in manchen Zonen der biologischen Stufe mit Sauerstoffmangel gefahren werden. *Anaerobe* Prozesse wendet man praktisch nur an zum Abbau von Abwasserinhaltsstoffen, die nicht gelöst, sondern suspendiert vorliegen und durch Sedimentation ausgeschieden werden können. Dies sind die Schlämme, auf die im Abschnitt 3.5 eingegangen wird. Die Mikroorganismen arbeiten optimal bei pH 7. Die biologische Reinigung kann aber im Bereich $5 < pH < 9$ zufriedenstellend durchgeführt werden. Die säure- oder laugenbedingte Einschränkung des Stoffwechsels der Bakterien muß dann durch Vergrößerung der *Populationsdichte* ausgeglichen werden.

In der biologischen Stufe können neben den bisher ausschließlich angesprochenen organischen Verunreinigungen auch anorganische Stoffe abgebaut werden. Die Umwandlung des Ammoniaks, die teilweise in *Bild 3.25b* dargestellt ist, bezeichnet man als *Nitrifikation-Denitrifikation*. Sie wird durch autotrophe und fakultativ aerobe Bakterien bewirkt. Die Nitritbakterien (Nitrosomas) wandeln Ammoniak und im Wasser gelöstes Kohlendioxid in Zellsubstanz und Nitrit um. Die Nitritbakterien (Nitrobakter) oxidieren Nitrit zu Nitrat. Damit ist die Nitrifikation, ein aerober Vorgang, abgeschlossen. •

Wird nun die Sauerstoffzufuhr unterbrochen, zehren die Mikroorganismen den im Wasser gelösten Sauerstoff rasch auf, und es tritt ein anaerober Zustand ein. Jetzt beginnen die sogenannten *fakultativen Aerobier,* die in zahlreichen Arten im Belebtschlamm vorhanden sind und aerob oder anaerob leben können, Nitrat und

Nitrit zu reduzieren, indem sie den gebundenen Sauerstoff für ihre Lebenstätigkeit verwenden. Dieser Vorgang, der am Ende des Belebungsbeckens oder in einem separaten Denitrifikationsbecken innerhalb zwei bis drei Stunden abläuft, führt zu gelöstem, in den Schwebestoffen gebundenem oder gasförmigem Stickstoff.

3.3.2 Durchführungsmöglichkeiten

Genau betrachtet, existieren drei Möglichkeiten, die biologische Reinigung zu erreichen: *natürliche, halbtechnische* und *technische Verfahren*. Die natürlichen Verfahren erfordern einen bislang noch nicht oder nur wenig genutzten Lebensraum. Dieser steht uns heute praktisch nicht mehr zur Verfügung. Deshalb erübrigt sich eine weitere Erörterung dieser Möglichkeit.

Im Grunde bleiben heute nur noch die technischen Verfahren, zumindest in Ballungsräumen, für die Abwasserreinigung verfügbar. Dennoch seien hier auch die halbtechnischen Verfahren kurz angesprochen, weil sie noch im Betrieb anzutreffen sind. Manchmal sind sie auch einem technischen Verfahren nachgeschaltet, das dann etwas knapper dimensioniert sein kann. Auf dem Weg von den natürlichen über die halbtechnischen zu den technischen Verfahren geht die autotrophe Komponente, also den Anteil an pflanzlichen Organismen, mehr und mehr verloren, um bei den technischen Verfahren ganz zu verschwinden.

3.3.2.1 *Halbtechnische Verfahren*

Gekennzeichnet ist diese Verfahrensgruppe von der Kombination eines natürlichen Lebensraumes mit wirtschaftlicher Nutzung. Neben die Reinigung des Abwassers tritt die kontrollierte Umwandlung der Schmutzstoffe in Wertstoffe. Als nachteilig wird der große Platzbedarf empfunden.

Je nachdem, ob der wirtschaftlich genutzte Lebensraum die oberste Bodendecke oder ein Teich ist, unterscheidet man das *Fischteichverfahren* und die *landwirtschaftliche Abwasserverwertung*.

Im Fischteichverfahren wird in Anwesenheit von Pflanzen niedriger und höherer Ordnung folgende «Freßkette» aufgebaut:
Organische Substanz – Bakterien – Protozoen – Kleinkrebse – Fische. Der Lebensraum Fischteich ist eutroph. Es liegt ein größeres Nährstoffangebot vor als in einem natürlich lebenden Teich. Dies hat zur Folge, daß die Lebensvorgänge intensiver ablaufen als üblich. Die biologisch verwertbaren und zum Teil auch anorganischen Stoffe können nahezu vollständig eliminiert werden, wenn das Abwasser mit unbelastetem Oberflächenwasser soweit verdünnt wird, daß der Nährstoffgehalt des Mischwassers auf den O_2-Gehalt abgestimmt wird. Neben die Aufnahme von Luftsauerstoff tritt die Sauerstoffabgabe der Pflanzen. Zu dem Nachteil des großen Platzbedarfs kommt noch die Tatsache, daß die Fische im Winter kaum Nahrung aufnehmen und die Notwendigkeit, die Teiche gelegentlich trockenzulegen, um überschüssige Pflanzenproduktion und Fischschädlinge zu beseitigen.

Bei der landwirtschaftlichen Abwasserverwertung findet der Abbau in der obersten Humusschicht von kultivierten Feldern statt. Man strebt an, möglichst viele der organischen Substanzen in Nutzpflanzen umzuwandeln. Hierzu ist die vorherige Mineralisierung durch die Bodenbakterien erforderlich.

Obgleich das Verfahren eine vollkommene Reinigung bewirkt und keinen Vorfluter belastet, kann es nicht befriedigen, weil bei der Verregnung des Abwassers zu große Flächen benötigt werden und außerdem Geruchsbelästigungen entstehen. Auch muß auf die landwirtschaftlichen Produktionszyklen Rücksicht genommen werden. Das heißt, man kann nicht zu jeder Zeit und in beliebigen Mengen berieseln.

3.3.2.2 Technische Verfahren

Das Stoffwechselgeschehen wird auf einer relativ kleinen, nach den Regeln der Verfahrenstechnik überwachten Anlage zusammengedrängt. Die pflanzliche Komponente fehlt ganz, und die heterotrophen Mikroorganismen werden auf möglichst wenige Arten begrenzt. Man kann von einer Intensivierung des natürlichen Selbstreinigungsvorganges sprechen, wobei die Konzentration der aeroben Mikroorganismen durch Verbesserung ihrer Lebensbedingungen und durch Rezirkulation der Biomasse gesteigert wird. Aus beiden genannten halbtechnischen Verfahren wurden technische Verfahren weiterentwickelt. Älter ist das *Tropfkörperverfahren*, das verfahrenstechnisch die Vorgänge im Boden bei der landwirtschaftlichen Abwasserverwertung nachvollzieht. Von größerer Bedeutung ist jedoch das *Belebungsverfahren*, das seit nunmehr etwa 70 Jahren ständig weiterentwickelt wird. Es ahmt die Vorgänge in Flüssen oder Seen nach. Die jüngste Entwicklung ist das *Tauchkörperverfahren*, das für kleine und mittlere Anlagen geeignet ist.

Belebungsverfahren

Der Reinigungsvorgang läuft in Becken ab, in denen das Abwasser intensiv mit der *Biomasse* unter ausreichender Anwesenheit von gelöstem Sauerstoff gemischt wird. Die Biomasse besteht aus den Bakterien, die die Reinigung bewirken, und höheren, bakterienfressenden Lebewesen, den Protozoen. Man nennt diese Lebensgemeinschaft *Belebtschlamm*. Die Grundeinheiten des Belebtschlammes sind die ständig wachsenden *Bakterienkolonien*. Sie werden durch die schleimigen Umhüllungsschichten der einzelnen Bakterien *(Bild 3.24)* zu Flocken zusammengehalten. Zum Stoffwechsel tragen vor allem die an der Oberfläche der Flocken sitzenden Bakterien bei. Deshalb ist man bemüht, die Flocken klein zu halten, und sorgt für Turbulenz in den Belebungsbecken. Je häufiger die Mikroorganismen mit der abzubauenden Substanz in Berührung gebracht werden, desto schneller vollzieht sich die Sauerstoffumwandlung.

Bild 3.26 zeigt den schematischen Aufbau einer belebten Reinigungsstufe und *Bild 3.27* den Blick auf ein Belebungsbecken mit mittelblasiger Belüftung. Im ersten Becken erfolgt die soeben beschriebene turbulente Durchmischung, und im

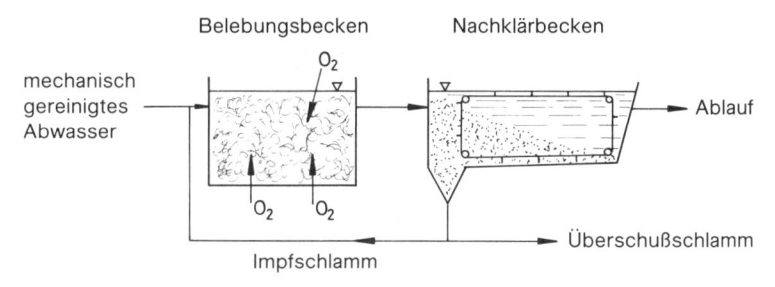

Bild 3.26 Kontinuierliche Biologische Stufe mit Belebungsbecken

zweiten Becken mit beruhigter Strömung sedimentiert der Schlamm. Dieser wird zum größeren Teil als *Impf-* oder *Rücklaufschlamm* der Belebung wieder zugeführt. Der *Überschußschlamm* gelangt entweder direkt in die Schlammbehandlung oder wird dem Abwasser vor dem Vorklärbecken zugesetzt. In diesem Fall sedimentiert er zusammen mit dem Schlamm aus der mechanischen Stufe. Der Sinn dieses Vorgehens liegt in der erreichbaren Konzentration des Schlammes. Während der Belebtschlamm das Nachklärbecken mit einem Wassergehalt von 97 bis 99 Massenprozent verläßt, liegt der Wassergehalt des Schlammes aus der Vorklärung bei 95%. Auf diese Weise erreicht man eine beträchtliche Reduzierung des Schlammvolumens.

Nach [3.6] liegt der Gehalt an Biomasse im Belebungsbecken zwischen 1,5 und 3 kg/m^3 (Trockensubstanz). Die Verweilzeit beträgt je nach Konzentration des Abwassers vier bis acht Stunden. Über die erforderliche Sauerstoffmenge sind verschiedene Autoren unterschiedlicher Meinung. Bis etwa 2 mg O$_2$ je Liter Beckeninhalt steigt die Reinigungsleistung mit dem Sauerstoffgehalt. Darüber hinaus ist kaum noch eine Verbesserung der Reinigung zu erzielen. Zum Vergleich sei darauf hingewiesen, daß bei 20 °C etwa 44 mg O$_2$ je Liter Wasser gelöst werden können, wenn mit Sauerstoff begast wird, aber nur 9,2 mg/l, wenn Luft eingeblasen wird [3.9]. Dies ist zu begründen mit dem unterschiedlichen Partialdruck des reinen und des Luftsauerstoffs, der um den Faktor 4,8 abweicht und linear in die Sättigungskonzentration eingeht.

Über die Theorie der Übertragung des Sauerstoffes in das Wasser existiert eine Fülle von Fachliteratur. Es sei z.B. auf [3.14] und auf die umfangreiche Literaturangabe in [3.15] hingewiesen.

[3.6] gibt, ausgehend von der Bedingung, daß der *Sauerstoffeintrag* gleich sein muß dem *Sauerstoffverbrauch,* folgende Beziehung an:

$$\frac{OV_R}{TS_R} = d \frac{\Delta B_R}{TS_R} + e \qquad (3.38)$$

OV_R in $\dfrac{\text{kg}}{\text{m}^3 \, \text{d}}$ täglicher Sauerstoffverbrauch $\left(\dfrac{\text{kg O}_2}{\text{m}^3 \text{ Beckeninhalt} \cdot \text{Tag}}\right)$

Bild 3.27 Blick auf ein Belebungsbecken mit feinblasiger Belüftung (SCHUMACHER)

TS_R in $\dfrac{kg}{m^3}$ Schlammkonzentration $\left(\dfrac{kg\ Trockensubstanz}{m^3\ Beckeninhalt}\right)$

ΔB_R in $\dfrac{kg}{m^3\ d}$ Abbauleistung $\left(\dfrac{kg\ BSB_5\text{-Abbau}}{m^3\ Beckeninhalt \cdot Tag}\right)$

d = 0,5 Anteil der Umwandlung, der zur Dissimilation verwendet wird

e = 0,1 $\dfrac{1}{d}$ Atmungsanteil

Die linke Seite der Gl. (3.38), deren Graph eine Gerade ist, bezeichnet den täglichen Sauerstoffverbrauch, auf die Schlammkonzentration bezogen. Er ist linear abhängig von der sogenannten *Schlammabbauleistung,* also dem auf die Schlammkonzentration bezogenen täglichen BSB_5-Abbau. Man erkennt, daß der Sauerstoffverbrauch nicht nur von der Abbauleistung, sondern auch von der Schlammkonzentration im Becken abhängt. Sicher spielen auch noch andere Faktoren eine Rolle [3.14], auf die aber hier nicht eingegangen werden kann.

Gl. (3.38) gilt in der angegebenen Form für häusliches Abwasser. Werden industrielle Abwässer behandelt, ist der Beiwert d zwischen 0,35 und 0,55 einzusetzen. Der Sauerstoffverbrauch wird größer werden, wenn auch Stickstoffverbindungen umgesetzt werden sollen, wenn also eine Nitrifikation angestrebt wird (siehe Gl. (3.48)).

Der Übergang des Sauerstoffs aus der eingebrachten Luft in das Wasser ist, wie jeder Stoffübergang zwischen zwei Phasen, abhängig vom Sättigungsdefizit, dem Diffusionsquerschnitt und einem Diffusionskoeffizienten. Man kann sagen, daß die Sauerstoffaufnahme um so schneller vollzogen wird, je größer der Sauerstoffmangel im Wasser ist. Völlig von Sauerstoff befreites Wasser hat schon nach ungefähr 10 min Belüftung seine O_2-Sättigung erreicht. Diese liegt nach obigen Ausführungen bei etwa 10 mg/l, je nach Temperatur. Führen wir uns nun vor Augen, daß kommunales Abwasser nach Entfernung der absetzbaren Stoffe in der mechanischen Stufe noch einen BSB_5 = 200 mg/l hat *(Tabelle 3.2),* dann wird die angegebene Verweilzeit verständlich. Zu beachten ist auch, daß in einem offenen Belebungsbecken je nach Belüftungssystem nur etwa 10% des in der Luft enthaltenen Sauerstoffs im Wasser gelöst werden können. Ein Normkubikmeter Luft kann also höchstens 20 l O_2 in das Abwasser einbringen, 980 l verlassen die Wasseroberfläche als Abgas. Dieses wird nur unter optimalen Betriebsbedingungen, die sich leider nur selten verwirklichen lassen, keine Geruchsbelästigung darstellen. Für oben erwähnten BSB_5 = 200 mg/l = 200 g/m³ sind nahezu 10 m³ Luft je m³ Abwasser erforderlich.

Zur technischen Durchführung der Belüftung stehen mehrere Möglichkeiten zur Verfügung. Man unterscheidet die *Druckbelüftung,* die *Oberflächenbelüftung* und die Kombination beider Belüftungsarten. Bei der Druckbelüftung benutzt man Druckluft als Energieträger. Am Boden des Belebungsbeckens werden poröse oder perforierte Rohre verlegt, durch die die Luft eingeblasen wird *(Bild 3.28).*

Bild 3.28   Cellpox-Rohrbelüfter, im Belebungsbecken installiert (MENZEL)

Manche Konstruktionen bevorzugen auch injektorartige Düsen. Entsprechend dieser unterschiedlichen Luftaustrittsöffnungen entstehen feinere oder grobere Blasen, die im Becken emporsteigen, dabei Sauerstoff an das Wasser abgeben und für die nötige Durchmischung sorgen. Die Blasen werden auf ihrem Weg größer, weil der hydrostatische Druck im Wasser abnimmt. Je feiner die Austrittsöffnungen sind, desto kleiner und oberflächenreicher werden die Blasen. Andererseits neigen kleine Blasen zum Agglomerieren und bringen geringere Durchmischung. Die feinen Austrittsöffnungen verstopfen und verwachsen leicht. Der Durchgangswiderstand ist größer als bei groberen Öffnungen, macht aber die Austrittsrohre unempfindlich gegen montagebedingte Höhenunterschiede. Die Entwicklung ist weder in Richtung auf die möglichst feine Blase abgeschlossen noch umgekehrt.

Bei der Injektordüse wird Abwasser als Treibstrahl eingepumpt. Er reißt die in einer besonderen Rohrleitung unter Druck herangeführte Luft mit. Die kinetische Energie des Flüssigkeitsstrahls wird bei sehr günstigem Wirkungsgrad zur Dispergierung der Luft in feinste Blasen genutzt [3.16]. Zweckmäßigerweise werden mehrere Düsen zu Injektorbüscheln zusammengefaßt *(Bild 3.29* und *3.30)*. Die Strahlrichtung der Düsen geht nach unten, um möglichst die volle Wassertiefe auszunutzen und um Sedimentationen zu verhindern.

Bild 3.29 Injektorbüschel-Anordnung in einem Belebungsbecken (BAYER)

Bild 3.30   Strahlbelüfter-Einheit, System Rotox, vor dem Einbau (Emu)

Während man früher ausschließlich großflächige, verhältnismäßig flache offene Becken zur Belebung benutzt hat, beobachtet man heute eine Entwicklungstendenz zum geschlossenen, bis 30 m hohen Reaktor hin *(Bild 3.31)*. Diese *Hochreaktoren,* auch *Turmbiologien* genannt, bringen eine Reihe von Vorteilen mit sich: Sie benötigen bei gleichem O_2-Eintrag nur $^1/_3$ bis zur Hälfte der Luftmenge herkömmlicher Anlagen, weil der Sauerstoff unter höheren hydrostatischen Drücken angeboten wird und weil der Blasenweg und damit die Kontaktzeit entsprechend größer sind. Durch die geringere Luftmenge, die eingepreßt wird, ist der Anfall an Abgasen geringer, und eine eventuell erforderliche Abgasreinigung wird billiger. Auch sind die Energiekosten trotz der höheren zu überwindenden Drücke geringer. Das Bauen in die Höhe erfordert kleinere Grundflächen und damit geringere Investitionskosten, besonders wenn es sich um stadtnahe Standorte handelt. Da wegen der geschlossenen Bauweise weder Geruchs- noch Lärmprobleme zu befürchten sind, kann der Hochreaktor auch nahe bei Wohngebieten errichtet werden. Eine andere Entwicklungstendenz geht hin zur Verwendung von *technischem Sauerstoff* anstelle der Luft. Dies gilt sowohl für die Druck- als auch für die anderen Belüftungsarten. Der oben angesprochene Vorteil des geringeren Gasdurchsatzes tritt bei der Begasung mit Sauerstoff noch wesentlich stärker in Erscheinung.

Schon erwähnt wurde, daß in einem herkömmlichen Belebungsbecken das Verhältnis gelöster Sauerstoff zu Abgas bei 20 : 980 liegt und daß sich die Sättigungskonzentrationen von Luftsauerstoff und Reinsauerstoff wie 4,8 : 1 verhalten. Wenn man nach [3.17] von 80- bis 90prozentiger Ausnutzung des Sauerstoffs ausgeht, müssen höchstens 25 l Sauerstoff eingetragen werden, um 20 l zu lösen. Das Sauerstoff-Abgas-Verhältnis ist demnach nur noch 20 : 5. Darüber hinaus läßt sich ein sauerstoffbegastes Becken mit etwa der doppelten Schlammkonzentration betreiben, wodurch natürlich höhere Stoffumsätze entstehen. Die Überschußschlammenge ist geringer als bei belüfteten Anlagen, und der Schlamm läßt sich besser eindicken. Er verläßt das Nachklärbecken mit Konzentrationen von 15 bis 20 kg/m^3. Die Belebungsbecken und die Nachklärbecken können also kleiner ausgeführt werden. Erstere müssen allerdings mit einer dichten Abdeckung versehen werden, weil der Sauerstoff mehrmals durch das Abwasser geleitet werden muß. Dies kann zweckmäßigerweise in einem mehrkammerigen Becken geschehen, entweder mit feinblasiger Druckbelüftung *(Bild 3.32)* oder mit Oberflächenbelüftern *(Bild 3.33)*. Gleichfalls sind Kombinationen der Belüftungssysteme denkbar, ebenso wie die Verwendung von Sauerstoff-Luft-Mischungen. Nach Abwägen der Vor- und Nachteile, besonders der Kosten für den Sauerstoff, kann man sagen, daß hier ein wirtschaftliches Verfahren vorliegt, das sowohl bei Neuanlagen als auch bei der Sanierung überlasteter Anlagen realisiert werden kann.

Bei der Oberflächenbelüftung entfallen Erzeugung und Heranführung der Druckluft. Die *Belüfter,* meist mit vertikaler Drehachse *(Bild 3.34)*, aber auch mit horizontaler Achse *(Bild 3.35),* reißen die Wasseroberfläche auf und schleudern erstens Wassertropfen durch die Luft und tragen zweitens Luftblasen in das Was-

Bild 3.31 Bio-Hochreaktor (Hoechst)

Bild 3.32
Schema einer
O_2-Druckbegasung

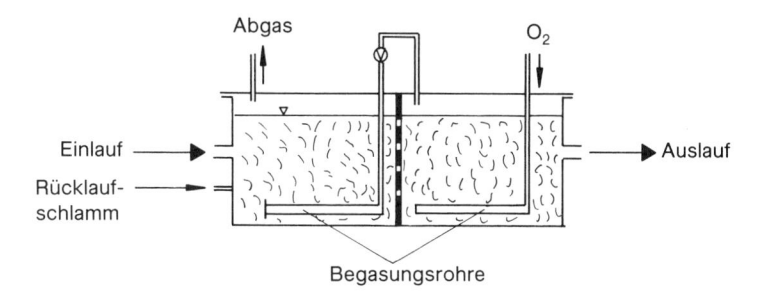

Bild 3.33
Schema einer O_2-Oberflächenbegasung

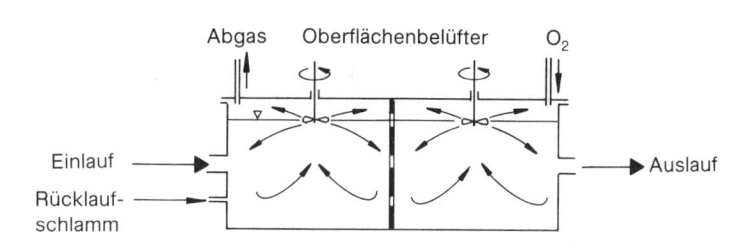

ser ein. Je nach Konstruktion des Apparates überwiegt die erste oder die zweite Wirkung. In jedem Fall wird eine große Grenzfläche zwischen Wasser und Luft erzeugt, die dem Wasser Gelegenheit gibt, Sauerstoff aus der Luft zu lösen. Zugleich sorgen die Belüfter für die nötige Umwälzung, die Durchmischung, und verhindern das Absetzen der Biomasse.

Es ist heute nicht abzusehen, welches Belüftungsverfahren sich in der Zukunft durchsetzen wird. Auch die kombinierte Belüftung, also Druck- und Oberflächenbelüftung, wird ausgeführt. Dabei sorgen die Oberflächenbelüfter oder auch separate Umwälzapparate für die bei der Druckbelüftung manchmal unzureichende Bewegung im Becken. Vorteilhaft ist auch, daß die aufsteigenden Blasen aus ihrer senkrechten Steigrichtung abgelenkt werden. Dadurch wird ihr Weg und damit ihre Verweilzeit verlängert.

Die rechnerische Bemessung der Belebungsbecken ist wegen der Vielschichtigkeit der Vorgänge sehr schwierig. Man wird, besonders bei industriellem Abwasser, nicht ohne Versuche im technischen Maßstab auskommen. Ohne Berücksichtigung einzelner Reinigungsmechanismen können zwei Pauschalwerte zur überschlägigen Ermittlung der Beckenabmessungen herangezogen werden (DIN 4045 [3.7]):

Die BSB_5-*Raumbelastung* B_R in kg/d · m³, das ist die auf dem Beckeninhalt bezogene, täglich auf das Becken zukommende organische Belastung, ausgedrückt als biochemischer Sauerstoffbedarf.

$$B_R = \frac{(B\dot{S}B_5) \text{ in kg/d}}{\text{Beckeninhalt in m}^3} \qquad (3.39)$$

Bild 3.34 Hamburg-Rotor (Maschinenfabrik H. GEIGER, Karlsruhe)

Bild 3.35 Mammutrotor (PASSAVANT)

Nach [3.6] ist $B_R = (0{,}7$ bis $1{,}8)$ kg/m³ d, wenn vollständige Reinigung (auf $BSB_5 = 25$ mg/l) und Nitrifikation erfolgen sollen.

Die *Schlammbelastung* B_{TS} in kg/d · kg = 1/d gibt den täglichen Sauerstoffbedarf des zugeführten Abwassers an, bezogen auf die Trockensubstanz des Schlammes:

$$B_{TS} = \frac{(B\dot{S}B_5) \text{ in kg/d}}{TS \text{ in kg}} \tag{3.40}$$

$(B\dot{S}B_5)$ in kg/d tägliche BSB_5-Zufuhr
TS in kg Trockensubstanz des belebten Schlammes

Die Schlammbelastung schwankt zwischen 0,2 und 0,5 1/d.

Mit diesen Größen können zwei Ausdrücke für den Beckeninhalt gebildet werden:

$$V = \frac{(B\dot{S}B_5)}{B_R} \tag{3.41}$$

oder

$$V = \frac{(B\dot{S}B_5)}{TS_R \cdot B_{TS}} \tag{3.42}$$

TS_R in kg/m³ Schlammtrockensubstanz, Schlammkonzentration

Der *Wirkungsgrad* einer biologischen Abwasserreinigung ist definiert [3.7]:

$$\eta_b = \frac{(BSB_5)_\alpha - (BSB_5)_\omega}{(BSB_5)_\alpha} \tag{3.43}$$

Der Rücklaufschlamm soll möglichst rasch aus dem Nachklärbecken entnommen und dem Belebungsbecken wieder zugeführt werden, weil bei zu langer Aufenthaltszeit die Sauerstoffversorgung der aeroben Biomasse nicht gewährleistet ist. Es kann zu Denitrifikationen kommen, und der frei werdende Stickstoff treibt dann Schlammflocken als *Blähschlamm* an die Beckenoberfläche. [3.7] bezeichnet als *Rücklaufverhältnis RV* den Quotienten aus der Menge des Rücklaufschlammes und der zufließenden Abwassermenge. Es ist erfaßt mit

$$RV = \frac{TS_R}{TS_{RS} - TS_R} \tag{3.44}$$

TS_{RS} in kg/m³ Schlammtrockensubstanz des Rücklaufschlammes

TS_{RS} hängt von der Eindickfähigkeit des Schlammes im Nachklärbecken ab. Sie kann erfahrungsgemäß bestimmt werden [3.6] zu

$$TS_{RS} = \frac{1200 \text{ l}}{\text{m}^3} \cdot \frac{1}{I_{SV}} \tag{3.45}$$

I_{SV} in ml/g = 1/kg Schlammindex

Der *Schlammindex* ist das nach 30 min abgesetzte Schlammvolumen dividiert durch das Gewicht der abgesetzten Trockensubstanz. Er wird experimentell ermittelt. Bei häuslichen Abwasser liegt er zwischen 50 und 100 ml/g, kann aber durch Konzentrationsänderungen bis auf 200 ml/g steigen.

Mit dem Abwasserdurchsatz $\dot{V}$ läßt sich die in der Zeiteinheit zurückzuführende Schlammenge ermitteln.

$$\dot{V}_{RS} = RV \cdot \dot{V} \qquad (3.46)$$

bzw.

$$\dot{V}_{RS\,max} = RV \cdot \dot{V}_{max}$$

Bekanntlich wird durch ständiges Nachwachsen der Biomasse Überschußschlamm produziert. Nach [3.6] ist die tägliche Überschußschlammproduktion

$$\ddot{U}S_R = a \cdot \Delta B_R - b \cdot TS_R \qquad (3.47)$$

a   Beiwert für die Überschußproduktion
b   Beiwert für die Selbstverzehrung durch Zellabbau
a = 0,6 bis 1,2
b = (0,03 bis 0,1) 1/d   für kommunale Abwässer
ΔB_R in kg/m³ d   abgebauter Teil der Raumbelastung, Abbauleistung

Der Sauerstoffhaushalt wird in Ergänzung der Gl. (3.38) folgendermaßen berechnet:

$$OV_R = d \cdot \Delta B_R + e \cdot TS_R + f \cdot OV_N \qquad (3.48)$$

OV_R in kg/m³ d   täglicher Sauerstoffverbrauch, bezogen auf Beckeninhalt
OV_N in kg/m³ d   täglicher Sauerstoffverbrauch der Nitrifikanten, bezogen auf Beckeninhalt
d, e, f   Beiwerte

d = 0,5
e = 0,1 l/d   für Kommunalabwasser
f = 3,4

Der Sauerstoffverbrauch addiert sich also aus den drei Summanden *BSB*-Abbau, Schlammatmung und Nitrifikation.

Die Sauerstoffzufuhr ist

$$OC = \frac{\text{eingetragene Sauerstoffmenge in kg}}{\text{Reinwassermenge in m}^3 \cdot \text{Zeit in d}} \qquad (3.49)$$

Gl. 3.49 gilt unter idealisierten Bedingungen: 20 °C, 1,013 bar und sauerstofffreies Wasser. Für Betriebsbedingungen ist umzurechnen mit dem Sauerstoffübertragungsfaktor α, dem Verhältnis $OC_{(Betrieb)}$ zu OC, der experimentell ermittelt werden muß.

Damit wird die unter Betriebsbedingungen aufzubringende Sauerstoffzufuhr

$$OC_{(Betrieb)} = \alpha \cdot OC = \frac{C_S}{C_S - C_X} \cdot OV_R \qquad (3.50)$$

C_S in mg/l Sauerstoff-Sättigungskonzentration
C_X in mg/l angestrebter Sauerstoffgehalt

Man rechnet je nach Verfahren für das Eintragen des Sauerstoffs mit (150 bis 350) Wh je m³ Abwasser [3.20].

Tropfkörperverfahren

Das Belebungsverfahren simuliert die Vorgänge bei der natürlichen Selbstreinigung der Gewässer. Die natürlichen Vorgänge in den oberen Bodenschichten können ebenfalls zur Abwasserreinigung herangezogen werden. In der Natur ist nur eine relativ dünne Erdschicht mit genügend Mikroorganismen durchsetzt, weil die Sauerstoffversorgung in der Tiefe nicht mehr gewährleistet ist. Es galt also, dicke Schichten so zu gestalten, daß genügend Luftsauerstoff mit den Mikroorganismen und dem Abwasser in Berührung gebracht werden kann. Dies geschieht im sogenannten Tropfkörper *(Bild 3.36),* der verfahrenstechnisch besser Füllkörperreaktor heißen würde.

Nach [3.18] ist bei hohem Verschmutzungsgrad das Tropfkörperverfahren und bei geringerer Verschmutzung das Belebungsverfahren wirtschaftlicher. Die Grenze liegt bei BSB_5 = (200 bis 300) g/m³, also gerade in einem Verschmutzungsbereich, den üblicherweise kommunale Abwässer aufweisen. Bei industriellen Abwässern findet man BSB_5-Werte, die bis zu mehreren kg/m³ reichen.

Die ursprünglich gebauten Tropfkörper waren niedrige, zylindrische Bauwerke, deren Boden aus einer Kombination von Ablaufrinnen und Stützgerüst bzw. -rost bestand. Dieses Bauwerk war mit Gesteinsbrocken, Schlacke oder ähnlichem Material derart gefüllt, daß möglichst viele Zwischenräume vorhanden waren. Das Abwasser wurde in einer zentralen Steigleitung zugeführt und mit Drehsprengern möglichst gleichmäßig über die Schüttung verregnet.

Dieses Bauprinzip wird heute noch bei modernen Konstruktionen von Tropfkörpern verwirklicht. Allerdings mit zwei wesentlichen Änderungen. Als Füllmaterial werden profilierte Formstücke ähnlich den Füllkörpern in den Füllkörperkolonnen der Verfahrenstechnik oder wabenähnlich aufgebaute Kunststoffpackungen verwendet, und die Bauhöhe ist bis zu 20 m angestiegen [3.18]. Während man bei der früheren Füllungsart mit Hohlraumvolumina von 50% des Füllvolumens rechnete, erreicht man heute mit Kunststoffpackungen bis 98%. Ähnlich ist es mit den spezifischen Oberflächen. Die herkömmliche Füllung hatte um 100 m²/m³ und neue Füllkörper haben über 200 m²/m³ [3.9]. Für den Betrieb der Anlage sind sowohl Hohlraumvolumina als auch spezifische Oberfläche bestimmende Größen. Das auf der Oberfläche verteilte Abwasser rieselt oder tropft durch die Füllung und benetzt diese. Im Gegenstrom steigt infolge Kaminwirkung oder zwangsbelüftet Luft durch die Hohlräume nach oben.

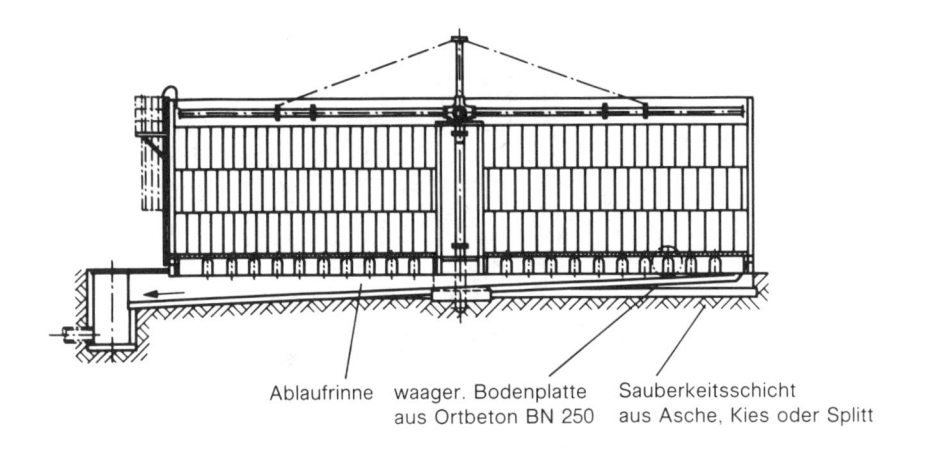

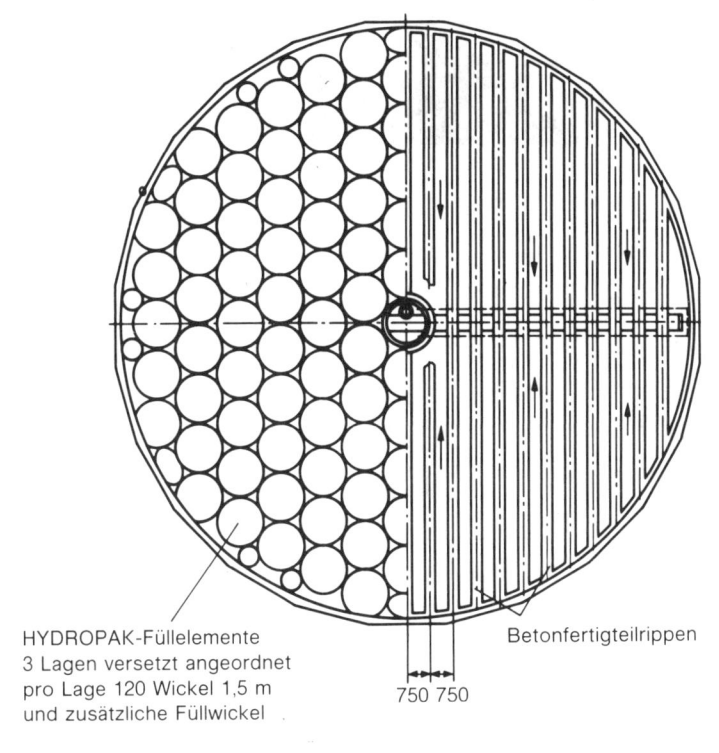

Ablaufrinne   waager. Bodenplatte   Sauberkeitsschicht
              aus Ortbeton BN 250   aus Asche, Kies oder Splitt

HYDROPAK-Füllelemente
3 Lagen versetzt angeordnet
pro Lage 120 Wickel 1,5 m
und zusätzliche Füllwickel

Betonfertigteilrippen

750 750

Bild 3.36   Tropfkörper, Funktionsprinzip (UHDE)

Bild 3.37
Tropfkörper, Draufsicht (UHDE)

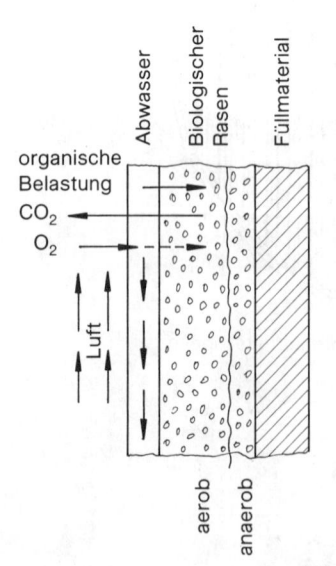

Bild 3.38
Biologischer Rasen, stark vergrößert

Die Strömungsrichtung der frei beweglichen Luft kann sich allerdings im Sommer auch umkehren, wenn die Außenluft um etwa 2 °C wärmer wird als das Abwasser. Während des Vorbeistreichens an den benetzten Oberflächen der Füllung gibt die Luft einen Teil ihres Sauerstoffs an das Wasser ab. Schon nach kurzer Zeit bildet sich auf den Oberflächen ein schleimiger Bewuchs, der *biologische Rasen*, auch Zoogloea genannt *(Bild 3.38)*. Dieser biologische Rasen ist der Lebensraum der Biomasse, die hier allerdings anders aufgebaut ist als im Belebungsbecken.

Im Belebungsbecken befindet sich die Biomasse in ständiger Durchmischung. Deshalb sind dort alle vorhandenen Arten miteinander gemischt. Beim Tropfkörper schreitet der Reinigungsvorgang mit abnehmender Höhe, also mit zunehmender Verweilzeit fort. Es bilden sich entsprechend in unterschiedlichen Höhen unterschiedliche Mikroorganismenarten aus. Im oberen Teil der Füllung finden wir Bakterien, die organische Produkte abbauen, während nitrifizierende Bakterien tiefer angesiedelt sind. Den unteren Teil bevölkern auch vielzellige Kleinlebewesen über die *Rädertierchen* bis hin zu Larven der *Tropfkörperfliegen* (Psychodae), die übrigens sehr lästig werden können, wenn sie schwärmen.

Erfahrungsgemäß ist der Rasen bei kommunalem Abwasser bis ca. 3 mm Stärke noch ausreichend mit Sauerstoff versorgt. Abwasserinhaltsstoffe können allerdings die Diffusionsgeschwindigkeit des Sauerstoffs und damit die Eindringtiefe verändern. Nach [3.6] führte der Zusatz von konzentrierten Molkereiabwässern zu aeroben Rasenstärken von 12 mm. Dickere Schichte werden auf ihrem Grund

Tabelle 3.6 Vergleich verschieden belasteter Tropfkörper, nach [3.6]

Belastung	Vollreinigung			Teilreinigung	
	schwach	mäßig	normal	normal	hoch
$\dfrac{B_R}{g/m^3 \cdot d}$	<175	175 bis 450	450 bis 750	750 bis 1100	>1100
$\dfrac{q_{TK}}{m/h}$	<0,2	0,3 bis 0,8	0,5 bis 1,2	0,7 bis 1,5	>1,2
η_b	$\geq 0{,}85$	$\geq 0{,}85$	$\geq 0{,}75$	$\geq 0{,}70$	0,4 bis 0,8
$\dfrac{(BSB_5)_\omega}{mg/l}$	≤ 20	≤ 25	≤ 30	≤ 45	≥ 20
Ergebnis*	teilweise Schlammstabilisierung	Nitrifikation	Teilnitrifikation	—	—

* neben dem Abbau der organischen Substanz

anerob. Es bilden sich H_2S und NH_3, die zusätzlich zu oxidieren sind und bekanntlich schlecht riechen. Im praktischen Betrieb läßt man die Rasenstärke nicht so weit anwachsen. Im heute üblichen gespülten Tropfkörper arbeitet man mit Schichtdicken von wenigen Zehntelmillimetern und belastet sie, bezogen auf Kommunalabwasser, mit Mengen um 0,8 m³ Abwasser pro Stunde und Quadratmeter Tropfkörperoberfläche. Ältere, schwachbelastete Anlagen arbeiteten mit Mengen < 0,4 m³/m² h, hatten allerdings den Vorteil, daß durch die schwächere Belastung das Abwasser soweit gereinigt war, daß auf eine Nachklärung verzichtet werden konnte. Ihr Nachteil war, daß wegen der geringen Wassermenge der biologische Rasen beliebig wachsen konnte, während bei hochbelasteten, gespülten Tropfkörpern überschüssiger Rasen ausgeschwemmt wird.

Zur Berechnung der Tropfkörper können die Werte der *Tabelle 3.6* herangezogen werden. Aus Gl. (3.39) ergibt sich das Volumen der Füllung

$$V = \frac{(B\dot{S}B_5)}{B_R} \tag{3.51}$$

Für die *Oberflächenbelastung* kann Gl. (3.35) nicht benutzt werden, weil im Gegensatz zum Belebungsbecken beim Tropfkörper keine geschlossene Flüssigkeitsoberfläche verfügbar ist. Nach IMHOFF [3.6] gilt:

$$q_{TK} = \frac{\dot{V}}{18\,A} \tag{3.52}$$

wobei der Index TK Tropfkörper bedeutet.

$\dot{V}$ in m³/h   Abwasserdurchsatz
A in m²   beregnete Fläche des Tropfkörpers

Aus $V = A \cdot z$ ergibt sich die Tropfkörperhöhe

$$z = \frac{V}{A}$$

bzw. mit Gl. (3.51) und (3.52)

$$z = \frac{18\,(B\dot{S}B_5)\,q_{TK}}{B_R\,\dot{V}} \tag{3.53}$$

Der biologische Wirkungsgrad wird wie beim Belebungsbecken mit Gl. (3.43) ermittelt.

Die Sauerstoffversorgung ist im allgemeinen gesichert, wenn im Tropfkörper eine Luftgeschwindigkeit $\geq 5 \cdot 10^{-3}$ m/s herrscht. Dies ist erfahrungsgemäß bei Tropfkörpern mit freier Luftbewegung gegeben, wenn die Temperaturdifferenz zwischen Abwasser und Luft $\geq 4°$ ist. Dabei ist es gleichgültig, ob das Abwasser wärmer oder kälter ist als die Luft. Im letzteren Falle strömt die Luft von oben nach unten, also gleichgerichtet mit dem Abwasser.

Während im Belebungsbecken Luft, Schlammflocken und Wasser bewegt werden müssen, genügt es im Tropfkörper, das Wasser hochzupumpen und zu verregnen. Den hierzu erforderlichen Arbeitsaufwand kalkuliert man mit (30 bis 60) Wh/m^3.

Die Bewegung der Luft erfordert keine oder nur geringe Arbeit. Ebenso ist die Arbeit für ein eventuelles Rückpumpen des Wassers unerheblich.

Wie eingangs erwähnt, eignet sich der Tropfkörper zur Beseitigung größerer Verschmutzungen, wird also sein künftiges Anwendungsgebiet vor allem in der industriellen Abwasserreinigung finden. Möglicherweise setzt sich auch hier die Verwendung von technischem Sauerstoff durch. BECKER berichtet in [3.19] über ein Verfahren, in dem der Tropfkörper zum Wirbelschichtreaktor entwickelt wurde. Der biologische Rasen haftet an einer fluidisierten Sandfüllung und wird mit Sauerstoff begast. Damit ist verfahrenstechnisch eine Annäherung an das Belebungsverfahren erfolgt.

Tauchkörperverfahren

Das jüngste der hier besprochenen biologischen Reinigungsverfahren ist das Tauchkörperverfahren. Es wurde 1954/55 erstmals von HARTMANN angewendet [3.20]. Ausgehend von der Überlegung, daß zwar die drei Komponenten organische Schmutzfracht, Biomasse und Sauerstoff zusammenwirken müssen, dies aber wohl nicht gleichzeitig sein muß, verwendet man runde, scheibenförmige Elemente, die man hintereinander mit fixiertem Abstand auf einer gemeinsamen Welle aufreiht *(Bild 3.39)*. Dieses Scheibenpaket rotiert mit geringer Umfangsge-

Bild 3.39 Kleine Scheibentauchkörperanlage (STENGELIN)

schwindigkeit und taucht bis fast zur Achse in einen der Scheibenform angepaßten Trog. Im Trog befindet sich das mechanisch vorgeklärte Abwasser, bzw. es wird im kontinuierlichen Strom durch den Trog geleitet. An den Scheiben, die anfangs aus Eternit hergestellt waren, jetzt aber aus möglichst leichtem Kunststoff gefertigt werden, bildet sich innerhalb weniger Tage ein Bewuchs: der *biologische Rasen,* den wir vom Tropfkörper kennen. Sofort nach dem Auftauchen aus dem Abwasserbad ist der nasse biologische Rasen dem Sauerstoff-Partialdruck der Luft ausgesetzt. Seine Oberfläche ist nach kurzer Zeit mit Sauerstoff gesättigt, der wegen des entstandenen Konzentrationsgefälles in die tieferen Schichten des Rasens diffundiert. Der eindringende Sauerstoff wird sofort wieder durch Luftsauerstoff ersetzt. Während dieses Vorganges legt die Scheibe etwa eine halbe Umdrehung zurück, und die betrachtete Stelle des Rasens taucht wieder ein. Nun kehrt sich der Vorgang um: Der in der Biomasse gespeicherte Sauerstoff wird an das Bad abgegeben, soweit er von der Biomasse nicht verarbeitet wird. Das Abwasser wird also mit Sauerstoff angereichert. Man mißt im Abwasser (2 bis 4) mg O_2/l. Weil das Konzentrationsgefälle vom Sauerstoffverbrauch abhängt, ergibt sich eine selbsttätige Regelung des Sauerstoffeintrags. Damit kann die zweite Stufe der Reinigung beginnen. Der biologische Rasen löst sich nämlich durch Spülwirkung des Wassers von den Scheiben, sobald er eine gewisse Stärke erreicht hat. Die abgelöste, immer noch biologisch aktive Masse setzt nach Art des Belebungsbeckens die Reinigung im Trog fort. Die Biomasse wird anschließend in einer Nachklärung entfernt. Bei kleinen Anlagen kann eine Siebfiltration anstelle des Nachklärbeckens eingesetzt werden.

Auch von der energetischen Seite ist das Tauchkörperverfahren sehr interessant. Im normalen Belebungsbecken rechnet man für den Sauerstoffeintrag mit 150 bis 350 Wh je m^3 Abwasser. Hinzu kommt noch der Aufwand für die Rezirkulation des Schlammes. Im Tropfkörper sind es 30 bis 60 Wh/m^3. STENGELIN gibt 4 bis 7 kWh/E a für kleinere und 2 bis 3,5 kWh/E a für größere Tauchkörper an [3.20]. Bei der normalerweise angenommenen Abwassermenge von 200 l/E d = 73 m^3/E a ergibt dies etwa 27 bis 48 Wh/m^3, wenn man die kleineren Tauchkörper außer acht läßt, die sich für den Vergleich wohl nicht eignen. Sie eignen sich nicht, weil sie für geringe Einwohnerzahlen ausgelegt sind und somit in einem Bereich eingesetzt werden, in dem Tropfkörper nicht sinnvoll sind. Tauchkörper werden in typisierten Abmessungen ab 200 EGW angeboten. Große Anlagen reichen bis 100 000 EGW und bilden sehr wohl eine Alternative zu den beiden anderen besprochenen biologischen Verfahren.

Nach [3.6] gilt für frische häusliche Abwässer, wenn mit der Zulaufkonzentration 80 mg BSB_5/l und 60 bis 90prozentigem BSB_5-Abbau, bzw. mit 600 mg BSB_5/l und 60 bis 95prozentigem BSB_5-Abbau gerechnet wird:

$$\frac{A}{\dot{V}} = 5000 \text{ bis } 25\,000 \frac{\min}{m} \qquad (3.54)$$

A m^2 gesamte bewachsene Scheibenfläche
$\dot{V}$ m^3/min (mittlere) zufließende Abwassermenge pro Minute

Tabelle 3.7 Anwendbarkeit von Umkehrosmose und Ultrafiltration

Verfahren	Trennbare Systeme	Größenordnung des Abgeschiedenen	Trennschicht	Anwendung
Umkehrosmose	echte Lösungen niedermolekularer Stoffe	0,2 bis 5 nm, molekulardispers	semipermeable Membran	Wasserentsalzung, Spalten von Lösungen, Schwermetallabscheidung, Aufbereitung von Textilabwässern u.v.a.
Ultrafiltration	Kolloiddispersionen und Lösungen makromolekularer Stoffe	5 bis 500 nm, kolloiddispers	Porenmembran	Entfernung von Farbstoffen, Proteinen, Enzymen und Viren, Abtrennung von Ölen, Lacken u.v.a.

Die kleinere Abgabe in Gl. (3.54) gilt jeweils für den geringeren und die größere für den höheren BSB_5-Abbau.

Man beachte, daß die Gleichung unter der Voraussetzung gültig ist, daß zwei gleichgroße Tauchkörperwalzen hintereinander durchströmt werden und daß die Anlage für mehr als 10 000 EGW ausgelegt wird. Werden die beiden letzten Bedingungen nicht eingehalten, müssen nach [3.20] Korrekturfaktoren eingeführt werden. Es gilt

$$A_{pr} = c \cdot A \qquad (3.55)$$

A_{pr} m²   praktisch ausgeführte bewachsene Scheibenfläche
c = 1   bei 2 gleichen Walzen
   = 0,91   bei 3 gleichen Walzen
   = 0,87   bei 4 gleichen Walzen
   = 0,85   bei mehr als 4 gleichen Walzen

$$\dot{V}_{pr} = d \cdot \dot{V} \qquad (3.56)$$

$\dot{V}_{pr}$ m³/min praktischer Durchsatz
d = 1   mehr als 10 000 EGW
   = 1,1 bis 1,2 bei 10 000 bis 5 000 EGW
   = 1,2 bis 1,3 bei 5 000 bis 1 500 EGW
   = 1,3 bis 1,5 bei 1 500 bis   400 EGW
   = 1,5   bei weniger als 400 EGW

Bei vorgegebenem biologischem Wirkungsgrad schätzt man mit Gl. (3.54) das Verhältnis $A/\dot{V}$ ab und ermittelt die praktisch auszuführende Fläche mit

$$A_{pr} = \frac{A}{\dot{V}} \dot{V}_{pr} \qquad (3.57)$$

Die erforderliche Aufenthaltszeit wird in Näherung ebenfalls aus dem Verhältnis $A/\dot{V}$ bestimmt, wobei die angegebenen Dimensionen einzuhalten sind.

$$t \approx 4{,}2 \cdot 10^{-3} \frac{A}{\dot{V}} \qquad (3.58)$$

t min Aufenthaltszeit

$\dfrac{A}{\dot{V}}$ $\dfrac{\text{min}}{\text{m}}$ Flächen-Durchsatz-Verhältnis

Die O_2-Versorgung ist in der Regel gewährleistet, wenn die Drehzahl der Tauchkörper den Betriebsbedingungen angepaßt wird. Sie wird bei 1 bis 2 Umdrehungen je Minute liegen.

3.4 Chemisch-physikalische Reinigung

3.4.1 Weitergehende Reinigung?

Die mechanische und die biologische Abwasserreinigung genügen den Anforderungen nicht vollständig, die wir an ein Abwasser stellen müssen, das wir in einen Vorfluter einleiten. Dies gilt für häusliches und in noch viel stärkerem Maße für gewerbliches Abwasser. Der Phosphatgehalt häuslichen Abwassers liegt z.B. bei 23 mg/l. In der mechanischen Stufe wird davon ein Viertel durch Sedimentation eliminiert. Die Phosphat entfernenden Vorgänge in der biologischen Stufe sind noch weithin unbekannt. Der dortige Abbau des Phosphors liegt bei ungefähr einem Zehntel. Demnach gehen um 15 mg/l Phosphor in den Vorfluter, wenn nur mechanisch und biologisch gereinigt wird. Das führt zur Überdüngung und den in Abschnitt 3.1.2 beschriebenen Vorgängen, insbesondere, wenn der Vorfluter ein stehendes oder langsam fließendes Gewässer ist. Andere nicht oder unvollständig biologisch abbaubare Stoffe belasten die Vorfluter ebenfalls. Hier seien Schwermetalle, polyzyklische Kohlenwasserstoffe, Nitroverbindungen und andere Substanzen erwähnt, die bakterienresistent sind.

Diese unvollständige Aufzählung soll zeigen, daß die heute als normal angesehene mechanisch-biologische Kläranlage in Zukunft durch weitere Reinigungsverfahren zu ergänzen ist. Dabei wird hier der vielfach gebrauchte Ausdruck «dritte Reinigungsstufe» bewußt vermieden, um nicht den Eindruck zu erwecken, bei der Anwendung der einzelnen Stufen sei eine bestimmte Reihenfolge vorgegeben. Wir werden sehen, daß die chemisch-physikalischen Verfahren vor den oder innerhalb der bislang besprochenen Stufen angewandt oder sogar den mechanischen und biologischen Vorgängen überlagert werden können.

Wegen der Vielzahl und der Unterschiedlichkeit der zu entfernenden Substanzen und der dazu erforderlichen Verfahren läßt sich die *chemisch-physikalische Reinigung* nicht in der gleichen Geschlossenheit darstellen, wie dies bei der mechanischen und der biologischen Reinigung möglich war. Es werden deshalb die einzelnen Verfahren getrennt besprochen und ihre Anwendung beschrieben, ohne daß damit eine Reihenfolge festgelegt werden soll.

3.4.2 Beschreibung einzelner Verfahren

3.4.2.1 Neutralisation

Das Abwasserabgabengesetz schreibt für das Einleiten in Vorfluter pH-Werte von 6 bis 9,5 vor. Das Abwasser soll also die Kläranlage nahe beim neutralen Punkt pH 7 verlassen, wobei die Toleranz weiter in den alkalischen als in den sauren Bereich geht *(Bild 3.40)*.

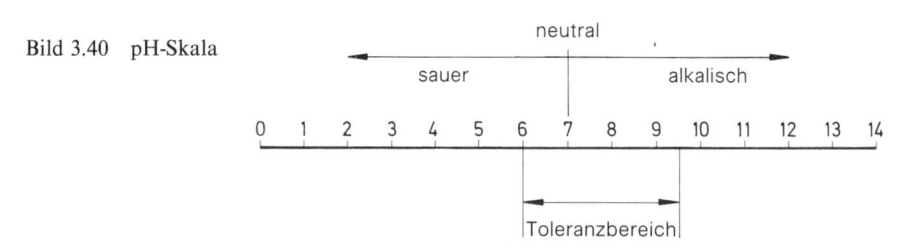

Bild 3.40   pH-Skala

In der Praxis sollte man sich bemühen, das Toleranzfeld kleiner zu halten. Natürlich müssen wir in vielen Fällen auch vor dem Einleiten in die Kanalisation oder in die Kläranlage neutralisieren, weil sowohl Säuren als auch Laugen die Baustoffe angreifen und zersetzen können.

Nähert man sich von kleinen pH-Werten dem neutralen Punkt, müssen Säuren abgebaut werden. Von großen pH-Werten kommend, muß man Laugen neutralisieren. Unter *Neutralisation* versteht man allgemein die Vereinigung von Säure und Alkali zu Wasser und Salz. Das Salz soll in unserem Fall nicht oder mindestens schwer wasserlöslich sein. Die Neutralisation alkalischer Abwässer kann erfolgen durch Zugabe von starken Mineralsäuren, wie Salz-, Salpeter-, Schwefel- oder Phosphorsäure. Dabei gibt es Probleme mit der Aufsalzung des Wassers und beim Umgang mit den aggressiven Säuren. In den letzten Jahren hat sich deshalb die Neutralisation mittels Kohlendioxid durchgesetzt. Der Vorgang, der in zwei bis drei Schritten abläuft, sei an der Neutralisation der Natronlauge gezeigt:

1. Schritt: $2\, NaOH + CO_2 \rightarrow Na_2CO_3 + H_2O$
2. Schritt: $Na_2CO_3 + CO_2 + H_2O \rightarrow 2\, NaHCO_3$

Weitere CO_2-Zugabe führt im 3. Schritt zur weiteren Verringerung des pH-Wertes, die abhängig ist vom CO_2-Druck, der Temperatur und der Konzentration des Natriumhydrogenkarbonats $NaHCO_3$, das als umweltfreundlich angesehen wird. Durch das schwach saure Verhalten des CO_2 und dessen Löslichkeit im Wasser geht der pH-Wert weiter zurück. Die Gefahr der Übersäuerung besteht im Gegensatz zur Anwendung von Mineralsäuren nicht. Zu erwähnen ist noch, daß eine sehr wirtschaftliche Neutralisation durch Verwendung von CO_2-haltigem Rauchgas erreicht wird.

Saure Abwässer werden durch Zugabe von alkalischen Stoffen neutralisiert. In größeren Betrieben wird man prüfen, ob an anderen Stellen alkalische Gewässer anfallen, die sich zur Neutralisation eignen. Verwendet werden: Kalkstein (Schlämmkreide) $CaCO_3$, Kalkhydrat $Ca(OH)_2$ fest oder als Kalkmilch, Natronlauge $NaOH$, Soda Na_2CO_3 oder Zement.

Beispielsweise liefert die Zusammenführung von Kalkmilch und Schwefelsäure schwer lösliches Kalziumsulfat und Wasser

$$H_2SO_4 + Ca(OH)_2 \rightarrow CaSO_4 + 2\,H_2O$$

Die nicht oder schwer löslichen Neutralisationssalze können als Schlamm in einer Sedimentationsstufe abgeschieden werden. Fallen einmal saure und einmal basische Abwässer an, die in Pufferbecken nicht gespeichert und neutralisiert werden können, muß eine sogenannte Zweiseitenneutralisation durchgeführt werden. *Bild 3.41* zeigt eine solche kontinuierlich arbeitende Anlage.

3.4.2.2 Fällung

Vorgänge, bei denen eine echt gelöste Substanz durch Zugabe einer anderen Substanz in eine unlösliche Substanz umgewandelt wird, bezeichnet man als *Fällung*. Die neue, nun nicht mehr gelöste Substanz kann durch ein geeignetes mechanisches Trennverfahren aus dem Wasser entnommen werden.

Auf dem Sektor der industriellen Abwasserbehandlung kann dieses Verfahren in so vielen Fällen angewendet werden, daß eine Aufzählung unmöglich ist. Der Schwerpunkt wird in der Entfernung und Rückgewinnung der Metalle liegen. Beispielhaft seien hier folgende Reaktionen genannt:

$$Ag(CN)_2 + HNO_3 \rightarrow AgCN + HCN + NO_3^-$$

Mit Salpetersäure spaltet sich Dicyanoargentat in Silbercyanid und Blausäure bei pH 1. Die Blausäure wird mittels Natronlauge absorbiert.

$$ZnSO_4 + Ca(OH)_2 \rightarrow Zn(OH)_2 + CaSO_4$$

Zinksulfat wird mit Kalkmilch bei pH 9 zu Zinkhydroxid und Kalziumsulfat. Der richtigen Einstellung des pH-Werts kommt entscheidende Bedeutung zu.

In der kommunalen Abwasseraufbereitung dient die Fällung hauptsächlich der Phosphatentfernung. Als Fällmittel werden Salze dreiwertiger Metalle oder Kalkmilch verwendet.

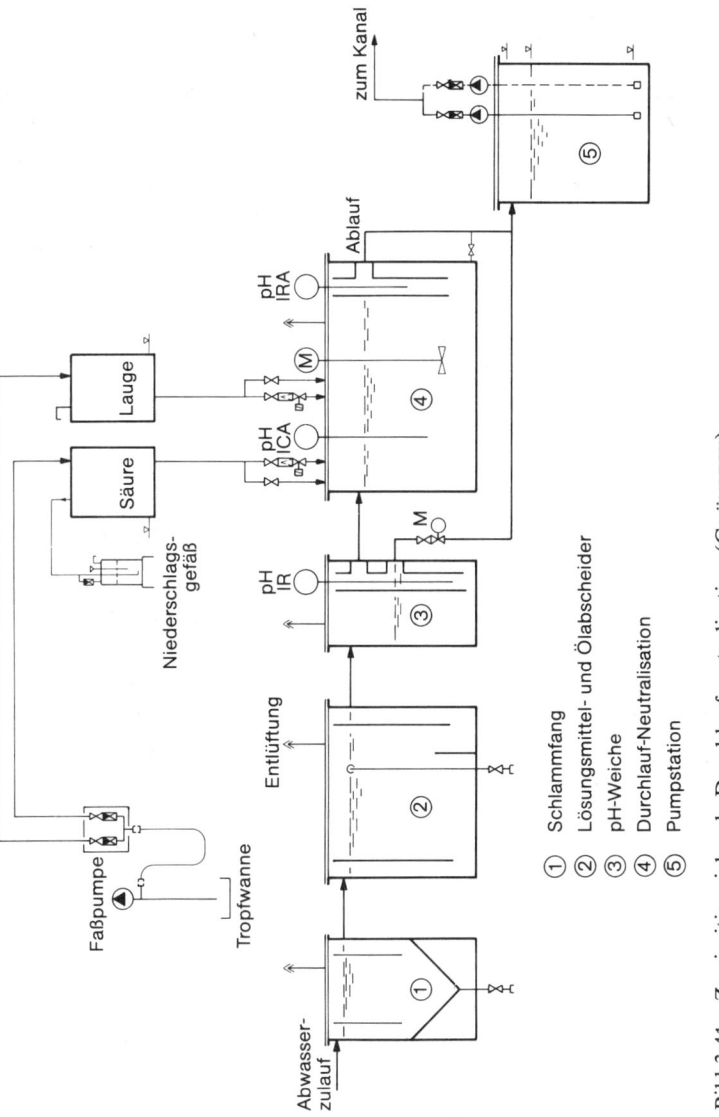

Bild 3.41 Zweiseitig wirkende Durchlaufneutralisation (GRÜNBECK)

① Schlammfang
② Lösungsmittel- und Ölabscheider
③ pH-Weiche
④ Durchlauf-Neutralisation
⑤ Pumpstation

16 Umweltschutz – Entsorgungstechnik

Zum Beispiel
$$Ca_3(PO_4)_2 + 2\ FeCl_3 \rightarrow 2\ FePO_4 + 3\ CaCl_2$$

Kalzium-Phosphat wird mit Eisen-III-Chlorid bei pH 4 zu unlöslichem Eisen-III-Phosphat und Kalziumchlorid.

In einer kommunalen Kläranlage kann die Zugabe des Fällungsmittels an verschiedenen Stellen erfolgen. Wird es vor dem Einlauf in das Vorklärbecken beigemischt, spricht man von einer *Vorfällung*. Eine *Simultanfällung* geschieht gleichzeitig mit der Belebung. Die Fällmittelzugabestation liegt zwischen der mechanischen und der biologischen Stufe. Für Vor- und Simultanfällung muß kaum apparativer Aufwand getrieben werden, weil die Zugabe des Fällmittels und die nötige Durchmischung bereits im Zulaufgerinne bzw. im Belebungsbecken erfolgt. *Eine Nachfällung verlangt* dagegen immer zusätzliche Bauwerke für die Fällung und meist auch eine Flockung sowie ein weiteres Nachklärbecken. Vor- und Simultanfällung erscheinen deshalb zunächst einmal günstiger. Bei der Vorfällung ist der Wirkungsgrad des Fällmittels wegen der anderen, in großer Menge anwesenden Abwasserinhaltsstoffe relativ günstig. Andererseits wird die nachfolgende biologische Stufe beträchtlich entlastet, weil durch das Fällungsmittel noch weitere gelöste organische Substanzen abgeschieden werden. Dies in um so größerem Maße, wenn die Fällung durch eine Flockung ergänzt wird. Wegen der zum Fällen erforderlichen pH-Einstellung kann eine Neutralisation notwendig werden, um die Bakterienkulturen nicht zu gefährden. Die Vorfällung ist ein sehr gutes Mittel, überlastete Anlagen zu entlasten.

Die Simultanfällung hat bei dem genannten Vorteil des geringen apparativen Aufwandes den Nachteil, daß nur solche Fällmittel verwendet werden können, die die biologischen Vorgänge nicht stören. Die Schlammenge wird um das Volumen des Fällschlammes vergrößert. Dies macht sich auch beim Rücklaufschlamm bemerkbar, da die Menge des biologisch aktiven Schlammes nicht verringert werden darf, wenn der Reinigungsgrad erhalten bleiben soll.

Der Vorteil der Nachfällung liegt in der Unabhängigkeit von den vorausgegangenen Verfahren, muß aber durch die zusätzlichen Bauwerke erkauft werden. Bei Störungen in der Biologie kann das Abwasser durch weitere chemische Behandlung in seiner Qualität verbessert werden. Der Fällschlamm kann separat abgezogen werden und belastet damit nicht die weitere biologische Schlammbehandlung.

3.4.2.3 Flockung

Bei der *Flockung* werden kolloidal verteilte Stoffe in größere Agglomerate überführt. Die hier zu erfassenden Substanzen liegen also bereits als Feststoffe im Wasser vor, wenn auch in kleinsten Korngrößen. Kolloid verteilt ist ein Stoff, wenn seine Partikel ≤ 1 µm sind. Obgleich solche Mischungen oft als «unechte» Lösungen bezeichnet werden, liegen Dispersionen vor, die auszuflocken sind. Die entstehenden Flocken müssen eine Größe erreichen, die sie sedimentierbar, filtrierbar oder flotierbar macht.

Es gibt hauptsächlich zwei Gründe für die Stabilität einer Dispersion.
a) Die *Solvatation,* d.i. die beim Lösen oder Quellen eintretende Anlagerung von Molekülen des Lösungsmittels an Partikel der dispersen Substanz. Ihre wichtigste Form ist die Hydratation. Auch Adsorptionen, die als «Puffer» das Agglomerieren verhindern, kommen vor.
b) *Elektrische Valenzen.* Die kolloidalen Partikel sind nur an ihrer Oberfläche und auch dort nur teilweise ionisiert, haben aber noch genügend gleichnamige, meist negative Ladung, daß sich die Teilchen abstoßen. Unter dem Mikroskop ist zu sehen, daß sie sich unter Einwirkung eines elektrischen Feldes bewegen.

Die theoretische Erklärung dieses elektrophoretischen und anderer elektrokinetischer Effekte führt zur Annahme einer ionischen Doppelschicht im Grenzbereich festflüssig *(Bild 3.42).* Offenbar haftet ein Teil der Doppelschicht fest an der Teilchenoberfläche, während sich der andere Teil unter Einfluß des elektrischen Feldes bewegt.

Das sogenannte ζ-*Potential* ist eine elektrokinetische Spannung, die nicht mit der Spannung E verwechselt werden darf.

E liegt zwischen der Wand und dem Innern der Flüssigkeit.

ζ liegt zwischen der Trennlinie und dem Innern der Flüssigkeit.

ζ ist von E und dem Abstand a von der Teilchenoberfläche abhängig. Sein Wert bestimmt die Größe der elektrostatischen Anziehungs- bzw. Abstoßungskräfte. ζ ist elektrophoretisch mit dem sog. ζ-Meter zu messen oder zu berechnen.

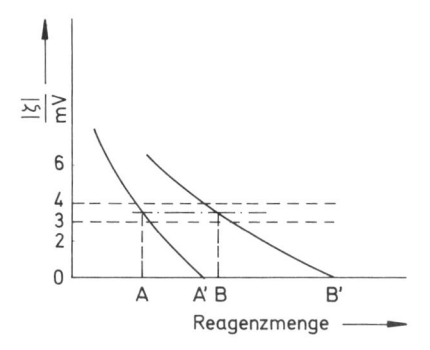

Bild 3.43
Abhängigkeit der Koagulationsmittelmenge vom ζ-Potential

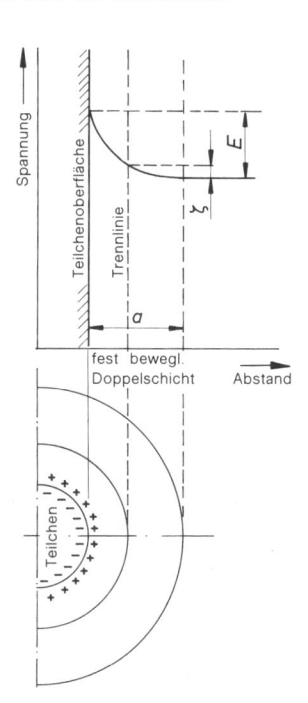

Bild 3.42   Doppelschicht und ζ-Potential

Diesen auseinandertreibenden Kräften stehen die *Van-der Waals*schen Kräfte gegenüber, die die Anziehung der Teilchen bewirken.

Wir haben also offenbar zwei Schritte zu tun: *Entstabilisierung,* d.i. das Brechen der Abstoßungskräfte und Zusammenballung, d.i. *Agglomeration.* Die Entstabilisierung wird oft Koagulation genannt, was aber unkorrekt ist. Die dazu verwendeten Mittel sind zu unterscheiden in mineralische Mittel und Polyelektrolyte.

Nach der Theorie von Schulze-Hardy gilt [3.9]:

«Die Entstabilisierung hängt ab von der Valenz des (zugeführten) Ions, dessen Ladung der des Partikels entgegengesetzt ist. Die Flockung ist um so besser, je höher diese Valenz ist.»

Deshalb verwendet man als mineralische Koagulationsmittel meist Eisenchlorid und Alu-Sulfat oder ähnliche Salze, die über die nötigen Valenzen verfügen.

Die Menge des benötigten Salzes bestimmt man entweder über das ζ-Potential oder durch Flockungsversuche.

ζ-Potential-Methode *(Bild 3.43):* Man ermittelt elektrophoretisch mit dem ζ-Meter eine Kurve $\zeta = f$ (Reagenzmenge). Im Diagramm kann man diejenige Reagenzmenge ermitteln, die den Betrag des anfangs vorhandenen ζ-Potentials auf Werte zwischen $|3|$ bis $|4|$mV und Null reduziert. Im gezeichneten Fall also eine zwischen A und A′ bzw. B und B′ liegende Reagenzmenge.

Flockungsversuch: Bei gleicher Temperatur, die das Abwasser in der Praxis hat, werden in parallel aufgestellten 1-l-Bechergläsern unterschiedliche Mengen eines Flockungsmittels dosiert. Nach 20 min Rühren mit gleicher Drehzahl (ca. $40\,\text{min}^{-1}$) und gleichen Abmessungen des Rührwerkzeuges (ca. 1 cm × 5 cm) werden die Flocken visuell beurteilt.

In weiteren Versuchen mit unterschiedlicher Drehzahl kann man sich einen Überblick verschaffen über die Stabilität der entstandenen Flocken.

In der Praxis werden Flockungsverfahren oft mit Fällungen kombiniert. Zur Durchführung verwendet man Bauwerke, in denen Reaktionsraum und Nachklärbecken konzentrisch vereinigt sind. Der als Beispiel aus vielen Apparaten herausgegriffene *Sedimat (Bild 3.44)* ist nach diesem Prinzip konstruiert. Durch Einbauten ist der mit einem Rührwerk versehene Flockungsraum abgetrennt. Das

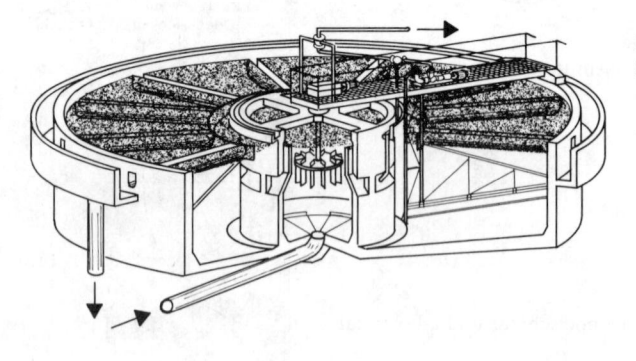

Bild 3.44
Sedimat (LURGI)

Rohwasser fließt unten in der Mitte in den Flockungsraum, wird dort mit Rücklaufschlamm und frischem Flockungsmittel versetzt und durchgemischt. Über das Wehr und eine Reihe von Schlitzen gelangt die Mischung, in der sich schon Flocken gebildet haben, in das ringförmige Absetzbecken, in dem die Agglomeration fortgesetzt wird und die Nachklärung erfolgt. Radial angeordnete Überlaufrinnen sammeln das geklärte Wasser und leiten es nach außen ab. Der Schlamm wird zur Mitte gekrählt und von einem Saugräumer aufgenommen bzw. zum Teil rezirkuliert.

3.4.2.4 Oxidation, Reduktion, Entgiftung

Nach [3.2] ist das *Redox-Potential* ein Parameter zur Beurteilung des Reduktions- oder Oxidationsvermögens eines Abwassers. Die rH-Skala stellt den negativen Logarithmus des Wasserstoffdruckes dar und umfaßt die Werte von 0 bis 42. rH-Werte unter 15 zeigen Reduktion und rH-Werte über 25 Oxidation an.

Zahlreiche, auch giftige Abwasserinhaltsstoffe, können durch Redoxprozesse unschädlich gemacht oder in weniger schädliche Produkte umgewandelt werden.

Als Beispiele, die sich beliebig ergänzen ließen, seien hier die Chromatreduktion und die Zyanidoxidation aufgeführt; zwei Vorgänge, die in Galvanikbetrieben vorkommen und als typische Reaktionen anzusehen sind.

$$2\,CrO_3 + 3\,SO_2 \rightarrow Cr_2(SO_4)_3$$

$$2\,CrO_3 + 3\,NaHSO_3 + 2\,H_2SO_4 \rightarrow Cr_2(SO_4)_3 + Na_2CO_4 + NaHSO_4 + 3\,H_2O$$

Mit der ersten Gleichung wird Chrom-VI-Oxid mit Schwefeldioxid bei pH 2,5 zu Chrom-III-Sulfat. Reaktionszeit 20 min.

Ebenfalls bei pH 2,5 entsteht Chrom-III-Sulfat aus Chrom-VI-Oxid mit Natriumbisulfit und Schwefelsäure nach der zweiten Gleichung. Als Nebenprodukte fallen Natriumsulfat und Natriumhydrogensulfat an. Das entstandene dreiwertige Chrom wird in der anschließenden Neutralisation als schwer lösliches Chromhydroxid ausgefällt.

$$NaCN + HOCl \rightarrow NaOH + CNCl$$

$$CNCl + H_2O \rightarrow HCNO + HCl$$

$$2\,HCNO + 3\,Cl_2 + 2\,H_2O \rightarrow 2\,CO_2 + N_2 + 6\,HCl$$

In der dreistufigen Reaktion wird Natriumcyanid bei pH 11 über Zyanat (1. und 2. Gleichung) vollständig zu Kohlendioxid und Stickstoff oxidiert.

In neuerer Zeit verweisen immer mehr Autoren auf die Verwendbarkeit von Wasserstoffperoxid als Oxidationsmittel, u.a. [3.21]. Wasserstoffperoxid vermeidet eine Reihe von Nachteilen, die bei Anwendung von Chlor auftreten; z.B. die Aufsalzung des Abwassers durch Hypochlorit und die bei der Neutralisation des hohen pH-Wertes entstehenden Salze.

3.4.2.5 Ionenaustausch

Zur Entfernung von Quecksilber und anderen Schwermetallen aus verdünnten Abwässern eignen sich *Ionenaustauscher*. Heute sind Ionenaustauscher meist granulierte Kunstharzkörner, deren Molekülstruktur saure und alkalische Gruppen enthält. Sie sind in der Lage, die positiven oder negativen Ionen dieser Gruppen gegen Ionen gleicher Ladung aus der von ihnen berührten Flüssigkeit auszutauschen. Es kann also die ionische Zusammensetzung eines Abwassers geändert werden, ohne daß die Gesamtzahl der in der Flüssigkeit vorhandenen Ionen geändert wird. Durch geeignete Wahl eines Anionenaustauschers können auch die Anionen von Säuren ausgetauscht werden. Allerdings verbrauchen sich die Harze, und es ist von Zeit zu Zeit eine Regeneration derselben erforderlich. Die im Harz gebundenen Metall- bzw. Säureionen müssen entfernt werden. Dabei entstehen neue Umweltprobleme, sei es durch die stark belasteten Konzentrate oder durch die nicht regenerierbaren Harze selbst, die auf einer Sonderdeponie abgelagert werden müssen.

3.4.2.6 Adsorption

Unter *Adsorption* versteht man die physikalische Bindung von Gasen oder in Flüssigkeiten gelösten bzw. dispergierten Stoffen an der Oberfläche fester, vor allem poröser Körper. Damit haben wir ein weiteres Verfahren, das sich zur Entfernung biologisch schwer oder nicht abbaubarer Substanzen eignet. Als Adsorbens kommt fast ausschließlich *Aktivkohle* in Betracht. Die großtechnische Anwendung wurde erst möglich, nachdem genügend preiswerte Aktivkohle, pulverisiert oder granuliert, verfügbar war und geeignete Regenerationsverfahren entwickelt waren. Beide Forderungen sind inzwischen erfüllt.

Hier soll weniger auf die theoretischen Zusammenhänge eingegangen werden, als vielmehr auf die Anwendung in der Abwasseraufbereitung. Das Verfahren wird erfolgreich durchgeführt bei der

☐ Entfernung verschiedener Geruchs-, Farb- und Geschmackstoffe,
☐ Lösungsmittelrückgewinnung,
☐ weiteren Reinigung von Raffinerieabwässern,
☐ Reinigung von Papierabwässern,
☐ Entfernung von toxischen Pflanzenschutzmitteln,
☐ Adsorption von Phenol, Polyol und vielen anderen Stoffen.

Entscheidenden Aufschluß über die Anwendbarkeit der Adsorption gibt die *Adsorptionsisotherme,* die relativ einfach zu ermitteln ist [3.22]. Die Anwendung auf dem Abwassergebiet unterteilt sich in zwei Gruppen. Einmal werden Adsorberkolonnen in Einzel-, Parallel- oder Reihenschaltung verwendet, wie sie auch an anderen Stellen der Verfahrenstechnik üblich sind. Zweitens wird pulverförmige Aktivkohle dem Belebungsbecken zudosiert, und die Adsorption überlagert die biologischen Vorgänge.

Ein Anwendungsbeispiel aus der ersten Gruppe zeigt *Bild 3.45*. Abwasser wird von unten durch einen oder mehrere Adsorber geleitet. Während des Durchlaufs

Bild 3.45
Rutschbett-Adsorber (CHEMVIRON)

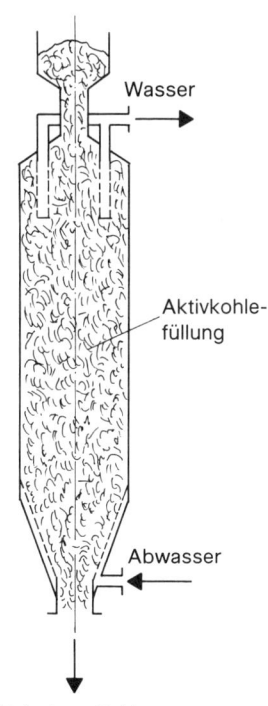

werden die Schadstoffe an die Kohleoberfläche abgegeben. Die beladene Kohle wird dem Adsorber unten entnommen und der Reaktivierung zugeführt. Diese erfolgt meist in Wirbelschichtöfen bei etwa 800 bis 900 °C unter kontrollierten Bedingungen.

Ein Verfahren aus der zweiten Gruppe beschreibt z.B. [3.23]. Zwischen mechanischer und biologischer Stufe wird Aktivkohlepulver in einer Menge zugegeben, daß im Belebungsbecken eine Konzentration von 17 bis 20 mg/l entsteht. Damit wird nicht nur der Adsorptionsvorgang eingeleitet, sondern es werden auch hervorragende Lebensbedingungen für die Mikroorganismen geschaffen. Vor dem Nachklärbecken soll eine geringe Menge polyelektrolytischen Flockungsmittels zugesetzt werden, damit die feine Kohle besser sedimentiert und nicht in den Klarlauf gelangt. Der sedimentierte Schlamm enthält außer der Biomasse auch die Kohle. Er wird trotzdem, wie üblich, zum größeren Teil rezirkuliert. Der Überschußschlamm gelangt in die Kohleregeneration und wird dort verbrannt.

3.4.2.7 Desinfektion

Vorgang der Keimabtötung

In kommunalen Abwässern befinden sich zahlreiche lebende Organismen, die aus den Verdauungstrakten von Mensch und Tier stammen. Unter diesen können auch *Krankheitserreger* und *Wurmeier* sein, die immer dann entfernt werden müssen, wenn das gereinigte Wasser alsbald einer neuen Nutzung zugeführt werden soll. In diesem Fall muß das Abwasser desinfiziert werden.

Die Abtötung der Mikroorganismen kann physikalisch erfolgen durch Einwirkung von UV-, Röntgen- oder radioaktiven Strahlen oder durch chemische Oxidation mittels Chlor oder Ozon.

Unter idealen Bedingungen sterben die Zellen entsprechend einer Reaktion erster Ordnung ab. Die Absterberate ergibt sich aus dem Chickschen Gesetz

$$-\frac{dN}{dt} = k \cdot N \qquad (3.59)$$

N	1/cm³	Anzahl der Zellen pro Volumeneinheit
$-\dfrac{dN}{dt}$	1/cm³ s	Absterberate
k		kinetischer Koeffizient
t	s	Reaktionszeit

Im Koeffizienten k sind alle den Keimtötungsprozeß beeinflussenden Faktoren, besonders die Konzentration des *Desinfektionsmittels* bzw. die Strahlungsintensität enthalten. Er muß empirisch unter möglichst praxisgleichen Bedingungen ermittelt werden.

Integriert man Gl. (3.59) in den Grenzen $N_0 \ldots N$ und $t_0 \ldots t$, wird für $t_0 = 0$

$$\ln \frac{N}{N_0} = -k \cdot t$$

$$\frac{N}{N_0} = e^{-kt} \qquad (3.60)$$

Als Kontrollorganismus für die Darmbakterien wird das Bakterium *Escherichia coli, der Colibazillus,* herangezogen. Seine Absterberate ist in *Bild 3.46* in Abhängigkeit von der Zeit dargestellt. Die durchgezogenen Linien gelten für Chlorung bei pH 8,5 und 2 bis 5 °C, die gestrichelten Linien für Ozonierung bei pH 7 und 12 °C und die strichpunktierte Linie für UV-Bestrahlung mit 360 W und 1 m Abstand.

Desinfektion mit Chlor

Als Desinfektionsmittel werden *Chlorgas, Natriumhypochlorid* oder *Kalziumhypochlorit* verwendet. Die Reaktionen laufen wie folgt ab:

$$Cl_2 + H_2O \rightarrow HOCl + H^+ + Cl^-$$

$$NaOCl \rightarrow Na^+ + OCl^-$$

$$Ca(OCl)_2 \rightarrow Ca^{++} + 2\,OCl^-$$

$$OCl^- + H^+ \rightleftarrows HOCl$$

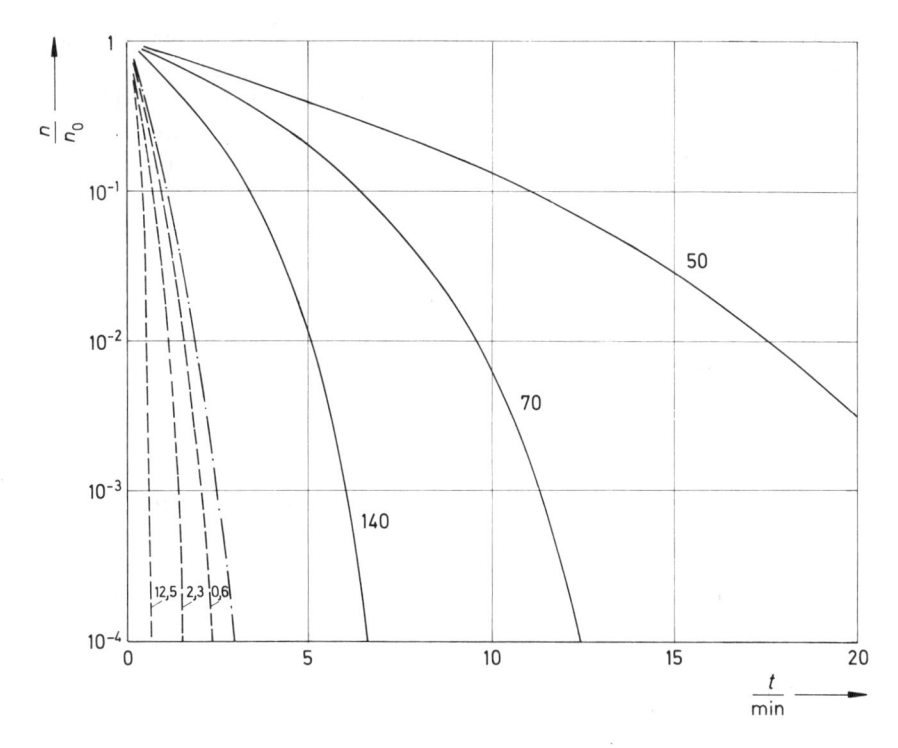

Bild 3.46 Absterberate bei verschiedenen Desinfektionsmitteln. Die Zahlen geben die Konzentration in µg/l an

Bei normalen Temperaturen verlaufen die Reaktionen nach der ersten Gleichung so spontan, daß kein gelöstes Chlor mehr vorhanden ist. Zwischen der unterchlorigen Säure HOCl und ihren dissoziierten Molekülen besteht ein Gleichgewicht, das pH-abhängig ist. Bei pH 7 beträgt der HOCl-Anteil etwa 80%, bei pH 8 nur etwa 25%. Die OCl-Ionen werden wegen ihrer negativen Ladung von den Bakterien abgestoßen. Deshalb wird die Desinfektion hauptsächlich durch Enzymoxidation durch HOCl-Moleküle erreicht, die nach folgender Gleichung noch zwei Elektronen aufnehmen können. Deshalb werden gleichzeitig auch organische und anorganische Inhaltsstoffe oxidiert.

$$HOCl + H^+ + 2\,e^- \rightarrow H_2O + Cl^-$$

Ist Ammoniak anwesend, die Nitrifikation im Belebungsbecken also unzureichend, können drei Reaktionen hintereinander ablaufen:

$$NH_4^+ + HOCl \rightarrow NH_2Cl + H^+ + H_2O$$

$$NH_2Cl + HOCl \rightarrow NHCl_2 + H_2O$$

$$NHCl_2 + HOCl \rightarrow NCl_3 + H_2O$$

pH-Wert und Verhältnis HOCl zu NH_4^+ bestimmen die Aufteilung auf die drei
Chloramine. Bei pH = 3 existiert nur Trichloramin NCl_3, das unangenehm riecht
und schmeckt und deshalb vermieden werden muß. Monochloramin NH_2Cl ist bei
mittleren pH-Werten vorherrschend, selbst ein Desinfektionsmittel und im Wasser sehr lange stabil. Dichloramin $NHCl_2$ ist im Wasser instabil und wird schnell
abgebaut.

Ozonierung

Die Chlorung bringt oft unerwünschte Nebenreaktionen, z.B. Chlorphenole. Deshalb greift man in zunehmendem Maße zu einem anderen Oxidationsmittel, dem
Ozon (O_3). Er entsteht durch Ionisation des Luftsauerstoffs. Er ist nicht stabil und
zerfällt schnell, wobei er naszierenden Sauerstoff abgibt, der ein sehr starkes
Oxidationsmittel ist.

$$O_3 \rightarrow O_2 + O$$

Rasche Absorption des Ozons im Wasser ist erforderlich. Deshalb muß in den
Reaktoren gut durchgemischt werden, und der Ozon ist an mehreren Stellen
zuzugeben. Die Löslichkeit des O_3 liegt um mehr als eine Zehnerpotenz über der
des O_2. Die benötigte Ozonmenge ist empirisch zu ermitteln. Als Reaktionszeit
werden 10 min meist ausreichen.

Bestrahlung

Die entkeimende Wirkung von *ultraviolettem Licht* ist seit langem bekannt und
wird für verschiedene Anwendungen benutzt. Besonders die UVC-Strahlung mit
Wellenlängen zwischen 200 und 280 nm ist bakterizid. In der Abwassertechnik
sind der Anwendung durch die Eindringtiefe Grenzen gesetzt. Die Eindringtiefe
ist definiert als diejenige Schichtdicke, bei der die Strahlungsstärke auf 10% ihres
ursprünglichen Wertes abgefallen ist. Bei destilliertem Wasser liegt dieser Wert bei
mehreren Metern, während er bei normalem, klarem Meerwasser auf ca. 60 cm
absinkt. 10% Zuckerlösung in destilliertem Wasser erreicht nur 20 cm. Andere
Salze, besonders Metallsalze, liefern noch geringere Zahlen.

Somit eignet sich die ultraviolette Bestrahlung in der Abwassertechnik mit ihren
großen zu bewältigenden Wassermengen nur in Sonderfällen.

Eine sichere Eliminierung aller pathogenen Keime gelingt hingegen mit Hilfe
der *Gammastrahlen*. Praktische Erfahrungen liegen in der Schlammhygienisierung vor, weniger in der Wasserdesinfektion. Die Entwicklung ist in dieser Richtung in vollem Gange, und es bleibt abzuwarten, welche Ergebnisse erzielt werden.

3.4.2.8 Naßoxidation

Unter *Naßoxidation,* gelegentlich nicht ganz korrekt *Naßverbrennung* genannt,
versteht man die Umsetzung organischer Verbindungen mit Luftsauerstoff oder
reinem Sauerstoff in wässeriger Phase bei Temperaturen von 150 bis 370 °C und

Drücken von ca. 10 bis 220 bar. Als Reaktionsprodukte entstehen bei weitgehendem Umsatz Kohlendioxid und Wasser [3.24].

Organische Substanz wird innerhalb des Wassers verkohlt, und an der Kohle wird der im Wasser gelöste Sauerstoff katalytisch zu Wasserstoffperoxid umgesetzt. Dieses bildet beim Zerfall Sauerstoff- und Hydroxylradikale, die den Kohlenstoff zu Kohlendioxid oxidieren. Die wässerige Umgebung ist gewährleistet, wenn der Reaktordruck über dem Dampfdruck des Wassers gewählt wird. In den Reaktor wird Luft oder Sauerstoff eingepreßt.

3.4.2.9 Verbrennung

Verfahren zur thermischen Vernichtung von organischen Abwasserinhaltsstoffen durch Oxidation mit Luftsauerstoff bei hoher Temperatur unter vollständiger Verdampfung des Wasseranteils, nennt man *Abwasserverbrennung* [3.24].

Weist das Abwasser mindestens zehn Massenprozent organische Stoffe auf, kann die Verbrennung vorteilhaft sein. Während bei der biologischen Reinigung zwar die wässerige Phase zufriedenstellend gereinigt werden kann, bleibt immer Schlamm zurück. Um diesen in unschädliche Formen überzuführen, sind weitere Behandlungen erforderlich. Dagegen ist die Verbrennung eine praktisch vollkommene Oxidation der organischen Substanzen zu unschädlichen Produkten, meist Kohlendioxid und Wasser.

Kostenvergleiche sowohl für Investition als auch für die Betriebskosten haben gezeigt, daß mit steigender Belastung des Abwassers durch organische Inhaltsstoffe eine mechanisch-biologische Reinigung ungünstiger wird. Im konkreten Fall wird man zuerst den Heizwert des Abwassers bestimmen oder aufgrund der Inhaltsstoffe abschätzen. Danach läßt sich der Brennstoffbedarf ermitteln, der ja der wesentlichste Betriebskostenfaktor ist.

Die Verbrennung kann in *Wirbelschichtöfen* oder in feststehenden *Brennkammern* stattfinden. *Drehöfen* kommen für die Abwasserverbrennung weniger in Frage, es sei denn, man will auch andere, feste Abfälle mitverbrennen.

3.4.2.10 Membranverfahren

In spezielle Gebiete der Abwassertechnik haben die sogenannten *Membranverfahren* Einzug gehalten. Sie dienen der Abtrennung gelöster bis feinst dispergierter Substanzen aus der Trägerflüssigkeit, also aus dem Wasser. Alle Membranverfahren verwenden als Trennschicht eine *semipermeable* oder eine *Porenmembran (Bild 3.47)*, die wegen der aufgebrachten Druckdifferenz durch eine geeignete Vorrichtung abgestützt werden muß. In der Praxis werden einzelne Membranelemente, die sogenannten Module, mit relativ kleiner Nutzfläche verwendet. Die Module können zu beliebig großen Trenneinheiten parallel oder in Reihe geschaltet werden. Es existieren *Flach-, Spiral-* und *Röhrenmodule,* wobei letztere weite Verbreitung gefunden haben *(Bild 3.48)*. In der Abbildung ist ein aufgeschnittener Rohrmodul dargestellt, wie er für beide unten genannten Verfahren verwendet wird. Die Rohlösung tritt hinten ein und verläßt den Modul vorn als Konzentrat,

Bild 3.47 Trennmembran

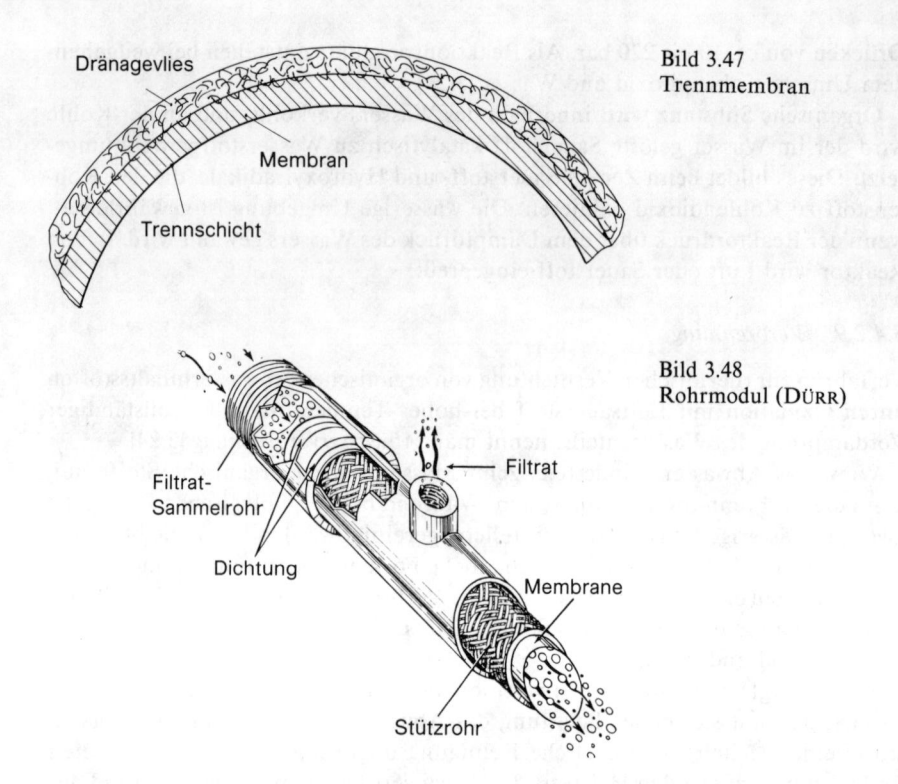

Dränagevlies, Membran, Trennschicht

Bild 3.48 Rohrmodul (DÜRR)

Filtrat-Sammelrohr, Dichtung, Filtrat, Membrane, Stützrohr

nachdem das Lösungsmittel durch die schlauchförmige Membran gedrungen ist. Dieses verläßt den Modul an dem nach oben gerichteten Stutzen als Filtrat bzw. Permeat. Neben den Schlauchmembranen werden auch spiralisch gewickelte Membranen angeboten, die größere Trennflächen bei gleicher Grundfläche aufweisen. Von allen Membranverfahren eignen sich für unser Gebiet Umkehrosmose und Ultrafiltration. *Tabelle 3.7* (S. 237) gibt eine Übersicht über die Anwendbarkeit beider Verfahren. *Bild 3.49* zeigt eine Ultrafiltrationsanlage zur Ölabtrennung, die aus vielen Rohrmodulen zusammengestellt ist.

Umkehrosmose

Bei der *natürlichen Osmose*, die uns in der Natur vieltausendfach begegnet, stehen zwei Lösungen, oder Lösung und Lösungsmittel, derart in Wechselwirkung, daß ein Konzentrationsausgleich erfolgt. Es geht also immer schwächer konzentrierte Lösung oder Lösungsmittel durch eine halbdurchlässige (semipermeable) Membran hindurch in die höher konzentrierte Lösung. Der Rückweg ist ausgeschlossen. Durch den Transportvorgang steigt bei freier Beweglichkeit der Flüssigkeitsspiegel auf der höher konzentrierten Seite. Dies geht so lange, bis der hydrostatische Druck Δp gleich dem osmotischen Druck des Systems ist. Die natürlichen

Bild 3.49 Ultrafiltrationsanlage (GÜTLING)

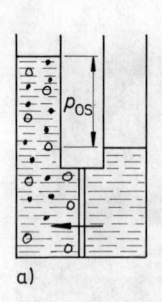

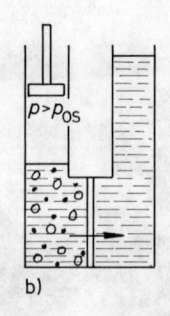

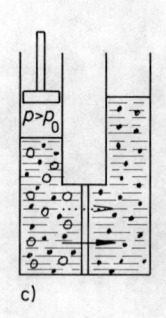

Bild 3.50
Membranverfahren
a) natürliche Osmose, b) Umkehrosmose, c) Ultrafiltration

osmotischen Drücke sind recht hoch. Eine wässerige NaCl-Lösung von 31 g/l plus 4 g/l Verunreinigung hat beispielsweise 25 bar osmotischen Druck.

Legt man auf der Seite höherer Konzentration einen Druck an, der größer ist als der osmotische, dann wird der natürliche Vorgang umgekehrt. Man hat die *Umkehrosmose,* auch reverse Osmose oder Hyperfiltration genannt, bei der Lösungsmittel aus der Lösung herausgetrieben wird *(Bild 3.50a und b).*

In technischen Anlagen, die mit Drücken zwischen 10 und 100 bar arbeiten, wird die Rohlösung also unter Druck an der Membran vorbeigeführt. Die Membran hält die gelösten Stoffe zurück, während das Lösungsmittel die Membran als Permeat durchdringt. Um eine Aufkonzentrierung in unmittelbarer Nachbarschaft der Membran, die sogenannte *Konzentrationspolarisation,* zu verhindern, darf die Strömungsgeschwindigkeit längs der Membran nicht zu gering sein.

Ultrafiltration

Die *Ultrafiltration* läuft in den gleichen Apparaten ab wie die Umkehrosmose. Sie gehört aber, verfahrenstechnisch gesehen, zur Filtration. Der osmotische Druck spielt keine Rolle, die Durchsatzgeschwindigkeit durch die Porenmembran ist – wie bei jeder Druckfiltration – proportional der Druckdifferenz beiderseits der Membran. Diese liegt in der Praxis unter 10 bar. Einen Filterkuchen gibt es nicht, weil die Oberfläche der Membran durch die zu trennende Flüssigkeit ständig gespült wird. Der Unterschied zur Umkehrosmose (außer im angewandten Druck), besteht in der Tatsache, daß neben dem Lösungsmittel kleine organische Moleküle die Porenmembran durchdringen können, während Makromoleküle und Kolloide zurückgehalten werden *(Bild 3.50c).*

3.4.2.11 Suspensaentfernung

Sedimentation und Flotation

Das wichtigste in der Abwassertechnik angewandte Verfahren zur Entfernung im Wasser verteilter Feststoffteilchen, der Suspensa, ist die *Sedimentation.* Über sie wurde im Abschnitt 3.2.4 ausführlich berichtet.

Auch die *Flotation,* ein Verfahren zum Abtrennen einer Feststofffraktion, wurde schon behandelt, siehe Abschnitt 3.2.3.

Es erübrigt sich, diese Vorgänge an dieser Stelle nochmals aufzugreifen.

Bild 3.51   Mikrostrainer während der Montage (MATHER and PLATT)

Filtration und Siebung

Filtration und *Siebung* sind, soweit es sich um die Trennung zwischen Feststoff und Flüssigkeit handelt, verwandte Verfahren. In dem Augenblick, in dem sich auf der Siebfläche ein Rückstand bildet, setzt der gleiche Vorgang ein wie bei der Filtration. Es müssen zwei unterschiedliche Schichten durchströmt werden. Bei der Filtration Filterkuchen und Filterschicht; bei der Siebung Siebrückstand und Siebboden. Theoretische Betrachtungen über die Strömungsvorgänge in den Schichten anzustellen, würde im Rahmen dieses Buches zu weit führen. Hier kann nur auf die Anwendung der Verfahren eingegangen werden.

Siebanlagen wurden schon im Abschnitt 3.2.1.2 angesprochen. Dort wurden auch Anwendungsbeispiele genannt. In den *Bildern 3.51* und *3.52* sind zwei Geräte dargestellt, die gewissermaßen den Übergang von der Siebmaschine zum Filter zeigen. Der Microstrainer *(Bild 3.51)* ist eine filternde Siebtrommel; das Biolitfilter *(Bild 3.52)* ist ein rückspülbares Kornfilter, in dem der Filtrationsvorgang simultan mit einem weitergehenden biologischen Abbau stattfindet. Es enthält als Filterschicht eine Schüttung aus gebranntem, porösem Ton, der einen biologischen Rasen trägt.

Die Einsatzgebiete sind (in Ergänzung des Abschnittes 3.2.1.2): Nachreinigung am Ende einer mechanischen oder einer biologischen Stufe, Verbesserung der Ablaufqualität z.B. nach einer Kohleadsorption im Belebungsbecken, Reinigung eines Tropfkörperablaufes, Entnahme ausgeflockter Substanz und andere. Auch zur Teilentwässerung von Klärschlamm können sie eingesetzt werden, wobei auf die Schlammentwässerung noch gesondert im Abschnitt 3.5.4 eingegangen wird.

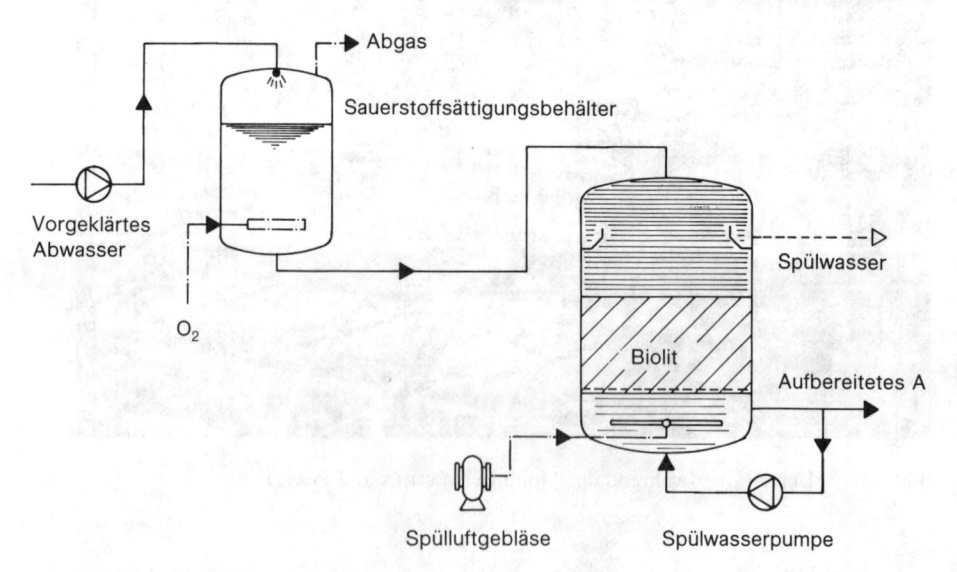

Bild 3.52 Biolit-Filteranlage (MÜLLER)

Zentrifugieren

Das *Zentrifugieren* ist eine wirkungsvolle und wirtschaftliche Methode zur Abtrennung von Feststoffen aus Flüssigkeiten, aber auch zur Trennung von Flüssigkeitsgemischen, die nicht ineinander löslich sind, also von Emulsionen.

Man kennt zwei Arten von Zentrifugen, die Absetz- und die Filterzentrifugen. Wie der Name sagt, geschieht in der einen ein Absetz- und in der anderen ein filtrierähnlicher Vorgang. Absetzzentrifugen, je nach Bauart und Einsatzgebiet auch *Dekanter* oder *Separatoren* genannt, finden in der Abwassertechnik häufiger Anwendung als Filterzentrifugen. Dekanter eignen sich zur Bewältigung größerer Feststoffkonzentrationen und werden deshalb vor allem nach der Schlammfaulung usw. eingesetzt (siehe Abschnitt 3.5.4). Separatoren verarbeiten Flüssig-Flüssig-Mischungen und geringere Feststoffkonzentrationen. Ihr Einsatzgebiet liegt im Eindicken von Flockungssuspensionen, im Entölen und Emulsionsspalten, im Entwässern von Frisch- oder Überschußschlamm usw.

3.4.3 Verfahrenskombinationen

Die im Abschnitt 3.4.2 einzeln besprochenen Verfahren lassen sich je nach Bedarf an den unterschiedlichsten Stellen in einer Kläranlage einordnen und auch auf sehr verschiedene Weise untereinander kombinieren. Mit der gewählten Reihenfolge sollte keine Reihenfolge der Anwendung ausgedrückt werden.

Teilweise greifen die einzelnen chemisch-physikalischen Verfahren auf natürliche Weise ineinander über, so z.B. Neutralisation und Fällung oder Desinfektion und Oxidation.

Oft empfehlen sich aber verfahrenstechnisch günstige Kombinationen, beispielsweise Ultrafiltration mit nachgeschalteter Verbrennung, Flockung und Filtration und dergleichen. [3.25] beschreibt das Katox-F-Verfahren, eine Kombination von katalytischer Oxidation und Fällung.

3.5 Schlammbehandlung

3.5.1 Schlämme und ihre Beschaffenheit

Schlamm fällt in der mechanischen Stufe als *Frischschlamm* an, in der biologischen Stufe als *Überschußschlamm* aus einer Belebung oder als belebter Schlamm aus einem hochbelasteten Tropfkörper und in einer chemisch-physikalischen Reinigung als *spezieller Schlamm*. Letzterer kann, je nach angewandtem Verfahren, bereits als anorganischer oder mineralisierter Schlamm vorliegen. Er braucht dann keine weitere Behandlung mehr. Er kann aber auch toxische Elemente enthalten und somit für nachfolgende Behandlungsverfahren schädlich sein. Man muß solche speziellen Schlämme, wie auch die meisten von industriellem Abwasser herrührenden Schlämme, genau untersuchen, ehe man sie zur weiteren

Behandlung dem Frischschlamm oder dem biologischen Schlamm beigibt. Wegen der sehr unterschiedlichen Möglichkeiten läßt sich keine allgemein gültige Regel angeben, wie verfahren werden kann. Endgültige Auskunft können meist nur Versuche im technischen Maßstab geben *(Bild 3.53).*

Schlämme kommunaler Kläranlagen sind in ihrer Zusammensetzung relativ gleich. Sie können deshalb den Leitfaden für unsere Betrachtungen bilden. *Tabelle 3.8* enthält Angaben über die Beschaffenheit verschiedener kommunaler Schlämme. Die darin enthaltenen verhältnismäßig großen Bandbreiten erklären sich aus der Tatsache, daß heute jedes kommunale Abwasser unterschiedliche Beimischungen von gewerblichem oder industriellem Abwasser hat. Wegen des geringen Feststoffgehaltes sind die Schlämme gut fließfähig. Andererseits wird der große Wasseranteil bei fast allen Verfahren als störend empfunden, weil ja nicht das Wasser, sondern die organischen Bestandteile der Behandlung zu unterziehen sind. Man wird sich also überlegen, ob man die in der Tabelle genannten, gewissermaßen natürlichen Feststoffgehalte vergrößern und damit die zu bewegenden Schlammvolumina reduzieren kann. Es sei auf die einfache Tatsache hingewiesen, daß man 1000 kg (≈ 1 m^3) Schlamm von beispielsweise 5 Ma.-% Feststoff, also 50 kg Feststoff zu 950 l Wasser, 500 l Wasser entziehen kann, wenn man seine Konzentration verdoppelt: 50 kg Feststoff zu 450 l Wasser.

Zum Aussehen der verschiedenen Schlämme ist folgendes zu sagen: Frischschlamm ist grau bis gelblich gefärbt. Man kann die Herkunft seiner Bestandteile noch erkennen, z.B. Kot, Gemüsereste, Papier usw. Er neigt besonders im Sommer zur *Fäulnis*. Deshalb muß er möglichst rasch verarbeitet werden. Schlamm aus der biologischen Stufe ist wegen der in ihm enthaltenen Biomasse wesentlich flockiger und oberflächenreicher. Seine Färbung geht mehr ins Bräunliche, er läßt sich weniger gut entwässern und stört auch die Entwässerung von Frischschlamm, wenn er mit diesem gemischt wird. Die Neigung, in Fäulnis überzugehen, ist beim belebten Schlamm noch größer als beim Frischschlamm.

Ausgefaulter Schlamm ist leichter entwässerbar als die nicht ausgefaulten Schlämme. Er hat eine schwarze Farbe, die von Eisensulfid hervorgerufen wird, und er riecht nach Teer.

Aufgabe der in diesem Abschnitt zu besprechenden Schlammbehandlung ist, die in den Schlämmen enthaltenen organischen Bestandteile in einen mineralisierten, nicht mehr faulfähigen Zustand überzuführen. Dies kann aerob, anaerob, durch Verbrennung oder durch Naßoxidation erfolgen. Die aerobe Behandlung, eine Weiterführung des in der biologischen Stufe begonnenen Vorganges, wird oft zusammen mit der Müllkompostierung durchgeführt; siehe Abschnitt 2.8.1 und 2.8.7. Die *anaerobe Faulung* wird in den meisten Kommunalanlagen praktiziert und im folgenden ausführlich behandelt. Verbrennung und Naßoxidation wurden in den Abschnitten 3.4.2.8 und 3.4.2.9 schon angesprochen, und die dortigen Erläuterungen können sinngemäß auf die Schlammbehandlung übertragen werden. An dieser Stelle sei auch auf die interessanten Ausführungen in [3.26] hingewiesen, wonach aus der Biomasse des belebten Schlammes *Protein* als Futtermittel gewonnen werden kann.

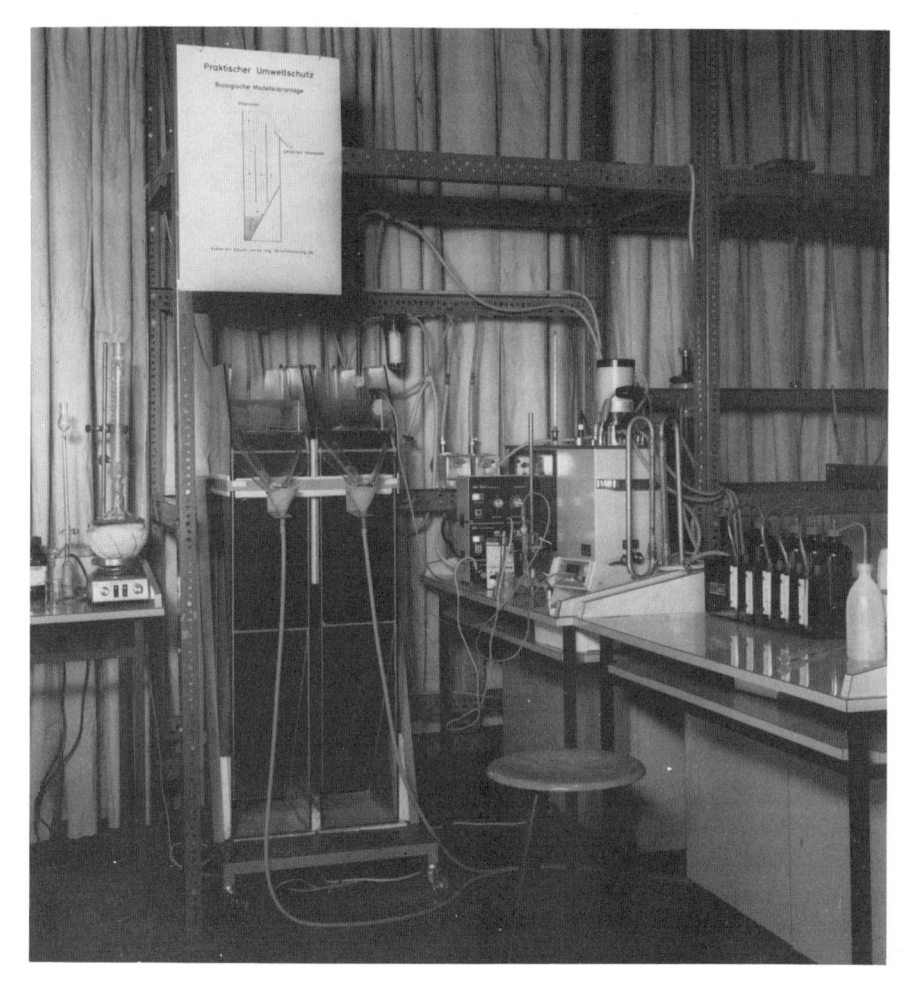

Bild 3.53 Abwasser- und Schlamm-Versuchsanlage, Ausschnitt (FHT Mannheim)

Alle Schlammbehandlungsverfahren lassen eine mehr oder weniger große Menge an Rückständen übrig, die beseitigt werden muß. Bei der Verbrennung entsteht die kleinste Menge in Form von Asche. Die aerobe Kompostierung wirft das Beseitigungsproblem zusammen mit dem Müllkompost auf, und die beiden anderen Verfahren hinterlassen eine reduzierte Schlammenge, die man anschließend noch zu entwässern hat. Während man anfangs der sechziger Jahre mit einer kommunalen und industriellen Schlammenge von etwa je $10 \cdot 10^6$ m^3/a rechnen konnte, muß man für die achtziger Jahre mit der doppelten Menge rechnen. Die Frage der Ablagerung oder sonstigen Beseitigung ist jedoch noch keineswegs gelöst.

Bild 3.54   Schlammeindicker mit Krählwerk (PASSAVANT)

3.5.2   Schlammeindickung

Am einfachen Zahlenbeispiel im vorigen Abschnitt wurde gezeigt, daß der Erhöhung der Feststoffkonzentration des Schlammes große Bedeutung zukommt. Erreicht man mit einem Verfahren einen Feststoffgehalt bis maximal 20%, spricht man von *Eindickung*. Verfahren, die größere Konzentrationen liefern, nennt man Entwässerungsverfahren, die in Abschnitt 3.5.4 besprochen werden.

Der Eindickung dienen hauptsächlich Sedimentation, mit oder ohne Hilfe durch Flockung, Flotation und Zentrifugieren. Aber auch andere Verfahren, wie Filtereindicker, Ultrafiltration oder ähnliche, können in Frage kommen.

Die Sedimentation des Schlammes folgt den gleichen Gesetzmäßigkeiten wie die Sedimentation in den Absetzbecken (Abschnitt 3.2.4), jedoch unter viel stärkerer gegenseitiger *Behinderung der Partikel*. Zu der dort besprochenen reinen Sedimentation kommt jetzt noch die Kompression durch das Eigengewicht des

Schlammes. Wir unterscheiden *statische Eindicker* und solche mit *mechanischer Räumung*. Erstere sind einfache, meist zylindrische, oben offene Behälter, in denen der Schlamm bei entsprechend langer Verweilzeit sich selbst überlassen bleibt. Es wird nur ein Teil des freien Wassers abgetrennt. *Freies Wasser,* etwa 70% des Wassergehalts, ist Wasser, das ohne weitere Bindung die Zwischenräume und Hohlräume der Partikel ausfüllt. Dem steht das gebundene Wasser gegenüber, das als Adhäsions-, Kapillar-, Hydratationswasser und ähnliches festgehalten wird.

Bei den mechanisch betätigten Eindickern nach DIN 19552, Teil 3, etwa wie *Bild 3.54,* wird einmal durch das *Krählwerk* der eingedickte Schlamm aus dem Behälter gefördert und zum anderen durch die *Scherbeanspruchung* des Schlammes durch die dem Krählwerk aufgesetzten Gitterstäbe eine weitere Freisetzung von Wasser erreicht. Die erreichbare Konzentration liegt nach [3.8] bei 6 bis 11% TS. Der Rohschlamm wird in der Mitte aufgegeben, das abgesetzte Schlammwasser, das am Rande überläuft oder abgezogen wird, fließt wieder der biologischen Stufe zu. Genau wie bei den Absetzbecken wird hier der eingedickte Schlamm zur Mitte gekrählt und abgepumpt. Die Krählwerke müssen wegen der höheren Belastung kräftiger ausgeführt werden als bei den Absetzbecken.

Eine gute Alternative zu den Eindickern bilden die Zentrifugen. Sie erreichen etwa die gleiche, gegebenenfalls sogar eine höhere Konzentration als die Eindikker. Dem viel geringeren Platzbedarf steht ein größerer Energiebedarf gegenüber. Eingesetzt werden sowohl Separatoren *(Bild 3.55)* als auch Dekanter (Abschnitt 3.4.2.11).

Die Flotation (Abschnitte 3.2.3 und 3.4.2.11) bringt dann Vorteile, wenn ein industrieller Schlamm fetthaltige, leimige oder faserige Stoffe enthält, deren Dichte ca. 1000 kg/m^3 oder weniger beträgt.

3.5.3 Anaerobe Schlammfaulung

Der Schlamm kann in der Form, in der er in den einzelnen Stufen anfällt, nicht abgelagert werden. Er enthält zu viele organische Stoffe, die in unkontrollierte Fäulnis übergehen würden. Eine Möglichkeit zur biologischen Schlammbehandlung, und zwar die stärkste in der mikrobiologischen Welt, ist die *anaerobe Faulung*. Darunter versteht man die Zersetzung organischer Stoffe durch die sogenannten *Methanbakterien*. Der Vorgang läuft streng anaerob ab, d.h., es ist kein gelöster Sauerstoff vorhanden. Die Mikroorganismen müssen den für ihren Stoffwechsel benötigten Sauerstoff durch Abspalten an vorhandenen Verbindungen gewinnen. Dabei wird das Faulgas, ein hochwertiger Brennstoff mit $H_u \approx 25\,000$ kJ/m^3, gewonnen, der im allgemeinen mindestens zur Eigenversorgung der Kläranlage mit Energie ausreicht. Als weitere Produkte entstehen Schlamm und ammoniakhaltiges Schlammwasser, das in die biologische Stufe zurückgeführt wird. Der Schlamm ist sowohl in seinem Volumen reduziert als auch höher konzentriert *(Tabelle 3.8).* Er sieht schwarz aus, ist besser entwässerbar und riecht nicht mehr unangenehm. Pathogene Keime sind – mit wenigen Ausnahmen – abgetötet.

Bild 3.55   Separatoren im Einsatz (Westfalia)

Tabelle 3.8 Zusammensetzung verschiedener Klärschlämme nach [3.6]

	Maßeinheit	Frischschlamm aus der mechanischen Stufe	Überschuß-schlamm aus dem Belebungs-becken	Faulschlamm (gemischt aus mechanischer Stufe und Belebung)	
				schlecht ausgefault	sehr gut ausgefault
Feststoffgehalt	Ma.-%	5 bis 10	0,5 bis 3	4 bis 12	
Schlammenge (Mittelwert)	l/E · d	0,72	1,1	0,87 bis 0,92	
pH	–	5 bis 7	6 bis 7	6,5 bis 7	7,4 bis 7,8
Glühverlust	Ma.-% der TS	60 bis 75	55 bis 80	55 bis 70	30 bis 45
flüchtige Säuren	mval/l	30 bis 60	30 bis 60	40 bis 75	<2
Ätherextrakt	Ma.-% der TS	10 bis 35	5 bis 10	2 bis 15	1 bis 4
Gesamtstickstoff	Ma.-% der TS	2 bis 5	3 bis 10	1 bis 5	0,5 bis 2,5
Gesamtphosphor	Ma.-% der TS	0,4 bis 1,3	0,9 bis 1,5	0,3 bis 0,8	
Heizwert	kJ/kg TS	15 700 bis 19 900	14 600 bis 21 000	14 600 bis 17 800	6300 bis 10 500

Die Faulung geschieht in zwei Phasen. Der alkalischen *Methangärung* geht die ebenfalls auf Bakterienarbeit beruhende *saure Gärung* voraus. Bei dieser auch Verflüssigungsphase genannten Umsetzung wird Kohlenstoff zu Kohlendioxid oxidiert. Dabei entstehen Wasserstoff, geringe Mengen Methan und Schwefelwasserstoff sowie Butter- und Essigsäure. Der Abbau beschränkt sich im wesentlichen auf den Kohlenstoff und seine Verbindungen und ist dem aeroben Abbau vergleichbar. Bei neueren Verfahren bemüht man sich, die saure Gärung durch Vorerhitzung auf etwa 100 °C ganz oder teilweise auszuschalten. Werden nämlich zu große Mengen Säure erzeugt, sinkt der pH-Wert, und die biologische Aktivität wird reduziert.

In der folgenden Methangärung, auch Vergasungsphase genannt, werden die organischen Stoffe und die flüchtigen Säuren abgebaut in Kohlendioxid und Methan. Der durch die Abspaltung von Sauerstoff aus dem Wasser frei werdende Wasserstoff wird mit Kohlenstoff ebenfalls zu Methan. Außerdem entsteht Ammoniak aus Stickstoff. Die übliche Zusammensetzung des Faulgases ist:

Methan (CH_4)	65 bis 70%
Kohlendioxid (CO_2)	25 bis 30%
Kohlenmonoxid (CO)	2 bis 4%
Kohlenwasserstoffe	0 bis 1,5%
Schwefelwasserstoff (H_2S)	Spuren
Sauerstoff (O_2)	0 bis 0,3%
Stickstoff (N_2)	bis 1%

Die Methanbakterien lassen sich in drei Gruppen einteilen, in *thermophile, mesophile* und *psychrophile (Bild 3.56)*. Die thermophilen Bakterien arbeiten optimal

Bild 3.56
Faulzeit als Funktion der Faultemperatur

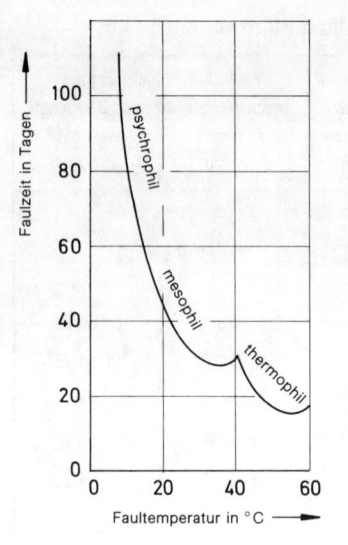

Bild 3.57
Gaserzeugung als Funktion der Faultemperatur

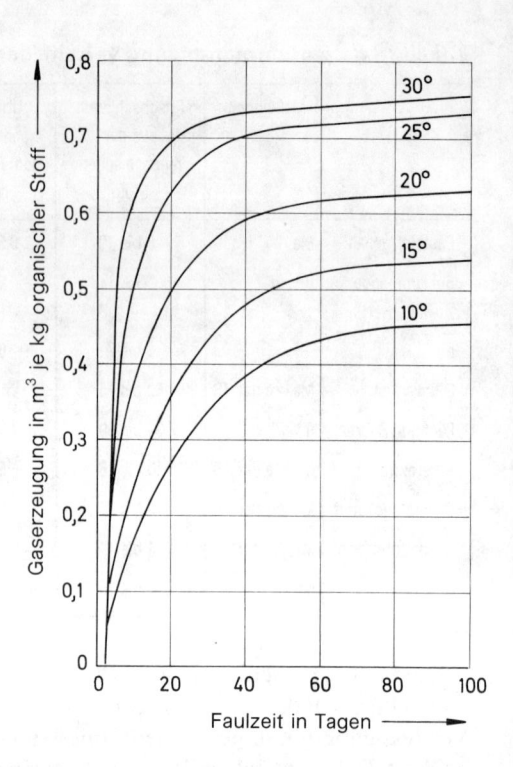

bei ca. 55 °C, sind sehr empfindlich gegen Temperaturschwankungen sowie gegen toxische Stöße und verbreiten schlechten Geruch. Sie scheiden für die praktische Anwendung aus. Das Optimum der mesophilen Bakterien liegt bei 30 bis 35 °C und etwa 90% Wassergehalt. Sie sind ebenfalls empfindlich gegen Temperaturschwankungen und Schwankungen des pH-Wertes. Toxisch wirken Metallkationen, NH_4-Ionenüberschuß, Sulfide, Zyanide, Phenole, Phtalate und Detergentien je nach Konzentration mehr oder weniger stark. Da die Temperatur von 30 bis 35 °C mit geringem Aufwand zu halten ist, arbeiten alle neueren Anlagen in diesem Bereich. Die psychrophilen Bakterien benötigen zu lange Faulzeiten und kommen deshalb für moderne Anlagen nicht mehr in Frage.

Die gewinnbare Gasmenge hängt von der Faulzeit und der Faultemperatur ab *(Bild 3.57)*. Pro kg organischer Substanz lassen sich bei 30 °C in 100 Tagen etwa 750 l Gas gewinnen. Der theoretische Endwert liegt sogar bei 900 bis 1000 l. Natürlich bricht man den Vorgang nach einer vertretbaren Zeit ab und begnügt sich mit einer entsprechend geringeren Gasmenge. Heute hält man den Schlamm 12 bis 18 Tage im Faulbehälter bzw. in zwei hintereinandergeschalteten Behältern. Einem 50prozentigen Abbau der organischen Stoffe entspricht eine Reduktion der Trockensubstanz um ein Drittel und des Volumens um die Hälfte.

In *Bild 3.58* ist ein Fließbild einer Schlammfaulung dargestellt. Der aus der mechanischen und/oder biologischen Stufe kommende Frischschlamm wird

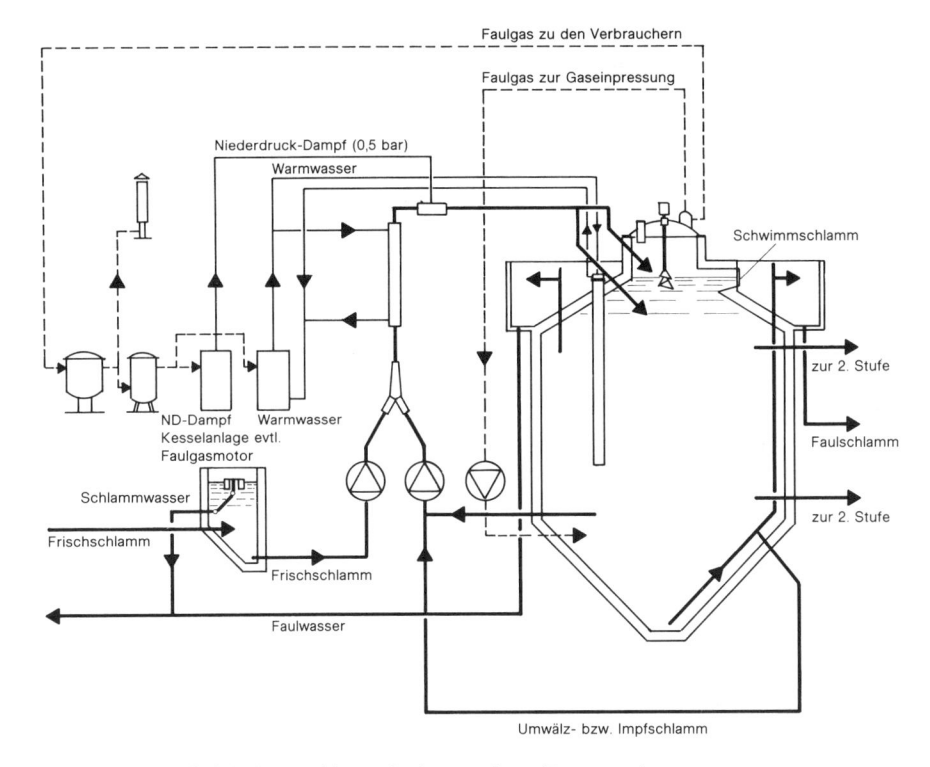

Bild 3.58   Fließbild einer Schlammfaulungsanlage (ROEDIGER)

durch den Voreindicker geleitet, wo ihm ein Teil des Schlammwassers entzogen wird. Dann wird ihm in einem statischen Mischer Impfschlamm zugegeben; er wird im Wärmeaustauscher und gegebenenfalls durch eingedünsteten Dampf erhitzt und gelangt in den Faulbehälter. Dort laufen die oben besprochenen Gärungsphasen simultan ab. Ist nur ein Faulbehälter vorgesehen, darf die für den Stoffaustausch notwendige Durchmischung nicht zu intensiv erfolgen. Im Betrieb stellen sich trotz leichter Mischbewegung drei Zonen ein [3.9]:

Die untere Zone, die das weitaus größte Volumen beansprucht, enthält im Abbau befindlichen oder schon ausgefaulten Schlamm. Innerhalb dieser Zone verdichtet sich der Schlamm nach unten hin mehr und mehr. Er wird an der tiefsten Stelle des Faulbehälters abgezogen. Etwa in einem Drittel der Bauhöhe wird der Impfschlamm entnommen, der einmal den Frischschlamm mit Mikroorganismen versorgt und zum anderen zur Umwälzung des Schlammes beiträgt. Aus *Tabelle 3.8* entnimmt man, daß der Schlamm während des Faulens höher konzentriert und außerdem in seiner Menge reduziert wird. Die Verringerung ist auf den Abbau der organischen Substanz zurückzuführen, während die höhere Konzentration darauf hindeutet, daß weniger Wasser an den Feststoffpartikeln festgehalten wird. In der Tat zeigt ausgefaulter Schlamm viel bessere Entwässerungseigenschaften als nicht ausgefaulter.

Die mittlere Zone, *Waterband* genannt, enthält Schlamm mit der geringsten Konzentration. In ihr sammelt sich Schlammwasser, das abzuführen ist. Man verwendet dazu spezielle teleskopartig höhenverstellbare Abzugsvorrichtungen, die in der Decke der Faulbehälter installiert sind.

Die dritte, obere Zone ist die sogenannte *Schwimmdecke,* eine aus aufschwimmenden Schlammteilen gebildete Schicht, die äußerst unerwünscht ist, weil sie als Sperre wirkt und den Austritt des Gases aus dem Schlamm verhindert. Es werden unterschiedliche Maßnahmen ergriffen, diese Schwimmdecke zu zerstören und unterzumischen oder sie über eigens angebrachte Schwimmschlammtüren von Zeit zu Zeit auszutragen. Als sehr brauchbar hat sich erwiesen, den zugeführten bzw. umgewälzten Schlamm mit rotierenden Verteilern ganz oder teilweise auf die Schlammoberfläche aufzuspritzen *(Bild 3.59).*

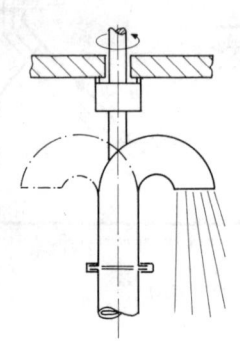

Bild 3.59
Rotierender Schlammverteiler nach [3.9]

Bei der *zweistufigen Faulung* werden zwei Faulbehälter hintereinandergeschaltet. Im ersten, größeren Behälter erfolgt bei sehr intensiver Durchmischung der größere Teil der Gaserzeugung und des Abbaus. Der zweite, kleinere Behälter gibt dem Schlamm Gelegenheit, völlig auszugasen und einzudicken. Die erzeugten Gasmengen im ersten und zweiten Behälter verhalten sich etwa wie 5 : 1.

Zur Durchmischung des Schlammes verwendet man neben der oben angedeuteten Mischung durch Umwälzen Rührwerke, oder man mischt pneumatisch durch Einpressen von Faulgas.

Die Faulbehälter sind entweder in Stahlbeton oder als Stahlbehälter konstruiert. Es wird sich in jedem Falle lohnen, beide Möglichkeiten zu untersuchen, wenn man eine neue Anlage zu bauen hat. Als Richtwert für das Behältervolumen nimmt man ca. 35 l/E an. Das ist ungefähr das Zwanzigfache der täglich anfallenden Frischschlammenge. Heute liegt die obere, rentable Grenze des Behältervolumens bei etwa 8000 m^3. Auf kommunalen Anlagen können 2 bis 5 kg organische Trockensubstanz je m^3 und Tag abgebaut werden, wobei der kleinere Wert für kleinere Behälter gilt.

Nach dem Verlassen des Behälters können sowohl Faulschlamm als auch Schlammwasser eingedickt werden (Abschnitt 3.5.2). Der Faulschlamm wird zur weiteren Volumenverringerung der Entwässerung zugeführt.

3.5.4 Schlammkonditionierung und -entwässerung

Soll Schlamm deponiert oder verbrannt werden, muß ihm ein Teil seines Wassergehaltes entzogen werden. Faulschlamm, aber auch nicht ausgefaulter Schlamm aus der mechanischen, biologischen oder chemisch-physikalischen Reinigung wird zunächst eingedickt (Abschnitt 3.5.2) und dann durch meist künstliche Entwässerung auf einen hohen Trockenstoffgehalt gebracht. Die Entwässerung kann auf *Trockenbeeten,* mit *Zentrifugen, Vakuumfiltern* oder *Filter-* und *Siebbandpressen* erfolgen. In Sonderfällen kommt auch *thermische Entwässerung* in Betracht.

Zur Verbesserung der Entwässerungseigenschaften kann der Schlamm konditioniert werden. Dies kann durch Zugabe von Flockungsmitteln (Abschnitt 3.4.2.3) geschehen oder durch Gefrieren oder Erhitzen. Letzteres Verfahren wirkt zugleich pasteurisierend, d.h. keimtötend. Die Entwässerbarkeit wird beim Erhitzen dadurch verbessert, daß die Zellwände der Mikroorganismen platzen und dadurch Zellwasser freigesetzt wird.

3.5.4.1 Natürliche Schlammentwässerung

Die natürliche Entwässerung wird in Schlammtrockenbeeten oder Schlammteichen durchgeführt. Bei der Trockenbeetentwässerung (*Bild 3.60*) wird das Schlammwasser teilweise durch die als Filterschicht ausgebildete Beetsohle abgeleitet, teilweise verdunstet es. Bei Schlammteichen versickert ein Teil des Schlammwassers im Untergrund, ein Teil verdunstet; überstehendes Wasser wird abgeleitet.

Wegen der hohen Niederschläge in unseren Breiten sind die Standzeiten sehr lang, d.h., die Trockenbeete oder Schlammteiche sind lange für die täglich anfallenden Schlammengen blockiert. Deshalb können nur kleine Kläranlagen ihren Schlamm in Trockenbeeten oder Schlammteichen entwässern.

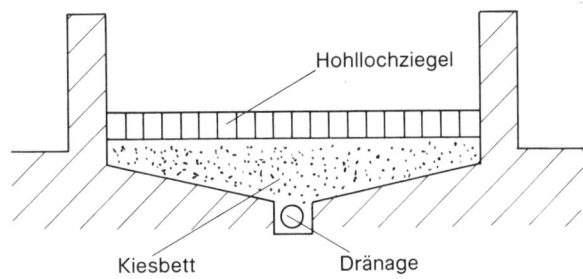

Bild 3.60
Schnitt durch ein Trockenbeet

Hohllochziegel

Kiesbett   Dränage

Auch in Trockenbeeten wird größere Wirtschaftlichkeit durch Konditionierung, d.h. durch Einsatz von Flockungsmitteln erreicht. Dadurch wird die Standzeit auf einen Bruchteil verkürzt. Das ist dadurch zu erklären, daß sich zwischen den Schlammflocken Hohlräume bilden, durch die das Wasser rasch ablaufen kann.

3.5.4.2 Maschinelle Schlammentwässerung

Der Dekanter

Bei der *Vollmantelschneckenzentrifuge*, dem *Dekanter (Bild 3.61)*, erfolgt die Trennung Feststoff – Wasser mit Hilfe der Zentrifugalkraft. Die Zentrifuge besteht aus einer am Ende konisch zulaufenden Trommel. Der Schlamm wird – meist geflockt – durch die Hohlwelle eingebracht. Die Feststoffe mit der höheren Dichte setzen sich außen ab und werden durch die mit wenig größerer oder kleinerer Drehzahl laufende Schnecke in den konischen Teil der Zentrifuge gefördert. Dort erfolgt eine Verdichtung und weitere Entwässerung. Der Schlamm tritt am engen Ende der konischen Zentrifugentrommel aus, während das Wasser in entgegengesetzter Richtung über ein einstellbares ringförmiges Wehr abfließt.

Die Vakuumfilter

Im *Vakuumfilter* wird unter dem Filtergewebe ein Unterdruck erzeugt. Nach dem Schlammauftrag wird dadurch das Wasser durch das Filtergewebe gesaugt, die Feststoffe bleiben als Filterkuchen auf dem Filtergewebe liegen.

In der Praxis werden zwei verschiedene Ausführungen angewendet:

Beim Vakuumfilter *(Bild 3.62)* taucht eine mit Filtergewebe bespannte, innen teilweise evakuierte Trommel in die Klärschlammsuspension. Beim Austritt dieser Trommel aus dem Filtertrog hat sich auf dem Filtergewebe ein Filterkuchen gebildet, der kurz vor dem nächsten Eintauchen abgestreift wird.

Beim *Vakuumbandfilter* wird der Schlamm auf ein endloses Filterband gegeben, unter dem ein Unterdruck erzeugt wird. Innerhalb der Vakuumzone wird der Schlamm entwässert. Am Ende des Filters wird der Kuchen abgestreift, das Band zur Schlammaufgabe zurückgeführt und gegebenenfalls gewaschen.

Die Filterpressen

Filterpressen, die man in *Rahmen-* und *Kammerfilterpressen* einteilt, sind Druckfilter mit geringem Platzbedarf, die eine Unterbringung großer Filterflächen ermöglichen.

Moderne Filterpressen *(Bild 3.63)* bestehen in der Hauptsache aus zwei Ständern, die durch Tragholme miteinander verbunden sind, und einem meist hydraulisch betätigten Schließmechanismus. Die Holme tragen eine große Zahl verschiebbarer hintereinandergeschichteter Filterplatten, die während des Filtrierens durch den Schließmechanismus dicht aufeinandergepreßt werden. Bei der Kam-

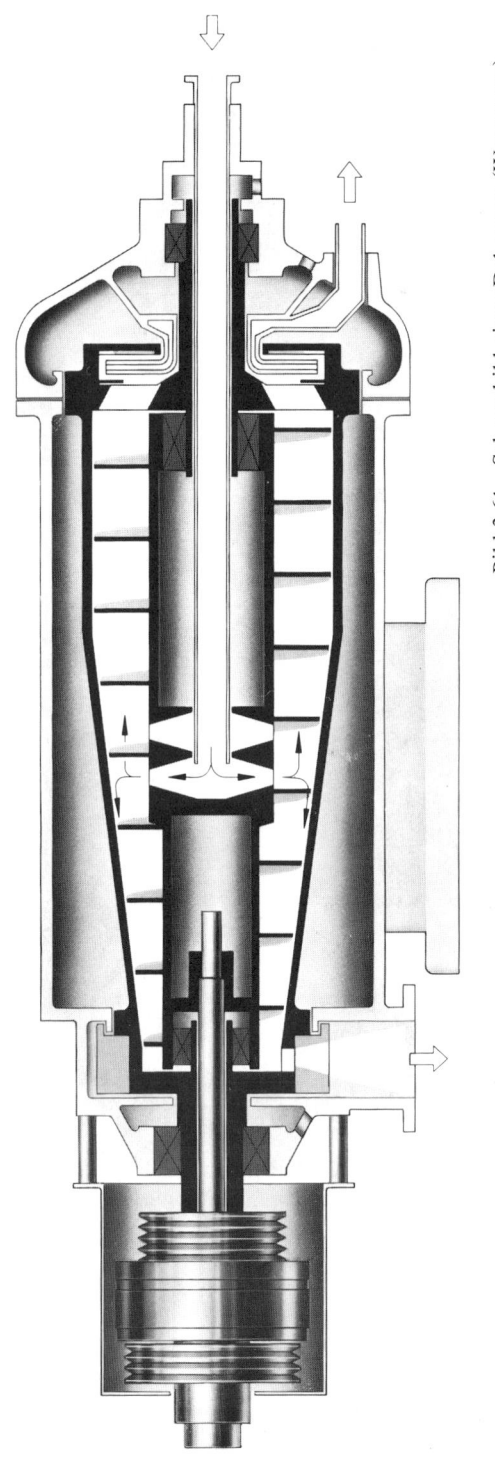

Bild 3.61   Schemabild eines Dekanters (WESTFALIA)

Bild 3.62 Vakuumtrommelfilter

Bild 3.63   Filterpresse (SCHULE)

merfilterpresse haben die Filterplatten erhabene Ränder, wodurch beim Hintereinanderschichten die Hohlräume für den Filterkuchen entstehen. Bei der Rahmenfilterpresse werden abwechselnd nahezu ebene Filterplatten und Distanzrahmen geschichtet, um die Hohlräume für den Kuchen zu erhalten. In jedem Fall müssen die Filterplatten zur Filtration mit Filtertüchern belegt werden. Die von den Tüchern bedeckten Filterflächen sind gerieft, damit das Wasser ablaufen kann.

Der Schlamm wird von Schlammpumpen in die Hohlräume gedrückt. Dabei werden die Feststoffe in den Kammern vor den Filtertüchern zurückgehalten, während das Filtrat aus jeder Kammer abfließt.

Das Entleeren der Presse geschieht durch maschinelles Verschieben der Filterplatten, wobei der Kuchen herausfällt.

Die Siebbandpresse

Die *Siebbandpresse (Bild 3.64)* ist eine Konstruktion zur kontinuierlichen Schlammentwässerung. In ihrer Grundausführung läuft ein endloses Siebband, auf das der geflockte Schlamm aufgetragen wird, in der Art eines Förderbandes über ein Walzensystem um. Über dem Siebband, mit dem aufgelegten Schlammkuchen, läuft im gleichen Sinn und mit gleicher Geschwindigkeit das Oberband um. Über ein Druckwalzensystem, dessen Walzen einzeln horizontal und vertikal verstellbar sind, kann der Schlammkuchen zwischen den Bändern ausgepreßt werden. Nach Durchlaufen der Preßstrecke wird der weitgehend entwässerte Schlamm von einem Schaber abgestreift.

Bild 3.64 Siebbandpresse (ANDRITZ)

3.5.4.3 Thermische Schlammentwässerung, Trocknung

Das Trocknen von vorentwässerten Schlämmen ist energieintensiv und deshalb problematisch. Man kennt eine Anzahl von Verfahren, z.B. Eindampfung durch Tauchbrenner, Gefrierentwässerung, Trocknung mittels Dreh-, Teller-, Sprüh-, Band- oder Walzentrocknern, die aber für die Schlammbehandlung zu kostenintensiv und damit nahezu bedeutungslos sind. Für Verfahren, die eine Wertstoffgewinnung zum Ziel haben, etwa die Herstellung von Trockenschlamm aus Biomasse als Futtermittel, sind sie aber verfahrenstechnisch sehr interessant.

4 Reinigung von Abgasen

4.1 Verschmutzung der Luft

4.1.1 Grundbegriffe, Gesetzmäßigkeiten, Grenzwerte

Die Luftverschmutzung ist eine Veränderung der natürlichen Zusammensetzung der Luft durch luftfremde Stoffe, sog. *Schadstoffe*. Diese treten im festen, flüssigen oder gasförmigen Zustand in der Luft auf (Stäube, Aerosole, Dämpfe und Gase). Der Vorgang des Ausstoßens von Schadstoffen wird *Emission* genannt. Unter *Immission* versteht man nach der Verteilung, dem Transport und der Verdünnung der Schadstoffe in der Luft ihre Einwirkung auf Mensch, Tier, Pflanze und Sachgüter. Die maßgebliche Schadstoffkonzentration ist der Gehalt an luftverunreinigenden Stoffen in einem bestimmten Abgas- oder Abluftvolumen. Diese wird entweder als Massenkonzentration in (mg/m^3) oder als Volumenkonzentration in (cm^3/m^3 = ppm) angegeben. Dabei wird die Massenkonzentration meist auf das Normvolumen (0 °C und 1013 mbar) bezogen. Verschiedentlich wird die Emission auch als Schadstoffmassenstrom in (kg/h) gekennzeichnet.

Das 1974 in Kraft getretene *Bundes-Immissionsschutzgesetz* hat zum Ziel, Menschen, Tiere, Pflanzen und Sachgüter vor schädlichen Umwelteinwirkungen zu schützen. Es enthält eine wichtige allgemeine Verwaltungsvorschrift, die «Technische Anleitung zur Reinhaltung der Luft» – kurz *TA Luft* [4.1]. Sie beschreibt für 40 Arten von Anlagen den Stand der Technik zur Verminderung von Emissionen; 50 staubförmige und 120 gasförmige Schadstoffe werden je nach Umweltgefährdung in drei Klassen eingeteilt und klassenabhängige maximal zulässige Abluftkonzentrationen, sog. *Emissionsgrenzwerte*, festgelegt. Dazu werden für zehn der wichtigsten luftverunreinigenden Substanzen, wie z.B. Chlor- und Fluorverbindungen, Grenzwerte angegeben.

Emissionsgrenzwerte für dampf- und gasförmige organische Verbindungen sind:

☐ in Klasse I
    bei einem Massenstrom von 0,1 kg/h und mehr   20 mg/m$_N^3$
☐ in Klasse II
    bei einem Massenstrom von 3 kg/h und mehr   150 mg/m$_N^3$
☐ in Klasse III
    bei einem Massenstrom von 6 kg/h und mehr   300 mg/m$_N^3$

Die VDI-Richtlinie 2280 [4.2] unterteilt in vier Schadstoffklassen. Grenzwerte sind dort 20 mg/m$_N^3$, 150 mg/m$_N^3$, 250 mg/m$_N^3$ und 500 mg/m$_N^3$.

Für Arbeitsräume hat man für Gase und Dämpfe Grenzkonzentrationen erarbeitet, die sog. *MAK-Werte* [4.3]. Es sind maximale Arbeitsplatzkonzentrationen, von denen angenommen wird, daß sie selbst bei 8stündiger Einwirkung i.a. die Gesundheit der dort Arbeitenden nicht schädigt *(Tabelle 4.1)*.

Für Verschmutzungen, die nicht direkt am Arbeitsplatz über längere Zeit auf den Menschen einwirken, hat der Gesetzgeber die maximal zulässigen Immissionskonzentrationen, die sog. *MIK-Werte*, festgelegt (MIK$_D$ für Dauereinwirkung und MIK$_K$ für Kurzzeiteinwirkung).

Überall, wo brennbare Stoffe hergestellt, verarbeitet oder gelagert werden, sind die *Explosionsgrenzen* dieser Stoffe zu beachten [4.4]. Diese kennzeichnen den Konzentrationsbereich, innerhalb dessen diese Stoffe mit Luft explosible Gemische bilden können. Man unterscheidet eine untere mit der niedrigsten Konzentration (UEG) und eine obere Explosionsgrenze (OEG) mit der höchsten Konzentration des Stoffes in der Luft *(Tabelle 4.1)*.

Durch ihren Geruch wahrnehmbare Luftverunreinigungen erfaßt man mit den sog. *Geruchsschwellenwerten*. Das sind die Konzentrationen in Luft, bei denen man durch Vergleich mit einer sauberen Luft den Geruch feststellt. Der Geruchsschwellenwert sagt nichts aus über die Gefährlichkeit oder Ungefährlichkeit eines Schadstoffes. *Tabelle 4.1* enthält Geruchsschwellenwerte einiger Stoffe, die teilweise weit unterhalb der entsprechenden MAK-Werte liegen.

Für den Verkehrsbereich ist noch das *Benzin-Blei-Gesetz* zu nennen. Dieses begrenzt den Bleigehalt in Ottomotorkraftstoffen auf 0,15 g/l.

Als *Staub* bezeichnet man die Summe aller festen Teilchen in der Luft, die sich aufgrund ihres großen Widerstandes scheinbar schwebend im Raum halten. Diese Erscheinung beruht darauf, daß die Sinkgeschwindigkeit der Teilchen in der Größenordnung des thermischen Auftriebes oder sonstiger Luftbewegung ist. Hieraus folgt, daß nicht jeder feste Körper in der Luft als Staub anzusehen ist. Man unterteilt daher den Staub nach der Teilchengröße in drei Gruppen:

    Aerosole   (kleiner als 1 µm),
    Feinstaub (1 µm bis 10 µm),
    Grobstaub (10 µm bis 200 µm).

Feststoffteilchen, die größer als 200 µm sind, werden nicht mehr als Staub angesehen. Man ordnet sie den Schüttgütern zu. Die Sichtbarkeitsgrenze für Feinstaub in Luft liegt je nach Teilchengröße bei ca. 100 mg/m^3. Die TA Luft legt fest, daß die Massenkonzentration im Abgas einer Anlage 100 mg/m^3 nicht überschreiten darf, wenn die Feststoffteilchen kleiner als 10 µm sind. Weil bei gleicher Massenkonzentration Feinstaub aus sehr viel mehr Teilchen besteht als grober Staub, ist die Korngröße von besonderer Bedeutung. Bei der mechanischen Entstaubung stellt Feinstaub das Problem dar. Die Abscheidung von Teilchen über 10 µm bereitet keine technischen Schwierigkeiten.

Tabelle 4.1 Physikalische und chemische Daten von organischen Verbindungen

Substanz	Schadstoff-klasse	Explosionsgrenzen in Luft bei 20 °C und 1013 mbar				MAK-Werte bei 20 °C 1013 mbar mg/m³	MIK$_D$-Werte mg/m³	Dampfdruck bei 20 °C mbar	Molmasse g/mol	Geruchsschwellen	
		untere		obere						von mg/m³	bis mg/m³
		Vol.-%	g/m³	Vol.-%	g/m³						
Aceton	III	4	73	57	1040	2400	120	233	58	19	9230
Äthanol	III	3,5	67	15	290	1900	100	59	46	0,37	38
Anilin	I	–	–	–	–	19	0,8	0,4	93	2,8	380
Benzol	I	1,3	39	8	270	26 (TRK)*	3	100	78		
Formaldehyd	I	7,0	87	73	910	1,2	0,03	1013	30	0,07	1,2
Phenol	I	–	–	–	–	605	0,2	0,2	94	0,02	3,0
Pyridin	I	1,7	56	10,6	350	15	0,7	20	79	0,07	0,74
Schwefel-Kohlenstoff	II	10	11	12	13	30		400	76		
Toluol	II	6	1,2	46	7	750	20	29	92		
Trichlor-Äthylen	II	7,9	430			260		77	131		
Trimethyl-Amin	I	2,0	49	11,6	285			1863	59		

* TRK Technische Richtkonzentration

Gesundheitsschädliche Stoffe sind in die Klassen I bis III unterteilt und in Absatz 2.3 der TA Luft aufgelistet. Als Grenzwerte gelten:

für Stoffe der Klasse I 20 mg/m^3_N
für Stoffe der Klasse II 50 mg/m^3_N
für Stoffe der Klasse III 70 mg/m^3_N

Bei den gesetzlichen Auflagen ist der Stand der Technik zu berücksichtigen.

4.1.2 Schadstoffemissionen

Die klassischen Verunreinigungen der Luft können auf fünf verschiedene Schadstoffgruppen zurückgeführt werden:
- Schwefeloxide (insbesondere SO_2, SO_3 und H_2SO_4),
- Stickoxide (NO und NO_2, kurz NO_x genannt),
- Kohlenmonoxid,
- Kohlenwasserstoffe,
- Staub, Aerosole.

Tabelle 4.2 zeigt die Verteilung dieser Schadstoffe in der Bundesrepublik Deutschland im Jahr 1975.

Die Schätzungen für das Jahr 1980 lauten [4.6]:
  4,1 Mio. t SO_2,
  2,3 Mio. t NO_x,
  13,5 Mio. t CO,
  1,8 Mio. t Kohlenwasserstoffe,
  0,47 Mio. t Staub.

SO_2 entsteht zu über 90% bei der Verbrennung fossiler Energieträger z.B. aus folgenden Reaktionen:

$$4\,FeS_2 + 11\,O_2 \rightarrow 2\,Fe_2O_3 + 8\,SO_2 \quad \text{bzw.}$$
$$2\,H_2S + 3\,O_2 \rightarrow 2\,H_2O + 2\,SO_2$$

NO_x stammt analog dem SO_2 überwiegend aus Verbrennungsprozessen nach den Gleichungen:

$$N_2 + O_2 \rightarrow 2\,NO \quad \text{und}$$
$$NO + O_3 \rightarrow NO_2 + O_2$$

Bei Anwesenheit von Kohlenwasserstoffen und unter dem Einfluß starker Sonneneinstrahlung kann NO_x mit dem Sauerstoff der Luft zum photochemischen Smog führen. Es handelt sich dabei um eine starke Anhäufung verschiedenster Schadstoffe in der Atmosphäre.

Haushalt, Gewerbe und Verkehr geben die Hauptmengen an *CO* und Kohlenwasserstoffen ab. Der CO-Anteil in Abgasen der Benzinmotoren ist vom eingestellten Luft-Kraftstoff-Verhältnis λ abhängig. Fette Gemische ($\lambda < 14{,}7$) erzeugen mehr CO als magere Gemische. Optimal hinsichtlich der CO-Emission wäre ein Bereich von $\lambda = 18$ bis 20 [4.7].

Tabelle 4.2 Schadstoffemissionen in der Bundesrepublik im Jahr 1975 (in 10^3 Jahrestonnen) [4.5]

	Staub	SO_2	NO_x	CO	Kohlenwasserstoffe
Haushalt, Gewerbe	72	473	115	2 200	685
Verkehr	18,5	80	555	8 000	762
Kraftwerke	172	1704	688	100	8
Industrie	297,5	1373	482	3 400	355
Gesamte Emissionen	560	3630	1840	13 700	1810

Am schwierigsten zu erfassen sind die *Kohlenwasserstoffe,* unter denen die polyzyklischen Aromaten, z.B. das Benzpyren, besonders gesundheitsgefährdend sind (krebserregende Wirkung).

Andere Stoffgruppen, wie z.B. *Chlor- und Fluorverbindungen,* sind mengenmäßig betrachtet im Vergleich zu o.g. Stoffen unbedeutend, können jedoch wesentlich gefährlicher und schädlicher sein.

Auch die *Geruchsstoffe,* wie z.B. Ammoniak und die Merkaptane, treten in einer Gesamtbilanz kaum hervor, können jedoch zu großen Belästigungen führen.

Beim *Staub* sind die größten Erfolge in der Reinhaltung der Luft erzielt worden. Hauptursache des Staubgehalts in der Luft ist die Energieumwandlung. Schwierigkeiten bereiten heute eine große Anzahl biologisch stark wirksamer anorganischer und organischer Verbindungen. Dazu gehören Stoffe wie Arsen, Asbest und die Schwermetalle Blei und Kadmium.

4.1.3 Maßnahmen zur Verhütung von Emissionen

Hauptziel aller Umweltmaßnahmen ist die Verringerung der emittierten Schadstoffe [4.8]. *Bild 4.1* zeigt das Schema eines beliebigen Stoffumwandlungsprozesses. Er besteht aus einer Eintrittsstufe, einer Prozeßstufe und einer Austrittsstufe. Entsprechend kann man drei verschiedene Eingriffsmöglichkeiten unterscheiden.

Steuerung der Eintrittsstufe

Die Eingangsstoffe enthalten oft natürliche Verunreinigungen, die bei der Weiterverarbeitung zu Emissionen führen können. Bezogen auf den z.B. im Rohstoff enthaltenen Schwefel ist der Einsatz von Erdgas oder Erdöl im allgemeinen umweltfreundlicher als der von Kohle. Man kann versuchen, schon vorgereinigte Stoffe zu verwenden, oder man stellt auf andere Rohstoffe um. Dies bedingt teil-

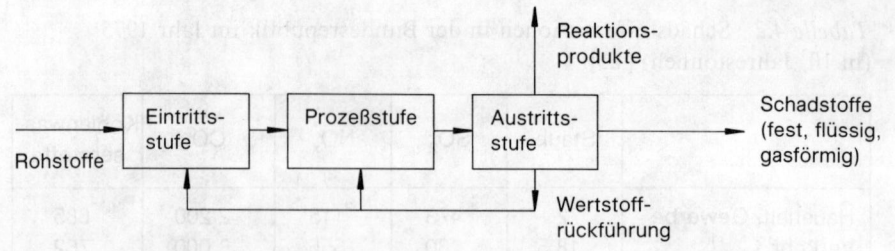

Bild 4.1 Schema eines Prozesses zur Stoffumwandlung

weise Änderungen in nachgeschalteten Anlageteilen. Als Beispiel sei hier die Entschwefelung von leichtem Heizöl und Erdgas genannt. Hierdurch wurden im Jahr 1979 in Deutschland etwa 900 000 t Elementarschwefel gewonnen.

Steuerung der Prozeßstufe

Oft ist der Prozeß selbst die Ursache für Emissionen. Sofern es technisch möglich ist, sollte das Verfahren durch ein umweltfreundlicheres ersetzt werden, zumindest sollten verschiedene Verfahrensführungen des Prozesses, z.B. mehrstufige statt einstufige Verfahrensweise, untersucht werden.

Als Beispiel für die Änderung des Produktionsverfahrens zur Verminderung von Abgasemissionen wollen wir hier die *Schwefelsäureherstellung* betrachten:

Bei dem früher üblichen Verfahren enthielt das Abgas des SO_3-Absorbers 2500 bis 4500 ppm SO_2. Die maximale Ausbeute an SO_2 lag bei 98,5%.

Folgende Reaktionen laufen ab:
$$SO_2 + \tfrac{1}{2} O_2 \rightleftarrows SO_3$$
$$SO_3 + H_2O \rightleftarrows H_2SO_4$$

Abgaskonzentrationen von ca. 500 ppm SO_2 erzielte man durch Kombination folgender Maßnahmen:

☐ Einsatz größerer Katalysatormengen
☐ häufigeren Austausch des Katalysators,
☐ Erhöhung der O_2-Konzentration,
☐ Verminderung der Reaktionstemperatur.

Endreinheiten von weniger als 200 ppm SO_2 in der Abluft wurde durch das heute weitgehend eingeführte Doppelkontaktverfahren der Firma Bayer erreicht. Eine SO_3-Zwischenabsorption machte eine Gleichgewichtsverschiebung auf 99,7% SO_2-Umsatz möglich. Damit sinkt bei einer heute häufig bis zu 2000 Tagestonnen H_2SO_4 produzierenden Fabrik die Emission von 60 t/Tag SO_2 und 20 t/Tag SO_3 auf 6 t/Tag SO_2 und 2 t/Tag SO_3 [4.5].

Steuerung der Austrittsstufe

Dies bedeutet die Entfernung oder Verminderung der Emissionen am Entstehungsort durch nachgeschaltete Reinigungsverfahren. Der eigentliche Produktionsprozeß bleibt davon unberührt (Abschnitt 4.1.4).

4.1.4 Verfahren der Abgasreinigung

Tabelle 4.3 gibt eine Übersicht der Verfahren der Abgasreinigung. Die VDI-Richtlinie 2280 [4.2] beschreibt Wirkungsweise, Anwendungsbereich und Entwicklungsstand von Verfahren zur Reinigung von Abluft und Abgasen mit ausgewählten Beispielen aus einzelnen Arbeitsbereichen. Die verschiedenen Verfahren haben jeweils ihren bestimmten Anwendungsbereich, in denen sie optimal arbeiten.

Bei Stäuben und Aerosolen richtet sich die Abscheidungstechnik im wesentlichen nach der Partikelgröße. Für Grobstäube werden *Massenkraftabscheider,* für Feinstäube *Filter* und *Naßwäscher* verschiedenster Bauarten eingesetzt.

Dampf- und gasförmige Schadstoffe werden durch Verfahren der Kondensation, Sorption und Verbrennung abgetrennt. Im Bereich hoher Schadstoffkonzentrationen von über 20 g/m_N^3 Schadstoff in Luft benutzt man insbesondere bei Lösemitteldämpfen *Kondensations-* und *Absorptionsverfahren.* Die Absorption kann mit physikalisch wirkenden und chemisch wirkenden Absorptionsmitteln durchgeführt werden. Liegen die Konzentrationen im Bereich von 2 bis 20 g/m_N^3, so empfiehlt sich die *Adsorption* – vorzugsweise unter Anwendung der Aktivkohle – zu verwenden. Dieses Verfahren arbeitet oft schon bei etwa 5 g/m_N^3 Schadstoffkonzentration gewinnbringend, da dann der Erlös für die zurückgewonnenen Stoffe die Anschaffungs- und Betriebskosten der Adsorptionsanlage übersteigt. Bei geringen Konzentrationen von 0,1 bis 2 g/m_N^3 konkurrieren in der Regel Adsorption und *Verbrennung.* Am einfachsten ist eine Verbrennung der umweltbelastenden Stoffe in einer möglichst über 1000 °C heißen Brennkammer.

Tabelle 4.3 Übersicht der Verfahren zur Abgasreinigung

Partikelförmige feste und flüssige Schadstoffe (Stäube, Aerosole)

— Apparate zur Trockenreinigung
 (Gewebefilter, Elektrofilter, Massenkraftabscheider)

— Apparate zur Naßreinigung, Naßwäscher
 (Wirbel-, Venturi-, Sprüh-, Strahlwäscher)

Dampf- und gasförmige Schadstoffe

— Kondensation (Abkühlen, Komprimieren und Abkühlen)

— Absorption (mit physikalisch und chemisch wirkenden Waschmitteln)

— Adsorption

— Biologische Sorptionsverfahren (Biofilter, Biowäscher)

— Thermische und katalytische Verbrennung

Bei kleinen Konzentrationen werden auch speziell für bestimmte reaktionsfreudige Substanzen *chemische Waschverfahren* eingesetzt. Dabei reagieren in der Waschflüssigkeit vorhandene aktive Reaktionspartner mit den abzutrennenden Stoffen. Die ablaufende Reaktion führt zu wiederverwendungsfähigen Produkten. Sollen organische, biologisch abbaubare Stoffe geringer Konzentration, z.B. Geruchsstoffe, aus der Abluft entfernt werden, lassen sich *biologische Verfahren* anwenden. Dabei findet mit Hilfe von Bakterien eine Schadstoffumsetzung statt.

Für die Wahl des Reinigungsverfahrens sind häufig betriebstechnische Gründe maßgebend, z.B. werden bei brennbaren Stoffen bei kleinen Konzentrationen aus Gründen der Sicherheit Absorptions- statt Adsorptionsverfahren eingesetzt.

4.2 Mechanische Abgasreinigung

Zur Entstaubung von Gasen werden in der Praxis die verschiedenartigsten Verfahren eingesetzt. Um sich ein Urteil bilden zu können, muß man sich mit den physikalischen Grundlagen vertraut machen. Bei näherer Betrachtung zeigt es sich, daß nahezu alle mechanischen Entstaubungsverfahren die Massenträgheit des Feststoffes nutzen, um den Staub aus dem Gasstrom abzusondern. Eine physikalische Betrachtung muß daher von der Bewegung des Einzelteilchens im Gasstrom ausgehen.

4.2.1 Physikalische Grundlagen

4.2.1.1 Bewegung von Feststoffteilchen in ruhender Luft

Es muß geklärt werden, welche Kräfte beim Bewegungsvorgang an einem Teilchen angreifen. Wir betrachten dazu ein Staubkorn, das in ruhender Luft herabfällt. In der Anfangsphase wird das Korn den Fallgesetzen gehorchen, d.h., es wird beschleunigt. Nach sehr kurzer Zeit wird dieser Vorgang abgeschlossen sein, weil der Luftwiderstand des Teilchens eine weitere Beschleunigung verhindert. Es stellt sich also ein Gleichgewichtszustand ein, in dem die Widerstandskraft dem Gewicht des Teilchens entspricht. Je nachdem, ob das Staubkorn schwer oder leicht ist, wird es schneller oder langsamer herabfallen. Die Geschwindigkeit, mit der ein Staubkorn nach Beendigung des Beschleunigungsvorganges gleichmäßig herabsinkt, bezeichnet man als *Sinkgeschwindigkeit*. Die Sinkgeschwindigkeit ist eine charakteristische Größe des Staubes. Mit Hilfe der bekannten Widerstandsgesetze kann die Sinkgeschwindigkeit für jedes Staubteilchen mit vorgegebener Größe bestimmt werden. Der Einfachheit halber tut man so, als hätte man es mit kugeligen Körpern zu tun. Man geht bei der Rechnung von der Kugelgestalt aus und korrigiert hinterher das Ergebnis mit Hilfe von Formfaktoren. Es hat sich gezeigt, daß, je nachdem, ob ein kugeliges Teilchen langsam oder schnell herabfällt, für die Berechnung des Widerstandes verschiedene Gesetzmäßigkeiten gelten. Das Problem kann mit Hilfe der Ähnlichkeitsgesetze beantwortet werden.

4.2.1.2 Ähnlichkeitsgesetze

Den Ähnlichkeitsgesetzen liegt folgende Fragestellung zugrunde: Unter welchen Bedingungen wird bei geometrisch ähnlichen Formen auch die Bewegung der Flüssigkeit bzw. des Gases ähnlich verlaufen? Die geometrische Ähnlichkeit von Großausführung und Modell allein besagt nicht schon, daß auch die Strömungen ähnlich sind. Die Antwort kann so formuliert werden, daß die Bewegungsverhältnisse dann ähnlich verlaufen, wenn die vorhandenen Kräfte im gleichen Verhältnis zueinander stehen. Die Kräfte, die auf eine Strömung einwirken, sind bekannt.

Es sind dies:

    Trägheitskräfte F_T
    Zähigkeitskräfte F_z
    Schwerekräfte F_G
    Druckkräfte F_D

Da man nur immer zwei Kräfte ins Verhältnis setzen kann, muß geklärt werden, welche Kräfte für einen Strömungsvorgang bestimmend sind.

    In vielen Fällen ist es die Trägheit und die Zähigkeit, während Druck und Schwere das Geschehen kaum beeinflussen. Das gilt z.B. für normale Gas- und Wasserströmungen ohne freie Oberfläche (bei Wasser).

    Die Flüssigkeitsreibung wird durch die Zähigkeit verursacht. Das Verhältnis von Trägheitskraft zur Zähigkeitskraft führt zur Reynoldschen Kennzahl.

$$Re = \frac{d \cdot w}{\nu} \qquad (4.1)$$

ν in m²/s ist die kinematische *Zähigkeit*.

    Mit Hilfe der Reynoldschen Zahl kann eine Gas- oder Wasserströmung in verschiedene Bereiche eingeteilt werden. Je nachdem, ob die Zähigkeit oder die Trägheitskräfte überwiegen, unterscheidet man zwischen einem laminaren und einem turbulenten Strömungszustand.

    Eine weitere Ähnlichkeitskennzahl findet man mit Hilfe der Trägheit, der Schwere und der Zähigkeitskräfte. Es handelt sich um die Archimedeszahl, die bei Absetzvorgängen eine Rolle spielt.

Definition:

$$Ar = \frac{F_T \cdot F_s}{F_z^2} \cdot \frac{\Delta \varrho}{\varrho} \qquad (4.2)$$

durch Einsetzen:

$$Ar = \frac{g \cdot d_k^3}{\nu^2} \cdot \frac{\Delta \varrho}{\varrho} \qquad (4.3)$$

4.2.1.3 Der Widerstand

Bei großen Geschwindigkeiten in Luft oder auch in Wasser spielen die Zähigkeitskräfte eine untergeordnete Rolle. Die Strömung wird dann entscheidend durch die Trägheit der Flüssigkeitselemente bestimmt. Diesen Zusammenhang hat zuerst Newton erkannt und beschrieben. Newton ging von der einfachen Überlegung aus, daß bei der Umströmung eines Widerstandskörpers die Flüssigkeitselemente senkrecht zur Strömungsrichtung aus der Bahn geräumt werden müssen. Dabei muß jedes Flüssigkeitselement auf eine Geschwindigkeit beschleunigt werden, die der Geschwindigkeit des Widerstandskörpers proportional ist. Diese Überlegungen führen zum Newtonschen Widerstandsgesetz:

$$F_w = \frac{\varrho_F}{2} \cdot w^2 \cdot A \cdot c_W \tag{4.4}$$

Hierin ist A die Schattenfläche des umströmten Körpers. Der Widerstandsbeiwert c_W ist ein Proportionalitätsfaktor. Dieser Faktor ist eine konstante Größe, solange das Strömungsverhalten durch die Trägheitskräfte bestimmt wird. Das ist bei hohen Geschwindigkeiten der Fall (turbulente Strömung). Mit abnehmender Geschwindigkeit tritt irgendwann der Fall ein, daß die Zähigkeitskräfte bzw. die Reibung den Strömungszustand mitgestalten und schließlich bei sehr kleinen Geschwindigkeiten ganz bestimmen. Im Bereich kleiner Re-Zahlen ändert sich der Widerstandsbeiwert sehr stark.

Man spricht von einer «laminaren» Strömung (Schichtenströmung). In der Entstaubungstechnik spielt die Umströmung der Kugel eine besondere Rolle, und hier wiederum die laminare Umströmung, weil wir es in der Entstaubung vorwiegend mit sehr kleinen Teilchen und sehr geringen Anströmgeschwindigkeiten zu tun haben.

Laminare Strömungsverhältnisse liegen z.B. bei der Umströmung einer Kugel vom Durchmesser d_k vor, wenn $Re < 1$ ist. In diesem Bereich gilt für den Widerstandsbeiwert:

$$c_W = \frac{24}{Re}$$

Mit

$$Re = \frac{w \cdot d}{\nu}; \quad A = \frac{d_k^2 \pi}{4} \quad \text{und} \quad c_W = \frac{24}{Re}$$

eingesetzt in das bekannte Widerstandsgesetz Gl. (4.4), erhält man in geschlossener Form den Kugelwiderstand für die laminare Umströmung:

$$F_w = 3 \, w \cdot d_k \cdot \pi \cdot \eta \tag{4.5}$$

wobei $\eta = \nu \cdot \varrho_F$ die dynamische Zähigkeit ist.

Dieses Gesetz ist bekannt als das *Stokessche Widerstandsgesetz*. Damit kann für sehr feine Teilchen die Sinkgeschwindigkeit in ruhender Luft bestimmt werden.

Im stationären Zustand muß das Gewicht eines Teilchens gleich seinem Widerstand sein:

$$F_G = F_w \quad (4.6)$$

Mit dem Gewicht $F_G = d_k^3 \cdot \pi/6 \cdot \varrho_k \cdot g$ und dem Stokesschen Widerstandsgesetz Gl. (4.5) erhält man für die Sinkgeschwindigkeit:

$$w_f = \frac{d_k^2 \cdot g \cdot \varrho_k}{18\,\eta} \quad \text{für } Re < 1 \quad (4.7)$$

Es ist bemerkenswert, daß die Dichte des Gases ohne Einfluß auf die Sinkgeschwindigkeit ist. In Gasen kann der Auftrieb im allgemeinen vernachlässigt werden, da sich das Dichteverhältnis in einer Größenordnung von 1 : 2000 bewegt. Das gilt nicht für Flüssigkeiten. Hier tritt an die Stelle der Feststoffdichte die Dichtedifferenz $(\varrho_k - \varrho_F)$.

Die Sinkgeschwindigkeit eines Feststoffteilchens ist eine charakteristische Größe des Staubes. Mit vorgegebener Sinkgeschwindigkeit kann aus (4.7) der Korndurchmesser bestimmt werden:

$$d_k = \sqrt{\frac{18\,w_f \cdot \eta}{\varrho_k \cdot g}} \quad \text{für } Re < 1 \quad (4.8)$$

Der Stokessche Widerstandsbereich ist in der Staubtechnik von besonderer Bedeutung, da die Abscheidung größerer Teile keine Schwierigkeiten macht. In ruhender Luft unter Normalbedingungen gilt das Stokessche Gesetz für Staubteilchen bis ca. 60 µm Durchmesser. Für kugelige Teilchen mit einer Dichte von 2000 kg/m³ findet man folgende Sinkgeschwindigkeiten unter Normalbedingungen *(Tabelle 4.4)*. Nach Gl. (4.4) gilt für den Widerstand im Bereich größerer *Re*-Zahlen:

$$F_w = \frac{\varrho_F}{2} \cdot w_f^2 \cdot A\, c_W \quad (4.9)$$

Tabelle 4.4 Sinkgeschwindigkeit kugeliger Teilchen in ruhender Luft

Kugeldurchmesser d_k (µm)	Sinkgeschwindigkeit w_f (cm/s)
0,5	0,0015
1,0	0,006
2,0	0,024
5,0	0,15
10,0	0,6
20,0	2,4
40,0	9,6
80,0	38,0

Das Kugelgewicht beträgt:

$$F_G = g \cdot \varrho_k \frac{\pi \cdot d_k^3}{6} \qquad (4.10)$$

Im stationären Fall muß Gleichgewicht herrschen. Es muß also $F_G = F_w$ sein. Damit erhält man die Sinkgeschwindigkeit:

$$w_f = \sqrt{\frac{4}{3} \cdot \frac{\varrho_k}{\varrho_F} \cdot \frac{g \cdot d_k}{c_W}} \qquad (4.11)$$

gilt für $Re > 300$ (ϱ_k Dichte des Feststoffes; ϱ_F Dichte des Gases)

Die Bestimmung der Sinkgeschwindigkeit aus der Korngröße d_k macht in diesem Bereich keine Schwierigkeiten, weil der Widerstandsbeiwert $c_W = 0{,}44$ konstant ist.

Dagegen gibt es im Übergangsbereich zwischen $Re = 1$ und $Re = 300$ gewisse Schwierigkeiten. Der c_W-Wert ist in diesem Bereich keine konstante Größe. Man benötigt die Re-Zahl zur Bestimmung des Widerstandsbeiwerts. In der Re-Zahl steckt aber wiederum die Absetzgeschwindigkeit w_f. Eine Lösung ist daher nur durch Probieren möglich. Das aber ist unbefriedigend. Hier hilft die Ähnlichkeitstheorie.

Durch Umrechnung wird aus Gl. (4.11):

$$Ar = \frac{4}{3} c_W \cdot Re^2 \qquad (4.12)$$

Damit ist ein Zusammenhang zwischen der Ar- und der Re-Zahl hergestellt. In *Tabelle 4.5* sind die korrespondierenden Zahlenwerte angegeben:

Die Ar-Zahl Gl. (4.3) besteht nur aus bekannten Stoffgrößen und kann berechnet werden.

$$Ar = \frac{d_k^3 \cdot g}{2} \cdot \frac{\varrho_k - \varrho_F}{\varrho_F}$$

Aus *Tabelle 4.5* erhält man die entsprechende Re-Zahl, mit der der Widerstandsbeiwert c_W aus Gl. (4.12) errechnet wird. Damit ergibt sich aus Gl. (4.11) bei gegebenem Korndurchmesser d_k die Sinkgeschwindigkeit w_f.

Dieses Rechenverfahren hat sich für den Übergangsbereich $Re = 1$ bis 300 bestens bewährt.

Ar	<9	9 bis 83 000	>83 000
Re	$\dfrac{Ar}{18}$	$\left(\dfrac{Ar}{13{,}9}\right)^{0{,}7}$	$1{,}73 \cdot \sqrt{Ar}$

Tabelle 4.5 Zusammenhang von Reynolds- und Archimedeszahl

Für das Verständnis von Gasreinigungsanlagen ist nicht nur die Bewegung von Feststoffteilchen im freien Fall interessant, sondern auch die Bewegung in einem Strömungsfeld unter Berücksichtigung von Beschleunigungs- und Verzögerungsvorgängen. Dieser Fall ist im Zusammenhang mit der Wassereinspritzung bei Naßwaschanlagen von praktischer Bedeutung.

Es soll beschrieben werden, nach welchen Gesetzmäßigkeiten sich Wassertropfen oder Staubteilchen in strömenden Gasen bewegen. Die Bewegung in ruhender Luft kann hierbei als Sonderfall für die Gasgeschwindigkeit Null betrachtet werden. Da die Bahnkurven im wesentlichen durch Massenkräfte und durch Widerstandskräfte bestimmt sind, muß auch hier für den Stokesschen und den Newtonschen Widerstandsbereich unterschieden werden.

4.2.1.4 *Feststoffbewegung im Gasstrom*

Die Bewegung eines festen Körpers in einem Strömungsfeld wird bestimmt durch dessen Widerstand F_w. Wenn Beschleunigungs- und Verzögerungsvorgänge hinzukommen, werden Massenkräfte wirksam. Damit muß das Grundgesetz der Mechanik nach Newton eingeführt werden:

$$F_w = \frac{F_G}{g} \cdot \frac{dw_p}{dt} \qquad (4.13)$$

(w_p = Partikelgeschwindigkeit)

Die meisten Strömungsvorgänge lassen sich auf eine zweidimensionale Betrachtungsweise zurückführen und damit sehr vereinfachen. Die Geschwindigkeiten werden im ebenen Strömungsfeld in x- und y-Komponente zerlegt. Damit und durch Gleichsetzen des Stokesschen Widerstandes nach Gl. (4.5) und (4.13) erhält man die «allgemeine Bewegungsgleichung»:

$$(w_{Gx} - w_{px}) \cdot g = w_f \cdot \frac{dw_{px}}{dt} \qquad (4.14.a)$$

$$(w_{Gy} - w_{py}) \cdot g = w_f \cdot \frac{dc_y}{dt} \qquad (4.14b)$$

(w_G = Gasgeschwindigkeit und w_p = Teilchengeschwindigkeit)

Diese allgemeine Bewegungsgleichung für den Stokesschen Widerstandsbereich ($Re < 1$) gilt unter der Voraussetzung, daß sich die Staubteilchen im Strömungsfeld nicht gegenseitig beeinflussen. Diese Bedingung ist erfüllt, wenn die Staubbeladung des Trägergases 50 g/m³ nicht überschreitet. Die Gleichungen zeigen, daß das Verhalten von Staubteilchen ausschließlich durch die Sinkgeschwindigkeit bestimmt wird.

Anwendungsbeispiel: Ein Wassertropfen werde gemäß *Bild 4.2* senkrecht in eine Parallelströmung eingeschlossen. Gesucht ist die maximale Einschußtiefe:

    Einschußgeschwindigkeit des Tropfens: w_{p0}
    Strömungsgeschwindigkeit der Luft: w_G

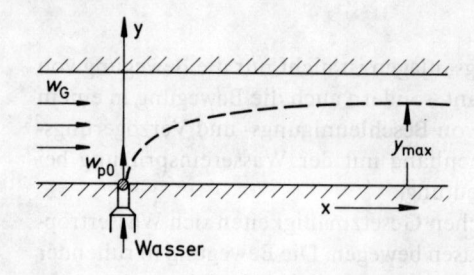

Bild 4.2 Einschuß eines Wassertropfens senkrecht zur Strömungsrichtung in einen Kanal

Wir betrachten die y-Richtung:

$$g(w_{Gy} - w_{py}) = w_f \cdot \frac{dw_{py}}{dt}$$

Im Fall der Parallelströmung ist $w_{Gy} = 0$.
Eine einfache Integration mit den Randbedingungen: $t = 0$ und $w_{py} = w_{p0}$ ergibt:

$$c_y = w_{p0} \cdot e^{-\frac{g \cdot t}{w_f}} \qquad (4.15)$$

Durch Einführung der Weg-Zeit-Funktion $w_{py} = dy/dt$ und Einsetzen für w_{py} erhält man:

$$y_{max} = w_{p0} \cdot \frac{w_f}{g} \qquad (4.16)$$

Das Ergebnis überrascht: y_{max} ist ein endlicher Wert, der unabhängig ist von der Gasgeschwindigkeit w_G.

Für die x-Richtung kann die Rechnung analog durchgeführt werden. Die Bewegungsgleichung für Strömungen im Bereich $Re > 300$ ist in gleicher Weise zu erhalten. Mit dem Newtonschen Widerstandsgesetz Gl. (4.4) und dem Grundgesetz der Mechanik (4.13) erhält man die Bewegungsgleichung für den turbulenten Strömungsbereich.

$$g(w_{Gx} - w_{px})^2 = w_f^2 \frac{dw_{px}}{dt} \qquad (4.17a)$$

$$g(w_{Gy} - w_{py})^2 = w_f^2 \frac{dw_{py}}{dt} \qquad (4.17b)$$

4.2.2 Mechanische Staubabscheidesysteme

Die Abtrennung des Staubes aus dem Gasstrom erfolgt bei der mechanischen Gasreinigung mit Hilfe von Massenkräften. Da das Dichteverhältnis zwischen Gas und Feststoff etwa 1:2000 beträgt, können Schwerekräfte, Trägheitskräfte und Zentrifugalkräfte für die Trennung nutzbar gemacht werden. Neben trockenmechanisch arbeitenden Abscheidern nehmen Naßabscheider einen breiten Raum ein. Da auch sie die Massenträgheitskräfte ausnutzen, sind Naßwäscher letztlich auch den Trägheitsabscheidern zuzuordnen.

4.2.2.1 Der Abscheidegrad

Die Leistung eines Abscheiders wird ausgedrückt durch den Abscheidegrad η. Der Abscheidegrad ist definiert als das Verhältnis von abgeschiedener Staubmenge zu zugeführter Staubmenge. Die Differenz ist der mit dem Reingasstrom abgeführte *Reststaubgehalt:*

$$\eta = \frac{\text{abgeschiedene Staubmenge}}{\text{zugeführte Staubmenge}}$$

Die im Abscheider aufgefangene Staubmenge ist also auch gleich der Differenz aus der mit dem Rohgasstrom zugeführten und der mit dem Reingasstrom ausgetragenen Staubmenge. Grobe Staubteilchen abzuscheiden macht kaum Schwierigkeiten. Dagegen bedarf es eines sehr großen Aufwandes, feinen Staub aus dem Gasstrom abzusondern. Aber gerade der feine Staub ist für die Menschen sehr lästig, da er überall hingelangt.

Die Staubkonzentration in g/m^3 im Gasstrom allein sagt also nicht viel aus.

Beispiel: Bei gleicher Staubkonzentration mögen sich in 1 m³ Luft einmal nur 2-μm-Teilchen und das anderemal nur 10-μm-Teilchen befinden. Im ersteren Fall sind in der Luft 125mal soviel Feststoffpartikel enthalten wie im zweiten Fall, da das Volumen mit der dritten Potenz des Durchmessers zunimmt. Für die Beurteilung eines Abscheiders ist also nicht allein der Abscheidegrad wichtig, sondern es muß auch eine Aussage darüber gemacht werden, in welchem Korngrößenbereich die Abscheidung stattfindet. Aus diesem Grund wird die Abscheideleistung in Form einer «Fraktionsentstaubungsgradkurve» angegeben. Die Fraktionsentstaubungsgradkurve *(Bild 4.3)* gibt den Abscheidegrad in Abhängigkeit vom Korndurchmesser des Staubes an. Statt des Korndurchmessers kann auf der Abszisse auch die Sinkgeschwindigkeit aufgetragen werden, da Sinkgeschwindigkeit und Korndurchmesser ineinander überführbar sind. Der 50%-Durchgang der Fraktionsentstaubungsgradkurve ist von besonderer Bedeutung. Die zu diesem Punkt gehörige Korngröße bezeichnet man als die «Grenzkorngröße» d_k^*. Analog dazu ist die Sinkgeschwindigkeit der Grenzkorngröße w_f^* definiert.

Bild 4.3 Fraktionsentstaubungsgradkurve eines Zyklonabscheiders für ein Grenzkorn von 10 μm

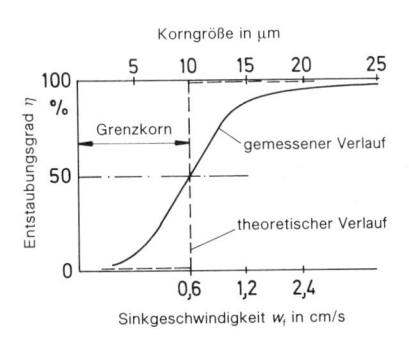

Bei allen theoretischen Betrachtungen über die Abscheideleistung geht man von Gleichgewichtsbeziehungen aus. Die Gleichgewichtsbetrachtung führt im Ergebnis zu derjenigen Korngröße, die gerade eben noch abgeschieden wird: der Grenzkorngröße. Da häufig auch andere Faktoren als die betrachteten im Spiel sind, ist die Fraktionsentstaubungsgradkurve sehr verwischt, und es stellen sich erhebliche Unterschiede zwischen dem theoretischen und dem gemessenen Verlauf ein.

4.2.2.2 Schwerkraftabscheider

Schon vor der Jahrhundertwende hat man empirisch festgestellt, daß sich Staub im ruhenden Luftstrom absetzt. Diese Wirkung suchte man nutzbar zu machen in Form von Staubkammern. Schwerkraftabscheider sind die einfachste Form von Abscheidern. Sie dienen vor allem zur Niederschlagung des Grobstaubes, z.B. bei der Gichtgasreinigung, und werden ausschließlich für die Vorreinigung eingesetzt.

Die einfachste Ausführungsform eines Schwerkraftabscheiders ist der Staubsack *(Bild 4.4)*.

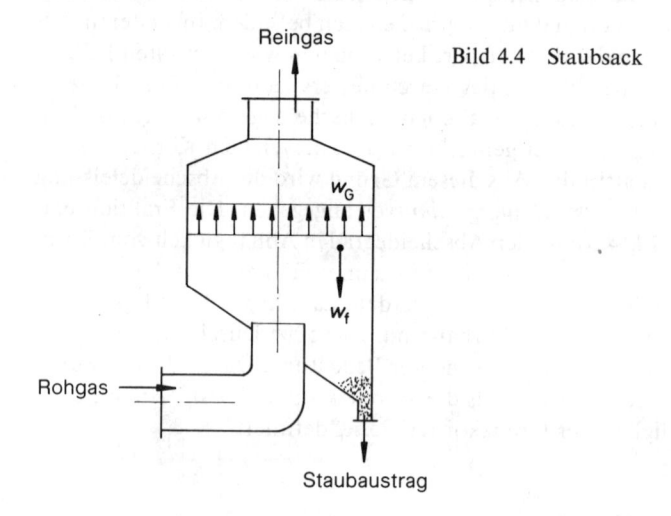

Bild 4.4 Staubsack

Berechnung der Abscheideleistung: Die durch den Abscheider fließende Gasmenge hat eine mittlere Axialgeschwindigkeit w_G. Alle Feststoffteilchen, deren Fallgeschwindigkeit größer als w_G ist, fallen herab und gelten als abgeschieden. Ist die Sinkgeschwindigkeit kleiner als w_G, so werden sie mit dem Reingasstrom ausgetragen. Die Gleichgewichtsbedingung für die Bestimmung der Grenzkorngröße lautet:

$$w_f^* = w_G$$

Es handelt sich hier also um einen reinen Absetzvorgang. Die Grenzkorngröße läßt sich aus Gl. (4.8) bestimmen:

$$d_k^* = \sqrt{\frac{18\,\eta \cdot w_G}{\varrho_k \cdot g}} \qquad (4.18)$$

Bild 4.5 Absetzkammer

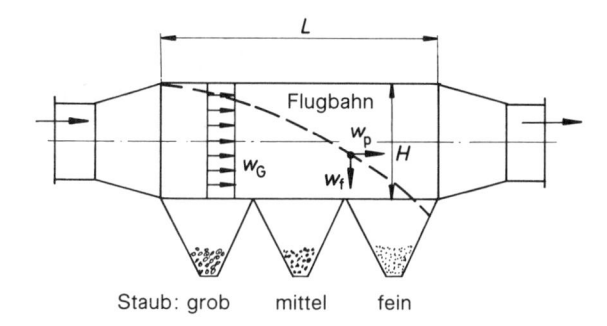

Die Absetzkammer nach *Bild 4.5* ist eine Weiterentwicklung des Staubsackes. Infolge der horizontalen Durchströmung kann der ausgefallene Staub nach Feinheitsgrad klassiert werden. Mit der Verweilzeit t_v wird:

$$L = w_p \cdot t_v \quad \text{und} \quad t_v = \frac{L}{w_p}$$

Mit der Absetzzeit t_A wird:

$$H = w_f \cdot t_A \quad \text{und} \quad t_A = \frac{H}{w_f}$$

Für das Grenzkorn muß gelten:

$$\text{Verweilzeit} = \text{Absetzzeit}$$

$$w_f^* = \frac{H \cdot w_p}{L}$$

Aus diesen Überlegungen geht hervor, daß gute Absetzkammern lang und flach sein sollen.

Durch Einsetzen für w_f erhält man aus Gl. (4.8) die Grenzkorngröße

$$d_k^* = \sqrt{\frac{18\,\eta \cdot H \cdot w_p}{\varrho_K \cdot g \cdot L}} \qquad (4.19)$$

Es muß beachtet werden, daß die Umrechnung von Sinkgeschwindigkeit in Korngröße nur für $Re < 1$ gilt. Im Übergangsbereich, also bei $Re > 1$, muß der Umweg über die Archimedeszahl gemacht werden *(Tabelle 4.5)*. Da die Leistung von Schwerkraftabscheidern sehr begrenzt ist, kann es durchaus sein, daß der Geltungsbereich des Stokesschen Gesetzes überschritten wird. Der Druckverlust von Schwerkraftabscheidern ist sehr gering. Seine Berechnung läuft auf die Druckverlustbestimmung im «ideal schlechten Diffusor» hinaus. Im allgemeinen liegen die Druckverluste solcher Abscheider in der Größenordnung von 5 bis 10 mm WS. Die Gasgeschwindigkeiten sollen 0,3 bis 0,5 m/s nicht überschreiten. Geringe Gasgeschwindigkeiten haben große Abmessungen zur Folge. Das ist auch der Grund, warum der Einsatzbereich von Schwerkraftabscheidern sehr begrenzt ist. Häufig werden solche Abscheider mit Prallblechen ausgestattet, um die Leistung zu verbessern. Gleichzeitig steigt damit der Druckverlust.

Beurteilung und Einsatz: Geringe Anschaffungs- und Betriebskosten bei mäßiger Leistung. Anwendung ausschließlich als Vorabscheider. Niedergeschlagener Staub kann gleichzeitig klassiert werden.

4.2.2.3 Zentrifugalabscheider

Die Zyklonentstaubung ist einfach, billig und betriebssicher. Daher haben sich Fliehkraftabscheider in allen Industriezweigen weitgehend durchgesetzt. Sie kommen dann zur Anwendung, wenn Tuchfilter oder Elektrofilter unwirtschaftlich sind. Leider können Zyklone im Bereich feiner Stäube nicht die gleichen Leistungen bringen wie Filter. Immerhin ist es gelungen, durch systematische Berechnungsverfahren, die vor allem von W. Barth [4.9] entwickelt worden sind, die Zyklonenentstaubung wesentlich zu verbessern. Heute werden Zyklonabscheider

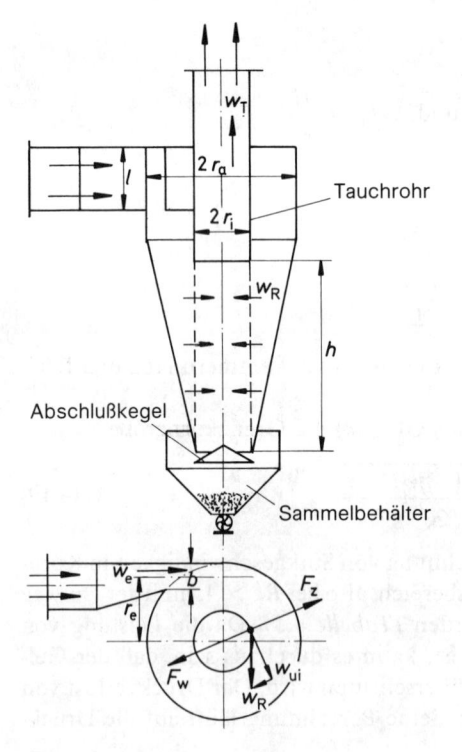

Bild 4.6   Schema eines Zyklonabscheiders

für Feinstaub bis zu Korngrößen um 5 μm erfolgreich eingesetzt. Die Arbeitsweise eines *Zyklonabscheiders* ist in *Bild 4.6* dargestellt. Das staubführende Gas wird dem rotationssymmetrischen Abscheideraum tangential zugeführt. In der so entstehenden Rotationsströmung geraten die Staubteilchen unter dem Einfluß der Zentrifugalkräfte nach außen an die Wand. Hier werden sie abgebremst und fallen infolge ihrer Schwere nach unten in den Staubsammelbehälter. Das gereinigte Gas verläßt durch das Tauchrohr den Abscheider.

Um die sehr komplizierten Strömungsvorgänge in einem Zyklon zu beschreiben, empfiehlt es sich, von einer vereinfachten Modellvorstellung auszugehen. Danach wird die Strömung durch den Apparat zerlegt in:

eine Rotationsströmung,

eine Senken- oder Transportströmung.

Durch die Rotationsströmung wird ein *Zentrifugalfeld* aufgebaut. Die Stromlinien der Rotationsströmung werden als Kreisbahnen angenommen. Theoretisch steigt die Umfangsgeschwindigkeit w_u zur Zyklonachse nach dem Gesetz des Potentialwirbels an:

$$w_u \cdot r = \text{konst.} \tag{4.20}$$

Aufgrund experimenteller Untersuchungen läßt sich nachweisen, daß infolge der Reibung der Geschwindigkeitsanstieg geringer ausfällt. Die höchste Umfangsgeschwindigkeit herrscht auf dem Zylinder vom Tauchrohrdurchmesser $2\,r_i$.

Vom verlängerten Tauchrohrdurchmesser bis zur Zyklonachse nimmt wegen der Reibung die Umfangsgeschwindigkeit bis auf den Wert 0 auf der Zyklonachse ab. Es gilt hier das Gesetz des «echten Wirbels»:

$$\frac{w_u}{r} = \text{konst.} \tag{4.21}$$

Da Wirbel sehr stabile Gebilde sind, kann man davon ausgehen, daß sich in axialer

Bild 4.7 Umfangsgeschwindigkeit in Abhängigkeit vom Achsenabstand in einem Zyklon

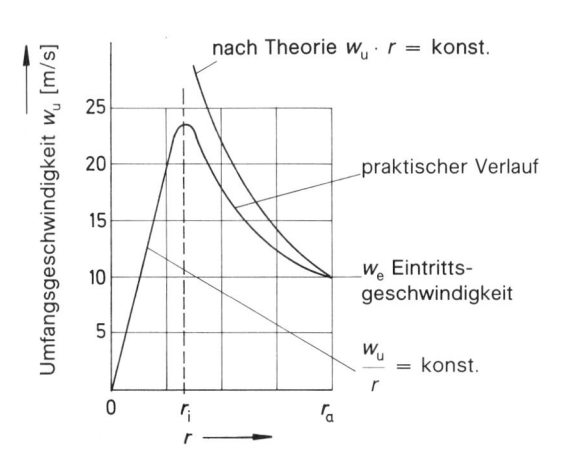

Richtung die Geschwindigkeit kaum ändert. Damit ergibt sich eine Verteilung der Umfangsgeschwindigkeit in radialer Richtung gemäß *Bild 4.7,* wobei die Umfangsgeschwindigkeit am Außendurchmesser r_a gleich der Eintrittsgeschwindigkeit w_e ist.

Für die Abscheideleistung eines Zentrifugalabscheiders ist die maximale Umfangsgeschwindigkeit w_{ui} maßgebend. Auf ein Staubteilchen, das mit der Geschwindigkeit w_{ui} auf einer Kreisbahn von Durchmesser $2\,r_i$ rotiert, wirkt die Zentrifugalkraft:

$$F_z = \frac{F_G}{g} \cdot \frac{w_{ui}^2}{r_i} \qquad (4.22)$$

Die der Rotationsströmung überlagerte Senkenströmung stellt sich als radial nach innen gerichtete Transportströmung dar, die bestrebt ist, die Staubteilchen mitzuführen. Die Transportströmung hat auf dem Tauchrohrradius die Radialgeschwindigkeit w_R

$$w_R = \frac{\dot V}{2\,r_i \cdot \pi \cdot h} \qquad (4.23)$$

Der durch die Radialgeschwindigkeit verursachte Widerstand eines Staubteilchens auf der gedachten Zylinderfläche vom Radius r_i beträgt

$$F_w = F_G \cdot \frac{w_R}{w_f} \qquad (4.24)$$

Nach *Bild 4.6* ist im Grenzfall der Widerstand eines Teilchens gleich der Zentrifugalkraft.

Als abgeschieden können diejenigen Staubteilchen gelten, auf die die einwirkenden Zentrifugalkräfte größer bzw. gerade gleich dem Widerstand durch die Transportströmung sind. Aus diesem Gleichgewicht kann die Grenzkorngröße für einen Zyklonabscheider bestimmt werden:

$$w_f^* = \frac{g \cdot \dot V}{2\,w_{ui}^2 \cdot \pi \cdot h} \qquad (4.25)$$

Zur Beurteilung eines Zentrifugalabscheiders wird eine Verlustziffer ε definiert.

Diese Verlustziffer gibt an, inwieweit der Druckverlust zur Erhöhung der Abscheideleistung nutzbar gemacht wird.

Es ist:

$$\varepsilon = \frac{\Delta p}{\dfrac{\varrho_F}{2} \cdot w_{ui}^2} \qquad (4.26)$$

Berechnung: Die Zyklonberechnung ist ausführlich in [4.9] zusammengefaßt. Ohne auf die systematische Darstellung der Zyklontheorie im einzelnen einzugehen, soll hier die Auslegung und Berechnung der Abscheideleistung eines Zyklonabscheiders nach Barth in allgemeiner Form erfolgen:

Die geometrischen Abmessungen gelten als vorgegeben. Ein Zyklonabscheider ist durch folgende Abmessungen festgelegt:

r_a Radius des Außenmantels in m
r_i Tauchrohrradius in m
r_e Abstand Mitte Zykloneintritt von der Achse in m
b Breite des Zykloneintritts in m
l Höhe des Zykloneintritts in m
h Abstand des Tauchrohres vom Unterteil, gemessen auf einer Zylinderfläche von Tauchrohrradius in m

$A_e = b \cdot l$ Eintrittsquerschnitt in m²
$A_i = r_t^2 \cdot \pi$ Tauchrohreintrittsquerschnitt in m²

Betriebsdaten:
   $\dot{V}$ Gasdurchsatz in m³/s

Annahmen:
   $\lambda = 0{,}02$ Wandreibungsbeiwert
   $\alpha = 0{,}75$ Strahleinschnürung am Eintritt

Berechnung des Druckverlusts:

$$\frac{w_{ui}}{w_T} = \frac{r_i \cdot r_e \cdot \pi}{A_e \cdot \alpha + h \cdot r_e \cdot \pi \cdot \lambda} \qquad (4.27)$$

ε_e ist eine auf den Eintrittsdruckverlust bezogene Verlustziffer.

$$\varepsilon_e = \frac{r_i}{r_a}\left[\frac{1}{\left(1 - \dfrac{w_{ui}}{w_T}\cdot \lambda \cdot \dfrac{h}{r_i}\right)^2} - 1\right] \qquad (4.28)$$

Die Verlustziffer ε setzt sich zusammen:

$$\varepsilon = \varepsilon_e + \varepsilon_i \qquad (4.29)$$

wobei ε_i eine auf die Tauchrohrverluste bezogene Ziffer ist.

$$\varepsilon_i = \frac{K}{\left(\dfrac{w_{ui}}{w_T}\right)^{2/3}} + 1 \qquad (4.30)$$

K ist eine Konstante, die angenommen wird

$$K = 4{,}4$$

Der Druckverlust beträgt:

$$\Delta p = \xi \frac{\varrho_F}{2} w_e^2 \qquad (4.31)$$

Hierbei ist ξ ein auf die Eintrittsgeschwindigkeit bezogener Druckverlustbeiwert:

$$\xi = \varepsilon \left(\frac{w_{ui}}{w_T}\right)^2 \left(\frac{A_e}{A_i}\right)^2 \qquad (4.32)$$

Die Abscheideleistung ist gegeben durch die Bestimmung der Sinkgeschwindigkeit für die Grenzkorngröße:

$$w_f^* = \frac{\dot{V} \cdot \varrho_F \cdot g \cdot \varepsilon}{4 \cdot \pi \cdot h \cdot \Delta p} \qquad (4.33)$$

Hieraus läßt sich die Grenzkorngröße d_k^* bestimmen.
Schlußfolgerung: Die Abscheideleistung eines Zyklons ist abhängig von:
dem Gasdurchsatz $\dot{V}$,
dem Druckverlust Δp,
der Bauhöhe h.
Der in Gl. (4.33) festgestellte Zusammenhang zwischen Grenzkorngröße und Gasdurchsatz führt zum Bau von Mehrfach- oder Multizyklonen. Dabei werden Zykloneinheiten bis zu 50 mm Durchmesser verwendet, die als Axial- oder Tangentialzyklone ausgebildet sein können. Bei noch kleineren Einheiten behindern Grenzschichteinflüsse die Ausbildung der Umfangsströmung.

In Großzyklonen, wie sie z.B. in der Stahlindustrie eingesetzt werden, kann es wirtschaftlich sein, den Druckverlust durch Drallrückgewinnung im Tauchrohr zu verringern. Die in das Tauchrohr eintretende Rotationsströmung kann durch geeignete Leitschaufeln in eine Parallelströmung umgewandelt werden, was zu einem Druckanstieg führt.

Zyklonabscheider müssen unten abgeschlossen sein, da sonst infolge des Unterdruckes im Wirbelkern Falschluft angesaugt werden würde. Der Abschluß erfolgt im allgemeinen durch einen Staubsammelbehälter mit Austragsschleuse (Zellenradschleuse). Es hat sich als zweckmäßig erwiesen, den Wirbel durch ein Abschlußblech im Sammelbehälter zu begrenzen. Es kann passieren, daß infolge des Unterdruckes in der Zyklonachse ein Teil des bereits abgeschiedenen Staubes, ähnlich wie in einer Windhose, nach oben hinausgezogen wird.

Vor allem bei Wasser- und Ölabscheidern wird der Drall häufig durch einen Leitschaufelkranz erzeugt. *Bild 4.8* zeigt einen solchen Axialzyklon, wie er als Abscheider für Ölnebel in Rohrleitungen hinter Kompressoren eingesetzt wird. Die Rechnung ist ähnlich wie die für Zyklone mit tangentialem Einlauf. Als Eintrittsgeschwindigkeit wird die horizontale Komponente der Strömung am Austritt aus dem Leitschaufelkranz angenommen.

Beurteilung von Zyklonabscheidern:
Vorteile: Sehr geringe Investitionskosten, geringer Platzbedarf, kaum Wartungskosten.
Nachteile: verhältnismäßig hoher Druckverlust, begrenzte Leistungsfähigkeit.

Bild 4.8 Schema eines Axialzyklons

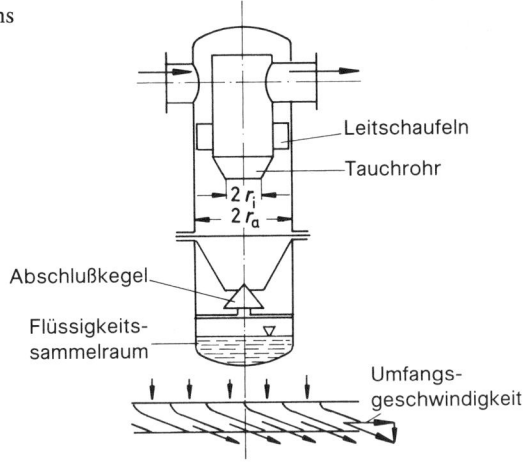

- Leitschaufeln
- Tauchrohr
- $2 r_i$
- $2 r_a$
- Abschlußkegel
- Flüssigkeitssammelraum
- Umfangsgeschwindigkeit

Abwicklung der Leitschaufeln

Anwendung: Als Hauptabscheider für Stäube bis ca. 8 µm und als Vorabscheider in allen Industriezweigen. Mit Multizyklonen sind höhere Leistungen zu erreichen.

4.2.2.4 Naßentstaubung

Schon sehr frühzeitig machte man die Erfahrung, daß die Luft nach einem ausgiebigen Regen gereinigt und staubfrei ist. Es muß also ein Wassertropfen im Herabfallen die Luft reinigen. Diese Tatsache nutzt man heute beim Bau von Naßwaschanlagen aus, die für die Feinreinigung große praktische Bedeutung in allen Industriezweigen erlangt haben. Es ist heute möglich, Staubteilchen bis unter 0,5 µm Durchmesser hinreichend abzuscheiden.

Man war früher der Meinung, daß nur die staubführende Luft mit Wasser in Kontakt zu bringen sei, um gute Leistungen zu erzielen. Das führte zum Bau von wassergefüllten Räumen, durch die man das Gas hindurchperlen ließ. Das Gas zerfiel dabei in Blasen, in denen der Staub unbenetzt blieb. Die Leistung solcher Apparate war unzulänglich. Erst als man den umgekehrten Weg beschritt und das Wasser in Tropfenform dem staubführenden Gasstrom zusetzte, zeigten sich bessere Ergebnisse. Die theoretischen Grundlagen der Naßreinigung laufen also darauf hinaus, die Reinigungsleistung von Wassertropfen zu untersuchen. Mit diesem Problem haben sich vor allem Barth [4.10] und Weber [4.11] befaßt.

Die Reinigungsleistung von Wassertropfen

Ein kugelförmiger Wassertropfen vom Durchmesser d_k werde gemäß *Bild 4.9* von einem staubführenden Gasstrom mit der Geschwindigkeit w umströmt. Es wird vorausgesetzt, daß der Staub aus Teilchen gleicher Größe besteht und gleichmäßig über den Querschnitt verteilt ist. Zunächst sind die Stromlinien und die Staub-

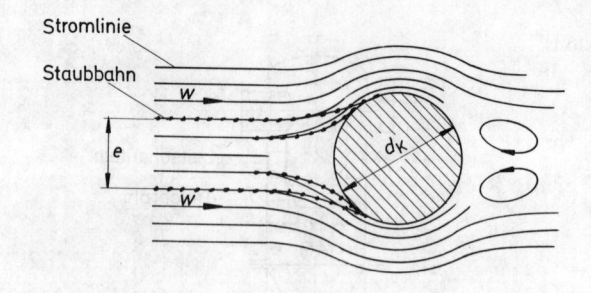

Bild 4.9 Stromlinien und Staubbahnen bei der Umströmung eines Wassertropfens

bahnen identisch. Bei Annäherung an den Wassertropfen werden die Stromlinien umgelenkt. Die Staubteilchen machen die Umlenkung aufgrund ihrer Trägheit nicht in gleichem Maße mit und werden teilweise auf den Tropfen aufgeschleudert.

Es gibt eine Schar von Flugbahnen, die die Tangente an die Kugel bilden. Alle Teilchen, die sich innerhalb dieser Tangentenschar befinden, kommen mit dem Tropfen in Berührung und gelten als abgeschieden. Alle anderen Teilchen wandern an dem Tropfen vorbei. Das von einem Wassertropfen gereinigte Gasvolumen entspricht einem Zylinder vom Durchmesser e. Die Bestimmung der Staubbahnen macht keine Schwierigkeiten. Für den Luftwiderstand des Staubes wird das Stokessche Widerstandsgesetz zugrunde gelegt.

Die Reinigungsleistung eines Wassertropfens beträgt:

$$\frac{dV}{dt} = \frac{d_k^2 \cdot \pi}{4} \cdot w \cdot \left(\frac{e}{d_k}\right)^2 \tag{4.34}$$

Der Faktor $d_k^2 \cdot \pi/4 \cdot w$ ist der von der Kugel erfaßte Volumenstrom, und $(e/d)^2$ gibt den davon gereinigten Anteil an.

Das gereinigte Volumen:

$$V = \frac{d_k^2 \cdot \pi}{4} \int_0^1 w \cdot \left(\frac{e}{d_k}\right)^2 dt \tag{4.35}$$

Für eine wirksame Entstaubung muß die Anströmgeschwindigkeit w des Tropfens bzw. die Relativgeschwindigkeit gegenüber dem umgebenden Gas groß sein. Die Staubbahnen werden nicht nur durch die Größe der Staubteilchen, sondern auch durch deren Geschwindigkeit bestimmt.

Beim Einschuß eines Wassertropfens in einen Gasstrom senkrecht zur Strömungsrichtung wird der Tropfen während des Beschleunigungsvorganges die in *Bild 4.10* dargestellte Bahn beschreiben. Wenn man annimmt, daß die Gasgeschwindigkeit w_G sehr groß gegenüber der Tropfeneinschußgeschwindigkeit w_{p0} ist, kann die senkrechte Komponente der Tropfengeschwindigkeit vernachlässigt werden. Es ergeben sich für die Tropfen- und die Anströmgeschwindigkeit die entsprechenden Kurvenverläufe. An der Stelle 1 ist der Beschleunigungsvorgang abgeschlossen, und der Tropfen bewegt sich nahezu mit Gasgeschwindigkeit weiter.

Bild 4.10 Bahnkurve und Geschwindigkeitsverlauf eines Wassertropfens in einem Strömungskanal

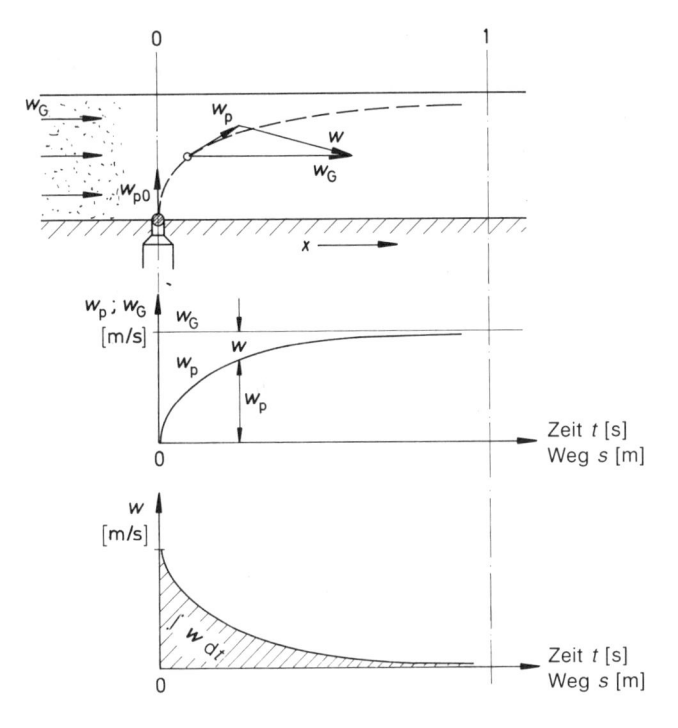

Es ist zu beachten, daß Tropfengröße und Anströmgeschwindigkeit voneinander abhängen. Kleine Tropfen werden schnell die Gasgeschwindigkeit annehmen, und der Wert der von der Kurve eingeschlossenen Fläche wird sehr klein. Dagegen ist bei größeren Tropfen infolge der Trägheit mit einem flacheren Kurvenverlauf in *Bild 4.10* zu rechnen. Damit steigt aber auch der Wasserverbrauch an.

Es stellt sich also die Frage, mit welcher Tropfengröße eine optimale Reinigungsleistung bei vorgegebenem Wasserverbrauch zu erwarten ist. Die Antwort darauf ist die Definition einer dimensionslosen Reinigungskenngröße m, die das Verhältnis des gereinigten Gasvolumens zur verbrauchten Wassermenge angibt. Mit Gl. (4.35) für das gereinigte Gasvolumen wird m:

$$m = \frac{V}{\frac{d_k^2 \cdot \pi}{4}} = \frac{3}{2 d_k} \int_0^1 w \cdot \left(\frac{e}{d_k}\right)^2 dt \qquad (4.36)$$

In *Bild 4.11* ist die Reinigungsgröße für verschiedene Gasgeschwindigkeiten von 5 bis 80 m/s in Abhängigkeit von der Tropfengröße dargestellt. Die Rechnung erfolgt nach Gl. (4.36) für die Grenzfälle $w_0 = w_G$ und $w_1 = 0$.

Die grafische Darstellung zeigt, daß eine bestimmte Tropfengröße existiert, bei der die dimensionslos gemachte Reinigungsleistung am größten ist. Dieses Opti-

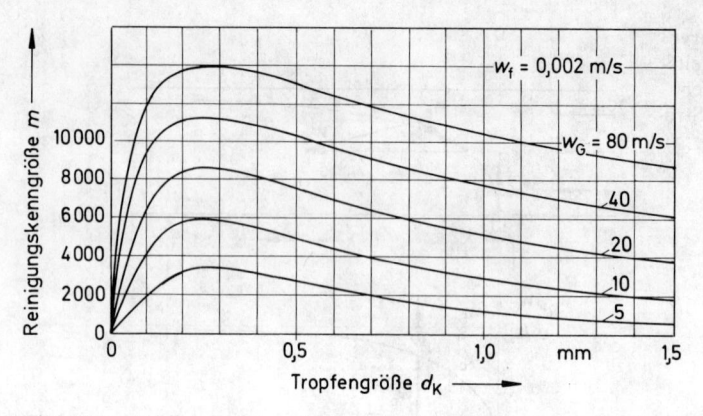

Bild 4.11 Reinigungskenngröße in Abhängigkeit von der Tropfengröße

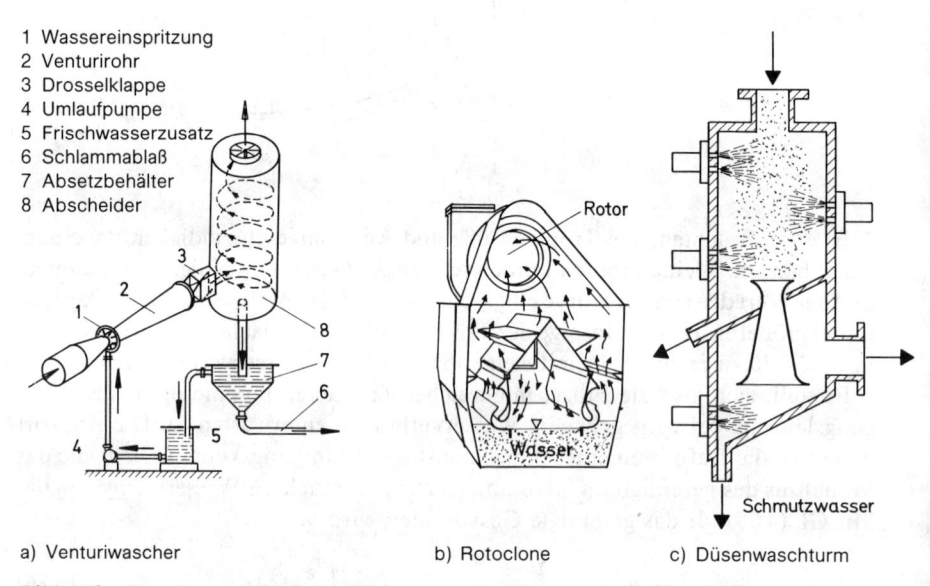

a) Venturiwascher

1 Wassereinspritzung
2 Venturirohr
3 Drosselklappe
4 Umlaufpumpe
5 Frischwasserzusatz
6 Schlammablaß
7 Absetzbehälter
8 Abscheider

b) Rotoclone

c) Düsenwaschturm

Bild 4.12 Bauarten von Naßentstaubern

mum liegt zwischen Tropfengrößen von $d_k = 0{,}2$ mm und $d_k = 0{,}4$ mm. Der Wasserverbrauch ausgeführter Anlagen beträgt 1 bis 2,5 L/m^3 Gas.

Eine Erhöhung der Wasserzugabe über 3 L hat unter den gegebenen Umständen wenig Sinn, weil dann die Schattenfläche der Tropfen den Strömungsquerschnitt mehrfach überdeckt.

Bei der praktischen Ausführung von Wäschern ist man bestrebt, große Relativgeschwindigkeiten zwischen Flüssigkeit und dem Staub-Gas-Gemisch zu erreichen. Diese Forderung läßt sich am einfachsten mit hohen Gasgeschwindigkeiten erfüllen. Ausgeführte Staubwaschanlagen arbeiten je nach Leistungsanforderung mit Gasgeschwindigkeiten von 50 bis 120 m/s im Einspritzquerschnitt. Bei Bemessung der Querschnitte muß die Eindringtiefe der Wassertropfen gemäß Abschnitt 4.2.1.4 berücksichtigt werden. Aus diesem Grund werden häufig rechteckige und manchmal auch ringförmige Waschquerschnitte gewählt. Den engsten Querschnitt bezeichnet man als Kehle. Die Wassereinspritzung erfolgt am günstigsten senkrecht zur Strömungsrichtung. In *Bild 4.12a* ist ein *Venturiwascher* mit Wasserumlauf schematisch dargestellt. Eine Drosselklappe dient dazu, den Wasserabscheider den Betriebsverhältnissen anzupassen. Die Wassereinspritzung entgegen der Strömungsrichtung hat sich wegen der Verstopfungsgefahr der Düsen nicht bewährt, obwohl so die höchste Relativgeschwindigkeit zu erreichen wäre. Die Düsen müssen in bestimmten Zeitabständen mit Hilfe von Düsennadeln automatisch gereinigt werden. Hinter der Wasserzugabe befindet sich ein Diffusor zur Druckrückgewinnung.

Die Wasserzufuhr kann auch dazu benutzt werden, dem Gasstrom Energie zuzuführen, wenn die Einspritzung in Strömungsrichtung mit hohem Druck erfolgt. Das zugeführte Wasser wirkt dann, ähnlich wie bei einer Wasserstrahlpumpe, als Treibstrahl. Bei solchen Apparaten, die im Aufbau einem Venturiwascher sehr ähnlich sind, muß wegen der geringeren Relativgeschwindigkeit eine etwas verminderte Abscheideleistung in Kauf genommen werden. Dafür ist der Druckverlust gering.

Aufgrund unserer theoretischen Überlegungen kann festgestellt werden, daß die Leistung von Waschanlagen im wesentlichen durch die Relativgeschwindigkeit von Gas und Wassertropfen sowie durch die zugeführte Wassermenge bestimmt wird. Da große Relativgeschwindigkeiten sowohl beim Wasser als auch beim Gas Druckverluste mit sich bringen, muß mit zunehmender Leistung auch mit höherem Energieverbrauch gerechnet werden. Der Energieverbrauch von Venturiwaschern liegt gewöhnlich bei 1 bis 3 kWh/1000 m^3 Gas.

Die Bestimmung des Druckverlustes von Strahlapparaten erfolgt nach den Gesetzen der Strömungslehre. Man bestimmt zunächst den Druckverlust für die Durchströmung mit reinem Gas. Durch die Wasserzugabe wird ein zusätzlicher Druckabfall verursacht, weil das Wasser von der Gasströmung beschleunigt werden muß. Der Beschleunigungsvorgang ist abgeschlossen, wenn das Wasser die Gasgeschwindigkeit nahezu erreicht hat. Der zusätzliche Druckverlust kann über den Impuls bestimmt werden, der dem Wasser erteilt wird. Mit Hilfe dieser Überlegungen erhält man:

$$\Delta p_{\text{Wasser}} = w_G^2 \cdot \varrho_F \cdot \mu \qquad (4.37)$$

wobei

$$\mu = \frac{\text{Wassermenge kg/s}}{\text{Gasmenge kg/s}}$$

Die Rechnung geht davon aus, daß das Wasser senkrecht zur Strömungsrichtung eingespritzt wird und der Beschleunigungsvorgang sehr schnell abgeschlossen ist.
Der Druckverlust beträgt je nach Geschwindigkeit in der Kehle 300 bis 1200 mm WS. Durch Erhöhung der Geschwindigkeiten auf über 100 m/s kann Staub bis unter 0,5 µm fast 100%ig niedergeschlagen werden.

Einfachere Ausführungsarten von Waschentstaubern sind die *Wirbelstromwascher*. Dieses Prinzip ist im Rotoclone nach *Bild 4.12b* verwirklicht. Hierbei wird ein Flüssigkeitsbad mit großer Geschwindigkeit angeströmt, so daß die Oberfläche aufreißt und Waschflüssigkeit mitgeführt wird. Durch geeignete Strömungsführung werden Wirbel bzw. Wasserschleier erzeugt, durch die das zu reinigende Gas hindurchgeführt wird. Wirbelstromwascher gibt es in zahlreichen Ausführungen, weil sie einfach und billig sind. Die Druckverluste betragen 100 bis 200 mm WS; Staub bis unter 3 µm wird hinreichend abgeschieden.

In *Sprühdüsenwaschtürmen* wird der Gasstrom mit geringer Geschwindigkeit (1 bis 2 m/s) durch den Turm geführt, wobei zentral oder seitlich Wasser mit hohem Druck eingespritzt wird *(Bild 4.12c)*. Das Geschwindigkeitspotential wird hierbei in das Waschwasser verlegt. Es können keine zu großen Leistungen im Feinstaubbereich erwartet werden. Dafür ist der Druckverlust auch gering. Durch die Erzeugung zentrifugaler Felder mit Hilfe von rotierenden Düsen oder Sprühscheiben (Rotationswascher) kann die Wassergeschwindigkeit und damit die Abscheideleistung gesteigert werden. Sprühdüsenwaschtürme werden auch für Absorptionsvorgänge (z.B. NH_3-Wäsche) eingesetzt.

Beurteilung von Naßabscheidern:
Vorteile: bei guter Leistung verhältnismäßig geringe Anschaffungskosten, geringer Platzbedarf.
Nachteile: hohe Betriebskosten durch Aufarbeitung des Wassers, abgeschiedener Staub nur z.T. wiederverwendbar. Bei hohen Temperaturen hohe Wasserverdampfung.
Anwendung: Gießereien (Kupolöfen), Sinteranlagen, Röstprozesse, Eisenhüttenindustrie (Elektroöfen, SM-Öfen), chemische Industrie, Müllverbrennung.
Naßentstaubungsanlagen sind geeignet zur Abscheidung von Stäuben bis unter 0,5 µm.

4.2.2.5 *Gewebefilter*

Gewebefilter werden dort eingesetzt, wo höchste Anforderungen an die Reinluft gestellt werden. Mit Gewebefiltern können Abscheidegrade von 99,9% und Reststaubgehalte von unter 2 mg/m^3 erreicht werden.

Die im Gewebe festgehaltenen Teilchen sind oft kleiner als die Poren des Gewebes. Der Filtrationsvorgang kann also kein einfacher Siebvorgang sein. Das Abscheiden der Teilchen erfolgt unter der Wirkung von Massenträgheitskräften, ähnlich wie an einem Wassertropfen *(Bild 4.9)*. Der Strömungsvorgang bei der Umströmung eines Zylinders, wie ihn eine Faser darstellt, ist prinzipiell der gleiche wie bei Umströmung eines Wassertropfens.

Theoretische Überlegungen, wie sie in Abschnitt 4.2.2.4 angestellt wurden, führen zu dem Ergebnis, daß die Reinigungswirkung eines Kreiszylinders um so besser ist, je kleiner dessen Durchmesser und je größer die Anströmgeschwindigkeit wird. Der Geschwindigkeit sind wegen der Zerreißfestigkeit der Filterstoffe enge Grenzen gesetzt. Das Filtergewebe stellt eine Trägerschicht dar, auf die im Lauf der Zeit durch den abgesetzten Staub eine Filterschicht aufgebaut wird. Es zeigt sich, daß eine optimale Filterwirkung erst nach dem Aufbau einer solchen Staubschicht erfolgt, ähnlich wie bei einem Anschwemmfilter für Flüssigkeiten. Nach kurzer Zeit übernimmt die angeschwemmte Staubschicht selbst die Reinigung. Mit zunehmender Schichtdicke wächst linear der Druckverlust. Da die druckerzeugenden Gebläse im allgemeinen als Kreiselmaschinen ausgebildet sind, fällt der Gasdurchsatz ab, so daß schließlich das Filter gereinigt werden muß. In Industriefilteranlagen geschieht die Reinigung mechanisch durch Abklopfen und Gegenspülen mit Luft. Um einen kontinuierlichen Betrieb zu gewährleisten, unterteilt man das Filter in mehrere Kammern, wobei jeweils eine Kammer außer Betrieb genommen und gereinigt werden kann. Die Abreinigung erfolgt automatisch mit Regelung über den Druckverlust oder die Zeit.

Die Abscheideleistung eines Filters wird durch die Güte des Filterstoffes bestimmt. Als Filterstoffe verwendet man Gewebe und Vliese. Gute Filtergewebe sind flauschig. Ihre Wirkung wird durch zwischen die Maschen reichende Fasern verbessert. Flauschige Filterstoffe werden aus Naturfasern wie Baumwolle und Wolle hergestellt. Der Faserdurchmesser beträgt 10 bis 80 µm. Kunststoffe lassen sich aber gut zu Vlies bzw. Nadelfilz verarbeiten, der sehr gute Filtereigenschaften besitzt. Nadelfilz besteht aus einem verdichteten Fasergefüge gleichartiger Fasern von großer Schichtdicke. Damit wird bei guter Luftdurchlässigkeit eine Filtration mit Tiefenwirkung erreicht. Allerdings ist die Reinigung von Nadelfilz schwierig.

Natur- und Kunstfasern sind gegen Temperatureinflüsse empfindlich und verlieren schnell an Festigkeit. Daher werden sie nur bis etwa 110 °C eingesetzt. Kunstfasern (Polyamide) können 130 °C für längere Zeit aushalten. Bei höheren Temperaturen verwendet man Glasfasern (bis 300 °C) und Asbest (bis 500 °C). Die Entwicklung bei Kunst- und Kohlefasern ist im Fluß.

Zum Vermeiden statischer Aufladungen kann es zweckmäßig sein, Metallfasern in geringem Umfang mit einzuweben. Der Funkenbildung und damit der Gefahr von Staubexplosionen kann so vorgebeugt werden.

Beim Betrieb von Filteranlagen muß darauf geachtet werden, daß der Taupunkt nicht unterschritten wird. Filterstoffe sind gegen Feuchtigkeit empfindlich und verkleben leicht.

In der Praxis interessiert die Bestimmung des Druckverlustes. Der Druckverlust eines Filters ist bei gegebenem Gasdurchsatz vom Gewebe, der Dicke der Staubschicht auf dem Filter sowie der Korngröße des Staubes abhängig. Mit abnehmender Korngröße wächst der Druckverlust. Bei Feinstaub, der nur mit sehr feinen Fasern erfaßt werden kann, werden Anströmgeschwindigkeiten von 0,05 bis 0,1 m/s gewählt. Mit zunehmendem Korndurchmesser wächst die Porösität

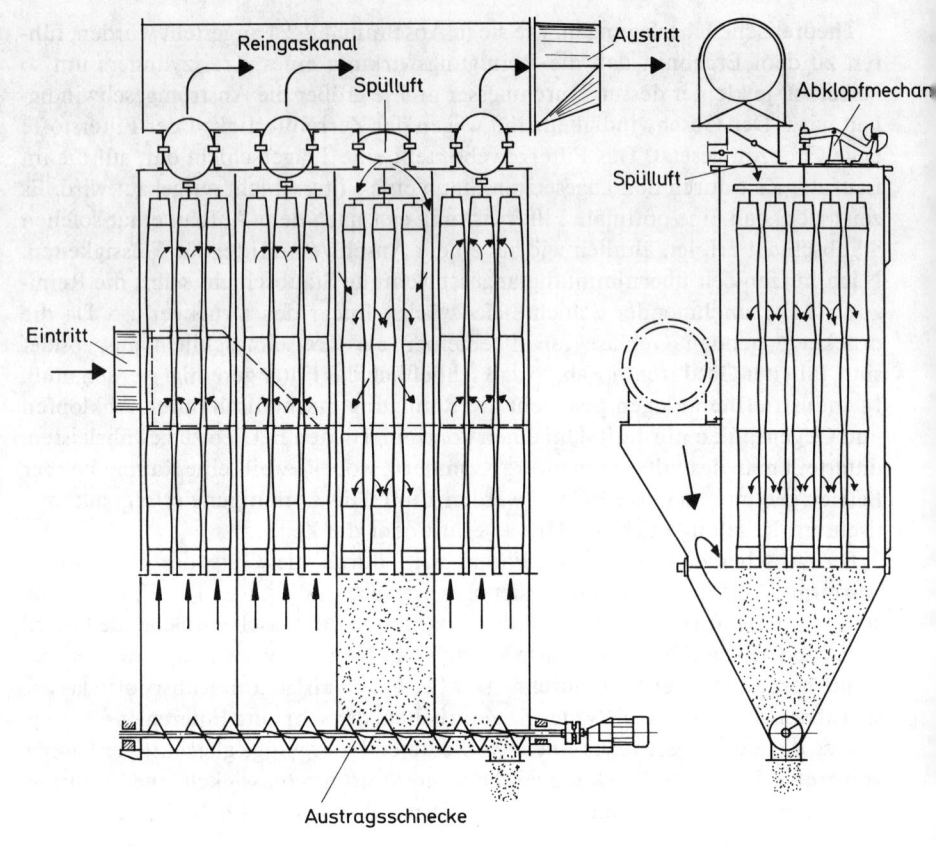

Bild 4.13 Schema eines Mehrkammerschlauchfilters

(Zwischenraumvolumen) in der Staubschicht, so daß der Druckverlust zurückgeht. Da im allgemeinen ein zulässiger Druckverlust zur Verfügung steht, kann bei Anfall von gröberem Staub der Gasdurchsatz erhöht werden. Der Druckverlust von Gewebefiltern beträgt 100 bis 200 mm WS. Er steigt nahezu linear mit dem Gasdurchsatz, weil wegen der Feinheit der Poren laminare Strömungsverhältnisse vorliegen. Der Druckverlust kann nicht beliebig gesteigert werden, da der Reißfestigkeit des Gewebes enge Grenzen gesetzt sind. Zudem führt eine zu hohe Anströmgeschwindigkeit zu einer Verdichtung der Staubschicht auf dem Trägergewebe. Dabei verändert sich die Porösität, und die Gasdurchlässigkeit geht zurück.

Bauausführungen: Bereits in den achtziger Jahren des vorigen Jahrhunderts hat der Lübecker Mühlenbauingenieur Beth Gewebefilter mit einer Reinigungsvorrichtung in Mehrkammerausführung gebaut.

In der Praxis haben sich die vielfältigsten Ausführungsarten von Gewebefiltern bewährt. Häufig wird die Anordnung des Ventilators vor oder hinter dem Filter als Kriterium herangezogen. In einem Fall spricht man von einem Druckfilter, im anderen von einem Saugfilter. Druckfilter haben den Nachteil, daß der Ventilator in staubführender Luft arbeiten muß. Daher sind Druckfilter nur für geringe Staubkonzentrationen geeignet. Gewebefilter werden als Schlauch- und als Flächenfilter ausgebildet. In der Industrie hat sich das Schlauchfilter im Saugbetrieb mit automatischer Abreinigung in Ein- und Mehrkammerausführung am stärksten durchgesetzt, weil die Reinigung bei starkem Staubanfall am zuverlässigsten funktioniert. Schlauchfilter werden häufig bei pneumatischen Förderanlagen zur Abtrennung des Feststoffes hinter einem Zyklon verwendet. In *Bild 4.13* ist ein derartiges Filter mit Vorabscheider schematisch dargestellt (Beth-Filter). Andere Ausführungsarten arbeiten mit einem am Filterschlauch auf- und abgleitenden Düsenring, aus dem mit Druckluft die Schläuche gereinigt werden. Hierdurch wird auch in Einkammerausführung ein kontinuierlicher Betrieb möglich.

Die Gewebeschläuche des Schlauchfilters müssen mit Drahtgestellen abgestützt werden, damit sie beim Rückspülvorgang nicht zusammenfallen.

Flächenfilter benötigen eine umfangreiche Stützkonstruktion, haben aber den Vorteil einer sehr kompakten Bauweise mit geringem Platzbedarf. Sie haben sich in den letzten Jahren stark durchgesetzt, sind aber mehr für geringe Staubkonzentration geeignet, da die Reinigung schwierig ist. Andere Filter arbeiten mit umlaufenden Filz- oder Gewebebändern, die kontinuierlich durch Düsen abgereinigt werden können.

Beurteilung: Hohe Investitionskosten und sehr gute Abscheideleistungen bis weit unter 1 µm bei mäßigen Betriebskosten. Staub kann wiederverwendet werden (Farbstoffe). Temperaturbegrenzung durch geeignete Fasern weitgehend aufgehoben. Platzbedarf mäßig. Anwendung in Zementindustrie, Gießereien, chemischer, Lebensmittel- und pharmazeutischer Industrie.

4.2.2.6 Die Elektroentstaubung

Der Mathematiker Hohlfeld an der Thomasschule in Leipzig hat im Jahr 1824 als erster darauf hingewiesen, daß man Rauch in einem elektrischen Feld niederschlagen kann. Es werden hier anstatt der sonst üblichen Massenkräfte elektrische Kräfte wirksam. Zum Niederschlagen von Staubteilchen sind zwei Voraussetzungen notwendig:

☐ Es muß ein hinreichend starkes elektrisches Feld vorhanden sein.
☐ Es müssen elektrisch geladene Teilchen vorhanden sein.

Erzeugung des Feldes: Bringt man zwei ebene Platten parallel zueinander und legt Gleichstrom an, so entsteht ein homogenes *elektrisches Feld (Bild 4.14)*.
Die Feldstärke beträgt:

$$E = \frac{U}{s} \tag{4.38}$$

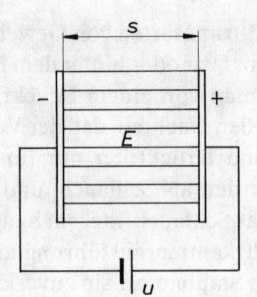

Bild 4.14 Homogenes elektrisches Feld

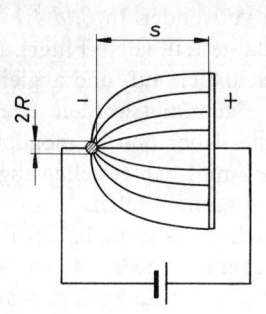

Bild 4.15 Inhomogenes elektrisches Feld

wobei U die angelegte Spannung und s der Plattenabstand ist. Die negative Platte hat Elektronenüberschuß, die positive Elektronenmangel.

Läßt man eine der beiden Platten zu einem Draht zusammenschrumpfen, so entsteht ein inhomogenes Feld. Die Feldlinien drängen sich in der Nähe des Drahtes zusammen. Die *Feldstärke* wächst dort sehr stark an *(Bild 4.15)*.

Die maximale Feldstärke beträgt:

$$E = \frac{U}{R \cdot \ln \frac{R+s}{R}} \qquad (4.39)$$

mit R = Radius des Drahtes.

Man verwendet Gleichstrom und legt an den Draht die negative Spannung.

Erzeugung elektrisch geladener Teilchen: Da die Feldstärke ihrem Betrag nach gleich dem Gradienten des Potentials ist, wächst auch das Potentialgefälle in der Nähe des Drahtes. Die in der Atmosphäre vorhandenen freien Elektronen (z.B. als Folge der Höhenstrahlung) werden durch das starke Potentialgefälle in der Nähe des Drahtes sehr stark beschleunigt. Beim Zusammenstoß mit Gasmolekülen findet eine Ionisation statt. Die Gasionen können positiv oder negativ geladen sein.

Die positiven Ionen bewegen sich mit zunehmender Geschwindigkeit auf den Draht zu und lagern sich an diesen an, während gleichzeitig negative Ladungen in entgegengesetzter Richtung wandern. Oberhalb einer gewissen Ionenkonzentration nimmt das Gas den Zustand eines elektrisch leitfähigen Mediums an. Die Gasmoleküle werden hierbei derart angeregt, daß sie zu leuchten beginnen. Diese Erscheinung bezeichnet man als *«Korona»* oder auch «Glimmentladung». Der Draht, von dem die Korona ausgeht, ist die *Sprühelektrode*.

Die negativen Gasionen bewegen sich auf die positive Elektrode zu. Dabei kommen sie mit Staub in Berührung und lagern sich an diesen teilweise an. Diesen Vorgang bezeichnet man als Feldaufladung.

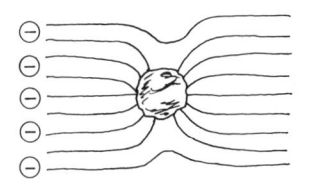

Bild 4.16 Lokale Verzerrung der Feldlinien durch ein Staubteilchen

Feldaufladung: Die Feldlinien eines elektrischen Feldes erfahren im Bereich eines Feststoffteilchens eine lokale Verzerrung gemäß *Bild 4.16*. Der Feldlinienverlauf ist abhängig von der Dielektrizitätskonstanten des Staubes. Diese ist für Staub größer als für Luft. Aus diesem Grunde fließen dem Staub mehr Ladungen zu, als seinem Querschnitt entspricht. Nach H. WHITE [4.12] ist die Anzahl der durch die Kugel hindurchgehenden Feldlinien etwa dreimal so groß wie im ungestörten Feld. Das Feldmaximum befindet sich in der Kugelachse dort, wo die Feldliniendichte am größten ist.

Die Aufladung eines Staubteilchens hängt ab von:
　der Ionendichte,
　der Intensität des elektrischen Feldes,
　der Teilchengröße bzw. deren Oberfläche,
　der Verweilzeit im elektrischen Feld,
　der Dielektrizitätskonstanten des Staubes.

Nach LOWE und LUCAS [4.13] benötigt man 10^8 bis 10^9 unipolare Gasionen je cm³ für eine wirksame Aufladung der Teilchen.

Vornehmlich unter der Wirkung des elektrischen Feldes erfolgt die Anlagerung der Ladungsträger bei Staubteilchen über 2 µm. Die maximale Ladung oder auch Grenzladung eines Teilchens beträgt nach Pauthenier [4.14] im Fall der Feldaufladung:

$$n \cdot \varepsilon = \frac{3\,\delta}{2+\delta} \cdot E \cdot \left(\frac{d_k}{2}\right)^2 \qquad (4.40)$$

wobei
n = Anzahl der Elementarladungen
ε = Elementarladung = $1{,}6 \cdot 10^{-19}$ coul
δ = Dielektrizitätskonstante
E = Feldstärke in der Aufladezone in V/m
d_k = Teilchendurchmesser in m

Gl. (4.40) ist eine empirische Beziehung (nicht dimensionsrein). Der zeitliche Vorgang der Aufladung ist in einigen hundertstel Sekunden beendet. Die Grenzladung ist also schnell erreicht.

Aufladung durch molekulare Diffusion: Größere Staubteilchen werden auf ihrem Weg durch die Stoßvorgänge mit Gasionen infolge ihrer Masse kaum abgelenkt. Mit abnehmender Partikelgröße wird die Teilchenbahn zunehmend durch die Bewegung der Gasmoleküle beeinflußt. Die Bewegung der Gasmoleküle ist bekannt als *Brownsche Molekularbewegung.* Sie ist abhängig von Temperatur und Druck. Beschrieben werden diese Bewegungen durch die kinetische Gastheorie. Die Wärmebewegungen der Gasmoleküle werden auch von den Gasionen ausgeführt. Dabei kommt es zur Anlagerung von Gasionen an Staubpartikeln, so daß diese eine Ladung erhalten, die unabhängig ist vom elektrischen Feld. Diesen Vorgang bezeichnet man als *«molekulare Diffusion».* Die Aufladung hängt ab von:

    der kinetischen Energie der Ionen,
    der Oberfläche der Staubteilchen,
    der Verweilzeit.

LADENBURG [4.15] gibt folgende Näherungsformel für die Berechnung der Aufladungsgröße an:

$$n \cdot \varepsilon \approx 10^6 \, d_k \tag{4.41}$$

Dies gilt für Teilchen unter 1 µm (nicht dimensionsrein). Eine weitere Möglichkeit der Aufladung von Staubteilchen ist in der Kontaktelektrizität zu sehen. Hierbei laden sich Teilchen bei Kontakt mit Stoffen, z.B. einer Rohrleitung, auf. Die Ladung hängt ab von physikalischen und chemischen Eigenschaften der Stoffe. Auch durch Reibungsvorgänge können erhebliche Ladungen erzeugt werden (siehe pneumatische Förderleitungen).

Wanderung geladener Teilchen im Feld: Es war die Rede vom Aufbau eines elektrischen Feldes und von der Erzeugung elektrisch geladener Teilchen. Es soll nun die Wechselwirkung beider untersucht werden:

Befindet sich ein geladenes Teilchen in einem elektrischen Feld, wird auf das Teilchen eine Kraft ausgeübt, deren Richtung mit den Feldlinien übereinstimmt. Die Größe dieser Kraft beträgt:

$$F_E = Q \cdot E \tag{4.42}$$

Hierbei ist E die Feldstärke in der Nachbarschaft des Staubteilchens. $Q = n \cdot \varepsilon$ ist die Summe der am Staubteilchen angelagerten Elementarladungen.

Infolge dieser elektrischen Kraftwirkung wandert das Teilchen auf die Niederschlagselektrode zu. Ein Kräftegleichgewicht ist dann gegeben, wenn die das Teilchen vorantreibende elektrische Kraft F_E gleich dem Strömungswiderstand F_w des Teilchens im Gasraum ist. Da es sich gewöhnlich in Elektrofiltern um sehr feine Partikel handelt, gilt für den Strömungswiderstand das Stokessche Gesetz. Mit der elektrischen Kraft F_E nach 4.42 wird:

$$F_w = F_E$$

$$6\, w_E \cdot \pi \cdot \eta \cdot \frac{d_k}{2} = n \cdot \varepsilon \cdot E$$

und die elektrische *Wanderungsgeschwindigkeit*:

$$w_E = \frac{n \cdot \varepsilon}{6 \cdot \pi \cdot \eta \cdot \dfrac{d_k}{2}} \cdot E \qquad (4.43)$$

Mit Gl. (4.40) ergibt sich für Teilchen $d_k > 2\,\mu\text{m}$ die Wanderungsgeschwindigkeit zu:

$$w_E = \frac{3\,\delta}{2+\delta} \cdot \frac{E^2}{6 \cdot \pi \cdot \eta} \cdot \frac{d_k}{2} \qquad (4.44)$$

Beschleunigungsvorgänge sind hierbei nicht berücksichtigt.

Es wurde gezeigt, daß für Teilchen $< 1\,\mu\text{m}$ die elektrische Auflading durch molekulare Diffusion erfolgt. Mit Gl. (4.41) und (4.43) erhält man eine Beziehung zur Bestimmung der Wanderungsgeschwindigkeit in diesem Bereich:

$$w_E = \frac{E}{3 \cdot \pi \cdot \eta} \cdot 10^6 \qquad (4.45)$$

Dieses Ergebnis ist erstaunlich. Die Wanderungsgeschwindigkeit geladener Staubteilchen in einem elektrischen Feld ist für Teilchen $< 1\,\mu\text{m}$ unabhängig von der Teilchengröße. Sie wird nur durch die Feldstärke bestimmt. Damit erklärt sich die

Tabelle 4.6 Elektrische Wanderungsgeschwindigkeit von Staubteilchen in einem Kraftfeld von 3000 V/cm

Korndurch-messer d_K (µm)	Wanderungs-geschwindigkeit w_E (cm/s)	$\dfrac{\text{Wanderungsgeschwindigkeit}}{\text{Sinkgeschwindigkeit*}} = \dfrac{w_E}{w_f}$
0,5	2,8	1870
1,0	2,94	495
2,0	5,88	245
5,0	14,7	98
10,0	29,4	49
20,0	58,8	24
40,0	117,6	12
80,0	235,0	6

* bezogen auf Luft bei Normalbedingungen und $\varrho_k = 2000\,\text{kg/m}^3$

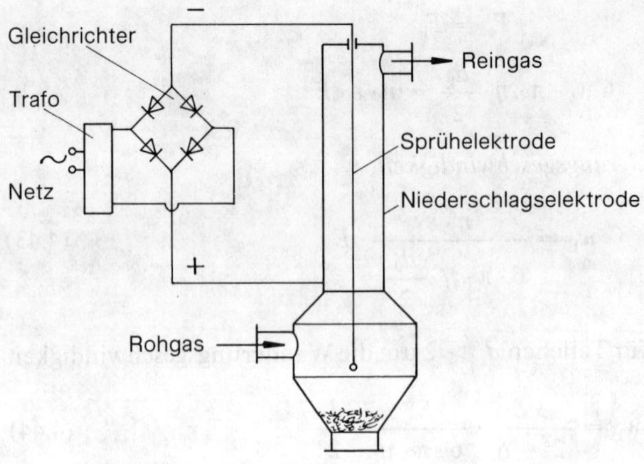

Bild 4.17 Schematischer Aufbau eines Elektrofilters

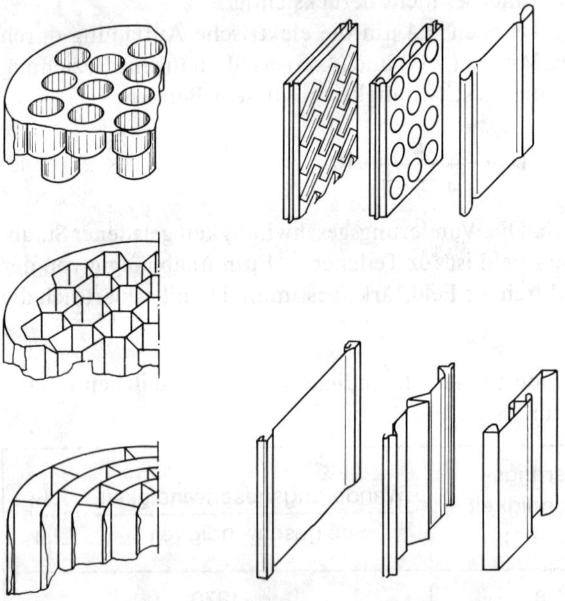

Bild 4.18 Ausführungsformen von Niederschlagselektroden

gute Reinigungsleistung der Elektrofilter bei feinsten Stäuben. Während die Massenträgheitskräfte bei kleiner werdendem Korndurchmesser mit der dritten Potenz des Durchmessers abnehmen, bleibt die vom elektrischen Feld ausgeübte Kraft F_E konstant. Das Verhältnis von Teilchengeschwindigkeit in Strömungsrichtung zur elektrischen Wanderungsgeschwindigkeit wird mit zunehmender Partikelmasse immer günstiger. Es sei hier noch auf *Tabelle 4.6* verwiesen, die die vorstehenden Ausführungen verdeutlicht.

Ausführungsarten von Elektrofiltern: Der grundsätzliche Aufbau eines Elektrofilters ist in *Bild 4.17* dargestellt. In seiner einfachsten Form besteht das Filter aus einem Rohr, in dessen Achse ein isolierter Sprühdraht gespannt ist. Das Rohr ist geerdet und dient als Niederschlagselektrode. In der Praxis haben sich die verschiedensten Ausführungsarten bewährt. Zwei Grundformen sind zu unterscheiden:

☐ Das Röhrenfilter wird aus Röhren mit Kreis- oder Wabenquerschnitt gebildet, in deren Achsen die Sprühelektroden verlaufen *(Bild 4.18 links)*.

☐ Das Plattenfilter: Es besteht aus ebenen oder profilierten Platten, zwischen denen sich die Sprühelektroden in geringen Abständen befinden *(Bild 4.18 rechts)*.

Elektrofilter werden als Trocken- oder als Naßfilter ausgeführt. Zur Abführung des niedergeschlagenen Staubes müssen die Elektroden in regelmäßigen Abständen gereinigt werden. Dies kann durch einen Klopfmechanismus oder elektromagnetisch erfolgen. Beim Abreinigen besteht die Gefahr, daß der bereits abgeschiedene Staub wieder aufgewirbelt wird. Die Niederschlagselektroden werden daher als Profil so ausgeführt, daß Strömungstoträume und Staubauffangtaschen die Verluste gering halten. Der in den Profilen gespeicherte Anteil des Staubes wird als «Schluckfähigkeit» der Niederschlagselektroden bezeichnet. Außerdem sind Gasgeschwindigkeit und Strömungsführung von Einfluß auf die Wiederaufwirbelung des Staubes. Gebräuchliche Gasgeschwindigkeiten liegen zwischen 1 und 2,5 m/s. Zur Verhinderung von Staubausbrüchen während des Abklopfvorganges ordnet man häufig mehrere Platten hintereinander an.

Verschiedene Autoren weisen auf eine Abhängigkeit der Wanderungsgeschwindigkeit von der Gasgeschwindigkeit hin. Das widerspricht der Aussage von Gl. (4.45). Es ist zu vermuten, daß die Meßwerte durch Aufwirbelungsverluste verfälscht sind und hier nur ein scheinbarer Zusammenhang besteht. WHITE stellte bei Versuchen mit Ölnebel keinen Zusammenhang zwischen Gas- und Wanderungsgeschwindigkeit fest. Das ist auch leicht einzusehen, denn niedergeschlagenes Öl ist nur schwer wieder aufzuwirbeln.

Die Formgebung der Sprühelektroden soll die Korona begünstigen. *Bild 4.19* zeigt einige Ausführungsformen der Firma Beth. Bei Naßelektrofiltern wird der Rohgasstrom mit Düsen vor Eintritt in das elektrische Feld befeuchtet. Hierbei wird vorgewaschen und gekühlt. Die Abführung des Staubes von den Niederschlagselektroden macht keine Schwierigkeiten. Der Staub wird durch Spülungen weggeschwemmt. Wegen der einfachen Staubabführung bei Naßfiltern kann auf teure Profilplatten verzichtet werden. Die Leistung von Naßfiltern ist etwas besser als die der Trockenfilter. Naßfilter werden für die Gichtgasreinigung eingesetzt. Nachteil: Die Wiederverwendung des abgeschiedenen Staubes ist kaum möglich. Mitunter wird ein Abluftproblem zum Abwasserproblem. Von großer Bedeutung für die Leistung ist die Gasführung. Sie erfolgt hauptsächlich horizontal, bei Naßfiltern auch vertikal. Es muß dafür gesorgt werden, daß alle Platten gleichmäßig und parallel beaufschlagt werden. Das geschieht mit Hilfe von Lochblechen, Sieben oder Strömungsgittern vor Eintritt in das elektrische Feld.

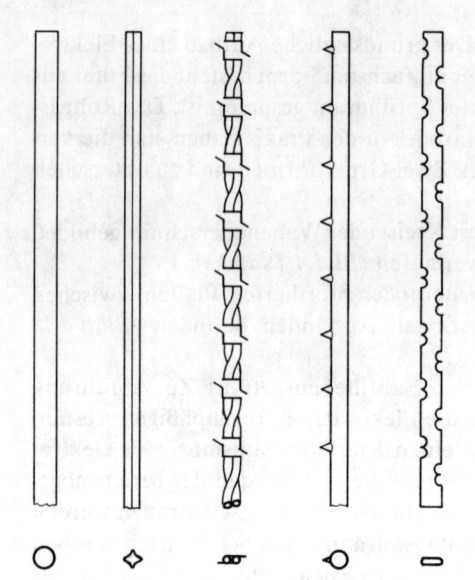

Bild 4.19   Ausführungsformen von Sprühelektroden

Der Elektrodenabstand von Elektrofiltern beträgt im allgemeinen 5 bis 15 cm. Das elektrische Feld kann bis 10 m lang sein. Die gebräuchlichen Spannungen betragen 30 000 bis 70 000 V. Der Energieverbrauch bei Industrieanlagen ist sehr niedrig und liegt zwischen 0,1 und 0,3 kWh/1000 m^3 Gas. Die Druckverluste des Gasstroms spielen praktisch keine Rolle. Sie bewegen sich um 10 mm WS.

Abscheideleistung von Elektrofiltern: Mit bekannter Wanderungsgeschwindigkeit kann für jede Kornfraktion theoretisch die Abscheideleistung bestimmt werden. Ein Staubteilchen benötigt eine bestimmte Zeit, um von der Sprühelektrode zur Niederschlagselektrode zu gelangen. Die Gasgeschwindigkeit muß so gewählt werden, daß dieses Teilchen am Ende seiner Wanderung gerade noch auf die Niederschlagselektrode auftrifft. Es besteht also ein Zusammenhang zwischen der Länge des elektrischen Feldes (Plattenlänge) und der Transportgeschwindigkeit. Mit zunehmender Gasgeschwindigkeit sind auch längere Platten notwendig. Ein wesentliches Kriterium für die Leistung ist daher die Verweilzeit des Staubes im Filter. Durch Erhöhung der Verweilzeit kann nahezu jede Abscheideleistung erzielt werden.

Aus den Gl. (4.44) und (4.45) geht hervor, daß die Wanderungsgeschwindigkeit der Staubteilchen mit der Feldstärke wächst. Es ist daher zweckmäßig, mit hohen elektrischen Feldstärken zu arbeiten. Dem sind durch Funkenüberschläge Grenzen gesetzt. Ein Filter ist dann optimal ausgelegt, wenn die Betriebsspannung direkt unter der Durchschlagsgrenze liegt. Das kann durch geeignete elektrische Schalt- und Steuereinrichtungen erreicht werden.

Beim Filtrieren brennbarer Stäube müssen besondere Sicherheitsvorkehrungen beachtet werden. Eine Möglichkeit besteht darin, das Gas anzufeuchten. Feuchtigkeit im Gas vermindert die elektrische Leitfähigkeit und erhöht damit die

Überschlagsicherheit. Auf diese Weise kann die Spannung erhöht werden. Umgekehrt ist es bei Anfall von trockenem Gas oft schwierig, ein wirksames elektrisches Feld aufzubauen, da die Leitfähigkeit so groß sein kann, daß der Strom einfach abfließt, ohne daß ein wirksames elektrisches Feld entsteht.

Der Entstaubungsgrad von Elektrofiltern ist abhängig von:
der Wanderungsgeschwindigkeit,
der Verweilzeit im Filter,
der Länge des elektrischen Feldes,
der Stärke des elektrischen Feldes.

Der Entstaubungsgrad von Plattenelektrofiltern ist nach Mierdel [4.16]:

$$\eta = 1 - e^{-\frac{w_E \cdot L}{w_G \cdot s}} \qquad (4.46)$$

w_E = Wanderungsgeschwindigkeit in m/s
L = Elektrodenlänge in m
w_G = Gasgeschwindigkeit in m/s
s = Elektrodenabstand in m
b = Plattenbreite in m

Mit der Fläche der Niederschlagselektrode $A = b \cdot L$ und dem durchgesetzten Gasvolumenstrom

$$\dot{V} = w_G \cdot s \cdot b$$

wird

$$\eta = \left(1 - e^{-\frac{A \cdot w_E}{\dot{V}}}\right) \cdot 100\% \qquad (4.47)$$

Die Größe $A/\dot{V}$ bezeichnet man als spezifische Niederschlagsfläche.

Beurteilung von Elektrofiltern:

Vorteile: geringer Druckverlust, kaum Verschleiß, niedrige Wartungs- und Energiekosten.
Nachteile: hohe Investitionskosten, großer Platzbedarf.
Anwendung: Gichtgasentstaubung, Kraftwerksentstaubung, Mahl- und Trocknungsanlagen, Kalk- und Zementindustrie, Chemie.

Elektrofilter sind besonders für die Abscheidung sehr feiner Stäube geeignet. Ihre besondere Leistungsfähigkeit liegt also da, wo viele andere Systeme versagen. Um die Staubbelastung gering zu halten, werden Elektrofiltern häufig Zyklone vorgeschaltet.

4.2.2.7 Die verschiedenen Entstaubungssysteme im Vergleich

Bild 4.20 zeigt eine Übersicht, in der einerseits die Korngrößenbereiche der verschiedenen Staubarten und andererseits die Leistungsfähigkeit der verschiedenen Abscheidesysteme bezüglich der Grenzkorngröße gegenübergestellt sind. Aus der Leistungsfähigkeit der Abscheidesysteme ergibt sich auch deren Einsatzbereich.

Bei Überschneidungen verschiedener Abscheider in einem Leistungsbereich muß eine Auswahl getroffen werden. Für Verunreinigungen von 0,5 bis 1 µm können eingesetzt werden:
- Faserfilter,
- Venturiwascher,
- Trockenelektrofilter,
- Naßelektrofilter.

Die Entscheidung wird nach Wirtschaftlichkeitsgesichtspunkten gefällt.

Die Betriebskosten eines Abscheiders bestehen aus:
- Energiebedarf Strom,
- Energiebedarf Wasser,
- Aufarbeitung des Wassers,
- Kapitaldienst,
- Wartung und Reparatur.

Wie man sieht, hängt die Entscheidung von vielen Faktoren ab. Von den erwähnten Abscheiderarten ist der Venturiwascher in der Anschaffung am billigsten. Am teuersten ist das Naßelektrofilter. Dafür ist das Verhältnis bei den Betriebskosten umgekehrt. Beim Gewebefilter z.B. entfällt die teure Wasseraufbereitung. Eine genaue Wirtschaftlichkeitsrechnung zeigt, daß die jährlichen Gesamtkosten im Vergleich nur um etwa 10% schwanken. Andere Gesichtspunkte, wie Betriebssicherheit und Empfindlichkeit gegen wechselnde Gasbelastung, spielen bei der Auswahl auch eine wichtige Rolle. Die geforderte Leistung ist mit all den angegebenen Abscheidertypen zu erreichen. Es ist aber zu beachten, daß Gewebefilter empfindlich sind gegen schleißende Stäube, Taupunktunterschreitung, hohe Temperaturen und Druckstöße. Andererseits erbringen sie sehr gute Abscheideleistungen und sind unempfindlich gegen Schwankungen in der Gaszufuhr. Die Reinigungsintervalle müssen dem Staubanfall angepaßt werden.

Auch Elektrofilter sind unempfindlich gegen Wechsellast. Dafür sind sie abhängig vom elektrischen Verhalten des Staubes sowie von Änderungen der Dielektrizitätskonstanten des Gases, die sich als Folge von Schwankungen der relativen Feuchtigkeit ändern kann. Zündfähige Gase oder Stäube dürfen nur mit besonderen Vorsichtsmaßnahmen durch Elektrofilter geleitet werden, da mit Überschlägen gerechnet werden muß. Staubexplosionen gehören zu den verheerendsten Unfällen. Alle Filter müssen geerdet werden, um statische Auflagung zu vermeiden.

Bild 4.20 Arbeitsbereiche von Entstaubern und Größenverteilung des Staubes ▶

Staubarten

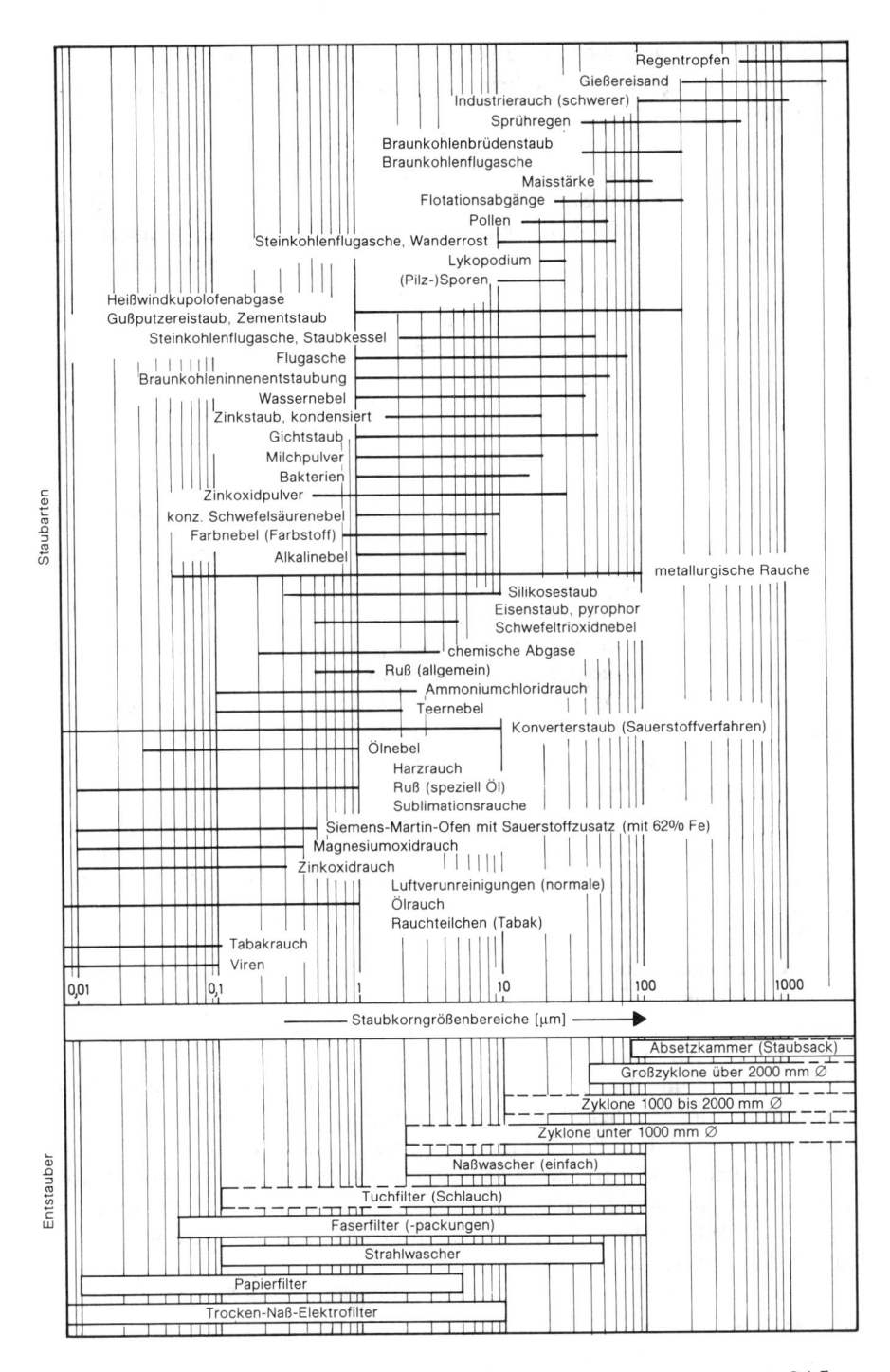

- Regentropfen
- Gießereisand
- Industrierauch (schwerer)
- Sprühregen
- Braunkohlenbrüdenstaub
- Braunkohlenflugasche
- Maisstärke
- Flotationsabgänge
- Pollen
- Steinkohlenflugasche, Wanderrost
- Lykopodium
- (Pilz-)Sporen
- Heißwindkupolofenabgase
- Gußputzereistaub, Zementstaub
- Steinkohlenflugasche, Staubkessel
- Flugasche
- Braunkohleninnenentstaubung
- Wassernebel
- Zinkstaub, kondensiert
- Gichtstaub
- Milchpulver
- Bakterien
- Zinkoxidpulver
- konz. Schwefelsäurenebel
- Farbnebel (Farbstoff)
- Alkalinebel
- Silikosestaub
- Eisenstaub, pyrophor
- Schwefeltrioxidnebel
- metallurgische Rauche
- chemische Abgase
- Ruß (allgemein)
- Ammoniumchloridrauch
- Teernebel
- Konverterstaub (Sauerstoffverfahren)
- Ölnebel
- Harzrauch
- Ruß (speziell Öl)
- Sublimationsrauche
- Siemens-Martin-Ofen mit Sauerstoffzusatz (mit 62% Fe)
- Magnesiumoxidrauch
- Zinkoxidrauch
- Luftverunreinigungen (normale)
- Ölrauch
- Rauchteilchen (Tabak)
- Tabakrauch
- Viren

0,01   0,1   1   10   100   1000

Staubkorngrößenbereiche [μm] ⟶

Entstauber

- Absetzkammer (Staubsack)
- Großzyklone über 2000 mm ⌀
- Zyklone 1000 bis 2000 mm ⌀
- Zyklone unter 1000 mm ⌀
- Naßwascher (einfach)
- Tuchfilter (Schlauch)
- Faserfilter (-packungen)
- Strahlwascher
- Papierfilter
- Trocken-Naß-Elektrofilter

Bei Naßwäschern, insbesondere bei Strahlapparaten, können Veränderungen im Gasdurchsatz die Leistung erheblich beeinträchtigen. Das gilt auch für Wirbelstromwascher.

Bei zu starkem Gasanfall können die Flüssigkeitsabscheider hinter der Waschanlage Flüssigkeitstropfen durchlassen. Der Wasserkreislauf muß mit besonderer Sorgfalt gewartet werden. Störungen können sich bei Pumpen und Düsen durch Verschleiß und Verstopfung ergeben, wenn Feststoff in den Flüssigkeitskreislauf gelangt. Der Wasserkreislauf muß durch eine Druck- und Mengenmessung kontrolliert werden. Sonderbauarten von Düsenwäschern können durch verstellbare Querschnitte den schwankenden Betriebsverhältnissen angepaßt werden. Die Düsen müssen von Zeit zu Zeit mit Nadeln durchgestoßen werden.

4.3 Absorption

4.3.1 Absorption, Desorption, Erläuterung der Begriffe, Schema, Beispiele

Die Absorption ist ein thermisches Trennverfahren, bei dem ein oder mehrere gas- bzw. dampfförmige Stoffe von einer Flüssigkeit aufgenommen werden. Die Gasaufnahme kann rein physikalisch erfolgen oder chemisch. Im ersten Fall spricht man von *physikalischer Gaswäsche* und physikalisch wirkendem Lösungsmittel. Im zweiten Fall geht das zu absorbierende Gas eine lockere chemische Bindung mit dem Lösungsmittel bzw. mit einem Reaktanden des Lösungsmittels ein. Man spricht dann von *chemischer Gaswäsche* und einem chemisch wirkenden Lösungsmittel. Die aufgenommene Gaskomponente wird *Absorbend*, das Lösungsmittel *Absorbens* genannt.

Die Absorption hat große Bedeutung bei der Entfernung unerwünschter Komponenten, den Schadstoffen, aus Prozeß- oder Abgasströmen. Es sei hier an die Abtrennung von SO_2 aus Rauchgasen und Abgasen von Schwefelsäurefabriken erinnert. *Tabelle 4.7* zeigt Verfahrensbeispiele einiger technisch wichtiger chemischer Gasreinigungsverfahren.

Bei der physikalischen und reversiblen chemischen Absorption wird das mit dem aufgenommenen Gas beladene Lösungsmittel meist regeneriert. Dabei wird das Lösungsmittel durch Hilfsenergie oder Hilfsstoffe vom Absorptiv befreit. Es kann somit der Absorption wieder zugeführt werden.

Die Regenerierung des beladenen Lösungsmittels, die *Desorption*, ist in vielen Fällen für die wirtschaftliche Durchführbarkeit eines Absorptionsverfahrens entscheidend. Oft sind dazu Kombinationen mehrerer thermischer Grundoperationen erforderlich. Im günstigsten Fall entsteht bei der Absorption ein verwertbares Produkt, wie z.B. wäßrige Salzsäurelösung durch Aufnahme von Chlorwasserstoffgasen in Wasser. Das Lösungsmittel wird dann verbraucht und muß somit laufend ersetzt werden.

Bild 4.21 zeigt ein Fließschema einer Absorptionsanlage mit Regenerierung des Lösungsmittels. In der Absorptionskolonne wird das Rohgas mit Hilfe eines

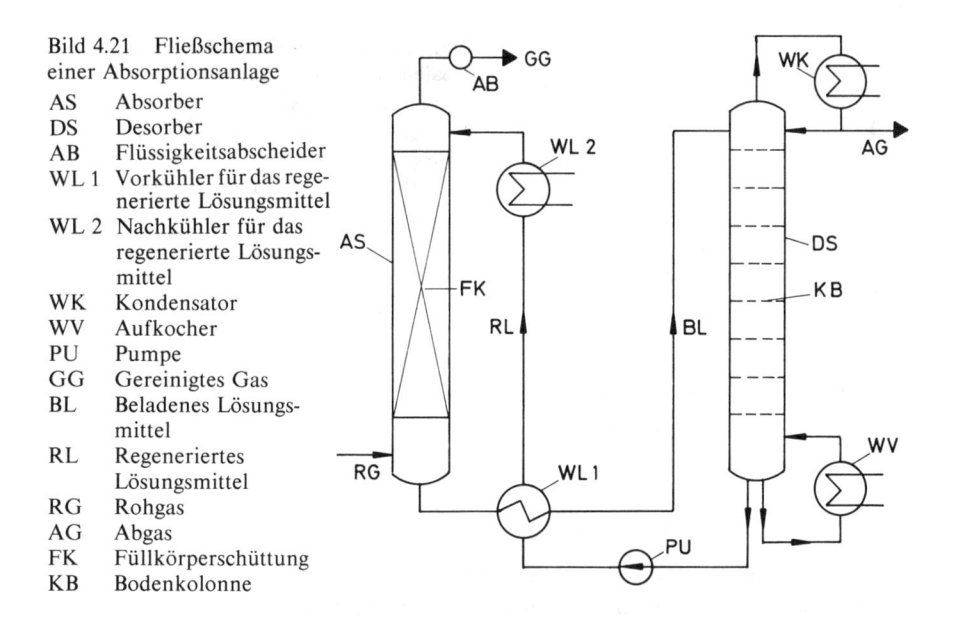

Bild 4.21 Fließschema einer Absorptionsanlage
AS Absorber
DS Desorber
AB Flüssigkeitsabscheider
WL 1 Vorkühler für das regenerierte Lösungsmittel
WL 2 Nachkühler für das regenerierte Lösungsmittel
WK Kondensator
WV Aufkocher
PU Pumpe
GG Gereinigtes Gas
BL Beladenes Lösungsmittel
RL Regeneriertes Lösungsmittel
RG Rohgas
AG Abgas
FK Füllkörperschüttung
KB Bodenkolonne

Tabelle 4.7 Chemische Absorptionsverfahren zur Abgasreinigung

Verfahren	Absorbend (abgetrennter Schadstoff)	Absorbens (Waschmittel)	Chemische Reaktion
DEA (Diäthanolamin)	H_2S	10 bis 25% DEA in H_2O	$(HOC_2H_4)_2NH + H_2S \rightleftarrows (HOC_2H_4)_2 NH_3S$
Rectisol	H_2S, CO_2 organische S-Verb.	CH_3OH bei tiefer Temp.	
Pottaschewäsche	CO_2	15 bis 30% K_2CO_3 in H_2O	$K_2CO_3 + CO_2 + H_2O \rightleftarrows 2\, KHCO_3$
Kalkwäsche	SO_2	$Ca(OH)_2$	$Ca(OH)_2 + SO_2 \rightarrow CaSO_3 + H_2O$
Ammoniak-Wasser	NH_3	H_2O	$NH_3 + H_2O \rightleftarrows NH_4OH$

Lösungsmittels von seinen Schadstoffen bis zur erforderlichen Reinheit befreit. Das an Schadstoffen beladene Lösungsmittel wird in einer nachgeschalteten Desorptionskolonne regeneriert und nach Abkühlung auf Absorptionstemperatur dem Absorber zugeführt.

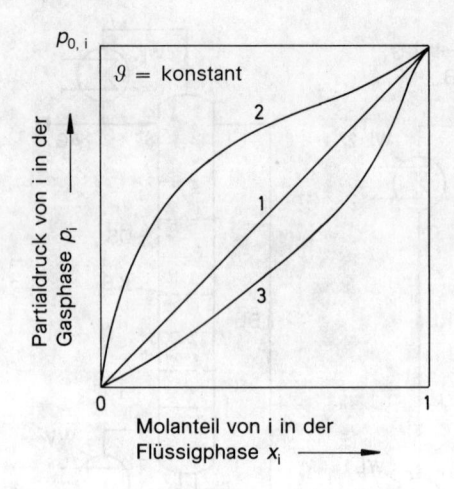

Bild 4.22 Absorptionsisothermen bei idealem und realem Verhalten
1 ideal (Henry/Dalton gültig)
2 real bei positiver Abweichung ($p_{i,real} > p_{i,ideal}$)
3 real bei negativer Abweichung ($p_{i,real} < p_{i,ideal}$)

4.3.2 Physikalisch-chemische Grundlagen

Für die Berechnung von Absorptionsprozessen zur Abgasreinigung ist die Kenntnis der Gleichgewichtsdaten von Mehrstoff- und Mehrphasensystemen, speziell die Löslichkeit von Gasen in Flüssigkeiten als Funktion von Temperatur, Druck und Zusammensetzung erforderlich.

Das Gleichgewicht zwischen der gasförmigen und der flüssigen Phase ist durch gleichen Druck p, gleiche Temperatur ϑ und gleiches chemisches Potential μ im Gas (g) und in der Flüssigkeit (l) bestimmt

$$p_g = p_l, \quad \vartheta_g = \vartheta_l, \quad \mu_{i,g} = \mu_{i,l} \tag{4.48}$$

Ist das Gas in der Flüssigkeit physikalisch gelöst, so ist der Partialdruck einer Komponente i p_i dem Aktivitätskoeffizienten γ_i, dem Sättigungsdruck $p_{0,i}$ und dem Molanteil x_i proportional.

$$p_i = \gamma_i \cdot x_i \cdot p_{0,i} \quad \vartheta = \text{konst.} \tag{4.49}$$

Bei idealem Verhalten auf der Flüssigkeitsseite ist $\gamma_i = 1$. Bild 4.22 zeigt den unterschiedlichen Verlauf der Absorptionsisothermen bei idealem und realem Verhalten. Für überkritische Gase (Absorptionstemperatur ϑ liegt höher als die kritische Temperatur des zu absorbierenden Stoffes) gilt das Henrysche Gesetz für ideal verdünnte Lösungen

$$p_i = H_i\, x_i \quad \vartheta = \text{konst.} \tag{4.50}$$

Proportionalitätsfaktor ist die von Temperatur, Druck und Konzentration abhängige Henry-Konstante H_i.

Mit dem Gesetz von Dalton für ideales Verhalten in der Gasphase

$$p_i = y_i\, p \tag{4.51}$$

folgt für die *Gleichgewichtskonstante* (Verteilungskoeffizient)

$$K_i = \frac{y_i}{x_i} = \frac{\gamma_i \cdot p_{0,i}}{p} \qquad (4.52)$$

$$K_i = \frac{H_i}{p} \qquad (4.53)$$

Die Gleichgewichtskonstante K_i wird bei der Behandlung von Kohlenwasserstoffgemischen oft benutzt. Sie ist als Verhältnis des Molanteils y_i der Komponente i in der Gasphase und des Molanteils x_i in der flüssigen Phase definiert.

Neben der Gleichgewichtskonstanten K_i werden zur Beschreibung des Absorptionsgleichgewichts folgende Gaslöslichkeitskoeffizienten benutzt:
der *Bunsensche Absorptionskoeffizient*

$$\alpha_{Bu,i} = \frac{V_{N,i}}{V_{LM} \cdot p_i} \qquad (4.54)$$

der *technische Absorptionskoeffizient*

$$\lambda_i = \frac{V_{N,i}}{m_{LM} \cdot p_i} \qquad (4.55)$$

$V_{N,i}$ (m³) ist das Normvolumen des gelösten Gases i, V_{LM} (m³) ist das Volumen, m_{LM} (kg, t) ist die Masse des gasfreien Lösungsmittels bei Gleichgewichtsbedingungen.

So folgt für das Normvolumen des gelösten Gases i mit $\alpha_{Bu,i}$

$$V_{N,i} = \alpha_{Bu,i} \cdot p_i \qquad (4.56)$$

Bild 4.23 Absorptionskoeffizient $\alpha_{Bu,i}$ für wäßrige Gaslösungen [4.18]

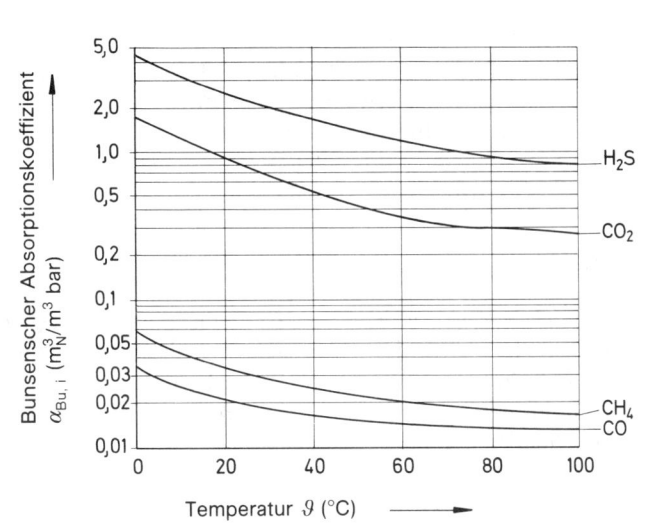

Weitere Absorptionskoeffizienten und Umrechnungsbeziehungen zwischen den einzelnen Koeffizienten sind in [4.17], [4.18], [4.19] zusammengestellt. Bild 4.23 zeigt Werte des Absorptionskoeffizienten α_{Bu} einiger Gase in wäßrigen Lösungen in Abhängigkeit der Temperatur. Die Gaslöslichkeit steigt im allgemeinen mit sinkender Arbeitstemperatur und steigendem Arbeitsdruck.

Zur grafischen Darstellung des Phasengleichgewichts Gasphase – Flüssigphase wird neben dem Partialdruckdiagramm $p_i(x_i)$ *(Bild 4.22)* auch das Gleichgewichtsdiagramm $y_i(x_i)$ oder $Y_i(X_i)$ benutzt.

Bei Idealität der Gasphase und ideal verdünnter Lösung gilt nach dem Henryschen Gesetz Gl. (4.50):

$$y_i = \frac{H_i}{p} x_i \qquad \vartheta = \text{konst.} \qquad (4.57)$$

$$\frac{Y_i}{1 + Y_i} = \frac{H_i}{p} \cdot \frac{X_i}{1 + X_i} \qquad \vartheta = \text{konst.} \qquad (4.58)$$

Hierin sind:

$$Y_i = \frac{\text{Molzahl der Komponente i im Gas}}{\text{Molzahl des inerten Trägergases}}$$

$$X_i = \frac{\text{Molzahl der Komponente i in der Lösung}}{\text{Molzahl des reinen Lösungsmittels}}$$

Y_i, X_i sind die Beladungen von i in der Gasphase und in der Flüssigphase.

Das Rechnen mit den Beladungen Y_i, X_i ist dann zweckmäßig, wenn die Löslichkeit des Trägergases im Lösungsmittel und die Lösungsmittelverdunstung vernachlässigbar klein sind.

Zwei typische Arbeitsdiagramme sollen als Beispiele vorgeführt werden:
Bild 4.24 zeigt, welchen Partialdruck CO_2 in einer Lösung der Beladung X_V ausübt. X_V ist dabei das gelöste Normvolumen an CO_2, das je m³ Lösungsmittel bei konstanter Temperatur aufgenommen wird [4.20].

Bild 4.25 stellt die Verteilung verschiedener Schadstoffe zwischen Gas und Waschflüssigkeit bei den Arbeitsbedingungen 1 bar und 40 °C dar [4.21].

Gaslöslichkeit bei chemisch wirkenden Lösungsmitteln

Wie *Bild 4.24* zeigt, werden Gase trotz gleichen Druckes durch Flüssigkeiten sehr unterschiedlich absorbiert. Man sieht hier den Unterschied zwischen physikalischer und chemischer Absorption. Die hohe Löslichkeit von CO_2 in wäßrigen Monoäthanolaminlösungen (MEA) beruht auf einer chemischen Reaktion zwischen beiden Phasen.

In *Bild 4.24* ist der Verlauf der Gleichgewichtskurve eines chemisch wirkenden Waschmittels (MEA) aufgetragen. Im Bereich kleiner Umsetzungen treten bereits

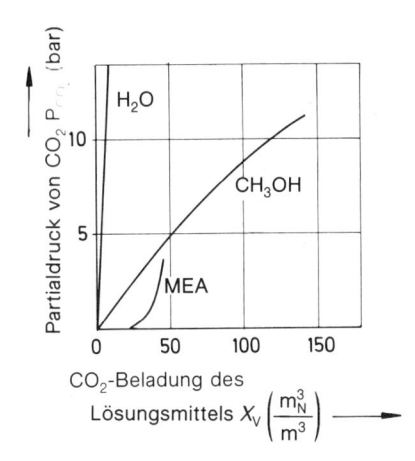

Bild 4.24 CO$_2$-Partialdrücke über verschiedenen Lösungsmitteln [4.20]

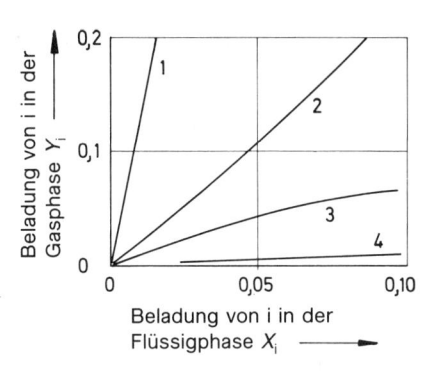

Bild 4.25 Gas-Flüssig-Gleichgewicht von Schadstoffen bei 1 bar und 40 °C [4.21]
1 Propylenoxidwasser
2 Ammoniakwasser
3 Methanolwasser
4 Dimethylformamidwasser

große Dampfdruckerniedrigungen der zu absorbierenden Komponente auf. Der Partialdruck p_i der Gaskomponente i steigt erst bei höheren Beladungen in der flüssigen Phase nach einer Potenzfunktion an. Das Phasengleichgewicht Gas – Flüssigkeit wird zum chemischen Gleichgewicht.

Wird zum Beispiel Kohlendioxid durch eine wäßrige Natrium-Karbonatlösung absorbiert, erfolgt die Bindung an das Waschmittel nach folgender Reaktionsgleichung

$$Na_2CO_3 + CO_2 + H_2O \rightleftarrows 2\,NaHCO_3 \tag{4.59}$$

Bei der Absorption läuft die Reaktion von links nach rechts, bei der Regenerierung des Lösungsmittels von rechts nach links. Die Aufnahmefähigkeit der Lösung an absorbierbarer Gaskomponente ist durch den thermodynamisch maximalen Umsatz bei eingestelltem Reaktionsgleichgewicht gegeben. Durch Anwendung des Massenwirkungsgesetzes erhält man für die Gleichgewichtskonstante

$$K_{c,i} = \frac{c^2_{NaHCO_3}}{c_{Na_2CO_3} \cdot c_{H_2CO_3}} \tag{4.60}$$

c_{NaHCO_3}, $c_{Na_2CO_3}$ und $c_{H_2CO_3}$ sind die molaren Konzentrationen von NaHCO$_3$, Na$_2$CO$_3$ und H$_2$CO$_3$.

Für chemische Waschverfahren eignen sich besonders Reaktionen, die möglichst vollständig in Richtung des Produkts ablaufen. Dies bedeutet große K_c-Werte. Oft wird jedoch mit stärkerer Bindung der Gaskomponente an das Waschmittel der Aufwand zur Regenerierung des Waschmittels größer.

Bei irreversibler Bindung *(Tabelle 4.7:* SO$_2$-Absorption durch Ca(OH)$_2$) entwickelt sich über der Lösung kein Gleichgewichtspartialdruck des absorbierten Gases. Solche Systeme eignen sich für sehr niedrige Emissionswerte in der in die Umgebung entweichenden Abluft. Sie werden daher für die Endreinigung des Abgases eingesetzt.

Im Vergleich zur physikalischen Absorption zeichnet sich die chemische Absorption im wesentlichen durch ein größeres Aufnahmevermögen und eine größere Selektivität des Lösungsmittels für bestimmte Gaskomponenten aus. Als Nachteil weist die chemische Absorption einen höheren Regenerieraufwand für das Lösungsmittel auf (siehe Abschnitt 4.33 «Regenerierung des Lösungsmittels»).

4.3.3 Anforderungen an das Waschmittel, Waschmittelbedarf, Regenerierung von Waschmitteln

Anforderungen an das Waschmittel

Die Art des Waschmittels beeinflußt wesentlich das Lösungsverhalten zwischen dem Schadstoff und dem Waschmittel bzw. der reagierenden Komponente im Waschmittel. Damit wird die Wahl des Waschmittels zu einem wichtigen Kriterium bei der Auslegung einer Absorptionsanlage zur Abgasreinigung. Zunächst muß das Waschmittel den Schadstoff möglichst gut und weitgehend aufnehmen, d.h., das Waschmittel soll eine hohe *Kapazität* und *Selektivität* für die abzutrennende Gaskomponente aufweisen. *Chemisch wirkende Waschmittel* haben eine höhere Kapazität und Selektivität als *physikalisch wirkende Waschmittel:* Bei gleicher Waschmittelmenge können größere Schadstoffmengen entfernt bzw. bei gleicher Schadstoffmenge kann die Waschmittelmenge kleiner gewählt werden. Zugleich soll das Waschmittel wiederverwendbar (regenerierbar) sein. In den meisten Fällen wird das Waschmittel nach der Absorption in einem getrennten Verfahren aufbereitet und anschließend der Absorptionsanlage wieder zugeführt. Chemisch wirkende Waschmittel erfordern durch die stärkere Bindung zwischen dem Schadstoff und dem Waschmittel einen höheren Aufwand bei der Aufbereitung als physikalisch wirkende Waschmittel.

Aufgrund dieses unterschiedlichen Verhaltens wird die *physikalische Wäsche* bevorzugt bei der Grobreinigung eingesetzt, die *chemische Wäsche* ist besser für die Feinreinigung von Gasen geeignet.

Weitere Anforderungen an das Waschmittel seien in folgenden Gesichtspunkten zusammengefaßt:

☐ Verfügbarkeit des Waschmittels,
☐ niedriger Dampfdruck (zur Vermeidung von Waschmittelverlusten und zusätzlicher Verunreinigung des Abgases),
☐ niedrige Viskosität,
☐ keine korrosiven Eigenschaften (im Hinblick auf das Material der Apparate),
☐ Ungefährlichkeit,
☐ thermische Stabilität,
☐ geringer Preis.

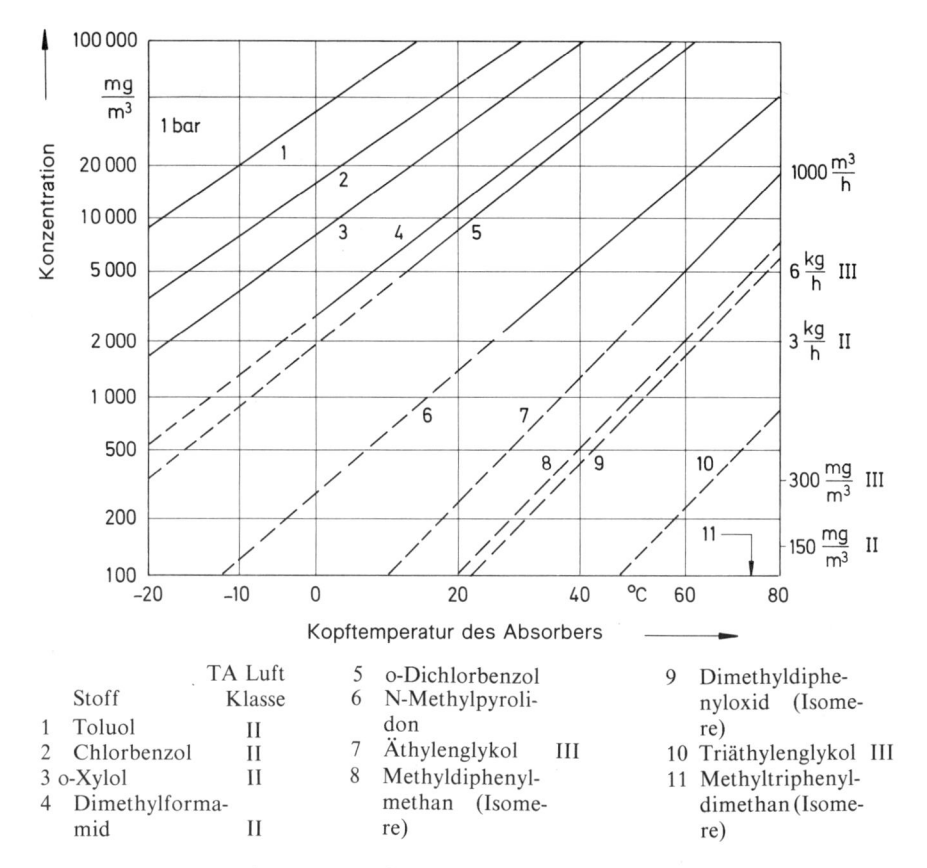

Bild 4.26 Konzentration von organischen Waschflüssigkeiten im Abgas [4.21]

Stoff	TA Luft Klasse
1 Toluol	II
2 Chlorbenzol	II
3 o-Xylol	II
4 Dimethylformamid	II
5 o-Dichlorbenzol	
6 N-Methylpyrolidon	
7 Äthylenglykol	III
8 Methyldiphenylmethan (Isomere)	
9 Dimethyldiphenyloxid (Isomere)	
10 Triäthylenglykol	III
11 Methyltriphenyldimethan (Isomere)	

Ist der Waschmitteldampfdruck am Gasaustritt des Absorbers zu hoch, kann eine zusätzliche Verunreinigung des Abgases auftreten. Nach den Bestimmungen der TA Luft [4.1] dürfen in der Abluft bei Abgasvolumenströmen von mehr als 20 000 m³/h je nach Klasse maximal 300 mg organische Stoffe je m³ Abluft enthalten sein. *Bild 4.26* zeigt die Konzentration verschiedener Waschmittel als Schadstoffe im Abgas in Abhängigkeit der Kopftemperatur eines Kolonnenabsorbers. Man sieht, daß die Emissionsgrenzen aller Waschmittel mit Ausnahme von Triäthylenglykol überschritten wurden, wenn die Absorption bei 1 bar Betriebsdruck und Kopftemperaturen über 35 °C betrieben werden.

Niedrigsiedende Waschmittel können daher bei Atmosphärendruck nur dann eingesetzt werden, wenn

a) kleinere Abgasvolumenströme als 20 000 m³/h vorliegen (nach der TA Luft Abgasvolumenströme unter 1000 m³/h),
b) die Absorption bei tieferer Temperatur als 35 °C stattfindet (dies würde eine zusätzliche Kühlung des Waschmittels erfordern),
c) das Abgas nach der eigentlichen Absorption durch eine weitere Reinigungsstufe von Waschmittelresten befreit wird.

Tabelle 4.8 Anwendungsbeispiele für Waschflüssigkeiten zur Absorption

Abzutrennender Schadstoff	Waschmittel bzw. Waschmittelreaktant	
	anorganisch	organisch
Ammoniak	Wasser	
Methanol	Wasser	Waschöl
Chlorwasserstoffgas	Wasser	
Schwefelwasserstoff	NaOH, KOH, CaOH$_2$	wäßrige Äthanol-Amin-Lösungen
Schwefeldioxid	NaOH, Ca(OH)$_2$	
Kohlendioxid	Wasser, NaOH, KOH	wäßrige Äthanol-Amin-Lösungen, Methanol
Butadien		N-Methyl-Pyrrolidon

Tabelle 4.8 gibt einige Anwendungsbeispiele für Waschmittel zur Absorption wieder.

Waschmittelbedarf

Bei physikalisch wirkenden Waschmitteln ist nach

$$L = K_i\, G \qquad (4.61)$$

die Waschmittelmenge L der durchgesetzten Rohgasmenge G proportional. Für den Verteilungskoeffizienten

$$K_i = \frac{y_i}{x_i} \qquad (4.62)$$

gilt bei Gültigkeit des Henryschen Gesetzes der Absorption

$$K_i = \frac{H_i}{p} \quad \text{und} \quad L = \frac{H_i}{p} \cdot G \qquad (4.63)$$

Der Waschmittelbedarf nimmt ab mit steigendem Gesamtdruck (Absorptionsdruck) p und kleiner werdender Henry-Konstante H_i.

Bei chemisch wirkenden Waschmitteln wird die Waschmittelmenge gemäß der chemischen Reaktionsgleichung von der Schadstoffmenge im Rohgas bestimmt.

$$L \sim G\, y_i \qquad (4.64)$$

Bild 4.27 Zur Mengenbilanz um den Absorber

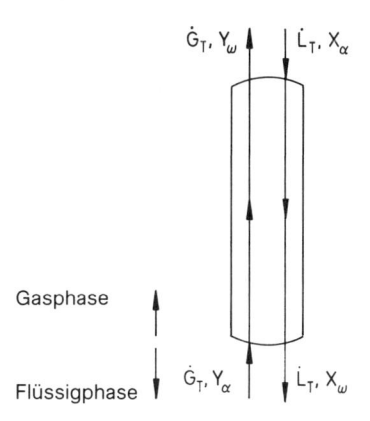

$$\dot{G}_T, Y_\omega \qquad \dot{L}_T, X_\alpha$$

Gasphase

Flüssigphase $\dot{G}_T, Y_\alpha \qquad \dot{L}_T, X_\omega$

Unabhängig von der Waschmittelart ergibt sich der Bedarf an Waschmittel aus einer Mengenbilanz um den Absorber *(Bild 4.27)*

$$\dot{L}_T = \frac{\dot{G}_T(Y_\alpha - Y_\omega)}{X_\omega - X_\alpha} \qquad (4.65)$$

Hierin sind:
$\dot{G}_T$ (kmol/h) reiner (Träger-)Gasmengenstrom (ohne Schadstoff)
$\dot{L}_T$ (kmol/h) reiner (Träger-)Waschmittelmengenstrom (ohne Schadstoff)
Y_α, Y_ω (kmol Schadstoff/kmol Trägergas) Beladung des Trägergases mit dem Schadstoff am Absorberein- bzw. -austritt
X_α, X_ω (kmol Schadstoff/kmol Waschmittel) Beladung der reinen Waschmittelmenge am Absorberein- bzw. -austritt

In Gl. (4.65) wurde vorausgesetzt, daß die Mengenströme $\dot{G}_T$ und $\dot{L}_T$ längs des Absorbers konstant bleiben. (Diese Annahme wird meist erfüllt, weil in der Abgasreinigung kleine Schadstoffmengen vorliegen.)

Regenerierung von Waschmitteln

Eine Absorptionsanlage besteht in der Regel aus dem Absorber und der Regeneriereinrichtung, dem Desorber *(Bild 4.21)*. Die Aufgabe des Desorbers ist, das mit Schadstoff beladene Waschmittel so aufzuarbeiten, daß es wieder der Absorption zugeführt werden kann. Die Aufarbeitung des Waschmittels erfolgt durch Abtrennung der gelösten Schadstoffkomponente(n) vom Waschmittel. Diese wird mit Hilfe einer Reihe von Verfahren durchgeführt [4.22].

Große Bedeutung haben insbesondere bei der physikalischen Absorption die Überführung des Schadstoffes in die Gasphase. Dies kann erfolgen durch

☐ *Entspannen* des beladenen Waschmittels bei Absorptionstemperatur bis ins Vakuum hinein,
☐ *Austreiben* des Schadstoffs bei erhöhter Temperatur, die bis zum Siedebeginn des Waschmittels gesteigert werden kann (z.T. mit einer Rektifikation gekoppelt)

☐ Austreiben des Schadstoffes *(Strippen)* in einem geeigneten inerten Gasstrom bei Absorptionstemperatur (Partikeldruckerniedrigung des Schadstoffes).

Das Aufarbeiten des Waschmittels bei der chemischen Absorption ist von den Bedingungen des chemischen Gleichgewichts abhängig. Oft kann durch Temperaturänderungen ähnlich der physikalischen Absorption das Gleichgewicht verändert werden (siehe Absorptionsbeispiel Abschnitt 4.37). Es gibt auch Verfahren, bei denen durch eine weitere chemische Reaktion der Schadstoff aus dem Waschmittel abgetrennt wird *(Tabelle 4.7)*.

4.3.4 Auslegung von Absorptionskolonnen

4.3.4.1 Belastbarkeit, Kolonnendurchmesser

Bei der überwiegenden Anzahl von Gaswaschprozessen werden Gas und Waschmittel im Gegenstrom zueinander geführt. Die Absorption läuft in Boden- und Füllkörperkolonnen ab.

Analog den Berechnungsverfahren der Rektifikation [4.23] darf ein bestimmter maximaler *F*-(Belastungs-)Faktor

$$F_m = w_{gm} \cdot \sqrt{\varrho_g} \tag{4.66}$$

nicht überschritten werden. Damit soll das Mitreißen von Flüssigkeit bei Boden- bzw. das Fluten bei Füllkörperkolonnen gering gehalten werden. Die maximale Gasgeschwindigkeit w_{gm} ist insbesondere von Waschmittelbelastung und Waschmitteleigenschaften abhängig.

$$w_{gm} = C \cdot \sqrt{\frac{\varrho_l - \varrho_g}{\varrho_g}} \tag{4.67}$$

Es bedeuten:

ϱ_g, ϱ_l (kg/m^3) Dichten von Gas- und Flüssigphase, C ist ein Belastungsfaktor. Nach THORMANN [4.24] gelten folgende Richtwerte:

$C \approx 0{,}025$ m/s bei Bodenabständen bis 400 mm
$C \approx 0{,}03$ m/s bei Bodenabständen von 400 bis 700 mm

Weitere Angaben zur Abschätzung von w_{gm} bzw. F_m finden sich in der Literatur [4.25], [4.26]. Danach wird die Absorptionskolonne strömungstechnisch ausgelegt. In Abhängigkeit vom Durchsatz der beiden Phasen werden die Querschnitte ermittelt und die Druckverluste bestimmt. Der Kolonnendurchmesser d ergibt sich aus

$$d = \sqrt{\frac{4\dot{V}_{g,l}}{\pi \cdot w_g}} \tag{4.68}$$

mit $\dot{V}_{g,l}$ (m^3/s) = Durchsatz von Gas- und Flüssigphase, w_g (m/s) = Gasgeschwindigkeit bei bestimmter Flüssigkeitsbelastung.

4.3.4.2 Höhe von Absorptionskolonnen

Bei der Ermittlung der Kolonnenhöhe ist es sinnvoll, zwischen Stufenapparaten wie Bodenkolonnen und kontinuierlichen Gegenstromapparaten wie Füllkörperkolonnen zu unterscheiden. *Bild 4.28* zeigt das Beladungsdiagramm einer Boden- und einer Füllkörperkolonne. Aus einer Mengenbilanz um den Absorber folgt für einen beliebigen Absorberquerschnitt die Gleichung der Bilanzlinie (Arbeitslinie)

$$Y = \frac{\dot{L}_T}{\dot{G}_T} X + Y_\omega - \frac{\dot{L}_T}{\dot{G}_T} X_\alpha \qquad (4.69)$$

Die Bilanzlinie wird zur Bilanzgeraden, wenn $\dot{L}_T$ und $\dot{G}_T$ längs der Kolonnenhöhe konstant sind. Das Waschmittelverhältnis

$$v = \frac{\dot{L}_T}{\dot{G}_T} \qquad (4.70)$$

Bild 4.28 Beladungsdiagramm von Absorptionskolonnen

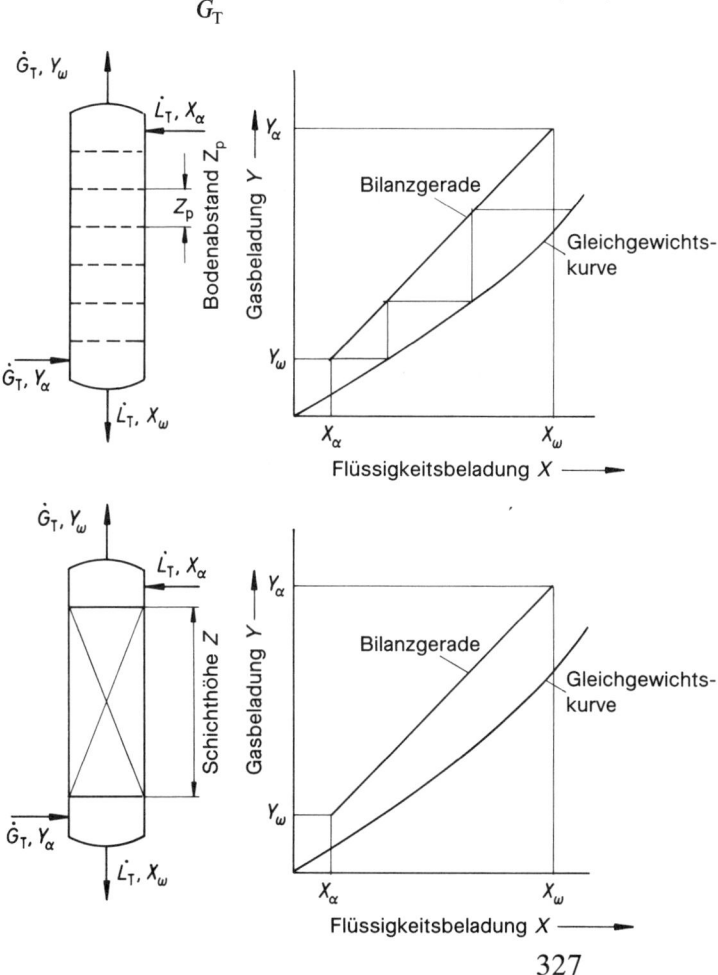

legt die Steigung der *Bilanzgeraden BG* fest. Die gekrümmte Kurve gibt die *Gleichgewichtskurve GGK* für eine bestimmte Temperatur wieder.

Die Zahl der theoretischen Trennstufen N_t für ein bestimmtes Absorptionsproblem ergibt sich bei Bodenkolonnen aus der Anzahl der Treppenstufen im Beladungsdiagramm. Eine Trennstufe ist dann einem eingebauten Kolonnenboden gleichwertig, wenn das den Kolonnenboden verlassende Gas mit dem den Boden verlassenden Waschmittel im Gleichgewicht steht.

Durch Verändern des Waschmittelverhältnisses v läßt sich eine beliebig kleine Reingaskonzentration Y_ω erzielen. In der Praxis benutzt man anstelle des Waschmittelverhältnisses den Absorptionsfaktor

$$A = \frac{v}{m} \quad \text{bzw.} \quad A = \frac{\dot{L}_T/\dot{G}_T}{m} \tag{4.71}$$

mit m als Steigung der Gleichgewichtskurve.

In technischen Anlagen wird A je nach Siedepunkt des Schadstoffes zwischen 1 und 3 eingestellt. Durch Gegenüberstellung von Anlage- und Betriebskosten gewinnt man den wirtschaftlich optimalen Absorptionsfaktor. Dieser liegt zwischen 1,2 und 2.0.

Sind Bilanzlinien und Gleichgewichtskurve Geraden, so kann die Zahl der theoretischen Trennstufen berechnet werden [4.23]

$$N_t = \frac{\ln\left[\frac{Y_\alpha - m X_\alpha}{Y_\omega - m X_\alpha}\left(1 - \frac{1}{A}\right) + \frac{1}{A}\right]}{\ln A} \tag{4.72}$$

Die Zahl der praktischen Trennstufen N_p folgt aus der Zahl der theoretischen Trennstufen N_t und einem Austauschverhältnis s_g. Dieses berücksichtigt den Wirkungsgrad der praktischen Trennstufen. In [4.27] sind einige Austauschverhältnisse angegeben.

Die aktive Kolonnenhöhe Z ist dann mit dem Bodenabstand Z_p

$$Z = N_p Z_p \quad \text{bzw.} \quad Z = \frac{N_t}{s_g} Z_p \tag{4.73}$$

In Praxis sind Bodenabstände $Z_p = 400$ mm üblich.

Das Beladungsdiagramm *(Bild 4.28)* zeigt bei Füllkörperkolonnen wiederum Gleichgewichtskurve und Bilanzgerade. Für die Absorberhöhe ist hier die Anzahl Übergangseinheiten *NTU* und ihre Höhe *HTU* maßgebend. Die Abnahme der Schadstoffkonzentration im Abgas bzw. die Zunahme der Waschmittelkonzentration erfolgt kontinuierlich über die Kolonnenhöhe. Für den ausgetauschten Mengenstrom d$\dot{n}$ der abzutrennenden Komponente gilt in einem beliebig kleinen Höhenelement dz

$$d\dot{n} = \dot{G} \cdot dy = \dot{L} \cdot dx \tag{4.74}$$

Bei Bezug auf die aufströmende Gasphase folgt

$$d\dot{n} = k_g \cdot (y - y^+) \cdot dA \qquad (4.75)$$

mit

$$dA = a \cdot A_Q \cdot dz \qquad (4.76)$$

Hierin sind:
k_g (kmol/hm²) Stoffdurchgangskoeffizient auf die Gasseite bezogen
a (m²/m³) spezifische Oberfläche der eingebauten Füllkörper
dA (m²) Stoffaustauschquerschnitt im Höhenelement dz
A_Q (m²) Kolonnenquerschnitt
Die Integration der Differentialgleichung

$$\dot{G} \cdot dy = k_g \cdot a \, (y - y^+) \, A_Q \cdot dz \qquad (4.77)$$

liefert die aktive Kolonnenhöhe

$$Z = \frac{\dot{G}}{k_g \cdot a \cdot A_Q} \int_{y_\omega}^{y_\alpha} \frac{dy}{y - y^+} \qquad (4.78)$$

Die Zahl der Übergangseinheiten beträgt

$$NTU_{og} = \frac{dy}{y - y^+} \qquad (4.79)$$

Die Höhe einer Übergangseinheit ist

$$HTU_{og} = \frac{\dot{G}}{k_g \cdot a \cdot A_Q} \qquad (4.80)$$

Somit folgt für die Kolonnenhöhe

$$Z = HTU_{og} \cdot NTU_{og} \qquad (4.81)$$

Der Index «og» (overall gas) berücksichtigt die Tatsache, daß der Gesamtstoff-Durchgangskoeffizient maßgebend ist und auf die Gasseite bezogen wird. Analoge Beziehungen erhält man bei Bezug auf die abströmende Flüssigphase. Ausführliche Darstellungen zur *HTU-NTU-Methode* finden sich in der Literatur [4.23], [4.28].

Der Wert des Integrals kann für einen beliebigen Verlauf der Gleichgewichtskurve grafisch ermittelt werden. Besonders einfach wird seine Berechnung bei nahezu geradlinigem Verlauf der Gleichgewichtskurve. Dann kann man für das wirksame Konzentrationsgefälle $(y - y^+)$ das mittlere logarithmische Gefälle

$$\Delta y_m = \frac{\Delta y_\alpha - \Delta y_\omega}{\ln \dfrac{\Delta y_\alpha}{\Delta y_\omega}} \qquad (4.82)$$

einsetzen und integrieren. Dann gilt für Z:

$$Z \approx \frac{\dot{G}}{k_g \cdot a \cdot A_Q} \cdot \frac{y_\alpha - y_\omega}{\Delta y_m} \qquad (4.83)$$

Schwierigkeiten bereitet die Bestimmung des Stoffdurchgangskoeffizienten k_g und der spezifischen Austauschfläche a. Man faßt daher die beiden Größen k_g und a zu einer sog. Austauschkonstanten $k_g \cdot a$ zusammen. Diese versucht man experimentell zu ermitteln. Erfahrungswerte der Austauschkonstanten finden sich im ULLMANN [4.27] und bei PERRY [4.29].

4.3.5 Entschwefelung von Rauchgasen

Die in den Industriegebieten hohe Belastung der Atmosphäre mit Schwefeldioxid wird zu einem großen Teil durch Kraftwerke verursacht, die fossile schwefelhaltige Brennstoffe einsetzen. Von den jährlich etwa $4 \cdot 10^6$ t emittierten SO_2-Mengen (1975)* stammen rund 50% aus der Verbrennung von Kohle, rund 30% aus der Verbrennung von Öl, der Rest aus anderen Prozessen. In einigen Ländern, insbesondere in den USA und in Japan, wurden zahlreiche Rauchgasentschwefelungsanlagen entwickelt, erstellt und in Betrieb genommen. Einen Überblick geben die im Auftrag der Bundesregierung verfaßte «Systemanalyse Entschwefelungsverfahren» sowie die VDI-Berichte 267 [4.30], [4.31].

In *Tabelle 4.9* sind einige Naßwaschverfahren zur Abgasentschwefelung zusammengestellt. Man unterscheidet grundsätzlich zwei Verfahrensweisen:
- die regenerativen Verfahren mit Rückgewinnung des Waschmittels (das Waschmittel zirkuliert in der Anlage),
- die «Throw-away»-Verfahren mit nur einmaligem Einsatz des Waschmittels.

Weitere Unterscheidungsmerkmale von Rauchgaswaschverfahren sind:
- die Bauart des Absorbers,
- die Art des Waschmittels (im wesentlichen alkalische und erdalkalische Waschmittel),
- die Art der Aufbereitung der Endprodukte.

Tabelle 4.9 Absorptionsverfahren zur Abgasentschwefelung [4.31]

Verfahren	Absorbens (wäßrige Lösungen)	Endprodukt
Saarberg-Hölter	$Ca(OH)_2$	$CaSO_4$ (Gips)
Stretford	Na_2CO_3	Schwefel
Doppel-Alkali	$NaOH$, $Ca(OH)_2$	$CaSO_4$
MgO-Verfahren	$Mg(OH)_2$	SO_2-Reichgas
Wellman-Lord	Na_2SO_3	SO_2-Reichgas
Walther-Verfahren	NH_3	$(NH_4)_2 SO_4$

* gültig für die Bundesrepublik Deutschland.

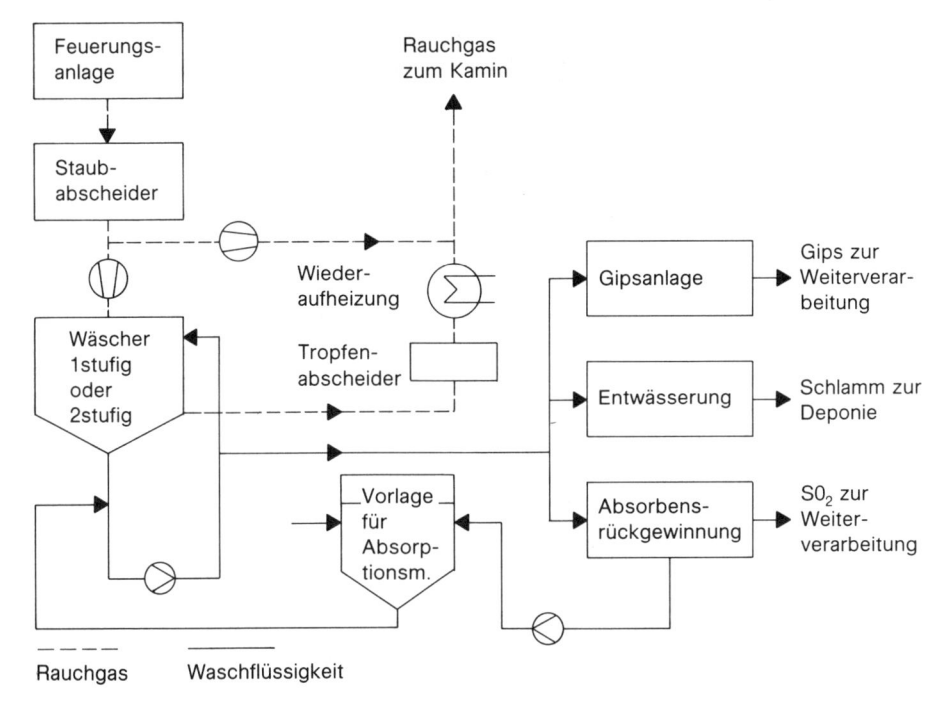

```
┌──────────────┐
│ Feuerungs-   │           Rauchgas
│ anlage       │           zum Kamin
└──────┬───────┘              ▲
       ▼                      │
┌──────────────┐              │
│ Staub-       │              │
│ abscheider   │              │
└──────┬───────┘              │
       │                      │                    ┌──────────────┐     Gips zur
       │   ─ ─ ─ ─ ─○─ ─ ─ ─ ─┤                    │ Gipsanlage   │───► Weiterverar-
       │                      │                    └──────────────┘     beitung
┌──────┴───────┐   Wieder-   ┌┴┐
│ Wäscher      │◄── aufheizung│ │
│ 1stufig      │              └┬┘                  ┌──────────────┐     Schlamm zur
│ oder         │   Tropfen-   ┌┴┐                  │ Entwässerung │───► Deponie
│ 2stufig      │   abscheider │ │                  └──────────────┘
│              ├─ ─ ─ ─ ─ ─ ─ ┘
│              │                                                        SO₂ zur
│              ├──────────────┬──────────────────►┌──────────────┐───► Weiter-
│              │              │                   │ Absorbens-   │     verarbeitung
│              │         ┌────┴─────┐             │ rückgewinnung│
└──────────────┘         │ Vorlage  │             └──────┬───────┘
       │                 │ für      │◄───────────────────┤
       └─────────────────┤ Absorp-  │
                         │ tionsm.  │
                         └────┬─────┘
                              │
                              └─────○─────────────────┘

─ ─ ─ ─          ─────────
Rauchgas         Waschflüssigkeit
```

Bild 4.29 Fließschema einer Rauchgaswaschanlage mit unterschiedlicher Aufbereitung der Endprodukte

Bild 4.29 zeigt ein Schema einer Rauchgaswaschanlage mit unterschiedlicher Aufbereitung der Endprodukte. Das aus der Verbrennungsanlage entweichende Rauchgas wird nach Staubabscheider und Gebläse durch den Wäscher geleitet. Durch Abkühlung auf Absorptionstemperaturen von 50 bis 70 °C muß das Rauchgas zur Vermeidung von Korrosionsschäden wieder aufgeheizt werden. Es gelangt dann über einen Tropfenabscheider in den Abgaskamin.

Dem Absorber wird laufend das verbrauchte Wasser mit der Waschmittelkomponente zugeführt, während ein Teil der beladenen Waschmittelflüssigkeit der nächsten Prozeßstufe zuströmt. Folgende drei Varianten der Weiterverarbeitung der Endprodukte sind eingezeichnet:
☐ Kalkwäsche mit Gipsherstellung,
☐ Kalkwäsche mit Deponie des $CaSO_3$-Schlammes,
☐ regenerative Wäsche mit Rückgewinnung des Waschmittels und Erzeugung eines SO_2-Reichgases zur Herstellung von H_2SO_4 oder Elementarschwefel.

Befindet sich in der Nähe der Absorptionsanlage eine Deponie, so ist die Lagerung des $CaSO_3$-Schlammes dort die einfachste Lösung. Ist keine Deponie vorhanden, so kann durch Oxidation in einer Gipsanlage das $CaSO_3$ in $CaSO_4$ umgewandelt werden, der z.B. in der Bauindustrie Verwendung findet. Am aufwendigsten sind regenerative Wäschen mit Rückgewinnung des Waschmittels. *Tabelle 4.7* gibt einige chemische Reaktionsgleichungen wieder, die bei der Rauchgasentschwefelung ablaufen.

4.3.6 Bauformen von Absorptionsapparaten

Nach der allgemeinen Stoffübergangsgleichung

$$n_i = k \cdot A \cdot \Delta c \cdot t \tag{4.84}$$

hängt die übergehende Stoffmenge n_i von der Austauschfläche A, vom Stoffdurchgangskoeffizienten k, von der Konzentrationsdifferenz Δc zwischen Gas und Waschmittel und von der Verweilzeit t des Gases im Absorptionsapparat ab. Die Konzentrationsdifferenz ist durch den Prozeß wie durch die Waschmittelmenge vorgegeben; Austauschfläche, Stoffdurchgangskoeffizient und Verweilzeit werden durch die jeweilige Absorberbauart beeinflußt. Es gibt eine Vielzahl von Gaswaschapparaten, die sich in ihrer Arbeitsweise oft nur wenig unterscheiden. Im wesentlichen kommt es darauf an, Gas und Waschmittel intensiv zu vermischen und dabei eine wiederholte Oberflächenerneuerung während der Waschphase herbeizuführen.

Tabelle 4.10 unterteilt die Absorptionsapparate nach der Art der Einbauelemente. Danach gibt es Absorber ohne Einbauten, mit feststehenden Einbauten und mit bewegten Einbauten. Bodenkolonnen und insbesondere Füllkörperkolonnen werden vielfach bei Absorptionsverfahren eingesetzt. Ihre Wirkungsweise ist aus der Literatur hinreichend bekannt [4.23], [4.24], [4.27], [4.32], [4.33]. Die Waschapparate ohne Einbauten werden bevorzugt zur Reinigung von staubhaltigen Abgasen (siehe Abschnitt 4.2) und zur chemischen Absorption, z.B. bei der HCl-Gasabsorption mit Wasser verwendet. Meist wird dabei eine zusammenhängende Gasphase mit einer dispergierten Flüssigphase in innigen Kontakt gebracht. Die Verweilzeiten der beiden Phasen sind wesentlich kürzer als bei Boden- und Füllkörperkolonnen. Sie durchströmen im Gleichstrom den Apparat. Der Abscheidegrad kann durch mehrstufige Bauweise im Absorber wie auch durch Hintereinanderschalten von Apparatestufen erhöht werden.

Tabelle 4.10 Einteilung von Absorptionsapparaten

Einbauten	Absorptionsapparat
keine	Film-, Strahl-, Venturi-, Ringspalt-, Sprühwäscher
feste Einbauten	Boden-, Packungskolonnen, Drucksprungabscheider, Sprühkolonne, Rieselabsorber, Blasensäule
bewegte Einbauten	Rotationssprühwäscher, Wäscher mit rotierenden Einbauten, Wirbelschichtwäscher

Bild 4.30 Schematische Darstellung eines Ringspaltwäschers

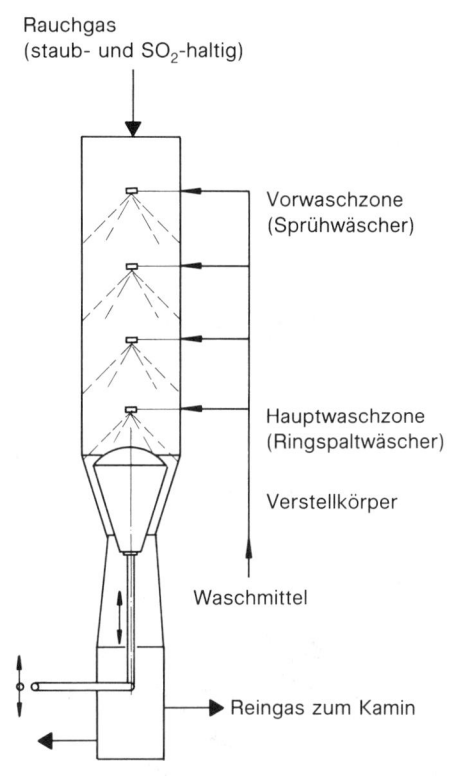

(Figure labels: Rauchgas (staub- und SO$_2$-haltig); Vorwaschzone (Sprühwäscher); Hauptwaschzone (Ringspaltwäscher); Verstellkörper; Waschmittel; Reingas zum Kamin)

Bild 4.30 zeigt einen *Ringspaltwäscher,* wie er heute vielfach zur Staub- und SO$_2$-Abscheidung hinter thermischen Kraftwerken eingesetzt wird. Wesentliches Merkmal ist ein axial beweglicher, z.B. kegelförmiger Verstellkörper, der mit dem Gehäuse einen Ringspalt bildet. Die Waschmittelzugabe erfolgt zentral vor dem Ringspalt durch eine speziell geformte Düse. Die Veränderung des Ringspalts ermöglicht bei wechselnden Belastungen die Einhaltung eines konstanten Differenzdrucks und damit einen gleichbleibenden Abscheidegrad. Außerdem kann durch Veränderung des Differenzdrucks der Wascheffekt erhöht werden.

Der Ringspaltwäscher ist wie der Venturiwäscher ein Hochleistungswäscher. Ein Nachteil ist der hohe Druckverlust, der je nach Abgasproblem zwischen 5 und 300 mbar liegt. Bisher wurden Wäscher für einen maximalen Rauchgasdurchsatz von 900 000 m^3/h gebaut. Dabei hatte ein 1stufiger Wäscher z.B. einen Apparatedurchmesser von 10 m und eine Höhe von 16 m.

Eine Schadstoffabsorption aus Rauchgasen von Abfallverbrennungsanlagen kann z.B. mit Hilfe einer *2stufigen Strahlwaschanlage* erfolgen, wie sie in *Bild 4.31* wiedergegeben ist. In der ersten Stufe wird das HCl-Gas abgeschieden und mit Kalk neutralisiert, ebenso ist hier eine Feststoffabscheidung möglich. Die 2. Stufe dient der SO$_2$-Absorption mit einem basischen Waschmittel, z.B. einer wäßrigen NaOH-Lösung. In beiden Stufen wird die Waschflüssigkeit im Kreislauf umge-

Bild 4.31a 3stufige Strahlwaschanlage zur Rauchgasreinigung (Werkfoto der Fa. Wiegand Karlsruhe GmbH, Ettlingen)

pumpt. Strahlwäscher arbeiten nach dem Prinzip einer Strahlpumpe. Die Waschflüssigkeit wird mittels Düsen zu einem Strahl aus feinen Tropfen aufgelöst. Dabei wird die Abluft von den Tropfen mitgerissen und gefördert (siehe auch Abschnitt 4.2). Bild 4.31a zeigt eine 3stufige Strahlwaschanlage zur Rauchgasreinigung.

Bild 4.31 Zweistufige Strahlwaschanlage

1 Schadstoffbeladene Abluft
2 Reinluft
3 1. Wäscherstufe
4 2. Wäscherstufe
5 Abwasser
6 Waschmittelkreislauf
7 Waschmittel

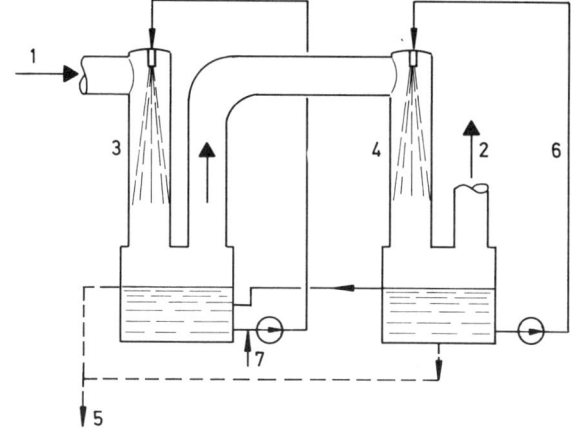

Bild 4.32 Mehrstufiger Sprühwäscher

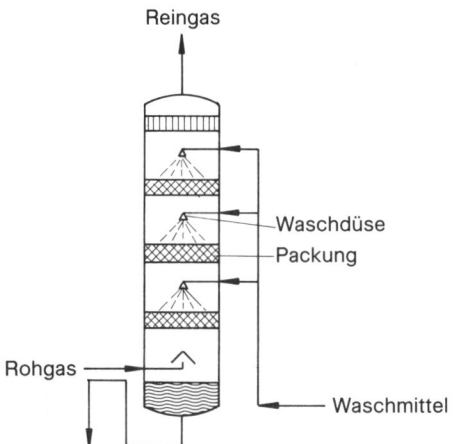

Der *Sprühwäscher (Bild 4.32)* enthält in mehreren Stufen übereinander angeordnet eingebaute Düsen. Diese dienen der feinen Zerstäubung der flüssigen Phase. Dazwischen befinden sich turbulenzerzeugende Packungen. Die Sprühwäscher zeichnen sich durch geringe Strömungsdruckverluste und große Phasengrenzfläche aus.

Ein Absorber mit rotierenden Einbauten zeigt *Bild 4.33*. Es stellt den *Kreuzschleierwäscher* System Ströder dar. Dieser enthält zwei horizontale mit gerieften Scheiben besetzte Wellen, die gegeneinander rotieren. Die Scheiben tauchen etwa bis zu einem Viertel ihres Durchmessers in das Absorptionsmittel ein. Infolge ihrer Rotation mit etwa 500 bis 600 min^{-1} versprühen sie dieses im Gehäuse zu Schleiern, durch die das Gas hindurchströmt.

Die *Rotationsabsorber* sind gegenüber statischen Absorbern recht kompliziert und benötigen beachtliche Energien. Trotzdem werden sie zur Absorption fester und gasförmiger Schadstoffe eingesetzt.

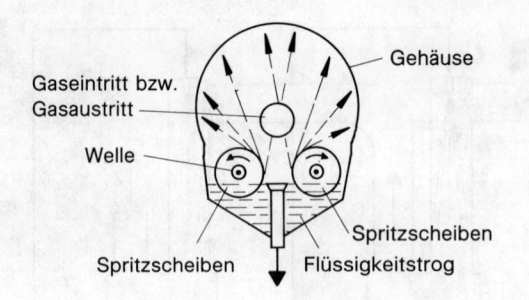

Bild 4.33 Absorber mit rotierenden Einbauten (Ströder-Wäscher)

4.3.7 Absorptionsanlage als Beispiel

Es wird eine von der Firma Davy Powergas ausgeführte Anlage beschrieben, die nach dem *Wellman-Lord-Verfahren* arbeitet. Sie dient der Entschwefelung von Rauch- und Industrieabgasen. Der Prozeß basiert auf der Absorption von SO_2 in einer wäßrigen Natriumsulfitlösung und nachfolgender Regeneration der mit SO_2 beladenen Waschmittellösung. Seine besonderen Kennzeichen sind:

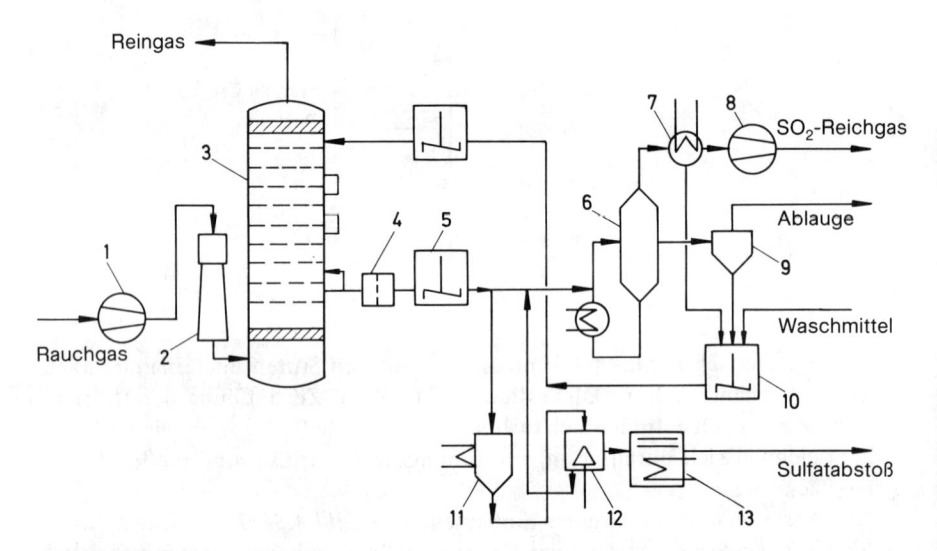

Bild 4.34 Verfahrensfließbild einer Rauchgaswaschanlage (Wellman-Lord)
  1 Gebläse
  2 Vorwäscher
  3 Absorber
  4 Filter
  5 Puffertanks
  6 Verdampfer
  7 Kondensator
  8 Kompressor
  9 Trennbehälter
 10 Lösebehälter
 11 Kristallisator
 12 Zentrifuge
 13 Trockner

Tabelle 4.11 Auslegungsdaten der Rauchgasreinigung des Kraftwerks der Nipsco (Indiana) [4.3], Inbetriebnahme 1976

Kraftwerksleistung:		115 MW
Brennstoff:	Art	Kohle
	Menge	—
	Schwefelgehalt	3 bis 3,5 Gew.-%
Rauchgas (aus Kraftwerk):	Volumenstrom	496 000 m_N^3/h
	mittlerer SO_2-Gehalt	2000 Vol.-ppm
Reingas (nach Reinigung):	SO_2-Gehalt	200 Vol.-ppm
Entschwefelungsgrad:		90%
Produkt:	Schwefel	25 t/Tag
	Na-Sulfat	3 bis 4 t/Tag

a) Der Absorptionsvorgang erfolgt ohne Abscheidung fester Abfallprodukte.
b) Die Regeneriereinrichtung kann weitgehend unabhängig von der Absorption betrieben werden.
c) Es wird ein SO_2-Reichgas gewonnen. Dieses ist entweder Ausgangsprodukt zur Herstellung von H_2SO_4 oder Elementarschwefel.

Zur Zeit wird das Verfahren in etwa 30 Industrieanlagen eingesetzt. Die Gesamtkapazität der in diesen Anlagen behandelten Abgasmengen wird heute bei etwa 9 Mio. m_N^3/h liegen.

Bild 4.34 zeigt das Schema der Rauchgasreinigung des Kraftwerks der NIPSCO in Indiana, USA, dem das Wellman-Lord-Verfahren zugrunde liegt [4.75]. In *Tabelle 4.11* sind die Auslegungsdaten zusammengestellt. Die Gesamtanlage kann man in einen Absorptionsteil und in einen Regenerationsteil aufteilen.

Absorptionsteil

Das im Elektrofilter von Staub und Flugasche befreite Rauchgas gelangt über ein Gebläse in einen nach dem Venturiprinzip arbeitenden Vorwäscher. Durch Kontakt mit umlaufendem Wasser bzw. einer wäßrigen Sulfitlösung werden HCl, SO_3 und andere im Abgas enthaltene Spuren von Schadstoffen weitgehend entfernt. Das vorgereinigte und auf Absorptionstemperatur gekühlte Gas wird dann dem eigentlichen Absorber zugeleitet. Dieser wird im Gegenstrom betrieben. Er enthält als Trennstufen drei Ventilböden. Diese gewährleisten neben ihren guten Abscheideeigenschaften ein flexibles Arbeiten über einen größeren Belastungsbereich (besonders bei Reststaubanteilen im Abgas).

Das SO_2 im Rauchgas setzt sich nach folgenden Reaktionen um:

$$SO_2 + Na_2SO_3 + H_2O \rightarrow 2\,NaHSO_3$$

Ein geringer Teil wird mit Sauerstoff zu Natriumsulfat Na_2SO_4 oxidiert:

$$Na_2SO_3 + {}^1\!/_2\,O_2 \rightarrow Na_2SO_4$$

Dieses wird aus dem Waschmittel kontinuierlich in einem speziellen Aufbereitungsteil entfernt. Das Natriumbisulfit ist nur in wäßriger Lösung beständig. Es steht mit dem Natriumpyrosulfit $Na_2S_2O_5$ im chemischen Gleichgewicht:

$$Na_2S_2O_5 + H_2O \rightarrow 2\,NaHSO_3$$

Dieses liegt weitgehend auf der rechten Seite. Entfernt man das Wasser, so kristallisiert das Natriumpyrosulfit aus. Das von SO_2 befreite Rauchgas wird anschließend über einen Tropfenabscheider in den Abgaskamin gefördert. Falls nötig, kann es durch direkte Erdgasverbrennung wieder aufgeheizt werden.

Regenerationsteil

Das mit Natriumbisulfit beladene Waschmittel wird über Filter und Puffertank einem Verdampfer zugeführt. Ein Teilstrom wird zur Natriumsulfatabscheidung in einen Kristallisator abgezweigt. Der eigentliche Desorber ist der Verdampfer, der im Vakuum mit Niederdruckdampf und Zwangsumlauf betrieben wird. Hier findet die thermische Spaltung des Natriumbisulfits nach folgender Reaktion statt:

$$2\,NaHSO_3 \rightarrow Na_2SO_3 + SO_2 + H_2O$$

Na_2SO_3 fällt nach entsprechender Konzentration aus und wird abgezogen, SO_2 und H_2O-Dampf verlassen den Verdampferapparat über Kopf. In einem Kondensator werden die beiden Stoffe voneinander getrennt. Nach einer Kompressionsstufe entweicht das SO_2 als SO_2-Reichgas und kann nachfolgend zu Schwefel oder Schwefelsäure weiterverarbeitet werden. Die Na_2SO_3-Kristalle werden mit dem Wasser aus dem Kondensator in einem Lösebehälter aufgelöst und dem Absorber wieder zugeführt.

Bild 4.35 zeigt Meßergebnisse der SO_2-Konzentration im Abgas vor und nach der Reinigung bei zwei Probeläufen im Herbst 1976.

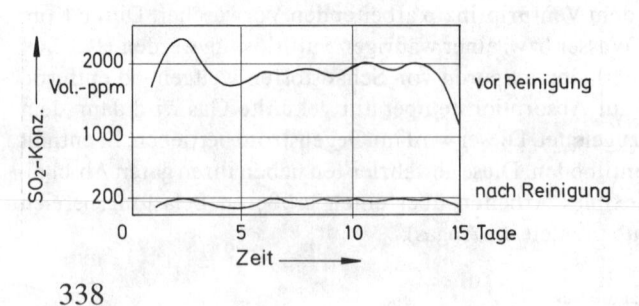

Bild 4.35
Meßergebnisse einer Entschwefelung

4.4 Adsorption

4.4.1 Adsorption, Desorption, Erläuterung der Begriffe, Schema, Beispiele

Die Adsorption ist ein thermisches Trennverfahren, bei dem bestimmte Komponenten aus Gas- und Flüssigkeitsgemischen an der Oberfläche grenzflächenaktiver Feststoffe aufgenommen werden. Je nach Bindung der angelagerten Moleküle an der Feststoffoberfläche unterscheidet man *physikalische* und *chemische Adsorption*. Bei der physikalischen Adsorption (Physisorption) treten molekulare Oberflächenkräfte, Van der Waalssche Kräfte, zwischen der Feststoffoberfläche und den angelagerten Molekülen auf. Aufgrund der geringen Reichweite dieser Kräfte handelt es sich um eine lockere Bindung, die leicht wieder gelöst werden kann. Bei der chemischen Adsorption (Chemisorption) sind die Bindungskräfte durch ihre chemische Natur stärker. Zur Lösung der Bindung ist ein höherer Trennaufwand erforderlich. Die aufgenommene Gas- oder Flüssigkeitskomponente wird *Adsorptiv*, der Feststoff *Adsorbens* genannt. Bei vielen Adsorptionsvorgängen treten beide Bindungsarten gleichzeitig auf. Die Chemisorption ist zwischen Physisorption und chemischer Reaktion einzuordnen. Bei der Rückgewinnung der adsorbierten Komponente wird das Adsorbens gereinigt und kann erneut für die Adsorption eingesetzt werden. Die Regenerierung des beladenen Adsorbens wird analog der Absorption *Desorption* genannt.

Bild 4.36 zeigt das Verfahrensschema einer Adsorptionsanlage mit Regenerierung des Adsorptionsmittels. Die schadstoffhaltigen Abgase werden über ein Gebläse von unten nach oben durch den mit Adsorbens gefüllten Adsorber gedrückt. Nach Abtrennung der zu adsorbierenden Stoffe an der Adsorbensoberfläche verläßt das Abgas gereinigt den Adsorber. Fällt die Abluft stetig aus einer Prozeßstufe oder Anlage an, muß nach Beladung (Sättigung) des Adsorbers auf einen weiteren noch unbeladenen Adsorber umgeschaltet werden. Der zuvor beladene Adsorber wird durch ein Hilfsmedium, meist Wasserdampf, entgegen der Strömungsrichtung beim Beladen, regeneriert.

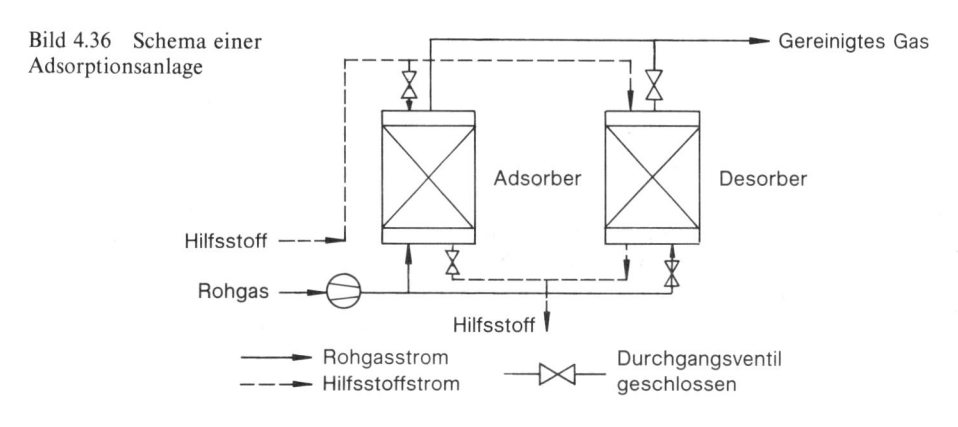

Bild 4.36 Schema einer Adsorptionsanlage

Tabelle 4.12 Einsatzbeispiele der Adsorption als Gasreinigungsverfahren

Prozeß	Abzuscheidende Stoffe
Lösemittelrückgewinnung	Toluol, Benzine, Alkohole, Ketone, Chlor-Kohlenwasserstoffe
Entfernung von Geruchs- und Giftstoffen	Merkaptane, Aldehyde, Amine
Entschwefelung von Abgasen	Schwefeldioxid, Schwefelkohlenstoff, Schwefelwasserstoff
Abluftreinigung bei Viskoseanlagen	Schwefelkohlenstoff, Schwefelwasserstoff
Beseitigung von Öldämpfen aus Waschanlagen, bei Kompressorenstationen	Öldämpfe
Abscheidung von radioaktiven Stoffen	Edelgase, Jod

Die Adsorption wird vorwiegend bei der Entfernung gas- und dampfförmiger Stoffe, die nur in kleinen Konzentrationen (einige g/m^3) in Gasgemischen enthalten sind, eingesetzt. Im Rahmen der Abgasreinigung kann sie dabei isoliert wie auch im Anschluß an eine Absorption Verwendung finden. Die abzutrennende Gaskomponente stellt einerseits einen Wertstoff dar; z.B. wird das Lösemittel in der Abluft durch Adsorption an Aktivkohle und nachfolgende Regeneration zurückgewonnen. Andererseits kann der ursprüngliche Schadstoff nach der Adsorption durch weitere Prozeßstufen in einen Wertstoff umgewandelt werden. Beispielsweise ist es möglich, das aus der Abluft durch Adsorption abgeschiedene SO_2 in Elementarschwefel oder Schwefelsäure überzuführen. *Tabelle 4.12* zeigt Einsatzbeispiele der Adsorption als Gasreinigungsverfahren.

4.4.2 Physikalisch-chemische Grundlagen

Um Anlagen der Adsorption auslegen zu können, muß der Verfahrensingenieur die Vorgänge in einem durchströmten Adsorber kennen. Dazu ist die Kenntnis von Gleichgewicht und Kinetik bei der Adsorption von Interesse. Das *Gleichgewicht* bei der Adsorption wird durch die Adsorptionsisotherme beschrieben. Sie gibt die adsorbierte Menge an Gas i in Abhängigkeit des Gleichgewichtspartialdruckes p_i dieses Gases i in der umgebenden Gasphase bei konstanter Temperatur wieder.

$$X = f(p_i) \quad \text{bei} \quad \vartheta = \text{konst.} \tag{4.85}$$

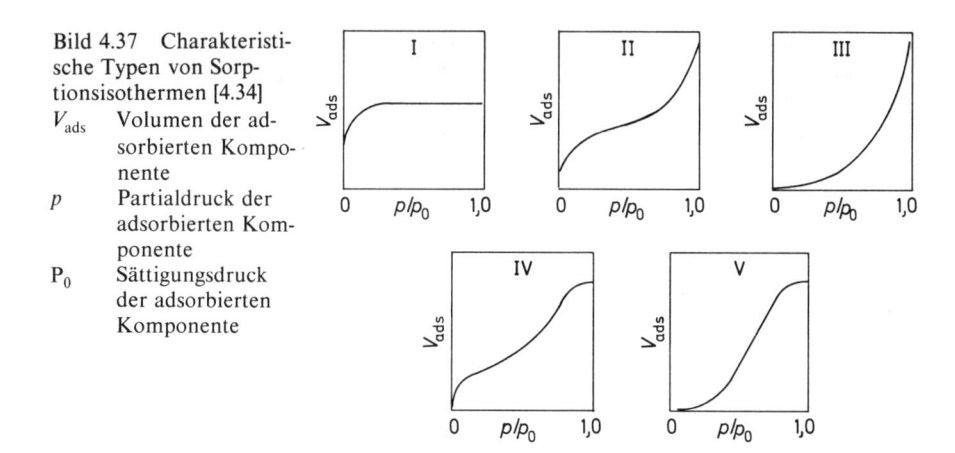

Bild 4.37 Charakteristische Typen von Sorptionsisothermen [4.34]
V_{ads} Volumen der adsorbierten Komponente
p Partialdruck der adsorbierten Komponente
P_0 Sättigungsdruck der adsorbierten Komponente

Hierin sind X (kg Adsorptiv/kg Adsorbens) die Beladung des Adsorbens an Adsorptiv und p_i (mbar) der Gleichgewichtspartialdruck der zu adsorbierenden Gaskomponente i.

Die experimentell zu ermittelnden *Adsorptionsisothermen* lassen sich nach BRUNAUER [4.34] in fünf Grundformen unterteilen *(Bild 4.37)*.

Die Grundformen I, II und IV werden als günstig in bezug auf die technische Adsorption angesehen. Sie ergeben bei geringen Schadstoffkonzentrationen relativ hohe Beladungen. Die Ursache dafür sind höhere Wechselwirkungskräfte zwischen Adsorptiv und Adsorbens. Dagegen liefern die Grundformen III und V erst bei größeren Konzentrationen höhere Beladungen. Hinzu kommt, daß dasselbe Adsorbens bei Adsorption verschiedener Stoffe unterschiedliche Isothermenverläufe aufweist, d.h., die Beladung ist abhängig von der Art des Adsorptionsmittels.

Bild 4.38 Adsorptionsisothermen des Phenols und des Wassers [4.35]

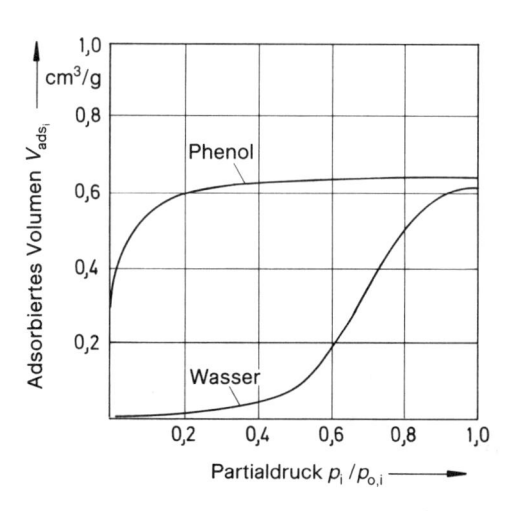

Bild 4.38 gibt den Verlauf der Adsorptionsisothermen von Phenol- und Wasserdampf an Aktivkohle bei 25 °C wieder. Phenol adsorbiert nach Grundform I, Wasser nach Grundform III.

Die für die Adsorption günstige Grundform I der Adsorptionsisothermen kann nach FREUNDLICH durch folgende Beziehung beschrieben werden

$$\log n_{ads.} \sim \log \frac{p_i}{p_{o,i}} \qquad (4.86)$$

$n_{ads.}$ sind die Anzahl der adsorbierten Mole der Komponente i.

Dieser Adsorptionszusammenhang reicht jedoch nicht aus, um den Sättigungswert der Kurve I wieder zu geben. Daher wurden weitere mathematische Ansätze entwickelt, die sowohl den Sättigungswert wie auch die anderen Isothermenverläufe beschreiben [4.23].

Die Adsorption von Gasen und Dämpfen gleicht in vieler Hinsicht den Kondensationsvorgängen dieser Stoffe. Sie ist im wesentlichen physikalischer Natur. Angenähert gilt die Regel, daß die Adsorbierbarkeit mit höherem Siedepunkt der Stoffe ansteigt. Dies kommt in *Tabelle 4.13* zum Ausdruck.

Die Adsorption findet in der Technik etwa zwischen den Temperaturen 20 °C und 50 °C statt. Adsorbiert man bei höheren Temperaturen, stellt sich aufgrund der Temperaturabhängigkeit der Gleichgewichtskurve eine niedrigere Beladung der zu adsorbierenden Komponente auf dem Adsorbens ein. *Bild 4.39* zeigt die Temperaturabhängigkeit des Gleichgewichts am Beispiel der Adsorption von Azetondämpfen an Aktivkohle.

Für die technische Durchführung von Adsorptionsprozessen hat neben der Sorptionsisothermen der zeitliche Ablauf der Adsorption, die *Kinetik*, besondere Bedeutung. Die zu adsorbierenden Mole der Komponente i wandern aus der

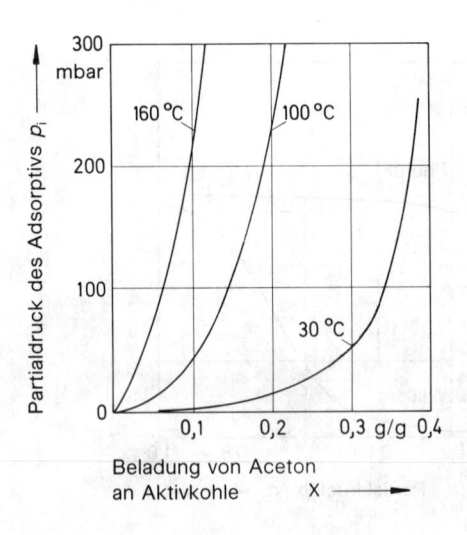

Bild 4.39 Temperaturabhängigkeit des Absorptionsgleichgewichts am Beispiel der Acetonadsorption

Tabelle 4.13 Adsorption von Gasen und Dämpfen an Aktivkohle bei 15 °C
[4.76]

Stoff	Adsorbiertes Volumen cm³/g	Siedepunkt °C
Phosgen	440	8
Schwefeldioxid	380	− 10
Methylchlorid	277	− 24
Ammoniak	181	− 33
Schwefelwasserstoff	99	− 62
Salzsäuregas	72	− 85
Kohlendioxid	48	− 78,5
Methan	16	− 161,4
Kohlenmonoxid	9	− 190

umgebenden Gasphase durch einen Grenzfilm an die äußere Oberfläche des Adsorbens. Von dort verteilen sie sich auf die innere Oberfläche des Adsorbens, d.h., sie werden in den Poren und Adern des Adsorbens eingelagert. Dieser Stofftransportvorgang erfolgt durch *Diffusion* – Filmdiffusion an der Oberfläche und Korndiffusion in den Poren. Die Korndiffusion verläuft meist langsamer und bestimmt daher die Geschwindigkeit des Stofftransports. Diese ist wiederum abhängig von der Struktur der Kapillaren und Poren des Adsorptionsmittels (siehe Abschnitt 4.4.3) [4.36].

4.4.3 Anforderungen an das Adsorbens, Adsorbensbedarf, Regenerierung von Adsorbentien

Adsorbentien sind Feststoffe, die in der Gasreinigung aufgrund der Größe ihrer Oberfläche und ihrer physikalischen und chemischen Beschaffenheit eine Konzentrierung von Stoffen aus der umgebenden Gasphase ermöglichen. Zur Realisierung einer wirtschaftlichen und umweltfreundlichen Adsorption müssen sie bestimmte Eigenschaften aufweisen. *Tabelle 4.14* gibt die wichtigsten Eigenschaften bzw. Gesichtspunkte wieder, unter denen Adsorbentien auszuwählen sind. Unterscheidungsmerkmale sind im wesentlichen chemische Oberflächenbeschaffenheit und Porenstruktur. Sie werden durch Ausgangsmaterial und Art des Herstellungsverfahrens bestimmt. In *Tabelle 4.15* sind typische Eigenschaften verschiedener Adsorbentien aufgeführt. Die Aktivkohle weist das größte Porenvolumen und damit die größte spezifische Oberfläche auf.

In der Abgasreinigung werden nur körnige Adsorbentien in einem Durchmesserbereich von 1 bis 8 mm eingesetzt. Diese Stoffe haben bei großer spezifischer Oberfläche kleine Poren. Eine Porenradienverteilung ergibt Poren im Bereich unter 20 Å ($<10^{-8}$ cm), die für die Adsorptionskapazität maßgebend sind. Für

Tabelle 4.14 Anforderungen an Adsorbentien, Gesichtspunkte zur Auswahl

große spezifische Oberfläche, hohe Porosität
hohe Selektivität für bestimmte zu adsorbierende Stoffe
hohes Adsorptionsvermögen für die zu adsorbierenden Stoffe
gute Regenerierbarkeit
Beständigkeit gegenüber chemischen und physikalischen Einflüssen (Temperatur-, Säurebeständigkeit, Zündpunkt)
gute mechanische Festigkeit und Härte (wichtig bei Bewegtbettadsorbern)

Tabelle 4.15 Charakteristische Daten von Adsorbentien

Adsorbens	Spezifische Oberfläche m^2/g	Porenvolumen cm^3/g	Schüttdichte kg/m^3
Aktivkohle für Gasadsorption (Korndurchmesser 1 bis 8 mm)	1000 bis 1500	0,5 bis 0,8	300 bis 400
Kieselgel engporig	600 bis 800	0,3 bis 0,45	700 bis 800
Kieselgel weitporig	250 bis 350	0,3 bis 0,45	400 bis 800
Tonerdegel	300 bis 350	0,1 bis 0,4	700 bis 800
Molekularsieb	500 bis 1000	0,25 bis 0,4	600 bis 900

kleinere Moleküle nimmt man engporige Adsorbentien, für größere Moleküle sind weitporige Adsorbentien empfehlenswert.

Bild 4.40 zeigt das Adsorptionsvermögen verschiedener Adsorbentien für dampfförmiges Benzol. Der Verlauf der Sorptionsisothermen ist abhängig vom Stoffsystem Adsorbens – Adsorptiv bei sonst gleichen Bedingungen. Man erkennt die schon bei kleinen Schadstoffkonzentrationen in der Abluft ausgeprägte große Adsorbierfähigkeit der Aktivkohle. Diese gilt allgemein für organische Stoffe. In der Abgasreinigung werden daher bevorzugt kohlenstoffhaltige Adsorbentien wie Aktivkohle und Aktivkoks eingesetzt.

Tabelle 4.16 macht die universelle Anwendung der Aktivkohle in der Abgasreinigung deutlich. Aluminiumoxid, Kieselgel und Molekularsiebe kommen nur in Sonderfällen zur Abscheidung von organischen Stoffen in Frage. Die Abgase

Bild 4.40 Adsorptionsvermögen verschiedener Adsorbentien für Benzol [4.36]
1   Aktivkohle
2   Molekularsieb
3   Kieselgel

$V_{ads_{is}}$ Volumen der adsorbierten Komponente i bei Sättigung des Adsorbers

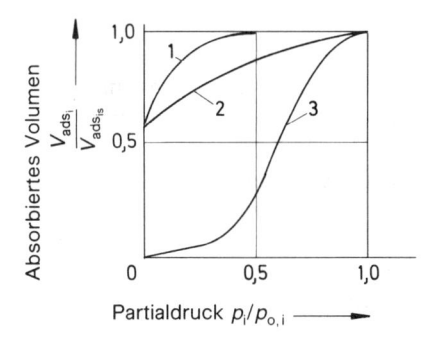

enthalten oftmals viel Feuchte, die im Gegensatz zur Aktivkohle bevorzugt von diesen Materialien aufgenommen wird.

Der Bedarf an Adsorptionsmittel bei der Adsorption wird durch die Beladefähigkeit des Adsorbens, d.h. durch das Aufnahmevermögen des Adsorbens für die zu adsorbierende Gaskomponente, bestimmt.

$$X = \frac{m_i}{m_A} \qquad (4.87)$$

Tabelle 4.16 Einsatzgebiete von Adsorbentien in der Abgasreinigung

Abzuscheidende Stoffe	Aktivkohle	Aktivkoks	Aluminiumoxid	Molekularsieb	Kieselgel
Lösemittel	+				
Öldämpfe	+		+		+
Geruchsstoffe	+				
Kohlenwasserstoffe	+			+	
Chlorkohlenwasserstoffe	+			+	
Schwefelverbindungen (CS_2, H_2S, SO_2)	+	+	+		

Hierin sind X (kg/kg) die Beladung des Adsorbens an Adsorptiv, m_i (kg) die Masse der adsorbierten Komponente und m_A (kg) die reine Adsorbensmasse. Die Beladung X entspricht der maximalen Kapazität des Adsorbens für das Adsorptiv. Sie wird an frischem, unbeladenem Adsorbens bei idealen Bedingungen und konstanter Temperatur nach der Sorptionsisothermen erreicht. Im praktischen Betrieb wird aus Gründen des Umweltschutzes und der Wirtschaftlichkeit nur ein Teil dieser Kapazität genutzt. Man nennt diese genutzte Kapazität Zusatzbeladung $X_{\text{praktisch}}$ und versteht darunter die Differenz zwischen Restbeladung nach der Desorption und Durchbruchsbeladung. Ein Adsorber kann nur so lange beladen werden, bis der Durchbruch erfolgt. Dann ist das Adsorbens mit Adsorptiv gesättigt.

Die Zusatzbeladung wird meist experimentell ermittelt. Zur Vorausberechnung gilt etwa je nach Stoffsystem

$$X_{\text{praktisch}} = (0{,}6 \text{ bis } 0{,}9)\, X \tag{4.88}$$

Regenerierung von Adsorptionsmitteln

Durch Regenerierung werden die adsorbierten Stoffe von der Adsorbensoberfläche entfernt und gleichzeitig das Adsorptionsmittel regeneriert. Dadurch kann es erneut der Adsorption zugeführt werden.

Die Regenerierung besteht aus zwei Vorgängen: Der Desorption und – falls diese nicht vollständig verläuft – einer nachgeschalteten Reaktivierung. Da die Adsorption durch erhöhten Druck und tiefe Temperatur begünstigt wird, ist die Desorption bei niedrigem Druck und hoher Temperatur durchzuführen. Eine Desorption in die flüssige Phase ist durch eine Extraktion der beladenen Adsorbentien möglich.

Je nach Bindung des Adsorptivs mit dem Adsorbens werden folgende Desorptionsmethoden angewandt [4.37], [4.38]:

Temperaturwechselverfahren. Das beladene Adsorbens wird mit Heißdampf oder Heißgas regeneriert. Das dabei freigesetzte Adsorptiv wird mit Hilfe dieses Stoffes abgeführt. Bei geeigneter Wahl des Heißdampfes oder Heißgases kann durch eine Verdrängungsadsorption die allein durch Temperaturerhöhung bewirkte Desorption erheblich verbessert werden.

Druckwechselverfahren. Hierbei wird nach Beendigung der Beladephase der erhöhte Druck im Adsorber durch Entspannen oder Evakuieren auf den gewünschten Wert gesenkt. Das Adsorptiv wird freigesetzt und mit einem Spülgas abgeführt bzw. abgesaugt. Das Verfahren wird oft dann angewandt, wenn das Adsorptiv in höheren Konzentrationen vorliegt und das Temperaturwechselverfahren zu lange Desorptionszeiten benötigt.

Extraktion mit Lösungsmitteln (z.B. Extraktion des adsorbierten Schwefels mit CS_2 als Lösungsmittel). Das Adsorptiv wird durch ein geeignetes Lösungsmittel in Lösung gebracht, d.h. extrahiert, und in gelöstem Zustand von der Adsorbensoberfläche entfernt. Nach der Extraktion muß das Adsorbens durch thermische Desorption von dem Extraktionsmittel befreit werden.

Eine *Reaktivierung* des Adsorptionsmittels ist dann erforderlich, wenn das Adsorptiv mit dem Adsorbens eine irreversible chemische Bindung eingegangen ist. In diesem Fall versagen die genannten physikalischen Methoden der Desorption. Die Reaktivierung kann entweder durch Reaktion mit einem Trägergas oder mit einer flüssigen Phase und nachfolgender Extraktion durchgeführt werden.

Die Höhe der Restbeladung an Adsorptiv auf dem Adsorbens nach der Regeneration hängt im wesentlichen von wirtschaftlichen Gesichtspunkten ab.

4.4.4 Auslegung von Adsorptionsapparaten

Um Adsorptionsapparate dimensionieren zu können, muß im wesentlichen das wirksame Volumen der Adsorbensmasse V_A (m³) bekannt sein. Dieses folgt aus:

$$V_A = A_Q \cdot z = \frac{m_A}{\varrho_S} \qquad (4.89)$$

mit
A_Q (m²) (freier) Adsorberquerschnitt
z (m) für die Adsorption wirksame Schütthöhe
ϱ_S (kg/m³) Schüttdichte des Adsorbens
Die für die Beladung wirksame Adsorbensmasse m_A ergibt sich aus der Beladekapazität X des Adsorbens für das Adsorptiv i

$$m_A = \frac{m_i}{X_{\text{prakt.}}} \qquad (4.90)$$

Während der Beladephase nimmt die wirksame Adsorbensmasse m_i kg Adsorptiv i auf

$$m_i = \dot{G}_T (Y_\alpha - Y_\omega) t_D \qquad (4.91)$$

Es sind:
Y_α, Y_ω Eintritts- und Austrittsbeladung des Adsorptivs im Gas (nach Aufgabenstellung festgelegt)
$\dot{G}_T$ Trägergasmassenstrom *(Bild 4.41)*
t_D Zeit vom Beginn der Beladung bis zum Durchbruch
Bild 4.41 zeigt die Vorgänge beim Durchströmen eines mit Adsorptionsmittel gefüllten Festbettadsorbers.

Der Adsorber wird von unten nach oben von schadstoffhaltiger Abluft durchströmt. Die Beladung des Adsorbens mit Adsorptiv wird durch ein (angenähert S-förmiges) Konzentrationsprofil wiedergegeben. Dieses schiebt sich mit fortschreitender Beladezeit durch die Adsorbensschicht hindurch. Sobald der Durchbruch (Zeit t_D) erreicht ist, wird bei stetig anfallendem Abgasstrom das mit Schadstoff beladene Abgas auf einen frischen, unbeladenen Adsorber umgeleitet. Aufgrund des Konzentrationsprofils bleibt ein Teil Adsorbensmasse ungenutzt. (Theoretisch könnte bis $t = t_S$ beladen werden.) Je flacher das Profil verläuft, desto besser wird das Adsorptionsmittel ausgenutzt. Zu einem beliebigen Zeitpunkt $t < t_D$ liegen nach dem *Zonenmodell* [4.39] im Adsorber drei Zonen vor:
☐ eine beladene Zone GZ (Adsorbens ist mit Adsorptiv gesättigt),

AZ	Adsorptionszone
FZ	Zone unverbrauchten Adsorbens
GZ	Zone mit an Adsorptiv gesättigten Adsorbens
t_D	Zeit des Durchbruchs
t_S	Zeit der an Adsorptiv gesättigten Adsorbensmasse
z	Breite der Adsorptionszone
Z_{eff}	insgesamt erforderliche Schütthöhe des Adsorbers
X_G	Gleichgewichtsbeladung des Adsorptivs auf dem Adsorbens

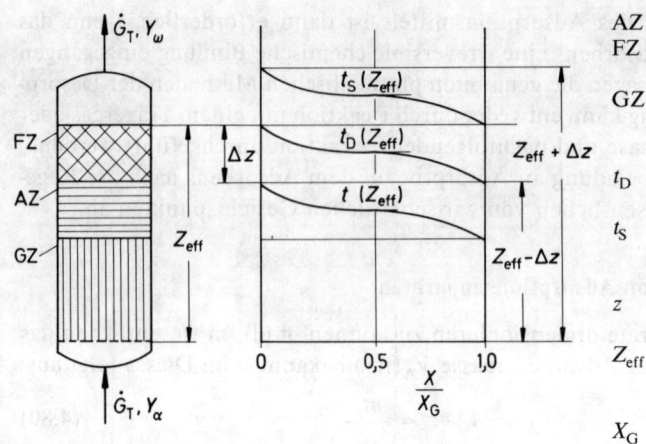

Bild 4.41 Zum Verlauf der Adsorptionszone in einem Festbettadsorber

□ eine unbeladene Zone FZ (es liegt frisches, unbeladenes Adsorbens vor),
□ eine Zone AZ, in der gerade das Adsorbens mit Adsorptiv beladen wird. Diese Zone nennt man Adsorptionszone.

Die Zonen entsprechen stets bestimmten Schichthöhen des Adsorbens. Zum Zeitpunkt des Durchbruchs ($t = t_D$) hat sich die *Adsorptionszone* mit der Wanderungsgeschwindigkeit w_A bis zum Ausgang des Adsorbers verschoben.

Länge Δz der Adsorptionszone und Konzentrationsprofil sind vom Verhältnis Strömungs- zu Stofftransportgeschwindigkeit, von den Betriebsbedingungen und von den Adsorbenseigenschaften (Porosität, Schüttdichte) abhängig. Sind beide meist durch Messung bekannt, so kann die insgesamt erforderliche Schütthöhe Z_{eff} eines Adsorbers bestimmt werden.

Die *Bilder 4.41 und 4.42* zeigen die Vorgehensweise bei der Ermittlung der erforderlichen Schütthöhe Z_{eff}.

Die Länge der Adsorptionszone Δz ist

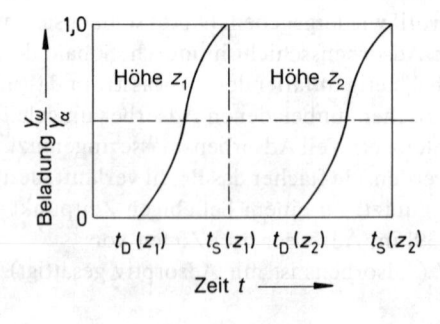

$$\Delta z = w_A \cdot (t_S - t_D) \qquad (4.92)$$

Bild 4.42 Zur Vorausberechnung der Schütthöhe Z_{eff} (Durchbruchskurven eines Adsorbers)

($t_S - t_D$) ist die Zeit zwischen Durchbruch und Sättigung des Adsorbers bei der Höhe Z_{eff}. w_A kann aus der Messung der Durchbruchskurven $Y_\omega/Y_\alpha = f(t)$ nach zwei verschiedenen Adsorberlängen z_1 und z_2 wie folgt ermittelt werden:

$$w_A = \frac{z_2 - z_1}{t_D(z_2) - t_D(z_1)} \quad (4.93)$$

Unter Annahme eines symmetrischen Konzentrationsprofils gilt für die insgesamt erforderliche Länge der Adsorbensschüttung:

$$Z_{eff} = z + \tfrac{1}{2}\Delta z \quad (4.94)$$

(in Praxis Δz = (0,1 bis 0,5) m).

Die Durchbruchskurve stellt die zeitliche Abhängigkeit der Schadstoffkonzentration in der den Adsorber verlassenden Abluft nach Durchbruch des Adsorbers dar. Ihr Verlauf geht spiegelbildlich aus dem Konzentrationsprofil bei der Adsorption hervor. Verläuft sie steil *(Bild 4.42)*, so ist die Länge der Adsorptionszone entsprechend kurz.

Man wertet diese Gleichungen bei verschiedenen Strömungsgeschwindigkeiten des Abgases aus. Bei der Übertragung der Meßergebnisse vom Laboradsorber auf den technischen Apparat gilt als Ähnlichkeitsbedingung gleiche lineare Strömungsgeschwindigkeit. In technischen Anlagen haben sich Strömungsgeschwindigkeiten von 0,1 bis 0,4 m/s (bezogen auf den freien Querschnitt) bewährt.

4.4.5 Adsorption mit Aktivkohle

4.4.5.1 *Entfernung von organischen Lösungsmitteln*

Die breiteste Anwendung hat die Aktivkohle bei der Entfernung von Lösungsmitteldämpfen aus Abluftströmen gefunden *(Tabelle 4.17)*. Abtrennung und Wiedergewinnung der Lösungsmittel ist für viele Industrien von entscheidender wirtschaftlicher Bedeutung. Die Lösungsmittel verdunsten, bedingt durch relativ hohe Dampfdrücke, an den verschiedenen Verarbeitungsstellen, z.B. an Tiefdruckmaschinen. Sie werden dort mittels Gebläse mit großen Luftmengen abgesaugt und der Rückgewinnungsanlage zugeführt. Diese Luftmengen sind erforderlich, um a) den MAK-Wert an der Einsatzstelle sicherzustellen, b) bei zündfähigen Lösemittel-Dampf-Luft-Gemischen unterhalb der unteren Explosionsgrenze zu bleiben *(Tabelle 4.1)*.

Die Arbeitsweise einer Adsorptionsanlage zur Luftreinhaltung und Lösungsmittelrückgewinnung wird in *Bild 4.43* wiedergegeben. Diese können wir in vier Schritten zusammenfassen:

a) Beladen des Adsorbers

Die lösemittelhaltige Abluft strömt von unten nach oben durch einen oder mehrere mit Aktivkohle gefüllte Adsorber. Dabei adsorbiert die Feststoffoberfläche

Bild 4.43 Fließschema einer Adsorptionsanlage zur Lösemittelrückgewinnung

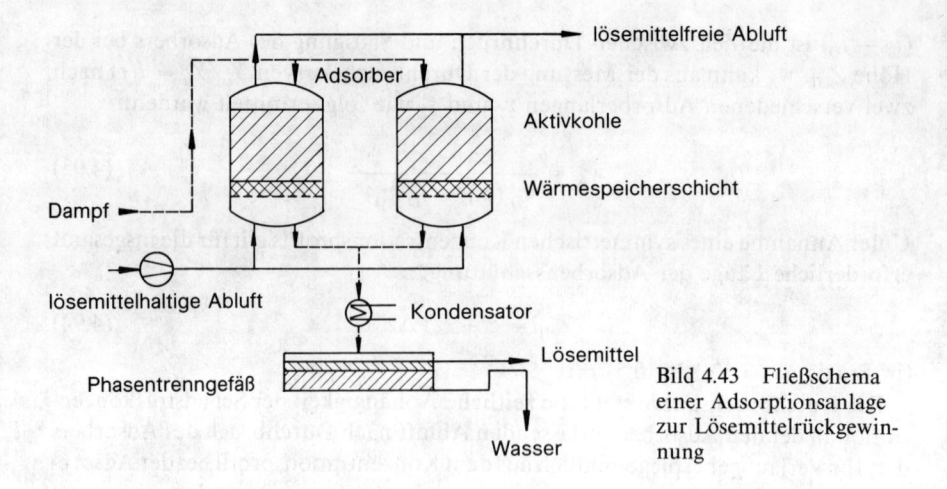

Tabelle 4.17 Anwendung der Aktivkohle in der Lösemittelrückgewinnung

Arbeitsbereich (Prozeß)	Lösemittel
Gummi-, Klebstoffindustrie, Tiefdruckerei	Benzol, Toluol, Xylol, Benzine
Faser-, Film-, Folienherstellung	Methylenchlorid, Methanol, Aceton, Alkohole
Beschichtungs-, Kunststoffindustrie	Ester, Alkohole, Ketone, Kohlenwasserstoffe, Tetrahydrofuran (THF)
Chemischreinigung	Trichloräthylen, Perchloräthylen, Tetrachlorkohlenstoff

das in der angesaugten Luft dampfförmig enthaltene Lösungsmittel stetig bis zum Durchbruch. Sobald dieser erreicht ist, d.h. ein Meßgerät in der den Adsorber verlassenden Abluft eine festgelegte Grenzkonzentration anzeigt, erfolgt die Umschaltung des Abluftstromes auf einen zweiten, unbeladenen Adsorber.

b) Regenerieren (Desorbieren) des Adsorbers

Zum Regenerieren wird meist Wasserdampf in den Adsorber eingeblasen. Dieser durchströmt die Aktivkohle von oben nach unten und treibt das adsorbierte Lösungsmittel dampfförmig aus. Das hierbei anfallende Gemisch aus Wasser- und Lösungsmitteldampf wird nach Verflüssigung in einem Kondensator bei wasserunlöslichen Lösungsmitteln dem Phasentrenngefäß zugeführt. Aufgrund ihrer unterschiedlichen Dichte scheiden sich Wasser und Lösungsmittel ab und werden dem Apparat als getrennte Phasen entnommen.

```
                    ┌─────────────────────┐
                    │  Aufbereitung von   │
                    │    Lösemitteln      │
                    └──────────┬──────────┘
          ┌────────────────────┼────────────────────┐
┌─────────┴─────────┐ ┌────────┴──────────┐ ┌───────┴────────────┐
│ wasserlöslich,    │ │ teilweise wasser- │ │ wasserunlöslich    │
│ (Aceton, Äthanol, │ │ löslich (Alkohol/ │ │ (Toluol, Benzin,   │
│ THF, DMF)         │ │ Toluol MEK,       │ │ Hexan, Xylol,      │
│                   │ │ Äthylacetat)      │ │ Chlorkohlenwasser- │
│                   │ │                   │ │ stoff)             │
└─────────┬─────────┘ └────────┬──────────┘ └───────┬────────────┘
┌─────────┴─────────┐ ┌────────┴──────────┐ ┌───────┴────────────┐
│ Destillation      │ │ Anreicherungs-    │ │ Abscheidung        │
│ (Rektifikation)   │ │ Kondensation und  │ │ (Phasentrennung)   │
│                   │ │ Destillation      │ │                    │
└───────────────────┘ └───────────────────┘ └────────────────────┘
```

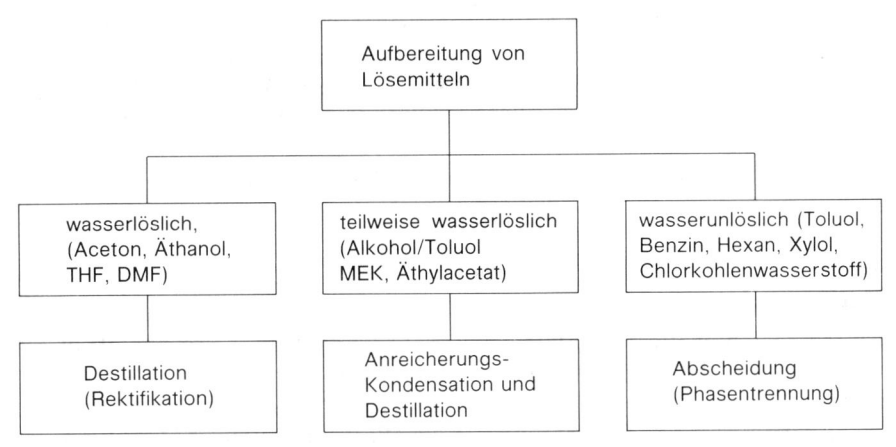

Bild 4.44 Rückgewinnung von Lösemitteln

c) Trocknen des Adsorptionsmittels
Durch das Regenerieren belädt sich die Aktivkohle mit Wasserdampfkondensat. Dieses wird meist durch das Prozeßgas wieder entfernt, wobei die Aktivkohle getrocknet wird. (Die Wärmespeicherschicht nimmt die bei der Adsorption frei werdende Adsorptionswärme auf.)

d) Kühlen des Adsorptionsmittels
Zu Beginn einer erneuten Beladung wird die Aktivkohle meist mit Hilfe des Prozeßgases auf Adsorptionstemperatur gekühlt.
  Unter den Schritten b), c) und d) versteht man im wesentlichen die Regeneration des Adsorptionsmittels. Im Gegensatz zu früher (4-Adsorber-Anlage der Fa. Bayer) werden sie heute in einem Adsorber durchgeführt.
  Zu einer Adsorptionsanlage zur Lösungsmittelrückgewinnung gehören also ein oder mehrere Adsorber zum Beladen und ein Adsorber zum Regenerieren.
  Die Art der Regeneration und ihre Wirtschaftlichkeit hängt wesentlich von den Eigenschaften des Lösungsmittels, insbesondere von seiner Wasserlöslichkeit ab. *Bild 4.44* gibt dazu einen Überblick.
  Die einfachste und wirtschaftlichste Methode der Aufarbeitung von Lösungsmitteln ist das oben beschriebene Verfahren mit Abzug des Lösungsmittels aus einem Phasentrenngefäß. Es ist nur bei vollständig wasserunlöslichen Lösungsmitteln anwendbar. Zur Trennung völlig wasserlöslicher Lösungsmittel, wie z.B. Azeton, Äthanol usw., muß die Anlage mit einer Rektifizierkolonne ausgerüstet werden. Das wasserfreie Lösungsmittel wird als Kopfprodukt der Kolonne entnommen und dem Verarbeitungsprozeß wieder zugeführt. Bei teilweise mit Wasser mischbaren Lösungsmitteln wie z.B. Äthylacetat oder Methyläthylketon MEK kann das Lösungsmittel durch die sog. *Anreicherungskondensation* wasserfrei gemacht werden. Die organischen Komponenten werden in einem Zwischenbe-

hälter, der zwischen Adsorber und Kondensator angeordnet ist, durch Desorptionsdampf abgetrieben. Danach muß das Gemisch teilweise noch rektifiziert werden.

Die Rückgewinnung von Lösungsmitteln durch oben beschriebene Aufarbeitungsmethoden gilt als wirtschaftliches Abluftreinigungsverfahren. Bei den meisten gängigen Lösungsmitteln kann sogar ab etwa 5 g/m^3 Lösemittelkonzentration in der Abluft ein Gewinn erzielt werden. In der Praxis liegen die Konzentrationen zwischen 2 und 20 g/m^3.

4.4.5.2 Entfernung von Geruchs- und Giftstoffen

Während Giftstoffe, wie beispielsweise Phosgendampf oder Kohlenmonoxid, in der Luft Gefahren für die Gesundheit darstellen, werden die Geruchsstoffe meist als störend und belästigend empfunden [4.40]. Um sie beide durch Adsorption wirksam abzutrennen, müssen sie quantitativ und qualitativ erfaßt werden. Aufgrund der sehr kleinen Konzentrationen, im allgemeinen unter 1 g/m^3 (bei Merkaptanen unter 1 mg/m^3), in denen sie in der Abluft auftreten, liegen sie weit unter der meßtechnischen Nachweisgrenze. Daher hat man mit Hilfe des Geruchseindrucks verschiedener Personen *Geruchsschwellenwerte* definiert (siehe Abschnitt 4.1.1). Es ist diejenige Verdünnung der mit Geruchsstoffen beladenen Luft durch eine nicht riechende Luft, bei der der Geruchseindruck verschwindet. *Tabelle 4.18* gibt einige Arbeitsbereiche wieder, in denen Geruchsstoffemissionen auftreten.

Die Geruchsträger in der Abluft treten meist nicht als Einzelstoffe, sondern als komplexe Stoffgemische auf; z.B. enthält die Abluft einer Kaffeeröstanlage u.a. Pyridin, Acetaldehyd, Furfurol und H$_2$S. In *Tabelle 4.19* sind Einzelkomponenten einer Abluft aus einem Schweinemastbetrieb aufgeführt.

Tabelle 4.18 Arbeitsbereiche und Geruchsschwellenwerte von Geruchsstoffen

Arbeitsbereich	Geruchsstoff	Chemische Formel	Geruchsschwellenwert bei 20 °C, 1013 mbar, mg/m^3
Fischmehlfabriken	Trimethylamin Ammoniak	$N(CH_3)_3$ NH_3	0,005 3,55
Ölraffinerien	Äthylmerkaptan	C_2H_5SH	0,00064
Tierkörperverwertung	Buttersäure Valeriansäure	C_3H_7COOH C_4H_9COOH	0,00016 0,0032
Pharmaindustrie Filmherstellung	Pyridin; Phenol Schwefelkohlenstoff, Schwefelwasserstoff	C_6H_5N; C_6H_5OH CS_2 H_2S	0,0082; 1,1 0,2565

Tabelle 4.19 Geruchsstoffe und ihre Konzentrationen in der Abluft eines Schweinemastbetriebes [4.41]

Geruchsstoff	Konzentration mg/m^3
Ammoniak	18
Schwefelwasserstoff	0,004
Phenol	0,005
p-Kresol	0,040
Essigsäure	6,7
Propionsäure	1,1
Buttersäure	0,70
n-Valeriansäure	0,08
n-Capronsäure	0,01
Caprylsäure	0,005
Pelargonsäure	0,004

Da nur unzureichend Art, Anzahl und Konzentration der Komponenten bekannt sind, sind Geruchsschwellenwerte reiner Stoffe nahezu ohne Aussagekraft. Außerdem streuen sie in der Literatur um mehrere Zehnerpotenzen. Zur Vereinfachung hat man stellvertretend für ein Gemisch aus verschiedenen Geruchsstoffen sog. Leitkomponenten gebildet, z.B. bei Ölraffinerien die Merkaptane, bei Fischmehlfabriken die Amine und bei Tierkörperverwertungsanstalten (TKV) Fettsäuren und Amine.

Auch hier ist wie bei den vorangegangenen Verfahren die Auswahl einer geeigneten Aktivkohle wichtig. Die anzureichernden Stoffe können einerseits physikalisch adsorbiert werden, andererseits werden die Stoffe mittels einer imprägnierten Aktivkohle an der Adsorbensoberfläche katalytisch oder chemisch umgesetzt. Die Imprägnierung wird mit organischen und anorganischen Salzen durchgeführt; z.B. werden die Merkaptane an alkalisch imprägnierter Aktivkohle zu Disulfiden oxidiert und können als solche entfernt werden. Eine Wiederaufbereitung der beladenen Aktivkohle ist prinzipiell möglich, aus wirtschaftlichen Gründen wird sie jedoch meist verworfen, z.B. dadurch, daß man sie einer Verbrennung zuführt.

In diesem Zusammenhang soll ein spezielles Adsorptionsverfahren, das sog. *Adsox-Verfahren* besprochen werden [4.42]. Hierbei handelt es sich um eine Kombination von Adsorption organischer, meist geruchsbelästigender Stoffe an Aktivkohle und ihre nachfolgende Vernichtung durch Oxidation (Adsox). *Bild 4.45* zeigt den Verfahrensablauf.

Ein großer Abluftstrom, beladen mit einer kleinen Konzentration an organischen Dämpfen, durchströmt den Aktivkohleadsorber. Nach Beladung bis zum Durchbruch wird der Adsorber vom Abluftstrom abgeschaltet und der Regeneration zugeführt. Dazu wird durch Verbrennen von Erdgas oder Erdöl ein kleiner, heißer Inertgasstrom erzeugt, der die adsorbierten Stoffe aus der Aktivkohle

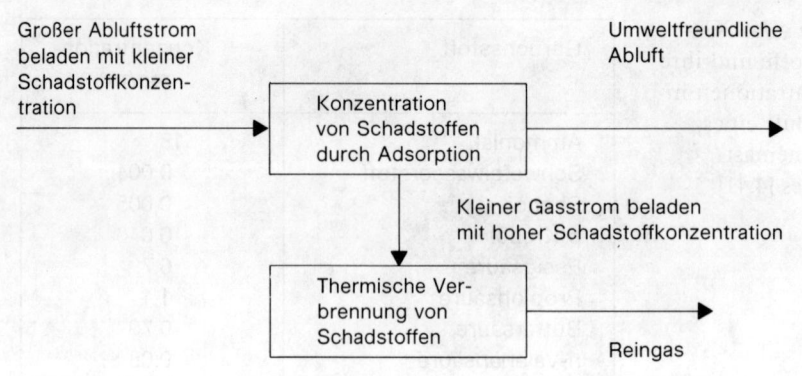

Bild 4.45 Schema des Verfahrensablaufs des Adsox-Verfahrens [4.43]

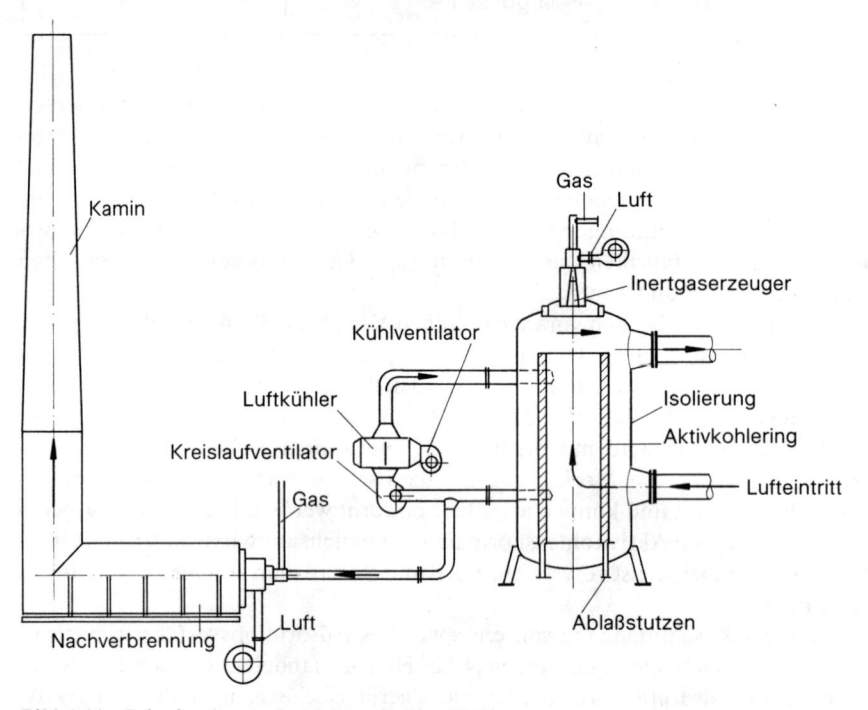

Bild 4.46 Prinzipschema der Adsox-Anlage [4.43]

desorbiert und sie zu einer thermischen Verbrennungsanlage trägt. Dieser Inertgasstrom beträgt nur etwa $1/20$ des Rohgasstroms, so daß die Verbrennungsanlage entsprechend klein dimensioniert werden kann. Außerdem liegen die Schadstoffe bei der Desorption aus der Aktivkohle konzentriert vor. Ein Zahlenbeispiel möge dies verdeutlichen: Liegt die Rohgaskonzentration an organischen Schadstoffen vor dem Adsorber bei 10 mg/m³, so kann diese nach der Adsorption im Inertgasstrom mehr als 100 g/m³ betragen. Daher ist es möglich, die Verbrennung fast ohne äußere Wärmezufuhr zu betreiben.

Anwendung findet das Adsox-Verfahren besonders dann, wenn große Abluftströme mit Schadstoffkonzentrationen im mg-Bereich wie geruchsbeladene Abluft behandelt werden sollen. *Bild 4.46* zeigt die technische Ausführung einer Adsox-Anlage der Firma CEAG [4.43]. Die Aktivkohle befindet sich in einer Ringschicht von 0,5 bis 1 m Stärke. Diese wird von innen nach außen durchströmt, wobei Beladungen bis zu 50 Mass.-% der Aktivkohle erreicht werden können.

Bisher wurden Adsox-Anlagen vorwiegend zur Abscheidung übelriechender Geruchsträger, z.B. aus der Abluft von Fischmehlfabriken, TKV, Küchenbetrieben und Kläranlagen, eingesetzt.

4.4.5.3 Entschwefelung von Abgasen

Bei der Adsorption der schwefelhaltigen Stoffe SO_2, H_2S und CS_2 nutzt man die katalytische Wirksamkeit der Aktivkohle. Diese wird durch gezielte Imprägnierung mit entsprechenden Stoffen, wie z.B. Jod, noch verstärkt. Die dann auf der Oberfläche der Aktivkohle ablaufenden Reaktionen führen zu den verwertbaren Endprodukten Elementarschwefel und Schwefelsäure.

Tabelle 4.20 gibt wichtige Entschwefelungsverfahren wieder. An dieser Stelle sollen zwei Prozesse der Entschwefelung von Abgasen näher erläutert werden, das

Tabelle 4.20 Adsorptionsverfahren zur Entschwefelung von Abgasen

Verfahren	Einsatzbereich	Adsorbens	Chemische Reaktion
Sulfosorbon (Lurgi)	Kunstfaserindustrie (Viskose)	weitporige A-Kohlejod	$H_2S + \frac{1}{2} O_2 \rightarrow H_2O + S$
Thiocarb (Davy Bamag)		engporige A-Kohle	$CS_{2,Gas} \rightarrow CS_{2,ads.}$
Sulfreen (Lurgi)	Schwefelherstellung (Claus-Anlagen)	weitporige A-Kohle — Alkalisilikat	$2 H_2S + SO_2 \rightarrow 3 S + 2 H_2O$
Sulfacid (Lurgi)	Schwefelsäureherstellung	A-Kohle — Metallkatalysator	$SO_2 + \frac{1}{2} O_2 + H_2O \rightarrow H_2SO_4$
Bergbauforschung (BF-Verfahren)	Feuerungstechnik	Aktivkoks	

Sulfosorbon-Verfahren der Firma Lurgi und das *BF-Verfahren* der Bergbauforschung. Die anderen Verfahren sind aus der Literatur hinreichend bekannt [4.31], [4.44], [4.45], [4.46].

Das Sulfosorbon-Verfahren dient der Abluftreinigung bei der Zellwolleherstellung in Viskosefabriken. Dort fallen erhebliche Mengen der giftigen Schadstoffe CS_2 und H_2S an. An den Verarbeitungsstellen müssen diese Stoffe mit großen Luftmengen abgesaugt werden, da

1. die MAK-Werte mit Sicherheit zu unterschreiten sind (30 mg/m^3 bei CS_2, 15 mg/m^3 bei H_2S, jeweils bei 20 °C) und
2. die Abluftkonzentrationen unterhalb der unteren Explosionsgrenze liegen müssen (bei ca. 75% UEG).

Je Tonne Produkt fallen etwa 100 000 m^3 Abluft an. Die Schadstoffkonzentrationen schwanken je nach Viskoseprodukt bei CS_2 zwischen 1,5 und 15 g/m^3, bei H_2S zwischen 0,15 und 2 g/m^3.

Früher entfernte man den Schwefelwasserstoff durch eine alkalische Wäsche, anschließend strömte die Abluft durch einen Aktivkohleadsorber, in dem der Schwefelkohlenstoff zurückgewonnen wurde. Diese Verfahrensweise war wegen verschiedener Probleme – Abwasserreinhaltung und Oxidation des H_2S zu Schwefelverbindungen – nicht befriedigend. Heute wird die Entfernung der beiden Stoffe in einem Adsorber durchgeführt. Dieser enthält beim Sulfosorbon-Verfahren der Firma Lurgi übereinander angeordnet zwei unterschiedliche Aktivkohleschichten *(Bild 4.47)* [4.47]. Das H_2S wird an der unteren, weitporigen, mit Jod imprägnierten Aktivkohle adsorbiert und katalytisch zu Elementarschwefel umgesetzt. Der Schwefel kann auf der Aktivkohleoberfläche bis zu 100% des Kohlegewichts angereichert werden. Die Regeneration dieser mit Schwefel beladenen Schicht wird durch Extraktion mit CS_2 durchgeführt. Der CS_2-Anteil in der Abluft wird in der oberen, darüber befindlichen Schicht entfernt. Die Adsorption erfolgt an einer engporigen Aktivkohle rein physikalisch. Nach Durchbruch der ersten Schwefelkohlenstoffspuren wird in bekannter Weise durch Ausdämpfen mit Wasserdampf regeneriert. Das Gemisch aus Wasserdampf und CS_2 wird sodann in einem Kondensator verflüssigt und über einen Kühler in einem Abscheider (Separator) voneinander getrennt. Die Gewinnung des Schwefels aus der unteren Schicht erfolgt erst nach einer größeren Anzahl CS_2-Adsorptions- und Desorptionsschritten in der oberen Schicht. Schwefel und Schwefelkohlenstoff werden durch Destillation getrennt. Der Schwefelkohlenstoff wird wieder für weitere Extraktionen eingesetzt.

Sulfosorbon-Anlagen haben sich im Betrieb bei Abgasströmen bis zu 500 000 m_N^3/h bewährt. Dabei werden Restgehalte nach der Adsorption von 50 bis 100 mg/m^3 an CS_2 und 1 bis 10 mg/m^3 an H_2S erzielt.

Das Verfahren der Bergbauforschung (BF-Verfahren) wurde in Zusammenarbeit mit der Deutschen Babcock AG in Oberhausen entwickelt [4.31], [4.48]. Es dient der Reinigung von SO_2-haltigen Feuerungsabgasen, die von thermischen Kraftwerken ausgestoßen werden. Diese erzeugen sehr große Abgasmengen; z.B. fallen bei einem 600-MW-Steinkohlenkraftwerk ca. 2 Mio. m_N^3/h Abgas je Stunde

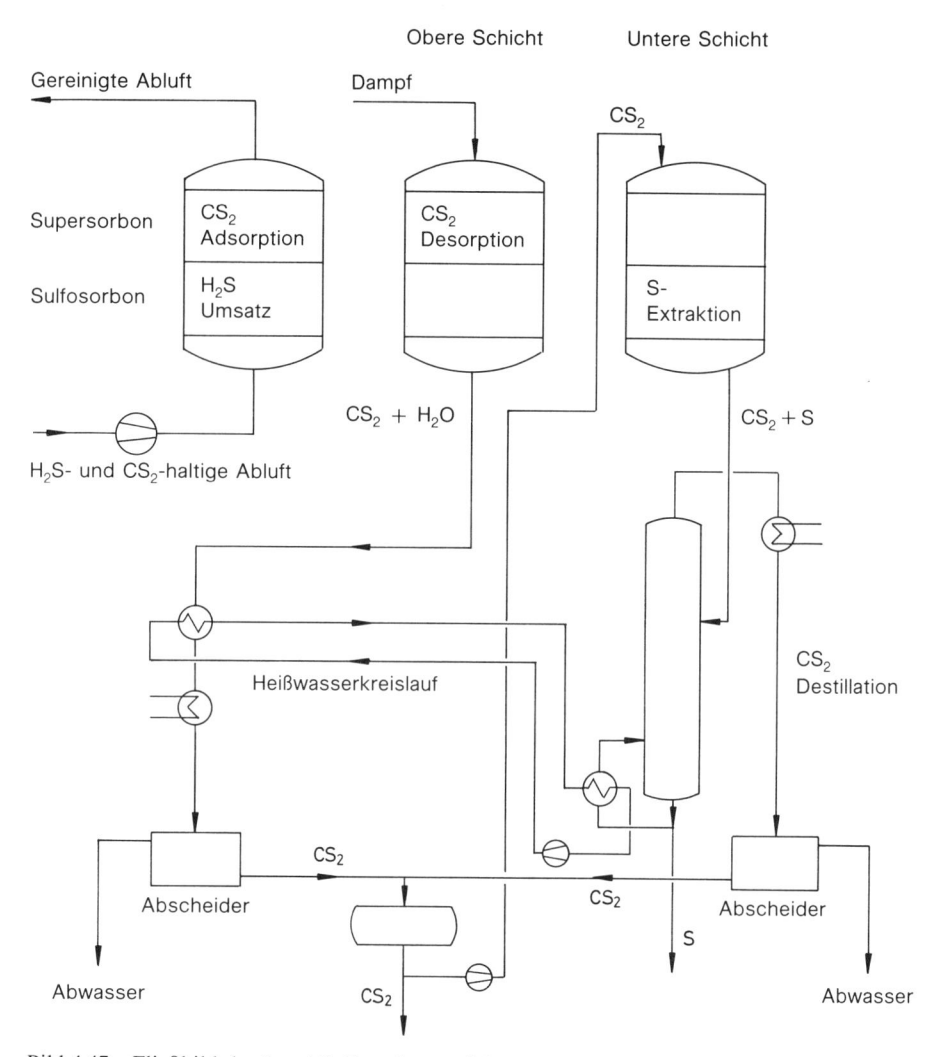

Bild 4.47 Fließbild des Lurgi-Sulfosorbonverfahrens zur Entschwefelung von Abgasen

mit einem SO_2-Gehalt von 0,05 bis 0,5 Vol.-% an. Bedingt durch den höheren Staubanteil und die kleinere SO_2-Konzentration im Vergleich zu den Industrieabgasen wurde eine Vielzahl von Verfahren der trockenen Abscheidung durch Adsorption von SO_2 entwickelt.

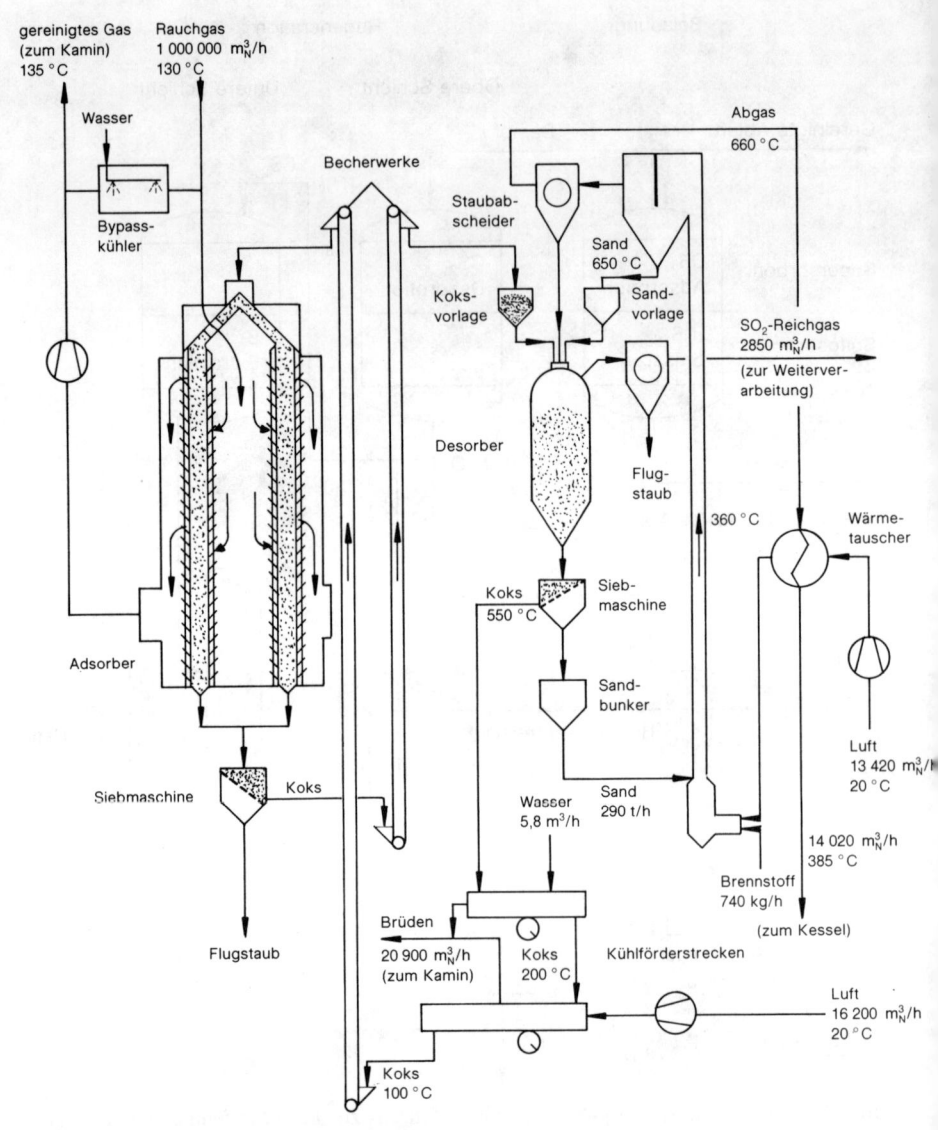

Bild 4.48 Fließschema einer Rauchgasentschwefelungsanlage nach dem BF-Verfahren [4.49]

Bild 4.48 zeigt das Fließschema des BF-Verfahrens. Kernstück der Anlage ist der querangeströmte Wanderschichtreaktor. Adsorptionsmittel ist ein speziell entwickelter Aktivkoks, der sich durch große Beladefähigkeit, gute mechanische Festigkeit und hohe Zündtemperatur auszeichnet. Die Rauchgase durchströmen den als Rundsilo ausgeführten Adsorber von innen nach außen, wobei das SO_2 im Kokswanderbett zu 80 bis 95% abgeschieden wird. Ein Gebläse fördert die gereinigten Rauchgase ohne Zwischenaufheizung zum Kamin. Der Aktivkoks durchwandert den Adsorber von oben nach unten und wird von jalousieartig angeordneten Blechen geführt. Diese sind so ausgebildet, daß der mit dem Rauchgas eingetragene Flugstaub keine Schwierigkeiten bereitet. Der beladene Koks kann geregelt abgezogen und in einer Siebmaschine vom Staub getrennt werden. Über ein Becherwerk gelangt er dann zur Desorption. Diese wird mit heißem Sand bei Temperaturen zwischen 500 und 650 °C ausgeführt. Das dabei anfallende SO_2-Reichgas mit einer Konzentration von 25 bis 30 Vol.-% wird einer separaten Weiterverarbeitungsanlage zugeführt. Nach Trennung des Kokses vom Sand wird der heiße Koks auf etwa 100 °C abgekühlt und der Adsorption wieder zugeführt. Der Sand gelangt in eine Sandförderstrecke und wird dort auf die Desorptionstemperatur aufgeheizt.

Seit Januar 1975 entschwefelt eine auf dem Gelände des STEAG-Kraftwerkes Kellermann bei Lünen betriebene Prototypanlage stündlich 150 000 m_N^3 Rauchgas nach dem BF-Verfahren. In Planung befindet sich eine industrielle Anlage mit etwa 10fachen Abmessungen. Dort soll eine Rauchgasmenge von 1,25 Mio. m_N^3 stündlich von SO_2 gereinigt werden.

4.4.6 Bauformen von Adsorptionsapparaten

Die Adsorption als Gasreinigungsverfahren kann in einem Festbett wie auch in einem Bewegtbett durchgeführt werden.

Die *Festbettadsorption* läuft absatzweise ab. Wie bereits dargelegt, durchströmt eine Adsorptionsfront den Adsorber. Bei Ankunft dieser Front am Adsorberende wird der Adsorptionsvorgang abgebrochen. Um laufend anfallendes Gemisch adsorbieren zu können, wird gleichzeitig ein zweiter unbeladener Adsorber zur weiteren Adsorption eingeschaltet (siehe Abschnitt 4.4.5.1). Für einen kontinuierlichen Betrieb müssen mindestens zwei Apparate parallel geschaltet werden, die wechselseitig als Adsorptions- und Desorptionsapparate arbeiten. Als Bauart haben sich im wesentlichen drei verschiedene Festbettadsorber bewährt [4.50]:

Bild 4.49 zeigt einen Adsorber als stehenden Behälter, in dem das Adsorbens auf einem Verteilungsboden als Tragrost ruht. Außerdem enthält er eine Wärmespeicherschicht. Diese erwärmt sich bei der Regenerierung durch den Dampf. Später gibt sie ihre Wärme an die zum Trocknen des Adsorbens einströmende Luft wieder ab. Die Abluft strömt von unten nach oben und der Spüldampf entgegengesetzt durch den Adsorber. Die Schütthöhe des Adsorbens kann bis zu 3 m betragen.

Für größere Adsorptionsanlagen verwendet man liegende Zylinder als Adsorber *(Bild 4.50)*. Sie zeichnen sich durch geringere Schütthöhen aus. Das Volumen der

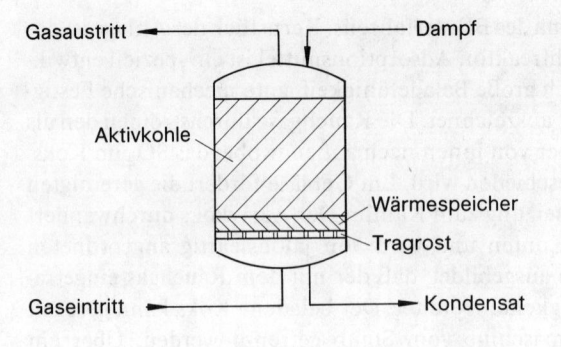

Bild 4.49 Festbettadsorber als stehender Behälter

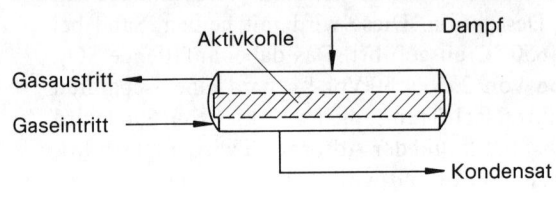

Bild 4.50 Festbettadsorber als liegender Behälter

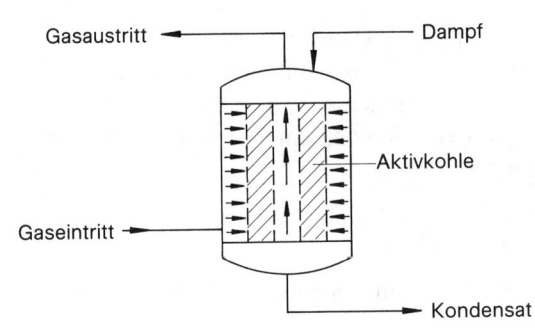

Bild 4.51 Festbettadsorber mit ringförmig angeordneter Adsorbensschüttung

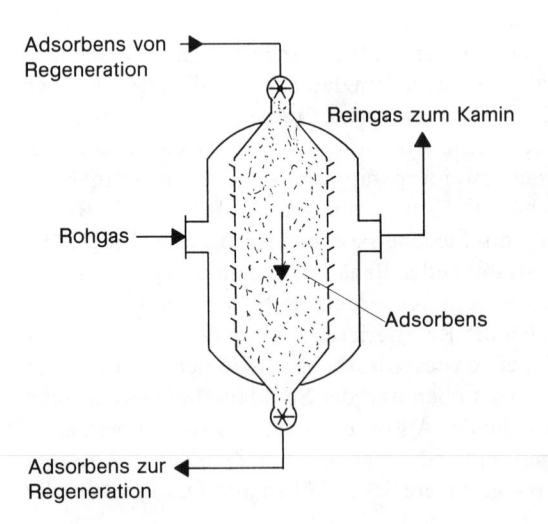

Bild 4.52 Bewegtbettadsorber mit quer angeströmter Wanderschicht

Adsorbensfüllung kann je Apparat bis zu etwa 100 m³ betragen. Es ist Wert darauf zu legen, daß die Abluft wie auch der Desorptionsdampf die Adsorbensschüttung gleichmäßig anströmen.

In *Bild 4.51* ist das Adsorptionsmittel in einem ringförmigen Raum verteilt. Das Abgas durchströmt senkrecht zum Ringspalt den Adsorber. Der Apparat dient vorzugsweise der Behandlung großer Abluftmengen mit kleinen Schadstoffkonzentrationen, wie z.B. der Abscheidung von Geruchsstoffen aus Abluftströmen (siehe Adsox-Verfahren, Abschnitt 4.4.5.2).

Bei der Reinigung staubhaltiger Abgase benutzt man in einigen Fällen *Bewegtbettadsorber*. Hier wird mit Adsorbenskreislauf und getrennten Apparaten für Adsorption und Desorption gearbeitet. Das Adsorptionsmittel wird im Kreislauf kontinuierlich durch Belade- und Regenerierzone der Anlage geschleust. *Bild 4.52* zeigt eine typische Bauart eines Bewegtbettadsorbers; einen Wanderschichtreaktor, wie er für die Entschwefelung staubhaltiger Abgase eingesetzt wird (siehe BF-Verfahren, Abschnitt 4.4.5.3). Das Abgas durchströmt senkrecht zur Wanderrichtung des Adsorptionsmittels den Adsorber und wird dabei von gas- und feststoffhaltigen Schadstoffen befreit.

4.5 Oxidationsverfahren

4.5.1 Begriff, Verfahrensschema, Verfahrensbeispiele

Die Oxidationsverfahren haben die Aufgabe, brennbare, umweltschädliche Bestandteile in Abluft- und Abgasströmen durch Oxidation in nicht giftige oder belästigende Stoffe umzuwandeln. Die Abgasbestandteile sind im wesentlichen organische Verbindungen, bestehen also aus den Elementen C, H und O. Gemäß der chemischen Reaktionsgleichung

$$C_mH_n + (m + n/2)\, O_2 \rightarrow m\, CO_2 + n/4\, H_2O$$

entstehen als Verbrennungsprodukte überwiegend CO_2 und H_2O. Verläuft die Verbrennung unvollständig, so können als Nebenprodukte beispielsweise auch CO und Formaldehyd auftreten. Das Rauchgas, das durch die Abgasverbrennung entsteht, kann auch anorganische Stoffe enthalten; z.B. werden bei der Müllverbrennung Halogenwasserstoffe, S-haltige und N-haltige Verbindungen gebildet. Diese müssen dann einer weiteren Reinigung, beispielsweise einer Rauchgaswäsche, zugeführt werden.

Die Verbrennung kann rein thermisch oder katalytisch mit Hilfe eines Katalysators durchgeführt werden. Die VDI-Richtlinien 2441, 2442 [4.51], [4.52] definieren die beiden Verfahren wie folgt:

Die *thermische (TNV)* bzw. *katalytische Nachverbrennung (KNV)* ist eine thermisch bzw. unter Einsatz eines Katalysators eingeleitete Verbrennung gasförmiger, flüssiger oder auch fester Abfallstoffe, die aus der Sicht des Umweltschutzes

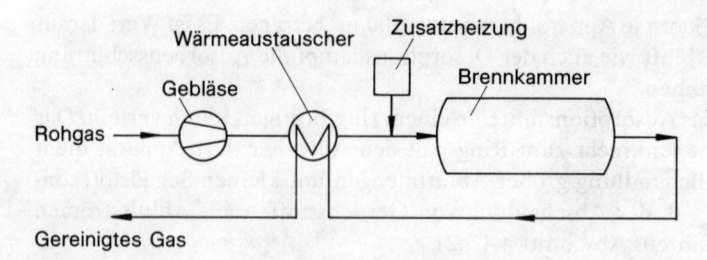

Bild 4.53 Verfahrensschema einer thermischen Verbrennungsanlage

als mehr oder weniger giftige Schadstoffe für den Menschen oder seine natürliche Umgebung gelten.

Bild 4.53 zeigt das Verfahrensschema einer *thermischen Nachverbrennungsanlage*. Diese besteht im wesentlichen aus Brennkammer, Brennersystem und Wärmeaustauscher. Die z.B. aus einer Beschichtungsanlage mit Schadstoffen austretende Abluft wird über ein Gebläse und einen Wärmeaustauscher der Brennkammer zugeführt. Eine Zusatzheizung führt der zu reinigenden Abluft so viel Wärmeenergie zu, daß diese bei Eintritt in die Brennkammer die erforderliche Zündtemperatur aufweist. Die dann ablaufende Verbrennung findet abhängig von Art und Menge der Schadstoffe bei Temperaturen zwischen 700 und 900 °C statt. Die Brennstoffzufuhr der Zusatzheizung gleicht betriebliche Schwankungen aus und regelt die Brennkammertemperatur.

Bild 4.54 zeigt das Verfahrensschema einer *katalytischen Nachverbrennungsanlage*. Die Brennkammer der TNV ist durch einen mit Katalysator gefüllten Kontaktofen ersetzt. Nach Erreichen der erforderlichen Zündtemperatur (Anspringtemperatur des Katalysators) verbrennen die Schadstoffe an der Oberfläche des Katalysators zwischen 350 und 450 °C. Die *Katalysatoren* selbst sind Stoffe mit großer spezifischer Oberfläche: sie vermögen die Reaktion in Gang zu setzen, sie können Reaktionen beschleunigen oder in bestimmte Richtungen lenken, ohne selbst an ihr teilzunehmen. Ihr Einsatz bedingt eine Herabsetzung der für die Reaktion erforderlichen Aktivierungsenergie. Die Folge ist eine um fast die Hälfte niedrigere Reaktionstemperatur als bei der thermischen Nachverbrennung [4.53], [4.54].

In *Tabelle 4.21* sind einige Beispiele für den Einsatz der Nachverbrennung als Gasreinigungsverfahren zusammengestellt. Im wesentlichen sind es Geruchsträ-

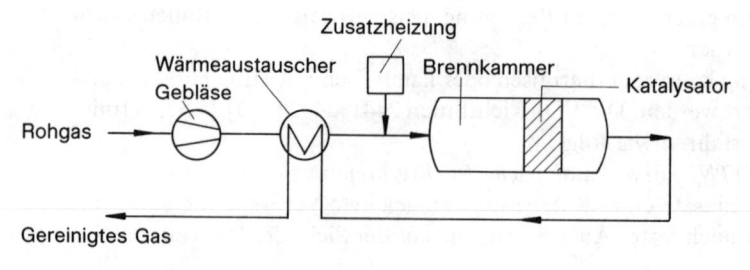

Bild 4.54 Verfahrensschema einer katalytischen Verbrennungsanlage

Tabelle 4.21 Einsatzgebiete von Oxidationsverfahren

Einsatzgebiet	Emittierte Schadstoffe		Temperatur-erhöhung durch Verbrennung °C
	Art	Konzentration g/m_N^3	
Lacktrocknung	Lösemittel	0,5 bis 15	20 bis 400
PVC-Verarbeitung	Weichmacher	1 bis 2	40
Kläranlagen	Amine, Merkaptane, Schwefelwasserstoff	sehr gering	kaum
Tierkörperverwertung	Amine	sehr gering	kaum
Röstprozesse (Kaffee, Gerste)	Aldehyde, organ. Säuren	gering	kaum
Räuchereien	Holz-Schwelprodukte	0,2 bis 1,5	5 bis 35
Papierbeschichtung	Lösemittel, Styrol	bis 10	bis 350
Lebensmittelverarbeitung	Geruchsstoffe	sehr gering	kaum

ger und Lösemitteldämpfe, die durch Verbrennung aus der Abluft entfernt werden. Im allgemeinen sind die Schadstoffkonzentrationen in der Abluft so niedrig, daß eine Rückgewinnung dieser Stoffe, z.B. durch Adsorption, wirtschaftlich nicht vertretbar wäre.

Die Entscheidung darüber, ob die Verbrennung thermisch oder unter Einsatz eines Katalysators erfolgen soll, hängt im wesentlichen von den Schadstoffeigenschaften ab. Enthält die Abluft noch Stoffe wie z.B. Halogen- und Phosphorverbindungen, die den Katalysator vergiften, so wird man der thermischen Nachverbrennung den Vorzug geben, ebenso bei gleichzeitiger Vernichtung flüssiger und fester Abfälle [4.55].

Verbrennungsanlagen stellen vom Umweltschutz her die optimalsten Lösungen dar, da die Schadstoffe vollständig beseitigt werden.

4.5.2 Thermische Nachverbrennung von Schadstoffen

4.5.2.1 Physikalisch-chemische Grundlagen der Verbrennung

Zur vollständigen Verbrennung ist neben hoher Temperatur eine gute Mischung von Brennstoff und Luft sowie eine ausreichende Luftmenge erforderlich. Bei einer unvollständigen Verbrennung, z.B. durch Luftmangel, enthalten die Rauchgase noch brennbare Gase wie CO, CH_4 oder H_2. Durch einen zu hohen Luftüberschuß wird die Verbrennungstemperatur herabgesetzt. Die Verbrennung setzt ein, wenn

1. die notwendige O_2-Menge vorhanden ist und
2. der Brennstoff die *Zündtemperatur* erreicht hat.

Das ist die Temperatur, bei der die Verbrennung so schnell abläuft, daß die Verbrennungswärme ausreicht, um nachströmende Stoffe auf Zündtemperatur zu halten. Meist muß jedoch wie bei der Abgasverbrennung eine zusätzliche äußere Energiezufuhr vorgesehen werden. *Tabelle 4.22* gibt Anhaltswerte für Zündtemperaturen verschiedener stöchiometrischer Brennstoff-Luft-Gemische.

Bei der Verbrennung muß die Mischung des Gases mit der Verbrennungsluft innerhalb der *Zündgrenzen* (Explosionsgrenzen) liegen. Brennstoffmangel kennzeichnet die untere, Brennstoffüberschuß die obere Zündgrenze *(Tabelle 4.1)*.

Bild 4.55 zeigt die Zündgrenzen von Methan im Gemisch mit Luft. Mit steigendem Druck und steigender Temperatur erweitert sich im allgemeinen der Konzentrationsbereich zwischen den Zündgrenzen. Die Brennstoffe für die zusätzliche Energiezufuhr sollen sich durch geringen Schadstoffanteil und möglichst rückstandsarme Verbrennung auszeichnen [4.53], [4.57].

In *Tabelle 4.23* sind chemische Grundgleichungen zusammengestellt, auf die sich die meisten Verbrennungsvorgänge zurückführen lassen. Das chemische

Tabelle 4.22 Zündtemperaturen stöchiometrischer Brennstoff-Luft-Gemische bei Atmosphärendruck (nach DIN 51794)

Brennstoff	Chemische Formel	Zündtemperatur °C
Wasserstoff	H_2	560
Kohlenmonoxid	CO	605
Methan	CH_4	610
Äthan	C_2H_6	425
Propan	C_3H_8	470
Benzol	C_6H_6	555
Methanol	CH_3OH	455
Schwefelwasserstoff	H_2S	290
Ammoniak	NH_3	630

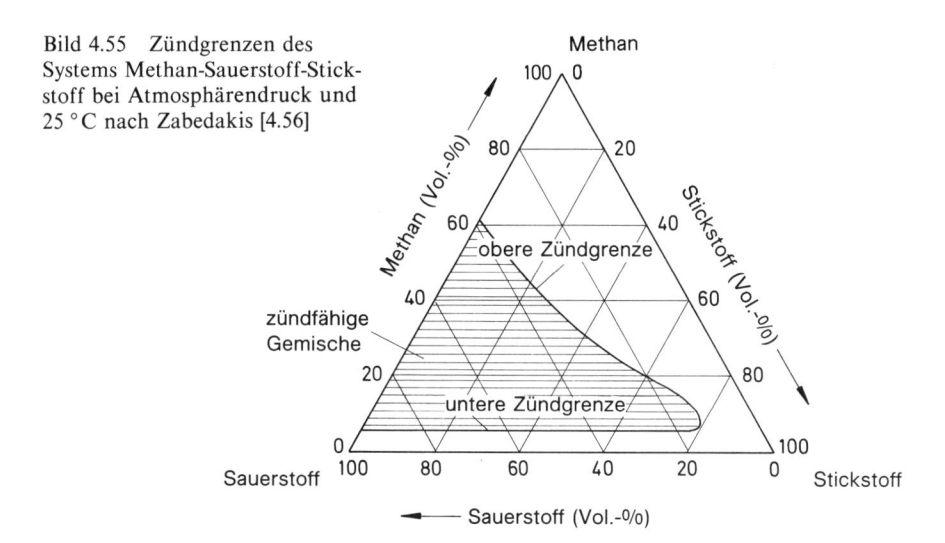

Bild 4.55 Zündgrenzen des Systems Methan-Sauerstoff-Stickstoff bei Atmosphärendruck und 25 °C nach Zabedakis [4.56]

Symbol bedeutet zugleich ein Mol des betreffenden Stoffes. Auf der rechten Seite der Gleichungen stehen die Verbrennungsprodukte, das *Rauchgas*, mit den *Heizwerten*. Das sind die Verbrennungsenthalpien, die je Mol eingesetzter Brennstoff frei werden. Statt auf ein Mol bezieht man den Heizwert in der Technik meist auf 1 kg. Die Werte gelten stets für vollständige stöchiometrische Verbrennung bei konstantem Druck (1013 mbar) und gleicher Anfangs- und Endtemperatur (0 °C) der beteiligten Stoffe. Das Wasser verläßt die Brennkammer als Dampf, so daß nur der *untere Heizwert* H_u technisch nutzbar gemacht werden kann.

Mit Hilfe der Molmasse der einzelnen Stoffe und des Molvolumens (1 mol = 22,4 l_N, 1 l_N = 1 l bei 0 °C, 1013 mbar) lassen sich die Verbrennungsgleichungen

Tabelle 4.23 Grundgleichungen der Verbrennung

Brennstoff	Chemische Grundgleichung	Heizwert H_u bei 25 °C, 1013 mbar kJ/mol
C	$C + O_S \rightarrow CO_2$	406,8
C	$C + 1/2\, O_2 \rightarrow CO$	123,9
CO	$CO + 1/2\, O_2 \rightarrow CO_2$	282,7
H_2	$H_2 + 1/2\, O_2 \rightarrow H_2O$	241,7
S	$S + O_2 \rightarrow SO_2$	296,0

in andere Einheiten überführen. Am Beispiel der Methanolverbrennung soll dies gezeigt werden:

$$1 \text{ mol } CH_3OH + 1{,}5 \text{ mol } O_2 \rightarrow 1 \text{ mol } CO_2 + 2 \text{ mol } H_2O$$
$$1 \, l_N \quad CH_3OH + 1{,}5 \, l_N \quad O_2 \rightarrow 1 \, l_N \quad CO_2 + 2 \, l_N \quad H_2O$$
$$1 \text{ g} \quad CH_3OH + 1{,}5^{32}/_{32} \text{ g} O_2 \rightarrow 1^{44}/_{32} \text{ g} CO_2 + 2^{18}/_{32} \text{ g} H_2O$$
$$1 \text{ g} \quad + 1{,}5 \text{ g} \quad \rightarrow 1{,}375 \text{ g} \quad + 1{,}125 \text{ g} \tag{4.95}$$

4.5.2.2 Mengenbilanz bei der Verbrennung, Luftbedarf, Rauchgasmenge

Der Sauerstoffbedarf der vollkommenen Verbrennung, der sog. *Mindestsauerstoffbedarf* $O_{2,\text{min}}$, ergibt sich aus der Zusammensetzung der Brennstoffe mit Hilfe der Verbrennungsgleichungen *(Tabellen 4.23 und 4.24)*. Bei Gasen kann er direkt abgelesen werden. Enthält das zu verbrennende schadstoffhaltige Gasgemisch, das Brenngas, z.B. die Gase H_2, CO, CH_4 und C_2H_6 als Volumenanteile, so gilt für

Tabelle 4.24 Verbrennungsgleichungen und Heizwerte chemischer Verbindungen

Verbindung	Molmasse g/mol	Verbrennungsgleichung	Heizwert H_u bei 25 °C, 1013 mbar kJ/mol
Methan	16,0	$CH_4 + 2\,O_2 \rightarrow CO_2 + 2\,H_2O$	802,1
Benzol	78,1	$C_6H_6 + 7{,}5\,O_2 \rightarrow 6\,CO_2 + 3\,H_2O$	3167,9
Toluol	92,1	$C_7H_8 + 9\,O_2 \rightarrow 7\,CO_2 + 4\,H_2O$	3770,1
Methanol	32,0	$CH_3OH + 1{,}5\,O_2 \rightarrow CO_2 + 2\,H_2O$	675,8
Aceton	58,1	$C_3H_6O + 4\,O_2 \rightarrow 3\,CO_2 + 3\,H_2O$	1688,7
Acetaldehyd	44,0	$C_2H_4O + 2{,}5\,O_2 \rightarrow 2\,CO_2 + 2\,H_2O$	1104,0
Ammoniak	17,0	$NH_3 + 0{,}75\,O_2 \rightarrow N + 1{,}5\,H_2O$	313,2
Schwefelwasserstoff	34,1	$H_2S + 1{,}5\,O_2 \rightarrow SO_2 + H_2O$	523,6

Unterer Heizwert H_u bezieht sich auf den gasförmigen Aggregatzustand der Verbindungen.(Bei den flüssigen Stoffen ist die Verdampfungswärme abzuziehen.) Das in den Verbrennungsprodukten enthaltene Wasser entweicht als Dampf [4.77].

den Mindestsauerstoffbedarf $O_{2,min}$ abzüglich der im Brenngas enthaltenen O_2-Menge

$$O_{2,min} = 0{,}5\,(H_2) + 0{,}5\,(CO) + 2\,(CH_4) + 3{,}5\,(C_2H_6) - O_2\,\frac{l_N\,O_2}{l_N\,\text{Brenngas}} \quad (4.96)$$

Der Mindestluftbedarf beträgt dann bei $0{,}21\ l_N\,O_2/l_N$ Luft

$$m_{L_{min}} = \frac{O_{2,min}}{0{,}21} = 4{,}76 \cdot O_{2,min}\ l_N\,\text{Luft}/l_N\,\text{Brenngas} \quad (4.97)$$

z.B. folgt für die Verbrennung von C_2H_6

$$O_{2,min} = 3{,}5\,(C_2H_6)\ l_N\,O_2/l_N\,C_2H_6 \quad (4.98)$$

Im praktischen Feuerungsbetrieb muß mehr Luft zugeführt werden als theoretisch (nach der stöchiometrischen Umsatzgleichung) erforderlich ist. Das Verhältnis der praktisch zugeführten zur theoretisch bei vollkommener Verbrennung erforderlichen Mindestluftmenge heißt *Luftverhältnis* λ

$$\lambda = \frac{m_L}{m_{L_{min}}} \quad (4.99)$$

$m_L = \lambda \cdot m_{L_{min}}$, wobei $\lambda > 1$ bedeutet, daß die Schadstoffoxidation mit *Luftüberschuß* abläuft.

Die Rauchgasmenge bei vollkommener Verbrennung, die sog. *Mindestrauchgasmenge* $m_{R_{min}}$, ist durch die Verbrennungsprodukte CO_2 und H_2O und den N_2-Anteil in Brenngas und Verbrennungsluft gegeben. Es gilt ohne Berücksichtigung der Feuchte in Luft und Brenngas in l_N Rauchgas/l_N Brenngas

$$m_{R_{min}} = m_{L_{min}} - O_{2,min} + N_2 + CO_2 + H_2O \quad (4.100)$$

Bezogen auf das erwähnte Gasgemisch (H_2, CO, CH_4, C_2H_6) erhält man für die Mindestrauchgasmenge in l_N Rauchgas/l_N Brenngas

$$m_{R_{min}} = m_{L_{min}} - 0{,}5\,(H_2 + CO) - 2\,(CH_4) - 3{,}5\,(C_2H_6)$$
$$+ O_2 + N_2 + 3\,(CH_4) + 5\,(C_2H_6) + H_2 + CO \quad (4.101)$$

Die effektive Rauchgasmenge m_R bei Verbrennung mit Luftüberschuß $\lambda > 1$ beträgt

$$m_R = m_{R_{min}} + (\lambda - 1) \cdot m_{L_{min}} \quad (4.102)$$

Die Volumenänderung Δv beim Verbrennungsvorgang folgt aus dem Vergleich des Rauchgasvolumens und des zugeführten Brenngas-Luft-Volumens in l_N/l_N Brenngas

$$\Delta v = m_{R_{min}} - (\text{Brenngasvolumen} + m_{L_{min}}) \quad (4.103)$$

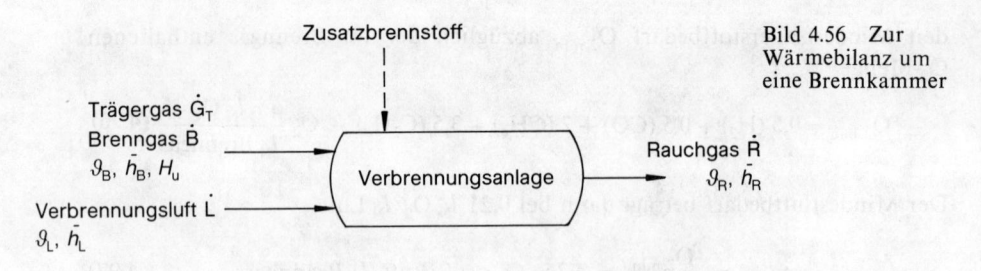

```
                    Zusatzbrennstoff
                          |
    Trägergas Ġ_T         |
    Brenngas Ḃ        ┌───▼────────────┐
    ϑ_B, h̄_B, H_u    │                │     Rauchgas Ṙ
    ─────────────────▶│ Verbrennungs-  ├────────────────▶
                      │ anlage         │     ϑ_R, h̄_R
    Verbrennungsluft L̇ │                │
    ─────────────────▶└────────────────┘
    ϑ_L, h̄_L
```

Bild 4.56 Zur Wärmebilanz um eine Brennkammer

4.5.2.3 Wärmebilanz bei der Verbrennung, Verbrennungstemperatur

Eine Wärmebilanz um die Brennkammer liefert bei konstantem Druck für den stationär ablaufenden Verbrennungsvorgang nach *Bild 4.56* die Gleichung

$$\dot{B}\,(\overline{h}_B + H_u) + \dot{G}_T\,\overline{h}_T + \dot{L}\,\overline{h}_L = \dot{R}\,\overline{h}_R \quad \text{(kJ/h)} \tag{4.104}$$

Hierin sind:
$\dot{B}$ (mol/h) Mengenstrom der brennbaren Bestandteile im Abgas (Brenngas)
$\dot{G}_T$ (mol/h) Mengenstrom der nicht brennbaren Bestandteile im Abgas (Trägergas)
$\dot{L}$ (mol/h) Mengenstrom der Verbrennungsluft
$\dot{R}$ (mol/h) Mengenstrom der die Brennkammer verlassenden Gase (Rauchgas)

(Bei der Wärmebilanz wurde der evtl. erforderliche Zusatzbrennstoff und die auftretenden Wärmeverluste nicht berücksichtigt.)

Mit den molaren Enthalpien (kJ/mol)
des Brenngases $\quad\overline{h}_B = \overline{c}_{p,B} \cdot \vartheta_B$
des Trägergases $\quad\overline{h}_T = \overline{c}_{p,T} \cdot \vartheta_B$ (4.105)
der Verbrennungsluft $\quad\overline{h}_L = \overline{c}_{p,L} \cdot \vartheta_L$
des Rauchgases $\quad\overline{h}_R = \overline{c}_{p,R} \cdot \vartheta_R$

und dem unteren Heizwert H_u bei 0 °C (kJ/mol Brenngas) folgt für die auf 1 mol Brenngas bezogene Enthalpie

$$H_u + \overline{c}_{p,B} \cdot \vartheta_B + \frac{\dot{G}_T}{\dot{B}} \cdot \overline{c}_{p,T} \cdot \vartheta_B + \frac{\dot{L}}{\dot{B}} \cdot \overline{c}_{p,L} \cdot \vartheta_L = \frac{\dot{R}}{\dot{B}} \cdot \overline{c}_{p,R} \cdot \vartheta_R \tag{4.106}$$

$\overline{c}_p$ (kJ/mol °C) sind die im Temperaturbereich von 0 °C bis ϑ °C gemittelten Molwärmen, ϑ_B, ϑ_L, ϑ_R sind die entsprechenden Eintritts- bzw. Austrittstemperaturen der beteiligten Stoffströme.

Die *Rauchgastemperatur* (Verbrennungstemperatur) ist dann, wenn nur brennbare Bestandteile in dem der Brennkammer zuströmenden Gasgemisch enthalten sind ($\dot{G}_T = 0$):

$$\vartheta_R = \frac{H_u + \overline{c}_{p,B} \cdot \vartheta_B + \dfrac{\dot{L}}{\dot{B}} \cdot \overline{c}_{p,L} \cdot \vartheta_L}{\dfrac{\dot{R}}{\dot{B}} \cdot \overline{c}_{p,R}} \tag{4.107}$$

ϑ_R wird bei vollkommener Verbrennung in einem wärmedichten System unter Vernachlässigung von Dissoziationsvorgängen *theoretische Verbrennungstemperatur* genannt. Da sie in der Praxis nie erreicht wird, stellt sie nur einen rechnerischen Vergleichswert dar. Sie ist nach Gl. (4.107) um so größer, je größer der Heizwert der brennbaren Schadstoffe und je kleiner der Luftüberschuß ist. Durch Vorwärmung von Brennstoff und Verbrennungsluft erhöht man die Rauchgastemperatur.

Nach obigen Gleichungen ist das Ermitteln der Verbrennungstemperatur bei verschiedenen Brennstoffen umständlich. Es wird wesentlich vereinfacht durch das $\bar{h}$-ϑ-Diagramm nach Rosin und Fehling [4.58] *(Bild 4.57)*. Die Ordinate des Diagramms enthält die molare Enthalpie, die Abszisse die gesuchte Verbrennungstemperatur ϑ_R der Rauchgase. Parameter der Kurven ist der durch den Luftüberschuß bedingte Luftanteil l_R im Rauchgas

$$l_R = \frac{m_L - m_{L_{min}}}{m_R} \quad (l_N \text{ Luft}/l_N \text{ Rauchgas}) \qquad (4.108)$$

Bei stöchiometrischer Verbrennung (ohne Luftüberschuß) ist $l_R = 0$ und $\lambda = 1$.

Die Kurven berücksichtigen die oberhalb 1500 °C merklich werdende Dissoziation der Gase.

Rosin und Fehling haben nachgewiesen, daß sich trotz unterschiedlicher Abgaszusammensetzung die Rauchgasenthalpien nur wenig unterscheiden. Bei feuerungstechnischen Berechnungen kommt man innerhalb der Genauigkeitsgrenzen mit einem einzigen Diagramm aus.

Bild 4.57 Enthalpie-Temperatur-Diagramm der Verbrennung nach Rosin und Fehling [4.58]

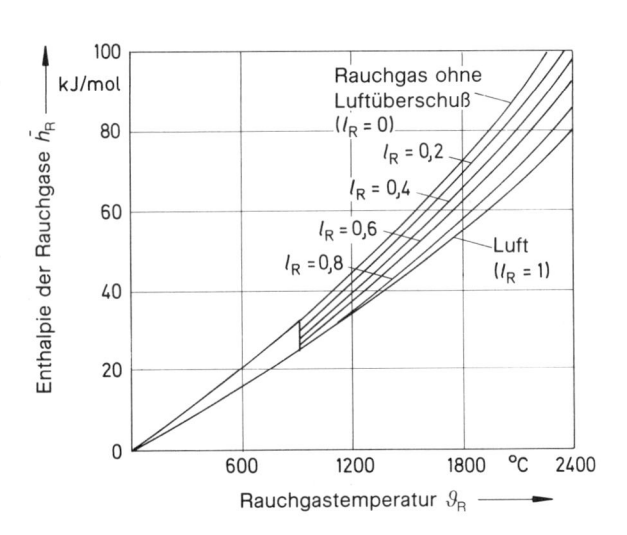

4.5.2.4 Gesichtspunkte zur Auswahl und Dimensionierung von Nachverbrennungsanlagen

Das der Verbrennungsanlage zuzuführende mit Schadstoff belastete Abgas wird in einer Brennkammer verbrannt. Verbrennungstemperatur (Reaktionstemperatur) und Dauer der Verbrennung (Reaktionszeit) bestimmen entscheidend Wirksamkeit und Wirtschaftlichkeit dieser Anlage. Sie sind für den *Umsatz* bzw. den Ausbrand der Schadstoffe verantwortlich, d.h. für die Restkonzentration der Schadstoffe in dem die Anlage verlassenden Rauchgas.

Die Abmessungen der Brennkammer ergeben sich aus

$$V_{BK} = \dot{V}_G \cdot t_G \tag{4.109}$$

mit V_{BK} (m³) Brennkammervolumen; $\dot{V}_G$ (m³/s) effektiver Gasvolumenstrom; t_G (s) Verweilzeit der Gase in der Brennkammer.

Bei Annahme isobarer Verbrennung in der Brennkammer wird der Berechnung von $\dot{V}_G$ die Brennkammerendtemperatur zugrunde gelegt. Sie ist identisch mit der Temperatur der die Brennkammer verlassenden Rauchgase ϑ_R *(Bild 4.56)*.

Mit dem Molvolumen von 22,4 (l_N/mol) folgt:

$$\dot{V}_G = (\dot{G}_T + \dot{B}) \, 22{,}4 \, \frac{273 + \vartheta_R}{273} \cdot \frac{1}{3{,}6 \cdot 10^6} \tag{4.110}$$

$(p_1 \approx p_2 = 1013 \text{ mbar})$

Da $\dot{V}_G$ bei der jeweiligen Brennkammerendtemperatur bekannt ist, legt die *Verweilzeit*

$$t_G = \frac{V_{BK}}{\dot{V}_G} \tag{4.111}$$

die Abmessungen der Brennkammer fest. Bei gleichem Durchsatz ergibt eine größere Verweilzeit eine längere Brennkammer. Dies bedeutet höhere Investitionskosten, umgekehrt ergibt eine kleinere Verweilzeit eine kürzere Brennkammer. Dies entspricht bei gleichem Umsatz der Schadstoffe höheren Betriebskosten, da dann eine höhere Reaktionstemperatur erforderlich wäre. *Bild 4.58* macht den wechselseitigen Einfluß von Verbrennungstemperatur und Verweilzeit deutlich. Parameter der Kurven ist der Kohlenstoffanteil im Rauchgas bei 2000 mg C je m_N^3 des zu verbrennenden Abgases. Man erkennt, daß bei bestimmten Verbrennungstemperaturen und einer entsprechend gewählten Verweilzeit niedrige Restkonzentrationen an organisch gebundenem Kohlenstoff, z.B. von 50 mg C/m_N^3 Rauchgas, möglich sind.

Nach der TA Luft [4.1] wird die Verbrennungstemperatur und die Verweilzeit der Abgase in der Brennkammer als Maß für die Abgasreinigung durch thermische Oxidation benutzt. Die TA Luft fordert:
- eine Verweilzeit von mindestens 0,3 s bei einer Verbrennungstemperatur von 900 °C,

Bild 4.58 Kohlenstoffgehalt im Rauchgas in Abhängigkeit von Verweilzeit und Brennkammertemperatur [4.59]

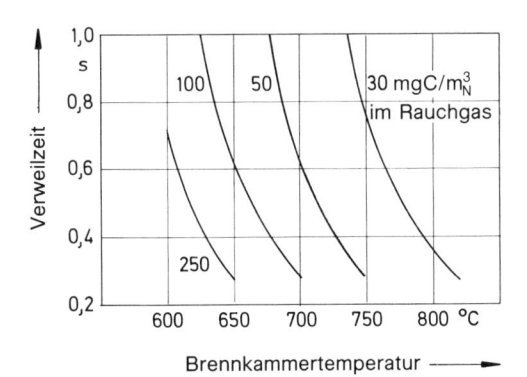

Bild 4.59 Thermische Verbrennung phenol- und formaldehydhaltiger Abluft (nach Unterlagen der Fa. Kleinewefers, Krefeld)

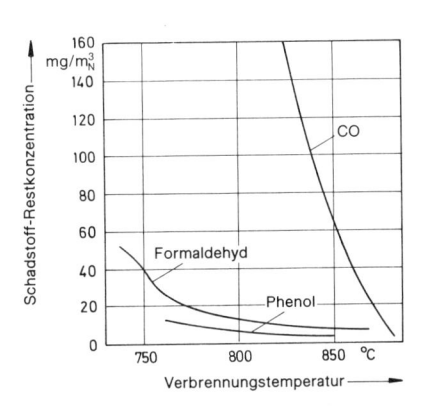

☐ eine Rauchgaskonzentration an organischen Schadstoffen von maximal 300 mg/m_N^3 (je nach Klasse).

Dazu wird der CO-Anteil nach DIN 4787/4788 im Rauchgas auf 1000 Vol.-ppm entsprechend 1250 mg CO/m_N^3 begrenzt (bei Heizöl oder Heizgas als Zusatzbrennstoff und trockenem Abgas).

Gemäß der Reaktion

$$C_mH_n + (n/2 + m/4) O_2 \rightarrow n\,CO + m/2\,H_2O$$

läuft die Verbrennung jedes Kohlenwasserstoffs zunächst unter CO-Bildung ab, d.h., bei tieferen Temperaturen sind z.T. beträchtliche CO-Konzentrationen vorhanden. Dies geht aus *Bild 4.59* eindeutig hervor. Es zeigt den Verlauf der Schadstoffrestkonzentration in Abhängigkeit der Verbrennungstemperatur. Der Restgehalt an organischen Schadstoffen im Rauchgas wird meist eher erreicht als der Restgehalt an CO. So ist man allein im Hinblick auf die CO-Restkonzentration vielfach gezwungen, die Verbrennung entweder bei höherer Temperatur oder mit größerer Verweilzeit durchzuführen.

Die Verweilzeit wird im allgemeinen aus Messungen ermittelt. Man macht Versuche mit dem zu behandelnden Abgasgemisch und liest dann aus Konzen-

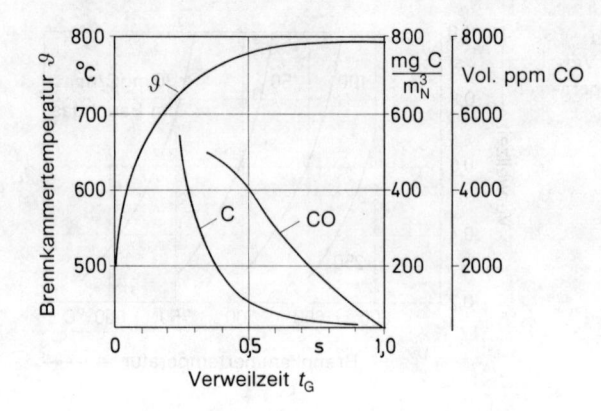

Bild 4.60 Temperatur- und Konzentrationsprofil in der Brennkammer einer thermischen Verbrennung [4.60]

trations-Temperatur-Diagrammen die vorhandene Verweilzeit ab. Bei ausgeführten Anlagen liegt sie zwischen 0,1 und 1 s, die Brennkammertemperaturen liegen zwischen 600 und 900 °C.

Bild 4.60 zeigt das Temperatur- und Konzentrationsprofil in der Brennkammer einer thermischen Nachverbrennung [4.60].

Neben Verweilzeit und Brennkammertemperatur beeinflussen die Strömungsverhältnisse in der Brennkammer die Abgasreinheit. Geeignete Durchmischung der reagierenden Schadstoffe mit dem Sauerstoff der Verbrennungsluft und gleichmäßige Temperaturverteilung lassen sich durch spezielle Brenner- und Brennkammerkonstruktionen erreichen. Die Brennkammern sind hohen thermischen Belastungen ausgesetzt, dazu kommen Werkstoffverzunderungen durch O_2-haltige Abgase, Werkstoffversprödungen durch schroffe Temperaturwechsel und evtl. chemische Angriffe durch gleichzeitige Verbrennung flüssiger Abfälle. Dies alles macht eine sorgfältige Werkstoffauswahl der Brennkammer notwendig.

Wir unterscheiden im wesentlichen *Ganzmetall-Brennkammern (Bild 4.61)* und *Brennkammern mit* Metallmantel und *feuerfester Ausmauerung (Bild 4.62)*. Sehr günstig sind Brennkammern, die mit dem Brenner eine funktionelle und untrennbare Einheit bilden, die sog. *Combustoren*. Sie bewirken eine äußerst schnelle Durchmischung brennbarer Abgasbestandteile mit dem O_2 der Verbrennungsluft. Auf kleinstem Raum wird der erforderliche Schadstoffumsatz erreicht. Die Luft strömt nicht geradlinig in die Brennkammer, sondern durch entsprechende Leitorgane wird ihr eine rotierende Bewegung aufgezwungen.

Bild 4.61 zeigt einen Schnitt durch einen Combustor der Firma Kleinewefers [4.61], [4.62]. Dieser arbeitet nach dem Prinzip einer Zyklonbrennkammer, d.h., die Verbrennung erfolgt in einer Drallströmung. Er besteht aus einem Edelstahlgehäuse mit drei konzentrischen Zylindern. Das Abgas durchströmt zunächst den äußeren Ringspalt, dann nach Richtungsumkehr den inneren Ringspalt unter gleichzeitiger Erwärmung. Durch die damit verbundene Kühlung des Innenzylinders kann auf eine feuerfeste Auskleidung verzichtet werden. Das Abgas gelangt dann in den Brennraum und wird dort mit der Verbrennungsluft und dem

Bild 4.61 Schematischer Schnitt durch eine Ganzstahlbrennkammer (Combustor der Fa. Kleinewefers, Krefeld)

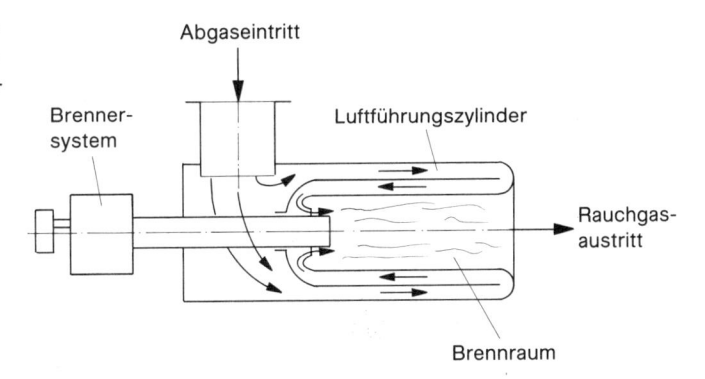

Bild 4.62 Brennkammer mit feuerfester Ausmauerung

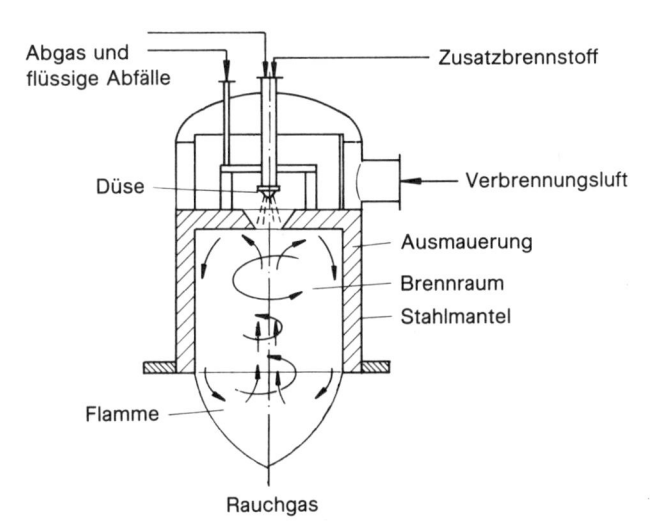

Zusatzbrennstoff vermischt. Nach Zündung brennt das Gemisch vollkommen aus. Wesentliche Vorteile dieses Brennkammersystems sind:
- hohe Schadstofffreiheit auch bei hohem Luftüberschuß und kurzen Verweilzeiten,
- kleines Apparatevolumen,
- einfache und schnelle Montage,
- hohe thermische Brennraumbelastungen bis zu $3 \cdot 10^7$ kJ/m³ h.

Die Brennkammern mit feuerfester Ausmauerung weisen ein gleichmäßigeres Temperaturprofil über den Brennraum auf. Dadurch erreichen sie bessere Umsätze in Wandnähe als die Ganzstahlbrennkammern. Infolge ihres höheren Gewichts und größerer Abmessungen sind sie im allgemeinen teurer als die zuvor genannten.

Um Brennkammern entsprechend den Strömungsverhältnissen zu dimensionieren, wählt man in der Praxis meist ein Verhältnis Durchmesser zu Länge der

Tabelle 4.25 Verbrennungstechnische Daten chemischer Verbindungen

Verbindung	Mindestsauerstoffbedarf $O_{2,min}$ mol/mol	Mindestluftbedarf $m_{L_{min}}$ mol/mol	Mindestrauchgasmenge $m_{R_{min}}$ mol/mol
Methan	2,0	9,52	10,11
Benzol	7,5	35,71	37,2
Toluol	9,0	42,86	44,86
Methanol	1,5	7,14	8,64
Aceton	4,0	19,05	21,05
Acetaldeyhd	2,5	11,9	13,4
Ammoniak	0,75	3,57	4,32
Schwefelwasserstoff	1,5	7,14	7,64

Tabelle 4.26 Zehnerlogarithmen der Gleichgewichtskonstanten bei 298 K, 600 K, 1000 K [4.63]

Komponente	lg K_p (T)		
	298 K	600 K	1000 K
Benzol	512	246	141
Methyläthylketon	468	228	132
Formaldehyd	90	44	26
Äthan	265	123	67
Kohlenmonoxid	45	20	10
Phenol	527	258	151
Hexan	694	344	206
Propan	370	173	92
Essigsäure	152	79	49
Naphtalin	860	425	255

Brennkammer von 1 : 2,5. Werden mit den Abgasen noch feste und flüssige Abfallstoffe verbrannt, so benötigt man größere Brennkammerlängen. So werden bei der Firma Bayer in Leverkusen Chemieabfälle aller Art in einer Brennkammer von 1,5 m Durchmesser und 15 m Länge verbrannt.

Da die Abgase oft schwankende Konzentrationen brennbarer Schadstoffe enthalten, wird durch Regelung einer Zusatzbrennstoffmenge (Heizöl oder Heizgas) eine konstante Brennkammertemperatur eingestellt. Damit ist ein ausreichender Ausbrand gesichert und die Rauchgasreinheit garantiert. Die Brenner haben erfahrungsgemäß einen weiten Regelbereich (1 : 20 oder mehr). Je nach Brennstoffart verwendet man Flächenbrenner oder Düsenbrenner. Die *Flächenbrenner* können im Baukastensystem angeordnet werden. Dies ermöglicht eine beliebige Aufteilung der Brennfläche. Sie werden eingesetzt, wenn Gas als Heizmedium zur Verfügung steht. Liegt nur Heizöl als Zusatzbrennstoff vor, so werden meist *Düsenbrenner* verwendet. Als Zweistoffbrenner ist er auch für Heizgas einsetzbar. Im Gegensatz zu den Flächenbrennern sind sie dann von Vorteil, wenn der Sauerstoffanteil im Abgas relativ gering ist.

4.5.3 Katalytische Nachverbrennung von Schadstoffen

4.5.3.1 Physikalisch-chemische Grundlagen der Katalyse

Die Verbrennung von Kohlenwasserstoffen, die als Schadstoffe im Abgasgemisch vorliegen, kann durch folgende Reaktionsgleichung angegeben werden (siehe Abschnitt 4.51):

$$C_mH_n + (m + n/4)\, O_2 \rightarrow m\, CO_2 + n/2\, H_2O$$

Voraussetzung für die Durchführbarkeit der Reaktion ist, daß die *Gleichgewichtskonstante* K_p ausgedrückt durch die Partialdrücke der Einzelkomponenten

$$K_p = \frac{p_{CO_2}^m \cdot p_{H_2O}^{n/2}}{p_{C_mH_n} \cdot p_{O_2}^{(m+n/4)}} \qquad (4.112)$$

einen genügend hohen Wert aufweist. Dann liegt das Verbrennungsgleichgewicht weitgehend auf der rechten Seite der Gleichung, also auf der Seite der unschädlichen Verbrennungsprodukte CO_2 und H_2O.

Tabelle 4.26 gibt Gleichgewichtskonstanten verschiedener Kohlenwasserstoffverbindungen bei den Temperaturen 298, 600 und 1000 K wieder. Da die Verbrennungsvorgänge exotherm verlaufen, liegt das Gleichgewicht um so mehr auf der rechten Seite (hohe K_p-Werte), je niedriger die Temperatur ist. Erfahrungsgemäß laufen diese Reaktionen bei niedrigen Temperaturen jedoch nicht ab. Bei der thermischen Verbrennung muß man zur Einleitung der Reaktion die Abgase auf Zündtemperaturen von ca. 500 bis 600 °C aufheizen. Bei der katalytischen Verbrennung gelingt es durch den Einsatz geeigneter Katalysatoren, die Aktivierungsenergie der Reaktionspartner und damit die Zündtemperatur auf 250 bis 350 °C abzusenken.

Der Katalysator, ein poröser Feststoff mit großer Oberfläche, beeinflußt allein die Reaktionsgeschwindigkeit, nicht jedoch das Verbrennungsgleichgewicht. Dieses wird durch die Zustandsgrößen Druck, Temperatur und Konzentration der Reaktionspartner bestimmt. Da die Katalysatoren Feststoffe darstellen, an denen sich gasförmige Stoffe umsetzen, wird der Vorgang *heterogene Katalyse* genannt. Im Unterschied dazu versteht man unter homogener Katalyse Reaktionen, bei denen Katalysator und Reaktionspartner in der gleichen Phase vorliegen.

Die folgenden fünf Elementarschritte kennzeichnen den Ablauf einer heterogenen katalytischen Reaktion.

☐ Stofftransport der Schadstoffe durch Konvektion und Diffusion aus dem freien Gasraum an die Katalysatoroberfläche,
☐ Adsorption an der Oberfläche (Chemisorption),
☐ chemische Reaktion,
☐ Desorption der Verbrennungsprodukte,
☐ Stofftransport der Verbrennungsprodukte durch Diffusion und Konvektion von der Katalysatoroberfläche in den freien Gasraum.

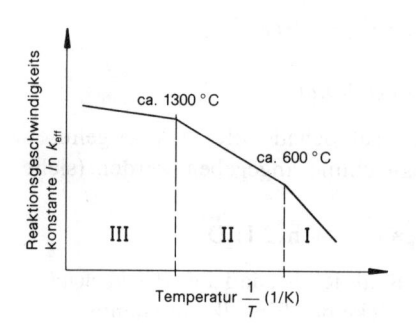

Bild 4.63 Zur Abhängigkeit der Reaktionsgeschwindigkeit von der Temperatur

Der langsamste dieser Reaktionsschritte bestimmt die Geschwindigkeit des Gesamtablaufs der Verbrennung. *Bild 4.63* stellt die Abhängigkeit der effektiven Reaktionsgeschwindigkeitskonstanten k_{eff} als Funktion der reziproken Temperatur $1/T$ dar. Es zeigt vereinfacht drei Geradenabschnitte mit unterschiedlicher Neigung I, II und III. Diese ist ein Maß für die zur Reaktion erforderliche *Aktivierungsenergie*. Im Bereich III (hohe Temperatur) ist die Diffusion der Reaktionspartner durch die an der Katalysatoroberfläche ausgebildete Grenzschicht geschwindigkeitsbestimmend. Im Bereich I (tiefe Temperatur) ist die chemische Oberflächenreaktion für die Reaktionsgeschwindigkeit maßgebend. Im Bereich II (mittlere Temperatur) erfolgt ein allmählicher Übergang im Reaktionsablauf von der reinen Oberflächenreaktion zur reinen Diffusion.

4.5.3.2 Eigenschaften von Katalysatoren, Anforderungen

Die Katalysatoren müssen bestimmten Anforderungen genügen, wenn eine wirtschaftliche, betriebssichere und umweltfreundliche katalytische Nachverbrennung erfolgen soll. *Tabelle 4.27* stellt wichtige Anforderungen, die gleichzeitig Gesichtspunkte zur Auswahl von Katalysatoren darstellen, zusammen.

Tabelle 4.28 enthält einige charakteristische Daten eines Wabenrohrkatalysators der Firma Kali-Chemie Engelhard. In der Abgasreinigung werden vor allem Trägerkatalysatoren verwendet, die als kugelförmige *Schütt-* oder als *Wabenrohrkatalysatoren* eingesetzt werden. Ihre katalytischen Eigenschaften werden bestimmt durch die Art des Trägermaterials und die katalytisch wirksame Komponente bzw. ihre Verteilung auf dem Trägermaterial. Dazu kommen nur hochporöse Stoffe mit einer großen spezifischen Oberfläche von einigen 100 m²/g Katalysatormasse in Frage. Es gibt metallische Träger und Träger aus keramischen Materialien wie z.B. Aluminiumoxid. Auf diese werden dann aktive Stoffe, meist Edelmetalle in einer Konzentration von 0,1 bis 0,5 Mass.-%, durch besondere Verfahren fein verteilt aufgebracht.

Tabelle 4.27 Anforderungen an Katalysatoren, Gesichtspunkte zur Auswahl:

große aktive Oberfläche, hohe Porosität,
niedrige Anspringtemperatur, ausreichende Druck- und Abriebfestigkeit, geringer Druckverlust der Katalysatorfüllung,
kleines Katalysatorvolumen,
hohe Lebensdauer (Standzeit),
chemische Beständigkeit.

Tabelle 4.28 Charakteristische Daten eines Wabenrohr-Katalysators KCE Typ WK 220 der Firma Engelhard, Hannover [4.64]

Technische Daten:	
Metallgehalt (g Metall/l Katalysator)	1,0 Pt/l
Druckverlust bei 20 000 m_N^3/h m³ (mbar)	ca. 0,2
Anspringtemperatur (°C)	150 bis 300
Arbeitstemperatur (°C)	300 bis 800
zulässige Höchsttemperatur (°C) im Dauerbetrieb	900

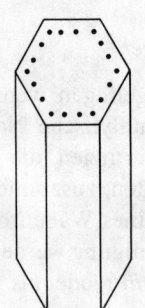

Bild 4.64 Wabenrohrkatalysator

Bild 4.64 zeigt einen Wabenrohrkatalysator als Säule mit sechseckiger Grundfläche. Meist haben sie eine Schichthöhe von 10 cm. Je nach Verwendungszweck (siehe *Tabelle 4.21*) können sie zu Paketen, flachen Schichten oder längeren Rohrfüllungen zusammengestellt werden. Sie zeichnen sich durch eine hohe Belastbarkeit aus. Dazu benutzt man den Begriff *Raumgeschwindigkeit*. Darunter ist der auf das Katalysatorvolumen V_K (m³) bezogene Abgasvolumenstrom $\dot{V}_G$ (m_N^3/h) zu verstehen:

$$\text{Raumgeschwindigkeit } RG = \frac{\dot{V}_G}{V_K} \quad (m_N^3/h\ m^3) \quad (4.113)$$

$RG = 10\,000\ m_N^3/h\ m^3$ bedeutet demnach $10\,000\ m_N^3/h$ Abgasvolumenstrom je m³ Katalysatorvolumen.

Übliche Raumgeschwindigkeiten liegen in der Praxis zwischen 10 000 und 50 000 $m_N^3/h\ m^3$. Die Höhe der Raumgeschwindigkeit ist abhängig vom gewünschten Reinheitsgrad, der Temperatur und dem Druck. *Bild 4.65* stellt den

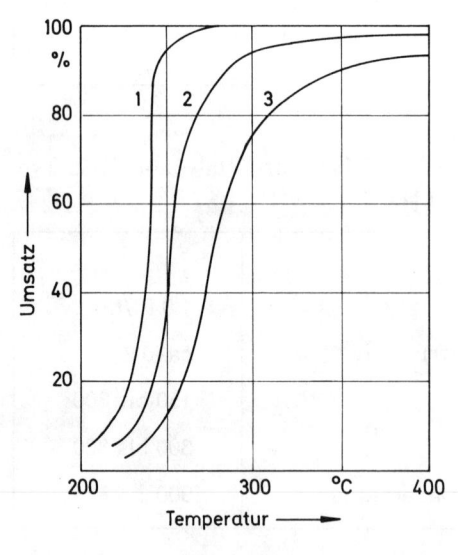

Bild 4.65 Einfluß der Raumgeschwindigkeit auf den Umsatz am Beispiel der Propan-Butan-Oxidation [4.65]
1 Raumgeschwindigkeit 10 000 $m_N^3/h\ m^3$
2 Raumgeschwindigkeit 20 000 $m_N^3/h\ m^3$
3 Raumgeschwindigkeit 30 000 $m_N^3/h\ m^3$

Einfluß der Raumgeschwindigkeit auf Schadstoffumsatz und Oxidationstemperatur dar. Man erkennt, daß mit zunehmender Raumgeschwindigkeit, d.h. mit steigendem Gasdurchsatz bei gleichem Katalysatorvolumen und gleicher Temperatur, der Umsatz immer kleiner wird. Außerdem nimmt die Reaktionsgeschwindigkeit ab (die Kurven werden flacher). Charakteristisch für jedes System Katalysator – Schadstoff ist die *Anspringtemperatur* des Katalysators. Sie ist mit der Zündtemperatur der brennbaren Bestandteile bei der thermischen Nachverbrennung vergleichbar. Man definiert sie als jene Temperatur, bei der schon ein meßbarer Umsatz vorhanden ist. Die Anspringtemperaturen liegen bei den meisten Systemen zwischen 200 und 300 °C.

Bild 4.66 Umsatz von Gas-Luft-Gemischen an Wabenrohren in Abhängigkeit von der Temperatur [4.61]
1 Formaldehyd
2 Äthylen
3 Kohlenmonoxid
4 Äthanol
5 Xylol
6 Butylamin
7 Butylacetat
8 Dioxan
9 Oktan
10 Propan

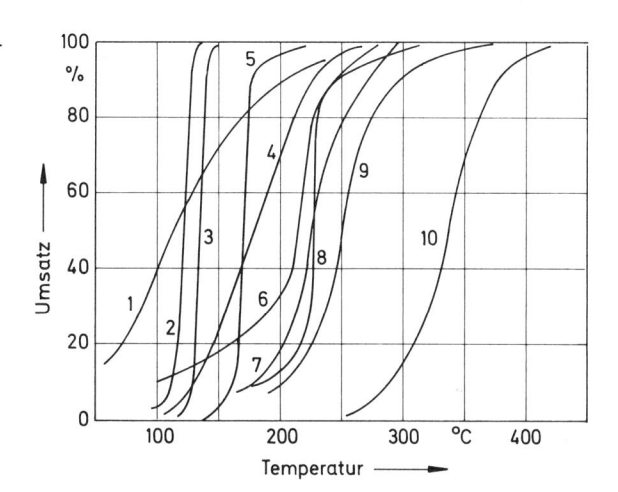

In *Bild 4.66* sind Umsätze einiger Schadstoffe an einem Wabenrohrkatalysator gegen die Gaseintrittstemperatur bei einer Raumgeschwindigkeit von 10 000 m_N^3/h m^3 aufgetragen. Man sieht, wie stark Schadstoffart und Schadstoffkonzentration die Anspringtemperatur und den zeitlichen Umsatzverlauf beeinflussen. Der Vergleich der Umsatzkurven von Formaldehyd und Propan zeigt außerdem, daß O_2-haltige organische Lösungsmittel niedrigere Anspringtemperaturen als Paraffine haben. Auch die Temperatur, bei der der gewünschte Reinheitsgrad der Abluft erreicht wird, die sog. Arbeitstemperatur des Katalysators, liegt niedriger. Die Arbeitstemperaturen schwanken bei 90%igem Schadstoffumsatz zwischen 300 und 600 °C. Durch die exotherm verlaufende Verbrennungsreaktion stellt sich im Katalysator ein Temperaturprofil ein. Sein Verlauf hängt von Schadstoffart und Katalysator ab. Ein steiler Temperaturanstieg bedeutet eine schnelle Oxidation (große Reaktionsgeschwindigkeit, z.B. bei der Xyloloxidation), ein flacher Temperaturanstieg eine langsame Oxidation (kleine Reaktionsgeschwindigkeit, z.B. bei der Äthanoloxidation).

Tabelle 4.29 Arbeitstemperaturen und Umsätze bei der Verbrennung verschiedener Schadstoffe an KCE-Oxidationskatalysatoren (Kali-Chemie Engelhard, Hannover)

Arbeits-bereich	Schadstoff		Katalysator-temperatur °C	Umsatz %
	Art	Konzentration im Abgas		
Kraftwerk	Stickoxide	200 ppm	500	92,5
Räucherei	Aldehyde	150 mg/m_N^3	370	99
Aluminium-kaltwalze	Walzöle	450 mgC/m_N^3	300	95–96
Chemiefaser-herstellung	Schwefel-wasserstoff, Schwefel-kohlenstoff	12 g/m_N^3 (gesamt)	450	>95
Papierbe-schichtung	Monostyrol	0,4 bis 18 g/m_N^3	300	>95
Trocknung in Offset-druckerei	Lösemittel, Aldehyde	0,5 bis 1,5 gC/m_N^3	380	>95
PVC-Be-schichtung	Weichma-cherdämpfe	1,1 bis 1,9 g/m_N^3	380	>90
Lacktrock-nung in Automobil-industrie	Lösemittel	0,8 gC/m_N^3	280	99
Schlamm-trocknung in Kläranlagen	Gerüche	starke Geruchs-belästigung	400	geruchs-frei

Tabelle 4.29 stellt einige Beispiele für Arbeitstemperaturen und Umsätze bei der Verbrennung von Schadstoffen zusammen. Neben Schadstoffart und Schadstoffkonzentration beeinflußt der Katalysator selbst durch seine Form, sein Trägermaterial und Art und Menge der aktiven Komponente den Schadstoffumsatz. *Bild 4.67* vergleicht verschiedene Katalysatoren am Beispiel der Toluoloxidation bei einer Raumgeschwindigkeit von 30 000 m_N^3/h m³. Der verwendete Schüttkataly-

Bild 4.67 Vergleich verschiedener Katalysatoren am Beispiel der Toluoloxidation [4.60]
Eintrittskonzentration 4 g Toluol/m_N^3; Raumgeschwindigkeit 30 000 m_N^3/m^3 h
Kurve 1: Schüttkatalysator (Kugeldurchmesser 6 – 10 mm)
Kurve 2: Wabenkörper-Elemente (Träger: Gamma-Aluminiumoxid; Schlüsselweite 36 mm, Länge 67 mm)
Kurve 3: Drahtnetzgewebe (Abmessungen: 67 mm × 270 mm × 415 mm)

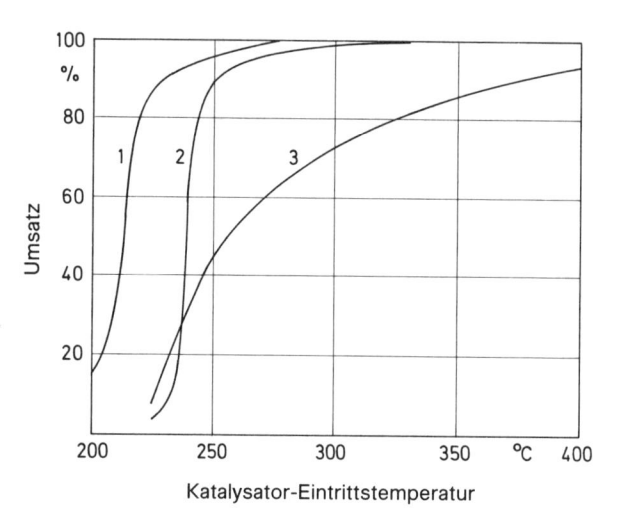

Bild 4.68 Zur Abhängigkeit der Raumgeschwindigkeit vom Druckverlust

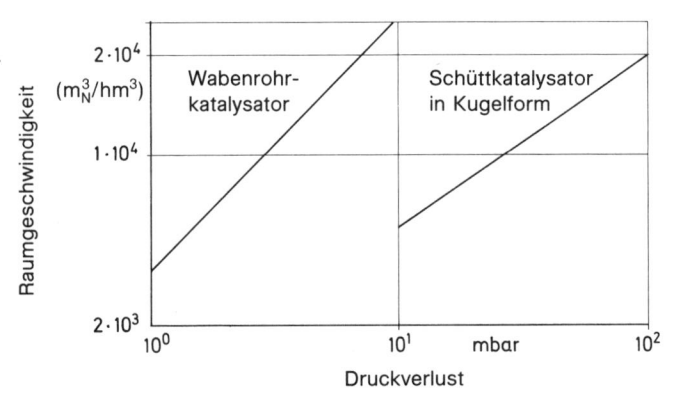

sator hat die niedrigste Anspringtemperatur bei gleichzeitig gutem Umsatz, das Drahtnetzgewebe hat eine höhere Anspringtemperatur bei ungünstigerem Umsatzverlauf; das Wabenrohr liegt dazwischen.

Vergleicht man dagegen die Größe des *Strömungsdruckverlusts,* hat der Wabenrohrkatalysator eindeutig Vorteile. Die Abhängigkeit des Druckverlustes von der Raumgeschwindigkeit ist in *Bild 4.68* für einen Wabenrohrkatalysator und einen Schüttkatalysator eingetragen. Man entnimmt daraus bei gleicher Schichtlänge z

für den Wabenrohrkatalysator $\quad \Delta_p \sim RG\, z^2 \quad$ (4.114)

für den Schüttkatalysator $\quad \Delta_p \sim RG^2\, z^3 \quad$ (4.115)

Der Druckverlust ist von der Art der Strömung und von der Katalysatorgeometrie abhängig, insbesondere von der Schichtlänge z. Aufgrund des turbulenten Strömungsverhaltens weist der Schüttkatalysator einen größeren Druckverlust als der Wabenrohrkatalysator auf.

4.5.3.3 Gesichtspunkte zur Dimensionierung katalytischer Nachverbrennungsanlagen

Die Dimensionierung von Anlagen der katalytischen Nachverbrennung erfolgt analog der der thermischen Nachverbrennung. Anstelle der Brennkammer enthält die katalytische Nachverbrennung einen mit Katalysator gefüllten Reaktor (siehe *Bild 4.54*).

In *Tabelle 4.30* sind die wichtigsten Kenngrößen zur Apparateauslegung zusammengestellt. Gasdurchsatz, Schadstoffmenge und Schadstoffkonzentration sind bei jeder Abgasreinigung vorgegeben. Für den Planer besteht die Forderung, Katalysatormenge, Katalysatorvolumen, Druckverlust und Arbeitstemperatur möglichst klein zu halten. Dabei muß er stets den Emissionsgrenzwert der TA Luft einhalten. Die erforderliche Katalysatormenge bzw. das Katalysatorvolumen V_K (m³) ergibt sich aus Raumgeschwindigkeit RG(m$_N^3$/h m³) und Abgasdurchsatz $\dot{V}_G$ (m$_N^3$/h) nach Gl. (4.113).

$$V_K = \frac{\dot{V}_G}{RG} \quad (4.116)$$

Die Raumgeschwindigkeit RG wird aus vorhandenen Betriebsanlagen oder empirisch ermittelt. (In der Praxis: $RG = 10\,000$ bis $50\,000$ m$_N^3$/h m³.)

Das Katalysatorvolumen folgt aus Schichthöhe des Katalysators und Anströmquerschnitt. Die Schichthöhen werden teilweise durch den Druckverlust bestimmt. Übliche Schichthöhen liegen zwischen 100 und 200 mm.

Tabelle 4.30 Kenngrößen zur Berechnung von katalytischen Nachverbrennungsanlagen

Durch Aufgabenstellung vorgegebene Kenngrößen	Berechenbare Kenngrößen
Volumenstrom des Abgasgemisches	Apparatevolumen
Schadstoffmenge im Abgas	Katalysatorvolumen
Schadstoffkonzentration im Abgas	Katalysatormenge
Endreinheit des Abgases (z.B. durch TA Luft)	Katalysatorbelastung (Raumgeschwindigkeit)
	Druckverlust
	Anspringtemperatur des Katalysators
	Arbeitstemperatur

Bild 4.69 Schnittbild eines katalytischen Abgasreinigers [4.65]

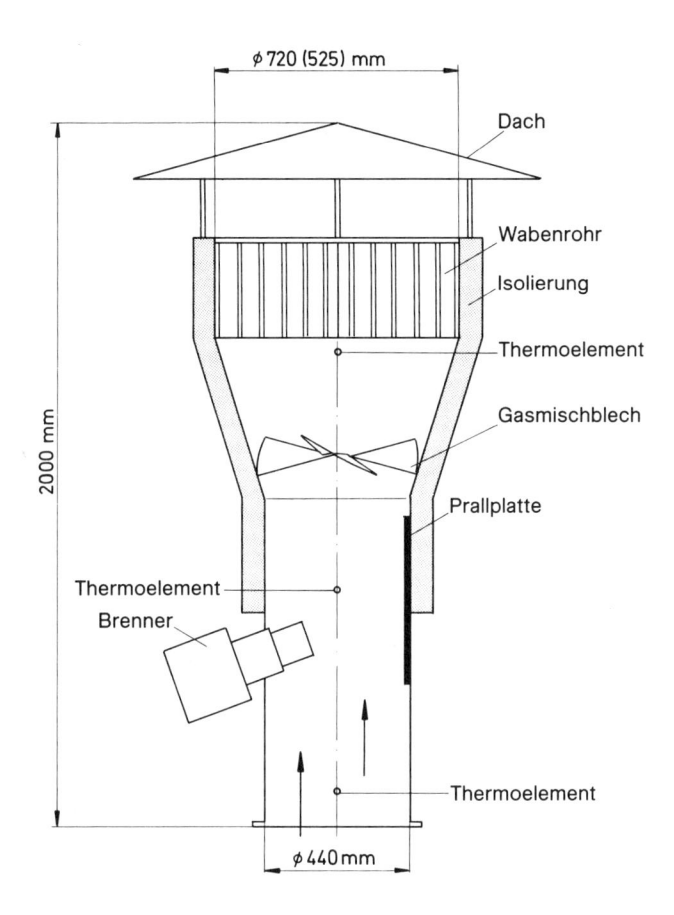

Bild 4.69 zeigt ein Schnittbild eines katalytischen Abgasreinigers. Er besteht aus einem zylindrischen Rohr, das in einem kegelförmig erweiterten Oberteil den Katalysator, ein Wabenrohrkatalysator, enthält. Das Abgas wird durch einen seitlich angeordneten Brenner auf die Anspringtemperatur des Katalysators erwärmt. Nach Passieren eines Verwirbelungskörpers durchströmt das Abgas die Katalysatorschicht. Einsatzgebiete des beschriebenen Abgasreinigers sind Kleinanlagen bis maximal 1500 m_N^3/h Abgasdurchsatz, speziell Räucheranlagen oder Fettschmelz- und Nahrungsmitteltrocknungsbetriebe. Oft wird er dort in Hallen oder auf Dächern montiert.

Größere Anlagen werden aus Gründen der Wirtschaftlichkeit ähnlich den thermischen Verbrennungsanlagen mit Wärmeaustauschern zur Beheizung des anströmenden Abgases durch die Rauchgase ausgestattet (siehe Abschnitt 4.5.4).

4.5.4 Wirtschaftlichkeit von Oxidationsverfahren, Apparate- und Anlagenbeispiele

Neben der erreichten Abgasreinheit an Schadstoffen steht die *Wirtschaftlichkeit* der Oxidationsanlage im Vordergrund. Diese ist gegeben durch einen Vergleich der Kosten der Anlage, im wesentlichen *Anschaffungskosten, Brennstoffkosten* und *Kosten für die Abgasförderung*.

Zur Erwärmung des zu reinigenden Abgases auf die erforderliche Reaktionstemperatur stehen drei Wärmequellen zur Verfügung: der Brenner, der Wärmeaustauscher und der Heizwert des brennbaren Schadstoffes im Abgas, der ein Maß für die in der Brennkammer frei werdende Wärme darstellt. Art und Menge der Schadstoffe können sehr verschieden sein, je nachdem, welcher vorangegangene Prozeß für ihre Entstehung verantwortlich war. Bei der Lacktrocknung bilden sich z.B. 0,5 bis 15 g Lösemitteldämpfe je m_N^3 Abgas. Diese verursachen abhängig vom Heizwert durch Verbrennung eine Temperaturerhöhung von 20 bis 400 °C. Als Faustregel gilt: 1 g organischer (aus Kohlenwasserstoffverbindungen gebildeter) Schadstoff je m_N^3 Abgas erzeugt eine Temperaturerhöhung der Abluft von ca. 30 °C. Bei einem Heizwert des Schadstoffs von 40 000 kJ/kg *(Tabelle 4.24)* folgt bei 1 g Schadstoff/m_N^3 Abgas ein Abgasheizwert von

$$1 \text{ g/}m_N^3 \cdot 40\,000 \text{ kJ/kg} \cdot 10^{-3} \text{ kg/g} = 40 \text{ kJ/}m_N^3$$

In *Tabelle 4.21* sind einige Verbrennungsprozesse mit den zugehörigen Temperaturerhöhungen zusammengestellt. Die mittlere Schadstoffbelastung liegt zwischen 1 und 10 g/m_N^3. Dies entspricht einer Temperaturzunahme durch die frei werdende Verbrennungswärme von 30 bis 300 °C (Abgasheizwerte von 40 bis 400 kJ/m_N^3). *Bild 4.70* zeigt den Einfluß des Abgasheizwertes auf die Vorwärmung des ungereinigten Abgases. Die einfachste Art, die Wirtschaftlichkeit einer Oxidationsanlage zu erhöhen, ist die Ausnutzung der fühlbaren Wärme des gereinigten Abgasstroms durch einen Wärmeaustausch mit dem ungereinigten Abgas. Günstig sind Brennkammern mit integrierten Wärmeaustauschersystemen, wie sie in den Bildern 4.71 und 4.72 schematisch dargestellt sind.

Im allgemeinen wird das Abgas auf 450 bis 500 °C vorgewärmt, da bei höherer Vorwärmtemperatur bei der thermischen Nachverbrennung die Apparatekosten

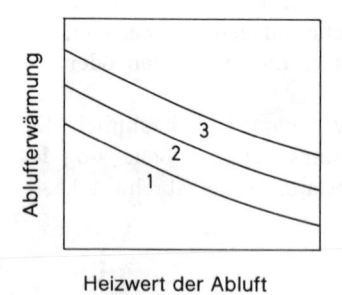

Bild 4.70 Abluftvorwärmung in Abhängigkeit vom Heizwert der Abluft
1 Jahresbetriebsstundenzahl ca. 3000
2 Jahresbetriebsstundenzahl ca. 4500
3 Jahresbetriebsstundenzahl ca. 6000

Bild 4.71 Katalytische Verbrennungsanlage mit Schüttkatalysator

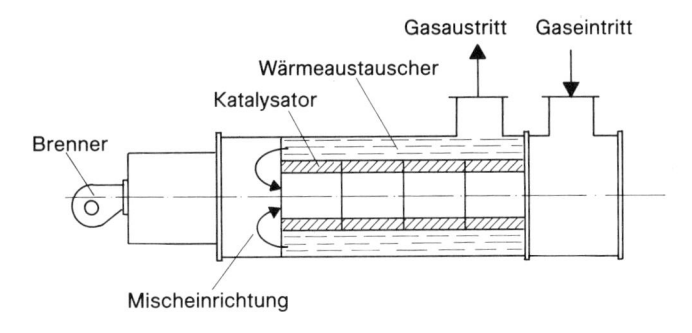

Bild 4.72 Brennkammer mit angeflanschtem Wärmeaustauscher und Warmwasserbereiter

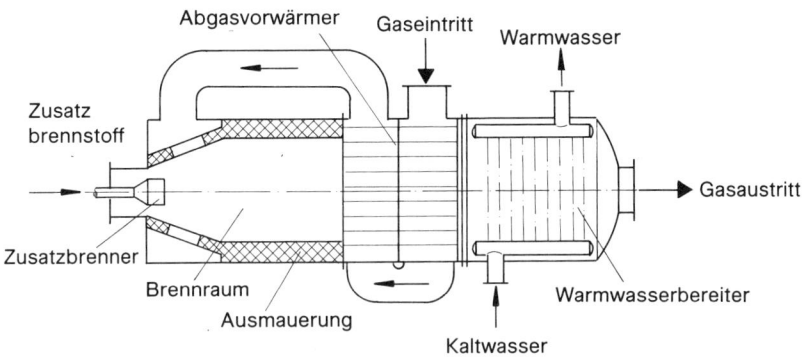

infolge teurerer Werkstoffe rapide ansteigen. Außerdem besteht dann die Gefahr der Selbstentzündung der organischen Stoffe, die zur Materialzerstörung führen würde. In verschiedenen Fällen können an der Wärmeaustauschfläche Ablagerungen auftreten, so daß eine leichte Reinigungsmöglichkeit bzw. Auswechselbarkeit der Rohre von Vorteil ist.

Das Abgas kann auch mit Hilfe einer Zusatzfeuerung durch einen Brenner auf die erforderliche Vorwärmtemperatur (Zündtemperatur) gebracht werden. Daneben dient dieser teilweise als Stützfeuerung zur Regelung einer konstanten Brennkammertemperatur bei schwankenden Betriebsverhältnissen.

Brenner und Wärmeaustauscher können bei der Planung der Anlage festgelegt werden. Eine hohe Brennerleistung verursacht hohe Betriebskosten (Brennstoffkosten), eine große Wärmeaustauschfläche hohe Anlagekosten (Wärmeaustauscherkosten). Die *Gesamtkosten* in Abhängigkeit der jährlichen Betriebsstundenzahl errechnen sich unter Berücksichtigung der Amortisation bzw. des Kapitaldienstes. Aus *Bild 4.73* ist abzulesen, wie es mit wachsender jährlicher Betriebsstundenzahl immer günstiger wird, laufende Brennstoffkosten durch Einbau eines Wärmeaustauschers einzusparen. (Verschiebung des Kostenminimums in Richtung der Verwendung eines Wärmeaustauschers.)

Bei der katalytischen Nachverbrennung wird das Abgas ebenso wie bei der

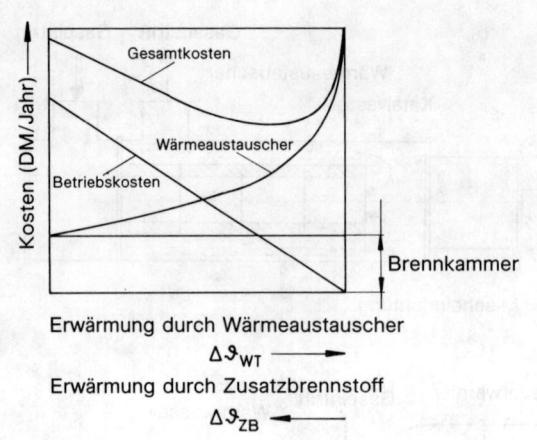

Bild 4.73 Kosten der thermischen Abluftreinigung

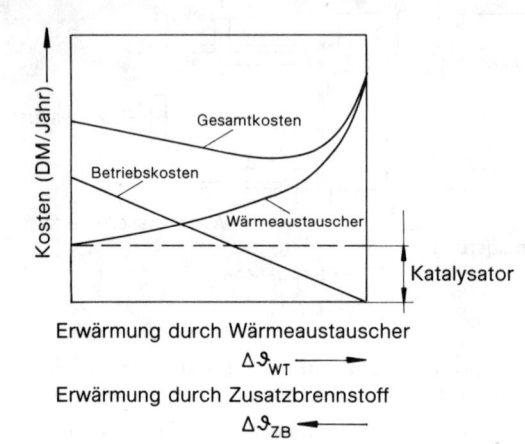

Bild 4.74 Kosten der katalytischen Abluftreinigung

thermischen Nachverbrennung durch Vorwärmung auf die Reaktionstemperatur (Anspringtemperatur des Katalysators) gebracht. Diese liegt wesentlich niedriger als die Zündtemperatur (maximal bei etwa 400 °C). Daher genügt meist ein Wärmeaustauscher allein zur Vorwärmung, und der Zusatzbrenner dient nur als Start- oder Regelbrenner.

Das *Bild 4.74* vergleicht Anlage- und Betriebskosten bei einer katalytischen Abgasreinigung. Ihre Wirtschaftlichkeit wird entscheidend beeinflußt durch die Gestehungskosten des Katalysators und seine Standzeit (Lebensdauer).

Der Anteil der Brennerleistung an der gesamten Wärmeleistung ist bei der thermischen Nachverbrennung höher als bei der katalytischen. Erst bei höheren Heizwerten der schadstoffhaltigen Abgase (ab etwa 120 kJ/m_N^3) wird die thermische Nachverbrennung in bezug auf die Energiekosten günstiger.

Bei gleicher Abwärmeausnutzung unterscheiden sich die Anschaffungskosten nicht wesentlich voneinander. Den Katalysatorkosten auf der einen Seite stehen

Bild 4.75 Zur Temperaturaufteilung bei einer thermischen Verbrennungsanlage

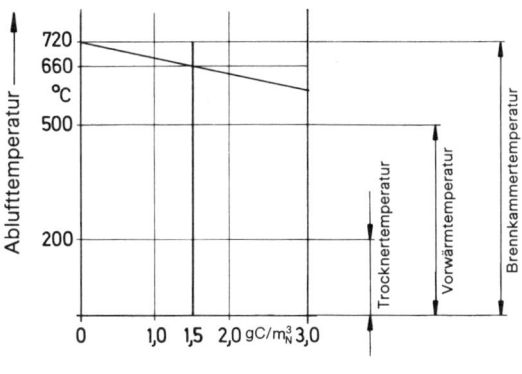

Schadstoffanteil im Rohgas gC/m_N^3

die Mehrkosten für Wärmeaustauscher und Brennaggregat auf der anderen Seite gegenüber.

Bild 4.75 zeigt an einem praktischen Beispiel die Temperaturverhältnisse einer thermischen Verbrennungsanlage [4.67]. Es handelt sich um einen Trocknungsprozeß in einer Offsetdruckerei. Daten der Anlage:

Verunreinigte Abluftmenge	3400 m³/h bei 200 °C
Ablufttemperatur aus dem Trockner	200 °C
Reaktionstemperatur in der Brennkammer	720 °C
Temperatur der Abluft nach Vorwärmung	500 °C
Schadstoffanteil der Abluft	1500 mg C/m_N^3
Temperaturzunahme durch die Schadstoffverbrennung	60 °C
Erwärmung der Abluft durch den Gasbrenner	720 − 60 − 500 = 160 °C

Die Aufheizung der Trocknerabluft auf die Brennkammertemperatur von 720 °C übernimmt:

 der Wärmeaustauscher zu 58%,
 der Brenner zu 31% und
 die Schadstoffoxidation zu 11%.

Die nach der Vorwärmung des ungereinigten Abgases verbleibende Restenergie im Rauchgas kann durch folgende bewährte Methoden zurückgewonnen werden:
□ Beheizung von Apparaten,
□ Beheizung von Wärmeträgerölen (in einem Abhitzekessel),
□ Nutzung der Verbrennungswärme zur Warmwasservorwärmung bzw. zur Dampferzeugung.

In größeren Anlagen sind meist mehrere dieser Rückgewinnungssysteme eingebaut. Die thermische oder katalytische Nachverbrennung stellt dann ein integrierter Bestandteil eines Gesamtprozesses dar. Einige Anlagenbeispiele sollen dies veranschaulichen.

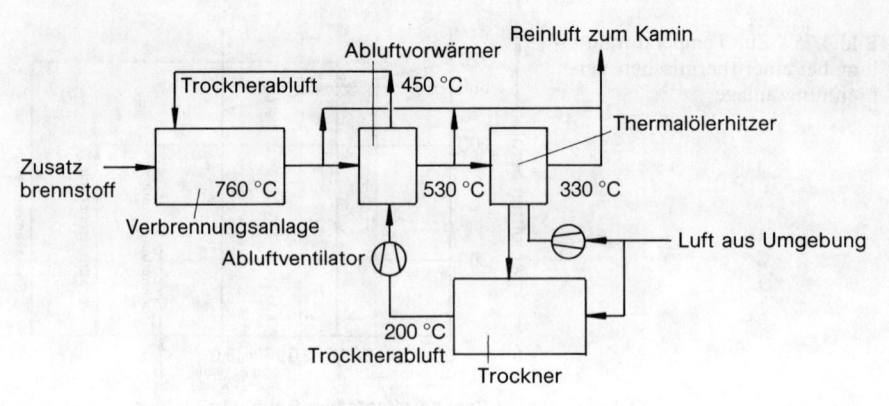

Bild 4.76 Fließschema einer thermischen Nachverbrennung

Bild 4.76 zeigt die Einbindung einer thermischen Nachverbrennungsanlage in einen Trocknungsprozeß. Einzige Wärmequelle ist der Brenner der Verbrennungsanlage. Ein Teilstrom der Trocknerabluft dient als Verbrennungsluft. Diese wird durch Abluftvorwärmung von 200 °C auf etwa 450 °C aufgeheizt. Die Verbrennung der Schadstoffe erzeugt die erforderliche Wärme (Schadstoffanteil ca. 16 g/m_N^3), der Brenner übernimmt einen kleinen Anteil der Erwärmung auf die Zündtemperatur. Die Rauchgase werden in einem Vorwärmer und nachfolgendem Wärmeträgererhitzer von 760 °C auf ca. 330 °C abgekühlt. Die Prozeßluft wird der Umgebung entnommen und, mittels Wärmeträgeröl auf ca. 280 °C aufgeheizt, dem Trockner zugeführt.

Zur Verbrennung gasförmiger und flüssiger Schadstoffe benutzt man oft zweigeteilte Brennkammern, wie *Bild 4.77* in einem Brennkammerschema zeigt. Im ersten Teil, der Vorbrennkammer, werden im wesentlichen die flüssigen Rückstände verbrannt, der zweite größere Teil der Brennkammer, die Hauptbrennkammer, dient der Abgasverbrennung. An den Austritt der Brennkammer schließt sich der Abluftvorwärmer an, der die ungereinigte Abluft mit Hilfe der gereinigten

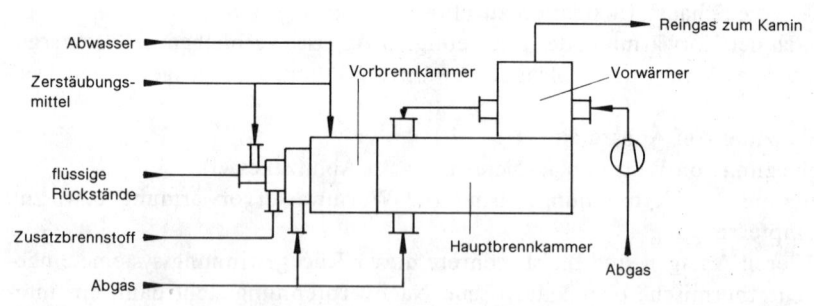

Bild 4.77 Schema einer thermischen Verbrennungsanlage für Abgase und flüssige Rückstände

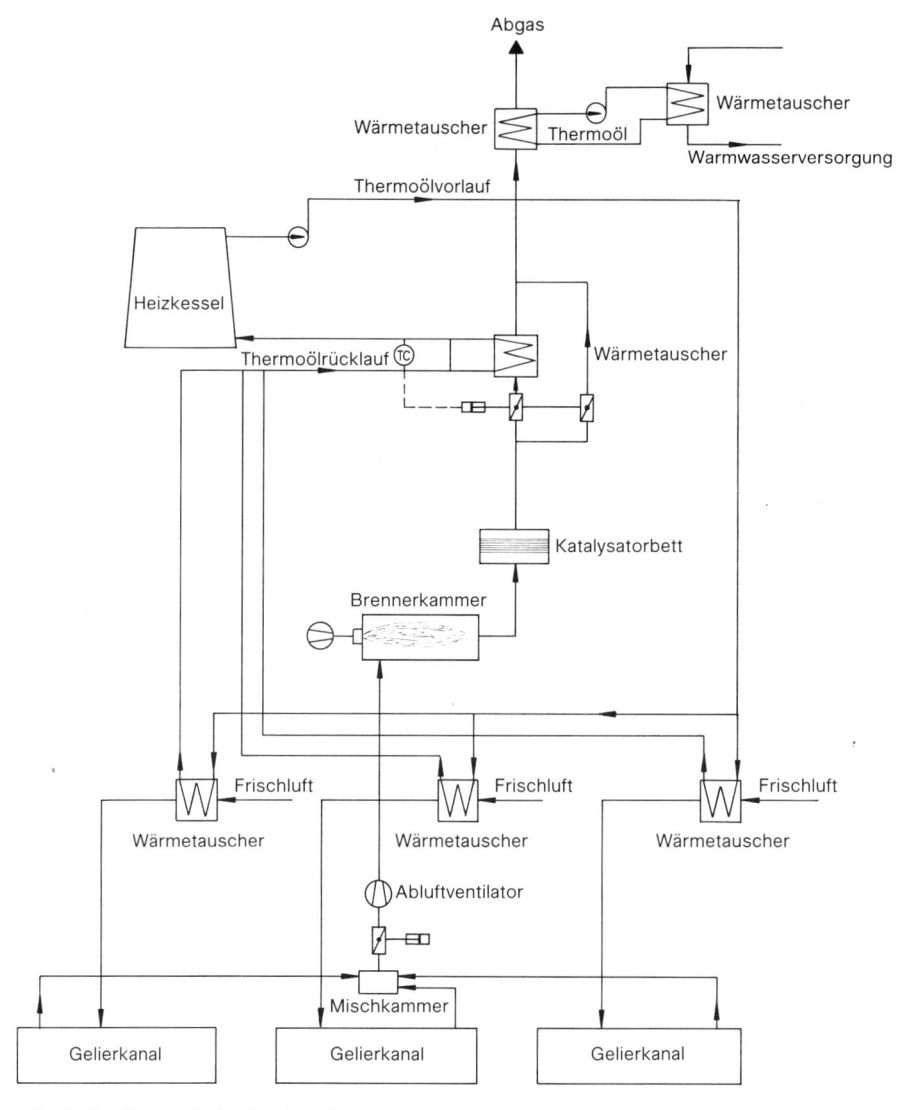

Bild 4.78 Katalytische Nachverbrennungsanlage für Weichmacherdämpfe

vorwärmt. Die Anlage hat einen Spezialbrenner für den gasförmigen Brennstoff und die flüssigen Abfallstoffe. Dieser enthält eine axial eingebaute Lanze, die mit Hilfe eines Zerstäubungsmittels die flüssigen Abfallstoffe eindüst und verbrennt. Gleichzeitig werden durch eine weitere Lanze geruchsbelästigende Abwässer eingeführt und verbrannt.

Eine der größten katalytischen Nachverbrennungsanlagen zur Abgasreinigung ist in einer PVC-verarbeitenden Firma in Betrieb [4.64]. Sie arbeitet nach einem

Verfahren der Kali-Chemie Engelhardt, Hannover. Die Anlage reinigt eine Abgasmenge von insgesamt 60 000 m_N^3/h bei Katalysatortemperaturen von etwa 360 °C. Die Abgase entstehen in drei Trockenöfen, in denen PVC geliert wird. Sie sind mit Weichmacherdämpfen und Lösungsmitteln bis 2 g/m_N^3 belastet. Das Abgas verläßt die Nachverbrennungsanlage mit einem Schadstoffanteil von weniger als 100 mg/m_N^3. Der Energiebedarf der drei Gelierkanäle wird von der Verbrennungsanlage voll gedeckt, die Restenergie im Abgas wird durch Wassererwärmung zurückgewonnen *(Bild 4.78)*.

4.6 Spezielle Verfahren der Abgasreinigung

4.6.1 Übersicht, Problemstellung

Der Verminderung von Geruchsstoffemissionen wurde in den letzten Jahren besondere Beachtung geschenkt. Im Abschnitt 4.4.5.2 wurden Verfahren der Abtrennung von Geruchsstoffen aus Abgasen durch Aktivkohleadsorption besprochen. Es wurde darauf hingewiesen, daß für eine wirksame Abscheidung die Geruchsträger qualitativ und quantitativ bekannt sein müssen. In vielen Fällen liegt jedoch ein Vielstoffgemisch vor, deren z.T. übelriechende Komponenten nicht erfaßt sind. Damit reicht zur vollständigen Geruchsentfernung ein einzelnes Verfahren nicht mehr aus. In *Tabelle 4.18* sind einige wichtige Bereiche der Geruchsentstehung zusammengestellt. Im wesentlichen sind landwirtschaftliche Betriebe, Tierkörperverwertungsanstalten, Abfalldeponien und lebensmittelverarbeitende Betriebe davon betroffen.

In der Vergangenheit wurde geruchsbelästigende Abluft auch absorptiv durch physikalische Waschverfahren gereinigt. Eine vielfach unbefriedigende Geruchsminderung und eine Problemverlagerung auf die Abwasserseite machten spezielle Reinigungsprozesse erforderlich. Dazu gehören *chemisch oxidative Gaswaschverfahren* und *biologische Sorptionsprozesse,* wie *Biowäsche* und *Biofilterung.*

4.6.2 Chemisch-oxidative Gaswaschverfahren

Die VDI-Richtlinie behandelt die Abgasreinigung durch oxidative Gaswäsche. Sie beschreibt eine Reihe von Beispielen, insbesondere bei Abgasen mit relativ niedrigen, jedoch sehr geruchsintensiven Stoffen (Geruchsanteile unter 10 mg/m_N^3) [4.68].

Im Abschnitt 4.5 wurde der zur Durchführung der Oxidation erforderliche Sauerstoff der Ab- und Verbrennungsluft entnommen, und die Reaktion erfolgte bei relativ hoher Temperatur. Bei der oxidativen Gaswäsche wird der Sauerstoff durch Chemikalien dem Waschwasser zugegeben, so daß die Oxidation und damit die Vernichtung der Geruchsstoffe bei normaler Temperatur (20 bis 40 °C) stattfinden kann. Als *Oxidationsmittel* wurden bisher in flüssiger Form Natriumhypochlorit, Kaliumpermanganat, Wasserstoffperoxid und in gasförmiger Form

Bild 4.79 Chemisch-oxidative Gaswäsche nach dem Fresenius-S-KT-Verfahren [4.71]

1 Zweistufiger Gaswäscher
2 Waschflüssigkeitstank
3 Ozonanlage
4 Wasser
5 Chemikalien, Stufe 2
6 Chemikalien, Stufe 1
7 Ablauf

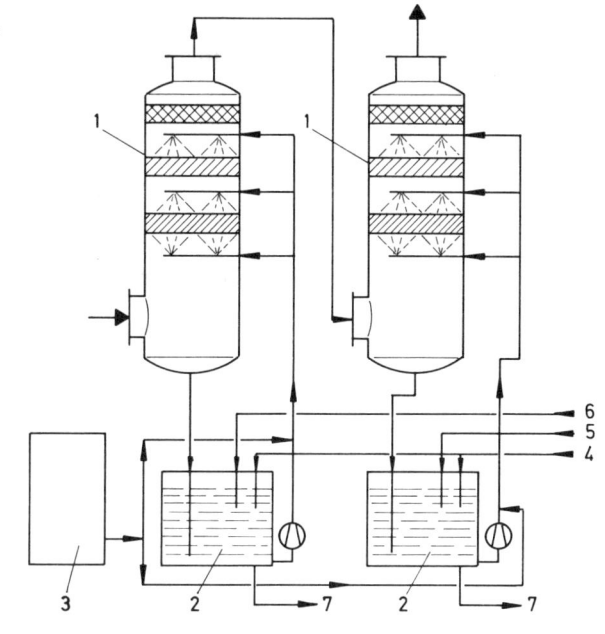

Chlor und Chlordioxid eingesetzt. Dies führte teilweise zu einer Aufsalzung des Abwassers, das Kaliumpermanganat verursachte zusätzliche Ablagerungen.

Durch die Vielzahl der auftretenden Geruchsträger mußte die Abscheidung in mehreren hintereinandergeschalteten Waschstufen durchgeführt werden. Oft ist eine Wasser-, Lauge- und Säurewäsche erforderlich, der noch oxidierende Chemikalien zugesetzt werden.

Neuere Anlagen arbeiten mit Ozon als Oxidationsmittel (Fresenius-S-KT-Verfahren) oder mit Chlor und Kalkstein (Kalkstein-Turmverfahren nach Kurmeier). Einen weiteren Fortschritt stellen die Redoxprozesse zur Abluftreinigung dar. Durch Steuerung des Redoxpotentials der Waschlösung über eine pH-Wertregelung können die Waschwassermengen erheblich reduziert werden (auf etwa 0,1 m^3/h bei 10 000 m^3_N/h Abgas). Zur Durchführung der Redoxverfahrens werden meist zwei Waschstufen für die chemische Oxidation benötigt [4.69]. In der ersten Stufe wird einer schwach sauren Waschlösung (pH-Wert 2 bis 3), die im Kreislauf geführt wird, chargenweise Oxidationsmittel zugegeben. Sie belädt sich dabei mit schwach alkalisch oder neutral reagierenden Geruchsbestandteilen (z.B. NH_3, Amine). In der zweiten Stufe wird mit einer schwach alkalischen Waschlösung (z.B. 20%ige NaOH) gewaschen. Diese oxidiert und zerstört schwach saure Geruchsträger (H_2S, Merkaptane, Aldehyde usw.).

Bild 4.79 zeigt eine Anlage, die nach dem *Fresenius-S-KT-Verfahren* arbeitet [4.70], [4.71].

Auch hier wird die Wäsche 2stufig ausgeführt, die erste Stufe wird alkalisch-oxidativ (NaOH – Ozon), die zweite Stufe sauer-oxidativ (H_2SO_4 – Ozon) betrieben. Oxidationsmittel ist Ozon, das in wäßriger Lösung die Geruchsstoffe umsetzt. Ozon gilt als starkes Oxidationsmittel. Es wird über einen Injektor der im Kreislauf umgepumpten Waschflüssigkeit zugegeben. Der Gaswäscher arbeitet im Gegenstrom und ist als Sprühwäscher mit Füllkörpereinbauten konzipiert. Er besteht aus einem zylindrischen Gehäuse, in dem sternförmige Düsenstöcke mit dazwischenliegenden Füllkörperschichten eingebaut sind. Ein Tropfenabscheider dient zur Abscheidung von Waschflüssigkeitstropfen aus dem Abgasstrom.

Die mit den Geruchsträgern durch Absorption beladene Waschflüssigkeit wird nach Regeneration durch Ozon und Chemikalien erneut dem Gaswäscher zugeführt.

4.6.3 Biologische Sorptionsverfahren

Während zuvor teilweise noch ein Abwasserproblem entstand, ist das bei der biologischen Abluftreinigung nicht der Fall. Es basiert darauf, daß fast alle organischen Geruchsstoffe von Mikroorganismen abgebaut werden können. Ein Teil der organischen Stoffe wird durch biochemische Vorgänge zu Inertstoffen wie CO_2 und H_2O oxidiert, ein anderer Teil zum Aufbau der Bakteriensubstanz gebraucht. Die Mikroorganismen werden dem Milieu der Geruchsstoffe angepaßt. Wichtige biologische Parameter sind:

O_2-Pegel, Raumbelastung, Schlammbelastung, pH-Wert, Temperatur, Nährstoffzusammensetzung, Salzkonzentration und das Kohlenstoff-Stickstoff-Phosphor-Verhältnis. Eine automatisch betriebene Meß- und Regelanlage stellt diese

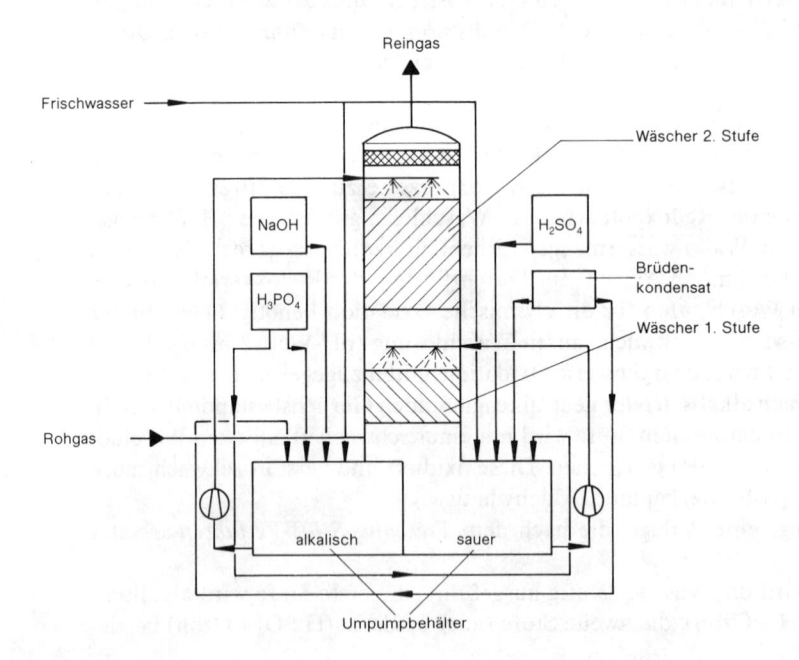

Bild 4.80
Zweistufiger Biowäscher

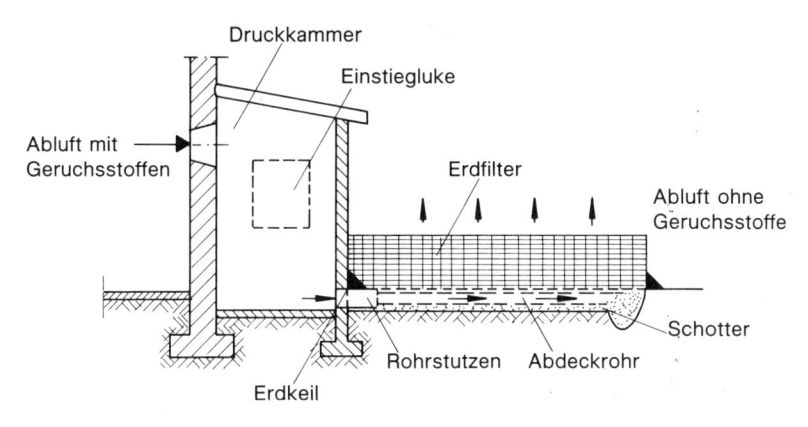

Bild 4.81 Biologisches Erdfilter

Größen optimal ein. Außerdem ist zu beachten, daß im Gesamtsystem stets aerobe Bedingungen vorliegen, da sich sonst durch Faulschlammbildung neue Gerüche bilden können.

Die Anwendung der biologischen Sorptionsverfahren zur Abluftreinigung ist überall dort sinnvoll, wo biologisch abbaubare Stoffe auftreten. Sie werden mit Hilfe von Waschverfahren oder mit Erdschichtfiltern durchgeführt. Die VDI-Richtlinien 3477 «*Biofilter*» und 3478 «*Biowäscher*» werden z.Z. erarbeitet [4.72], [4.73].

Der *Biowäscher* ist ein konventioneller Waschapparat, in dem als Waschmittel ein mit Mikroorganismen angereichertes Waschwasser, ein sog. *Belebtschlamm*, im Kreislauf geführt wird. Zur Erreichung einer optimalen Geruchsminderung wird die Anlage auch mit zwei Waschstufen betrieben *(Bild 4.80)*. Die während der biochemischen Oxidation frei werdende Energie wird zum Aufbau von Zellsubstanz gebraucht. Als Rückstand fällt ein Schlamm an, der nach einer Entwässerung deponiert werden kann. Die Tendenz geht dahin, teilweise chemisch-oxidative Wäscher auf Biowäscher umzustellen.

Die Biofilter sind eine Entwicklung des Bayerischen Instituts für Landtechnik, Weihenstephan. Durch Erdschichten (bis zu 500 m² große Holzkästen), bestehend aus Baumrinde, Zweigen, Humus und Torf, wird die zu reinigende Abluft gepumpt und gefiltert. Durch das laufende Feuchthalten des Filters bilden sich Bakterienkulturen (sog. biologischer Rasen), die die Geruchsstoffe biologisch umsetzen *(Bild 4.81)*.

Die *Biofilter* wurden zunächst bei der Bekämpfung landwirtschaftlicher Gerüche erfolgreich eingesetzt. Dort konnte am besten der große Flächenbedarf dieser Filter erfüllt werden (maximal 500 m² bei 0,5 bis 1 m Schichthöhe). Mittlerweile beseitigen sie auch geruchswirksame Stoffe bei der Tierkörperverwertung und aus der Brauereiabluft.

5 Lärm, Lärmbekämpfung, Lärmschutz

5.1 Schall, Lärm

Unter *Schall* versteht man die von schwingenden Schallquellen als Emissionsquellen erzeugten mechanischen Schwingungen im Hörbereich des menschlichen Ohres von 16 bis etwa 24 000 Hz (Hertz $\triangleq$ s^{-1}) bei Kindern und etwa 14 000 Hz bei älteren Erwachsenen (*Hörschall,* Schall im Sinne des technischen Umweltschutzes). Unterhalb dieses «hörbaren» Frequenzbereiches spricht man von Infraschall, darüber von Ultraschall. Schall breitet sich in Form von Schallwellen im allgemeinen konzentrisch um die Schallquelle in Trägern aus. Als Träger fungieren dabei Luft/Gase («Luftschall»), Flüssigkeiten und Feststoffe («Körperschall»). Die Ausbreitungsgeschwindigkeit von Schall, die *Schallgeschwindigkeit,* auf dem Übertragungsweg zwischen Schallquelle und Empfänger hängt von Art, Beschaffenheit und Temperatur des Trägers ab. Schall wird von Stoffen teils absorbiert, teils reflektiert, teils durchgelassen. In *Tabelle 5.1* werden kurz einige grundlegende Begriffe aus der Akustik erläutert, soweit sie für das Verständnis des vorliegenden Kapitels benötigt werden.

Lärm ist unerwünschter Schall. Lärm ist jede Art von Schall, die der Mensch als störend, belastend oder gar schmerzhaft empfindet. Im Sinne der staatlichen Lärmschutzvorschriften ist Lärm Schall, der Anlieger oder Dritte gefährdet, erheblich benachteiligt oder erheblich belästigt, wobei die zeitlichen Umstände der Lärmeinwirkung, ihre Stärke und Dauer sowie ihre Art und Regelmäßigkeit bedeutsam sind.

Geräusche, Schall setzen sich aus einer Vielzahl einzelner Töne zusammen. Ein einzelner Ton als Sinuston ist dabei vollständig gekennzeichnet durch seine Frequenz und seine Stärke, die durch Schalldruck, Schalleistung und Schallintensität ausgedrückt werden kann *(Tabelle 5.1)*. Meßtechnisch wird zur Kennzeichnung der Schallstärke der *Schalldruck* p_s bevorzugt. Sein Effektivwert, gemessen in Mikrobar (µbar) ist das physikalische Maß für Schalleinwirkungen. Da die menschliche Gehörwahrnehmung über fast 7 Zehnerpotenzen des Schalldruckes hinwegreicht, hat sich in der meßtechnischen Praxis anstelle des linearen Schalldruckes p_s der *logarithmische Schalldruckpegel L,* oder, abgekürzt, *Schallpegel* eingeführt. Dieser Schallpegel ist der 20fache dekadische Logarithmus des Schalldruckverhältnisses, bezogen auf die untere Hörschwelle von etwa $2 \cdot 10^{-4}$ µbar (Gleichung 5.12 in *Tabelle 5.1*). Der Schallpegel wird angegeben in Dezibel (dB). Das menschliche Ohr kann Schallpegel von etwa 1 bis 130 dB wahrnehmen. Dieser

Tabelle 5.1 Grundbegriffe und Grundbeziehungen aus der Akustik

Begriff, Symbol, Dimension	Definition, Analytische Abhängigkeit	Bemerkungen
Physikalisch reiner Einzelton	durch reine Sinusschwingung (harmonische Schwingung) erzeugt $$y = a \cdot \sin \omega t \qquad 5.1$$ y Auslenkung (Elongation) a Maximalauslenkung (Amplitude) ω Kreisfrequenz $$\omega = 2 \cdot \pi \cdot f \qquad 5.2$$ f Frequenz, Zahl der Schwingungen je Sekunde ($s^{-1} \triangleq$ Hz) t Zeit	Beispiel: Pariser Kammerton a mit $f = 435$ Hz Reine Sinusschwingung des tonerzeugenden Körpers führt zu einer einfachen eindimensionalen "Schallwelle" im Wellenträger (Longitudinalwelle oder Transversalwelle) $$y = a \cdot \sin \omega \cdot \left(t - \frac{x}{w}\right) \qquad 5.3$$ x Ausdehnung des Wellenträgers in Fortpflanzungsrichtung der Welle w Ausbreitungsgeschwindigkeit der Welle $$w = \lambda \cdot f \qquad 5.4$$ λ Wellenlänge
Grundton	erzeugt von dem als Ganzes schwingenden Tonerzeuger	Tonhöhe wird bestimmt durch die Frequenz der erzeugenden Schwingung
Obertöne	erzeugt von einzelnen schwingenden Teilen des Tonerzeugers	
Klang	aus Grundton und harmonischen Obertönen zusammengesetzter Ton (Überlagerung einzelner harmonischer Teilschwingungen)	Klangfarbe wird bestimmt durch Höhe, Anzahl und Stärke der Obertöne

Geräusch	Gewirr vieler unzusammenhängender, nicht-harmonischer, regellos wechselnder Töne	nur in seltenen besonders einfachen Fällen erfaßbar durch eine Fouriersche Überlagerung geeigneter reiner Sinus- und Cosinus-schwingungen $y = a_0 + a_1 \sin \omega t + a_2 \sin 2 \omega t + \ldots + a_n$ $ \cdot \sin n \omega t + b_1 \cos \omega t + b_2 \cos 2 \omega t + \ldots$ $ + b_n \cos n \omega t$ 5.5
Schallgeschwindigkeit w (m/s)	Ausbreitungsgeschwindigkeit der Schallwellen in den Trägern Luft/Gas (g), Flüssigkeiten (l) und Feststoffen (s) $w_g = \sqrt{\dfrac{\varkappa \cdot p}{\varrho_g}}$ 5.6 $\varkappa = \dfrac{c_p}{c_v}$ Adiabatenexponent 5.7 p Gasdruck ϱ_g Gasdichte c_p, c_v spezifische Wärme bei konstantem Druck bzw. bei konstantem Volumen $w_l = \dfrac{1}{\sqrt{\beta_l \cdot \varrho_l}}$ 5.8 β_l Kompressibilität der Flüssigkeit ϱ_l Flüssigkeitsdichte $w_s = \sqrt{\dfrac{E}{\varrho_s}}$ 5.9 E Elastizitätsmodul des Feststoffes ϱ_s Feststoffdichte	Anhaltswerte der Schallgeschwindigkeit: $w_g \approx 333$ m/s (Luft, atmosphärische Bedingungen) $w_l \approx 800$ bis 2000 m/s (1497 m/s bei Wasser mit 25 °C $w_s \approx 3710$ m/s (Kupfer)

Begriff, Symbol, Dimension	Definition, Analytische Abhängigkeit	Bemerkungen
Schalldruck p_s (Mikrobar, μbar)	Amplitude der Druckschwankung um den im Schallträger herrschenden Druck $$p_s = \varrho \cdot w \cdot w_m \qquad 5.10$$ ϱ Dichte des Schallträgers w Schallgeschwindigkeit w_m maximale Geschwindigkeit der von der Schallwelle erfaßten um ihre Ruhelage schwingenden Trägerteilchen	Übliche Schalldrücke in der Luft: 10^{-4} bis 10^2 μbar
Schallstärke, Schallintensität I_s (W/m²)	auf den Beaufschlagungsquerschnitt bezogene Schalleistung (Schalleistung/Fläche) $$I_s = \frac{1}{2} \cdot \frac{p_s^2}{\varrho \cdot w} \qquad 5.11$$	Übliche Schallstärke in Luft: 10^{-12} bis 1 W/m²
Dezibel (dB)	Zehnfacher dekadischer Logarithmus des Verhältnisses zweier Größen	Name einer Rechengröße, keine Dimension
Schallpegel L (dB)	$$L = 10 \lg \frac{I_s}{I_{s,o}} = 10 \lg \frac{p_s^2}{p_{s,o}^2} = 20 \lg \frac{p_s}{p_{s,o}} \qquad 5.12$$ $I_{s,o} = 10^{-12}$ W/m² geringste vom menschlichen Ohr wahrnehmbare Schallintensität eines 1000-Hz-Tones $p_{s,o} = 2 \cdot 10^{-4}$ μbar zu $I_{s,o}$ gehörender Schalldruck	Für die Schallmeßtechnik gebräuchliche Größe

Zusammenfassen der Schallpegel verschiedener Schallquellen	Resultierender Schallpegel L_r $$L_r = 10 \lg \frac{p_1^2 + p_2^2 + \cdots}{p_{s,o}^2} \qquad 5.13$$ Pegelerhöhung durch eine zweite Schallquelle (nach DIN 18005 [5.4])	**Beispiel:** Zusammenfassen zweier gleichstarker Schallquellen $p_1 = p_2 = p_s$ und $L_r = 10 \lg \frac{2 p_1^2}{p_{s,o}^2} = 20 \lg \frac{p_1}{p_{s,o}}$ $+ 10 \lg 2 = L_1 + 3$ dB (die Zusammenfassung zweier gleichstarker Schallquellen führt also zu einer Erhöhung des Schallpegels um 3 dB)
	Schallpegelunterschied der beiden Schallquellen in dB (A)	0	1	2	4	5	10	üb. 10
	Pegelerhöhung der lauteren Schallquelle in dB(A)	3	2,5	2	1,5	1	0,5	0
	dB (A) zum größeren Pegel addieren Pegelerhöhung durch mehrere gleichstarke Schallquellen	
	Zahl der Schallquellen	1	2	3	4	5	8	10
	Pegelerhöhung in dB(A)	0	3	5	6	7	9	10
Lautstärkepegel („Lautstärke") in Phon (phon)	gemessen mit Lautstärkemessern nach DIN 5045. Phon: logarithmische Einheit des Lautstärkepegels nach DIN 1318	In der Schallmeßtechnik kaum mehr angewandt, da das Lautheitsempfinden des menschlichen Ohres nicht hinreichend gut wiedergebend

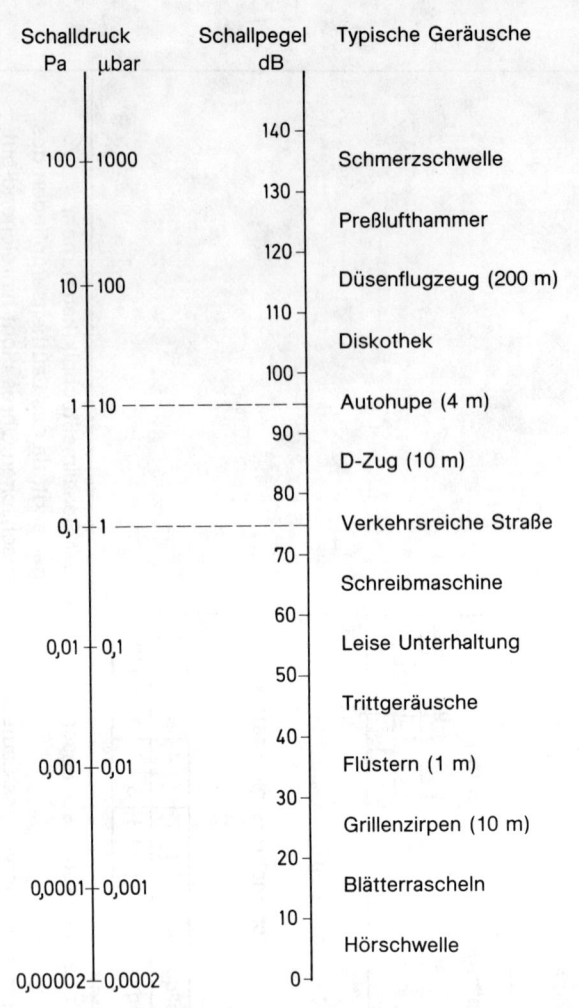

Schalldruck		Schallpegel	Typische Geräusche
Pa	μbar	dB	
		140 —	
100 — 1000			Schmerzschwelle
		130 —	
			Preßlufthammer
		120 —	
10 — 100			Düsenflugzeug (200 m)
		110 —	
			Diskothek
		100 —	
1 — 10		– – – – – – – –	Autohupe (4 m)
		90 —	
			D-Zug (10 m)
		80 —	
0,1 — 1		– – – – – – – –	Verkehrsreiche Straße
		70 —	
			Schreibmaschine
		60 —	
0,01 — 0,1			Leise Unterhaltung
		50 —	
			Trittgeräusche
		40 —	
0,001 — 0,01			Flüstern (1 m)
		30 —	
			Grillenzirpen (10 m)
		20 —	
0,0001 — 0,001			Blätterrascheln
		10 —	
			Hörschwelle
0,00002 — 0,0002		0 —	

Bild 5.1 Erfassungsbereich des menschlichen Ohres über Schalldruck und Schallpegel (Darstellung nach Martin [5.1])

Erfassungsbereich wird in *Bild 5.1* durch Schalldruck und Schallpegel verschiedener Schallquellen verdeutlicht. *Bild 5.2* zeigt den menschlichen Hörbereich.

Die subjektive Lautstärkeempfindung des menschlichen Ohres ist stark frequenzabhängig. Hohe Töne werden als lauter empfunden als tiefe. *Bild 5.3* erläutert dies. Die in ihm enthaltenen Kurven geben den Schalldruck, der die gleiche Lautstärkeempfindung hervorruft, in Abhängigkeit von der Frequenz wieder. Die Schallintensität ist dabei so gewählt, daß bei einer Frequenz von 1000 Hz der Schallpegel in dB und die Lautstärke in Phon nach DIN 5045 den gleichen Zahlenwert ergeben.

Schallpegelmesser berücksichtigen die starke Frequenzabhängigkeit der subjektiven Lautstärkeempfindung durch Vorsatzfilter mit entsprechender Frequenzbewertung. Die weniger schädlichen sehr tiefen und sehr hohen Frequenzen werden

Bild 5.2 Hörbereich des menschlichen Ohres (Darstellung gemäß [5.2])

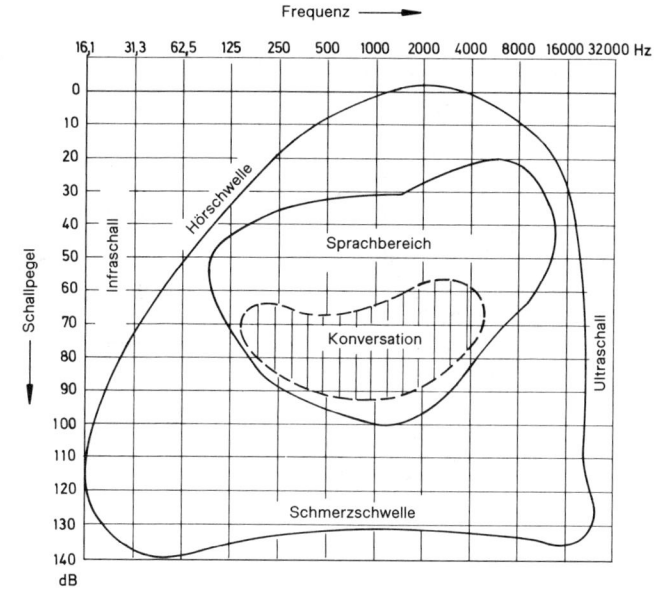

bei der Schallpegelmessung teilweise unterdrückt, gedämpft, so daß sie weniger zum Meßwert beitragen als die physiologisch gefährlicheren Frequenzen im Bereich von 1000 bis 4000 Hz. Die Dämpfung wird technisch in Abhängigkeit von den auftretenden Frequenzen durch vier verschiedene Filterketten, «*Bewertungsfilter*» entsprechend den Bewertungskurven A bis D des *Bildes 5.4* im Meßgerät vorgenommen. Wird beispielsweise an einem normalen Mikrofon ohne Bewertungsfilter bei einer Frequenz von 200 Hz ein Schallpegel von 80 dB gemessen, so liefert ein Vorsatzfilter gemäß Bewertungskurve A eine Dämpfung dieses Schallpegels um 10 dB. Die Messung gemäß Bewertungskurve A ergibt also 70 dB(A). Die Art des verwendeten Bewertungsfilters wird in Klammern hinter dem Schallpegelmeßwert angegeben.

In der Schallmeßtechnik arbeitet man im allgemeinen mit Bewertungsfiltern A, erhält also Schallpegelwerte in dB(A). Bei Schallpegeln über 130 dB werden manchmal Bewertungsfilter C benutzt; bei der Messung von Fluglärm kommen gelegentlich Bewertungsfilter D zum Einsatz, um die besonders lästigen höherfrequenten Lärmanteile über 1000 Hz besser berücksichtigen zu können.

Der dB(A)-Wert des Schallpegels stimmt bei Werten unter 60 dB(A) mit den früher verwendeten DIN-Phon-Werten der Lautstärke überein (siehe *Tabelle 5.1*).

Liegen keine Dauergeräusche als «Dauerlärm», sondern intermittierende Geräusche vor, so kann in erster Näherung angenommen werden, daß gleiche Schallenergie gleiche Belästigung hervorruft. Mit dieser Annahme läßt sich ein «*äquivalenter Dauerschallpegel*» berechnen als Schallpegel eines gleichbleibenden Dauergeräusches, das die gleiche Störwirkung hervorruft wie das zu kennzeichnende veränderliche Geräusch.

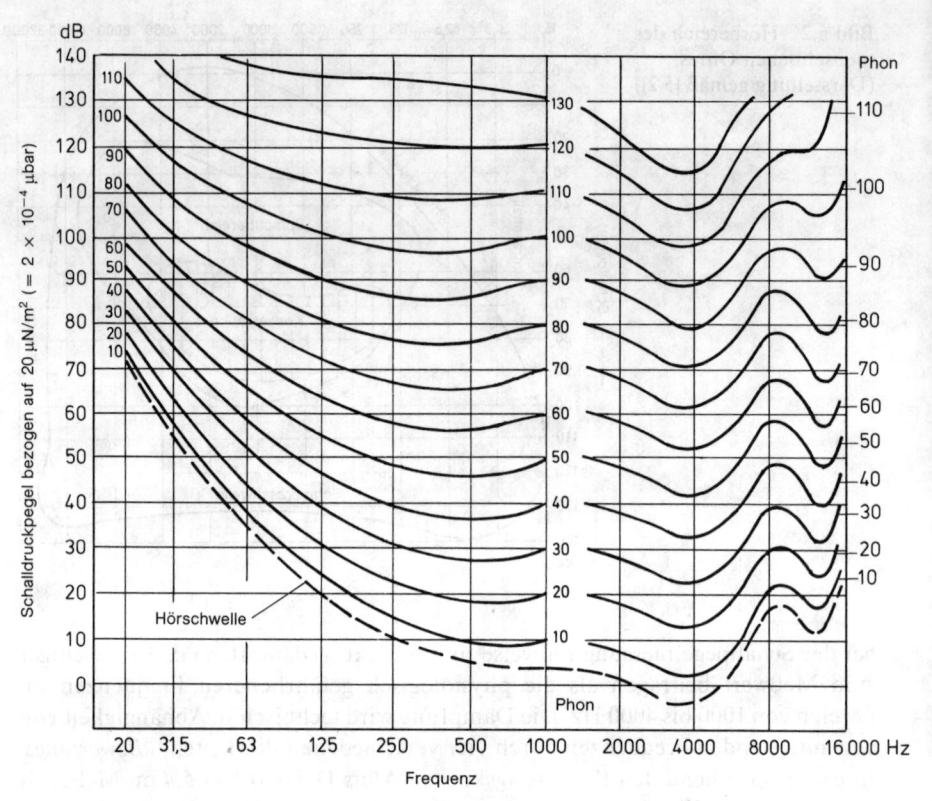

Bild 5.3 Kurven gleicher Lautstärke und Hörschwelle für Sinustöne im freien Schallfeld bei zweiohrigem Hören (Darstellung nach Heilig [5.3])

Bild 5.4 Frequenzbewertungskurven für die Schallmeßtechnik (Darstellung nach Martin [5.1])

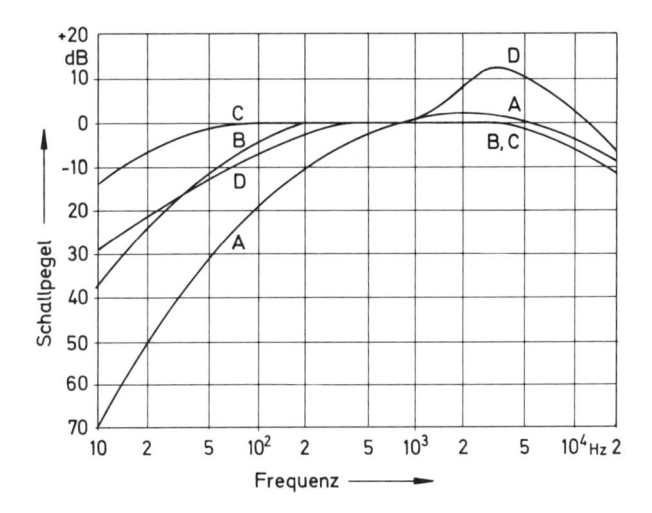

5.2 Lärmbelästigung und ihre Folgen

Lärm ist ein Streßfaktor. Er beeinträchtigt das physische, psychische und soziale Wohlbefinden und schädigt das Gehörorgan. Übermäßiger Lärm wird nicht mehr als unvermeidbare Begleiterscheinung von Arbeitsprozessen, Verkehr, Baustellen und Wohn- und Freizeitbereichen hingenommen, nachdem die durch ihn verursachten Gesundheitsschäden ein alarmierendes Ausmaß angenommen haben. Aurale Lärmwirkungen erstrecken sich auf das Hören und das Innenohr. Störgeräusche ab etwa 55 bis 60 dB(A) überdecken die Sprachverständlichkeit und beeinträchtigen das Leistungsvermögen. Die Wahrnehmungsfähigkeit kann so reduziert werden, daß es zu Unfällen kommt, weil Hinweissignale überhört werden. Eine langjährige Lärmbelastung ab etwa 85 bis 90 dB(A) führt, die Einwirkungsperioden aufaddierend, zu einer irreparablen Innenohrschädigung und einer daraus resultierenden Lärmschwerhörigkeit. Diese Lärmschwerhörigkeit nimmt bereits jetzt den zweiten Platz unter den berufsbedingten Krankheiten ein. *Bild 5.5* zeigt die Abhängigkeit des Gehörschadenrisikos von Dauer und Intensität der Lärmbelastung. Extraaurale Lärmwirkungen werden durch das Zentralnervensystem vermittelt: Sie betreffen vegetativ-nerval gesteuerte Organe, Systeme und psychische Reaktionen und führen zu entsprechenden Funktions- und Reaktionsstörungen. Nachweisbare Beeinträchtigungen des Schlafes treten beispielsweise bei Schallpegeln ab 45 bis 50 dB(A) auf. Ein besonders häufiges Ergebnis extraauraler Lärmwirkung ist die Lärmbelästigung. Sie läuft mit vegetativen Reaktionen ab, die zu einer Störung des Wohlbefindens und zu affektgeladenen Sozialkonflikten Anlaß geben können. Bereits Schallpegel von 25 dB(A) können bei sensiblen Personen solche Reaktionen hervorrufen.

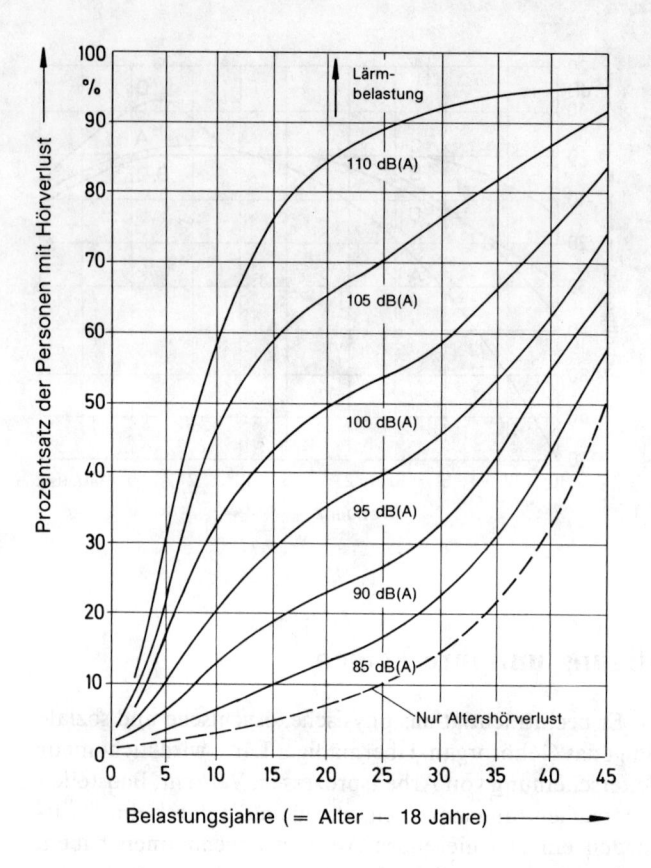

Bild 5.5 Abhängigkeit des Gehörschadenrisikos von Dauer und Intensität der Lärmbelastung (Darstellung nach [5.1])

Im folgenden sollen tabellarisch kurz *Maximal-, Richt-* und *Schwellenwerte* von *Schallpegeln* für verschiedene Bereiche des menschlichen Lebens angegeben werden – extrahiert aus Gesetzen, Rechtsverordnungen und Regelwerken.

Tabelle 5.2 gibt eine Übersicht über Immissionsrichtwerte für verschiedene kommunale Bereiche gemäß «Allgemeine Verwaltungsvorschrift über genehmigungspflichtige Anlagen nach § 16 der Gewerbeordnung GewO (Technische Anleitung zum Schutz gegen Lärm – *TA Lärm*)».

Tabelle 5.3 zeigt Richtwerte des Schallpegels als Ergebnis verschiedener Rechtsverordnungen und Regelwerke.

Um ein Maß für die Lärmbelastung über einen bestimmten Zeitraum zu erhalten, müssen Momentanwerte des Schallpegels in geeigneter Weise gemittelt werden. Prinzipiell kann der «Mittelungspegel» so gebildet werden, daß alle Schalldruckmomentanwerte zu einer Lärmdosis integriert werden, die dann durch die Gesamterfassungszeit dividiert und logarithmiert wird (integrierende Schallpegelmesser, siehe DIN 45641 bzw. DIN 45645). Man erhält dann u.a. den nach ISO R 1996 und ISO R 1999 genormten *äquivalenten Dauerschallpegel* L_{eq}. Dieser Pegel wird für die Messung von Verkehrslärm auch bei uns herangezogen.

Tabelle 5.2 Immissionsrichtwerte des Schallpegels für verschiedene kommunale Bereiche nach [5.4]

Kommunaler Bereich	Immissionsrichtwert (Schallpegel dB(A))	
	tagsüber	nachts*
Gebiete, in denen nur gewerbliche oder industrielle Anlagen und Wohnungen für Inhaber und Leiter der Betriebe sowie für Aufsichts- und Bereitschaftspersonen untergebracht sind	70	
Gebiete, in denen vorwiegend gewerbliche Anlagen untergebracht sind	65	50
Gebiete mit gewerblichen Anlagen und Wohnungen, in denen weder vorwiegend gewerbliche Anlagen noch vorwiegend Wohnungen untergebracht sind	60	45
Gebiete, in denen vorwiegend Wohnungen untergebracht sind	55	40
Gebiete, in denen ausschließlich Wohnungen untergebracht sind	50	35
Kurgebiete, Krankenhäuser und Pflegeanstalten	45	35
Wohnungen, die mit der Anlage baulich verbunden sind	40	30

* Die Nachtzeit beträgt acht Stunden; sie beginnt um 22 Uhr und endet um 6 Uhr. Die Nachtzeit kann bis zu einer Stunde hinausgeschoben oder vorverlegt werden, wenn dies wegen der besonderen örtlichen oder wegen zwingender betrieblicher Verhältnisse erforderlich und eine achtstündige Nachtruhe des Nachbarn sichergestellt ist.

Nach der TA Lärm für die Lärmimmission von Betrieben und Anlagen auf die Nachbarschaft und nach den Schutzvorschriften gegen Lärm am Arbeitsplatz ist nicht L_{eq}, sondern der *Beurteilungspegel* L_r (rating sound level) anzuwenden. Dieser Beurteilungspegel L_r bewertet impulshaltigen, als störender empfundenen Schall höher als L_{eq}. Um wieviel dB L_r größer ist als L_{eq}, hängt von der Impulshaltigkeit des Schalles ab. Bei konstanten Tönen stimmen L_{eq} und L_r überein. Nach DIN 45645 kann beispielsweise L_r überschlägig aus L_{eq} durch Zuschlag von 3 dB für Büroräume und 6 dB für Werkstätten ermittelt werden.

Tabelle 5.3 Richtwerte des Schallpegels gemäß Gesetzen, Rechtsverordnungen und Regelwerken

Art des Lärms	Richtwerte des Schallpegels in dB(A)		Erläuternde Hinweise	Gesetze, Rechtsverordnung, Regelwerk
	tagsüber	nachts		
Wohnlärm haustechnischer Anlagen	40	30 bzw. 35	Maximalschallpegel, Nachtwert bei Installationsgeräuschen bis 35 dB(A)	DIN 4109 Bl. 2, in allen Bundesländern eingeführt
Straßenverkehrslärm	50 bis 60*	35 bis 45*	Beurteilungsrichtpegel als Planungsrichtpegel gemittelt über den jeweiligen Bezugszeitraum; Schallpegelhöhe je nach Art des Baugebietes (Ausweisung nach BauNVO); Außenpegel gültig für die Bauleitplanung	DIN 18005 Bl. 1 und TA Lärm
Flugverkehrslärm	75 bzw. 67		Einwertangabe, gemittelt über Tages- und Nachtzeitraum. Verwendung für die Einteilung in Lärmschutzzonen, in denen Bauverbote oder Baubeschränkungen bestehen oder für die Regelung von Entschädigungen	Gesetz zum Schutz gegen Fluglärm
Lärm am Arbeitsplatz (bezüglich Gehörschäden)	90		Beurteilungspegel, gemittelt über eine 8-Stunden-Schicht bei Dauereinwirkung. Grenzwert für Überwachungsuntersuchungen	Arbeitslärmschutzrichtlinie gemäß VDI-Richtlinie 2058, Blatt 2

Art des Lärms	Richtwerte des Schallpegels in dB(A)		Erläuternde Hinweise	Gesetze, Rechtsverordnung, Regelwerk
	tagsüber	nachts		
Gewerbelärm in der Nachbarschaft bei baulich nicht verbundenen Anlagen und Baulärm	50 bis 60* 80 bis 90**	35 bis 45* 55 bis 65**	Beurteilungspegel, gemittelt über den jeweiligen Bezugszeitraum. Schallpegelhöhe je nach Art des Immissionsgebietes bzw. Baugebietsausweisung nach Bau.NVO. Bestimmung des Schallpegels vor offenem Fenster	TA Lärm für Anlagen, die nach § 16 GewO genehmigungsbedürftig sind. VDI-Richtlinie 2058, Blatt 1, für nicht genehmigungsbedürftige Anlagen. AVV Baulärm für Baumaschinen. DIN 18005, Blatt 1, eingeführt durch Ländererlaß für die Bauleitplanung
Gewerbelärm in der Nachbarschaft bei baulich verbundenen Anlagen	35 bis 45** 40	25 bis 35** 30 bis 50**	Beurteilungspegel, gemittelt über den jeweiligen Bezugszeitraum. Bezogen auf Innenräume	VDI-Richtlinie 2058, Blatt 1, für nicht genehmigungsbedürftige Anlagen. TA Lärm für Anlagen, die nach § 16 GewO genehmigungsbedürftig sind

* für Gebiete, in denen nur oder überwiegend Wohnungen untergebracht sind
** Maximalpegelwerte kurzzeitiger Geräusche

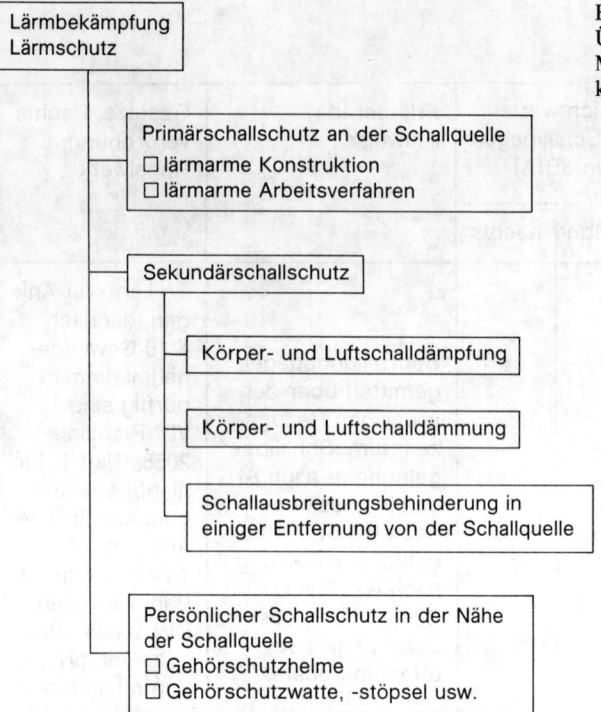

Bild 5.6 Schematische Übersicht über technische Maßnahmen zu Lärmbekämpfung und Lärmschutz

- Lärmbekämpfung Lärmschutz
  - Primärschallschutz an der Schallquelle
    - ☐ lärmarme Konstruktion
    - ☐ lärmarme Arbeitsverfahren
  - Sekundärschallschutz
    - Körper- und Luftschalldämpfung
    - Körper- und Luftschalldämmung
    - Schallausbreitungsbehinderung in einiger Entfernung von der Schallquelle
  - Persönlicher Schallschutz in der Nähe der Schallquelle
    - ☐ Gehörschutzhelme
    - ☐ Gehörschutzwatte, -stöpsel usw.

5.3 Technische Maßnahmen zur Lärmbekämpfung und zum Lärmschutz

Emissionsquellen für belästigenden und gesundheitsgefährdenden Lärm sind insbesondere in den Bereichen Transport/Verkehr, Gewerbe/Industrie, Baustellen und Wohngebiete/Freizeiträume zu finden. Zur Bekämpfung des von ihnen ausgehenden Lärms sind technische Maßnahmen sowohl emissions- als auch immissionsseitig erforderlich, wie sie die Technische Anleitung zum Schutz gegen Lärm (TA Lärm [5.4]), dem jeweiligen Stand der Technik entsprechend, vorschreibt.

Die *Bilder 5.6 und 5.7* geben eine knapp einordnende Übersicht über mögliche technische Maßnahmen zur Lärmbekämpfung und zum Lärmschutz; nähere Erläuterungen folgen in den nächsten Abschnitten.

Bei Auswahl und Festlegung von Lärmschutzmaßnahmen ist zu beachten, daß die Schallausbreitung im wesentlichen auf vier Arten erfolgt:
- ☐ Der *direkte Schall* breitet sich unmittelbar von der Schallquelle zum Empfänger aus.
- ☐ Der *reflektierte Schall* erreicht den Empfänger auf dem Reflexionsumweg über Wände, Decken, Einbauten usw.

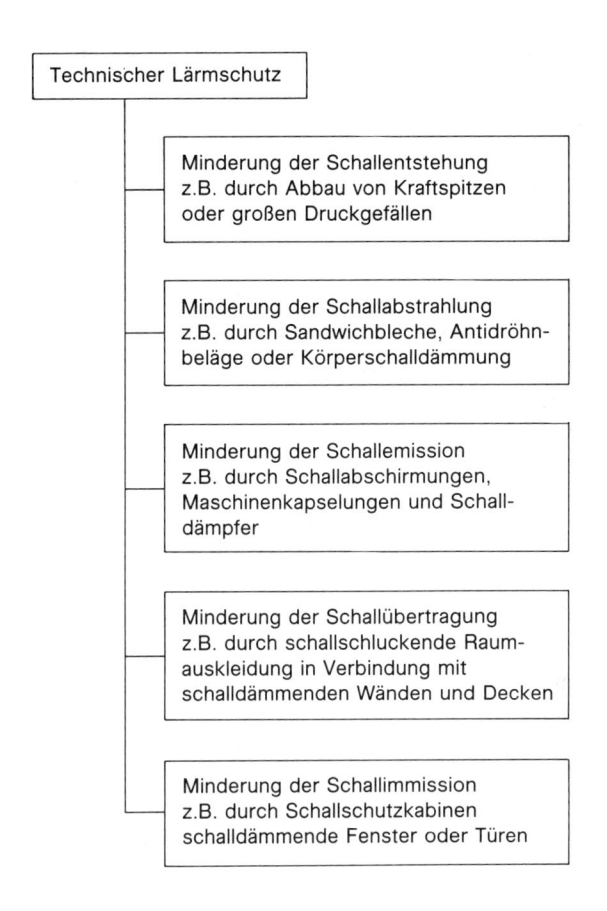

Bild 5.7 Methoden des technischen Lärmschutzes, schematisch (Darstellung nach [5.5])

Technischer Lärmschutz
- Minderung der Schallentstehung z.B. durch Abbau von Kraftspitzen oder großen Druckgefällen
- Minderung der Schallabstrahlung z.B. durch Sandwichbleche, Antidröhnbeläge oder Körperschalldämmung
- Minderung der Schallemission z.B. durch Schallabschirmungen, Maschinenkapselungen und Schalldämpfer
- Minderung der Schallübertragung z.B. durch schallschluckende Raumauskleidung in Verbindung mit schalldämmenden Wänden und Decken
- Minderung der Schallimmission z.B. durch Schallschutzkabinen schalldämmende Fenster oder Türen

□ Beim *Körperschall* erregt die Schallquelle ihr Fundament, ihren Untergrund zu Schwingungen, die sich in Gebäudeteilen, Einbauten usw. fortpflanzen und, an deren Oberflächen wieder in Luftschall umgesetzt, als «Sekundärschall» abgestrahlt den Empfänger erreichen.
□ Der *gebeugte Schall* breitet sich als Luftschall um Hindernisse herum aus.
Der Lärmschutz speziell im Arbeitsbereich ist im wesentlichen durch die Unfallverhütungsvorschrift Lärm (UVV Lärm [5.2]) der Berufsgenossenschaften, gültig seit dem 1. 12. 1974, und die Arbeitsstättenverordnungen des Bundesministeriums für Arbeit und Sozialordnung, gültig seit dem 1. 3. 1976, bundeseinheitlich geregelt. Der Beurteilungspegel am Arbeitsplatz in Arbeitsräumen darf danach, auch unter Berücksichtigung der von außen einwirkenden Geräusche höchstens betragen:
□ bei überwiegend geistigen Tätigkeiten 55 dB(A),
□ bei einfachen oder überwiegend mechanisierten Bürotätigkeiten und vergleichbaren Tätigkeiten 70 dB(A),
□ bei allen sonstigen Tätigkeiten 85 bis maximal 90 dB(A).

Für Betriebe, in denen 85 bis 90 dB(A) erreicht bzw. überschritten werden, schreibt die UVV Lärm u.a. Maßnahmen zur Lärmminderung, zum persönlichen Schallschutz und zur Verhütung lärmbedingter Unfälle vor. Sie enthält weiter Auflagen zur Kennzeichnung von Lärmbereichen, zur Durchführung von audiometrischen Gehöruntersuchungen sowie Vorschriften zu Beschäftigungseinschränkungen und Strafbestimmungen.

5.3.1 Primärschallschutz an der Schallquelle

Der beste Lärmschutz ist sicher jener, Lärm gar nicht oder in nur geringem Ausmaß entstehen zu lassen. Dies bedeutet, daß die «Schallquellen» unserer Umgebung, Transportmittel, Baumaschinen und die Elemente von Erzeugungs- und Verarbeitungsanlagen so lärmarm konstruiert werden müßten, daß
- die in ihnen erfolgende Energieumsetzung nur zu geringer akustischer Umsetzung führt oder
- daß die abgestrahlte Schalleistung entweder durch Schalldämpfer oder durch schalldämmende Abschirmung, die von einfachen Schirmwänden bis zur Vollkapselung der Schallquelle reichen kann, gemindert wird.

Dies bedeutet weiter, daß bei der Konstruktion von Apparaten, Maschinen usw. auf einen möglichst verschleiß- und verlustarmen Verlauf der in ihnen zusammenwirkenden Kräfte und der von diesen ausgelösten Bewegungen geachtet werden muß:
- Die Geschwindigkeit bewegter Teile sollte so gering wie möglich sein.
- Die Änderung der Kraftangriffsrichtung sollte so langsam wie möglich erfolgen.
- Das Druckgefälle in strömenden Medien sollte so gering wie möglich ausfallen.
- Periodische Molekülbewegungen sollten vermieden werden.
- Resonanzerscheinungen sollten dadurch vermieden werden, daß die Eigenfrequenzbereiche durch konstruktive Zusatzmaßnahmen so gelegt werden, daß sie nicht mit Fremderregerfrequenzen übereinstimmen können.

Diese Prinzipien für lärmarme Konstruktionen sind nun leider nicht generell zu realisieren, da sie häufig zwingenderen Konstruktionsprinzipien, abgeleitet aus Forderungen nach hoher Drehzahl, kleiner Masse, hoher Strömungsgeschwindigkeit der Durchsatzmedien usw., entgegenstehen. Es ist jedoch sicher möglich, die Schallentstehung an kritischen Stellen der Anlagenteile soweit zu vermeiden, wie es der Stand der Technik und die wirtschaftliche Situation zulassen.

In *Tabelle 5.4* sind einige charakteristische Beispiele des *Primärschallschutzes* aus verschiedenen Anwendungsbereichen zusammengestellt.

Tabelle 5.4 Ausgewählte Beispiele zum Primärschallschutz (Primärlärmschutz)

Prinzipien für lärmarme Verfahren und Konstruktionen	Verfahren, Anlagenteil, Anlagenteilbeschaffenheit	im Sinne des Primärschallschutzes besseres Verfahren, besserer Anlagenteil, bessere Anlagenteilbeschaffenheit
Allgemeine Prinzipien [5.6]		
☐ schlagartige Bewegungen		
Kraftspitzen vermeiden oder mindern	Schmieden, Nockensteuerung	Pressen, Kurventrieb
Konstruktionen aus vibrationsdämpfenden Werkstoffen	Blechgehäuse, Blechverkleidung	Gußgehäuse, Kunststoffgehäuse, Sandwichbeplankung
Ersatz durch rollende oder gleitende Bewegungen	Kolbenmaschine, Hämmern, Schlagen, Rütteln	Rotationsmaschine, Drücken, Pressen, Rollformen
☐ gleitende oder rollende Bewegungen		
hohe Oberflächengüte	geschliffene Oberfläche	polierte Oberfläche
keine periodischen Strukturen, kleine Gleitgeschwindigkeit	Zahnradgetriebe	Reibradantrieb, Riemenübertragung
☐ Fluidströmungen		
strömungsgünstige Profile	Abreißkante	Profilübergang
geringstmögliche Druckgefälle	einmalige Spaltentspannung	sukzessive Entspannung über Drosselstrecke
geringstmögliche Strömungsgeschwindigkeit	turbulente Strömung	Laminarströmung
Prinzipien für eine Kreiselpumpe als wichtiges Einzelbeispiel [5.7]		
☐ möglichst geringe Geschwindigkeits- und Druckgradienten am Laufradschaufelaustritt	Normalausführung von Laufrad und Leitapparat	Laufradschaufel am Austritt ☐ zugespitzt ☐ schräg abgedreht
☐ Vermeidung von Strömungsablösungen		
☐ Milderung des Druckstoßes beim Vorbeigehen einer Laufradschaufel an einer Zunge bzw. Leitschaufel		mit Nuten oder Bohrungen versehen Zunge im Spiralgehäuse mit Bohrungen versehen

5.3.2 Sekundärschallschutz

Über die Maßnahmen im Rahmen des Primärschallschutzes direkt an der Schallquelle hinaus sind im allgemeinen sekundär in der Nähe der Schallquelle und in einiger Entfernung von ihr zusätzliche Lärmschutzvorkehrungen zu treffen. Zu diesem «*Sekundärschallschutz*» gehören im wesentlichen:

- Eingriffe auf dem Ausbreitungsweg von der Entstehungsstelle des Schalles zur Außenhaut des als Schallquelle wirkenden Anlagenteils, im wesentlichen also Körperschallisolation und Kapselung,
- Maßnahmen zur Minderung der Schallübertragung auf dem Weg zwischen Schallquelle und Empfänger,
- Maßnahmen zur Minderung der Schallimmission im Bereich des Empfängers.

Schwingungs- und Erschütterungsschutz, Körperschalldämmung

Die Schallabstrahlung einer Schallquelle kann dadurch reduziert werden, daß Dämmelemente zwischen ihr und ihrer festen Umgebung, Fundament, Decke, Stahlträgergerüst usw. angebracht werden. Der Dämmeffekt dieser Dämmelemente auf die Schallausbreitung beruht teils auf Reflexion, teils auf Dämpfung des Schalles.

Als Dämmelemente dienen Schichten poröser, elastischer Materialien, wie Mineralwolle, Kork, Gummi, die als Zwischenlagen oder, im Falle der Kapselung von Anlagenteilen, ummantelt eingesetzt werden. Auch Federelemente wirken körperschalldämmend, wenn der schallerzeugende Anlagenteil evtl. mit seiner Fundamentplatte auf ihnen aufsitzt und dadurch ein Direktkontakt mit Decke, Stahlgerüst usw. vermieden wird. Weiche Federung und hohes Auflagegewicht führen dabei zu niedrigen Eigenfrequenzwerten und damit zu guter Schalldämmung bei höheren Erregerfrequenzen. *Tabelle 5.5* zeigt einige Elemente für den Schwingungs- und Erschütterungsschutz und die Körperschallisolierung.

Körperschalldämpfung

Bei der Körperschalldämpfung wird die Schwingungsenergie des schalleitenden Körpers teilweise in Formänderungsarbeit und Reibungsenergie umgewandelt. Der Umwandlungsgrad und damit auch die Schalldämpfung hängen vom schalleitenden Medium ab.

Zur Körperschalldämpfung werden beispielsweise in der Gebäudetechnik körnige Schüttungen von Sand als Hohlraumfüllungen in Wänden und Decken angewandt; Polymerschichten mit hohen Verlustfaktoren dienen als Auf- oder Zwischenlagen von Blechen im Fahrzeugbau als Entdröhnungsmaterialien.

Schallschutzkapselung

Zur *Schallschutzkapselung* wird eine Maschine teilweise oder vollständig von einer mehr oder weniger dichtsitzenden schallschluckenden Verkleidung ummantelt.

Tabelle 5.5 Elemente für den Schwingungs- und Erschütterungsschutz und die Körperschallisolierung (Darstellung nach Unterlagen der Fa. Grünzweig & Hartmann GmbH, Ludwigshafen/Rhein)

Art, gegf. Skizze	Erreichbare Resonanzfrequenz (Hz)	Anwendung
Kork-Dämmplatten	20 bis 40	Körperschallisolierung von Maschinen und Maschinenfundamenten
Gummi-Dämmplatten	12 bis 25	Körperschallisolierung von Maschinen und Maschinenfundamenten
Gummimetallelemente	6 bis 12	Erschütterungs- und Körperschallisolierung von Maschinen mit mittleren Drehzahlen 900 min^{-1} (z.B. Rotationspumpen, Gebläse, Werkzeugmaschinen)
Stahlfederisolatoren	1,5 bis 5	Erschütterungsisolierung von Maschinen mit niedrigen Drehzahlen ab 300 min^{-1} (z.B. Kolbenpumpen, Kompressoren, Präzisionswerkzeugmaschinen)

Beispiel: Lagerung eines Diesel-Generatoraggregats auf Stahlfederisolatoren

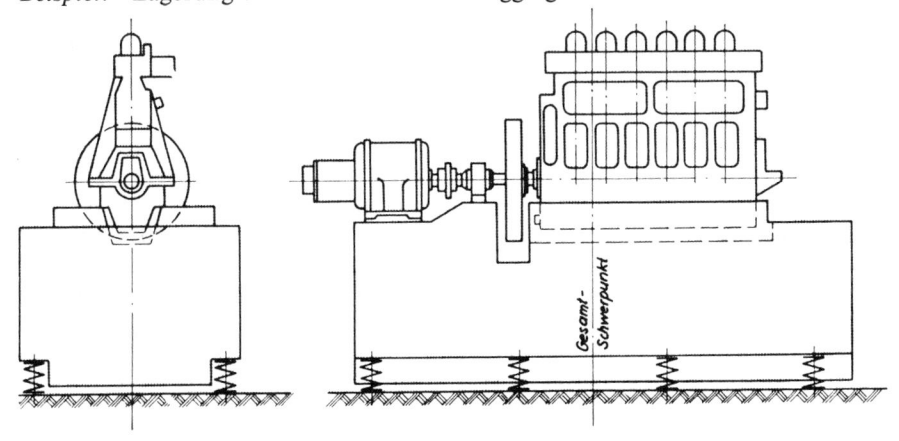

Durch Körperschalldämmung, Luftschalldämmung und Luftschalldämpfung wird dabei die Schallabstrahlung der Maschine an ihre Umgebung verringert.

Die durch die Kapselung erreichbare Schalldämmung wird durch das «*Einfügungsdämmaß*» $D_{e,K}$, angegeben in dB, bestimmt:

$$D_{e,K} = L_Q - L_K \qquad (5.14)$$

Hierin sind:

L_Q Schallpegel der ungekapselten Maschine ohne Einfluß des Restgeräusches (dB),

L_K Schallpegel der gekapselten Maschine, gemessen an der gleichen Stelle wie L_Q, ohne Einfluß des Restgeräusches (dB).

Tabelle 5.6 zeigt die drei üblichen Arten von Kapselausführungen und verdeutlicht sie durch die erreichbaren Einfügungsdämmaße.

Luftschalldämmung

Unter *Luftschalldämmung* versteht man die Behinderung der Schallausbreitung durch die Schallquelle abschirmende reflektierende Wände. Die auf die Primärseite einer Abschirmwand übertragene Schallenergie wird teils durch Reflexion oder Biegeschwingungen der Wand zurückgestrahlt, teils absorbiert, teils in der Wand fortgeleitet, teils zur Sekundärseite durchgelassen oder durch Biegeschwingungen sekundärseitig abgestrahlt. Bei der Luftschalldämmung wird ein hoher Reflexionsgrad der Abschirmwand angestrebt. Die Wand muß daher so beschaffen sein, daß sie kaum zu Schwingungen angeregt werden kann. Dies wird im allgemeinen durch ein hohes Flächengewicht und besondere Konstruktionsmerkmale der Abschirmwand erreicht. Dünne Wände werden biegeweich, dicke biegesteif ausgeführt. Doppelschalige Wände ohne starre Verbindung mit wegen der unterschiedlichen Eigenfrequenzen ungleich dicken Schalen sind besonders gut zur Luftschalldämmung geeignet.

Der *Dämmwert D* einer Abschirmwand ist

$$D = L_1 - L_2 \qquad (5.15)$$

angegeben in dB, mit L_1 als dem primärseitigen und L_2 als dem sekundärseitigen Schallpegel. (Die Gleichung gilt exakt für den Lärmübergang durch die Abschirmwand ins Freie oder in einen ideal schallschluckenden Sekundärraum. Tritt im Sekundärraum eine Aufschaukelung des Schallpegels durch Reflexion auf, muß diese in L_2 berücksichtigt werden.)

Der Dämmwert einer Abschirmwand steigt mit ihrem Flächengewicht; bei Gewichtsverdoppelung erhöht er sich annähernd um 4 dB. *Tabelle 5.7* gibt einige Dämmwerte für übliche Abschirmwandaufbauten wieder. (Durch Resonanzerscheinungen als Folge des konstruktiven Aufbaus der Abschirmwand und ihrer Materialeigenschaften kann es zu «Spurwellen» und damit zu geringeren Dämmwerten kommen, als *Tabelle 5.7* erwarten läßt.)

Tabelle 5.6 Übliche Arten von Kapselungen [5.8]

Art und Aufbau		Pegelminderung, Einfügungsdämmmaß (dB)
Gruppe I:	Schalldämmende Matten aus Mineralfaser mit dichter, schwerer, biegeweicher Abdeckfolie SR Schalleinfallrichtung SF Schalldurchlässige Folie AS Absteppung SM Schallabsorbierendes Material aus Mineralfaser oder offenporigen verschäumten Kunststoffen AF Abdeckfolie	6 bis 7
Gruppe II:	Einschalige Kapseln mit dichter, schwerer, meist in Blech ausgeführter Außenhaut, einer Schicht aus Entdröhnungs- und einer Schicht aus Absorptionsmaterial SR Schalleinfallrichtung SF Schalldurchlässige Abdeckung SM Schallabsorbierendes Material EM Entdröhnungsschicht AF Blechabdeckung	10 bis 25
Gruppe III:	Zweischalige Kapseln aus zwei dichten, schweren Schalen aus Blech oder Verbundblech mit Zwischenlagen aus Absorptionsmaterial SR Schalleinfallrichtung SF Schalldurchlässige Abdeckung SM Schallabsorbierendes Material BI Blechinnenhaut VP Versteifungsprofil AF Blechabdeckung	25 bis 40

Tabelle 5.7 Dämmwerte üblicher Abschirmwände [5.9]

Abschirmwand	Dicke (mm)	Flächengewicht (N/m^2)	Luftspalt (mm)	Gesamtdicke (mm)	Mittlerer Dämmwert (dB)
Einschalige Wände					
Vollziegel	115	2600		115	47
Vollziegel	240	4500		240	53
Kalksandstein	240	5000		240	54
Porenbeton	200	2150		200	45
Gipsplatte	100	1020		100	36
Gummiplatte	30	400		30	40
Bleiplatte	3,5	400		3,5	40
Zweischalige Wände					
Vollziegel, beidseitig 15 mm verputzt	2 × 65	2750	15	175	56
Leichtbauplatten, beidseitig 15 mm verputzt	2 × 50	880	45	175	52
Stahlblech mit gedämpftem Luftspalt	2 × 2	320			40
Türen, Fenster					
Einfachtür					20 bis 25
Doppeltür					30 bis 40
Einfachfenster mit Isolierglas					20 bis 25
Verbundglasfenster					25 bis 30

Öffnungen in Abschirmwänden für Fenster und Türen oder an Kapselungen von Anlagenteilen verringern den Dämmwert. Macht z.B. die Öffnung 0,1% der Gesamtabschirmfläche aus, so ist ein Dämmwert von höchstens 30 dB, bei 1% von höchstens 20 dB und bei 10% von höchstens 10 dB insgesamt erreichbar.

Luftschalldämpfung

Unter *Luftschalldämpfung* oder *Luftschallabsorption* versteht man die Behinderung der Schallausbreitung durch leichte, poröse, schallschluckende Materialien. Die auf die Schallschluckfläche auftretende Energie des Luftschalls wird teils reflektiert, teils durchgelassen, hauptsächlich aber durch Umsetzung in Reibungswärme absorbiert. Während man durch Schalldämmung eine hohe Lärmminderung erreichen kann, ist eine entsprechende Wirkung schalldämpfender Maßnahmen recht begrenzt.

Die durch Luftschalldämpfung erreichbare Minderung des Schallpegels wird durch den *Schallschluckgrad* oder *Schallabsorptionsgrad* α ausgedrückt

$$\alpha = \frac{E_{ab}}{E_{auf}} \qquad (5.16)$$

E_{auf} ist die Energie des auf die Schallschluckfläche auftreffenden Luftschalls, E_{ab} die im Schallschluckmaterial absorbierte, d.h. nicht reflektierte Energie. $\alpha = 1$ bedeutet daher totale Absorption der Schallenergie (z.B. durch ein zur Lärmquelle hin geöffnetes Fenster), $\alpha = 0$ totale Reflexion.

Der Absorptionsgrad der meisten Materialien steigt mit der Frequenz. Bei in Gebäuden üblichen glatten Oberflächen von Beton, Glas, Metall und Putz liegen die Werte des Absorptionsgrades bei 500 Hz im Bereich zwischen 0,01 bis 0,02. Nur poröse Materialien wie Teppiche, Mineralfasern usw. erlauben Absorptionsgrade über 0,2 (siehe auch *Tabelle 5.8*).

Die Schallintensität I_s nimmt mit zunehmender Entfernung von der Schallquelle ab gemäß

$$\frac{I_s}{I_{s,1}} = \frac{s_1^2}{s^2} = \left(\frac{s_1}{s}\right)^2 \qquad (5.17)$$

mit I_s als der Schallintensität im Abstand s und $I_{s,1}$ als der Schallintensität im Abstand s_1 von der Schallquelle. (Bei Laufwegverdoppelung, d.h. $s/s_1 = 2$, sinkt die Schallintensität auf $1/4$ ihres Anfangswertes $I_{s,1}$ bei s_1.)

Die daraus resultierende Schallpegelabnahme ΔL ist dann

$$\Delta L = 10 \lg \frac{I_s}{I_{s,1}} = 10 \lg \frac{s_1^2}{s^2} = 20 \lg \frac{s_1}{s} \qquad (5.18)$$

Hieraus resultiert eine Schallpegelabnahme um 6 dB bei Verdoppelung des Schalllaufwegs.

Tabelle 5.8 Schallabsorptionsgrade einiger Materialien [5.10]

Material	Schallabsorptionsgrad α bei	
	250 Hz	1000 Hz
Kalkputz	0,03	0,04
Holz	0,03	0,04
Blech	0,01	0,02
Holzwolleplatte, 25 mm dick	0,25	0,50
Holzwolleplatte, 25 mm dick mit 30 mm Mineralwolle auf harter Wand	0,80	0,80
Mineralfaserplatte, 10 mm dick	0,15	0,50
Mineralfaserplatte, 50 mm dick	0,60	0,90
Mineralfaserplatte, 20 mm dick vor 30 mm Luftraum mit gelochten Platten mit einem Lochflächenanteil von 20% abgedeckt	0,50	0,90
Moltopren S (25 kg/m³), 50 mm dick	0,40	0,65

Trifft Luftschall auf Wand- oder Deckenflächen, so wird er, wie schon erläutert, teils reflektiert, in seiner Laufrichtung geändert, teils entsprechend dem Absorptionsgrad α der Auftrefffläche absorbiert. Die durch Absorption erreichte Schallpegelabnahme ist dann

$$\Delta L = 10 \lg (1 - \alpha) \tag{5.19}$$

(Ist dabei $\alpha > 0,8$, so ist die entsprechende Schallpegelabnahme $\Delta L > 7$ dB; die Intensität des reflektierten Schalls hat dann gegenüber dem Direktschall keine Bedeutung mehr.)

Konvex gekrümmte Auftreffflächen sorgen für eine stärkere «Auffächerung» des reflektierten «Schallstrahls» und damit für eine bessere Verteilung der reflektierten Schallenergie auf einen Raum nach kürzerem Schallaufweg. Sie verhindern kritische Schallkonzentrationen in Räumen. Bei konkaven Auftreffflächen kommt es dagegen zu lokalen Schallkonzentrationen, zu örtlich stark schwankenden Schallpegeln.

Schallabsorbierende Auskleidungen von Räumen vermindern also Schallreflexionen und damit auch die Nachhallzeit t, die Zeitspanne, in der der Luftschallpegel nach Beendigung der Lärmemission um 60 dB abfällt. Die durch die Auskleidungen erreichbare Schallpegelabnahme ΔL ist

$$\Delta L = 10 \lg \frac{A_\mathrm{m}}{A_0} = 10 \lg \frac{t_0}{t_\mathrm{m}} \tag{5.20}$$

A ist dabei das Gesamtabsorptionsvermögen des Raumes, und zwar A_m nach Einbringen der Auskleidung, A_0 ohne dieselbe; t_m, t_0 sind die zugehörigen Nachhallzeiten.

$$A = \sum_i A_{\mathrm{w},i} \cdot \alpha_i \tag{5.21}$$

$A_{\mathrm{w},i}$ sind die Raumbegrenzungs- und Inventarflächen, α_i die zu ihnen gehörenden Absorptionsgrade.

Gemäß Gl. (5.20) kann beispielsweise durch Verdoppelung des Absorptionsvermögens eines Raumes die Nachhallzeit halbiert und der Schallpegel um 3 dB reduziert werden.

In der Praxis werden häufig Auskleidungen, Kompaktabsorber, schallschluckende Abschirmwände, Resonanzschallschlucker und Schalldämpfer zur Luftschalldämpfung eingesetzt (siehe *Tabelle 5.9*).

Persönlicher Schallschutz

Läßt sich der Dauerlärmpegel am Arbeitsplatz mit Methoden des technischen Schallschutzes nicht auf Werte unter ca. 90 dB(A) vermindern, so sind im Rahmen des Arbeitsschutzes (UVV Lärm und Arbeitsstättenverordnung) persönliche Schallschutzmaßnahmen vorzusehen. Zu ihnen zählen

☐ Gehörschutzwatte aus feinen Glasfasern oder Baumwolle mit knetbaren Bestandteilen wie Wachs oder Vaseline,
☐ Gehörschutzkapseln, an Bügeln oder Schutzhelm befestigt,
☐ Gehörschutzstöpsel aus Kunststoffen,
☐ Gehörschutzhelme,
☐ Schallschutzanzüge.

Die mit diesen Schutzeinrichtungen bei 1000 Hz erreichbare Schalldämmung macht bis zu 25 dB aus.

Schallschutz im Verkehr

Während laufend weiterentwickelte und ausgedehnte Schallschutzmaßnahmen in Industrie- und Gewerbegebieten die fertigungs- und produktionsbedingte inner- und außerbetriebliche Lärmsituation allmählich verbessern, führt das ständig ansteigende Verkehrsvolumen auf Straße, Schiene und in der Luft zu einer wachsenden Lärmbelästigung.

Die Verkehrslärmbelastung wird regional mit Lärmkarten und Verkehrsdichteerhebungen erfaßt. Der mit Zahl und Art der als Lärmquellen wirkenden Fahrzeuge ständig schwankende Schallpegel wird dem Schallpegel eines konstanten Dauergeräusches mit gleicher Störwirkung gleichgesetzt und als energieäquivalenter Dauerschallpegel angegeben. *Tabelle 5.10* zeigt einige Werte des Schallpegels typischer Lärmquellen im Verkehr.

Tabelle 5.9 Technische Maßnahmen zur Luftschalldämpfung (ausgewählte Beispiele)

Luftschalldämpfungsmaßnahme	Erläuternde Hinweise	Erreichbare Pegelabsenkung
Schallschluckende Raumauskleidung, Akustikdecken, schwimmender Estrich mit dämpfenden Belägen	Schalldämpfende Auflagen auf Böden, Wänden und Decken (für mittlere und hohe Frequenzen z.B. gut geeignet: 50 mm dicke Mineralwolle mit elastischer Folie und Hartfaserlochplatte bzw. Streckmetallplatte abgedeckt; für tiefe Frequenzen: Holzwandverkleidung)	normalerweise ca. 2 bis 4 dB, maximal ca. 10 dB
Abschirmwände um Lärmschwerpunkte, fest installiert oder fahrbar. Schallschutzkabinen	50 bis 100 mm dicke Mineralfaserplatten mit beidseitiger Abdeckung durch gelochte Stahlbleche	bis zu ca. 8 dB in Räumen mit zusätzlicher Deckenabsorption mit mindestens $\alpha = 0,6$
Kompaktabsorber	Zylindrische oder rechteckige Schallschluckschürzen aus Mineralfaserschalen, waagerecht oder senkrecht frei hängend im Raum verlegt	je nach Abmessungen und Flächendichte
Resonanzschallschlucker zur Absorption von Luftschallenergie im Bereich ihrer Resonanzfrequenz	Plattenresonator: dünne schwingfähige Platte mit Schallschluckstoffüllung, angeordnet vor geschlossenem Luftraum. Lochresonator: dünne gelochte schwingfähige Platte mit Schallschluckstoffüllung	je nach Konstruktion und Resonanzfrequenz
Schalldämpfer zur Behinderung der Schallausbreitung in Kanälen, Rohrleitungen, Ansaug- und Ausblasöffnungen usw.	Absorptionsschalldämpfer: Strömungskanal mit schalldurchlässiger Abdeckung und Schallschluckstoffummantelung. Drosseldämpfer: Strömungskanal mit in ihm eingelagerter poröser fluiddurchströmter Schallschluckstoffzone. Reflexionsdämpfer: Strömungskanal mit schallreflektierenden Querschnittsprüngen, Umlenkungen, Reihen- und Abzweigresonatoren	je nach Konstruktion bis zu ca. 10 dB/m Dämpferlänge

Tabelle 5.10 Schallpegel einiger Lärmquellen im Verkehrsbereich

Lärmquelle	Schallpegel		
☐ Zugverkehr			
Lok mit Wagen, Zuglänge 300 m, Geschwindigkeit 120 km/h (Fernreiseverkehr)	90 dB(A) 75 dB(A)	Einzelschallpegel* Mittelungspegel bei 10 Zügen pro h	
Triebwagen ET 420, Zuglänge 200 m, Geschwindigkeit 120 km/h (S-Bahn-Verkehr)	80 dB(A) 63 dB(A)	Einzelschallpegel* Mittelungspegel bei 10 Zügen pro h	
Güterzug, Zuglänge 400 m, Geschwindigkeit 120 km/h	88 dB(A) 74 dB(A)	Einzelschallpegel* Mittelungspegel bei 10 Zügen pro h	
☐ Flugverkehr			
Düsenflugzeug	140 dB(A)	25 m Entfernung	
Propellerflugzeug	120 dB(A)	50 m Entfernung	
☐ Straßenverkehr			
Schwer-Lkw	~98 dB(A)		
Pkw	~70 dB(A)		
Motorrad	~84 dB(A)		
baulich beengte Ortsdurchfahrt mit Schwerlastverkehr	bis ca. 80 dB(A)**		
normal befahrene Straße	50 bis 75 dB(A)** Tag/Nacht-Entlastung ~5 dB		
ruhige Wohnstraße	45 bis 50 dB(A)** Tag/Nacht-Entlastung ~10 dB		
* gemessen in 25 m Entfernung von der Strecke, 3,5 m über den Schienen ** gemessen an der straßenseitigen Gebäudefront; Mittelungspegel für die Tageszeit von 6 bis 22 Uhr			

Eine Minderung des Verkehrslärms kann auf zwei Arten erreicht werden, primär durch lärmärmere Konstruktionen von Fahrzeugen und Fahrbahnen bzw. Schienen und sekundär durch Verkehrsbeschränkungen, Sicherheitsabstände, abdämmende und dämpfende Schallschutzmaßnahmen. *Bild 5.8* zeigt einige Schallschutzmaßnahmen im Verkehrsbereich.

Flugverkehr

- Lärmarme Triebwerks- und Rumpfkonstruktion (Mantelstromtriebwerk, Lärmpegelminderung des Schubstrahls um 20 dB)
- Sinnvolle Raumordnung in der Umgebung von Flughäfen
  Schutzzone I: 75 dB(A), keine Krankenhäuser, Schulen usw., keine Wohnungen
  Schutzzone II: 67 bis 75 dB(A), keine Krankenhäuser, Schulen und ähnliche schutzbedürftige Gebäude
- Lärmgünstige An- und Abflugrouten
- Lärmmindernde An- und Abflugverfahren
  (möglichst steiles Steigen beim Abflug, spätes Ausfahren des Fahrwerks beim Anflug usw.)
- Zeitliche Verkehrsbeschränkungen
  Nachtstartverbot usw.

Schienenverkehr

- Lärmarme Konstruktionen von Trieb- und Anhängewagen. Verschweißen der Stoßfugen von Schienen. Elektroantrieb
- Schalldämmende Maßnahmen, Abschirmungen durch Lärmschutzwälle und -wände. Untertunnelung. Schallabsorption durch bewachsene Zonen
- Optimale Trassenführung

Straßenverkehr

- Lärmarme Konstruktion von Fahrzeug und Fahrbahn (Motormantelung; Entdröhnung der Karosserie, usw.; Schalldämpfung im Ansaug- und Abgasbereich; lärmarme Fahrbahnbeläge)
- Optimale Trassenführung
- Schalldämmende Maßnahmen schalldämmend dichte Bebauung der Straßenfront mit entsprechenden Schallschutzmaßnahmen an den Frontseiten der Häuser; Abschirmwälle-, wände zur Schallreflexion und -absorption

Bild 5.8   Schallschutzmaßnahmen im Verkehrsbereich, schematisch

Symbole und Einheiten

A	Fläche	m^2
Ar	Archimedeszahl	–
B_R	Raumbelastung	$kg/m^3 \cdot d$
ΔB_R	Abbauleistung	$kg/m^3 \cdot d$
BSB_5	Biochemischer Sauerstoffbedarf	$mg/l; g/m^3$
$(B\dot{S}B_5)$	BSB-Durchsatz; BSB-Fracht	kg/d
B_{TS}	Schlammbelastung	$1/d$
BW	Bemessungswert nach AbwAG	–
CSB	Chemischer Sauerstoffbedarf	$mg/l; g/m^3$
C_S	Sauerstoffsättigungskonzentration	mg/l
C_X	Sauerstoffgehalt	mg/l
D	Dämmwert	dB
E	Energie	kJ
E	Feldstärke	V/m
E	Einwohner	–
EG	Emissionsgrenzwert	mg/m^3
EWG	Einwohnergleichwert	–
F	Kraft	N
$G, \dot{G}$	Gasmasse, Gasmassenstrom, Gasmenge, Gasmengenstrom	$kg; kg/h; kmol; kmol/h$
H_o, H_u	Oberer bzw. unterer Heizwert	$kJ/kg; kJ/m^3$
HW	Höchstwert nach AbwAG	
I	Intensität	$W; W/m^2$
I_{SV}	Schlammindex	$ml/g; l/kg$
K	Gleichgewichtskonstante	–
$L, \dot{L}$	Flüssigkeitsmasse, Flüssigkeitsmassenstrom, Flüssigkeitsmenge, Flüssigkeitsmengenstrom	$kg; kg/h; kmol; kmol/h$
L	Schallpegel	dB
L	Apparateabmessung	m
La	Ljastschenkozahl	–
M	Meßwert nach AbwAG	–
M	Molmasse	$kg/kmol$
MAK	Maximale Arbeitsplatzkonzentration	mg/m^3

MIK_K, MIK_D	Maximale Immissionskonzentration, kurzzeitig bzw. auf Dauer	mg/m³
N	Anzahl der Zellen je Volumeneinheit	1/cm³
N	Anzahl der Trennstufen	–
OC	Täglich eingetragene Sauerstoffmenge	kg/m³ · d
OV_N	Täglicher Sauerstoffbedarf zur Nitrifikation, auf Beckeninhalt bezogen	kg/m³ · d
OV_R	Täglicher Sauerstoffbedarf, auf Beckeninhalt bezogen	kg/m³ · d
Re	Reynoldszahl	–
RV	Rücklaufverhältnis	–
RW	Regelwert nach AbwAG	–
SE	Schadeinheiten nach AbwAG	1/a
T	Absolute Temperatur	K
T	Tiefe	m
TS	Schlammtrockensubstanz	kg
TS_R	Schlammtrockensubstanz, raumbezogen; Schlammkonzentration	lg/m³
TS_{RS}	Trockensubstanz des Rücklaufschlamms, raumbezogen	kg/m³
U	Spannung	V
$V, \dot{V}$	Volumen, Volumenstrom	m³; m³/s; m³/h; m³/d
X	Beladung schwere Phase	–
Y	Beladung leichte Phase	–
Z	Stoff- und wäremaustauschende Apparatehöhe bzw. -länge	m
a	Spezifische Oberfläche	m²/m³
b	Breite	m
$c, \bar{c}$	Spezifische Wärme	kJ/kg · K; kJ/kmol · K
c_W	Widerstandsbeiwert	–
c, c_m	Konzentration	kg/m³; kmol/m³
c_v	Feststoffvolumenkonzentration	–
d	Durchmesser	m
e	Abstand im Rechen	m
f_q	Querschnittseinschränkung im Rechen	–
g	Erdbeschleunigung	m/s²
h	Geometrieabmessung	m
$h, \bar{h}$	Spezifische Enthalpie	kJ/kg; kJ/kmol
k	Kinetischer Effekt	–
l	Länge	m
$m, \dot{m}$	Masse, Massenstrom	kg; kg/s; kg/h; kg/a
p	Druck	bar
Δp	Druckverlust	bar

q_F	Oberflächenbeschickung, Klärflächenbelastung	m/s; m/h
q_{TK}	Oberflächenbeschickung beim Tropfkörper	m/s; m/h
r	Radius	m
s	Transportstrecke, Stärke, Dicke	m
t	Zeit	s; h
v	spezifisches Volumen	m³/kg
w	Geschwindigkeit	m/s
w	Massenanteil	–
x	Molanteil leichte Phase	–
x	Teilchengröße	m
x, y, z	Ortskoordinaten	m
y	Molanteil schwere Phase	–
z	Variable Apparatehöhe, -länge	m
α	Absorptionskoeffizient	–
α	Sauerstoffübertragungsfaktor	–
β	Formfaktor	–
δ	Dielektrizitätskonstante	–
δ	Neigungswinkel am Rechen	Grad
Δ	Differenz	–
ε	Elementarladung	coul
ε	Relatives freies Lückenvolumen, Porosität	–
η	Abscheidungsgrad, Entstaubungsgrad	–
η	Wirkungsgrad, Verlustziffer	–
η	Belegungsgrad am Rechen	–
η_b	Wirkungsgrad einer biologischen Stufe	–
η_m	Wirkungsgrad einer mechanischen Stufe	8
η	Dynamische Viskosität	Pa · s
ϑ	Temperatur	°C
ν	Kinematische Viskosität	m²/s
ϱ	Dichte	kg/m³
φ	Formfaktor	–

Häufig wiederkehrende Indizes

A Auftrieb
D Druck
F Fall-
G Gewicht
K Kollektiv
Kl Klar-
R Raum
T Trägheit
W Widerstand
Z Zähigkeit

f fluid
i Zählindex
l flüssig
m Masse
s fest
t Zeit
v Volumen
α Anfang, Eingang
ω Ende, Ausgang

Literaturverzeichnis

Kapitel 1

1.1 MEADOWS, D.: *Die Grenzen des Wachstums.* Stuttgart: Deutsche Verlags-Anstalt, 1972.
1.2 SCHULTZE, H.: *Umwelt-Report.* Frankfurt/Main: Umschau-Verlag, 1972.
1.3 SCHLACHTER, H.: *CIT 52* (1980), Nr. 12, S. 925–932.
1.4 BILLET, R.: *Chemie-Technik 5* (1976), Nr. 10, S. 397–405.
1.5 BEHRENS, D., und KOHLMAIER, G. H.: *Umweltfreundliche Technik.* Dechema-Lehrprogramm «Chemie und Umwelt». Frankfurt/M., 1977.
1.6 FLEISCHHAUER, W. J., MEIS, K. R., und SCHWARTZ, F. H.: *Umweltschutz.* Braunschweig: Vieweg-Verlag, 1980.
1.7 Gesetz zum Schutz vor schädlichen Umwelteinwirkungen durch Luftverunreinigungen, Geräusche, Erschütterungen und ähnliche Vorgänge (Bundes-Immissionsschutzgesetz, BImSchG) vom 15. 3. 1974. Bundesgesetzblatt, Teil I, 1974, Nr. 27, S. 721–743.
1.8 GÄSSLER, W., und SANDER, H. P.: *Taschenbuch betrieblicher Immissionsschutz.* Berlin: E.-Schmidt-Verlag, 1979.
1.9 Erste Verordnung zur Durchführung des Bundes-Immissionsschutzgesetzes (Verordnung über Feuerungsanlagen, 1. BIm-SchV) vom 28. 8. 1974. Bundesgesetzblatt, Teil I, 1974, Nr. 103, S. 2121–2129.
1.10 Zweite Verordnung zur Durchführung des Bundes-Immissionsschutzgesetzes (Verordnung über Chemischreinigungsanlagen 2. BImSchV) vom 28. 8. 1974. Bundesgesetzblatt, Teil I, 1974, Nr. 103, S. 2130–2131.
1.11 Vierte Verordnung zur Durchführung des Bundes-Immissionsschutzgesetzes (Verordnung über genehmigungsbedürftige Anlagen, 4. BImSchV) vom 14. 2. 1975. Bundesgesetzblatt, Teil I, 1975, Nr. 18, S. 499–503.
1.12 Fünfte Verordnung zur Durchführung des Bundes-Immissionsschutzgesetzes (Verordnung über Immissionsschutzbeauftragte – 5. BImSchV) vom 14. 2. 1975. Bundesgesetzblatt, Teil I, 1975, Nr. 18, S. 504–506.
1.13 Sechste Verordnung zur Durchführung des Bundes-Immissionsschutzgesetzes (Verordnung über die Fachkunde und Zuverlässigkeit der Immissionsschutzbeauftragten, 6. BImSchV) vom 12. 4. 1975. Bundesgesetzblatt, Teil I, 1975, Nr. 44, S. 957–958.
1.14 Siebente Verordnung zur Durchführung des Bundes-Immissionsschutzgesetzes (Verordnung zur Auswurfbegrenzung von Holzstaub, 7. BImSchV) vom 18. 12. 1975. Bundesgesetzblatt, Teil I, 1975, Nr. 145, S. 3133–3134.
1.15 Achte Verordnung zur Durchführung des Bundes-Immissionsschutzgesetzes (Rasenmäherlärm, 8. BImSchV) vom 28. 7. 1976. Bundesgesetzblatt, Teil I, 1976, Nr. 92, S. 2024–2028.
1.16 Erste Allgemeine Verwaltungsvorschrift zum Bundes-Immissionsschutzgesetz (Technische Anleitung zur Reinhaltung der Luft, TA Luft) vom 28. 8. 1974. Gemeinsames Ministerialblatt, Ausgabe A, 25 (1974), Nr. 24, S. 425–452.
1.17 Allgemeine Verwaltungsvorschrift über genehmigungsbedürftige Anlagen nach § 16 der Gewerbeordnung GewO (Technische Anleitung zum Schutz gegen Lärm, TA Lärm) vom 16. 7. 1968. Ministerialamtsblatt der Bayerischen inneren Verwaltung 20 (1968), Nr. 29, S. 375–390.
1.18 Gesetz zur Verminderung von Luftverunreinigungen durch Bleiverbindungen in Ottokraftstoffen für Kraftfahrzeugmotore (Benzinbleigesetz, BzBlG) vom 5. 8. 1971. Bundesgesetzblatt, Teil I, 1971, Nr. 77, S. 1234–1236.
1.19 Gesetz zum Schutz gegen Fluglärm vom 30. 3. 1971. Bundesgesetzblatt, Teil I, 1971, Nr. 28, S. 282–287.
1.20 GOSSRAU, E., STEPHANY, H., CONRAD, W., und DÜRRE, W.: *Handbuch des Lärmschutzes und der Luftreinhaltung* (Immissionsschutz) Berlin: E.-Schmidt-Verlag.

1.21 DIN-Normen, VDI-Richtlinien. Berlin: Beuth-Verlag.
1.22 Gesetz über die Beseitigung von Abfällen (Abfallbeseitigungsgesetz, AbfG) vom 5. 1. 1977. Bundesgesetzblatt, Teil I, 1977, Nr. 2, S. 41–51.
1.23 Verordnung zur Bestimmung von Abfällen nach § 2, Abs. 2 des Abfallbeseitigungsgesetzes vom 24. 5. 1977. Bundesgesetzblatt, Teil I, Nr. 31, S. 773–779.
1.24 Verordnung über den Nachweis von Abfällen (Abfallnachweis-Verordnung, AbfNachwV) vom 29. 7. 1974. Bundesgesetzblatt, Teil I, 1974, Nr. 81, S. 1574–1580.
1.25 Verordnung über Betriebsbeauftragte für Abfall vom 26. 10. 1977. Bundesgesetzblatt, Teil I, 1977, Nr. 69, S. 1913–1914.
1.26 Verordnung über das Einsammeln und Befördern von Abfällen (Abfallbeförderungs-Verordnung, AbfBefV) vom 29. 7. 1974. Bundesgesetzblatt, Teil I, 1974, Nr. 81, S. 1581–1583.
1.27 Verordnung über die Einfuhr von Abfällen (Abfalleinfuhr-Verordnung, AbfEinfV) vom 29. 7. 1974. Bundesgesetzblatt, Teil I, 1974, Nr. 81, S. 1584–1589.
1.28 Gesetz über Maßnahmen zur Sicherung der Altölbeseitigung (Altölgesetz) vom 23. 12. 1968. Bundesgesetzblatt, Teil I, 1968, Nr. 97, S. 1419–1422.
1.29 Gesetz über die Beseitigung von Tierkörpern, Tierkörperteilen und tierischen Erzeugnissen (Tierkörperbeseitigungsgesetz, TierKBG) vom 2. 9. 1975. Bundesgesetzblatt, Teil I, 1975, Nr. 104, S. 2313–2320.
1.30 KNORR, W.: *Neues Abfallbeseitigungsrecht 1976/77;* Ratgeber für Industrie und Gewerbe. München: König-Industrieverlag, 1976.
1.31 Gesetz zur Ordnung des Wasserhaushaltes (Wasserhaushaltsgesetz, WHG) vom 16. 10. 1976. Bundesgesetzblatt, Teil I, 1976, Nr. 128, S. 3018–3032.
1.32 WÜSTHOFF/KUMPF: *Handbuch des deutschen Wasserrechts.* Berlin: E.-Schmidt-Verlag.
1.33 Gesetz über Abgaben für das Einleiten von Abwasser in Gewässer (Abwasserabgaben-Gesetz, AbwAG) vom 13. 9. 1976. Bundesgesetzblatt, Teil I, 1976, Nr. 118, S. 2721–2725.
1.34 Gesetz über die Umweltverträglichkeit von Wasch- und Reinigungsmitteln (Waschmittelgesetz) vom 20. 8. 1975. Bundesgesetzblatt, Teil I, 1975, Nr. 100, S. 2255–2257.
1.35 Bundesverband der Deutschen Industrie: Industrie forscht für den Umweltschutz. BDI-Drucksache 132.
1.36 BURHENNE, W. E.: *Umweltrecht.* Systematische Sammlung der Rechtsvorschriften des Bundes und der Länder. Berlin: E.-Schmidt-Verlag.
1.37 MÖCKER, V.: *Chemie-Technik 7* (1978) Nr. 5, S. 189–191.
1.38 Umweltbundesamt: Jahresbericht 1978.
1.39 VDI: *VDI-Handbuch Reinhaltung der Luft.* Berlin: Beuth-Verlag.

Kapitel 2

2.1 Gesetz über die Beseitigung von Abfällen (Abfallbeseitigungsgesetz AbfG) vom 5. 1. 1977. Bundesgesetzblatt 1977.
2.2 BURHENNE, W. E. u.a.: *Umweltrecht.* Berlin: E.-Schmidt-Verlag.
2.3 HÖSEL, G., und v. LERSNER, H.: *Recht der Abbeseitigung des Bundes und der Länder.* E.-Schmidt-Verlag.
2.4 KUMPF, W., MAAS, K., und STRAUB, H.: *Müll- und Abfallbeseitigung (Müll-Handbuch).* Berlin: E.-Schmidt-Verlag.
2.5 HÖSEL, G., und KUMPF, W.: *Technische Vorschriften für die Abfallbeseitigung.* Berlin: E.-Schmidt-Verlag.
2.6 WILLISCH, H.: *Aufbereitungstechnik 9* (1979), S. 494–497.
2.7 STROBACH, K. H.: Müllbeseitigung aus Wohnungen und Wohnhausanlagen. Forschungsbericht Nr. 85 des Österreichischen Instituts für Bauforschung, Wien. Heidelberg: Straßenbau-, Chemie- und Technik-Verlagsgesellschaft mbH, 1972.
2.8 HEIGL, F.: *Moderne Müllverbrennungsanlagen.* Berlin: E.-Schmidt-Verlag, 1968.
2.9 TABASARAN, O.: *Stuttgarter Berichte zur Abfallwirtschaft.* Berlin: E.-Schmidt-Verlag, 1975.
2.10 SCHENKEL, W.: *CIT 49* (1977), Nr. 12, S. 966–969.
2.11 GOOSMANN, G.: *Umwelt 3* (1979), S. 227–234.
2.12 SHIN, K. C.: *Wasser, Luft und Betrieb 20* (1976), Nr. 7, S. 373–375.
2.13 THOMÉ-KOZMIENSKY, K. J.: *Abfallwirtschaft in Theorie und Praxis.* Bd. 2: Neue Technologien zur Abfallbeseitigung. Bielefeld: E.-Schmidt-Verlag, 1977.
2.14 COLLINS, H. J.: *Umwelt 1* (1980), S. 100–103.
2.15 BARNISKE, L., und VOSSKÖHLER, H.: *Müll und Abfall 5* (1978), S. 157–166.
2.16 JÄGER, B., und THOMÉ-KOZMIENSKY, K. J.: *Materialrecycling aus Haushaltsabfällen.* Abfallwirtschaft an der TU Berlin, Bd. 1.

2.17 NITSCHE, M.: *CAV* (1974), S. 67 – 76.
2.18 RÖBEN, K. W., und HILGRAF, P.: *Vt 9* (1975) Nr. 10, S. 1 – 6.
2.19 THOMÉ-KOZMIENSKY, K. J.: *Thermische Behandlung von Haushaltsabfällen.* Abfallwirtschaft an der TU Berlin. Bd. 2. Berlin: J. Kleindienst Offsetdruck, 1978.
2.20 BUEKENS, A.: *Müll und Abfall 10* (1978), Nr. 12, S. 353 – 362.
2.21 ALGER, R.: Pyrolysis and combustion of cellulosic materials. National Bureau of Standards Special Publications 357. US. Dept. of Commerce, 1972.
2.22 LENZ, S.: *Umwelt 4* (1979), S. 291 – 292.
2.23 TCHOBANOGLONS, G., THEISEN, H., und ELIASSEN, R.: *Solid Wastes.* McGraw Hill Inc., 1977.
2.24 BESEMER, H.: *Bedeutung und Technik der Pyrolyse von Altreifen.*
2.25 SCHULZE, H.: *Umwelt-Report.* Frankfurt/Main: Umschau-Verlag, 1972.
2.26 DECKER, K. H.: *Chemie-Technik 9* (1980), Nr. 10, S. 491 – 494.
2.27 KLUBESCHEIDT, L.-W.: *Chemie-Technik 9* (1980) Nr. 10, S. 487 – 490.
2.28 BAUM, F.: *Praxis des Umweltschutzes.* München: Oldenbourg-Verlag, 1979.
2.29 RYMSA, K.-H.: *Müll und Abfall* (1978) Nr. 12, S. 377 – 384.
2.30 EMBERGER, J.: *Einsatz von Windsichtern in der Abfallwirtschaft.* Stuttgarter Berichte zur Abfallwirtschaft. Bd. 11. Berlin, E.-Schmidt-Verlag, 1979.
2.31 EMBERGER, J.: Untersuchung der Verfahrenskombination Cascadenmühle/Tunnelmiete. BMFT-Forschungsbericht Nr. 1400021, 1979.
2.32 EMBERGER, J.: *Rohstoffquelle Müll. Abscheidung von Sekundärrohstoffen.* Technik heute 7 (1980). Konstanz: Verlag Christiani
2.33 EMBERGER, J.: Erfahrungen mit dem Betrieb einer natürlich belüfteten statischen Mietenrotte am Beispiel der Tunnelmiete. Abfallwirtschaft an der TU Berlin. Bd. 6, 1980.
2.34 EMBERGER, J.: Müllaufbereitung. Vorlesung an der Fachhochschule für Technik, Mannheim.
2.35 HOBERG, H., und JULIUS, J.: *Geeignete Separiertechniken für kommunale Abfälle.* Stuttgarter Berichte zur Abfallwirtschaft. Bd. 11. Berlin: E.-Schmidt-Verlag, 1979.
2.36 Fa. Beth, Lübeck: Prospektunterlagen.
2.37 Fa. Keller & Knappich, Augsburg: Prospektunterlagen.
2.38 Fa. Lindemann, Düsseldorf: Prospektunterlagen.
2.39 Umweltbundesamt: Bundesmodell Abfallverwertung. Projektstudie, 1975.
2.40 Fa. Sulo, Herford: Prospektunterlagen.
2.41 MELAN, C.: *Müll und Abfall* (1978), Nr. 12, S. 363 – 371.
2.42 Saarberg-Fernwärme, Saarbrücken: Forschungs- und Entwicklungsvorhaben ET 1040. Vergasung von Haus- und Industriemüll, 1979.
2.43 INDEN, P. P.: Mikrobielle Methanerzeugung aus Biomasse durch anerobe Fermentation im technischen Maßstab. Systemanalyse und Wirtschaftlichkeitsbetrachtung. Dissertation TH Aachen, 1977.
2.44 MAURER, M., und WINKLER, J. P.: Biogas. Theoretische Grundlagen, Bau und Betrieb von Anlagen. KWK Bd. 31, 1980.
2.45 EYSER, H.: Biogas. Eine Studie über die Aktualität der Biogasgewinnung. Gesamthochschule Kassel, 1976.

Kapitel 3

3.1 Wasser. Information des Ministeriums für Ernährung, Landwirtschaft und Umwelt Baden-Württemberg, Stuttgart, 1978.
3.2 BISCHOFSBERGER, W., und HEGEMANN, W.: *Lexikon der Abwassertechnik.* Essen: Vulkan-Verlag, 1974.
3.3 Deutsche Einheitsverfahren zur Wasser-, Abwasser- und Schlammuntersuchung. Verlag Chemie, Weinheim.
3.4 ATV-Regelwerk Abwasser, Arbeitsblatt 115, Gesellschaft zur Förderung der Abwassertechnik, St. Augustin.
3.5 Bundesgesetzblatt I, 1976, S. 2721 und 3341.
3.6 Lehr- und Handbuch der Abwassertechnik Bd. II. Berlin, München: Verlag Ernst & Sohn, 1969.
3.7 DIN-Taschenbuch 50, Abwasser-Normen. Berlin, Köln: Beuth-Verlag.
3.8 IMHOFF, K. und R.: *Taschenbuch der Stadtentwässerung,* München: Verlag Oldenbourg.
3.9 *Degrémont-Handbuch.* Wiesbaden, Berlin: Bauverlag, 1974.
3.10 PÖPEL, F.: Lehrbuch für Abwassertechnik und Gewässerschutz. Mainz, Wiesbaden: Dt. Fachschriftenverlag, 1975.
3.11 PAWLOW, K. F., ROMANKOW, P. G., und NOSKOW, A. A.: *Beispiele und Übungsaufgaben zur chemischen Verfahrenstechnik.* Leipzig: VEB Grundstoffindustrie, 1960.

3.12 JOHNE, R.: *VDI-Z 108* (1960), Nr. 22.
3.13 Bio-Hochreaktor, Firmenschrift der Farbwerke Hoechst AG, Frankfurt/Main.
3.14 PÖPEL, F.: *Belebungsanlagen*. Mainz, Wiesbaden: Dt. Fachschriftenverlag, 1973.
3.15 MANGOLD, K.-H., und Koll: *Abwasserreinigung in der chemischen und artverwandten Industrie*. Leipzig: VEB Grundstoffindustrie: 1979.
3.16 Bayer-Kläranlage Uerdingen und Bayer-Turmbiologie, Firmenschriften der Bayer AG, Leverkusen.
3.17 MARTIN, P.: *Abwassertechnik* 3/78.
3.18 DROSCHA, H.: *CAV 1/73*.
3.19 BECKER, K-P.: *Chem.-Ing.-Tech. 51* (1979), Nr. 6.
3.20 Internationale Dokumentation über das Scheibentauchkörperverfahren. Firmenschrift der Stengelin GmbH, Tuttlingen.
3.21 SCHWARZER, H.: *Chemie-Technik 8* (1979), Nr. 2 und 6.
3.22 Laborversuche zur Prüfung körniger Aktivkohle, Firmenschrift der Chemviron GmbH, Sprendlingen, 1971.
3.23 JÄHNING, C.: *gwf-Wasser 119* (1978), Nr. 5.
3.24 Verfahrensberichte zur physikalisch-chemischen Behandlung von Abwässern: 1. Abwasserverbrennung, 6. Naßoxidation. Verband der Chemischen Industrie, Frankfurt/Main.
3.25 OEHME, Ch., und HÖKE, B.: *Industrie-Abwässer* (1978), Nr. 6.
3.26 MELZER, E.: *CZ-Chemie-Technik 2* (1973), Nr. 11.

Kapitel 4

4.1 *Technische Anleitung zur Reinhaltung der Luft*. Kissing: Weka-Verlag, 1974.
4.2 VDI-Richtlinie 2280. Düsseldorf: VDI-Verlag, 1977.
4.3 Maximale Arbeitsplatzkonzentrationen 1979. Berufsgenossenschaft der chemischen Industrie.
4.4 ROTH, L.: *Sicherheitsdaten, MAK-Werte*. München: ecomed-verlagsgesellschaft 1980.
4.5 SCHLACHTER, H.: Umweltschutz, eine Aufgabe der Verfahrenstechnik. *C I T 52* (1980), Nr. 12, S. 925.
4.6 *Bild der Wissenschaft*. 1980, Nr. 7.
4.7 KOHLMAIER, H.: *Chem. Exp. Didakt. 2* (1976), S. 169.
4.8 BAUM, F.: *Praxis des Umweltschutzes*. München: Oldenbourg-Verlag, 1979.

4.9 BARTH, W.: Berechnung und Auslegung von Zyklonabscheidern aufgrund neuerer Untersuchungen. *Brennstoff, Wärme, Kraft* (1956), Nr. 1. S. 1 – 9.
4.10 BARTH, W.: Grundlegende Untersuchungen über die Reinigungsleistung von Wassertropfen. *Staub* (1959), Nr. 5, S. 175 – 180.
4.11 WEBER, E.: Über die Reinigungsleistung von Wassertropfen bei Hochofengasen. Diss. TH Karlsruhe, 1957.
4.12 WHITE, H.: Particle charging in elektrostatic precipitation. *AJEE Trans. 70* (1951).
4.13 LOWE/LUCAS: The physics of electrostatic precipitation.
Brit. J. Appl. Phys. 24, Supp. 2, 1953.
4.14 PANTHENIER, M.: La charge des particules spheriques dans un champ ionisé.
J. de Physique 3 (1932).
4.15 LADENBURG, R.: Elektrische Gasreinigung. *Der Chemie-Ingenieur*. Leipzig: Akademische Verlagsgesellschaft, 1934.
4.16 MIERDEL, G.: Über die Wanderungsgeschwindigkeit in Elektrofiltern. *Z. Techn. Phys. 13* (1932).
4.17 MERSMANN, A.: *CIT 51* (1979), Nr. 3, S. 157 – 166.
4.18 LANDOLT/BÖRNSTEIN: *Zahlenwerte und Funktionen*. IV. Band Technik, 4. Teil C1. Berlin: Springer-Verlag, 1976.
4.19 International Critical Tables of Numerical Data, Mc. Graw-Hill New York, 1927.
4.20 KNAPP, H.: *Staub Reinhalt Luft 36* (1976) 8, S. 325 – 331.
4.21 BLOCK, U.: *Staub Reinhalt Luft 36* (1976) 8, S. 348 – 353.
4.22 STICHLMAIR, J.: *Staub Reinhalt Luft 36* (1976) 8, S. 337 – 340.
4.23 SATTLER, K.: *Thermische Trennverfahren*. Würzburg: Vogel-Verlag, 1977.
4.24 THORMANN, K.: *Absorption, Springer-Verlag* 1959.
4.25 STICHLMAIR, J.: *Verfahrenstechnik 8* (1974), Nr. 11, S. 323.
4.26 FAIR, J.: *Petro/Chem. Eng.* (1961), S. 45.
4.27 BRATZLER, K.: *Ullmann Bd. 2*, Weinheim: Verlag Chemie, S. 575 – 599.
4.28 CHILTON, T. H., und COLBURN, A. P.: *Ind. Engng. Chem. 27* (1935), S. 255.
4.29 PERRY, R. H.: *Chemical Engineers Handbook*. New York: Mc Graw-Hill, 1973.
4.30 FORCK, B., und LANGE, G.: *Systemanalyse Entschwefelungsverfahren*. Essen: VGB Technische Vereinigung der Großkraftwerksbetreiber, 1975.

4.31 VDI-Berichte 267 (1976): Technische Verfahren zur Entschwefelung von Abgasen und Brennstoffen. Düsseldorf: VDI-Verlag.
4.32 SHERWOOD, T. K., und PIGFORD, R. L.: *Absorption and Extraction.* New York: Mc Graw-Hill 1952.
4.33 NORMAN, W. S.: Absorption, distillation and cooling towers. London: Longman, 1962.
4.33a Sonderdruck VDI-Nachrichten 50/51 (1977).
4.34 BRUNAUER, S.: *The Adsorption of gases and vapours.* Princeton university Press, Princeton (1943).
4.35 JÜNTGEN, H., und SEEWALD, H.: Ber. Bunsengesellschaft physikal. Chemie, Bd. 79 (1975), Nr. 9, S. 734 – 738.
4.35a HENE, W.: Dissertation Hamburg, 1927.
4.36 JÜNTGEN, H.: Essen: Haus der Technik, Vortragsveröffentlichungen 404, S. 5 – 404.
4.37 KLEIN, J.: *Staub Reinhalt Luft 36* (1976), Nr. 7, S. 292 – 297.
4.38 RUHL, E.: *CIT 43* (1971), Nr. 15, S. 870 – 876.
4.39 JÜNTGEN, H.: *Staub Reinhalt Luft 36* (1976), Nr. 7, S. 281 – 288.
4.40 VDI-Berichte Nr. 124 (1968).
4.41 BERNERT, J.: *gesundheitsing.* 98 (1977), Nr. 11, S. 318.
4.42 STRAUSS, H. J.: *Staub Reinhalt Luft 36* (1976), Nr. 7, S. 311.
4.43 Informationsschrift der Fa. CEAG, Dortmund.
4.44 Sulfacid-Prozeß, Lurgi-Schnellinformation T 1004/3.74 der Fa. Lurgi.
4.45 Sulfreen-Prozeß, Lurgi-Schnellinformation T 1175/3.79 der Fa. Lurgi.
4.46 WIESMANN, U.: Essen: Haus der Technik, Vortragsveröffentlichungen 404.
4.47 Sulfosorbon-Prozeß, Lurgi-Schnellinformation T 1059/5.76 der Fa. Lurgi.
4.48 KNOBLAUCH, K., und NOACK, R.: *Staub Reinhalt Luft 36 (1976), Nr. 7. S. 318–323.*
4.49 Informationsschrift der Fa. Babcock AG, Oberhausen.
4.50 Informationsschrift der Fa. Davy Bamag, Butzbach.
4.51 VDI-Richtlinie 2441. Düsseldorf: VDI-Verlag.
4.52 VDI-Richtlinie 2442. Düsseldorf: VDI-Verlag.
4.53 MENIG, H.: *Luftreinhaltung durch Adsorption, Adsorption und Oxidation.* Wiesbaden: Dt. Fachschriftenverlag 1977.

4.54 GEMERDONK, R.: *Staub Reinhalt Luft 36* (1976) Nr. 7, S. 306.
4.55 Informationsschrift der Fa. Decatox, Frankfurt/M.
4.56 ZABEDAKIS, M.: Flammability Characteristics of Combustible Gases and Vapors. Washington: Bur. of Mines, Bull. 627, 1965.
4.56a NITSCHE, M.: *Chemie Anlagen Verfahren* (1974), Nr. 11, S. 67 – 76.
4.57 SCHUSTER, T.: *Handbuch der Brenngase und ihrer Eigenschaften.* Braunschweig: Vieweg-Verlag 1978.
4.58 ROSIN, P., und FEHLING, R.: Das i-t-Diagramm der Verbrennung. Berlin: VDI-Verlag, 1929.
4.59 Schuster, T.: *Chemie Anlagen Verfahren 2 (1974), S. 35-37.*
4.60 RUHL, E.: *CZ-Chemie-Technik 1* (1972), Nr. 5, S. 220 – 224.
4.61 SCHNEIDER, H.: Informationsschrift der Fa. Kleinwefers, Krefeld. Technische Mitteilungen Heft 11/Nov. 1974.
4.62 HÜNING, W.: *Brennstoff-Wärme-Kraft 31* (1979), Nr. 10, S. 391.
4.63 BRANDES, G.: Zur thermischen Nachverbrennung kohlenwasserstoffhaltiger Abgase. Dissertation Berlin 1978.
4.64 Informationsschrift der Fa. Kalichemie Engelhard, Hannover.
4.65 Informationsschrift der Fa. Heräeus, Hanau.
4.66 KRAL, H.: Dechema-Monographie Bd. 64 (1970), S. 81.
4.67 STROTBECK, G., und WEISSBACH, H.: *Gas- und Wasserfach 118* (1977), Nr. 5, S. 191 – 194.
4.68 VDI-Richtlinie 2443. Düsseldorf: VDI-Verlag.
4.69 Informationsschrift der Fa. Keramchemie, Siershahn.
4.70 SCHNEIDER, W.: Dechema Monographie Bd. 80, Teil 2, S. 459 – 476.
4.71 Informationsschrift der Fa. Kunststofftechnik KG, Troisdorf.
4.72 VDI-Richtlinie 3477 (im Entwurf). Düsseldorf: VDI-Verlag.
4.73 VDI-Richtlinie 3478 (im Entwurf). Düsseldorf: VDI-Verlag.
4.74 VDI-Berichte Nr. 339 (1979).

Kapitel 5

5.1 Martin, W.: *Chemie-Technik 7* (1978) Nr. 4, S. 161–167.

5.2 Gossrau/Stephany/Conrad/Dürre: *Handbuch des Lärmschutzes und der Luftreinhaltung (Immissionsschutz)*. Berlin: E.-Schmidt-Verlag.

5.3 Heilig, E.: *CIT 42* (1970) Nr. 9/10, S. A 647-A 655.

5.4 Allgemeine Verwaltungsvorschrift über genehmigungsbedürftige Anlagen nach § 16 der Gewerbeordnung, GewO (Technische Anleitung zum Schutz gegen Lärm, TA Lärm) vom 16. 7. 1968; fortgeltend gemäß § 66 Abs. 2 BImSchG.

5.5 Fa. Grünzweig & Hartmann: Broschüre ID vom 30. 1. 1975. Ludwigshafen/Rhein.

5.6 Schmidt, H.: Lärmarme Konstruktionen und Verfahren in *Umwelt-Report*. Frankfurt/Main: Umschau-Verlag, 1972.

5.7 Florjancik, D., Schöffler, W., und Zogg, H.: *Chemie-Technik 9* (1980) Nr. 2, S. 73–75.

5.8 VDI-Richtlinie 2711: Schallschutz durch Kapselung. Berlin: Beuth-Verlag.

5.9 Baum, F.: *Praxis des Umweltschutzes*. München: Verlag Oldenbourg, 1979.

5.10 Sprenger, E.: *Taschenbuch für Heizung und Klimatechnik*. München: Verlag Oldenbourg, 1977.

5.11 Dunker, H. W.: *CIT 52* (1980), Nr. 2, S. 141–148.

5.12 Schmidt, H.: *Umwelt 1* (1980), S. 109–112.

5.13 Schmidt, H.: *Lärmbekämpfung 24* (1977), Nr. 1.

5.14 Optac, W., Weltin GmbH: *Lärmschutz-ABC*. Günther-Werbeagentur, Rödermark, 1980.

5.15 Walsdorff, J.: *Schall- und Schwingungsisolierung*. Ullmanns Enzyklopädie der technischen Chemie. Bd. 3. Weinheim: Verlag Chemie, 1973.

Stichwortverzeichnis

A

Abbau (decomposition) 108
- biologischer A. (biological d.) 108, 175
Abdichtung, Deponiesohle (seal of landfill base) 96
Abfall (refuse, waste) 27
Abfallarten (types of refuse, solid waste) 27
Abfallbehandlungsverfahren (waste treatment) 40
Abfallbeseitigungsgesetz (law concerning waste treatment and waste disposal) 23
Abfallgesetzgebung (solid waste legislation) 23, 27
Abfallkatalog, Abfallkataster (wate register) 30
Abfallmenge (mass rate of waste) 31
Abfallverbrennung (waste combustion) 119
Abfallverbrennungsanlage (waste incineration plant) 128
Abgas, Abluft (exhaust gas, exhaust air) 275, 281
- Reinigung von A. (g. purification) 281, 317, 340, 343
- Vorwärmung von A. (g. preheating) 384
Ablagerung von Abfällen (disposal of waste) 97
Absetzbecken (sedimentation basin) 186
Absetzzeit (settling time) 206
Absorption (absorption) 281, 316
Absorptionsapparate (absorbers) 332
Absorptionsfaktor (absorption factor) 328
Absorptionskoeffizient (absorption coefficient) 319, 340
Abwasser (sewage, waste water) 178
- häusliches A. (domestic sewage, household waste water) 178
- industrielles A. (industrial waste water) 179
- landwirtschaftliches A. (agricultural waste water) 179
Abwasserabgabengesetz, AbwAG (law concerning waste water disposal) 24, 181
Abwasserklärung, mechanisch (sedimentation, primary treatment) 186
Adsorption (adsorption) 246, 281, 339
Adsorptionsapparate (adsorbers) 347, 359

Adsorptionsisotherme (adsorption isotherm) 340, 342
Ähnlichkeitsgesetz (law of similarity) 283
Agglomeration (agglomeration) 244
Aktivkohle (activated carbon) 246, 342
Akustik, Grundlagen (acoustic, fundamentals) 396
Altölgesetz (law concerning waste oil) 23
Andco-Torrax-Schmelzpyrolyse-Verfahren (Andco-Torrax pyrolysis process) 164, 165
Archimedes-Zahl (Archimedes number) 202, 283
Assimilation (assimilation) 212
Aufsalzung (salting) 239
Aufstromsortierer (rising current separator) 75
Auftriebskraft (uplift power) 198
Austauschverhältnis, Stufenaustauschgrad (stage efficiency) 328
autotroph (autotrophic) 213
Axialzyklon (axial separator) 292

B

Beladungsdiagramm (operating diagram) 327
Belebtschlamm (activated sludge) 216
Belebungsverfahren (activated sludge plant) 216
Belüftung (aeration) 219
Benzin-Bleigesetz 21
Betriebsbeauftragter für Abfall, Gewässerschutz, Immissionsschutz 20
Bewertungsfilter (weighting filter for sound level) 401
Bezugswert 182
Bilanzlinie (operating line) 327
Biogas (digestion gas) 171
Biofilter, Erdschichtfilter (biolfilter) 281, 390, 393
Bio-Hochreaktor (biological tank reactor) 212
Biologische Stufe (biological treatment) 212
Biologischer Rasen (biological slime) 233
Biomasse (biomass) 217, 236
Blähschlamm (bulking sludge) 228
Bodenverbesserungsmittel (soil conditioner) 117
Boudouard-Gleichgewicht (Boudouard equilibrium) 162
Brenner (burner) 375

Brennkammer
  (combustion chamber) 281, 368, 370
– B. für flüssige und pastöse Abfälle
  (c. c. for liquid and paste-like residues) 137
– Temperatur in der B. (temperature) 371
Bundes-Immissionsschutzgesetz (BImSchG) 20
Bundesmodellanlage Abfallverwertung (Federal model plant for waste recovery) 90

C

Coalisierplattenabscheider (coalisation separator) 196
Cascadenmühle, Kugelmühle (cascade mill, ball mill) 63
Colibazillus (bacterium coli) 248
Combustor (combustor) 372

D

Dauerschallpegel (equivalent continuous sound level) 401
Dekanter (decanter) 257, 261, 268
Denitrifikation (denitrifikation) 214
Deponie (sanitary landfill) 90
Deponieaufbau (sectional view of a sanitary landfill) 98
Desinfektion (desinfectant) 247
Desorption, Regenerierung (desorption) 316, 339, 346
Destrugas-Pyrolyse-Verfahren (Destrugas pyrolysis process) 156
Diffusion, molekulare 308
Dissimilation (dissimilation) 212
Dokumentation umweltrelevanter Informationen (information service concerning pollution control) 19
Dortmundbrunnen (Dortmund tank) 212
Dosierbunker (dosing hopper) 54
Drehetagenfeuerung (multistage rotary furnace) 134
Drehrohrfeuerung (rotary tube furnace) 133
Drehtrommel-Sammelfahrzeug (waste collection vehicle with rotating drum) 49
Druckbelüftung (air diffusion) 219
Druckverlust (pressure loss) 190, 295

E

Einwegpackung (expendable packing) 45
Einwohner-Gleichwert (population equivalent) 185
Emscherbrunnen (Imhoff tank) 212
Emission (emission) 275, 279
Emulsion (emulsion) 197
Entgasung, Pyrolyse (pyrolysis) 149

Entschwefelung (desulphurisation) 355
– E. von Abgas (exhaust gas d.) 340, 355, 357
– E. von Rauchgas (flue gas d.) 330, 331
Enzym (enzyme) 213
Explosionsgrenzen, Zündgrenzen (explosion limits) 276, 365
Explosionsunterdrückung (explosion protection) 66

F

Fällung (precipitation) 186, 240
Faulung (fermentation) 171
Feldaufladung, elektrische (field charging) 307
Feldstärke, elektrische (field strength) 305
Fermentation (fermentation) 171
Fertigkompost (matured compost) 115
Fettabfall (greasy waste) 195
Fettabscheider (grease trap) 186
Filterpresse (filter press) 268
Filtration (filtration) 256, 268
Fischteichverfahren (fish pond process) 215
Flachsieb (flat sieve) 66
Fließbett (fluidised bed) 74
Flockung (flocculation) 186, 242
Flotation (flotation) 197, 254
Fourier-Überlagerung von Schwingungen (Fourier superposition of vibrations) 397
Fraktionsentstaubungsgrad (fractional rate of dedusting) 289
Frequenzbewertungskurve (frequency weighting diagram) 403

G

Gammastrahlen, Entkeimung, (γ-radiation, disinfection) 250
Gehörschadenrisiko (noise-induced risk for defective hearing) 404
Geologische Endlagerung von Abfällen (geological long-term storage of wastes) 103
Geruchsfilter (odor filter) 116
Geruchsstoffe (odors) 279, 352, 353
Geschwindigkeit (velocity) 376, 378
Geschwindigkeit (velocity) 376, 378
– Raum-G. (space v.) 378
– Reaktions-G. (reaction v.) 376
Gesetzgebung zum Umweltschutz (laws, rules, commandments concerning pollution control) 18
Gewässer, eutrophiert (surface water, eutrophicated) 179
Gewebefilter (filter cloth) 302
Glas (glass) 82

Gleichfälligkeit 193
Gleichgewichtskonstante
  (equilibrium constant) 319, 321, 374, 375
Grenzschicht (boundary layer) 205
Grenzwerte (limits) 276, 278
Gurtförderer (belt conveyor) 78

H
Hamburgbecken (Hamburg tank) 212
Hammermühle (hammer mill) 62, 65
Handauslese (manual sorting) 83
Heizwert (heating value) 37, 365, 366
Henrysches Gesetz (Henry's law) 318, 320, 324
heterotroph, Organismen
  (heterotrophic, organisms) 213
Höchstwert (maximum limit) 183
Hörbereich (range of audibility, audio
  frequencies) 401
Hörschall (audible sound) 395
Holzschwelung (pyrolysis of wood) 151
Horizontalstrom-Windsichter (horizontal stream
  air classifier) 74
HTU, NTU-Methode
  (HTU, NTU-method) 329

I
Ionenaustauscher (ion exchanger) 246
Immissionsschutzrecht (legislation con-
  cerning emission and immission control 20
Infraschall (infrasonics) 395

K
Katalysator (catalyst) 362, 376, 381, 385
Kehle (groove) 301
Kläranlage (clarification plant) 180, 185
Klärflächenbelastung (surface loading) 207
Klärschlammaufbereitung (treatment of sewage
  sludge) 145
Klärschlammverbrennung (combustion of
  sewage sludge) 145
Körperschall (sound transmitted by solids and
  liquids) 395
Kolonnen (towers, columns) 326
 - Boden-K. (tray c.) 326
 - Füllkörper-K. (packing c.) 326
Kompostanwendung (application of compost)
  117
Kompostfilter (compost filter) 116
Kompostierung (composting) 108
Kompostrohstoff (raw material for
  composting) 111
Korngröße (size of grain) 193, 285
Korona (corona) 307

Kosten des technischen Umweltschutzes
  (costs of environment protection) 16
Krählwerk (rabble rake) 209, 261
Krananlagen (crane systems) 59

L
Lärm (unwanted sound, noise) 395
Lautstärkepegel (loudness level) 399
Ljastschenko-Zahl (Ljastschenko number) 203
Luftschall (airborne sound) 395
Luftverschmutzung (air pollution) 275

M
Magnetbandrolle (magnetic belt conveyor
  drum) 68
Magnettrommel (magnetic drum) 68
Mechanische Stufe (primary treatment) 21, 186
Membranverfahren (membrane operation) 251
Mengenbilanz (mass balance) 325, 327, 366
Messermühle (rotor shear crusher) 63
Methanbakterien (methan bacteria) 171, 261
Methangärung (anaerobic fermentation,
  methane forming) 171, 263
Mietenkompostierung
  (windrow composting) 111
Mikroorganismen (microorganisms) 108, 212
Müll (refuse, waste) 31
Müllabwurfschacht (waste disarge shaft) 46
Müllbett (waste dosing hopper) 57
Müllheizwert (calorific value of waste) 37
Müllgroßbehälter (waste transcontainer) 44
Müllmasse (mass rate of waste) 30
Müllpresse (waste press) 49
Müllraumdichte (specific mass of waste) 32
Müllsauganlage (pneumatic waste transport
  system) 46
Mülltonne (dustbin) 42
Müllverbrennungsanlage (waste incineration
  plant 120
 - Massenstrombild, M. (mass flow diagram,
  w.i.p.) 142
 - Wärmestrombild, M. (heat flux diagram,
  w.i.p.) 142
Müllvolumen (volume of waste) 32
Müllzusammensetzung (analysis of waste) 35

N
Nachrotte (secondary fermentation) 111
Nachverbrennung (afterburning) 361
 - Katalytische N. (katalytic a.) 361, 362, 375
 - Thermische N. (thermic a.) 361
Nährlösung (substrate) 213
Naßtrenngerät (fluid separator) 75

Naßverbrennung (wet oxidation) 137, 250
Netzplan Abfallverbrennungsanlage (activity chart, waste incineration plant) 126
Neutralisation (neutralization) 239
Newtonsches Gesetz (Newton's law) 199, 284
Nitrifikation (nitrification) 214

O

Oberflächenbelastung (surface loading) 234
Ölabfall (oily waste) 195
Ölabscheider (oil collector) 186
Optischer Sortierer (optical sorter) 77
Organismen (organisms) 108, 212
Oxidationsverfahren (oxidation process) 361, 363
Ozon (ozone) 250

P

Papier – Kunststoff-Trennung (paper/plastic separation) 84
Plattenbandbunker (plate conveyor hopper) 54
Populationsdichte 214
Prallmühle (impact pulverizer) 62
Prallreißer (crusher) 63
Preßling-Kompostierung (composting of pressed pieces) 113
Preßmüllwagen (waste collection vehicle with press shield) 51
Pyrolyse, Entgasung (pyrolysis) 149
Pyrolyseanlage (pyrolysis plant) 156
Pyrolyseprodukte (products of pyrolysis) 152
Pyrolyseverfahren (pyrolysis processes) 154

R

Radioaktive Abfälle (radioactive wastes) 103
Rädertierchen (rotatoria) 233
Rauchgas (flue gas) 368, 140
 – Enthalpie von R. (enthalpy of f. g.) 368
 – Menge, R. (mass flow rate, f. g.) 366
 – Temperatur, R. (temperature, f. g.) 368
Rechen (screen) 186
Rechengut (screenings) 187
Rechengutzerkleinerer (screen shredder) 191
Recycling (recycling) 80
Redoxpotential (oxidation/reduction potential) 245
Regelwert 183
Regenüberlauf (rain outlet) 193
Reinigung, weitergehende (advanced waste water treatment) 179
Reinigungskennzahl (purification index) 299
Reststaubgehalt (final dust content) 289
Reynoldszahl (Reynolds number) 200, 283
Rostfeuerung (grate furnace) 133

Rottedeponie (composting landfill) 100
Rückgewinnung von Lösungsmitteln (solvent recovery) 340, 351, 352
Rücklaufschlamm (return sludge) 217
Rundsandfang (centrifugal sand trap) 194
R 80-Verfahren, Krauss-Maffei (R 80 process, Krauss-Maffei) 85

S

Saarberg-Fernwärme-Vergasungsverfahren (Saarberg-Fernwärme gasification process) 166
Sandfang (grit chamber) 186, 193
 – S., belüftet (aerated g. c.) 195
Sauerstoff (oxygen) 178, 217, 223
Sauerstoffbedarf, Luftbedarf (oxygen demand, air demand) 366, 367
biochemischer S., BSB (biochemical o.d. BOD 179
 – chemischer S., CSB (chemical o.d., COD) 181
Saugzentrale (vacuum air plant center) 49
Schachtventil (shaft valve) 47
Schadeinheit 182
Schadstoff (impurity) 275, 281, 364
Schall (sound) 395
Schalldämmung (sound damping) 412, 414
Schalldämmwert (sound damping rate) 414
Schalldämpfung (sound absorption) 412, 417
Schalldruck (sound pressure) 395, 398
Schalldruckpegel, Schallpegel (sound power level) 395
Schallgeschwindigkeit (sound velocity) 397
Schallpegelrichtwerte, TA Lärm (sound level values, „TA Lärm") 405
Schallpegelzusammensetzung (superposition of sound levels) 399
Schallschluckgrad, Schallabsorptionsgrad (sound absorption, coefficient) 417
Schallschutz, Lärmschutz (noise protection) 408
 – primärer S. (primary n.p.) 410
 – persönlicher S. (personal n.p.) 419
 – sekundärer S. (secondary n.p.) 412
Schallschutzkapselung (sound insulation) 412
Schallstärke, Schallintensität (sound intensity) 398
Schlammeindickung (sludge thickening) 260
Schlammentwässerung (sludge dewatering) 267
Schlammfaulung (digestion of sludge) 261
Schlammindex (sludge volume index) 229
Schlammkompostierung (composting of sludge) 117
Schluckbrunnen (absorption well) 107
Schneckenförderer (spiral conveyor) 80

Schüttung, Füllöffnung (feeder) 46
Schwebesichter (air grader) 73
Schwefelverbindungen (sulphur compounds) 278, 337, 353
- Schwefeldioxid (sulphur dioxide) 278, 280, 337, 340, 343
- Schwefelkohlenstoff (carbon disulphide) 340, 356
- Schwefelwasserstoff (hydrogen sulphide) 340, 343, 353, 356
Schwerkraft (gravity) 199, 290
Schwerkraftabscheider (gravity separator) 196, 290
Schwertrübescheider (heavy media separator) 76
Schwingförderer (vibrator conveyor) 79
Schwingsieb (vibration screen) 69
Selbstreinigung (autopurification) 178
Separator (hydroextractor, centrifuge) 196, 257, 261
Siebanlage (screening device) 191, 256
Siebbandpresse (screen press) 271
Siebraspel (sieve rasp) 62
Sickerwasser (leachate) 100
Sinkgeschwindigkeit (velocity of settling) 199, 285
Skimmeranlage (skimmer) 196
Sonderabfall (hazardous waste) 165
- Behandlung von S. (handling of. h.w.) 170
- Beurteilung von S. (identification, classification of h.w.) 167
- Erfassung von S. (registration of. h. w.) 169
Sonderdeponie (landfill for hazardous waste) 102
Sortierverfahren (separation process) 87
- S., Fa. Fläkt (s.p. Fläkt system) 87
- S., TH Aachen (s.p. TH Aachen) 87
Spannwellensieb (flip flow screen) 69
Spannwellentrommelsieb (flip flow drum sieve) 69
Sprühdüsenwascher (spray nozzle scrubber) 302
Sprühelektrode (spray electrode) 307
Steigrohrsichter (tube air classifier) 68
Steinausleser (air jig) 74
Stockessches Gesetz (Stokes' law) 201, 284

T
Technische Anleitung Lärm, TA Lärm (technical regulations concerning noise protection) 20, 404
Technische Anleitung Luft, TA Luft (technical regulations concerning air pollution) 370
Tauchkörper (submerged contact aerator) 216, 235

Temperatur (temperature) 364, 371, 377
- Brennkammer-T. (combustion chamber t.) 371
- Katalysator-T. (catalyst t.) 377, 379
- Zünd-T. (burning t.) 364
Tiefbunker (waste hopper) 54
Tierkörperbeseitigungsgesetz 23
Transportluftventil (transport air valve) 47
Trichterbecken (hopper-bottomed tank) 212
Trogkettenförderer (chain conveyor) 78
Trommel-Kompostierung (composting in drum reactors) 114
Trommelsieb (drum sieve) 69
Tropfkörper (trickling filter) 216, 230
Tropfkörperfliege (psychoda) 233
Tunnelmiete (tunnel windrow) 113
Turm-Kompostierung (composting in tower reactors) 115

U
Überbandmagnet (magnetic belt separator) 68
Überschußschlamm (excess sludge) 217
Ultrafiltration (ultrafiltration) 252, 254
Ultraschall (ultrasonics) 395
Umkehrosmose (reverse osmosis) 252, 254
Umkippen, Gewässer 179
Umladeanlage (transfer loading station) 51
Umsatz (conversion) 370, 379, 381
Umweltbundesamt 19
Umweltrecht (pollution control laws) 18
Umweltschutz (pollution control, environment control) 11
Untertage-Spezialdeponie (geological storage for hazardous wastes) 103
UV-Strahlen (radiation, ultra-violet) 250

V
Vakuumfilter (vacuum filter) 268
VDI-Richtlinien zum Umweltschutz (VDI rules concerning pollution control) 20
Venturiwäscher (Venturi scrubber) 301
Verbrennung, Oxidation (combustion) 147, 281, 361, 365
Verbrennungsgleichungen (reaction equations for combustion) 147, 366
Verbrennungsleistung (combustion rate) 120
Verbrennungssysteme (combustion systems) 133, 373
Verfahren (process) 41, 215, 288, 336
- zur Müllbehandlung (waste treatment processes) 41
- zur Abwasserbehandlung (waste water purification processes) 215, 216

- zur Abgasreinigung (waste gas purification processes) 288, 336
- Adsox (Adsox process) 353, 354
- der Bergbau-Forschung (BF process) 355, 359
- nach Fresenius-S-KT (Fresenius-S-KT process) 391
- Sulfacid (Sulfacid process) 355
- Sulfosorbon (Sulfosorbon process) 355, 357
- Sulfreen (Sulfreen process) 355
- nach Wellman-Lord (Wellman-Lord process) 336, 337

Vergasung (gasification) 161
Vergasungsverfahren (gasification processes) 164
Verrottung (fermentation) 108
Verursacherprinzip (polluter must pay principle) 19, 181
Verweilzeit (residence time) 206, 370, 372
Vorfluter (recipient) 179
Vorklärbecken (preliminary clarification tank) 186
Vorrotte (primary fermentation) 111

W

Wäschertypen (scrubbers) 332, 336
- Biowäscher (bioscrubber) 281, 390, 392
- Ringspalt-W. (ringslot s.) 333
- Rotations-W. (rotating s.) 336
- Sprüh-W. (spray s.) 335
- Venturi-W. (Venturi s.) 332
- Strahl-W. (injections). 333
- Ströder-W. (Ströder s.) 335

Waschmittel, Lösungsmittel (solvent) 322, 324
- W.-Bedarf (s. demand) 324
- W.-Regenerierung (s. recovery) 340, 351, 352

Waschmittelgesetz 24
Wanderungsgeschwindigkeit (velocity of travelling) 309
Wasserhaushaltsgesetz WHG 24, 181
Wechselbehälter (change container) 52
Widerstandskraft (frictional resistance) 199, 284
Windsichter (air classifier) 68
Wirbelschichtfeuerung (fluid bed kiln) 135
Wirbelstromwascher (whirlpool scrubber) 302
Wurmeier (Ascaris eggs) 247

Z

Zähigkeit (viscosity) 202, 283
Zellenkompostierung (composting in cells) 114
Zentrifugalabscheider (centrifugal separator) 196
Zentrifugalfeld (centrifugal field) 196, 293
Zentrifuge (centrifuge) 257
Zeta-Potential (zeta potential) 243
Zickzacksichter (zigzag air classifier) 71
Zyklonabscheider (cyclone separator) 196, 292

VOGEL-BUCHVERLAG WÜRZBURG
TECHNIK · ELEKTRONIK
MANAGEMENT · WIRTSCHAFT

Schmidt, Karl-Heinz
Romey, Ingo
Kohle—Erdöl—Erdgas
Chemie und Technik
256 Seiten, 78 Abbildungen
2farbig, ISBN 3-8023-0684-8

Entstehen, Vorkommen, Gewinnen von Kohle, Erdöl, Erdgas; mechanische und thermische Veredlung, chemische Umwandlung in Brenngase, Kraftstoffe, Heizöl, Schmierstoffe und Primärprodukte der chemischen Industrie; Eigenschaften, Prüfung, Verwendung. Aufgaben mit Lösungen
Eine Einführung in Chemie und Technik der fossilen Brennstoffe Kohle, Erdöl und Erdgas; industrielle Verfahren der Veredlung und Nutzung als Rohstoff der Chemie, Bedeutung und Problematik der Verwertung des kostbarsten Industrierohstoffes unserer Zeit.

Hemming, Werner
Verfahrenstechnik
Kamprath-Reihe kurz und bündig
180 Seiten, 113 Abbildungen
2farbig, ISBN 3-8023-0084-X

Mechanische Verfahren zur: Oberflächenvergrößerung, Flüssigkeitsabtrennung, Zerlegung von Feststoffgemischen, Stoffreinigung; Verfahren der Gasreinigung, Fluidisieren und Wirbelschichttechnik, Wärmeübertragung, thermische Verfahren zur Feststoffabtrennung, thermische Trennverfahren, Sorption, chemische Reaktionsverfahren, Verfahrensschema und Fließbild
Betont sind für die Umwelttechnik wichtige Trennverfahren. Vollständig durchgerechnete Beispiele geben Einblick in die Projektierung von Apparaten und Anlagen.

Sattler, Klaus
Thermische Trennverfahren
Kamprath-Reihe Kompaktlehrbuch
320 Seiten, 221 Abbildungen
2farbig, ISBN 3-8023-0101-3

Grundlagen, Phasengleichgewichte, Bilanzierung, Stofftransport, Gleich-, Gegen-, Kreuzstromoperationen, Trennkaskade. Destillation, Teilkondensation, Ab-/Adsorption, Trocknung, Extraktion, Kristallisation, moderne Sondertrennverfahren
Klare Darstellung von Grundlagen, Verfahrensweise, Dimensionierungskonzepten und Einsatzbereich zur Einführung von Studierenden sowie Ingenieuren und Chemikern in Theorie und Praxis der thermischen Gemischzerlegung.

Sattler, Klaus
Thermische Trennverfahren
Aufgaben und Lösungen
Reihe „erkennen und lösen"
196 Seiten, 60 Abbildungen
ISBN 3-8023-0589-2

Vollständig durchgerechnete Aufgaben, Auslegungsbeispiele und Dimensionierungskonzepte zu den Grundlagen der thermischen Gemischzerlegung und zu ihren Einzelverfahren Destillation, Absorption, Adsorption, Trocknung, Extraktion und Kristallisation
Die Beispiele wurden so ausgewählt, daß der Leser eine Fülle ähnlicher Probleme aus Theorie und Praxis der aufgezeigten Vorgehensweise folgend lösen kann. Berechnungsablaufschemata kennzeichnen diese didaktisch neuartige Form einer Aufgabensammlung.

Das Fachbuch-Gesamtverzeichnis beschreibt unser vollständiges Programm mit Titeln der Gebiete Physik, Chemie, Elektrotechnik, Elektronik, Datenverarbeitung, Maschinenbau, Kraftfahrzeugwesen, Technologie, Management, Wirtschaft u.a.

VOGEL-BUCHVERLAG WÜRZBURG
Postfach 67 40 · 8700 Würzburg

Die Autoren

JÜRGEN EMBERGER
Geboren 1942 in Göppingen. 1963 Abitur. 1969 Diplom der TH Stuttgart als Bauingenieur mit Vertiefungsrichtung Siedlungswasserwirtschaft. Danach bis 1980 im Ingenieurbüro für Gesundheitstechnik in Mannheim und seit 1981 in der Kommunalen Technologieberatungs GmbH in Oberhausen auf den Gebieten Abfallverwertung und Abwasserreinigung in Beratung, Planung, Bauleitung, Forschung und Entwicklung tätig. 1979/1980 Lehrbeauftragter im Fach Müllaufbereitung an der Fachhochschule für Technik in Mannheim. Bei der Industrie- und Handelskammer Rhein-Neckar als Sachverständiger für die Behandlung und Beseitigung von Haus- und Gewerbemüll bestellt und vereidigt.
(Bearbeiter der Abschnitte 2.4, 2.5, 2.6 und 2.8 des Kapitels 2)

HEINZ KERN
Geboren 1940 in Stuttgart. 1959 Abitur. 1965 Diplom der TH Karlsruhe als Verfahrensingeieur, danach bis 1971 Planung und Inbetriebnahme verfahrenstechnischer und chemischer Anlagen. Seit 1971 Dozent und Professor an der Fachhochschule für Technik in Mannheim. Gastprofessor an der Berufsakademie in Mannheim.
(Bearbeiter der Abschnitte 4.1 und 4.3 bis 4.6 des Kapitels 4)

MATTHIAS LEMPP
Geboren 1931 in Königsberg. 1951 Abitur. 1956 Diplom der TH Karlsruhe als Maschinenbauingenieur, danach bis 1963 wissenschaftliche Mitarbeit und Promotion auf dem Gebiet der Strömungstechnik. 1963 bis 1975 im Rahmen einer Industrietätigkeit Planung von Chemieanlagen und Leitung eines Chemiebetriebs. Seit 1975 Lehr- und Forschungstätigkeit im Bereich der Mechanischen Verfahrenstechnik und des Apparatebaus als Dozent und Professor an der Fachhochschule für Technik in Mannheim.
(Bearbeiter des Abschnitts 4.2 in Kapitel 4)

KLAUS SATTLER
Geboren 1939 in Ludwigshafen/Rhein. 1958 Abitur. 1963 Diplom der TH Karlsruhe als Verfahrensingenieur, danach bis 1965 wissenschaftlicher Mitarbeiter am Lehrstuhl von Prof. Kirschbaum. 1965 bis 1969 Planung und Inbetriebnahme von Chemieanlagen; Stabsfunktion technische Koordinierung. Seit 1969 Dozent und Professor an der Fachhochschule für Technik in Mannheim. Gastprofessor an der Fachhochschule für Technik in Mannheim. Gastprofessor an der Berufsakademie in Mannheim.
(Herausgeber, Bearbeiter der Kapitel 1 und 5 sowie der Abschnitte 2.1 bis 2.3, 2.7, 2.9 und 2.10 des Kapitels 2)

RUPRECHT STAHL
Geboren 1931 in Mannheim. 1951 Abitur. 1956 Diplom der TH Darmstadt als Maschinenbauingenieur. 1956 bis 1962 im Apparatebau tätig als Versuchs- und Entwicklungsingenieur, Projektleiter und Leiter eines Konstruktionsbüros. Seit 1962 Dozent und Professor an der Fachhochschule für Technik in Mannheim. Gastprofessor an der Berufsakademie in Mannheim.
(Bearbeiter des Kapitels 3)